Religion und Aufklärung

Band 27

herausgegeben von der

Forschungsstätte
der Evangelischen Studiengemeinschaft
Heidelberg

Das Leben

Historisch-systematische Studien
zur Geschichte eines Begriffs

Band 3

Herausgegeben von

Stephan Schaede, Reiner Anselm
und Kristian Köchy

Mohr Siebeck

Stephan Schaede, geboren 1963; 2004–2010 Theologischer Referent und ab 2006 Leiter des Arbeitsbereiches Religion, Recht und Kultur der FEST; seit April 2010 Direktor der Evangelischen Akademie Loccum.

Reiner Anselm, geboren 1965; 1993 Promotion; 1998 Habilitation; nach Professuren an der Universität Jena und der Universität Göttingen seit 2014 Inhaber des Lehrstuhls für Systematische Theologie und Ethik an der Evangelisch-Theologischen Fakultät der Universität München.

Kristian Köchy, geboren 1961; 1991 Promotion in Biologie; 1995 Promotion in Philosophie; 2000 Habilitation; seit 2003 Professor für Philosophie mit dem Schwerpunkt Theoretische Philosophie an der Universität Kassel.

ISBN 978-3-16-149979-1
ISSN 1436-2600 (Religion und Aufklärung)

Die Deutsche Nationalbibliothek verzeichnet diese Publikation in der Deutschen Nationalbibliographie; detaillierte bibliographische Daten sind im Internet über *http://dnb.dnb.de* abrufbar.

© 2016 Mohr Siebeck Tübingen. www.mohr.de

Das Buch wurde von Gulde Druck in Tübingen auf alterungsbeständiges Werkdruckpapier gedruckt und gebunden.

Vorwort

Auf ein drittes Mal: Leben! – Das Vorwort des ersten Bandes der auf vier
Bände angelegten Erkundungen zum Leben nahm seinen Ausgang bei der
bemerkenswerten Konjunktur, die die Lebensbestimmung in einschlägigen
Gazetten, universitärer Forschungsexzellenz und ethischen Kommissionen
zu Beginn des 21. Jahrhunderts hatte. Mit der knappen Anzeige dieser Konjunktur führte es in einen ersten historisch-systematischen Erkundungsgang
ein, der von der Antike bis in die Mitte des 19. Jahrhunderts reichte. Aufgabe des ersten Bandes war es nämlich, einem ersten großräumigen Abschnitt der kaum aufgearbeiteten Vorgeschichte dieser Konjunktur nachzugehen. An diesen Impetus konnte das Vorwort des zweiten Bandes konsequent anschließen. Denn der durch diesen Band dokumentierte zweite
Erkundungsgang nahm eine Phase der Befassung mit dem Leben in den
Blick, die mindestens ebenso vehement, wenn nicht noch vehementer als zu
Beginn des 21. Jahrhunderts die Bestimmung Leben ins Zentrum einer gesellschaftlichen und wissenschaftlichen Aufmerksamkeit rückte. Während
dieser Phase, die von der zweiten Hälfte des 19. Jahrhunderts bis in die
Mitte des 20. Jahrhunderts hinein reichte, schien mit Helmuth Plessner gesprochen Leben zu einem erlösenden Wort zu avancieren. Nun hatte Plessner von einem erlösenden Wort gefordert, dass sich in ihm eine Zeit zugleich ihre Rechtfertigung und ihr Gericht sprechen könne.[1] Wie sehr aber
ein mit der Lebensbestimmung verknüpftes Erlösungspathos ideologieaffin
ist und zugleich Indikator für gebrechliche Gewissheiten, die aus theologischer Perspektive in einer Art vorweggenommenen innerweltlichem Jüngsten Gericht neue Klarheiten zu erobern versucht, haben die Beiträge des
zweiten Bandes vor Augen geführt. Biologie und Philosophie, theologische
Reaktionen und kulturelle wie soziale Aufbrüche gingen miteinander ins
Gericht, fochten wechselseitig um die Schlüsselkompetenz einer die Lebensbestimmung erschließenden Kraft und führten mit- und gegeneinander
heftige Abgrenzungsgefechte, die ihre lebenserschließende Legitimität unter Beweis stellen sollten. In allen diesen disziplinären Bemühungen und

---

[1] Vgl. *Helmuth Plessner*, Die Stufen des Organischen und der Mensch. Einleitung in die
philosophische Anthropologie, hg. von *Günter Dux u.a.*, Frankfurt a.M. 1981, S. 37.

transdisziplinären Streitigkeiten ging es aber auch darum, eine gravierende Ambivalenz reflektierend zu verarbeiten. Es galt zu verkraften, dass faszinierende technologische Entwicklungen und wissenschaftlichen Innovationen einerseits immer mehr Leben zu verheißen schienen, diese Entwicklungen und Innovationen aber andererseits gepaart mit kulturellen, ethischen, politischen Instabilitäten und geisteswissenschaftlich protegierten oder camouflierten Ideologien in einem bisher ungekannten Maß lebenszerstörerisch zu wirken vermochten. Für jene elementaren Umbrüche mag als schreckliches Realsymbol der von George F. Kennan als Urkatastrophe des 20. Jahrhunderts gedeutete Erste Weltkrieg stehen, in dem der Zivilisationsbruch, Materialschlachten, Feindschaft und Ethnisierung von Konflikten eine neue Qualität annahmen. Diese Katastrophe wurde durch die Ereignisse des Zweiten Weltkrieges abermals massiv überboten. Durch die Steigerung eines ideologischen Fanatismus wurde Lebensvernichtung systematisch ins Unfassbare hinein getrieben und genozidal ausagiert. Mit der Atombombe entglitt endgültig die Fähigkeit, Ausmaß, Art und Umfang von Lebenszerstörung wenigstens zu berechnen. Sinnneurosen und Lebenszerstörung durch einen nicht im Ästhetischen einer philosophischen Betrachtung bleibenden Nihilismus wirkten nach und führten in Gestalt von Konzentrationslagersyndromen nicht zuletzt in den Suizid.

Der zweite Band hat die Vorgeschichte und Nachgeschichte dieser sich in den beiden Weltkriegen ausdrückenden schweren Hypotheken im Blick auf die Lebensbestimmung bearbeitet, indem er die vom 19. in das 20. Jahrhundert hinein virulent werdende Auseinandersetzungsgeschichte zwischen naturwissenschaftlichen Beschreibungsansprüchen und geisteswissenschaftlichen Zugängen nachgezeichnet und zugleich deutlich gemacht hat, dass die wissenschaftliche Befassung mit dem Leben den vorwissenschaftlichen Charakter der Lebensvollzüge und ihrer Gestaltung Ernst nahm und zu fassen versuchte. Biologie und die bei allen interessanten theologischen Reaktionen vor allem dominanten philosophischen Beiträge und Auseinandersetzungen standen dabei im Zentrum der Darstellung.

In anderer Weise nimmt der dritte Band auf die Hypotheken der beiden Weltkriege Bezug und schließt die historisch-systematische Studien mit seinen von der Mitte des 20. Jahrhunderts bis ins 21. Jahrhundert reichenden Erkundungsgängen ab. Er ist in drei Teile untergliedert, deren Pointe hier zunächst kurz skizziert sei.

In einem ersten Teil wird ein prägnanter Blick zurück auf rassenideologische und biopolitische ideologieträchtige Konstellationen geworfen, die latent oder ganz offensichtlich in die wissenschaftliche Bearbeitung der Lebensbestimmung und den Umgang, Missbrauch und die Sorge um das Leben hineinwirkten.

In einem zweiten Teil werden vor diesem Hintergrund einschlägige Versuche analysiert, über das entglittene oder das zu entgleiten drohende Leben wieder Kontrolle zu gewinnen, sei es durch vorgeblich einem naturalistischen Paradigma verpflichtete kirchliche Diskurse um die Abtreibung, sei es durch Versuche der Verrechtlichung des Lebensanfangs, sei es durch Heraufbeschwörungen ökologischer oder friedensethischer Apokalypsen, sei es durch Bildungsprozesse, die dem ungesicherten weltoffenen Leben Form zu geben versuchten, oder sei es durch den Versuch protestantischer Sozialethik, gegen Rationalisierung und Massenproduktion die Bedeutung von human arrangierter Arbeit heraus zu stellen. Mit dem Topos des Lebens als Freizeit verflüssigen sich allerdings kontrollierte Zeit- und Gestaltungsrhythmen. Die Brücke zum dritten den Biowissenschaften gewidmeten Teil des Bandes schlägt ein Beitrag, der anhand der politischen Diskussion um die Stammzellgesetzgebung dafür sensibilisiert, dass die entsprechende Debatte eigentlich weniger eine um die Biowissenschaften und den mit ihnen verknüpften Techniken selber gewesen ist. Vielmehr habe sie Fragen der Grundlegung von Gesellschaft berührt. Die Beobachtung, dass und wie in den biowissenschaftlichen Diskursen selbst und den Diskursen über sie, zugleich immer gesellschaftliche Machtfragen und deutlich jenseits dieser Wissenschaften entstehende Herausforderungen im Blick sind, wird somit als Lesehilfe für den dritten Teil mit auf den Weg gegeben.

Der dritte Teil knüpft eben an jene im Vorwort des ersten Bandes identifizierten Konjunktur des Lebens in Gestalt der Hochschätzung der wissenschaftlichen Relevanz und gesellschaftlich provokativen Kraft der Biowissenschaften an. Seine Aufgabe ist es, eine kritische Sichtung der lebenserschließenden Leistung neuer und neuester Disziplinen in den sogenannten Life Sciences und der um diese Disziplin sich herum gruppierenden gesellschaftlichen und transdisziplinären Diskursen vorzulegen. Hier ist also zunächst von der Biomedizin die Rede und von den verschiedenen Facetten, die die molekularbiologischen Forschungsambitionen im Blick auf das Leben freisetzen. Das beginnt bei der Frage, in welcher Weise welches Leben molekularbiologische Forschung überhaupt erfasst und setzt sich in einer kritischen Darstellung der Versuche fort, über Konstruktion von Lebendem dem Leben auf die Spur zu kommen, sei es in reduktionistisch- molekularbiologischer oder organismisch-systembiologischer Ambition. Es folgt eine Analyse der durch die Produktion von Biofakten und Hybriden provozierten Überschreitungsfiguren, die dem elementaren Kern von Lebendem und der Pointe des Lebens von Lebewesen habhaft zu werden versuchen. Welche technizistisch dem Informationstopos und dem genetischen Paradigma verpflichteten Lebensbestimmung die Nanobionik zugrunde legt, wird dokumentiert.

Der den dritten Teil und den dritten Band insgesamt abschließende Beitrag ist den Neurowisssenschaften gewidmet. Hier zeigt sich besonders prägnant: Der bemerkenswerten Konjunktur, die die Lebensbestimmung in gesellschaftlichen Diskursen anfang des 21. Jahrhunderts genommen hat, kor-
respondiert eine eigenwillige wissenschaftliche Befassung in den Life
Sciences mit Leben. Sie bearbeitet genau genommen nicht die Bestimmung
des Lebens selbst, sondern arbeitet mit Lebenden arbeitet sich am Lebenden
und seinen Ursprüngen ab. Gerade jene Wissenschaften also, die immer
noch den Ausdruck Leben in ihrem Namen tragen, pflegen ein eigenwillig
distanziertes Verhältnis zur Bestimmung des Lebens.

Über diese Skizze der Pointe der drei Teile hinaus sei nun zur einführen-
den Orientierung ein erster Wegweiser durch die verschlungenen Lebens-
diskurse des Bandes gegeben.

I.

Wie sich Rassismus als besonders prekäre Form einer politischen Biologisierung des Lebens ausagiert hat, führt im ersten grundlegenden Beitrag des
Bandes *Uwe Hoßfeld* vor Augen und exponiert damit nicht das einzige, aber
ein entscheidendes lebensidiologisches Paradigma, dessen Folgen noch, wie
von Reiner Anselm dokumentiert, in den kirchlichen Auseinandersetzung
mit der Abtreibungsfrage nach dem zweiten Weltkrieg greifbar werden.
Hoßfeld klärt gleich zu Beginn: Zwar sei dem genetischen Rassismus, der
menschliche Lebewesen kartographiert und es auf- und abwertend beurteilt,
jede Grundlage entzogen. Rasseneinteilungen entbehrten bei gerade einem
Dutzend Erbfaktoren, die äußere physiologische Merkmale wie Haut- und
Haarfarbe bestimmten, angesichts einer Summe von 150.000 Erbfaktoren
jeglicher Grundlage. Dies jedoch stehe im prekären Gegensatz zu grundsätzlichsten rassistischen Übergriffen auf das Leben von Menschen im 20.
und 21. Jahrhundert. Hoßfeld erhellt die Vorgeschichte dieses bedrücken-
den lebenspolitischen Phänomens mit ihren merkwürdigen Hierarchisierun-
gen und Systematisierungen in der Bewertung menschlicher Populationen
und zeichnet nach, wie sich vor allem in den akademischen Zentren der Le-
bensideologie, Jena und Prag, die Vererbungslehre, die Rassenkunde und
die Rassenhygiene zu den Grundlagen des vom Nationalismus ausgenutzten
Denkens formierten. Deutlich wird: Auch im Sozialismus kam es zum die
Lebensbestimmung pervertierenden Missbrauch anthropologischer Forschungsergebnisse. Ideologie und Politik verschmolzen zu einem eigenen
eugenisch bzw. rassenhygienisch motivierten Konzept. Hoßfeld kommt zu
dem Ergebnis, dass sich der Rassebegriff trotz neuerer Bemühungen der

Neutralisierung seiner Ideologieträchtigkeit im Kontext der Anthropologie als theoretisch unseriös und politisch-ideologisch skandalös erweise. In dem den ersten Teil abschließenden zweiten Beitrag überblickt *Marc Rölli* unterschiedliche Konzepte von Biopolitik und zieht Linien von der wissenschaftlichen und biologischen Befassung menschlichen Lebens bis zum aktuellen biopolitischen Diskurs. Das reicht also vom ausgehenden 18. Jahrhunderts über die Diskussionswege des 19. Jahrhunderts und die Zeit des Nationalsozialismus bis zum 21. Jahrhundert, wo Lebenswissenschaften auf der einen Seite politischen Reglungsbedarf produzieren, auf der anderen Seite für die Deutung politischer Phänomene eingesetzt wurden. In die entsprechende Diagnose hinein umreißt Rölli, wie in Variationen wichtige Biopolitiktheoretiker an Michel Foucault anschließen, für den Leben zum privilegierten Gegenstand moderner Machtprozeduren wird. Inspiriert durch Foucaults diskursanalytische Arbeiten zur Epistemologie mustert Rölli die Vorgeschichte der Biopolitik anhand der Felder der Bevölkerungswissenschaften, Anthropologie, Degenerationslehre, Rassismus, Darwinismus, Eugenik und Sozialanthropologie durch. So kann er markante Lebensideologeme und systematische Abhängigkeiten zwischen den genannten Feldern herausarbeiten. Es bestätigt sich, dass der Nazismus in der Koinzidenz von Biomacht und absoluter Diktatur die auf die Spitze getriebene Entwicklung der seit dem 18. Jahrhundert verhandelten Machtmechanismen ist, die humanistisch inspirierte Tradition der philosophischen Anthropologie also ohne es zu ahnen zu dieser Ideologisierung mit beigetragen hat.

II.

Die den zweiten Teil bestimmenden Analysen zu unterschiedlichen Versuchen, eine „Kontrolle" über das entglittene oder entgleitende Leben zu gewinnen, beginnen mit dem Beitrag von *Reiner Anselm*. Er ist der theologischen und kirchlichen Reflexion des Verhältnisses von Abtreibung und Emanzipation gewidmet. Mit der gerade auch im Blick auf ökumenisch ambitionierte kirchliche Stellungnahmen zu bioethischen Fragestellungen suggerierten Einschätzung, der Protestantismus sei im 20. Jahrhundert im Blick auf die Lebensbestimmung von naturalistischen Figuren bestimmt, räumt Anselm gründlich auf. Anhand der Geschichte der Abtreibungsdebatte macht er vielmehr deutlich, dass Modifikationen in der Urteilsbildung evangelischer Theologie konsequent einem „modernisierungsspezifischen Paradigma" gefolgt seien. Sie orientierten sich nämlich im Blick auf die Beurteilung der Lebensbestimmung eindeutig an einer zunehmenden Sensibilität für die Hochschätzung des Individuums und seiner Problemlagen. So erkläre sich, weshalb Abtreibung zunächst strikt abgelehnt wurde, dann unter dem Eindruck der Vergewaltigungen während der beiden Weltkriege in bestimmten Härtefällen akzeptiert wurde und wieso schließlich in den Siebziger und dann letztmals Anfang der Neunziger Jahre des 20. Jahrhunderts weitergehenden Kompromissen in Abtreibungsfragen zugestimmt wurde. Genau diese Sensibilisierung für das Individuum sei es aber auch gewesen, die zugleich und paradox genug motiviert, zur strikten Ablehnung der Stammzellforschung und ebenso strikten Forderung eines Embryonenschutzes geführt habe. Den entscheidenden Schub zu dieser Tendenz habe ein sehr viel früher einsetzendes Paradoxon geliefert, nämlich der Umstand, dass Staat und Kirche im ausgehenden 19. Jahrhundert im Zeichen einer sich uniformierenden normativen Sozialdisziplinierung durch den damit zusammenhängenden Zwang zur kritischen Introspektion einen Individualisierungsschub provoziert haben. Dies kann Anselm für das Verhältnis von Schwangerschaftsabbruch und Emanzipation im deutschen Kaiserreich nachweisen und führt durch mehrere Stadien einer von sozialethischen Kriterien zu individualethischen Kriterien durchdringenden Argumentationslinie. Die bis in das 21. Jahrhundert hineinreichenden Liberalisierungsargumentationen orientieren sich eben an einer Individualisierungstendenz. Anselm stellt in der Konsequenz seiner Beobachtungen die Frage, ob die gebotene Vorsicht gegenüber einer naturalistischen Argumentation eine souveräne protestantische Lehrbildung nicht dazu nötigt, zu einem eigenen aktuell orientierenden und historisch anschlussfähigen theologischen Begriff von Leben und Personalität durch zu dringen.

Zeichnet sich im Verlauf des 20. Jahrhunderts eine Verrechtlichung des Lebens ab als Reaktion auf den von der Soziologie am Ende des zweiten Teiles des Bandes diagnostizierten Transzendenzverlustes? _Werner Heun_ verneint das zunächst und stellt in seinem Beitrag fest, dass der Schutz des individuellen Lebens durch das Recht zum Kern jeder Rechtsordnung gehöre. Über das Tötungsverbot bestehe weltweit moralischer und rechtlicher Konsens – jedenfalls solange die inngesellschaftliche Geltung im Blick sei. Leben sei insofern unmittelbar mit der Entstehung des Rechtes verrechtlicht worden. Zwei klassische Durchbrechungen des Tötungsverbotes seien allerdings zu nennen. Zum einen das ius ad bello, das mit internationalen Abkommen seit dem ausgehenden 19. Jahrhundert restringiert wurde – mit mäßigen Auswirkungen auf die Staatenpraxis. Zum anderen die Todesstrafe, die mit Ausnahme der Vereinigten Staaten in westlichen Verfassungsstaaten nach dem zweiten Weltkrieg überwiegend und schließlich ganz abgeschafft worden sei. Einen verfassungsrechtlichen Schub aber habe die Rechtsprechung des Verfassungsgerichtes zum Recht auf Leben bewirkt. Durch sie sei es zu einer währenden Expansion der Pflicht des Staates gekommen, das Leben zu schützen. Kritisch betrachtet Heun schließlich, dass die Pflicht, das Leben zu schützen, mit der Menschenwürdegarantie gekoppelt worden sei. Dadurch blieben zwei Probleme ungelöst. Erstens könne die Menschenwürde nicht eingeschränkt werden und zweitens erhielten dadurch alle den Lebensbeginn und das Lebensende betreffenden Fragen Verfassungsrang, wodurch die Probleme unnötigerweise permanent auf Verfassungsebene hochgezont würden.

Was zeigt sich, wenn Leben als Leben in der Krise und dabei im Modus des Überlebens gedeutet wird? *Kenneth-Alexander Nagel* arbeitet das aus theologischer und religionswissenschaftlicher Sicht für den Kontext ökologischer Fragestellungen heraus. Dass gerade die religionswissenschaftliche Sicht produktiv sei, liege am „heilsgeschichtlichen" Metaphernhaushalt, mit dem die ökologischen Überlebensfragen institutionen- und gesellschaftspolitisch traktiert würden. In der Nachkriegszeit des 20. Jahrhunderts, so Nagels Beobachtung, sei in Gestalt ökologischer Apokalypsen eine globale ökologische Krise herauf beschworen worden. Diese Phase in der Mentalitätsgeschichte des Überlebens zwischen akuter Lebensbedrohung im Zweiten Weltkrieg und Kaltem Krieg sowie wirtschaftlicher Prosperität und Aufbruchsstimmung, aber auch erhöhter Abhängigkeit unter Bedingungen der Globalisierung, erweise sich als besonders instruktiv im Blick auf eine mentalitätsgeschichtliche Analyse des Überlebens. Nagel weist nach, wie sehr sich die Bestimmung Apokalypse als hermeneutischer Schlüssel eigne, um semantische und rhetorische Aspekte der Rede von der ökologischen Krise neu zu erschließen. Dabei erfahre die Bestimmung Apokalypse als Erschließungsfigur der ökologischen Krise zwei entscheidende Veränderungen. Arbeiteten erstens klassische Apokalypsen mit den Motiven von Defizienz, Krise und Fülle, so falle in den modernen Apokalypsen die Fülle entweder fort oder werde statt als ersehnter Zielpunkt in eine krisenfreie naturbelassene verlorene Vergangenheit rückprojiziert. Zweitens werde in der klassischen Apokalypse die Fülle religiös erhofft. Die moderne Apokalypse hingegen beschwöre reformatorische Eigeninitiative herauf, die die Krise abwenden solle. Die Analyse prominenter Überlebenserzählungen, wie sie etwa der Club of Rome oder der intellektuelle Aktivist Rudolf Bahro promoviert habe, bestätigten das. Regelmäßig werde ein unabwendbares ökologisches Katastrophenszenario als unabwendbar exponiert, um begründen zu können, dass sich Heilserwartungen allein in Befolgung eines Reformaufrufs begründen können: Kein Überleben ohne Selbstreform! Mit der klassischen Apokalypse teile wiederum die moderne ökologische Apokalypse des 20. Jahrhunderts den schon vor vier Jahrtausenden üblicherweise hergestellte Zusammenhang zwischen Gefährdung der natürlichen Lebensgrundlage und der herrschenden sozialen Ordnung. Nagel sieht interdisziplinäre Deuteengel der ökologischen Offenbarung am Werk, die mit den Parametern Bevölkerung, Kapital, Nahrungsmittel, Rohstoffvorräte und

Umweltverschmutzung im Gepäck die Selbstumwandlung zum neuen Menschen beschwörten. Die kritische Deutung der Krise mache so bestechend, dass die Krise durch ursprünglich positiv besetzte Faktoren wie Bevölkerungswachstum und Steigerung des Lebensstandards bewirkt werde. Diese Krise müsse nun weltimmanent entweder durch Reformation zu neuen Lebensverhältnisse (so Bahro) oder Restauration alter intakter Lebensverhältnisse (so Club of Rome) verhindert werden, weil kein himmlisches Jerusalem winke: Nicht Glaubenssysteme, sondern die Rationalitätskriterien der modernen Wissenschaften lieferten die Garantie, ob Überleben realistisch werden könne:

Überleben statt ewiges Leben!

Wolfgang Vögele führt in seinem Beitrag vor Augen, welche Relevanz der Ausdruck Leben im Kontext der Reflexion von Friedens- und Sicherheitsfragen hatte. Vögele analysiert vor allem die Konstellationen seit den 1950er Jahren bis zum schlagartigen Rückgang der öffentlichen Aufmerksamkeit, die die Friedensbewegungen mit den Ereignissen um und nach 1989 im Leben der Bundesrepublik Deutschland ereilte. Es sei bei den entsprechenden friedensethischen Kontroversen sehr viel mehr um Lebensoptionen als um explizit reflektierte Semantiken des Lebens gegangen. Nirgends sei der Zusammenhang von Leben und Frieden so virulent geworden wie bei der Drohung mit und Anwendung von atomaren Waffen. Das habe die Eskalation eines innerkirchlichen Konflikts im Zusammenhang der Erklärung des Moderamens des Reformierten Bundes von 1982 gezeigt, die eben im Blick auf Drohung mit und Anwendung von Atomwaffen den status confessionis ausrief. Im Streit hätten verschiedene Optionen und Perspektiven auf die Ausgestaltung des Lebens gelegen, von der furchtbaren Perspektive einer kompletten Zerstörung allen Lebens auf der Erde (Nichtleben), über ein zivilisationsarmes Dahinvegetieren nach einem atomaren dritten Weltkrieg (Überleben) und dem Arrangement mit verschiedenen als diskutabel oder indiskutabel beurteilten Formen gesellschaftlichen Lebens unter kommunistischen oder demokratisch-rechtstaatlichen Gesellschaftsformen bishin zu einem friedlichen Leben ohne Krieg und Waffen. Auffälligerweise sei die zunächst in bioethischem Kontext stark gemachte Würdebestimmung und Rede von der Heiligkeit des Lebens erst spät von friedensethischen Reflexionsgängen adaptiert worden. Viel dominanter sei die mit den Topoi der Selbstvernichtung des Lebens der Menschengattung und dem Überleben des Globus einhergehende Apokalyptisierung der Lebensbestimmung. Dadurch seien oftmals aus ethischen prinzipielle schöpfungstheoretische und aus militärstrategischen apokalyptische Fragen geworden. Es sei dabei zu einer Verknüpfung von Heilsgeschichtlicher und durch sozialethische Sensibilisierung gewährleisteten Rettung des Lebens gekommen, die theologisch umstritten blieb, weil der Mensch zum soteriologischen und gar eschatologischen cooperator Dei promoviert worden sei. Angesichts des atomaren Ausbaus der atomaren Waffensysteme sei das Konfliktlösungspotential der für das Leben gefährlichsten Konfliktlösung des Krieges geschwunden. Mit der zunehmend geteilten Einsicht, dass Leben ohne Konflikt nicht zu haben sei, habe die von Friedrich von Weizsäcker vorgetragene Position an Plausibilität gewonnen, es gehe beim Überleben um die Frage der Fähigkeit des Menschen, friedliche Formen der Konfliktlösung zu finden. Vögele gelingt es durch die heftigen Kontroversen hindurch sieben Momente der Eigenart um die Diskussion der Lebensbestimmung im Kontext der friedenspolitischen Debatten kenntlich zu machen, nämlich erstens, eine typischerweise vorausgesetzte nicht reflektierend explizierte Lebensbestimmung, zweitens die theologische Aufladung dieser nicht weiter reflektierten Lebensbestimmung, drittens der Dual von Lebenszerstörung und Lebenserhaltung, viertens die Verzeitlichung des Lebens in apokalyptischer Perspektive, fünftens die dominante Bestimmung der Gegenwart als Sünde und der damit einhergehende hohe Sinn für die Ambivalenz des Lebens, sechstens die Sensibilisierung für die Riskanz des Lebens mit seinem Selbstvernichtungspotential und siebtens die mit einem differenzierten Friedenskonzept einsetzende Entwicklung eines differenzierten Lebenskonzeptes.

Martina Kumlehn stellt fest, dass in bildungstheoretischem Kontext die elementare Aufgabe von Bildungsprozessen, dem ungesicherten weltoffenen Leben Form zu geben, so basal sei, dass die Lebensbestimmung dort nur latent mitgeführt, aber nicht explizit zum Thema einer bildungstheoretischen Dauerreflexion erhoben werde. So rekonstruiert sie kritisch die in den verschiedenen Bildungskonzepten und -intentionen vorausgesetzten Deutungen des Lebens. Werde auf der Linie von Humboldt Bildsamkeit als Bestimmung begriffen, die den Menschen aus der Determination durch seine biologisch gegebene Lebensverfasstheit befreien solle, so werde spätmodern Bildung als Schule der Lebenskunst so gefasst, dass Lebenswissen Einblick in Grundstrukturen des Lebens eröffne. Reformpädagogische Bildungskonzepte versuchten das Problem zu überwinden, dass Bildung und die in ihr angereicherten Wissensbestände geradewegs aus dem Leben heraus, anstatt in es hinein führten. Wiederum sei in Bildungskonzepten der DDR oder Sowjetunion Leben als Arbeit und Arbeitsleben ins Zentrum gerückt worden. In allen genannten Bildungskonzepten werde jeweils eine andere Lebensform als rein unmittelbar authentisch konnotierte Form von Leben ausgelobt. Entsprechend werde als Bildungskatastrophe identifiziert, dass u.a. durch fehlender Aufarbeitung der Vergangenheit und einer betonten Hinwendung zur Innerlichkeit und Gesinnung, die politische Gestaltung des Lebens selbst verfehlt werde. Nach einer Skizze verschiedener Stadien der Beziehung zwischen Bildungstheorie und Leben attestiert Kumlehn ak-

tuell einen Primat des Nützlichen und Ökonomischen, das Bildung auf
Ausbildung reduziere. Zugleich beobachtet sie aber in Reaktionen auf die
PISA-Studie die Tendenz, wieder präziser nach dem Verhältnis von Leben,
Lebenspraxis und Bildung zu fragen, in Bildungsprozessen nicht mehr einfach eine Form von Lebenswirklichkeit als allein verbindlich zu kommunizieren und bei Leitvorstellungen gelingenden Lebens auf kritische Distanzierung zu eigenen und fremden Lebensentwürfen zu gehen. So gesehen
halte Bildung als Geschehen am Orte des Subjekts das Bewusstsein für das
Nicht-Standardisierbare von Leben wach und bringe es vielfältig zur Darstellung.

Traugott Jähnichens verzeichnet im Kontext des Arbeitslebens eine be-
merkenswerte semantische Verschiebung der Lebensbestimmung durch den
gesellschaftlichen Kontextwechsel von einer Vollbeschäftigung während
der 1950er Jahre zu der Anfang der 70iger Jahre einsetzenden Ölkrise und
Massenarbeitslosigkeit, die das Arbeitsleben destandardisiert habe. In Reaktion darauf habe die theologische Sozialethik das Leben des Industriearbeiters in neuer Weise ins Zentrum gerückt. Dadurch seien die klassischen
Bestimmungen des Berufs und Berufslebens durch die der Arbeit und des
Arbeitslebens abgelöst worden. Zugleich habe die Sozialethik die gesamt-
gesellschaftliche Verherrlichung der Arbeit als eines höchsten Wertes des
Lebens und einer wertbildenden Macht kritisch kommentiert, zugleich aber
vor einer Entwertung von Arbeit gewarnt. Dabei sei Arbeitsleben in Spannung zum Freisein, Feiern und Spiel als Widerlager einer ganzheitlichen
Lebensbetätigung gesetzt worden. Kirchliche Stellungnahmen hätten entsprechend eine die angemessene Partizipation am Eigentum und Mitbestimmung profilierende Lebensbestimmung im Zeichen einer Humanisierung der Arbeitswelt unter christlichen Vorzeichen gestärkt, die durch die
Näherbestimmungen von Individualität, Mitmenschlichkeit, personale Verantwortung und soziale Gerechtigkeit konturiert würden. Diese Lebensbestimmung sei in Stellung gebracht worden zum einen national gegen le-
bensverzehrende pure Rationalisierung und Produktivität, auf Verschleiß
geeichte Produkte und Passivität forcierenden Konsum, zum anderen international gegen ein Wohlstandsleben auf Kosten einer ungerechten Weltwirtschaftsordnung. So sei für eine Orientierung an mehr Leben im Sinne
von Lebensquantität geworben worden. Spätere Modifikationen hätten im
Zeichen fairen Handels und umweltbewussten Konsums versucht, die Alternative zwischen Konsumverzicht und Konsum zu überwinden. Wie ein
roter konsequenter Faden bleibe Arbeit in theologischer Perspektive ein
zentrales Vergesellschaftungsprinzip und Grunddatum menschlicher Existenz, weshalb eine vielschichtige Diskussion über den Stellenwert von Arbeit im Leben anhalte, die deutlich die unselig primitive Alternative einer
life-work-balance überbiete.

Thomas Klie schlägt in seinem Kultur und Freizeit gewidmeten Beitrag vor, Freizeit als einen von Lohn- und Reproduktionsarbeiten ausgesparten Optionsraum zu begreifen, Kultur aber als Komplex symbolischer Ordnungen, was ihn festförmige Freizeitgestaltungen als relevantes Kultur-Phänomen einzuordnen erlaubt. Festliche Begehungen könnten so als Zeitabläufe strukturierende, Identitäten schaffende, Erinnerungsfiguren in Szene setzende und soziale Sinngebungen generierende Instanzen begriffen werden, die zum Integral jeder Kultur zu werden vermögen. Freizeit stehe dabei für die vergnüglichen Aspekte des Lebens, sei in dieser Form erst im frühen 19. Jahrhundert als Widerlager zur zweckgebundenen Beschäftigung geprägt worden und später erst mit den Fest-, Feier-, und Sonntagen assoziiert worden. Mit der sukzessiven Abnahme der Arbeitszeit im Zuge des Wirtschaftswunders werde Freizeit zur Lebenszeit, in der man freie Zeit nicht länger von etwas, sondern für etwas habe. Durch Verschiebungen hindurch halte sich aber der binäre Code aus dem Beginn des 19. Jahrhunderts, der zwischen Leben in Freizeit und Arbeitszeit unterscheide. Klie macht schließlich mit Friedrich Daniel Ernst Schleiermacher darauf aufmerksam, dass wirksame Unterbrechungen der Lebensvollzüge Feste nur dann sein könnten, wenn sie von selbst aus der Bevölkerung hervorgingen, von einer erkennbaren Bevölkerungsmehrheit begangen würden und einen Erinnerungsbezug hätten, der gesättigt sei. Verordnete Feste hingegen seien weit entfernt von der freizeitlichen Fülle des Lebens, sei doch Freizeit als Leben in selbst geformter stilvoller Ausgestaltung zu begreifen. Spätmodern zerflössen nun im Zuge einer „Verfestlichung des Alltags" (Aleida Assmann) die Grenzen und die kulturelle Bedeutung der Freizeit als Lebensgestaltungszeit.

Der Beitrag von *Jörn Ahrens* markiert, wie oben angedeutet, den systematischen Übergang vom zweiten zum dritten Teil des Bandes. Ahrens stellt aus soziologischer Perspektive die Frage, weshalb die Auseinandersetzung um die Biowissenschaften seit Ende der 90iger Jahre des 20. Jahrhunderts binnengesellschaftlich derart bedeutsam wurde und eine Grundsatzdebatte um den Stellenwert der Menschenwürde entfachte, und stellt die These auf, dass diese Debatte eigentlich weniger eine um die Biowissenschaften und den mit ihnen verknüpften Techniken selber sei als vielmehr eine, die die Grundlegung von Gesellschaft berühre. Gesellschaft nämlich beruhe auf Vorannahmen, die sich der reflexiven und rationalen Begründung entzögen, was Ahrens im Anschluss Cornelius Castoriadis und Ernst Cassirer als Zusammenwirken symbolischer und imaginärer Aspekte deutet. Es zeige sich: Trotz aller Dekonstruktionsbemühungen der Moderne stabilisiere den Kern der Gesellschaft kulturell ein Bemühen um Begrenzung des Möglichen und Machbaren, weshalb symbolische Ränder etabliert seien oder sich immer wieder etablieren müssten. Das damit verbundene Symbolische entziehe sich einer transparenten Rationalisierbarkeit, bleibe und wirke latent. Die Aufhebung dieser Latenz wäre jedoch nicht mehr durch manifeste Institutionen substituierbar und würde gesellschaftszersetzend wirken. Die Nötigung zur Transparenz und Aufhebung der Latenz würde also eine Gesellschaft massiv in die Krise führen. Nun sei aber mit den Biowissenschaften und ihren Möglichkeiten einer Naturbearbeitung und Naturbeherrschung im Menschen das gängige Verständnis des Menschen in Frage gestellt. Das löse Fragen der moralischen und juridischen Einhegung des Menschseins aus. Jedoch sei das dominierende auf antike und christliche Kontexte zurückgehende Menschenbild und das von Humanismus und Aufklärung inspirierte Konzept der Menschenwürde durch die Biowissenschaften aufgebrochen. Die damit durch die Biowissenschaften ausgelöste entsprechende Krise müsse aber auf der Ebene der latenten mit Symboltätigkeiten verknüpften Funktionen bewältigt werden. Das genannte Menschenbild könne jedoch als Orientierungsmarke ethischer Vorannahmen nicht mehr herhalten. Wie sehr dies der Fall sei, illustrierten kontroverse Voten aus den entsprechenden Bundestagsdebatten. Man habe erhebliche Probleme gehabt, einen adäquaten Umgang mit dem beschädigten Humanum als Entsprechung des sozial Symbolischen zu finden. In diese Kontroverse hinein habe, so Ahrens‘ These, das Stammzellgesetz die Funktion einer den gesellschaftlichen, kulturellen und politischen Verhältnissen angemessene Form des Symbolischen übernehmen können. Es kompensiere durchaus auch durch den Appell an Menschenwürde und Lebensrecht das Fehlen metaphysischer Gewissheiten in der Moderne, versuche zugleich aber medizinischen und wissenschaftlichen Belangen gerecht zu werden. Dies gelinge dem Stammzellgesetz, indem es dem Kompromiss als Praxis sozialen Handelns folge. Der Kompromiss werde bei Anerkennung des bestehenden Dissenses eben sachgerecht durch das Parlament als Ort sozialer Souveränität in Gestalt dieses Gesetzes umgesetzt. Das Gesetz fungiere dabei als säkularisierte Variante des Symbolischen. Die sogenannte Stichtagsregelung aber sei die entscheidende Pointe des Kompromisses. Diese Regelung etabliere ethische Liminalität und vergesellschaftliche zugleich das Symbolische zu einem gesellschaftlich immanenten und nicht länger transzendent Symbolischen. So kann Ahrens mit seinem Beitrag für die Vielschichtigkeit der aktuellen biowissenschaftlichen Diskurse sensibilisieren, die der dritte Teil des Bandes aufzuschlüsseln versucht.

III.

Den Gang durch die biowissenschaftlichen Diskurse eröffnet *Cornelius Borck*. Borck macht darauf aufmerksam, wie im Kontext der Medizin das Präfix „Bio" einmal als Auszeichnung für eine schöne vitale unverdorbene Natürlichkeit, einmal als besondere Parteinahme einer rein forschungsbasierten krankenhausfernen Medizin und Technik für eine hoch technisierter Naturwissenschaft genutzt werde. Diese Doppeldeutigkeit gehe freilich auf eine kritische Vorgeschichte zurück. In der habe das Prädikat „biomedizinisch" für eine die sozialen und kulturellen Dimensionen von Gesundheitsproblemen vernachlässigende Forschungsmedizin gestanden. Borck warnt allerdings davor, im Zuge einer technisierten pharmazeutisch überfremdeten Medizin implizit Opfer und Täterrollen zuzuweisen, die die Schwächeren nochmals als Opfer der Beratungsprozeduren entmündige und mit der Unterstellung arbeite, Medizin sei als Enteignungswissenschaft des Lebens ans Werk gegangen und taste das Leben in seiner Unverfügbarkeit unangemessen an. Als entscheidende Pointe einer Lebensbestimmung im Kontext von Biomedizin identifiziert Borck, dass Biomedizin als Wissensform das Leben gleichsam von innen neu erschließe. Diese Wissensform dominiere, was über das Leben gesagt, gedacht und getan werden könne. Das Leben sei dadurch in neuer Weise verfügbar und damit zum politischen Gegenstand geworden. Vor dieser Exposition skizziert Borck die Geschichte der Biomedizin als einen historisch langfristigen, strukturbildenden Prozess, der auf die Experimentalisierung des Lebens im 19. Jahrhundert zurückgehe. In der Zeit nach dem Zweiten Weltkrieg habe sich die Molekularisierung der Medizin etabliert. Modellsysteme seien zur Simulierung menschlicher Krankheiten unter Laborbedingungen eingeführt worden. Das biologische Labor sei in den Kontext der Medizin eingezogen. Insgesamt habe die Medizin von der molekularen Beschreibung der Lebensprozesse mit ihrer atemberaubenden Progression von der Prägung des Genbegriffs zu Beginn des Jahrhunderts über die Bestimmung der Struktur der DNS 1953 bis zum humanen Genomprojekt gegen Ende des Jahrhunderts profitiert. Das sei das eine. Das andere sei, dass promoviert durch Hormonforschung und technische Innovationen Phänomene wie die Antibabypille, Retortenbabys und Entwicklung künstlicher Organe und Implantate das Leben mit der Zeit perfekt medizinisch und technisch kontrollierbar erscheinen ließen. Biopolitisch global agierte sich die eine medizinische Kontrollmacht militärisch industriell ebenso wie mit weltweiten Reihenuntersuchungen, Durchimpfungen und Vorsorgeprogrammen aus. Berichte des Club of Rome hätten dafür sensibilisiert, dass technische Lösungen nicht der Weisheit letzter Schluss für die medizinische Bewältigung biologischer Lebensprobleme sein können. Aber auch die daraus resultierende Favorisierung biologischer

Bewältigungsstrategien sei später im Zuge des Übergangs von der Moderne zur Postmoderne in die Krise geraten. Lebensbewältigung habe nunmehr im Zeichen einer durch immer höhere therapeutische Komplexität überforderte Individualisierung der Medizin und dergleichen mehr gestanden. Nicht mehr Laboruntersuchungen, sondern Konkurrenzen von Versicherten, Kontrolleuren, Juristen und Statistikern im Namen einer sogenannten evidenzbasierten Medizin erschlössen, was in medizinischer Perspektive Leben meine.

Molekularbiologisch gelte, so *Christoph Rehmann-Sutter* in seinem Beitrag zur Frage, welches Leben die Molekularbiologie erfasse, nach wie vor trotz starker Modifikationen und Entwicklungen das von Manfred Eigen bereits 1987 geprägte Credo, dass Leben ein dynamischer Ordnungszustand der Materie sei. Stark verändert habe sich freilich die Bedeutung, die der genetischen Information in der Selbstkonstituierung und dynamischen Entwicklung von Lebewesen zugedacht werde. Dies gelte vor allem für den Begriff der genetischen Information in diesem Kontext. Rehmann-Sutter diagnostiziert einen „system turn" in der Molekularbiologie von einer informationalistischen Periode hin zu einem epigenetischen komplexen Systemansatz, der maßgeblich auf den Lebensbegriff zurück gewirkt habe. Der Systemansatz habe die DNA in ontologischer wie kausaler Hinsicht entprivilegiert. Im Sinne von Susan Oyama sei nunmehr von einer „Emergenz der entwicklungsrelevanten Information" im Prozess zu reden. Emergenz meine dabei, dass sich bestimmte Strukturen aus einer Konstellation von Faktoren ergäben. Beschrieben würden Folgen von Lebenszyklen von Entwicklungssystemen, nicht die Sukzession von Individuen in einer Population. Die Leitfrage sei: Wie wird ein bestimmter Schritt aus den Voraussetzungen der je früheren Situation des Entwicklungssystems hervorgebracht? Dabei müsse vor Augen stehen, dass Biologie und Molekularbiologie zwar „Phänomene des Lebens" wie Entwicklung, dynamische Organisation, Selbsterhaltung und Interaktion beschrieben, nicht jedoch das Leben selbst. Leben bleibe ein metabiologischer Begriff, der der Philosophie und lebensweltlichen Zugängen vorbehalten und auf sie beschränkt sei. Versuche der Biologie im 20. Jahrhundert, über kriteriologische Listen die Lebensbestimmung zu fassen, entlarvt Rehmann-Sutter als definitorischen Selbstbetrug, der auf der Grundlage von lebensweltlich nicht weiter ausgewiesenen Bestimmungen des Lebens versuche, eigentlich nur empirisch identifizierbare Lebensphänomene entscheidbar zu identifizieren. Der Lebensbegriff selbst werde damit nicht gefasst. Rehmann-Sutter schlägt deshalb vor, die falsche Alternative zwischen einer physikalistischen Erklärbarkeit des Lebens durch eine Liste von Fähigkeiten und Eigenarten lebender Systeme und einer anthropomorphen der naturwissenschaftlichen Betrachtung entzogenen Projektion zu überwinden. Dafür müsse man sich der Behauptung anschließen, dass Systeme ihren Sinn darin hätten, als Prozess da zu sein. Dann nämlich könne lebendigen Systemen ein intrinsischer Sinn zugeschrieben werden im Sinne einer organischen Praxis als Element eines subjektiven Verhältnisses zwischen wahrnehmenden menschlichen Subjekten und dem wahrgenommenen Leben. Die entsprechende Annahme eines eigenen Sinnraums eines Lebewesens sei dabei keine theoretische Annahme, sondern eine Tat. In dieser Perspektive sei Molekularbiologie nicht nur wissenschaftliche Aufklärung der molekularen Natur von Organismen, sondern auch eminent biopolitische Aktionsdisziplin. Die Frage, ob potentiell synthetisch hergestellte Produkte einer synthetischen Biologie Lebewesen genannt zu werden verdienen, müsse im Kontext einer dem jeweiligen konkreten Projekt gerecht werdenden Analyse der damit verbundenen Zuschreibungspraxis beantwortet werden. Aufgrund des Tatcharakters der Lebenszuschreibung sei die Abhängigkeit des Bioproduktes vom gestalterischen Handeln für die Bewertung zweitrangig, ob das Produkt anerkennend als Lebewesen wahrgenommen werden könne. Auch wenn also Molekularbiologie nicht die metabiologische Thematisierung des Lebens traktiere, könne sie für die metabiologische Analyse einen markanten Beitrag zur Reinterpretation des Lebens leisten.

Lässt sich dem Leben angesichts modernster molekularbiologischer Methodik statt auf dem Weg der Analyse auf dem Weg der Konstruktion auf die Spur kommen? *Elke Witt* analysiert in ihrem Beitrag kritisch den Versuch mehrerer Forschungsprojekte, über den Weg der Konstruktion die in der Molekularbiologie beschriebenen Bausteine zu lebenden Einheiten zusammen zu fügen. Diese Konstruktionsprojekte könnten, so Witt, als Reaktion auf den gescheiterten Versuch gelesen werden, mittels molekularbiologische Analyse im Zuge großer Genomsequenzierungsprojekte Einsichten in den Ursprung und die Ermöglichung von Leben zu gewinnen. Statt auf die lebenserschließende Kraft der Analyse sei nun auf die der Konstruktion gesetzt worden. Die konkreten Versuche gingen dahin, in vitro minimale Lebensformen her zu stellen. Witt macht dabei auf den Umstand aufmerksam, dass die verschiedenen Konstruktionsansätze ganz bestimmte Vorverständnisse von Leben im biologischen Sinne voraussetzen. Diese Vorverständnisse hätten Einfluss auf die gewählten Konstruktionsverfahren. Hier liegt nun die Pointe ihres Beitrages, der aufzuzeigen unternimmt, welche Ansätze zur Konstruktion minimaler Lebensformen welche Lebenskonzepte zugrunde liegen. Zwei grundsätzliche Zugänge seien zu unterscheiden, ein reduktionistischer Ansatz mit molekularbiologischer Ambition, der Leben in der Logik von Genomstrukturen fasse – so noch Craig Venter in den 90iger Jahren des 20. Jahrhunderts – und ein systembiologischer Ansatz mit einem organismischen Lebenskonzept, der in zwei Varianten, einem evolutionären und einem funktionalen Systemansatz verfolgt werde.

Als entscheidende Schwierigkeit des molekularbiologischen Ansatzes identifiziert Witt, dass sich anders als erhofft kein die Grundausstattung von Lebendem charakterisierendes Minimalgenom identifizieren lasse. Die entsprechenden Forschungsprojekte seien nicht weiter gediehen als über die Einbringung von diversen Minimalgenomen in Empfängerzellen neue sehr einfache Lebensformen zu erstellen. Dabei sei aber lediglich bestehendes Leben geschickt für die Hervorbringung neuen elementaren Lebens genutzt worden. Die Logik des Aufbaus des Lebens sei mithin nicht ergründet, sondern lediglich Lebendes manipuliert worden. Auch der evolutionäre systembiologische Ansatz, der sich an einem evolutionären Lebenskonzept orientiere und mit der Grundfrage arbeite, wie die grundlegende Organisation des Lebens entstehen und sich entwickeln konnte, habe bisher Lebendes nicht überzeugend rekonstruieren können. Er habe zwei primäre Subsysteme zugrunde, ein Stoffwechselsystem und ein genetisches System zugrunde gelegt, und habe sogar vermocht, einzelne Funktionsträger, die für das biologische Leben relevant zu sein scheinen, herzustellen, habe jedoch bislang nicht die Schwierigkeit überwinden können, diese Funktionsträger durch Interaktion zu einem neuen System zusammen zu fassen, das in der Lage wäre, Autonomie und Entwicklungsfähigkeit für eine dauerhafte Existenz in einer gegebenen Umwelt zu entwickeln.

Schließlich sei der funktionale systembiologische Ansatz mit seinem Ansinnen bisher gescheitert, autopoietische Systeme zu kreieren. Die in diesem Kontext angestrebte Protozellerzeugung habe bislang den Status von Computersimulationen und experimenteller Vorarbeiten nicht überschritten. So muss Witt mit der ernüchternden Feststellung schließen, dass selbst bei vorausgesetztem Lebenskonzept bisher die vermuteten Prinzipien des Lebens nicht rekonstruiert werden konnten, sich diese Prinzipien also der Einsicht weiterhin entziehen.

Eine ganz andere Herausforderung erfährt die Frage, was Leben sei, durch biologische Synthese und Konstruktionsversuche, die dem Artefaktischen des Lebens gewidmet sind und auf Namen wie Biofakt und Hybrid hören. *Nicole C. Karafyllis* geht diesen Herausforderungen in ihrem Beitrag nach, klärt über die Bezeichnungsvielfalt für Artefaktisches unterschiedlichen Typs auf: von der Chimäre über Cyborg und Replikant bis zum Hybrid und Artefakt. Der Neologismus „Biofakt", eine sprachliche Verbindung des griechischen Ausdrucks bios und des lateinischen Ausdrucks Artefakt, so informiert sie, sei erstmals 2001 in die philosophische Diskussion eingeführt worden. Biofakte seien biotische Artefakte. Sie bestimmen ein Technisches und ein Natürliches Momentum. Im Unterschied zu herkömmlichen Synthesen von Technischem und Natürlichem werde allerdings nicht ein technisches Element mit einem natürlichen so fusioniert, dass es auch wieder in seine Komponenten zerlegt werden könne. Vielmehr fusionierten

Biofakte im Labor zu einer neuen Einheit, der Leben zugesprochen werde wie im Falle von Prothese und Organismus. Biofakte wüchsen zusammen und würden nicht zusammengestellt oder zusammengesetzt. Das Technische Moment verberge sich hinter dem arrangierten Wachstumsprozess. Ein Biofakt fusioniere also im Labor zu einer chimärenhaften Technonatur nach Plan. Das herausfordernde dieser Fusionierung sei für die Lebensbestimmung dies, dass biofaktische Mischformen klassische Abgrenzungen wie die von natürlich und künstlich, tot und lebend, biotisch und abiotisch durchkreuzten. Biofakte seien nicht mehr pure leblose rein menschengemachte Artefakte, ebenso wenig pure Lebewesen, insofern sie mit ihrem technischen Entstehungsprozess verbunden blieben. Weil die Pointe des Biofaktischen im Wachstumsprozess liegt, stellt Karafyllis nicht von Ungefähr bei Ihrer Analyse zur Lebensbestimmung Wachstum als Proprium von Leben ins Zentrum ihrer Überlegungen und Beobachtungen. Dabei gliedert sie das Phänomen Wachstum in einem ersten Schritt in das Spannungsfeld von Natur, Technik und Leben ein und führt vor Augen, wie sich bei allen begrifflichen Distinktionsbemühungen Natürliches und Technisches im Blick auf eine menschliche Ausgestaltung von Wachstumsprozessen raffiniert durchdringen und bei den zu beschreibenden Wachstumsprozessen Technik im vierfachen Sinn von Artefakt, Handlung, Medium und Wissen relevant werde. In einem zweiten Schritt wird stark gemacht, dass sich die Bestimmung des Wachstums aus ontologischen und phänomenologischen Gründen einem verdinglichenden und verkörperlichenden Zugriff entziehe, wie ihn etwa die Life Sciences als paradigmatische Disziplin gegenwärtiger Modernisierungsschübe im nachmetaphysischen Zeitalter favorisierten. Das Phänomen Wachstum, so zeige sich, lasse sich aufgrund seines grenzüberschreitenden Wesens nicht einfach als Moment des Belebtsein eines biotischen Körpers erschließen. Vor dem Hintergrund ihrer Klärungen zur Wachstumsbestimmung schlägt Carafyllis schließlich die Typologie der Biofaktizität in vier Stufen vor, nämlich der Stufen von Imitation, Automation, Simulation und Fusion und expliziert deren Pointe.

Angesichts der so herausgearbeiteten Potentiale des Biofaktischen identifiziert sie als Königsfrage nicht länger die, ob künstliche Wesen wie echte Menschen aussehen, denken und fühlen, sondern wie wir als konventionelle Menschen uns gegenüber diesen Biofakten definierten. Es zeichne sich eine Hybridität des Menschen ab. Der Mensch als hybrider Grenzgänger in einer Wissensgesellschaft stelle Biofakte her und spiegle sich in den biofaktischen Objekten. Einzig beruhigend bleibe, dass Wachstum sich im Labor provozieren und modellieren, nicht aber herstellen lasse. Sein Potential bleibe in der Natur. Hierin liege die empfindliche Grenze der technischen Substituierbarkeit von Natur.

Armin Grunwald prüft in seinem Beitrag, ob das Versprechen der Bionik, Grundsätze des Lebens und seiner Entwicklung zur Gestaltung von Technik heran zu ziehen, auf dem Feld der Nanobionik eingelöst werden könne. Mit dieser Prüfung verknüpft sich die Hauptthese des Beitrags, dass es statt zu einer lebensnäheren Technik, zu einer Technisierung des Lebendigen komme, was mit dem technomorphen Blick auf lebende Systeme, die die Bionik nahe lege, zusammen hängen mag. Das führe in gewisser Weise nicht zu einer instrumentalisierenden Distanzierung von Leben, sondern zu einer erschließenden Annäherung an Leben. Leben werde nämlich in einer Art Neuauflage des in der zweiten Hälfte des 20. Jahrhunderts vertretenen der Techniksprache verpflichteten reduktionistischen approach begriffen und so als mit technischen Mitteln gestaltbar und nach menschlichen Zwecken herstellbar vorgestellt. Nun ist, wie Grunwald einräumt, Bionik eine erkenntnistheoretisch ehrgeizarme Disziplin. Es gehe ihr darum jenseits wissenschaftlicher Ambition Produkte und Prozesse zu erfinden.

Nanobiotechnologie sei allerdings noch weitgehend im Stadium der Grundlagenforschung. Subzelluläre Prozesse würden analysiert und nachgeahmt und Funktionsprinzipien biomolekularer Systeme genutzt und auf technische Systeme übertragen. In bezeichnender Weise kommt dabei das von Rehmann-Sutter stark gemachte Moment ins Spiel, dass Lebensdeutung ein Moment der Tat kennzeiche. Denn die Deutung lebender Systeme als technischer Systeme geht hier mit dem Umstand zusammen, dass lebende Systeme technisch bearbeitet werden müssen, um überhaupt erst technisches Wissen zu generieren. Zugleich wird von dem für Lebewesen charakteristischen Umstand abstrahiert, in bestimmten ökologischen Lebenszusammenhängen zu leben, weil allein der technische Funktionszusammenhang des lebenden Systems interessiere. Grunwald deckt auf, dass der damit verknüpfte technische Blick auf die Natur die Naturnähe der Nanobionik in Frage stelle. Damit werde die Hoffnung durch Orientierung der Technik an Grundsätzen des Lebens besonders risikoarme, naturangepasste und nachhaltige Techniken und Produkte zu generieren, fraglich. Wenn Grunwald vorschlägt, die synthetische Biologie als Teil der Nanobiotechnologie zu begreifen, schließt sich der Kreis mit den kritischen Beobachtungen Elke Witts. Das wirft einmal mehr ein kritisches Licht auf die wissenschaftliche und erkenntnistheoretische Ambition dieser Disziplin. Grunwald begründet seinen Vorschlag damit, dass synthetische Biologie als eine Fortführung der Molekularbiologie mit nanotechnologischen Mitteln begriffen werden könne, die Wissen um Lebensvorgänge kombiniere und nutze, um „useful functions" etwa in Gestalt von sog. Mikromaschinen zu realisieren. Grunwald warnt abschließend vor größenwahnsinnigen Annahmen auf dem Feld der Bionik, die glauben machen, der Mensch könne vom Beobachter zum Lenker der Natur avancieren und als eine Art zweiter Evolutionär durch nanotechnologische Nachahmung der Funktion der DNA das Leben revolutionieren.

Erleben oder erkennen, ist das die Frage? Aus der Gegenüberstellung Maxwellschen physikalischen Ansatz, der das Erkennen präferiert und „von außen" messbare Erkenntnis, nämlich Beziehungen und Veränderungen physikalischer Körper im Raum registriert, und einem Bergsonschen metaphysischen Ansatz, der das Erleben vorzieht und „von innen" agiert, gewinnt *Kristian Köchy* in seinem Beitrag die Paramenter, um den Entwicklungsgang von Forschungsprogrammen der Neurowissenschaften im 20. Jahrhundert zu rekonstruieren. Dabei hat er kontinuierlich die Leitfrage vor Augen, welches Verhältnis die Neurowissenschaften zum Phänomen des Lebens bzw. der Erlebens aufzeigen. Köchy hält dafür, dass von einem komplex verflochtenen Netzwerk unterschiedlicher Konzepte naturwissenschaftlicher, wissenschaftstheoretischer und metaphysischer Provenienz auszugehen sei, und identifiziert in prägnantem systematischem Zugriff drei Schritte der Zuordnung von Erkennen und Erleben, in einem ersten Schritt die dem tierpsychologischen Forschungsprogramm zuzuordnende Figur „Erkennen als Erleben", in einem zweiten Schritt die dem Forschungsprogramm der experimentellen Verhaltensforschung und Neurobiologie zuzuordnende Figur „Erkennen statt Erleben" und in einem dritten Schritt die dem Forschungsprogramm einer kognitiven Neurobiologie und Verhaltensforschung zuzuordnende Figur „Erkennen des Erlebens".

Der Gang durch die komplexen Varianten der der Formel Erkennen als Erleben verpflichteten tierpsychologischen Schulen zeigt. Ein kardinales Problem in der Erforschung von Erleben liegt darin, dass Tiere nicht über Sprache verfügen und also eine Auskunft über psychische Erlebnisse nicht leicht ermittelt werden kann. Es bleibt bei Rückschlüssen auf psychische Verhältnisse aus der Beobachtung tierischer Bewegungen. Das führt zu einer Reihe voraussetzungsreicher Annahmen, die Köchy nachzeichnet, um vor Augen zu führen, dass eigentlich nicht das Tier, sondern die Beziehung zwischen Tier und Beobachter beobachtet werde. Schließlich erweist sich bei genauer Analyse der Streit um Denkstile in der Tierpsychologie als Streit unterschiedlicher Philosophien, in deren Zusammenhang sich auch die Konzepte des Lebens und des Erlebens jeweils modifizieren, so dass nicht verwundern muss, dass das neuere kognitive Forschungsprogramm darauf angewiesen ist, kulturwissenschaftliche Modelle von Lebensprozessen wieder zu beleben.

Mit dem Forschungsprogramm der experimentellen Verhaltensforschung und Neurobiologie, so Köchy, trete an die Stelle einer Erlebnispsychologie eine Leistungsbehavoristik, die Tierpsychologie für ein unmögliches Unterfangen halte, keine andere als die Dritte-Person-Perspektive kenne und an die Stelle von Termini wie Angst und Schmerz Bestimmungen wie Stimulus, Antwort und Verhaltensformation treten lasse: Erkennen statt Erleben. Entsprechend würden Intentionen wie Bewusstseinszustände zu wissenschaftlich unbrauchbaren Bestimmungen erklärt. Es gehe allein darum, Verhaltensweisen anhand von Gerhirnaktivitäten zu erklären und so Verhalten als eine strukturelle und funktionelle Änderung in lebenden Geweben zu fassen, die quantitativ beschrieben werden könne.

Demgegenüber versuche das Forschungsprogramm einer kognitiven Neurobiologie und Verhaltensforschung dem Erleben auf die Spur zu kommen, dies jedoch im Modus des Erkennens. Entsprechend sollen erlebte Begleitzustände von Wahrnehmen, Vorstellen und Erinnern etc. auf ihre neuronalen Bedingungen zurückgeführt werden. Auch die kognitive Neurobiologie bleibe Naturwissenschaft und könne nur raum-zeitliche Vorgänge untersuchen. Für sie bleibe die Erste-Person Perspektive nicht wissenschaftsfähig. Vielmehr gelte es diese zu objektivieren. Empfindungsberichte hätten folglich mit publiken Kriterien übereinzustimmen, weshalb in einer der kognitiven Neurobiologie korrespondierenden philosophy of mind publike Kriterien epistemologische Priorität hätten. Dennoch müssten die kognitiven Neurowissenschaften in aller Regel Ergebnisse der inneren Erfahrung oder der Selbstzuschreibung der Probanden in ihre Methodologie einbinden. Man benötigt subjektive Evidenz, um überhaupt entschieden zu können, welche objektive Messung im Labor tatsächlich eine Messung der Aufmerksamkeit sei. Damit erweist sich die kognitive Neurobiologie in empfindlicher Weise als von der Introspektion abhängig: Introspektion sei nicht nur für die Hypothesenbildung, sondern auch -prüfung maßgeblich. So sei es kein Zufall, dass genuin kulturwissenschaftliche Konzepte des Erlebens und Verstehens das evolutionäre und neurowissenschaftliche Forschungsprogramm anreicherten. In einer wissenschaftstheoretisch ausgereiften Form der Deutung von besonders komplexen Lebensprozessen, nämlich Sprachprozessen schlage das Deutungsprimat von der naturwissenschaftlichen Deutungshoheit wieder in eine geisteswissenschaftliche Deutungshoheit um. Um mit Kristian Köchy John Dupré zu zitieren und so den Durchgang durch die in diesem Band gebotenen Erkundungsgänge in die Zugangswege des Lebenskonzepte abzuschließen: „Vielleicht hätten wir eine bessere Vorstellung von der Sprachfähigkeit von Affen, wenn die Forschung von Literaturwissenschaftlern betrieben worden wäre."

Eine Fortschreibung der wissenschaftlichen Erschließung von Grenzen und Möglichkeiten, dem Leben auf die Spur zu kommen und dem Leben eine möglichst angemessene Fassung zu geben, sollte nicht den Fehler machen angesichts der Grenzen naturwissenschaftlicher Erschließungskräfte einen erneuten Triumph geisteswissenschaftlicher Zugänge zu prognostizieren. Die Lektüre der Beiträge auch dieses dritten Bandes sollte nämlich hinreichend dafür sensibilisieren, dass der Machtkampf um die Frage, welche Disziplin denn die Königsdisziplin in Sachen Leben sei, nur in einen Pyrrhussieg hineinführen dürfte. Es ist weder das alleinige Vorrecht geisteswissenschaftlicher noch das alleinige Vorrecht biowissenschaftlicher Disziplinen biopolitisch zu wirken. Entscheidend ist die Frage, wie sie biopolitisch wirken und welche biopolitischen Kräfte und Gegenkräfte sie freisetzen. Entscheidend ist ferner, wie deutlich es in den entsprechenden Diskursen gelingt, einen vorwissenschaftlichen Sprachgebrauch der Lebensbestimmung von einem mehr oder weniger artifiziellen terminologischen Gebrauch zu unterscheiden. Das gilt nicht nur für die wissenschaftlichen, sondern auch für die politischen und moralisch ambitionierten Diskurse um das Leben, wie sie sich aufeinander beziehen und bisweilen wechselseitig durchdringen.

Aus theologischer Perspektive Bilanz zu ziehen, sich also mit den in diesem dritten Band und überhaupt den drei systematisch-historischen Bänden identifizierten Tendenzen systematisch-theologisch auseinander zu setzen ist dem vierten Band vorbehalten. Schon jetzt dürfte deutlich geworden sein. Es gilt jenseits von vorgeblichem Streit um die Überlegenheiten im Zugriff auf das Leben und der deutenden Erschließung von Leben die wechselseitige Erschließungsleistungen weiter zu ästimieren, ihren Gewinn abzuwägen und sich in diesem Prozess jenseits dogmatischer Festlegungen über die Entzogenheit und Unverfügbarkeit des Lebens der Entzogenheit und den Grenzen der Erfahrbarkeit und Handhabbarkeit von Leben inne zu werden und daraus angemessene Konsequenzen im theologischen Urteil zu ziehen.

Danksagung

Die Herausgeber des Bandes sind allen zu Dank verpflichtet, die zu seinem Erscheinen beigetragen haben. Zu danken ist zuerst und vor allem den Autorinnen und Autoren der Beiträge sowie den Mitgliedern der interdisziplinären Forschungsgruppe Leben der FEST: nämlich Reiner Anselm, Petra Gehring, Gerald Hartung, Tom Kleffmann, Kristian Köchy, Dietrich Korsch, Stephan Schleissing, Christian Senkel, Stephan Schaede, Joachim von Soosten und Philipp Stoellger. Im Verlauf der Forschungstreffen, die den Beiträgen dieses dritten Bandes gewidmet waren, kam es zu wichtigen Diskussionsgängen und Klärungen, die in die Ausarbeitungen der Beiträge eingeflossen sind. Besonderes Verdienst für Anlage und Auswahl haben sich in einer frühen Phase der Bandplanung Reiner Anselm, Joachim von Soosten und Philipp Stoellger erworben. Kristian Köchy war es, der vor allem im Blick auf die naturwissenschaftlichen Beiträge für deren Ausrichtung, Anlage und die Auswahl der Autorinnen und Autoren Sorge getragen hat. Dank sagen wir den Kuratoren Martin Lohse und Hans Nutzinger für die Begutachtung der Manuskripte. Nicht genug gedankt werden kann Anke Muno für Satz, Layout und Korrekturarbeiten. Dem Verlag Mohr Siebeck, namentlich Henning Ziebritzki und Bettina Gade, ist dafür zu danken, dass der Band in dieser schönen Gestalt an so idealem Orte erscheinen kann.

Loccum im November 2015   Im Namen der Herausgeber,
Stephan Schaede

Inhalt

III. „Biowissenschaften" und Leben

I. Lebensideologien

Uwe Hoßfeld

Rasse, Vererbung und Gesellschaft

Zur Politisierung der Biologie im 20. Jahrhundert[1]

I. Einleitung

Die italienischen Biologen Luca und Francesco Cavalli-Sforza haben 1994 in ihrem Buch *Verschieden und doch gleich* mit eindrucksvollen (vorwiegend genetischen Argumenten) dem wissenschaftlich argumentierenden Rassismus jedwede Grundlage entzogen.[2] Eine der wichtigsten Aussagen des Buches lautete: Die Einteilung der Menschen in Rassen ist wissenschaftlich unhaltbar. Zudem konnten sie zeigen, dass äußere Merkmale wie Haut- und Haarfarbe, die gerade von einem Dutzend von insgesamt 150.000 Erbfaktoren bestimmt werden, nur der Anpassung der Natur an die jeweiligen örtlichen Gegebenheiten zu verdanken ist. Wir Menschen sind verschieden und dennoch gleich, weil wir genetisch eine breite Mixtur aus ethnischen Gemeinsamkeiten darstellen. Dennoch erleben wir immer noch, dass Menschen z.B. aufgrund ihrer unterschiedlichen Hautfarbe angegriffen, verfolgt und auch getötet werden, wobei eben die rassistischen Übergriffe die grundsätzlichsten sind, denn die „rassische Zugehörigkeit" ist ein unveränderliches Merkmal eines jeden Menschen, auf das er keinen Einfluss hat.[3]

---

[1] In Anlehnung an das Buch von *L. C. Dunn/T. Dobzhansky*, Heredity, Race, and Society, New York 1946; dt.: Vererbung, Rasse und Gesellschaft, Stuttgart 1970.

[2] *Cavalli-Sforza, L./F. Cavalli-Sforza*, Verschieden und doch gleich. Ein Genetiker entzieht dem Rassismus die Grundlage, München 1994. *M. Šimůnek/U. Hoßfeld/F. Thümmler/O. Breidbach* (Hg.), THE MENDELIAN DIOSKURI. Correspondence of Armin with Erich von Tschermak-Seysenegg, 1898–1951. Studies in the History of Sciences and Humanities 27, Praha 2011. *M. Šimůnek/U. Hoßfeld/F. Thümmler/J. Sekerak*, The letters of J. G. Mendel. William Bateson, Hugo Iltis, and Erich von Tschermak-Seysenegg with Alois and Ferdinand Schindler, 1902–1932. Studies in the History of Sciences and Humanities 28, Praha 2011.

[3] Im nur fünf Jahre später erschienenen Buch „Gene, Völker und Sprachen. Die biologischen Grundlagen unserer Zivilisation" (1999) wird das Argumentationsgefüge noch weiter gefestigt. Vgl. *L. L. Cavalli-Sforza*, Gene, Völker und Sprachen. Die biologischen Grundlagen unserer Zivilisation, München/Wien 1999.

Diese abscheuliche Intoleranz ist aber keine Erscheinung unserer heutigen Zeit, sondern die Wurzeln des Rassismus sind alt und weltweit verbreitet.[4] Rassenforschung, Rassenkunde, Rassenhygiene bzw. Eugenik im 20. Jahrhundert sind dabei nur einige „Sonderwege" rassischen Denkens und Handelns.

Das 20. Jahrhundert, vom ehemaligen französischen Präsidenten Valéry Giscard d'Estaing zum „Jahrhundert der Biologie" erklärt,[5] hat nun ebenso wie das vorangegangene[6] zahlreiche politische wie auch wissenschaftliche Höhen und Tiefen erlebt. So wurde einerseits die Entwicklung der Biowissenschaften um 1900 mit der Wiederentdeckung der Mendel'schen Gesetze geradezu revolutioniert, als gleichzeitig die Studien von Hugo de Vries, Carl Correns sowie den Brüdern Erich und Armin Tschermak [von Seysenegg] erschienen; was insbesondere zu einem großen Aufschwung in der Vererbungsforschung führte.[7] Andererseits sollte aber gerade für die Bio- und Humanwissenschaften während des Dritten Reiches diese Entwicklung eine zentrale, ‚zum Teil negative' Bedeutung erlangen. Durch den disziplinären Fortschritt in der modernen Genetik konnte nun erstmals für Vererbungsforscher, Eugeniker u.a. ein Arbeitsmaterial verfügbar gemacht werden, was es erlaubte, die neu gewonnenen (erb)zytologischen Ergebnisse[8] nicht nur auf das Tier- und Pflanzenreich, sondern auch auf die menschliche

---

[4] Vgl. u.a. *Gesellschaft für christlich-jüdische Zusammenarbeit* (Hg.), Rassenfrage – Heute, München 1963; *J. C. King*, The Biology of Race, New York 1971; *M. Billig*, Die rassistische Internationale, Frankfurt a.M., 1981; *S. Kühl*, The Nazi Connection: Eugenics, American Racism, and German National Socialism, New York/Oxford 1994; *ders.*, Die Internationale der Rassisten, Frankfurt a.M./New York 1997; den Ausstellungskatalog „Schwarzweissheiten. Vom Umgang mit fremden Menschen", anlässlich einer Sonderausstellung im Landesmuseum für Natur und Mensch Oldenburg vom 28.09.2001–27.01.2002 erschienen, zgl. Heft 19 der Schriftenreihe des Landesmuseums, hg. von *M. Fansa*, Oldenburg 2001; *M. W. Feldman/R. C. Lewontin/M.-C. King*, Race: A Genetic Melting-Pot, Nature 424 (2003), S. 374; *U. Hoßfeld*, Geschichte der biologischen Anthropologie in Deutschland. Von den Anfängen bis in die Nachkriegszeit, Stuttgart 2005, ²2016 – dort weitere Literatur.

[5] *E. Mayr*, Das ist Biologie. Die Wissenschaft vom Leben, Heidelberg/Berlin 1998, S. 11.

[6] Vgl. z.B. *R. Virchow*, Die Freiheit der Wissenschaft im modernen Staat, Berlin 1877; *E. Haeckel*, Die Weltanschauung des neuen Kurses, Berlin 1892.

[7] *R. Goldschmidt*, Zwei Jahrzehnte Mendelismus, in: Die Naturwissenschaften 10 (1922), S. 631–635; *ders.*, Einige Probleme des heutigen Vererbungswissenschaft, in: Die Naturwissenschaften 12 (1924), S. 769–771; *ders.*, Die Lehre von der Vererbung, Berlin 1927; *L. Plate*, Vererbungslehre mit besonderer Berücksichtigung der Abstammungslehre und des Menschen, Jena 1932; *I. Jahn*, Zur Geschichte der Wiederentdeckung der Mendelschen Gesetze, in: Wissenschaftliche Zeitschrift der Friedrich-Schiller-Universität Jena, Mathematisch-Naturwissenschaftliche Reihe 7 (1957/58), S. 215–227; *M. Šimůnek,/T. Mayer/U. Hoßfeld/O. Breidbach*, Johann Gregor Mendel. Mendelianismus in Böhmen und Mähren 1900–1930, Jahrbuch für Europäische Wissenschaftskultur 4 (2009), S. 183–204; *M. Šimůnek/U. Hoßfeld/O. Breidbach/M. Mueller*, Mendelism in Bohemia and Moravia, 1900–1930. Collection of Selected Papers, Stuttgart 2010.

[8] Vgl. z.B. *O. Freiherr von Verschuer*, Genetik des Menschen, München/Berlin 1959; *T. Cremer*, Von der Zellenlehre zur Chromosomentheorie, Berlin 1985; *R. Hagemann*, Erwin Baur 1875–1933. Pionier der Genetik und Züchtungsforschung, Eichenau 2000.

Entwicklung und eine damit verbundene Hierarchisierung, Systematisierung sowie Bewertung[9] von menschlichen Populationen zu übertragen. So verwundert auch nicht, wenn 1938 der Tübinger Botaniker Ernst Lehmann einen Beitrag in der NS-Lehrerzeitung *Der Biologe* mit den Worten einleitete: „Vererbungslehre, Rassenkunde und Rassenhygiene gehören zu den Grundlagen nationalsozialistischen Denkens."[10] In seiner Untersuchung hatte Lehmann festgestellt, dass im Gegensatz zu genetischen Lehrveranstaltungen ab 1900 in Deutschland anthropologisch-rassenkundliche Vorlesungen und Übungen in größerem Umfang zu verzeichnen waren, mit Steigerungsraten in der Vorkriegszeit, der Folgezeit nach 1918 bis hin zum vierten Jahrzehnt des 20. Jahrhunderts. So zählte er beispielsweise in den 10 Wintersemestern von 1909/10 bis 1918/19 – 117, von 1919/20 bis 1929/30 – 213 Vorlesungen auf diesem Gebiet; 1934 war ein Höchststand mit 62 erreicht – später bewegte sich das jährliche Angebot zwischen 40 bis 50 Lehrveranstaltungen.[11] Die Untersuchung dokumentiert weiterhin, dass sich seit Mitte der 1920er Jahre die Rassenkunde sowie später auch die Rassenhygiene als geeignete Felder für eine nationalsozialistische Propagierung der Rassen-Ideen erwiesen und in der deutschen Wissenschaftslandschaft etabliert hatten. Ausnahmen gab es bei der Rassenhygiene, die im ersten Jahrzehnt unseres Jahrhunderts noch kaum in den deutschen Lehrplänen vertreten war; die Statistik von Lehmann nennt für 1930/31 lediglich 13 Lehrveranstaltungen. Nach der ‚Machtübernahme' stieg hingegen auch hier die Zahl an: 1933/34 waren es 54, 1935/36 – 53 und 1937/38 – 32.[12] Diese Zahlenangaben dokumentieren, dass der Rasse(n)gedanke neben einem ebenso politisch durchsetzten Erziehungsprogramm und der späteren Apologie des Krieges zum zentralen Element einer nationalsozialistischen Lehre und Forschung an den Universitäten, einigen wissenschaftlichen Instituten (Kaiser-Wilhelm-Netzwerk)[13] sowie in der Propagandama-

---

[9] *H. F. K. Günther*, Rassenkunde des deutschen Volkes, München 1922; *E. Fischer*, Aufgaben der Anthropologie, menschlichen Erblichkeitslehre und Eugenik, in: Die Naturwissenschaften 32 (19269, S. 749–755; *E. Baur/E. Fischer/F. Lenz*, Menschliche Erblichkeitslehre und Rassenhygiene; Bd. 1 – Menschliche Erblichkeitslehre, München 1927; *F. Lenz*, Menschliche Erblichkeitslehre und Rassenhygiene; Bd. 2 – Menschliche Auslese und Rassenhygiene, München 1931; *G. Just*, Handbuch der Erbbiologie des Menschen; Bd. 1, Berlin 1940; *E. Klee*, „Euthanasie" im NS-Staat, Frankfurt a.M. 1985.

[10] *E. Lehmann*, Vererbungslehre, Rassenkunde und Rassenhygiene, in: Der Biologe 7 (1938a), S. 306–310, hier: S. 306; *ders.*, Verbreitung erbbiologischer Kenntnisse durch Hochschule und Schule, in: Deutschlands Erneuerung 22 (1938b), S. 561–567, S. 642–650; *W. Stuckart/R. Schiedermair*, Rassen- und Erbpflege in der Gesetzgebung des Dritten Reiches, Leipzig 1939.

[11] *Lehmann*, Biologe 7, a.a.O., S. 309.

[12] A.a.O., S. 310.

[13] Vgl. hier u.a. die Publikationen der Präsidentenkommission „Geschichte der Kaiser-Wilhelm-Gesellschaft im Nationalsozialismus" im Wallstein-Verlag Göttingen.

schinerie der hauptamtlichen Partei- und Wissenschaftsstellen[14] avancierte, mit Wurzeln in der Weimarer Republik.

II. Naturgeschichte, Rassenkunde, Anthropologie und Evolutionsbiologie

Die Fragen nach unseren Ursprüngen beschäftigen die Menschen schon seit jeher. Sie spielen bei der Selbstfindung und Herausbildung der eigenen, ethnischen Identität und des Nationalverständnisses eine ebenso große Rolle wie in der europäischen Wissenschaftstradition.[15] Im Laufe der Geschichte sind ethnische Auseinandersetzungen, offener Rassismus und Antisemitismus zu wichtigen, oftmals konstruierten, zweifelhaften Merkmalen nationalen Selbstverständnisses geworden.[16]

Rassistische Gesellschaftsbilder gab es schon lange vor der Entwicklung des Rassebegriffes. So hielt man in Griechenland die Barbaren für minderwertig und behauptete, sie seien nur zur Sklaverei bestimmt; im Alten Indien wurde das „Kastenwesen" eingeführt usw. Mit Carl von Linnés Forschungen war es Mitte des 18. Jahrhunderts dann zum ersten Mal gelungen, den Schritt zu einer biologischen Anthropologie zu vollziehen. Hierbei war es sein Verdienst, den Menschen in eine vergleichende Betrachtung der Tierwelt – eine Biologie des Menschen – eingebettet zu haben. Nach Linné gehörte der Mensch in die Ordnung der Primaten (Herrentiere). Die Gelehrten in der Nachfolge des Enzyklopädisten George Buffon stellten dann zwangsläufig die Fragen, wann und wie sich der Mensch nun eigentlich über das Niveau tierischer Primaten erhoben habe. Die Geschichte zeigt, dass in der älteren Naturgeschichte/Anthropologie zunächst nur „Affe-Mensch-Vergleiche" oder „Hautfarbenvergleiche" vorgenommen werden konnten. Im letzten Drittel des 18. Jahrhunderts gelang es dann aber gleich von drei wissenschaftlichen Seiten aus, Beiträge für eine biologisch argu-

---

[14] So war der 1932 gegründete „Deutsche Biologen-Verband" auch schon 1934 in „Übereinkunft mit dem Führer" dem „Nationalsozialistischen Lehrerbund" (NSLB) angeschlossen und 1939 schließlich in den „Reichsbund für Biologie" (RfB) umgewandelt sowie durch Angliederung an das „Ahnenerbe" der SS direkt Heinrich Himmler unterstellt worden.

[15] *S. L. Washburn*, Classification and Human Evolution, Chicago 1963; *R. E. Kuttner*, Race and Modern Science, New York 1967; *H. Martin*, Menschheit auf dem Prüfstand, Berlin 1992; *R. Lewin*, Die Herkunft des Menschen, Heidelberg 1995; *H. Ulrich* (Hg.), Hominid Evolution, Gelsenkirchen 1999; *S. Olson*, Herkunft und Geschichte des Menschen, Berlin 2003; *H. zur Hausen*, Evolution und Menschwerdung, Stuttgart 2006; *E. Hamel*, Das Werden der Völker in Europa, Bristol/Berlin 2007.

[16] *U. Hoßfeld*, Geschichte der biologischen Anthropologie in Deutschland. Von den Anfängen bis in die Nachkriegszeit, Stuttgart 2005, [2]2016; *U. Sieg*, Deutschlands Prophet. Paul de Lagarde und die Ursprünge des modernen Antisemitismus, München 2007.

mentierende Anthropologie zu leisten. So haben die Zoologie/Anatomie, Geografie und Philosophie in einigen Punkten wichtige und wesentliche Grundlagen für die exakte (spätere) Hominidengliederung sowie die zukünftige Wissenschaft gelegt. Der Philosoph Immanuel Kant formulierte die grundlegenden Begriffe für die Anthropologie, der Mediziner Johann F. Blumenbach hingegen erweiterte diese um die biologischen Grundlagen bzw. gab er eine erste Einteilung der Menschenrassen, der Geograf Eberhard A. W. Zimmermann, der Naturforscher Alexander von Humboldt sowie Johann W. von Goethe dehnten die Betrachtung auf geografisch-zoologische sowie völkerkundliche Themen aus. Der Mediziner Samuel T. von Sömmerring integrierte dann noch eine anatomisch-physiologische (medizinische) Sichtweise in die Forschungen, so mit seiner 1785 erschienenen Schrift *Über die körperliche Verschiedenheit des Negers vom Europäer*, wo er sich mit aller Entschiedenheit gegen die mittelalterliche Auffassung wandte, ob Neger überhaupt Menschen und nicht vielleicht Affen wären.[17]

Einige Zeit später – im unmittelbaren Anschluss an das Erscheinen von Charles Darwins *Origin of Species* (1859) – ging die Forschergemeinschaft einen Schritt weiter, indem nun konkret Fragen nach der Herkunft und Verbreitung der Menschen gestellt und diese in eine biologisch-anthropologische Forschung integriert wurden. Außerdem spielten die in diesem Zeitraum entdeckten fossilen Funde eine bedeutende Rolle, ließen diese nun den realhistorischen Ablauf der Hominidenevolution erkennen. So hatte der deutsche Sprachraum an den frühen Fossilfunden (Neandertaler 1856, Funde von Taubach und Weimar-Ehringsdorf 1871–1892, Unterkiefer von Mauer 1907, Jungpaläolithiker in Obercassel 1914) einen beachtlichen Anteil. Selbstverständlich war aber eine überzeugende Einordnung dieser Funde nur vor dem Hintergrund des Gesamtbestandes menschlicher Fossilien möglich, zumal man eben auch über außerdeutsche Funde (Pithecanthropus) diskutierte.

Seit den 1920er Jahren verlagerten sich dann die (geografischen) Hauptfundgebiete wichtiger Fossilien nach China, Südafrika oder Kenia. In Deutschland hingegen endete die seit 1856 (Neandertaler) begonnene Phase bedeutender Funde im Juli 1933 mit dem Fund von Steinheim an der Murr, der als europäischer Präsapiens-Fund den Funden von Swanscombe in England (1935/36, 1955) und Fontéchevade in Frankreich (1947) zuzuordnen ist. Nach Steinheim war es den deutschen Anthropologen dann nur noch möglich, sich an den allgemeineren Diskussionen über die Fossil- und

---

[17] *R. Boyd/J. B. Silk*, How humans evolved, New York/London 1997; *U. Hoßfeld*, Geschichte der biologischen Anthropologie in Deutschland. Von den Anfängen bis in die Nachkriegszeit, Stuttgart 2005.

Abstammungsgeschichte in der wissenschaftlichen Gemeinschaft zu beteiligen, jedoch nicht mehr an den Erstbeschreibungen.

Zur Mitte der 1920er Jahre fanden die Evolution des Menschen und insbesondere die Fossilgeschichte bei einem breiten Publikum ein großes Interesse. Ein Blick in die Fachliteratur sowie das populäre Schrifttum jener Jahre zeigt, dass zahlreiche, zu diesem Themenkomplex vorgelegte Bücher, Zeitschriftenaufsätze das öffentliche Meinungsbild prägten und mitgestalteten. Es war daher wichtig, dass deutsche Anthropologen seit dieser Zeit immer wieder Zusammenfassungen des Wissensstandes und kritische Stellungnahmen zu den Fossilfunden und theoretischen Modellen zur Menschheitsgeschichte verfassten, an denen sich auch Laien orientieren konnten. Insbesondere in den 1940er bis 1970er Jahren kam es dann – trotz des Missbrauchs anthropologischer Forschungsergebnisse im Nationalsozialismus – zu einer regelrechten Verschmelzung von anthropologischem und evolutionsbiologischem Wissen.[18] Damit wurde es nun auch möglich, im 20. Jahrhundert den Menschen als biologisches Wesen, als biologischen Organismus und nicht mehr ausschließlich als Kreatur einer göttlichen Schöpfung zu begreifen.[19]

III. Rassismus und Gesellschaft –
Von Ernst Haeckel bis Alfred Krupp

Thüringen nimmt – was die wissenschaftshistorische Tradition des „Rassismus" im 19. und 20. Jahrhundert betrifft – eine Sonderstellung ein, wurden doch hier teilweise sehr spezielle „Rasse"-Bilder entworfen und postuliert.[20] Diese Eigenheiten sind Teil der wissenschaftlichen Diskussion in Deutschland. Die Universität Jena und an ihr tätige Gelehrte (der Zoologe Ernst Haeckel, der Linguist August Schleicher, der Botaniker Matthias Jakob Schleiden, der Mathematiker Karl Snell) ragen dabei besonders heraus. Jena wurde damit nicht nur zum „Mekka für Zoologen". Hier wurden die Ergebnisse des Darwinismus durch Haeckel und sein Umfeld so aufgenommen bzw. kritisch hinterfragt wie in keiner anderen deutschen Universität. Deshalb sind später eben auch hier direkte Verbindungslinien zum So-

---

[18] H. Hofer/G. Altner, Die Sonderstellung des Menschen, Stuttgart 1972; W. Gieseler, Die Fossilgeschichte des Menschen, Stuttgart 1974.

[19] U. Hoßfeld, Reflexionen zur Paläoanthropologie in der deutschsprachigen evolutionsbiologischen Literatur der 1940er bis 1970er Jahre, in: Urmensch und Wissenschaften. Eine Bestandsaufnahme, hg. von B. Kleeberg/T. Walter/F. Crivellari, Darmstadt 2005, S. 59–88; T. Gondermann, Evolution und Rasse, Bielefeld 2007.

[20] U. Hoßfeld, „Rasse"-Bilder in Thüringen, 1863–1945. Blätter zur Landeskunde Thüringen – Nr. 63, Landeszentrale für Politische Bildung, Erfurt 2006.

zialdarwinismus, zur Eugenik (Erbgesundheitslehre), „Rassenhygiene",
„Rassenkunde" und dem Monismus (Lehre von der Einheit der Welt) festzustellen.[21] Haeckel war es dann auch, der auf Grundlage der darwin'schen
Gedanken, bereits 1863 in seinem Stettiner-Vortrag zu dem Schluss kam,
dass der Mensch eben nicht „als ein erwachsener sündenfreier Adam aus
der Hand des Schöpfers" hervorgegangen sein musste. Dafür sprächen
neuere Entdeckungen aus der Geologie und Altertumsforschung ebenso wie
aus der vergleichenden Sprachforschung. Fossile Funde gab es noch nicht
und konnten somit nicht angeführt werden. Verwandtschaftsbeziehungen
der Menschen und Sprachen (der Jenaer Linguist Schleicher hatte 1863 einen Stammbaum der Indogermanischen Sprachen entworfen) gingen somit
auf das Prinzip der gemeinsamen Abstammung zurück und ließen sich mit
fortschreitender Entwicklung erklären. Die Urheimat der verschiedenen
Menschen-Arten deutete ferner nach Haeckel auf einen versunkenen Konti-
nent im Indischen Ozean (Lemurien genannt) hin. Die geografische Verbreitung der Menschen-Arten erklärte er durch Migration (Wanderung).
Anthropologie war für Haeckel damit nichts anderes als ein spezieller
Zweig der Zoologie, der sich als Gesamtwissenschaft vom Menschen in die
Hauptzweige der menschlichen Morphologie (Gestaltlehre) und Physiologie
(Lehre der Lebensvorgänge) unterteilen ließ. Als Verbindungsglied zwi-
schen den Menschenaffen (Anthropoiden) und den echten (sprechenden)
Menschen stellte er im zweiten Band der *Generellen Morphologie* (1866)
zudem die Gattung *Pithecanthropus* auf und führte diese Form als 21. Stufe
der tierischen Ahnenreihe des Menschen zwei Jahre später in seiner *Natürlichen Schöpfungsgeschichte* ein. Hier umfasste seine „Ahnenreihe des
Menschen" bereits 22 Stufen mit dem „Echten Menschen oder sprechenden
Menschen (Homines)" an der Spitze. Er unterschied zudem „zehn verschiedene Species der Gattung Homo", unterteilt in die Abteilungen: Wollhaari-
ge sowie Schlichthaarige Menschen. Hier finden sich zudem auch erste
rassenkundliche Bemerkungen und Abbildungen, die eine Wertung als
„niedere" und „höhere" Menschen-Arten erkennen lassen. An dieser Stelle
sind stellvertretend die Abbildung „Die Familiengruppe der Katarrhinen"
sowie die detaillierten Äußerungen im 19. Vortrag „Ursprung und Stammbaum des Menschen" in der *Natürlichen Schöpfungsgeschichte* zu erwäh-
nen: „Die niedersten Menschen [Australneger, Afroneger, Tasmanier] stehen offenbar den höchsten Affen [Gorilla, Schimpanse, Orang] viel näher,
als dem höchsten Menschen." Diese Bewertungen verschärften sich dann
noch im Laufe der Jahre. Haeckel scheute sich nicht, seine wissenschaftli-

---

[21] *O. Breidbach/U. Hoßfeld/I. Jahn/A. Schmidt*, Matthias Jacob Schleiden (1804–1881) –
Anthropologische Schriften und Manuskripte, Stuttgart 2004; *D. Preuß/U. Hoßfeld/O. Breidbach*, Anthropologie nach Haeckel, Stuttgart 2006.

chen Erkenntnisse in den Dienst der politischen Propaganda zu stellen. So wirft er 1915 in seiner Schrift *Ewigkeit. Weltkriegsgedanken über Leben und Tod, Religion und Entwicklungslehre* dem „Todfeind England" vor, „alle verschiedenen Menschenrassen zur Vernichtung des deutschen Brudervolkes [nächstverwandten Germanen] mobil gemacht" zu haben:

> „[...] ruft es [England] als Verbündete die niederen farbigen Menschenrassen aus allen Erdteilen zusammen: vorab die gelben, schlitzäugigen Japaner, die perfiden Seeräuber des Ostens!, dann die Mongolen aus Hinterindien und die braunen Malayen aus dem benachbarten Malakka und Singapore; die schwarzbraunen Australneger und Papuas aus Ozeanien, die Kaffern aus Südafrika und die Senegalneger aus den nordafrikanischen Kolonien – und damit kein Farbton der tief verachteten ‚Niederen Menschenrassen' fehlt, und das buntscheckige Heer des stolzen Albion auch in ethnographischer Zusammensetzung die ‚ewige Weltherrschaft' des anglosächsischen Inselvolks demonstriert, werden auch noch die Reste der Rothäute aus Amerika auf die blutdampfenden Schlachtfelder von Europa herübergeschleppt!" (S. 86).

Aus seiner Sicht stellte sich zudem der gesamte Erste Weltkrieg als ein „niederträchtiger Verrat an der weißen Rasse" dar und musste „als ein Meuchelmord der höheren menschlichen Kultur gebrandmarkt" werden (ebd.).[22]

Neben Haeckels Ausführungen gab es noch weitere Anlässe, die dem Rassismus in Thüringen den Boden bereiteten. Neben der Gründung des „Archivs für Rassen- und Gesellschafts-Biologie" im Jahre 1904 durch den Rassenhygieniker Alfred Ploetz, den Jenaer Zoologen Ludwig Plate und den Juristen Anastasius Nordenholz ist hier insbesondere das Krupp'sche Preisausschreiben zu nennen.[23] Dieses sollte für eine Verbreitung der sozialdarwinistischen Ideen in Deutschland eine besondere Rolle spielen, hatte doch Friedrich Alfred Krupp mit 30.000 Mark zum 1. Januar 1900 ein Preisausschreiben mit dem Thema „Was lernen wir aus den Prinzipien der Descendenztheorie in Beziehung auf die innerpolitische Entwickelung und Gesetzgebung der Staaten?" initiiert, bei dem der Mediziner Wilhelm Schallmayer (1857–1919) mit der Arbeit „Vererbung und Auslese im Le-

---

[22] *U. Hoßfeld*, Haeckelrezeption im Spannungsfeld von Monismus, Sozialdarwinismus und Nationalsozialismus. Essay Review. History and Philosophy of the Life Sciences 21 (1999), S. 19–213; *ders.*, Nationalsozialistische Wissenschaftsinstrumentalisierung: Die Rolle von Karl Astel und Lothar Stengel-von Rutkowski bei der Genese des Buches Ernst Haeckels Bluts- und Geistes-Erbe (1936), in: Der Brief als wissenschaftshistorische Quelle, hg. von *E. Krauße*, Berlin 2005, S. 171–194; *ders.*, Phyletische Anthropologie. Ernst Haeckels letzter anthropologischer Beitrag (1922), in: Anthropologie nach Haeckel, hg. von *D. Preuß/U. Hoßfeld/O. Breidbach*, Stuttgart 2006, S. 72–101; *ders.*, Ernst Haeckel. Biographienreihe absolute, Freiburg i.Br. 2010.
[23] Vgl. *H. E. Ziegler*, Einleitung zu dem Sammelwerke Natur und Staat, Beiträge zur naturwissenschaftlichen Gesellschaftslehre, Jena 1903, S. 1–24.

benslauf der Völker" (1903) den ersten Preis erhielt.[24] Das Preisausschreiben (ein Preisrichter war Haeckel) trug in großem Maße zu einer Politisierung anthropologischer Themen bei und wurde zu einem Zeitpunkt ausgelobt, als die Bereitschaft in weiten Teilen der deutschen Bevölkerung vorhanden war, sich mit biologistischen Theorien näher zu beschäftigen (Lebensreform-Bewegung usw.). Die Erfolge der Naturwissenschaften um 1900 waren dabei oftmals so enorm, dass eine Übertragung dieser Inhalte auf die Gesellschaft nur eine logische Konsequenz dieser neuen Denkart sein konnte. Obwohl die Jenaer Biologen Haeckel und Heinrich Ernst Ziegler (in Absprache mit Krupp) bei der Abfassung des Ausschreibungstextes zunächst nicht in diesen Kategorien dachten, riefen sie aber letztlich mit ihrem „offenem" Preisausschreiben alle Anhänger rassistischer Theorien auf den Plan. Diese erhielten damit ein Podium, das den Sozialdarwinismus und Fächer wie „Rassenhygiene", „Rassenbiologie" und „Rassenkunde" wissenschaftlich legitimierte. So verwundert nicht, dass alle im Gustav Fischer Verlag gedruckten Arbeiten eine sozialdarwinistische und rassenhygienische Argumentationsbasis erkennen lassen. Haeckel hat als einer der Hauptinitiatoren wissentlich diese Lesart des Preisausschreibens toleriert und unterstützt.[25]

IV. Rassenkunde, Rassenhygiene und Rassenbiologie im Nationalsozialismus

Seit etwa Mitte der 1920er Jahre hatten sich die Fächer Rassenkunde sowie später auch die Rassenhygiene als geeignete Felder für die Verbreitung nationalsozialistischer Rassenideen erwiesen und weitgehend in der deutschen Wissenschaftslandschaft etabliert.[26] Rassenkunde wurde dabei als eine phy-

---

[24] Dritter Teil von *Natur und Staat*. Eine Sammlung von Preisschriften, hg. von *H. E. Ziegler/J. Conrad/E. Haeckel*, Jena 1903; *S. F. Weiss*, Wilhelm Schallmayer and the Logic of German Eugenics, Isis 77 (1986), S. 33–46.

[25] *K.-D. Thomann/W. F. Kümmel*, Naturwissenschaft, Kapital und Weltanschauung. Das Kruppsche Preisausschreiben und der Sozialdarwinismus, Medizinhistorisches Journal 30 (1995), 1. Teil (Heft 2, S. 99–143), 2. Teil (Heft 3, S. 205–243) und 3. Teil (Heft 4, S. 315–352); *R. Winau*, Natur und Staat oder: Was lernen wir aus den Prinzipien der Descendenztheorie in Beziehung auf die innerpolitische Entwicklung der Gesetzgebung der Staaten? Berichte zur Wissenschaftsgeschichte 6 (1983), S. 123–132; *J. Sandmann*, Der Bruch mit der humanitären Tradition. Die Biologisierung der Ethik bei Ernst Haeckel und anderen Darwinisten seiner Zeit, Stuttgart 1990.

[26] *R. Proctor*, Racial Hygiene: Medicine under the Nazis, Cambridge 1988; *ders.*, The Nazi War on Cancer, Princeton 1999; *U. Sieg*, Strukturwandel der Wissenschaft im Nationalsozialismus. Berichte zur Wissenschaftsgeschichte 24 (2001), S. 255–270; *U. Hoßfeld*, „Rasse" potenziert: Rassenkunde und Rassenhygiene an der Universität Jena im Dritten Reich, in:

sisch-anthropologische, die Rassenhygiene als eine medizinische Wissenschaft mit zumeist klinischer Orientierung verstanden. Die Rassenanthropologie entstand aus der Verknüpfung der Erblehre mit der Anthropologie, menschliche Erblehre und Erbbiologie entsprechen in etwa unserem heutigen Begriff Humangenetik.[27]

So überrascht auch nicht, dass bereits am 17. November 1933 der „Stellvertreter des Führers", Rudolf Heß, dem in Göttingen promovierten Mediziner Walter Groß die Überwachung und Vereinheitlichung der gesamten Schulung und Propaganda auf den Gebieten der Bevölkerungs- und Rassenpolitik übertrug.[28] Groß wurde als Leiter des Rassenpolitischen Amtes der NSDAP berufen, welches Anfang des Jahres 1934 auf Wunsch von Adolf Hitler beim Stab des Stellvertreters des Führers eingerichtet worden war. Dieses Amt erhielt den Auftrag, die rassenpolitische Aufklärungsarbeit in der NSDAP, ihren Gliederungen und den angeschlossenen Verbänden zu überwachen und nach einheitlichen Gesichtspunkten auszurichten.[29] Mit Unterstützung des Reichsschulungsamtes und durch die Förderung von Alfred Rosenberg und Joseph Goebbels gelang es Groß schnell, „[...] einheitliche Richtlinien für die Behandlung dieser Fragen im Sinne der Partei durchzusetzen und ihnen in der Öffentlichkeit Geltung zu verschaffen. Dabei wurde auf die weltanschaulichen Folgerungen und Voraussetzungen des rassischen Denkens bewusst der allergrößte Wert gelegt."[30] Mit der Gründung des Rassenpolitischen Amtes der NSDAP setzte dann also reichsweit eine planmäßig gesteuerte, bewusst gezielte und von politischen bzw. wissenschafts-ideologischen Gesichtspunkten getragene „Aufklärung des deut-

---

Universitäten und Hochschulen im Nationalsozialismus und in der frühen Nachkriegszeit, hg. von *K. Bayer/F. Sparing/W. Woelck*, Stuttgart 2004, S. 197–218.

[27] *H.-C. Harten/U. Neirich/M. Schwerendt*, Rassenhygiene als Erziehungsideologie des Dritten Reiches. Bio-bibliographisches, Berlin 2006, S. XIII, 3.

[28] Groß sprach 1934 von einer Doppelaufgabe in der rassenpolitischen Erziehung: „[...] einmal klare, zielsichere Konsequenz im Durchdenken, rücksichtslose Ausmerzung jedes unklaren begrifflichen Kompromisses im Innern, zugleich aber kluge und überlegene Darstellung der neuen Gedankengänge dem Ausland gegenüber, um nicht durch ungeschickte Formulierungen, die an sich schon großen Widerstände der liberalen Welt noch künstlich zu vermehren." (*W. Groß*, Ein Jahr rassenpolitische Erziehung. Kritik und Auslese. Nationalsozialistische Monatshefte 5 (1934), S. 833–837, hier: S. 834).

[29] Zum zehnjährigen Jubiläum des Amtes bemerkte beispielsweise der Rassenhygieniker Otmar von Verschuer (1896–1969): „Die Rassenpolitik gilt mit Recht als Kernstück des Nationalsozialismus [...] Der Nationalsozialismus dagegen hat den Menschen selbst mit den in ihm enthaltenen rassischen und erblichen Anlagen und die dem einzelnen Menschen übergeordnete Gesamterscheinungsform von Volk und Rasse in den Mittelpunkt seiner Politik gerückt [...] Die Vorschläge einzelner Wissenschaftler, Programme wissenschaftlicher Gesellschaften wären aber niemals zur Durchführung gekommen, wenn nicht der Nationalsozialismus die Rassenpolitik als Panier erhoben hätte." (*O. von Verschuer*, 10 Jahre Rassenpolitisches Amt. Der Erbarzt, Heft 3/4 (1944), S. 54).

[30] Vgl. *W. Groß*, Ein Jahr rassenpolitische Erziehung. Kritik und Auslese. Nationalsozialistische Monatshefte 5 (1934), S. 833–837, hier: S. 836.

schen Volkes" in Rassenfragen ein. Groß schrieb über seine Arbeit: „Der Rassengedanke wurde zur politischen Willenserklärung des Dritten Reiches. Aus den Erkenntnissen der Erb- und Rassenforschung und noch über sie hinaus ist uns diese neue weltanschauliche Haltung erwachsen, die uns wieder die Gesetze des Lebens, die Stimme des Blutes und den Wert der Rasse verstehen gelehrt hat."[31] Im Kern beinhaltete die Rassenhygiene und Rassenkunde eine Biologisierung aller sozialen und über die Rassen- und Erbpsychologie vermittelt, auch aller geistigen Aspekte menschlichen Lebens.

Ehrgeizige Nachwuchswissenschaftler sahen zudem in der wissenschaftlichen „Legitimierung" der NS-Rassentheorien ein Arbeitsfeld, in dem leicht Einfluss, Einkommen und öffentliche Aufmerksamkeit zu erlangen waren. Erleichtert wurde dies dadurch, dass zwischen der etablierten (physischen) Anthropologie und den populären Rassentheorien „keine ausreichenden Differenzen bestanden, die es vor allem der Wissenschaft erlaubt hätten, sich von den politischen Bewegungen erfolgreich abzugrenzen". So wurden zwar einerseits rassentheoretisch, biologistisch und sozialdarwinistisch beeinflusste Wissenselemente in die nationalsozialistische Ideologie übernommen, um den politischen Stellenwert zu dokumentieren. Andererseits ergaben sich aus dem „rassenkundlichen Wissenskanon" praktische Maßnahmen, die auch ein neues wissenschaftliches Betätigungsfeld ermöglichten. Hier konnte der Schritt der direkten Umsetzung ideologischer Gesichtspunkte in konkrete wissenschaftliche Ergebnisse vollzogen werden. Politik und Wissenschaft sollten bereits frühzeitig verknüpft werden.[32]

Die Universitäten in Jena und Prag (Deutsche Karls-Universität – DKU) nahmen dabei eine besondere Stellung ein. An beiden Hochschulen arbeiteten besonders viele Wissenschaftler, die sich darum bemühten, die Vorgaben der NS-Ideologie zu „beweisen". Dabei ging es natürlich auch um Geld, Einfluss und (wissenschafts)politische Anerkennung.

Nachfolgende chronologische Auswahl über die Etablierung der Rassenhygiene(-kunde) an einigen deutschen Universitäten und wissenschaftlichen Einrichtungen verdeutlicht dabei die Jenaer und Prager Sonderstellung. In Jena und Prag waren *institutionelle Beispiele* in einer derartigen Häufung anzutreffen, wie sie im Dritten Reich an keiner anderen Universität mehr vorgekommen sind.[33] Zudem zeigt diese Übersicht, dass sich insbesondere

---

[31] *W. Groß*, Drei Jahre rassenpolitische Aufklärungsarbeit. Volk und Rasse 11 (1936), S. 331–337, hier: S. 331; *ders.*, Was bedeutet die Rassen- und Vererbungswissenschaft für den Nationalsozialismus, Nationalsozialistisches Bildungswesen 2 (1937), S. 705–707.
[32] *P. Weingart u.a.*, Rasse, Blut und Gene, Frankfurt a.M. 1992, S. 99–100; *G. Mann*, Neue Wissenschaft im Rezeptionsbereich des Darwinismus: Eugenik – Rassenhygiene, Berichte für Wissenschaftsgeschichte 1 (1978), S. 101–111.
[33] *U. Hoßfeld*, „Rasse" potenziert: Rassenkunde und Rassenhygiene an der Universität Jena im Dritten Reich, in: Universitäten und Hochschulen im Nationalsozialismus und in der frühen

die Medizin und Biologie (hier anhand der berufenen Vertreter ersichtlich) als besonders geeignete Experimentierfelder des Nationalsozialismus erwiesen. Eine vereinigte Natur- und Geisteswissenschaft präsentierte sich – über die traditionelle Grundlagenforschung hinausgehend – als neue ‚Grenzwissenschaft' für wissenschaftliche Versuche verschiedenster Art.

Ort	Institut, Zeitraum, Fachvertreter
München	Institut für Erbbiologie und Rassenhygiene der Universität, Fritz Lenz 1923–1933, Lothar Tirala 1933–1936, Ernst Rüdin 1936–1945; ab 1919 Kaiser-Wilhelm-Institut für Genealogie und Demographie (Ernst Rüdin)
Hamburg	Rassenbiologisches Institut der Universität, Walter Scheidt 1926–1965; Abteilung für Erb- und Zwillingsforschung an der II. Medizinischen Universitätsklinik, Wilhelm Weitz 1934–1945
Leipzig	Institut für Rassen- und Völkerkunde der Universität, Otto Reche 1927–1945
Jena	*o. Prof. und Seminar für Sozialanthropologie, Hans F. K. Günther 1930–1935/36; ab 1936–1955/1960 Bernhard Struck – o. Prof. und Seminar/Anstalt/Institut für Anthropologie und Völkerkunde*
Berlin	Institut für Rassenhygiene der Universität, Fritz Lenz 1933–1945; Institut für Rassenbiologie der Universität, Wolfgang Abel 1942–1945; Anstalt für Rassenkunde, Völkerbiologie und ländliche Soziologie, Hans F. K. Günther, 1935–1940; Kaiser-Wilhelm-Institut für Anthropologie, menschliche Erblehre und Eugenik, Eugen Fischer 1927–1942, Otmar Freiherr von Verschuer 1942–1945
Greifswald	Institut für menschliche Erblehre und Eugenik, Günther Just 1933–1942, Fritz Steiniger 1942–1945
Gießen	Institut für Erb- und Rassenpflege, Heinrich W. Kranz 1934–1942, Hermann Boehm 1943–1945
Düsseldorf	Extraordinariat für Erbgesundheits- und Rassenpflege, Friedrich E. Haag 1934–1940
Jena	*o. Prof. und Institut für „ Menschliche Züchtungslehre und Vererbungsforschung" (1934/35–1935), später*

Nachkriegszeit, hg. von *K. Bayer/F. Sparing/ W. Woelck*, Stuttgart 2004, S. 197–218. *M. Ši-mŭnek/U. Hoßfeld*, Die Kooperation der Friedrich-Schiller-Universität Jena und der Deutschen Karls-Universität Prag im Bereich der „Rassenlehre", 1933–1945. Buchreihe „Thüringen gestern & heute", Bd. 32, Landeszentrale für politische Bildung, Erfurt 2008.

	dann für „ Menschliche Erbforschung und Rassenpolitik", Karl Astel (bis 1945)
Königsberg	Rassenbiologisches Institut, Lothar Loeffler 1934–1943, Bernhard Duis 1943–1945
Tübingen	Rassenkundliches Institut 1934–1938, Rassenbiologisches Institut 1938–1945, Wilhelm Gieseler 1934–1945
Frankfurt	Institut für Erbbiologie und Rassenhygiene der Universität, Otmar Freiherr von Verschuer 1935–1942, Heinrich W. Kranz 1943–1945; Institut zur Erforschung der Judenfrage ab 1941 unter Wilhelm Grau
Jena	*o. Prof. für Phylogenetik, Vererbungslehre und Geschichte der Zoologie; Ernst-Haeckel-Haus (Institut), Victor Franz 1936–1945*
Würzburg	Rassenbiologisches Institut der Universität, Ludwig Schmidt-Kehl 1937–1941, Friedrich Keiter 1941–1942, Günther Just 1942–1945 (1948)
Jena	*Institut und Lehrauftrag für „Allgemeine Biologie und Anthropogenie", Gerhard Heberer 1938–1945*
Köln	Institut für Erbbiologie und Rassenhygiene, Ferdinand Claussen 1939–1945 (Assistenz Wolfgang Bauermeister)
Innsbruck	Erb- und Rassenbiologisches Institut der Universität, Friedrich Stumpfl 1939–1945
Prag	*Institut für Erb- und Rassenhygiene an der Medizinischen Fakultät der Karls-Universität, Karl Thums 1940–1945; Institut für Sozialanthropologie und Volksbiologie an der Philosophischen Fakultät, Karl Valentin Müller 1942–1945; Institut für Rassenbiologie an der Naturwissenschaftlichen Fakultät, Bruno Kurt Schultz 1942–1945*
Freiburg i.Br.	Anstalt für Rassenkunde, Völkerbiologie und ländliche Soziologie, Hans F. K. Günther 1940–1945
Straßburg	Institut für Rassenbiologie der Reichsuniversität, Wolfgang Lehmann 1942–1945
Danzig	Institut für Erb- und Rassenforschung der Medizinischen Akademie, Erich Grossmann 1942–1945
Wien	Rassenbiologisches Institut der Universität, Lothar Loeffler 1942–1945
Rostock	Institut für Erbbiologie und Rassenhygiene, Hans Grebe 1944–1945

1. „Rasse" im „Mustergau" Thüringen

Im dritten Kriegsjahr (1941) begann in der „Brüsseler Zeitung" eine Arti-
kelserie über „Das Gesicht der deutschen Wissenschaft". Als eine der ersten
deutschen Universitäten stellte sie die Friedrich-Schiller-Universität Jena
vor. Autor war der Jenaer Rassenhygieniker und Kriegsrektor Karl Astel,
dessen Porträtfoto in SS-Uniform den Beitrag schmückte.[34] Als „Brenn-
punkt deutschen Geisteslebens in der Tradition Goethe-Abbe-Haeckel" – so
untertitelte Astel – bekomme diese Universität „mehr und mehr" ihr „kenn-
zeichnendes eigenes Gesicht". Schon jetzt genieße sie den Ruf, „die erste
rassen- und lebensgesetzlich ausgerichtete Hochschule Großdeutschlands zu
sein". Dafür seien gezielt „anerkannte Persönlichkeiten" und „junge Kräfte"
nach Jena berufen worden. Auch habe Jena diese Pionierrolle übernehmen
können, weil schon 1930 der damalige Thüringer Volksbildungsminister
Wilhelm Frick den ersten rassenkundlichen Lehrstuhl an einer deutschen
Hochschule (für Sozialanthropologie) schuf: „Für die durch alle Jahrhunderte erhalten gebliebene wache und lebendige Art Jenas als deutsche Bil-
dungsstätte ist das in ihren Räumen hängende berühmte Bild Hodlers ‚Aus-
zug der Jenaer Studenten im Jahre 1813' bestes Symbol geblieben. So hat in
dem Zeitalter der nationalsozialistischen Revolution, die Universität Jena
ihren Ruhm geistig in der ersten Reihe zu marschieren fortgesetzt."[35]

Ebenso gern betonte der Thüringer NSDAP-Gauleiter Fritz Sauckel diesen „Vorort"-Anspruch, um seine auch in jener Hinsicht ehrgeizige Gau-
Regionalpolitik u.a. gegen das Reichserziehungsministerium in Berlin
durchzusetzen. Er betrachtete es als seine „vom Führer gebilligte Aufgabe",
die Universität Jena „mehr und mehr zu einer wirklich nationalsozialistischen Hochschule" als „Gewähr für den Wiederaufstieg" zu gestalten (Februar 1937), gerade in Jena eine „neue, im Nationalsozialismus lebende und
aus ihm wirkende Dozentenschaft" aufzubauen (März 1937) und die Universität „zu einem nationalsozialistischen wissenschaftlichen Stützpunkt erster Ordnung" umzugestalten (März 1943).[36]

Entsprechend diesen „wissenschaftspolitischen" Voraussetzungen waren
der nationalsozialistische Rassenwahn und Antisemitismus auch in Jena
nicht plötzlich entstanden. Der Weg war auch hier seit dem Ende des 19.

---

[34] Brüsseler Zeitung vom 13. März 1941. Zuvor war schon über die Universitäten in Wien
(7. März 1941) und Leipzig (11. März 1941) berichtet worden. Nach dem Jenaer Bericht folg-
ten u.a. noch Beiträge zu den Universitäten Heidelberg (30. März 1941) und Halle (15. Juli
1941). Vgl. „Kämpferische Wissenschaft". Studien zur Universität Jena im Nationalsozialismus, hg. von *U. Hoßfeld/J. John/R. Stutz/O. Lemuth*, Weimar 2003.
[35] „Kämpferische Wissenschaft", a.a.O.
[36] ‚Schnellbrief' von Sauckel an Reichsminister Rust vom 8. März 1943, in: Universitätsar-
chiv Jena [= UAJ], Best. U, Abt. IV, Nr. 16; Alma mater Jenensis. Geschichte der Universität
Jena, hg. von *S. Schmidt*, Weimar 1983.

Jahrhunderts durch die Ideen und publizierten Schriften von Haeckel, dessen Schüler Willibald Hentschel, Haeckels Nachfolger Ludwig Plate u.a. wissenschaftlich und ideologisch vorgezeichnet.[37] Daneben wirkten sich für die Genese der Fächer Rassenkunde und Rassenhygiene auch noch die günstigen politischen Machtverhältnisse im „Mustergau" besonders aus. So hatte am 10. Januar 1930 Hitler den Wunsch geäußert, an der Jenaer Universität einen „Lehrstuhl für Rassefragen und Rassenkunde" zu gründen; wurde am 23. Januar 1930 W. Frick als erster nationalsozialistischer Minister Deutschlands gewählt; fand am 26. August 1932 die Wahl einer von der NSDAP bestimmten Koalitionsregierung unter dem Vorsitz des Gauleiters und späteren Reichsstatthalters Fritz Sauckel statt usw. Diese politischen Tendenzen beeinflussten nachhaltig die thüringische Wissenschaftslandschaft. Insbesondere unter den Rektoraten des Theologen Wolfgang Meyer-Erlach (1935–1937) und Astels (1939–1945) erfuhr die Salana starke personelle und inhaltliche Veränderungen.[38] Bereits nach der Verabschiedung des „Gesetzes zur Wiederherstellung des Berufsbeamtentums" vom 7. April 1933 wurden so in Jena zahlreiche politisch und rassisch unliebsame Professoren, Dozenten und Assistenten vom Hochschuldienst ausgeschlossen. Unter den entlassenen Hochschullehrern waren bspw. der Nationalökonom Paul von Hermberg, der Psychologe Wilhelm Peters, der jüdische Pflanzenphysiologe Leo Brauner, die Pädagoginnen Mathilde Vaerting und Anna Siemsen, der Wirtschaftswissenschaftler Berthold Josephy, der Mediziner Hans Simmel, der Orientalist Julius Lewy sowie der sozialdemokratische Entwicklungsbiologe Julius Schaxel. Nach dieser ersten „Säuberung des Lehrkörpers" wurde die „Gleichschaltung" der Jenaer Universität noch im selben Monat vorangetrieben. Im April 1933 war der Rektor ebenso zu Alleinentscheidungen ermächtigt worden; am 6. November

---

[37] *A. Daum,* Wissenschaftspopularisierung im 19. Jahrhundert. Bürgerliche Kultur, naturwissenschaftliche Bildung und die deutsche Öffentlichkeit 1848–1914, München 1998; *D. von Engelhardt,* Polemik und Kontroversen um Haeckel, in: Medizinhistorisches Journal 15 (1980), S. 284–304; *H. Groschopp,* Dissidenten. Freidenkerei und Kultur in Deutschland, Berlin 1997; *G. Mann,* Ernst Haeckel und der Darwinismus: Popularisierung, Propaganda und Ideologisierung, in: Medizinhistorisches Journal 15 (1980), S. 269–283; *E. Haeckel,* Englands Blutschuld am Weltkriege (Erstdruck), in: Die Eiche 3 (1914), S. 124–131; *ders.,* Ewigkeit. Weltkriegsgedanken über Leben und Tod, Religion und Entwicklungslehre, Berlin 1915; *W. Hentschel,* Vom Vormenschen zum Indogermanen, Leipzig 1927; *ders.,* Vom aufsteigenden Leben, Leipzig 1910; *ders.,* Mittgart – Ein Weg zur Erneuerung der germanischen Rasse, Dresden 1911; *G. Levit/U. Hoßfeld,* The Forgotten „Old-Darwinian" Synthesis: The Theoretical System of Ludwig H. Plate (1862–1937). Internationale Zeitschrift für Geschichte und Ethik der Naturwissenschaft, Technik und Medizin (NTM), N. S. 14/1 (2006), S. 9–25. usw.

[38] *F. Dickmann,* Die Regierungsbildung in Thüringen als Modell der Machtergreifung, in: Vierteljahrshefte für Zeitgeschichte 14 (1966), S. 454–464; Thüringen 1933–1945. Aspekte nationalsozialistischer Herrschaft, hg. von *A. Dornheim u.a.,* Erfurt 1997; Weimar 1930. Politik und Kultur im Vorfeld der NS-Diktatur, hg. von *L. Ehrlich/J. John,* Köln 1998; Nationalsozialismus in Thüringen, hg. von *D. Heiden/G. Mai,* Weimar, 1995.

des gleichen Jahres führte man an der Jenaer Universität das „Führer-Prinzip" ein, was eine komplette innere und äußere Neuordnung der universitären Struktur zur Folge hatte. Die alte Universitätshauptsatzung wurde damit außer Kraft gesetzt; im Dezember wurde auch das Kuratoramt aufgelöst.

Die Nationalsozialisten mussten also in Thüringen – was ihre ‚rassenkundliche Tradition' in den Bio- und Humanwissenschaften anging – sowohl methodologisch wie auch theoretisch und praktisch nichts prinzipiell Neues erfinden. Sie nutzten letztlich nur das aus, was Houston St. Chamberlain, Francis Galton, Graf Arthur de Gobineau u.a. ihnen vorgezeichnet hatten. Jena mit seiner Landesuniversität war nach ihrer Ansicht dafür besonders geeignet: „Im ganzen genommen ist es schon heute der Ruf Jenas, die erste rassen- und lebensgesetzlich ausgerichtete Hochschule Großdeutschlands zu sein und so zu ihrem Teil Umwelt und Erbwelt des deutschen Volkes durch wissenschaftliche Arbeit und deren Anwendung sichern zu helfen."[39] So gab es dann in Folge an der Alma mater Jenensis zwischen 1930 und 1945 die für unseren Sprachraum einmalige akademische und wissenschaftspolitische Konstellation, dass vier Professoren für unterschiedliche Zeiträume die gleiche wissenschaftliche Thematik in ihrer Lehre und Forschung vertraten, nämlich die Rassenkunde und Rassenhygiene im engeren Sinne. Es handelt sich hierbei um den Philologen und Publizisten Hans Friedrich Karl Günther, den Rassenhygieniker Karl Astel, den Zoomorphologen Victor Franz sowie den Zoologen und Anthropologen Gerhard Heberer. Diese vier Hochschullehrer – die „Rassen-Quadriga" von Jena (siehe Übersicht oben)[40] – ließen sich während der Zeit des Dritten Reiches vor den Universitäts-Kampfwagen der propagierten nationalsozialistischen Wissenschaftspolitik und Ideologie in Thüringen spannen, gehörten zu den Hauptprotagonisten einer „Deutschen Wissenschaft/Biologie"[41] und trugen in jenen Jahren verstärkt dazu bei, dass die Salana in den Ruf kam, eine „braune Universität" zu sein.

Kooperative Netzwerke der einzelnen rassenkundlichen Institute/Protagonisten und deren Einfluss auf regionaler und nationaler Ebene sind hin-

---

[39] UAJ, Best. BA, Nr. 2029, Bl. 72.

[40] Ich habe diese Metapher am 21. Januar 1998 anlässlich eines Vortrages „Die Rassen-Quadriga von Jena: Hans F. K. Günther, Karl Astel, Victor Franz und Gerhard Heberer" im Zeitgeschichtlichen Kolloquium des Historischen Institutes in Jena erstmals verwendet, um auf die personellen Besonderheiten an der Jenaer Universität hinsichtlich der Etablierung von Rassedenken zu verweisen.

[41] *E. Lehmann*, Biologie im Leben der Gegenwart, München 1933; Zur ‚Deutschen Biologie' vgl. bspw. *U. Deichmann*, Biologen unter Hitler, Frankfurt a.M. 1992; *K. Macrakis*, Surviving the Swastika: Scientific Research in Nazi Germany, Oxford 1993a; *dies.*, The Survival of Basic Biological Research in National Socialist Germany, in: Journal of the History of Biology 26 (1993b), S. 519–543 usw.

gegen schwer zu rekonstruieren, vielmehr ist man auf Zufallsfunde angewiesen. Hier steht die Forschung noch am Anfang.

Das Institut des „Rasse-Günther" hatte – zumindest was die Jenaer Zeit betrifft – kaum wissenschaftliche Bedeutung, vielmehr stand sein Vorsteher mit dem Verfassen unzähliger Bücher als *der* Ideengeber einer nationalsozialistischen Rassenlehre im Vordergrund. Erwähnenswert ist an dieser Stelle der Kontakt zu seinem völkisch gesinnten Verleger in München, zu den in Jena ansässigen Verlagshäusern sowie zum Architekten Paul Schultze-Naumburg in Saaleck. Auf der Landesebene ist Günther zwischen 1930 und 1935 kaum in Erscheinung getreten, das gilt auch für seinen Nachfolger B. Struck.[42]

Anders verhält es sich mit dem Institut von Astel sowie dem Thüringischen Landesamt für Rassewesen. Das Amt unterstand seit seiner Gründung als selbständige Behörde dem Innen- und Volksbildungsminister und war zudem in Personalunion mit dem Staatlichen Gesundheits- und Wohlfahrtswesen des Thüringischen Ministeriums des Innern verbunden. So nahm man bspw. einmal pro Woche „Erbgesundheitsobergerichtstermine" wahr.[43] Ab 1937 wollte man zudem in engerer Kooperation mit der Universität (hier war die Abteilung „Lehre und Forschung" des Rasseamtes = Institut angesiedelt) verschiedene DFG-Projekte bearbeiten: so wurde das Projekt „Erhebung über die Fortpflanzung der etwa 22.000 thüringischen Bauern von der DFG mit einem Kredit von 3.000,- RM unterstützt; für Erhebungen zur unterschiedlichen Fortpflanzung von Thüringer Handwerksmeistern beantragte man bei der DFG weitere 3.000,- RM bzw. kam es zu einer Fortsetzung der Untersuchungen zur Erblichkeit der mongoloiden Idiotie sowie der bevölkerungspolitischen Vorausberechnung der Verteilung gesunder und kranker Erbanlagen in Generationsfolgen unter Berücksichtigung von Gattenwahl, Sterilisation und sonstiger Auslese. Kooperative Besonderheiten sind zum einen die Gründung des „Institutes zur

---

[42] *U. Hoßfeld*, „Er war Paul Schultze-Naumburgs bester Freund": Eine Lebensskizze des Hans F. K. Günther (‚Rasse-Günther'), Schriftenreihe Saalecker Werkstätten 3 (2001), S. 43–61.

[43] Als Beispiele für Urteile in Anwesenheit von Stengel-von Rutkowski (Assistent Astels) als Beisitzer seien die Sitzungen vom *3. Mai 1937*: „Erbgesundheitssache des Fabrikarbeiters [...] Das Erbgesundheitsgericht hat daher mit Recht angeordnet, daß er unfruchtbar gemacht werde. Er darf seine Anlagen nicht auf Nachkommen übertragen" und die Sitzung vom *20. September 1940* „Erbgesundheitssache der Landarbeiterin [...] Zutreffend geht der angefochtene Beschluß auch davon aus, daß der Schwachsinn als angeboren gelten muß. Die Unfruchtbarmachung ist danach mit Recht angeordnet worden", angeführt, in: Die Bundesbeauftragte für die Unterlagen des Staatssicherheitsdienstes der ehemaligen Deutschen Demokratischen Republik, Sign. RHE-West 679, Bd. 2, Bl. 15.

Erforschung der Tabakgefahren" 1941[44] unter Federführung von Astel, zum anderen die 1943 von ihm und weiteren Jenaer Hochschullehrern gehaltenen Vorlesungen im KZ Buchenwald vor internierten norwegischen Studenten, mit dem Ziel, diese zu germanisieren.[45] Auch Kontakte zu den Herausgebern der „Nationalsozialistischen Monatshefte", zum Reichsführer SS, zur Carl-Zeiß-Stiftung (Jena) und dem Reichsstatthalter Sauckel sind nachweisbar.

Das Ernst-Haeckel-Haus unter Franz hatte in der Zeit des Nationalsozialismus eher regionalen Charakter. Für eine öffentlichkeitswirksame und nationale Arbeit gründete Franz im Jahre 1942 die „Ernst-Haeckel-Gesellschaft" und brachte das *Ernst-Haeckel-Jahrbuch* (1943, 1944) heraus. Dem Kuratorium des Hauses gehörten regionale Führungsgrößen an, zu bestimmten Zeiten bekam man von der Carl-Zeiß-Stiftung finanzielle Unterstützung.[46]

Heberers Institut hatte hingegen überregionalen Charakter, insbesondere was die Zusammenarbeit mit der Landesanstalt für Volkheitskunde in Halle betraf. Durch zahlreiche Vortragsreisen warb Heberer auch für die in Jena gemachten Forschungen. Er gehörte ebenfalls zu dem Kreis von Hochschullehrern, die im KZ Buchenwald Vorlesungen abhielten. Auch sein Institut bekam finanzielle Zuwendungen der Carl-Zeiß-Stiftung.

2. „Rasse" im Reichsprotektorat Böhmen und Mähren

In Prag bzw. Böhmen und Mähren findet sich bis 1939 nicht eine derartige Tradition in anthropologischen und rassenkundlichen Fragen und ihrer Ideologisierung wie bspw. in Jena und Thüringen.[47] Umso schneller war aber dann nach der Errichtung des Protektorats Böhmen und Mähren (künftig Protektorat) eine Übernahme der rassenhygienischen bzw. rassenbiologischen Ansätze zu verzeichnen. Man sieht diese bereits in ersten Vorschlägen der Germanisierungsstrategien, d.h. Eindeutschungsmaßnahmen, der deutschen Besatzungsmacht. So hielt z.B. im Dezember 1940 in Prag der Chef des Rassenpolitischen Amtes der NSDAP W. Groß einen Vortrag über

---

[44] *S. Zimmermann/M. Eggers/U. Hoßfeld*, Pioneering research into smoking and health in Nazi Germany: The „Wissenschaftliches Institut zur Erforschung der Tabakgefahren" in Jena, in: International Journal of Epidemiology 30 (2001), S. 35–37.

[45] *S. Zimmermann*, Die Medizinische Fakultät der Universität Jena während der Zeit des Nationalsozialismus, Berlin 2000; *U. Hoßfeld*, Gerhard Heberer (1901–1973) – Sein Beitrag zur Biologie im 20. Jahrhundert, Berlin 1997.

[46] *E. Krauße/U. Hoßfeld*, Das Ernst-Haeckel-Haus in Jena. Von der privaten Stiftung zum Universitätsinstitut (1912–1979), in: Verhandlungen zur Geschichte und Theorie der Biologie 3 (1999), S. 203–232.

[47] *Šimůnek/ Hoßfeld*, Die Kooperation der Friedrich-Schiller-Universität Jena und der Deutschen Karls-Universität Prag im Bereich der „Rassenlehre", a.a.O.

„Rassenpolitik und Weltbild".[48] Bis 1941 waren die Vorstellungen über zukünftige Eindeutschungs- bzw. Umvolkungsstrategien gegenüber der Bevölkerung Böhmens und Mährens sehr unterschiedlich. Im polykratischen NS-Staat gab es zu viele Dienststellen und zu viele Interessen, um eine einheitliche Politik realisieren zu können. Je mehr die Übereinstimmung über die Notwendigkeit der Umsetzung einer neuen Volkstumspolitik zunahm, desto mehr nahm die Übereinstimmung über deren konkreten Durchführung ab. Noch im November 1940 musste festgestellt werden, dass eine großangelegte restlose (totale) Erfassung der Bevölkerung unter NS-Rassekategorien, die später als Ausgangspunkt für die Durchführung der Auslesemaßnahmen dienen sollte, angesichts der politischen Situation im Protektorat nicht möglich war: „Eine Bestandserhebung der gesamten Bevölkerung nach ihrer volkstumsmäßigen und rassischen Zusammensetzung kann im Protektorat Böhmen und Mähren im Hinblick auf die Autonomie nicht im gleichen Umfange wie in den eingegliederten Ostgebieten durchgeführt werden."[49]

Gerade im Kontext der verschärften antisemitischen Rassenpolitik wurde aber auch die zukünftige Eindeutschung von aktueller Bedeutung: „Wenn bisher kein unmittelbares Interesse des Reichs an einer Regelung bestanden hat, die Vorschriften zum Schutz des Blutes von Protektoratsangehörigen [„arischen"] enthält, so gewinnt eine derartige auf die Reinhaltung des Blutes von Protektoratsangehörigen abzielende Regelung in dem Augenblick erhöhte Bedeutung, in dem zugestanden wird, dass rassisch wertvolle Teile des tschechischen Volkes eingedeutscht werden sollen."[50]

Als erste konkrete Maßnahme wurde die gesundheitliche Gesamtuntersuchung aller im Protektorat lebenden Kinder mit reichsdeutscher Staatsangehörigkeit der Jahrgänge 1928, 1929 und 1930, die anschließend auch auf Kinder mit Protektoratsangehörigkeit („Tschechenkinder") erweitert wurde, geplant und durchgeführt.[51] Diese Aktion sollte nach den Vorstellungen der NS-Machthaber nicht nur zum ersten Mal einen gesamten Überblick über den Gesundheitszustand dieser Kinder schaffen, sondern in naher Zukunft als unmittelbare Basis für die „Beurteilung des Rasse- und Erbwertes tsche-

---

[48] Sorge um den „Rohstoff Mensch": Zum Vortrag von Prof. Dr. Groß in Prag: Der Neue Tag 2 (30. Dezember 1940), S. 5.

[49] NA Praha, ÚŘP-AMV 114, Kt. 277, Verwaltungsbericht der Abt. I (Unterabteilung I3) des Amtes des Reichsprotektors für Zeitraum von 20. Oktober bis 20. November 1940, 23.12.1940.

[50] A.a.O., Kt. 390, Entwurf einer Regierungsverordnung, womit einige weitere Vorschriften über Juden und jüdische Mischlingen erlassen werden, 31.01.1941.

[51] A.a.O., MSZS, Kt. 1, Zuschrift von Staatssekretär (Frank) an den Ministerpräsidenten der autonomen Regierung (Eliáš) wegen der Untersuchung des Gesundheitszustandes sämtlicher Schulkinder tschechischer Volkszugehörigkeit, 02.04.1941 und a.a.O., AMV-ÚŘP 114, Kt. 450, Verwaltungsbericht (der Gruppe Gesundheitswesen) für den Monat Juni 1941, 29.06.1941.

chischer Familien" dienen.[52] Sie begann 1940, wobei der Staatssekretär und Höhere SS und Polizeiführer Böhmen und Mähren Karl H. Frank und der Reichsführer SS Himmler die ganze Aktion überwachten. An ihrer Vorbereitung beteiligte sich direkt das RuSHA der SS, dessen Mitglieder Sonderfragebögen für tschechische Schulärzte vorbereitet hatten, die später zur Auslese und Segregation nach rassenbiologischen Kriterien verwendet werden sollten.[53] Danach sollte eine Gesamtbestandsaufnahme der erwachsenen Bevölkerung im Protektorat folgen, abgestuft nach Alter, territorialer Zugehörigkeit, Staatsangehörigkeit, Rassenzugehörigkeit. Getarnt wurden diese Maßnahmen vor der Öffentlichkeit als medizinische Serien- oder vorbeugende Röntgenuntersuchungen.

Die rassischen und erbgesundheitlichen Beurteilungen wurden, neben der „Charakterbeurteilung" sowie einer politischen, staatspolizeilichen und strafrechtlichen Beurteilung, im Protektorat bereits im Mai 1941 als eine der Voraussetzungen für die zentralgesteuerte Kontrolle der Eheschließungen zwischen den ethnischen Gruppen im Protektorat eingeführt: „Es steht zu erwarten, dass die Kontrolle deutsch-tschechischer Mischehen im Wege des Ehefähigkeitszeugnisses alsbald erfolgen kann. Wenn eine Assimilierung rassisch wertvoller tschechischer Elemente möglich sein soll, wird bei der Zulassung der Ehefähigkeitszeugnisse bzw. bei der Genehmigung zur Ausstellung solcher Zeugnisse die Auslese nach bestimmten Gesichtspunkten erfolgen müssen."[54]

Als im Sommer 1940 die Frage der zukünftigen Gestaltung des Protektorates für die deutschen Dienststellen dringend wurde, waren die rassistischen und rassenpolitischen Aspekte in die richtunggebenden politischen Vorschläge von dem ersten Reichsprotektor, SS-Obergruppenführer Konstantin von Neurath und Frank eingearbeitet sowie Hitler vorgelegt worden.[55] Die rassische Bestandaufnahme galt als Basis für alle weiteren Maßnahmen der deutschen Besatzungsverwaltung.[56] Mit gewisser Verspätung machte auch der Chef des RuSHA der SS, SS-Obergruppenführer (General) Reinhard Heydrich, seine grundsätzliche Stellung zum „Tschechenproblem"

---

[52] A.a.O., ÚŘP-AMV 114, Kt. 277, Verwaltungsbericht der Unterabteilung I6 des Amtes des Reichsprotektors für April 1941, 22.04.1941.

[53] BA Berlin, NS2/56, Schreiben vom Chef des RuSHA der SS (Hofmann) an RFSS (Himmler) wegen des getarnten Meldebogens für tschechische Schulärzte, 24.10.1940.

[54] NA Praha, Verwaltungsbericht der Abteilung I (Unterabteilung I3) des Amtes des Reichsprotektors für den Zeitraum von 20. September bis 20. Oktober 1940, 22.10.1940 und BA Berlin, R58/151 (Meldungen aus dem Reich), Meldung Nr. 100 – Gewährung von Ehestandsdarlehen an Volksdeutsche im Protektorat, 27.06.1940. Vgl. auch den Artikel „Wie erlangt man ein Ehestandsdarlehen?", in: Der Neue Tag 3 (1941), S. 7.

[55] *I. Heineman*n, Rasse, Siedlung, „deutsches Blut": Das Rasse- und Siedlungshauptamt der SS und die rassenpolitische Neuordnung Europas, Göttingen 2003, S. 154–155.

[56] Ebd.

bekannt.[57] Dabei war das Interesse des RuSHA der SS an der Verwissenschaftlichung und Präzisierung der „praktischen volkstumspolitischen Arbeiten" im Protektorat groß. Bezeichnend dafür war besonders das Bestreben des neuen Rektors der DKU SS-Standartenführers (Major), Professor
des Agrarrechtes Wilhelm F. Saure.[58] Er wollte an der naturwissenschaftlichen Fakultät eine neue anthropologische bzw. rassenkundliche Arbeits-
stelle errichten. Im Jahre 1942 entstand das Institut für Rassenbiologie unter
der Leitung des österreichischen Rassenhygienikers und Rassenbiologen,
SS-Standartenführers Bruno K. Schultz (1901–1998).[59] Schultz war ein
ausgesprochener Vordenker der Vernichtung.[60] Während er „früher den
Eindruck eines fast trockenen Theoretikers machte und sein Vortrag und die
Art der Behandlung der Materie an Frische und Ursprünglichkeit zu wünschen übrig ließen, zeigt sich heute [1940] Schultz von einer ganz anderen
Seite", schrieb Hofmann in seiner Beurteilung 1941 an Himmler.[61] Kaum
eindeutiger konnte die Wichtigkeit der gegenseitigen Zusammenarbeit zwischen der DKU und dem RuSHA der SS nicht zum Ausdruck gebracht werden, als es anlässlich der Bestellung von Schultz zum Leiter des neuen Instituts der Rektor (Saure) tat: „Ich bin überzeugt, dass wir hier [in Prag] das
Richtige tun und dass sich die Verbindung [zwischen dem Rassenamt und
der DKU] über die Universität Prag hinaus zwischen dem Rassenamt der
Schutzstaffel und der Wissenschaft geschaffen wird, für beide Seiten
fruchtbar erweisen wird."[62]

In diesem Kontext konzipierten ihre Tätigkeit im Protektorat auch weitere
Vertreter der neuen, auf das Rassekonzept der Nationalsozialisten orien-
tierten Disziplinen an der DKU. Es war der Inhaber des Lehrstuhles der So-
zialanthropologie und Volksbiologie an der Philosophischen Fakultät der
DKU Karl V. Müller sowie der Leiter des neugegründeten Institutes für
Erb- und Rassenhygiene an der Medizinischen Fakultät der DKU Karl

---

[57] NA Praha, ÚŘP-AMV 114, Kt. 390, Aktennotiz vom Chef der Sipo und SD (Heydrich),
11.09.1940.

[58] Zur Geschichte der DKU vgl. Prager Professoren 1938–1948: Zwischen Wissenschaft
und Politik, hg. von *M. Glettler/A. Mišková*, Essen 2001und *A. Mišková*, Německá (Karlova)
univerzita od Mnichova k 9. květnu 1945 [Deutsche (Karls)-Universität von München zum 9.
Mai 1945], Prag 2002 bzw. *Dies.*, Die Deutsche (Karls-) Universität vom Münchener Abkommen bis zum Ende des Zweiten Weltkrieges, Prag 2007.

[59] *M. Šimůnek*, Ein neues Fach: Die Erb- und Rassenhygiene an der Medizinischen Fakultät
der Deutschen Karls-Universität Prag 1939–1945, in: Wissenschaft in den böhmischen Ländern 1939–1945 (= Studies in the History of Sciences and Humanities, Bd. 9), hg. von *A.
Kostlán*, Prag 2004, S. 190–316.

[60] *G. Aly/S. Heim*: Vordenker der Vernichtung: Auschwitz und die deutschen Pläne für eine
neue europäische Ordung, Frankfurt a.M. 2001, S. 123.

[61] BA Berlin, ehem. BDC – OPG B93 (Schultz B. K.), Schreiben Hofmanns an Himmler,
11.07.1941.

[62] Ebd., Schreiben Saures an Hofmann, o.D.

Thums.[63] Nachdem an der Juristischen Fakultät die rassischen Ansätze in den bevölkerungspolitischen Unterricht integriert waren, wurde die DKU sogar zu einer „Musteruniversität" bezüglich der rassenorientierten und instrumentalisierten Forschung.

In enger Zusammenarbeit mit dem im Oktober 1940 geschaffenen Deutschen Gesundheitsamt in Prag beteiligte sich seit April 1941 das Institut für Erb- und Rassenhygiene an der Errichtung der „Zentralstelle für die Erbkartei der deutschen Bevölkerung in Böhmen und Mähren".[64] Diese Zentralstelle sollte in der Zukunft des Protektorats Grundlage für die erbbiologische Bestandaufnahme der Bevölkerung nach reichsdeutschem Vorbild im Protektorat bilden.[65]

Ein weiterer wichtiger Schritt in der Politisierung und weiterer Institutionalisierung der deutschen Rassenhygiene im Protektorat war die Gründung der Ortsgesellschaft Prag der Deutschen Gesellschaft für Rassenhygiene e. V. München am 3. März 1941.[66]

Mit der Ankunft Heydrichs als stellvertretendem Reichsprotektor in Prag Ende September 1941 unter Beibehaltung seiner sonstigen Ämter im Berliner Machtzentrum, insbesondere der Position des Chefs des RuSHA der SS, kam es zur Radikalisierung der NS-Besatzungspolitik im Sinne der Steigerung ihrer Brutalität und „Effektivität". Es handelte sich in erster Linie um die Vereinigung und Erhöhung der internen Vernetzung der einzelnen Maßnahmen im Einklang mit den Zielen der SS. Bereits vor seiner Ankunft im Herbst 1940 sah Heydrich die Germanisierung des böhmisch-mährischen Raumes" als zwingend notwendig an.[67] Im Bereich der Volkstumspolitik versuchte er, die Kompetenzen in seinen Händen zu konzentrieren. So schlug er im Februar 1942 Martin Bormann vor, im Protektorat eine Positi-

---

[63] K. Thums, Das Institut für Erb- und Rassenhygiene der Deutschen Karls-Universität in Prag, in: Der Erbarzt 10/4 (1942), S. 75–83, hier: S. 75. Vgl. Šimůnek, Ein neues Fach, a.a.O.; M. Šimůnek, Ein österreichischer Rassenhygieniker zwischen Wien, München und Prag: Karl Thums (1904–1976), in: Eugenik in Österreich: Biopolitische Strukturen von 1900–1945, hg. von G. Baader/V. Hofer/T. Mayer, Wien 2007, S. 393–417.

[64] A.a.O., AMV-ÚŘP 114, Kt. 277, Verwaltungsbericht der Abteilung I6 des Amtes des Reichsprotektors für März 1941, 20. und 29.03.1941; a.a.O., Verwaltungsbericht dergleichen für April 1941, 22.04.1941.

[65] O. Freiherr von Verschuer, Erbbestandaufnahme der Universitätskliniken, in: Der Erbarzt 7/2 (1939), S. 56. Weiter vgl. A. Nitschke, Die „Erbpolizei" im Nationalsozialismus: Zur Alltagsgeschichte der Gesundheitsämter im Dritten Reich, Wiesbaden 1999; K. Hübener/W. Rose, Erbbiologische Erfassung als neue Aufgabe in der Anstaltspsychiatrie, in: Dokumente zur Psychiatrie im Nationalsozialismus: Schriftenreihe zur Medizin-Geschichte des Landes Brandenburg, Bd. 6, hg. von T. Beddies/K. Hübener, Berlin 2003, S. 121–165.

[66] A MP Praha, 411, SK IX/1110, Satzungen der Ortsgesellschaft Prag der Deutschen Gesellschaft für Rassenhygiene e. V. München, 1942.

[67] Ebd.

on des „Beauftragten der Partei für die Fragen der Volkstumsarbeit" zu schaffen.[68]

Unter dem Motto vom Februar 1942 „Wenn ich eindeutschen will, muss ich vorher wissen, wer ist eindeutschbar"[69] sollten im Protektorat alle verfügbaren Mittel und Methoden eingesetzt werden. Einerseits sollten sie effektiv sein und auf der anderen Seite die geforderte Geheimhaltung gewährleisten. Als unabdingbare Voraussetzung für die Einleitung der zukünftigen Auslese der Protektoratsbevölkerung in gigantischen Ausmaßen sah Heydrich bereits im Oktober 1941 vor allem die „völkische Bestandsaufnahme". In das Protektorat wurde daraufhin der SS-Röntgensturmbann aus Norwegen abkommandiert, um mit den Vorbereitungsarbeiten zu beginnen.[70] Kurz vor dem Attentat auf Heydrich hieß es in einem Bericht des Amtes des Reichsprotektors ausdrücklich: „Das Rasse- und Siedlungshauptamt SS benutze diese Gelegenheit [Röntgenreihenuntersuchungen im Protektorat] zu allgemeinen und besonderen Beurteilungen der Wiedereindeutschungsfähigkeit der Untersuchten".[71] Parallel zu dieser großangelegten Erfassungsaktion lief weiter im Bereich der NS-Erbgesundheitspflege auch die erbbiologische Bestandaufnahme.

V. Resümee

Zu Beginn des 19. Jahrhunderts war die Philosophie noch die Leitwissenschaft für die sich neu formierende Naturwissenschaft. Diese Naturphilosophie war explizit als Naturwissenschaftslehre formuliert. Das Verhältnis kehrte sich in Folge der Auseinandersetzungen um die Evolutionslehre Darwins gegen Ende des 19. Jahrhunderts aber um. Nunmehr sollte das Naturwissen die Philosophie bestimmen. Nachdem Charles Darwin 1859 in seinem Buch *Origin of Species* auch die Geschichte des Menschen als Teil einer Naturgeschichte offerierte, waren die Humanwissenschaften selbst Objekte einer biologischen Analyse geworden. Diese neue Ordnung des Wissens wirkte sehr rasch und umfassend. Dabei war die von Darwin mit

---

[68] NA Praha, AMV-ST 109, Kt. 54 (109–4–977), Schreiben von Heydrich an Bormann, 15.02.1942.

[69] A.a.O., 218.

[70] BA Berlin, DS/G113 (Beger, Bruno), Schreiben von Beger an RFSS (Himmler) wegen der anthropologischen Untersuchung der norwegischen Bevölkerung in Anknüpfung auf die röntgenologische Untersuchung des SS-Röntgensturmbannes, 30.06.1941; NA Praha, AMV-ÚŘP 114, Kt. 277, Zusammenfassung der wichtigen Angelegenheiten im Arbeitsbereich der Unterabteilung I6 des Amtes des Reichsprotektors für Zeitraum von 5. bis 11. Februar 1942, 13.02.1942.

[71] NA Praha, AMV-ÚŘP 114, Kt. 450, Verwaltungsbericht der Gruppe Gesundheitswesen des Amtes des Reichsprotektors für Mai 1942, 19.05.1942.

seiner Evolutionslehre formulierte Idee, den Menschen als Teil eines Natur-
gefüges zu betrachten und demnach auch seine Kultur als ein Naturphäno-
men in den Blick zu nehmen, so neu nicht. Speziell im deutschen
Sprachraum schloss sie an eine alte Diskussion an. War doch nach Carl von
Linné bereits ein Ordnungsgefüge der Natur kenntlich, in dem der Mensch
als ein Teil verankert war. Diese Natur wurde nun in der Sicht Johann
Wolfgang Goethes als eine in sich lebendige und aus sich bestimmte Größe
begriffen, die den Mensch mit umfasste. Die darauf folgende Entwicklung
einer zunächst wissenschaftlich genannten Anthropologie nahm diese Idee
nun auf und stellte den Menschen als ein Naturprodukt dar, dessen Wahrnehmung, Wille und Seelenleben physikalisch zu erklären sei.

Jena (Thüringen) und Prag (Reichsprotektorat) waren Hauptzentren der
biologischen Anthropologie im 19./20. Jahrhundert. Das perfideste Beispiel
im 20. Jahrhundert wurde aber das stark antisemitisch orientierte „Rasse-
Konzept" der Nationalsozialisten.[72] Hier verschmolzen Ideologie und Politik zu einem eugenisch bzw. rassenhygienisch motivierten Konzept. Angeblich wissenschaftliche Erkenntnisse wurden als biologisch-medizinische
Rechtfertigungen für radikale „Maßnahmen" herangezogen, die im Rassenwahn endeten (vgl. hier u.a. das Gesetz zur Verhütung erbkranken Nachwuchses von 1933 oder die Nürnberger Rassegesetze von 1935).[73] Der Aufschwung an rassenkundlichen und vererbungswissenschaftlichen Fragestellungen in den Bereichen der Human- und Biowissenschaften (Universitäten,
Kaiser Wilhelm-Instituten usw.) war zudem nicht nur auf das territoriale
Kerngebiet des Dritten Reiches („Altreich") beschränkt, sondern es fand –
wenn auch nur vereinzelt – ein „wissenschaftlicher Export" dieser Ideen in
benachbarte und annektierte Gebiete wie Österreich, Sudetenland, Frankreich, Skandinavien usw. statt. So sollte sich u.a. vorwiegend unter Federführung des Jenaer Rassenhygienikers und Rassebiologen Lothar Stengel-
von Rutkowski ab Mitte der 1940er-Jahre auch eine „rassenbiologische
Achse" zwischen dem „Mustergau Thüringen" mit seiner „SS-Universität"
in Jena und den SS-Dienststellen im Protektorat Böhmen und Mähren bzw.

---

[72] Vgl. Die Gleichwertigkeit der europäischen Rassen und die Wege zu ihrer Vervollkommnung, hg. von *K. Weigner*, Prag 1935; *J. Huxley*, We Europeans: A Survey of „Racial" Problems, London 1935; *ders.*, „Race" in Europe, Oxford Pamphlets on World Affairs, No. 5
(1942); *G. Blume*, Rasse oder Menschheit. Eine Auseinandersetzung mit der nationalsozialistischen Rassenlehre, Dresden 1948; *K. Saller*, Die Rassenkunde des Nationalsozialismus in
Wissenschaft und Propaganda, Darmstadt 1961.

[73] *A. Janßen-Bartels*, Schülervorstellungen zum Unterricht über „Menschenrassen", in: Erkenntnisweg Biologiedidaktik, hg. von *H. Vogt/D. Krüger/U. Unterbrunner*, Kassel Universität, 2003, S. 57–71; *U. Kattmann*, Was heißt hier Rasse? Unterrichtsmodell für die Sekundarstufe II. Unterricht Biologie 19 (204), 1996, S. 44–49, *H.-C. Harten/U. Neirich/ M.
Schwerendt*, Rassenhygiene als Erziehungsideologie des Dritten Reiches. Bio-bibliographisches Handbuch, Berlin 2006.

der Deutschen Karls-Universität in Prag etablieren.[74] Nach 1945 wurden in Deutschland (in der DDR zunächst in Jena) dann nur strukturelle, hingegen keinerlei personelle Diskussionen über die Rolle der Anthropologen im Nationalsozialismus geführt. So war es für lange Zeit nahezu unmöglich, ernsthafte wissenschaftliche Debatten über dieses Thema zu führen. Die personelle Kontinuität wirkte sich nachteilig für das Fach aus. Anstatt eben dieses Thema mit besonders intensiver und gründlicher Forschung so schnell wie möglich aufzuarbeiten, tabuisierte und verdrängte man es.

Im Jahre 1949 unternahm die UNESCO bereits mit einer Erklärung zum wissenschaftlichen Stand der Rasseforschung den Versuch, das „Rassenvorurteil" zu beseitigen. So heißt es – noch unter dem Eindruck der NS-Verbrechen – an einer Stelle: „Die Menschheit ist eins: [...] alle Menschen gehören der gleichen Art an". Im Juni 1951 folgte ein zweiter Vorschlag an dem (im Gegensatz zum ersten) nun auch verstärkt Genetiker und Anthropologen mitwirkten. Als Ergebnis wurde das *UNESCO-Statement on the Nature of Race and Race Differences by Physical Anthropologists and Geneticists* vorgelegt. Bereits sechs Jahre vor dem UNESCO-Statement hatten die Biologen Leslie C. Dunn und Theodosius Dobzhansky in ihrem Buch *Heredity, Race, and Society* (1946) versucht, dem Rassenbegriff einen neuen Inhalt zu geben. Aus ihrer Sicht konnten „Rassen" nur populationsgenetisch (und nicht typlogisch) definiert werden, „als Populationen, die sich in der Häufigkeit eines Gens oder einiger Gene unterscheiden". Diese und andere Bemühungen zeigen eindrucksvoll, dass der Rassebegriff auf Menschen angewendet, theoretisch unseriös und politisch-ideologisch skandalös ist. Dennoch hat er sich bis heute weitgehend behaupten können, weil eben politisch-ideologische Stereotypen langlebige Muster sind und das Wort „Rasse" im anglo-amerikanischen Sprachraum nach wie vor weitgehend unkritisch verwendet wird. So sind Fremdenfeindlichkeit und Rassismus weiterhin bedrückende Alltagswirklichkeiten. In einer jüngst veröffentlichten Mitteilung deutscher Anthropologen heißt es:

---

[74] „Kämpferische Wissenschaft". Studien zur Universität Jena im Nationalsozialismus, hg. von *U. Hoßfeld/J. John/R. Stutz/O. Lemuth*, Köln 2003; *U. Hoßfeld*, Rassenphilosophie und Kulturbiologie im eugenischen Diskurs: Der Jenaer Rassenphilosoph Lothar Stengel-von Rutkowski, in: Homo perfectus? Behinderung und menschliche Existenz, hg. von *K.-M. Kodalle*, Kritisches Jahrbuch für Philosophie, Beiheft 5 (2004), S. 77–92; M. *Šimůnek/U. Hoßfeld*, Die Kooperation der Friedrich-Schiller-Universität Jena und der Deutschen Karls-Universität Prag im Bereich der „Rassenlehre", 1933–1945. Buchreihe „Thüringen gestern & heute", Bd. 32, Landeszentrale für politische Bildung, Erfurt 2008.

„Rassismus ist schwer zu bekämpfen. Wir wollen keinen Begriff aus dem Vokabular von Rassisten mit diesen teilen, um Missbrauch oder auch wissentliche und ignorante Missverständnisse vermeiden. Wir wollen das schon gar nicht, weil der Begriff Rasse oft missbraucht wurde und wird. Es ist dementsprechend notwendig, den wissenschaftlichen Nährboden hierfür durch Aufklärung zu entziehen und daraus resultierende Diskriminierung eindeutig abzulehnen."[75]

Literaturhinweise

Primärliteratur

A MP Praha, 411, SK IX/1110, Satzungen der Ortsgesellschaft Prag der Deutschen Gesellschaft für Rassenhygiene e. V. München, 1942.

A MP Praha, 411, SK IX/1110, Satzungen der Ortsgesellschaft Prag der Deutschen Gesellschaft für Rassenhygiene e. V. München, 1942.

BA Berlin, NS2/56, Schreiben vom Chef des RuSHA der SS (Hofmann) an RFSS (Himmler) wegen des getarnten Meldebogens für tschechische Schulärzte, 24.10.1940.

Dass., R58/151 (Meldungen aus dem Reich), Meldung Nr. 100 – Gewährung von Ehestandsdarlehen an Volksdeutsche im Protektorat, 27.06.1940. Vgl. auch den Artikel „Wie erlangt man ein Ehestandsdarlehen?", in: Der Neue Tag 3 (1941), S. 7.

Dass., ehem. BDC – OPG B93 (Schultz B. K.), Schreiben Hofmanns an Himmler, 11.07.1941.

Dass., AMV-ÚŘP 114, Kt. 277, Verwaltungsbericht der Abteilung I6 des Amtes des Reichsprotektors für März 1941, 20. und 29.03.1941; ebd., Verwaltungsbericht dergleichen für April 1941, 22.04.1941.

Dass., DS/G113 (Beger Bruno), Schreiben von Beger an RFSS (Himmler) wegen der anthropologischen Untersuchung der norwegischen Bevölkerung in Anknüpfung auf die röntgenologische Untersuchung des SS-Röntgensturmbannes, 30.06.1941.

Baur, Erwin/Fischer, Eugen/Lenz, Fritz: Menschliche Erblichkeitslehre und Rassenhygiene, Bd. 1 – Menschliche Erblichkeitslehre, München 1927.

Fischer, Eugen: Aufgaben der Anthropologie, menschlichen Erblichkeitslehre und Eugenik, in: Die Naturwissenschaften 32 (1926), S. 749–755.

Goldschmidt, Richard: Die Lehre von der Vererbung, Berlin 1927.

---

[75] *C. Niemitz/K. Kreutz/H. Walter*, Wider den Rassebegriff in Anwendung auf den Menschen, Anthropologischer Anzeiger 64 (2006), S. 463–464, hier: S. 464. *U. Hoßfeld*, Biologie und Politik. Die Herkunft des Menschen, Landeszentrale für politische Bildung Thüringen, Erfurt 2012.

Ders.: Einige Probleme der heutigen Vererbungswissenschaft, in: Die Naturwissenschaften 12 (1924), S. 769–771.

Ders.: Zwei Jahrzehnte Mendelismus, in: Die Naturwissenschaften 10 (1922), S. 631–635.

Groß, Walter: Drei Jahre rassenpolitische Aufklärungsarbeit, Volk und Rasse 11 (1936), S. 331–337.

Ders.: Ein Jahr rassenpolitische Erziehung. Kritik und Auslese. Nationalsozialistische Monatshefte 5 (1934), S. 833–837.

Ders.: Was bedeutet die Rassen- und Vererbungswissenschaft für den Nationalsozialismus, Nationalsozialistisches Bildungswesen 2 (1937), S. 705–707.

Günther, Hans F. K.: Rassenkunde des deutschen Volkes, München 1922.

Haeckel, Ernst: Die Weltanschauung des neuen Kurses, Berlin 1892.

Ders.: Englands Blutschuld am Weltkriege (Erstdruck), in: Die Eiche 3 (1914), S. 124–131.

Ders.: Ewigkeit. Weltkriegsgedanken über Leben und Tod, Religion und Entwicklungslehre, Berlin 1915.

Hentschel, Willibald: Mittgart – Ein Weg zur Erneuerung der germanischen Rasse, Dresden 1911.

Ders.: Vom aufsteigenden Leben, Leipzig 1910.

Ders.: Vom Vormenschen zum Indogermanen, Leipzig 1927.

Huxley, Julian: „Race" in Europe, Oxford Pamphlets on World Affairs, No. 5, 1942.

Ders.: We Europeans: A Survey of „Racial" Problems, London 1935.

Just, Günther: Handbuch der Erbbiologie des Menschen, Bd. 1, Berlin 1940.

Lehmann, Ernst: Biologie im Leben der Gegenwart, München 1933.

Ders.: Vererbungslehre, Rassenkunde und Rassenhygiene, in: Der Biologe 7 (1938a), S. 306–310.

Lenz, Fritz: Menschliche Erblichkeitslehre und Rassenhygiene, Bd. 2 – Menschliche Auslese und Rassenhygiene (Eugenik), München 1931.

Macrakis, Kristie: Surviving the Swastika: Scientific Research in Nazi Germany, Oxford 1993a.

Dies.: The Survival of Basic Biological Research in National Socialist Germany, in: Journal of the History of Biology 26 (1993b), S. 519–543.

NA Praha, ÚŘP-AMV 114, Kt. 277, Verwaltungsbericht der Abt. I (Unterabteilung I3) des Amtes des Reichsprotektors für Zeitraum von 20. Oktober bis 20. November 1940, 23.12.1940.

Dass., Kt. 390, Entwurf einer Regierungsverordnung, womit einige weitere Vorschriften über Juden und jüdische Mischlingen erlassen werden, 31.01.1941.

Dass., MSZS, Kt. 1, Zuschrift von Staatssekretär (Frank) an den Ministerpräsidenten der autonomen Regierung (Eliáš) wegen der Untersuchung des Gesundheitszustandes sämtlicher Schulkinder tschechischer Volkszugehörigkeit, 02.04.1941.

Dass., AMV-ÚŘP 114, Kt. 450, Verwaltungsbericht (der Gruppe Gesundheitswesen) für den Monat Juni 1941, 29.06.1941.

Dass., ÚŘP-AMV 114, Kt. 277, Verwaltungsbericht der Unterabteilung I6 des Amtes des Reichsprotektors für April 1941, 22.04.1941.

NA Praha, Verwaltungsbericht der Abteilung I (Unterabteilung I3) des Amtes des Reichsprotektors für den Zeitraum von 20. September bis 20. Oktober 1940, 22.10.1940.

Dass., ÚŘP-AMV 114, Kt. 390, Aktennotiz vom Chef der Sipo und SD (Heydrich), 11.09.1940.

Dass., AMV-ST 109, Kt. 54 (109-4-977), Schreiben von Heydrich an Bormann, 15.02.1942.

Dass., AMV-ÚŘP 114, Kt. 277, Zusammenfassung der wichtigen Angelegenheiten im Arbeitsbereich der Unterabteilung I6 des Amtes des Reichsprotektors für Zeitraum von 5. bis 11. Februar 1942, 13.02.1942.

Dass., AMV-ÚŘP 114, Kt. 450, Verwaltungsbericht der Gruppe Gesundheitswesen des Amtes des Reichsprotektors für Mai 1942, 19.05.1942.

Plate, Ludwig: Vererbungslehre mit besonderer Berücksichtigung der Abstammungslehre und des Menschen, Jena 1932.

Thums, Karl: Das Institut für Erb- und Rassenhygiene der Deutschen Karls-Universität in Prag, in: Der Erbarzt, Heft 10/4 (1942), S. 75–83.

Verschuer, Otmar von: Erbbestandaufnahme der Universitätskliniken, in: Der Erbarzt, Heft 7/2 (1939), S. 56.

Ders.: 10 Jahre Rassenpolitisches Amt, in: Der Erbarzt, Heft 3/4 (1944), S. 54.

Ders.: Genetik des Menschen, München/Berlin 1959.

Virchow, Rudolf: Die Freiheit der Wissenschaft im modernen Staat, Berlin 1877.

Weigner, Karel: Die Gleichwertigkeit der europäischen Rassen und die Wege zu ihrer Vervollkommnung, Prag 1935.

Ziegler, Heinrich Ernst/Conrad, Johannes/Haeckel, Ernst: Dritter Teil von *Natur und Staat*. Eine Sammlung von Preisschriften, Jena 1903.

Ziegler, Heinrich Ernst: Einleitung zu dem Sammelwerke Natur und Staat, Beiträge zur naturwissenschaftlichen Gesellschaftslehre, Jena 1903, S. 1–24.

Sekundärliteratur

Aly, Götz/Heim, Susanne: Vordenker der Vernichtung: Auschwitz und die deutschen Pläne für eine neue europäische Ordung, Frankfurt a.M. 2001.

Billig, Michael: Die rassistische Internationale, Frankfurt 1981.

Blume, Georg: Rasse oder Menschheit. Eine Auseinandersetzung mit der nationalsozialistischen Rassenlehre, Dresden 1948.

Boyd, Robert/Silk, Joan B.: How humans evolved, New York/London 1997.

Breidbach, Olaf/Hoßfeld, Uwe/Jahn, Ilse/Schmidt, Andrea: Matthias Jacob Schleiden (1804–1881) – Anthropologische Schriften und Manuskripte, Stuttgart 2004.

Cavalli-Sforza, Luca/Cavalli-Sforza, Francesco: Verschieden und doch gleich. Ein Genetiker entzieht dem Rassismus die Grundlage, München1994.

Cavalli-Sforza, Luigi Luca: Gene, Völker und Sprachen. Die biologischen Grundlagen unserer Zivilisation, München/Wien 1999.

Cremer, Thomas: Von der Zellenlehre zur Chromosomentheorie, Berlin 1985.

Daum, Andreas: Wissenschaftspopularisierung im 19. Jahrhundert. Bürgerliche Kultur, naturwissenschaftliche Bildung und die deutsche Öffentlichkeit 1848–1914, München 1998.

Deichmann, Ute: Biologen unter Hitler, Frankfurt a.M. 1992.

Dickmann, Fritz: Die Regierungsbildung in Thüringen als Modell der Machtergreifung, in: Vierteljahrshefte für Zeitgeschichte 14 (1966), S. 454–464.

Dornheim, Andreas u.a.: Thüringen 1933–1945. Aspekte nationalsozialistischer Herrschaft, Erfurt 1997.

Dunn, Leslie C./Dobzhansky, Theodosius: Heredity, Race, and Society, New York 1946; dt: Vererbung, Rasse und Gesellschaft, Stuttgart 1970.

Ehrlich, Lothar/John, Jürgen: Weimar 1930. Politik und Kultur im Vorfeld der NS-Diktatur, Köln 1998.

Engelhardt, Dietrich von: Polemik und Kontroversen um Haeckel, in: Medizinhistorisches Journal 15 (1980), S. 284–304.

Fansa, Mamoun: Ausstellungskatalog „Schwarzweissheiten. Vom Umgang mit fremden Menschen", anlässlich einer Sonderausstellung im Landesmuseum für Natur und Mensch Oldenburg vom 28.09.2001–27.01.2002 erschienen, zgl. Heft 19 der Schriftenreihe des Landesmuseums, hg. von *Mamoun Fansa*, Oldenburg 2001.

Feldman, Marcus W./Lewontin, Richard C./King, Mary-Claire: Race: A Genetic Melting-Pot, Nature 424 (2003), S. 374.

Gesellschaft für christlich-jüdische Zusammenarbeit: Rassenfrage – Heute, München 1963.

Gieseler, Wilhelm: Die Fossilgeschichte des Menschen, Stuttgart 1974.

Glettler, Monika/Mišková, Alena: Prager Professoren 1938–1948: Zwischen Wissenschaft und Politik, Essen 2001.

Gondermann, Thomas: Evolution und Rasse, Bielefeld 2007.

Groschopp, Horst: Dissidenten. Freidenkerei und Kultur in Deutschland, Berlin 1997.

Hagemann, Rudolf: Erwin Baur 1875–1933. Pionier der Genetik und Züchtungsforschung, Eichenau 2000.

Hamel, Elisabeth: Das Werden der Völker in Europa, Bristol/Berlin 2007.

Harten, Hans-Christian/Neirich Uwe/Schwerendt, Matthias: Rassenhygiene als Erziehungsideologie des Dritten Reiches. Bio-bibliographisches Handbuch, Berlin 2006.

Hausen, Harald zur: Evolution und Menschwerdung, Stuttgart 2006.

Heiden, Detlev/Mai, Günther: Nationalsozialismus in Thüringen, Weimar 1995.

Heinemann, Isabel: Rasse, Siedlung, „deutsches Blut": Das Rasse- und Siedlungshauptamt der SS und die rassenpolitische Neuordnung Europas, Göttingen 2003,
S. 154–55

Hofer, Helmut/Altner, Günter: Die Sonderstellung des Menschen, Stuttgart 1972.

Hoßfeld, Uwe: Biologie und Politik. Die Herkunft des Menschen, Landeszentrale
für politische Bildung Thüringen, Erfurt 2012.

Ders.: „Er war Paul Schultze-Naumburgs bester Freund": Eine Lebensskizze des
Hans F. K. Günther (‚Rasse-Günther'), Schriftenreihe Saalecker Werkstätten 3
(2001), S. 43–61.

Ders.: „Phyletische Anthropologie". Ernst Haeckels letzter anthropologischer Beitrag (1922), in: Anthropologie nach Haeckel, hg. von *Dirk Preuß/Uwe Hoß-
feld/Olaf Breidbach*, Stuttgart 2006, S. 72–101.

Ders.: „Rasse" potenziert: Rassenkunde und Rassenhygiene an der Universität Jena
im Dritten Reich, in: Universitäten und Hochschulen im Nationalsozialismus und
in der frühen Nachkriegszeit, hg. von *Karin Bayer/Frank Sparing/ Wolfgang Woelck*, Stuttgart 2004, S. 197–218.

Ders.: „Rasse"-Bilder in Thüringen, 1863–1945. Blätter zur Landeskunde Thüringen – Nr. 63, Landeszentrale für Politische Bildung, Erfurt 2006.

Ders.: Ernst Haeckel. Biographienreihe absolute, Freiburg i. Br. 2010.

Ders.: Gerhard Heberer (1901–1973) – Sein Beitrag zur Biologie im 20. Jahrhundert, Berlin 1997.

Ders.: Geschichte der biologischen Anthropologie in Deutschland. Von den Anfängen bis in die Nachkriegszeit, Stuttgart 2005, ²2016.

Ders.: Haeckelrezeption im Spannungsfeld von Monismus, Sozialdarwinismus und
Nationalsozialismus. Essay Review, in: History and Philosophy of the Life Sciences 21 (1999), S. 195–213.

Ders.: Nationalsozialistische Wissenschaftsinstrumentalisierung: Die Rolle von
Karl Astel und Lothar Stengel von Rutkowski bei der Genese des Buches Ernst
Haeckels Bluts- und Geistes-Erbe (1936), in: Der Brief als wissenschaftshistori-
sche Quelle, hg. von *Erika Krauße*, Berlin 2005, S. 171–194.

Ders.: Rassenphilosophie und Kulturbiologie im eugenischen Diskurs: Der Jenaer
Rassenphilosoph Lothar Stengel-von Rutkowski, in: Homo perfectus? Behinderung und menschliche Existenz, hg. von *Klaus-Michael Kodalle*, Kritisches Jahrbuch für Philosophie, Beiheft 5 (2004), S. 77–92.

Ders.: Reflexionen zur Paläoanthropologie in der deutschsprachigen evolutionsbiologischen Literatur der 1940er bis 1970er Jahre, in: Urmensch und Wissenschaften. Eine Bestandsaufnahme hg. von Bernhard Kleeberg/Tilmann Walter/ Fabio
Crivellari, Darmstadt 2005, S. 59–88.

Hoßfeld, Uwe/John, Jürgen/Stutz, Rüdiger/Lemuth, Oliver: „Kämpferische Wissenschaft". Studien zur Universität Jena im Nationalsozialismus, Weimar 2003.

Hübener, Kristina/Rose, Wolfgang: Erbbiologische Erfassung als neue Aufgabe in
der Anstaltspsychiatrie, in: Dokumente zur Psychiatrie im Nationalsozialismus.

Schriftenreihe zur Medizin-Geschichte des Landes Brandenburg, Bd. 6, hg. von: *Thomas Beddies/ Kristina Hübener*, Berlin 2003, S. 121–165.

Jahn, Ilse: Zur Geschichte der Wiederentdeckung der Mendelschen Gesetze, in: Wissenschaftliche Zeitschrift der Friedrich-Schiller-Universität Jena, Mathematisch-Naturwissenschaftliche Reihe 7 (1957/58), S. 215–227.

Janßen-Bartels, Anne: Schülervorstellungen zum Unterricht über „Menschenrassen", in: Erkenntnisweg Biologiedidaktik, hg. von *Helmut Vogt/Dirk Krüger/Ulrike Unterbrunner*, Universität Kassel, 2003, S. 57–71.

Kattmann, Ulrich: Was heißt hier Rasse? Unterrichtsmodell für die Sekundarstufe II, in: Unterricht Biologie 19 (204), 1996, S. 44–49.

King, James C.: The Biology of Race, New York 1971.

Klee, Ernst: „Euthanasie" im NS-Staat, Frankfurt a.M. 1985.

Krauße, Erika/Hoßfeld, Uwe: Das Ernst-Haeckel-Haus in Jena. Von der privaten Stiftung zum Universitätsinstitut (1912–1979), in: Verhandlungen zur Geschichte und Theorie der Biologie 3 (1999), S. 203–232.

Kühl, Stefan: Die Internationale der Rassisten, Frankfurt a.M./New York 1997.

Ders.: The Nazi Connection: Eugenics, American Racism, and German National Socialism, New York/Oxford 1994.

Kuttner, Robert E.: Race and Modern Science, New York 1967.

Lehmann, Ernst: Verbreitung erbbiologischer Kenntnisse durch Hochschule und Schule, in: Deutschlands Erneuerung 22 (1938b), S. 561–567 und S. 642–650.

Levit, Georgy/Hoßfeld, Uwe: The Forgotten „Old-Darwinian" Synthesis: The Theoretical System of Ludwig H. Plate (1862–1937), in: Internationale Zeitschrift für Geschichte und Ethik der Naturwissenschaft, Technik und Medizin (NTM), N. S. 14/1 (2006), S. 9–25.

Lewin, Roger: Die Herkunft des Menschen, Heidelberg 1995.

Mann, Gunter: Ernst Haeckel und der Darwinismus: Popularisierung, Propaganda und Ideologisierung, in: Medizinhistorisches Journal 15 (1980), S. 269–283.

Ders.: Neue Wissenschaft im Rezeptionsbereich des Darwinismus: Eugenik – Rassenhygiene, in: Berichte für Wissenschaftsgeschichte 1 (1978), S. 101–11.

Martin, Henno: Menschheit auf dem Prüfstand, Berlin 1992.

Mayr, Ernst: Das ist Biologie. Die Wissenschaft vom Leben, Heidelberg/Berlin 1998.

Míšková, Alena: Německá (Karlova) univerzita od Mnichova k 9. květnu 1945, Prag 2002.

Nitschke, Asmus: Die „Erbpolizei" im Nationalsozialismus: Zur Alltagsgeschichte der Gesundheitsämter im Dritten Reich, Wiesbaden 1999.

Olson, Steve: Herkunft und Geschichte des Menschen, Berlin 2003.

Preuß, Dirk/Hoßfeld, Uwe/Breidbach, Olaf: Anthropologie nach Haeckel, Stuttgart 2006.

Proctor, Robert: Racial Hygiene: Medicine under the Nazis, Cambridge 1988.

Ders.: The Nazi War on Cancer, Princeton 1999.

Saller, Karl: Die Rassenkunde des Nationalsozialismus in Wissenschaft und Propaganda, Darmstadt 1961.

Sandmann, Jürgen: Der Bruch mit der humanitären Tradition. Die Biologisierung der Ethik bei Ernst Haeckel und anderen Darwinisten seiner Zeit, Stuttgart 1990.

Schmidt, Siegfried: Alma mater Jenensis. Geschichte der Universität Jena, Weimar 1983.

Sieg, Ulrich: Deutschlands Prophet. Paul de Lagarde und die Ursprünge des modernen Antisemitismus, München 2007.

Ders.: Strukturwandel der Wissenschaft im Nationalsozialismus, in: Berichte zur Wissenschaftsgeschichte 24 (2001), S. 255–70.

Šimůnek, Michal: Ein neues Fach: Die Erb- und Rassenhygiene an der Medizinischen Fakultät der Deutschen Karls-Universität Prag 1939–1945, in: Wissenschaft in den böhmischen Ländern 1939–1945 (= Studies in the History of Sciences and Humanities, Bd. 9), hg. von Antonin Kostlán, Prag 2004, S. 190–316.

Ders.: Ein österreichischer Rassenhygieniker zwischen Wien, München und Prag: Karl Thums (1904–1976), in: Eugenik in Österreich: Biopolitische Strukturen von 1900–1945, hg. von *Gerhard Baader/Veronica Hofer/Thomas Mayer*, Wien 2007, S. 393–417.

Šimůnek, Michal/Hoßfeld, Uwe: Die Kooperation der Friedrich-Schiller-Universität Jena und der Deutschen Karls-Universität Prag im Bereich der „Rassenlehre", 1933–1945. Buchreihe „Thüringen gestern & heute", Bd. 32, Landeszentrale für politische Bildung, Erfurt 2008.

Šimůnek, Michal/Mayer, Thomas/Hoßfeld, Uwe/Breidbach, Olaf: Johann Gregor Mendel. Mendelianismus in Böhmen und Mähren 1900–1930, Jahrbuch für Europäische Wissenschaftskultur 4 (2009), S. 183–204.

Šimůnek, Michal/Hoßfeld, Uwe/Breidbach, Olaf/Mueller, Miklos: Mendelism in Bohemia und Moravia, 1900–1930. Collection of Selected Papers, Stuttgart 2010.

Šimůnek, Michal/Hoßfeld, Uwe/Thümmler, Florian/Breidbach, Olaf (Hg.), THE MENDELIAN DIOSKURI. Correspondence of Armin with Erich von Tschermak-Seysenegg, 1898–1951. Studies in the History of Sciences and Humanities 27, Praha 2011.

Šimůnek, Michal/Hoßfeld, Uwe/Thümmler, Florian/Sekerak, Jiri, The letters of J. G. Mendel. William Bateson, Hugo Iltis, and Erich von Tschermak-Seysenegg with Alois and Ferdinand Schindler, 1902–1932. Studies in the History of Sciences and Humanities 28, Praha 2011.

Stuckart, Wilhelm/Schiedermair, Rolf: Rassen- und Erbpflege in der Gesetzgebung des Dritten Reiches, Leipzig 1939.

Thomann, Klaus-Dieter/Kümmel, Werner F.: Naturwissenschaft, Kapital und Weltanschauung. Das Kruppsche Preisausschreiben und der Sozialdarwinismus, in: Medizinhistorisches Journal 30, 1. Teil (Heft 2, S. 99–143), 2. Teil (Heft 3, S. 205–243) und 3. Teil (Heft 4, S. 315–352), 1995.

Ulrich, Herbert: Hominid Evolution, Gelsenkirchen 1999.

Washburn, Sherwood L.: Classification and Human Evolution, Chicago 1963.

Weingart, Peter u.a.: Rasse, Blut und Gene, Frankfurt a.M. 1992.

Weiss, Sheila F.: Wilhelm Schallmayer and the Logic of German Eugenics, in: Isis 77 (1986), S. 33–46.

Winau, Rolf: Natur und Staat oder: Was lernen wir aus den Prinzipien der Descendenztheorie in Beziehung auf die innerpolitische Entwicklung der Gesetzgebung der Staaten?, in: Berichte zur Wissenschaftsgeschichte 6 (1983), S. 123–132.

Zimmermann, Susanne/Eggers, Matthias/Hoßfeld, Uwe: Pioneering research into smoking and health in Nazi Germany: The „Wissenschaftliches Institut zur Erforschung der Tabakgefahren" in Jena, in: International Journal of Epidemiology 30 (2001), S. 35–37.

Zimmermann, Susanne: Die Medizinische Fakultät der Universität Jena während der Zeit des Nationalsozialismus, Berlin 2000.

Marc Rölli

Biopolitik-Analyse

Entwurf einer Forschungsperspektive*

Ist heute von „Biopolitik" die Rede, so ist zumeist eine anwendungsbezogene Form politischen Handelns gemeint, die alles umfasst, was die so genannten „Lebenswissenschaften" an Regelungsbedarf produzieren.[1] In diesem Sinne stellt sich die „Biopolitik" beinahe selbstverständlich der „Bioethik" an die Seite. Während die von den Biotechniken evozierten moralischen Probleme in der neu entstandenen „Expertenkultur" der BioethikerInnen „kompetent", weil zuständig, öffentlichkeits- und politiknah verhandelt werden, umreißt der Parallelbegriff „Biopolitik" diverse Politikfelder, die sich mit den aufgeworfenen forschungs-, gesundheits-, familien- und sozialpolitischen Fragen beschäftigen. Umgekehrt entstand in den USA aus dem Behaviorismus bereits in den 1960er Jahren mit „biopolitics" eine politikwissenschaftliche Richtung, in welcher Konzepte und Techniken der „life sciences" zum Verständnis politischer Phänomene eingesetzt wurden.[2] Insbesondere die ökologische Krise steigerte dabei die politische Relevanz biologischer Erkenntnisse und Erklärungsmuster. Im Anschluss an Autoren wie Konrad Lorenz und Edward O. Wilson erscheint dort eine biologisch-genetische Erklärung des menschlichen Verhaltens als mögliche Grundlage der politischen Theorie.[3] Mit Lemke könnte man hier eine politizistische

* Prof. Dr. Marc Rölli, Philosophy Department, Faculty of Arts & Sciences, Fatih University Istanbul, 34500 Büyükcekmece, Istanbul, Turkey.

[1] Vgl. *V. Gerhardt*, Der Mensch wird geboren. Kleine Apologie der Humanität, München 2001. Die Streitschrift versteht sich als Beitrag „zur aktuellen Debatte über die Biopolitik." Vgl. a.a.O., S. 11ff., 126ff. Siehe auch *C. Geyer* (Hg.), Biopolitik. Die Positionen, Frankfurt a.M. 2001. In zahllosen neueren Publikationen wird dieses sehr allgemeine Begriffsverständnis vorausgesetzt.

[2] Vgl. *L. K. Caldwell*, Biopolitics: Science, Ethics, and Public Policy, in: Yale Review 54 (1964), S. 1–16.

[3] Überbevölkerung, Umweltzerstörung, Hungersnöte u.a. machen demzufolge die Erkenntnis biologischer und ökologischer Zusammenhänge zu einer Voraussetzung des Überlebens der Menschheit. Die politischen und sozialen Institutionen sollen möglichst genau an die Bedürfnisse der Natur des Menschen angepasst werden. Aufgrund der Kenntnis der biologischen Faktoren menschlichen Verhaltens werde die praktische Beeinflussung seiner „unerwünsch-

und eine naturalistische Variante von Biopolitik unterscheiden.[4] Während sich jene in einem traditionellen Politikverständnis die Steuerung von Lebensprozessen zur Aufgabe macht, reflektiert diese auf die Lebensgrundlage des Politischen als solchen.

Diesem Begriffsgebrauch steht ein anderer entgegen, den vor allem der französische Philosoph und Wissenshistoriker Michel Foucault in den 1970er Jahren geprägt hat.[5] Nicht das Leben (bzw. die Sexualität) fundiert die Politik, vielmehr wird das Leben zum privilegierten Gegenstand moderner Machtprozeduren und bestimmt sich damit gleichzeitig als biologische *und* politische Kategorie. „Zum ersten Mal in der Geschichte reflektiert sich das Biologische im Politischen."[6] Demzufolge bezeichnet Foucault die seit der Mitte des 18. Jahrhunderts aufkommenden bevölkerungspolitischen Maßnahmen zur nationalökonomischen Verwaltung der biologischen Ressourcen menschlichen Lebens als „biopolitische".[7] Sie werden einer neu entstehenden Machttechnologie zugeordnet und im Hinblick auf die gegen Ende des 19. Jahrhunderts im Kontext von „Eugenik" und „Rassenhygiene" diskutierten Möglichkeiten einer staatlichen Kontrolle des menschlichen Erbguts begrifflich enger gefasst.[8]

Foucault platziert die Biopolitik (*„biopolitique"*) innerhalb einer spezifisch modernen Machtsituation, die sich nicht länger mit den Modellen der (klassischen) Souveränität und der Disziplin angemessen beschreiben lässt. Die so genannte „Bio-Macht" (*„bio-pouvoir"*) bezieht sich auf den Menschen nicht als Individuum, sondern als Lebewesen oder Gattungswesen und reguliert in staatlich bzw. substaatlich institutionell gelenkten Verfahren das *Leben* der Bevölkerung, d.h. seinen ökonomischen Wert. Ihre Gegenstandsfelder sind u.a. Gesundheit, Hygiene, Fortpflanzung, Ernährung,

---

ten" Ausprägungen (Aggression, Drogenkonsum, irrationales Handeln etc.) möglich. Zum Beispiel arbeitet die 1985 in Athen gegründete *Biopolitics International Organisation* (B.I.O.) im internationalen Maßstab daran, mittels bioethischer und biowissenschaftlicher Aufklärung und unter Einbezug der neuesten Biotechnikentwicklungen die „Rettung der Erde", „Respekt vor dem Leben" und eine „saubere Umwelt", kurz: „a biocentric system of values in society" voran zu bringen. Die Organisation erklärt 2004 auf der ersten Seite ihrer Homepage: „The term ‚biopolitics' was created out of love for biology and the belief that bios – life – is a link that unites all people." Vgl. http://www.biopolitics.gr.

[4] Vgl. *T. Lemke*, Biopolitik zur Einführung, Hamburg 2007, S. 11f.

[5] Vgl. *M. Foucault*, Der Wille zum Wissen. Sexualität und Wahrheit, Bd. 1 (1976), übers. von *U. Raulff* und *W. Seitter*, Frankfurt a.M. 1992, vor allem S. 161ff. Vgl. *M. Foucault*, In Verteidigung der Gesellschaft. Vorlesungen am Collège de France (1975–76), übers. von *Michaela Ott*, Frankfurt a.M. 1999, S. 276–305.

[6] *Foucault*, Der Wille zum Wissen, a.a.O., S. 170.

[7] Vgl. *Foucault*, Der Wille zum Wissen, a.a.O., S. 166, 170. Vgl. *Foucault*, In Verteidigung der Gesellschaft, a.a.O., S. 280 ff. „Die Bio-Politik hat es mit der Bevölkerung [...] als zugleich wissenschaftlichem und politischem Problem, als biologischem und Machtproblem zu tun." (A.a.O., S. 283.)

[8] Vgl. *Foucault*, Der Wille zum Wissen, a.a.O., S. 177–178.

Lebensraum, Bevölkerungsdichte, Versicherung, Rasse. Die Bio-Macht artikuliert sich nicht in der Unterdrückung des Lebens, sondern in seiner Medizinisierung, Standardisierung und optimalen Ausnutzung. Wie Foucault herausstellt, operieren die in einem „Dispositiv" beschreibbaren, in sich differenzierten Prozesse der „Bio-Macht" mittels bestimmter Techniken der Darstellung und Erfassung, Regulierung und In-Wert-Setzung des Lebens. Dabei handelt es sich um ein gattungsmäßiges Leben von Populationen, d.h. nicht nur um die Arbeitskraft von Bevölkerungsgruppen, sondern auch um die biologischen Stoffe: Blut, Organe, Keimzellen etc., die im Prinzip unabhängig von individuellen Körpergrenzen in einem ökonomischen Raum zirkulieren. Im ersten 1976 erschienenen Band seiner Studie *Sexualität und Wahrheit* schildert Foucault die Verwissenschaftlichung der menschlichen Sexualität, die sich zwischen den beiden Achsen der Disziplin und der Bio-Macht vollzieht: In genau diesem Feld der Überschneidung von „Entartung" des Individuums und Schicksal der Gattung konstituiert sich auf erbbiologischer Grundlage die Eugenik.[9]

Man kann also sagen, dass Foucault zwischen „Bio-Macht" und Biopolitik eine begriffliche Differenz konstatiert. Wird mit jener ein epochales, bis in die Gegenwart reichendes Gefüge beschreibbar, das die Formationen des Wissens in ihrem Verhältnis zu den Körpern, Dingen und Institutionen umfasst, so bezieht sich diese im engeren Sinne auf explizite politische Maßnahmen, die in chronologischer und substantieller Hinsicht die „Bio-Macht" voraussetzen.[10] Fasst man die Biopolitik begriffsgeschichtlich eng mit der auf der modernen Genetik wissenschaftlich fundierten Menschen-, Rassen- und Bevölkerungslehre zusammen, so lässt sich zeigen, dass in ihr unterschiedliche Wissensgebiete, die sich gegen Ende des 18. Jahrhunderts konstituieren, so verbunden werden, dass sie in dem von Foucault entworfenen historischen Zusammenhang der Bio-Macht lokalisiert werden können. In diesem Sinne legitimieren sie den systematischen Gebrauch des Biopolitikbegriffs von Foucault. Tatsächlich wird der Begriff der biologischen Politik von Schallmayer und Woltmann, d.h. im Umfeld der Sozialanthropologie und Rassenhygiene, wirkungsvoll verwendet.[11] So werden als wichtige An-

---

[9] Vgl. *Foucault*, Der Wille zum Wissen, a.a.O., S. 142–143, S. 178. „Der Komplex Perversion-Vererbung-Entartung bildete den festen Knotenpunkt der neuen Technologien des Sexes. Und es handelte sich beileibe nicht um eine wissenschaftlich unzureichende und übermäßig moralisierende medizinische Theorie. Ihre Streuung war breit und ihre Verwurzelung tief. [...] Eine ganze gesellschaftliche Praktik, die im Staatsrassismus ihre äußerste und systematischste Form erlangte [...]." (A.a.O., S. 143.)

[10] Vgl. *P. Gehring*, Was ist Biomacht? Vom zweifelhaften Mehrwert des Lebens, Frankfurt/New York 2006, S. 14.

[11] Vgl. *W. Schallmayer*, Beiträge zu einer Nationalbiologie, Jena 1905. Ob Schallmayer den Begriff der „biologischen Politik" nun erstmals geprägt hat oder nicht, in jedem Fall sind die Diskussionen um biologisch (eugenisch u.a.) fundierte und instruierte Politik um 1900 bereits sehr präsent. – Wenn überhaupt die begriffsgeschichtliche Dimension der Biopolitik Beach-

knüpfungspunkte der ersten expliziten biopolitischen Konzepte im deutschsprachigen Raum neben den sozialdarwinistischen und eugenischen Denk-
richtungen in England zahlreiche weitere Einzelentwicklungen in den Humanwissenschaften erkennbar: die Rassenkunde Gobineaus u.a., die
Degenerationslehre der Morel'schen Psychiatrie, die an Malthus anschließende Nationalökonomie und Bevölkerungswissenschaft, die maßgeblich
von Quetelet entwickelte Bevölkerungs- und Sozialstatistik, die auf der Basis der Keimplasmatheorie Weismanns erneuerte Vererbungswissenschaft
sowie die (sozial-) anthropologischen Schulen, die selektionstheoretische
und medizinisch-genetische Erblehre, Eugenik und Rassenkunde in eine
Einheit verschmelzen.

In jüngerer Zeit haben viele PhilosophInnen das Foucault'sche Konzept
aufgenommen.[12] In veränderter, historisch entgrenzter Form präsentiert
Giorgio Agamben einen Biopolitikbegriff, der auf dem grundsätzlichen
souveränen Akt des Ausschlusses des „nackten Lebens" beruht.[13] Michael
Hardt und Antonio Negri entwickeln in ihrem Buch „Empire" ein Konzept
von Biopolitik, das die dem Begriff eingeschriebene Reduktion auf das
„biologische" Leben zugunsten eines im Zeichen der imperialen „postmo-
dernen Kontrollmacht" stehenden gesellschaftlichen Lebens zurückweist.[14]
Gemeinsam ist ihnen und vielen anderen an Foucault anschließenden Inter-
preten, dass sie die neu institutionalisierte Disziplin der Bioethik in das Ge-
samtfeld der Biopolitik integrieren und somit als einen Teil in dem umfassenden biologisch-politischen Machtzusammenhang situieren. Aus den
Augen verloren wird aber allzu oft die historisch bestimmte politische
Technologie des Lebens, die nach Foucault auf Machtmechanismen bezo-

---

tung findet, so begnügt man sich zumeist mit einigen pauschalen Quellenangaben, die auf
Texte aus den 1920er Jahren verweisen, zunächst auf *K. Binding*, Zum Werden und Leben der
Staaten, München/Leipzig 1920 und auf *E. Dennert*, Der Staat als lebendiger Organismus,
Halle 1922, dann auch auf die staatsbiologischen Texte von *Rudolf Kjellén* oder *Jakob v. Uexküll*. Vgl. *R. Esposito*, Bíos. Biopolitica e filosofia, Turin 2004, S. 3ff.; *T. Lemke*, Die Macht
und das Leben. *Foucault*s Begriff der „Biopolitik" in den Sozialwissenschaften, in: Foucault
in den Kulturwissenschaften. Eine Bestandsaufnahme, hg. von: *C. Kammler/Rolf Parr*, Heidelberg 2007, S. 135–156, hier: S. 136; *M. Stingelin* (Hg.), Biopolitik und Rassismus, Frankfurt a.M. 2003, S. 9.
[12] Vgl. *Lemke*, Die Macht und das Leben, a.a.O., S. 135 ff.. Lemke unterscheidet zwei
Hauptlinien der Rezeption: auf der einen Seite steht der Modus des Politischen im Zentrum
des Interesses (Agamben, Hardt/Negri), auf der anderen Seite das Problem des Lebens und die
Gegenwart der Biowissenschaften (Sarah Franklin, Donna Haraway, Paul Rabinow). Diese
Trennung wird aufgehoben in einer dritten Möglichkeit, die die Extreme vermittelt und im
Zeichen der Gouvernementalität steht.
[13] Vgl. *G. Agamben*, Homo sacer. Die souveräne Macht und das nackte Leben, 1995, übers.
von Hubert Thüring, Frankfurt a.M. 2002, S. 12ff., S. 127ff.
[14] Vgl. *M. Hardt/A. Negri*, Empire. Die neue Weltordnung, 2000, übers. von *T. Atzert* und
A. Wirthensohn, Frankfurt a.M. 2002, S. 37ff. Vgl. *M. Pieper* u.a. (Hg.), Empire und die biopolitische Wende, Frankfurt a.M. 2007.

gen ist, die mit dem eigentümlich modernen Regime des Wissens aufs engste verbunden sind.

Ich gehe davon aus, dass die Machtfelder der Biopolitik mit Bezug auf Foucaults diskursanalytische Arbeiten zur Epistemologie der Moderne differenziert betrachtet werden können. Biopolitische Themen stehen, so meine ich, im Kontext einer Archäologie der Humanwissenschaften, d.h. in einem Zusammenhang, den Foucault mit seinem Buch *Die Ordnung der Dinge* (1966) beschrieben hat. So wird zum einen deutlich, dass die *Biologie* gleichzeitig mit der Konzeptualisierung des Lebens (als organisationslogischer Funktionsbegriff) entsteht, d.i. mit einem „Leben", das (auch) durch die Bio-Macht „in Amt und Würden eingesetzt wird".[15] Foucault spricht von „biologischen Prozessen", die keinesfalls an einen individuellen Körper gebunden sind: „das biologische Kontinuum der menschlichen Gattung."[16] Zum anderen verweist die Rede vom „Menschen als Lebewesen" auf die Entstehung der *Anthropologie*, die von Foucault zur allgemeinen Kennzeichnung der modernen *episteme*, der empirisch-transzendentalen Dublette, gemacht wird.[17] Im Rahmen des klassischen Denkens „gab es kein erkenntnistheoretisches Bewußtsein vom Menschen als solchem."[18] Im modernen Denken spielt dagegen „die Anthropologie als Analytik des Menschen [...] eine konstitutive Rolle".[19] Zusammen genommen heißt das, dass in das Biopolitikkonzept Foucaults weder ein Lebensbegriff einfließt, der die Vorstellung eines „integralen Körpers" (im Gegensatz zu den neuen Phänomenen der Digitalisierung und Molekularisierung des Lebens) aufrecht erhält, noch ein Begriff vom Menschen in der Weise schlicht ausfällt („Tod des Menschen"), dass es einer ergänzenden Perspektive bedürfte, um überhaupt „Anthropo-Techniken" und „Subjektivierungsweisen" – etwa im Sinne einer liberalen „Kunst des Regierens", die Wissensformen und Machttechniken umfasst – in den Blick zu nehmen.[20]

---

[15] Vgl. *Foucault*, Der Wille zum Wissen, a.a.O., S. 172. Vgl. *M. Foucault*, Die Ordnung der Dinge, 1966, übers. von *U. Köppen*, Frankfurt a.M. 1991, S. 333–341.

[16] Vgl. *Foucault*, In Verteidigung der Gesellschaft, a.a.O., S. 295, S. 288–292.

[17] Vgl. *Foucault*, Die Ordnung der Dinge, a.a.O., S. 384 ff. Vgl. zur Kontinuität dieses Themas: *Foucault*, Der Wille zum Wissen, a.a.O., S. 171.

[18] Vgl. *Foucault*, Die Ordnung der Dinge, a.a.O., S. 373. „Erst als die Naturgeschichte zur Biologie [...] wird und jener klassische Diskurs erlischt, in dem das Sein und die Repräsentation ihren gemeinsamen Platz fanden, erscheint in der tiefen Veränderung einer solchen archäologischen Veränderung der Mensch mit seiner nicht eindeutigen Position als Objekt für ein Wissen und als Subjekt das erkennt [...]." (A.a.O., S. 377.)

[19] Vgl. *Foucault*, Die Ordnung der Dinge, a.a.O., S. 410.

[20] Anders Thomas Lemke, der in den beiden genannten Rezeptionslinien Fortentwicklungen ausfindig macht, die auf Defizite des Foucault'schen Biopolitik-Denkens aufmerksam machen: Erstens ergibt sich aus den auf die Biowissenschaften ausgerichteten Studien „ein erweitertes Wissen vom Körper" (das „informationelle Netzwerk"), zweitens zeigt die politische Theorie die Notwendigkeit auf, „Subjektivierungsprozesse" zu untersuchen. (In diesem Sinne formuliert Lemke die Vorschläge, Biopolitik „molekularpolitisch", „thanatopolitisch" und „anthro-

Im Folgenden werde ich in einzelnen Punkten Themenkomplexe heraus-
greifen, die eine Vorgeschichte der Biopolitik im begriffsgeschichtlich engeren Sinne nachvollziehbar machen: Bevölkerungswissenschaft (I.), Anthropologie (II.), Degenerationslehre und Rassismus (III.), Darwinismus
und Eugenik (IV.), Sozialanthropologie (V.). Mit Foucault könnte man von
unterschiedlichen „Interventionsfeldern der Bio-Politik" sprechen, die in
einem Dispositiv strategisch zusammenhängen und die rassenhygienisch
begründeten bevölkerungspolitischen Vorstellungen und Praktiken ermöglichen. Erneut zeigt sich, dass „der Nazismus wohl tatsächlich die auf die
Spitze getriebene Entwicklung neuer, seit dem 18. Jahrhundert vorhandener
Machtmechanismen" ist, nämlich genauer die „Koinzidenz zwischen einer
verallgemeinerten Bio-Macht und einer absoluten Diktatur", die in wichtigen Aspekten mit dem Staatsrassismus zusammenfällt.[21] Biopolitik erweist
sich im Laufe der Analyse als ein (proto-)nazistisches Ideologem. Mit den
einzelnen Abschnitten wird ein analytisches Raster eines interdisziplinären
Forschungsfeldes skizziert.

I.

Johann Peter Süßmilch und Thomas Robert Malthus gelten als die Begründer der Bevölkerungstheorie. Diese fungiert zunächst als statistische Hilfs-
wissenschaft, gewinnt dann als Teildisziplin der Ökonomie und Polizeiwis-
senschaft klarere Konturen, und wird später im Kontext der Hygiene, in
einem vorwiegend biologisch-medizinischen Diskurs, als „Bevölkerungswissenschaft" institutionalisiert. Im Zuge der Konzeption und Verwendung
von Registern der Geburten- und Sterblichkeitsrate führt Süßmilch statistische Methoden ein, die es z.B. möglich machen, Bevölkerungsbewegungen
zu erfassen.[22] Während Süßmilch im Einklang mit dem Merkantilismus
Wohlstand und steigende Bevölkerungszahlen parallelisiert und damit der
staatswirtschaftlichen „Peuplierungspolitik" das Wort redet, stellt Malthus
in seinem *Essay on the Principle of Population* (1798) das Gesetz auf, wo-

---

popolitisch" zu korrigieren.) Problematisch bleibt seines Erachtens die Isolation der beiden
Fragerichtungen, die nur die etablierten Arbeitsteilungen (Natur – Kultur/Politik) reproduziert.
Abhilfe schaffen soll hier die vermittelnde Lehre von den Selbsttechnologien der Gouverne-
mentalität. Vgl. Lemke, Die Macht und das Leben, a.a.O., S. 146f., S. 142f. Ausgeblendet
bleibt, dass die Normalisierungsmacht selbst bereits eine Macht der Individualisierung oder
Subjektivierung ist (– wenn auch keine altgriechische).

[21] Vgl. *Foucault*, In Verteidigung der Gesellschaft, a.a.O., S. 300f.

[22] *J. P. Süßmilch*, Die Göttliche Ordnung in den Veränderungen des menschlichen Geschlechts, aus der Geburt, Tod und Fortpflanzung desselben erwiesen, Berlin 1741. Vgl. auch
J.-B. Moheau, Recherches et Considérations sur la population de la France, 2 vols., Paris
1778.

nach „die Bevölkerung, wenn keine Hemmnisse auftreten, in geometrischer Reihe an[wächst], [dagegen] die Unterhaltsmittel [...] nur in arithmetischer Reihe".[23] Gegen die französische Aufklärung und ihre entwicklungsgeschichtlichen Vorstellungen, z.b. bei Condorcet, zeigt Malthus, dass das Bevölkerungswachstum materiell begrenzt ist und unter den gegebenen Arbeitsverhältnissen notwendig im Elend und Laster der Massen mündet. Im Malthusianismus (und seiner Kritik) im 19. Jahrhundert werden die um die „soziale Frage" kreisenden politischen und ökonomischen Möglichkeiten diskutiert.[24] Vorrangiges Betätigungsfeld der 1878 gegründeten *Malthusian League* ist – exemplarisch für die ganze Bewegung – die Geburtenkontrolle. Orientiert sich der Neomalthusianismus am Problem der Überbevölkerung, so knüpft die entstehende Rassenhygiene im deutschsprachigen Raum zwar an die bevölkerungswissenschaftlichen Diskussionen an, propagiert aber ein qualifiziertes Bevölkerungswachstum mittels eugenischer Maßnahmen zur Steuerung des Fortpflanzungsverhaltens. „Die Bevölkerungspolitik war die wichtigste politische Arena, in die sich die Eugeniker nur hineinbegeben mussten, ohne sie erst schaffen zu müssen."[25]

Die demographischen Verfahren der Menschenerfassung sind in vielen Punkten auf ein anthropologisches Wissen verwiesen, das sich auf messbare Daten des menschlichen Körperbaus bezieht. Revolutioniert wird die Statistik der Bevölkerung und ihrer biometrischen Daten mittels mathematischer Methoden: Adolphe Quételet wendet in den 1830er Jahren auf sie die

---

[23] *T. R. Malthus*, Das Bevölkerungsgesetz (1798), hg. und übers. von *C. M. Barth*, München 1977, S. 18.

[24] Vgl. etwa *F. A. Lange*, Die Arbeiterfrage in ihrer Bedeutung für Gegenwart und Zukunft (1865), Hildesheim/New York 1979, S. 7–55. Unter dem Stichwort „Kampf ums Dasein" greift Lange die zwischen Malthus und Darwin geführten Diskussionen auf und wendet sie dezidiert sozialwissenschaftlich, d.h. nicht biologisch reduktionistisch, auf die „Arbeiterfrage" an.

[25] *P. Weingart/J. Kroll/K. Bayertz*, Rasse, Blut und Gene. Geschichte der Eugenik und Rassenhygiene in Deutschland (1988), Frankfurt a.M. 1992, S. 129. Schallmayer prägte den Begriff von der „qualitativen Bevölkerungspolitik", in: *ders.*, Vererbung und Auslese im Lebenslauf der Völker. Eine staatswissenschaftliche Studie auf Grund der neueren Biologie, Jena 1903, S. 332ff. Vgl. zur bevölkerungswissenschaftlichen Kontinuität im Zeichen des – ökonomischen und biologischen – „Werts" des Menschen: *J. Vögele/W. Woelk*, Der „Wert des Menschen" in den Bevölkerungswissenschaften vom ausgehenden 19. Jahrhundert bis zum Ende der Weimarer Republik, in: Bevölkerungslehre und Bevölkerungspolitik vor 1933, hg. von *R. Mackensen*, Opladen 2002, S. 121–133. Vgl. zum ökonomischen Wert (Kosten und Ertrag) des Menschen: *E. Engel*, Werth des Menschen, Berlin 1883; und zur Etablierung der sogenannten „Menschenökonomie": *R. Goldscheid*, Entwicklungswerttheorie, Entwicklungsökonomie, Menschenökonomie: eine Programmschrift, Leipzig 1908. So errechnet Friedrich Zahn den Wert des Menschen nach den Grundsätzen der Versicherungswirtschaft. Vgl. *F. Zahn*, Vom Wirtschaftswert des Menschen als Gegenstand der Statistik, in: Allgemeines Statistisches Archiv (1934/35), S. 24, S. 461–464. Vgl. *G. Aly/K.-H. Roth*, Die restlose Erfassung, Berlin 1984, S. 91ff.

Wahrscheinlichkeitsrechnung an.[26] Nicht nur die aus dem Kontext der physiologischen Anthropologie entnommenen Körpermaße werden zum Gegenstand statistischer Untersuchungen gemacht, sondern auch die Lebenserwartung, charakterologische und soziale Eigenschaften wie Neigung zur Kriminalität usw. Dabei entdeckt Quételet, dass viele dieser Parameter im Sinne einer Gauss'schen Kurve um einen Mittelwert angeordnet bzw. „normal verteilt" sind. Der „mittlere Mensch" (*homme moyen*), d.h. der Mensch mit durchschnittlichen Maßen und Eigenschaften, wird dabei zum idealen Typus verklärt. Die mathematisch begründete und gegen den Widerstand Comtes „neu" etablierte „soziale Physik" bezeichnet den eigentlichen Beginn der modernen Sozialstatistik. Die nach 1800 in Mitteleuropa einsetzende Schaffung eines statistischen Verwaltungsapparats findet in Quételet einen ihrer vehementesten Verfechter.

Mit dem rasanten Bevölkerungswachstum im 19. Jahrhundert läuft der Prozess der Institutionalisierung der Bevölkerungsstatistik parallel: Hochschuleinrichtungen, staatliche Ämter und Büros, Fachzeitschriften, internationale Kongresse, Volkszählungen. Die Bevölkerungstheorie besitzt keine eigenen Lehrstühle und wird durch die Arbeiten von Staatswissenschaftlern und Nationalökonomen aufgebaut.[27] Ihre Gegenstände sind: Lebensdauer, Kindersterblichkeit, Bevölkerungsbewegungen (Urbanisierung, Rekrutenstatistik etc.), Schulhygiene, Berufsmorbidität, Studierendenzahlen, Wohnungspflege, Geburten- und Sterberate, Lebens- und Rentenversicherung. Alphonse Bertillon entwickelt die Kriminalstatistik („Bertillonage") nach dem Vorbild der Quételet'schen Arbeiten, indem er die wissenschaftlichen Grundlagen für die Personenidentifizierung legt.[28] Seit dem Ende des 19. Jahrhunderts eröffnen sich für die Bevölkerungsplanung auf der Grundlage der bereits existierenden Statistiken neue Möglichkeiten. Hygiene, Bakteriologie und Genetik werden zu wichtigen bevölkerungswissenschaftlichen Faktoren, sofern sie trotz sinkender Geburtenrate weiterhin ein Bevölkerungswachstum garantieren.[29] Im Rahmen der Rassenhygiene nehmen unter den sozialen Institutionen, welche den natürlichen Selektionsmechanismus aufzuheben scheinen, Medizin und Hygiene einen erstrangigen Platz ein:

---

[26] *A. Quételet*, Sur l'homme et le développement de ses facultés, ou essai de physique sociale, 2 Bde., Paris 1835 (²1869); *ders.*, Du système social et les lois qui le régissent, Paris 1848; und *ders.*, Anthropométrie ou mésure des différentes facultés de l'homme, Brüssel 1870. Vgl. zur polizeiwissenschaftlichen Verortung der Bevölkerungsstatistik: *R. Mohl*, Die Polizei-Wissenschaft nach den Grundsätzen des Rechtsstaates, 3 Bde. Tübingen 1832–34, § 12ff.

[27] Vgl. *B. v. Brocke*, Bevölkerungswissenschaft – Quo vadis? Möglichkeiten und Probleme einer Geschichte der Bevölkerungswissenschaft in Deutschland, Opladen 1998, S. 119f., S. 134ff.

[28] Vgl. *H. Rhodes*, Alphonse Bertillon. Father of scientific detection, New York 1956.

[29] Vgl. *R. R. Kuczynski*, Beiträge zur Frage der Bevölkerungsbewegung in Stadt und Land, München 1897.

der „Schutz der Schwachen" (Ploetz) hat dabei angeblich „Entartung" zur Folge.

Seit dem Beginn des ersten Weltkriegs, spätestens aber in den ersten Jahren der Weimarer Republik steht dann nicht länger die Überbevölkerung, sondern der Geburtenrückgang im Zentrum der Aufmerksamkeit. Die stehende Redewendung vom „Volk ohne Jugend" und vom „Völkertod" tritt auf den Plan.[30] In drei wesentlichen Richtungen entwickelt sich die Bevölkerungstheorie weiter: als Migrationsforschung,[31] als soziologische Raumforschung, die sich zum Beispiel mit der Frage des Auslandsdeutschtums beschäftigt,[32] sowie im Zusammenhang von Eugenik und Rassenhygiene.[33] Bedeutsam werden auch hier die Rassenunterschiede: In einer Vielzahl völkischer Broschüren wird ein zunehmend dezimiertes Volk von „Germanen" der „slawischen" Übermacht gegenübergestellt. Die erbbiographische Erfassung der Bevölkerung, die etwa anhand kriminalbiologischer „Verbrecherstatistiken", aber auch (im Rahmen der Blutgruppenforschung) in rassenanthropologischen Untersuchungen vorangetrieben wurde, beruht auf dem von Eugenik und Rassenhygiene erhobenen wissenschaftlichen Anspruch, Datengrundlagen für praktische Zielsetzungen (Sterilisation, Gesundheitszeugnisse etc.) zu erheben. Hatte bereits Galton zur Erforschung der Gesetze der Vererbung die statistische Erfassung anthropometrischer Daten empfohlen, so erweitert Schallmayer diesen Vorschlag unter Einbezug gesundheitlicher Erbanlagen und empirischer Charakteranlagen (Talente, Temperamente, Begabungen). In diesem Sinne lässt sich der „Erbwert" eines Menschen nicht allein physisch-anthropologisch bestimmen, sondern durch die Zuordnung von Rasse, Charakter und Gesundheit.[34]

---

[30] Wichtig ist zunächst *J. Wolf*, Der Geburtenrückgang. Die Rationalisierung des Sexuallebens in unserer Zeit, Jena 1912. Vgl. auch *F. Burgdörfer*, Das Bevölkerungsproblem, seine Erfassung durch Familienstatistik und Familienpolitik, München 1917; *ders.*, Volk ohne Jugend. Geburtenschwund und Überalterung des deutschen Volkskörpers. Ein Problem der Volkswirtschaft, der Sozialpolitik, der nationalen Zukunft, Berlin 1932; *W. Winkler*, Vom Völkerleben und Völkertod, Eger 1918.

[31] Vgl. u.a. *P. Mombert*, Bevölkerungslehre, Jena 1929.

[32] Vgl. *W. Winkler*, Statistisches Handbuch des gesamten Deutschtums, Berlin 1927; *T. Geiger*, Die soziale Schichtung des deutschen Volkes. Soziographischer Versuch auf statistischer Grundlage, Stuttgart 1932.

[33] Vgl. Forels Diagnose von der nationalökonomischen Relevanz der Rassenhygiene: *A. Forel*, Die sexuelle Frage. Eine naturwissenschaftliche, psychologische, hygienische und soziologische Studie für Gebildete, München 1905, S. 453. Forel verweist auf die Arbeiten von Cognetti de Martiis und Eugen Schwiedland. Er hatte großen Einfluss auf den (um die Person von Alfred Ploetz zentrierten) Konstitutionszusammenhang der deutschen Rassenhygiene in ihrer Frühphase.

[34] Vgl. *Schallmayer*, Vererbung und Auslese, a.a.O., S. 389 ff. Eine erste statistische Erfassung körperlicher Merkmale (Haut-, Haar- und Augenfarbe) von Schulkindern wurde von der *Deutschen Anthropologischen Gesellschaft* breitflächig und über einen mehr als zehnjährigen Zeitraum in den 1870–80er Jahren durchgeführt. Vgl. *R. Virchow*, Gesamtbericht über die von der deutschen anthropologischen Gesellschaft veranlaßten Erhebungen, in: Archiv für Anthro-

II.

Die Anthropologie entsteht als neue Wissenschaft vom Menschen gegen
Ende des 18. Jahrhunderts – als physiologische, medizinische, psychologische, philosophische und ethnologische Disziplin.[35] Sie steht im Zeichen
von Kolonialismus und Revolution.[36] Auf die Entwicklungen in den Naturwissenschaften reagiert sie mit einem neuen funktionellen Verständnis des
Organismus.[37] Die idealistische Naturphilosophie reagiert auf diese neuen
Entwicklungen und konstituiert das philosophische Terrain der Anthropologie als Lehre von der menschlichen Natur. Mensch und Tier besitzen demnach eine gemeinsame Grundlage des *Lebens*, so dass sich das Eigentliche
des Menschen allererst von dieser allgemein „natürlichen" Voraussetzung
abhebt.[38] Während die innere Zweckmäßigkeit der organischen Funktionen
eines Lebewesens teleologischen Ansprüchen genügt, markiert die Durchsetzung der Zelltheorie von Schleiden und Schwann eine entscheidende
Konsolidierungsstufe der Biologie als empirische, positive Wissenschaft.
Von spekulativen philosophischen Denkansätzen zum Natur- und Lebensbegriff setzt sie sich fortan radikal ab.[39] Umgekehrt haben sich idealistische
Anthropologen nicht abhalten lassen, auch die Lehre von den Zellen in ihr
naturphilosophisches Denken mit aufzunehmen.[40]

Von Beginn an bezieht sich die Anthropologie natur- und kulturhistorisch
auf die Rassen und die Völker, verbindet die physiologischen und psycho-

---

pologie 16 (1886), S. 275–475. Die Entwicklung der Erbforschung anhand erbbiographischer
Personalbögen – über die rassenanthropologische Erforschung und Katalogisierung der Blutbeschaffenheit – bis hin zur Anlegung von genealogischen Karteien „Minderwertiger" erscheint als Vorgeschichte der biologisch-anthropologischen Identifizierungsprozeduren im
NS-Staat: vgl. *Aly/Roth*, Die restlose Erfassung, a.a.O.

[35] Vgl. *M. Rölli*, Kritik der anthropologischen Vernunft, Berlin 2011.

[36] Vgl. *G. Leclerc*, Anthropologie und Kolonialismus (1972), übers. von *H. Zischler*, Frankfurt a.M. ²1976; *O. Marquard*, Zur Geschichte des philosophischen Begriffs „Anthropologie"
seit dem Ende des achtzehnten Jahrhunderts (1963), in: Schwierigkeiten mit der Geschichtsphilosophie. Aufsätze, hg. von *ders.*, Frankfurt a.M. 1973, S. 122–144.

[37] Einschlägig sind die Arbeiten von Georges Cuvier zur vergleichenden Anatomie. Vgl. *G.
Cuvier*, Vorlesungen über vergleichende Anatomie, hg. von *C. Duméril*, übers. von *G. Fischer*, Braunschweig 1801. Vgl. *Foucault*, Die Ordnung der Dinge, a.a.O., S. 322ff.

[38] *F. W. J. Schelling*, Von der Weltseele – eine Hypothese der höhern Physik zur Erklärung
des allgemeinen Organismus [1798], in: Werke, Bd. 6, hg. von *J. Jantzen*, Stuttgart 2000,
S. 64–271.

[39] Vgl. *M. J. Schleiden*, Schelling's und Hegel's Verhältnis zur Naturwissenschaft (1844),
hg. von *O. Breidbach*, Weinheim 1988. Die positivistische und populärmaterialistische, aber
auch die neukantianisch-erkenntnistheoretische Richtung der Wissenschaftsphilosophie wird
insgesamt die idealistische Naturphilosophie für die im deutschsprachigen Raum so scharf
konturierte Herausbildung des Gegensatzes der „two cultures" (Naturwissenschaften hier,
Philosophie dort) verantwortlich machen.

[40] Vgl. *C. G. Carus*, Psyche. Zur Entwicklungsgeschichte der Seele (1846), Leipzig o.J.,
S. 21ff.

logischen Eigenschaften des Menschen in individual-medizinischer oder auch sozial-hygienischer Absicht und reflektiert philosophisch die aufkommenden biologischen Erkenntnisse über die menschliche Natur.[41] Nach Louis-François Jauffret besteht die Aufgabe der 1799 in Paris neu gegründeten *Société des Observateurs de l'homme* darin, „den Menschen nach seinen verschiedenen physischen, intellektuellen und moralischen Seiten zu beobachten".[42] Bezug nehmend auf die vergleichende Anatomie und Physiologie fordert er einerseits eine empirisch gestützte „Klassifizierung der verschiedenen Rassen" und andererseits die Erforschung der „Sitten und Bräuche der verschiedenen Völker".[43] Die Sicht auf den ganzen Menschen kulminiert in der Medizin:

„Man sieht bereits, daß die Beobachtungen des physischen Menschen mit denen des moralischen eng zusammenhängen und daß es nahezu unmöglich ist, Körper und Geist gesondert zu untersuchen. Daher werden die Mediziner, die die Gesellschaft zu ihren Mitgliedern zählt, ihr eine Quelle interessanter Forschungen erschließen, [...] wenn sie die beständige Wirkung des Geistes auf den Körper und des Körpers auf den Geist darstellen und wenn sie schließlich bemerken, daß die Leidenschaften die grausamsten Feinde des Menschen sind, weil sie allein den Keim fast aller seiner Krankheiten befruchten."[44]

Neben Heilkunst und Hygiene stellt Jauffret exemplarisch auf die Physiognomie als Charakterkunde ab, die in Untersuchungen des menschlichen Schädelknochens bzw. in der Hirnforschung wissenschaftlich fundiert werden soll.

Hiermit werden eine ganze Reihe späterer im Feld der Anthropologie zu beobachtender Entwicklungen antizipiert: die sinnesphysiologisch fundierte Auffassung der Seelenkräfte, die biologisch untermauerte Pathologie von

---

[41] Vgl. *W. E. Mühlmann*, Geschichte der Anthropologie (1948), Frankfurt a.M./Bonn ²1968, S. 52ff. Mühlmann arbeitet allerdings begriffsgeschichtlich unpräzise, die Verengung des Blickwinkels auf deutschsprachige Anthropologien wird dem Gegenstand selbst zugemutet. „Daß die klassische Epoche in der Anthropologie nahezu ausschließlich durch deutsche Denker und Forscher repräsentiert wird, hängt natürlich [sic!] mit dem allgemeinen Aufschwung des deutschen Geistes auf allen Kulturgebieten in diesem Zeitabschnitt zusammen." (A.a.O., S. 52) In Anlehnung an die Terminologie und Chronologie *Foucaults*, Lepenies', Marquards u.a. ist hier daran festzuhalten, dass die Entstehung der (im Kern modernen) Anthropologie mit dem Ende der *klassischen*, nach dem Muster Linnés aufgefassten Naturgeschichte zusammenfällt.
[42] Vgl. *L.-F. Jauffret*, Einführung in die Mémoires der Société des Observateurs de l'homme, in: Beobachtende Vernunft. Philosophie und Anthropologie in der Aufklärung (1970), hg. von *S. Moravia*, übers. von *E. Piras*, Frankfurt a.M. 1989, S. 209–219, hier: S. 209.
[43] Vgl. *L.-F. Jauffret*, Einführung, a.a.O., S. 210, S. 212.
[44] *L.-F. Jauffret*, Einführung, a.a.O., S. 211. Vgl. die Tradition der medizinischen Anthropologie Ernst Platners und die daran anschließende so genannte „literarische Anthropologie", z.B. von Experimentalseelenkundlern wie Karl Philipp Moritz und Johann Karl Wezel.

Leib und Seele oder die kraniologisch erneuerte Physiognomie und Morphologie, in deren Rahmen anthropometrische Verfahren entwickelt werden.[45] Im Positivismus und Materialismus seit Comte werden zwischen
Biologie und Anthropologie bzw. Soziologie (*„la science humaine, ou plus
exactement sociale"*) enge Verbindungen konstruiert, die regelmäßig mit
der Reduktion der Psychologie auf eine nach physikalischen Methoden zu
erforschenden Natur einhergehen.[46] Mit den Gründern der in der zweiten
Hälfte des 19. Jahrhunderts vor allem in Frankreich und Deutschland auf
biologischer und sozialstatistischer Grundlage entstehenden anthropologischen Gesellschaften, Paul Broca und Rudolf Virchow, begreift sich die
Anthropologie als Naturwissenschaft.[47] Hatte die Anthropologie seit ihren
Anfängen das Thema der Menschenrassen und der psychischen Krankheiten
verhandelt, so werden unter ihrem Namen und im Zeichen des Fortschritts
der empirischen Wissenschaften vom Menschen Rassenkunde, medizinische
Psychiatrie und Degenerationstheorie biologisch interpretiert und zu einer
Einheit zusammengeführt.

In diesem Sinne fällt es Darwin und dem Darwinismus zu, eine Verbin-
dungsstelle geschaffen zu haben, die es möglich macht, verschiedene und
bislang eher disparate Forschungsrichtungen zu vereinheitlichen. Die Eugenik Galtons findet in Darwins Deszendenztheorie die Grundlage für eine
wissenschaftliche Bearbeitung des Degenerationsproblems.[48] Bereits in den
1860er Jahren popularisiert Haeckel die These von der „psychischen Diffe-

---

[45] Vgl. *G. Glowatzki*, Wissenschaftliche Anthropometrie – anthropologische Meßmethoden
und ihre Anwendung, in: *Der „vermessene" Mensch. Anthropometrie in Kunst und Wissenschaft*, hg. von *S. Braunfels*, München 1973. Vgl. zur Schädelmessung die wirkungsmächtige
Studie des Anthropologen *A. von Török*, Grundzüge einer systematischen Kraniometrie, Stuttgart 1890. Die (von vornherein rassenkundlich flankierte) Anthropometrie entsteht gegen Ende des 18. Jahrhunderts in der vergleichenden Physiologie Campers, Soemmerrings, Blumen-
bachs etc. – und hält von dort Einzug in sämtliche Bereiche der Anthropologie: von der
Phrenologie bis in die Naturphilosophie (auch im Rahmen des Hegelianismus in seiner ganzen
Breite).

[46] Vgl. *A. Comte*, Discours sur l'esprit positif (1844), Hamburg 1956, S. 50. Vgl. John
Stuart Mills Kritiken an Comte und Spencer, in: *J. S. Mill*, Auguste Comte und der Positivismus. Gesammelte Werke Bd. 9, übers. von *E. Gomperz*, Aalen 1968, S. 45ff., S. 72f. „Und
welches Organon für das Studium der moralischen und intellectuellen Functionen bietet uns
Hr. Comte, anstatt der directen geistigen Beobachtung, welche er verwirft? Fast schämen wir
uns zu gestehen, daß es die Phrenologie ist!" A.a.O., S. 45.

[47] Paul Broca gründet 1859 in Paris die *Societé d'Anthropologie*, John Hunt 1863 die *Anthropological Society of London*. In der 1869 gegründeten *Berliner Gesellschaft für Anthropologie, Ethnologie und Urgeschichte* übt Rudolf Virchow bestimmenden Einfluss aus. Ihr
Organ ist das *Archiv für Anthropologie* (ab 1870 – nach der Umbenennung in *Deutsche Gesellschaft* etc.). Es liegt durchaus in der Natur der Sache, dass das Gründungsjahr der anthropologischen Gesellschaft in Frankreich mit dem Erscheinungsdatum des *Origin of Species* zusammenfällt. Im Zuge der wissenschaftlichen Erfolge der Darwin'schen Evolutionstheorie
entsteht eine Gründungswelle anthropologischer Vereine in ganz Europa.

[48] *F. Galton*, Genie und Vererbung (1869), übers. von *O. Neurath* und *A. Schapire-Neurath*,
Leipzig 1910, S. 353, S. 364ff.

renzierung des Menschen selbst" gemäß den evolutionsbiologisch aufge-
faßten Entwicklungsdifferenzen unterschiedlicher Menschenrassen und
-schichten.[49] Weismanns Keimplasmatheorie liefert zudem einen selektionstheoretischen Erklärungsansatz des möglichen organischen Verfalls, indem
er auf der Basis einer strikten Trennung von somatischen Zellen und Keimzellen die lamarckistische Vererbungslehre verabschiedet und durch eine
rein biologische Erklärung des Vererbungsvorgangs ersetzt.[50] Das führt in
den Kreisen der Eugeniker zur Biologisierung ihrer sozialhygienischen The-
rapiekonzepte, d.h. zu einer biopolitischen Perspektive auf die im Zuge der
Industrialisierung und Proletarisierung zu beobachtenden „Verelendung"
der Masse.[51] Kulturkritik und Fortschrittsglaube geben sich die Hand: Die
Anthropologie des „ganzen Menschen" verbindet das Moment der Utopie
(vollkommener menschlicher Lebens- und Entwicklungsbedingungen) und
die neue naturwissenschaftliche Weltanschauung, die sich von L. Büchner
und Spencer bis zum Monistenbund und der neoutilitaristischen Entwicklungsethik gegen die traditionelle Moral und Religion positioniert. Galtons
„Kantsaywhere", Ploetz' Ring der Norda, Schallmayers Bezug auf die Zu-
kunftsvision Edward Bellamys, Hentschels Mittgart: Von der Ostara-
Gesellschaft (Liebenfels) bis zu den Hegehöfen (Darré) zieht sich ein Band
utopischer Vorstellungen, die vom romantisch geprägten Ideal des Natur
und Geist harmonisch mit sich versöhnten Menschen abhängen bzw. von
einer Anthropologie, die es sich zur Aufgabe macht, den Menschen aus eigener Kraft zu schaffen, indem die theologischen Ideen auf ihre ganzheitlichen menschlichen Ursprünge zurückverfolgt und in der Entwicklungsgeschichte selbst verortet werden.[52]

---

[49] *E. Haeckel*, Generelle Morphologie der Organismen. Allgemeine Grundzüge der organi-
schen Formen-Wissenschaft, mechanisch begründet durch die von Charles Darwin reformirte
Descendenz-Theorie, Bd. 2, Allgemeine Entwickelungsgeschichte der Organismen (1866),
Berlin/New York 1988, S. 437.

[50] Vgl. *A. Weismann*, Über die Vererbung, Jena 1883; *A. Weismann*, Die Continuität des
Keimplasma's als Grundlage einer Theorie der Vererbung, Jena 1885. „Wenn es keine Vererbung erworbener Eigenschaften gab, blieb die natürliche Selektion als einziger Mechanismus
der Evolution bestehen." *Weingart*, Rasse, Blut und Gene, a.a.O., S. 84.

[51] Die sozialistische Anschlussfähigkeit der frühen Rasse(n)hygiene von Schallmayer und
Ploetz liegt in ihrer Perspektive auf das bevölkerungspolitische Problem der differentiellen
Geburtenrate. Die „Erbqualitäten" eines Volks hängen demnach von den sozialen Umständen
ab, die kontraselektorische Auswirkungen haben können und daher gegebenenfalls sozial-
oder lebensreformerisch verändert werden müssen.

[52] Vgl. nur *C. Freiherr von Ehrenfels*, Sexualethik, Wiesbaden 1907 und *W. Hentschel*, Varuna. Eine Welt- und Geschichtsbetrachtung vom Standpunkt des Ariers, Leipzig 1901 sowie
W. Hentschel, Mittgart. Ein Weg zur Erneuerung der germanischen Rasse, Leipzig 1904.

III.

Die Kulturkritik des 19. Jahrhunderts, die die körperliche und moralische Degeneration, beispielsweise die Neurasthenie, als Folge der Zivilisation ansieht, bezieht sich in vielen Punkten (rechtmäßig oder nicht) auf Rousseaus Kultur- und Geschichtsphilosophie.[53] Im „Naturzustand", so scheint es, ist die Anpassung an die Umwelt auf ihrem optimalen Stand. Die künstlichen Lebensverhältnisse in den modernen Industriestaaten stehen dagegen im Verdacht, den Menschen aus seinem natürlichen Gleichgewicht zu bringen.[54] Mit der Idee der Vererbung degenerativer Merkmale wird die Vorstellung von der fortschreitenden Akkumulation von Krankheiten und Defekten „plausibel". In der französischen Psychiatrie bei Benedict Augustin Morel werden die genannten Punkte erstmals wirkungsvoll formuliert.[55] In der Tradition der psychischen Anthropologie stehend, begreift Morel das individuelle („sündige") Fehlverhalten als eines, das vom normalen menschlichen Typus abweicht und sich in progressiv vererblichen psychischen Krankheiten manifestiert. Seine Verfallsthese besagt, dass pathologische Eigenschaften von Generation zu Generation nicht nur vererbt und weitergegeben werden, sondern einen zunehmend schädlichen Einfluss ausüben. Dieser Einfluss kann sich in Krankheit und Verfall nicht nur von Individuen und einzelnen Familien auswirken, sondern auch ganze Rassen und Völker in Mitleidenschaft ziehen. Verursacht werden die Degenerationserscheinungen einerseits durch ansteckende Krankheiten und physische Vergiftungen (z.B. durch Alkoholkonsum), andererseits durch vererbliche Charakterschwäche bzw. auch diverse soziale Milieus.[56]

---

[53] Vgl. *V. Roelcke*, „Gesund ist der moderne Culturmensch keineswegs...": Natur, Kultur und die Entstehung der Kategorie „Zivilisationskrankheit" im psychiatrischen Diskurs des 19. Jahrhunderts, in: Menschenbilder. Zur Pluralisierung der Vorstellung von der menschlichen Natur (1850–1914), hg. von *A. Barsch/P. M. Hejl*, Frankfurt a.M. 2000, S. 215–236.

[54] In diesen Zusammenhang gehört die Entgegensetzung eines organischen Gemeinschafts- und eines mechanischen Gesellschaftsmodells, wie sie von Tönnies in der Entstehungsphase der deutschen Soziologie formuliert wurde. Vgl. *F. Tönnies*, Gemeinschaft und Gesellschaft (1887), Darmstadt 1988, S. 3–6. Auch die dialektische Entfremdungstheorie (von Hegel bis Marx) ist nicht frei von problematischen Bezügen auf die Degenerationslogik.

[55] Vgl. *B. A. Morel*, Traité des dégénérescences physiques, intellectuelles et morales de l'espèce humaine et de ses causes qui produisent ces variétés maladives, Paris 1857. Die Theorie der Degeneration ermöglicht Morel, psychische Krankheiten und Seelenstörungen aller Art zu klassifizieren und entwicklungstheoretisch nachvollziehbar zu machen. Vgl. auch *B. A. Morel*, Traité des maladies mentales, Paris 1870.

[56] In der Psychopathologie im deutschsprachigen Raum wird Morels Degenerationstheorie von Heinrich Schüle und Richard von Krafft-Ebing, z.T. auch von Emil Kraepelin aufgenommen, in Frankreich von Valentin Magnan und Paul-Maurice Legrain. Besonderes Augenmerk fällt auf die keimschädigende Auswirkung von Geschlechtskrankheiten und auf die zivilisatorischen, kollektiven Lebensbedingungen, die die Abkehr von der Natur und die Abschwächung natürlicher Triebe und Instinkte bedingen und beschleunigen. Mit dem Vokabular der Brown'schen Nosologie spricht z.B. Kraepelin von angespannten und überreizten Nerven, d.h.

Ein zweiter Strang der Degenerationsgeschichte wird aus Erzählungen der Rassenkunde geflochten. Im 18. Jahrhundert werden zunächst im Kontext der vergleichenden Physiologie in naturgeschichtlichen, zoologischen Klassifikationen rassenspezifische Differenzen behauptet. Diese werden dann um 1800 im Bereich der Hirnanatomie und in den verschiedenen anthropologischen Disziplinen aufgegriffen, weiterentwickelt und modifiziert.[57] Ein Weg zu dem im engeren Sinne biologischen Rassenbegriff führt über die Rassenlehre des Grafen Joseph Arthur de Gobineau, der die Rassen als treibende Kraft der Kulturgeschichte ausfindig macht.[58] Im Rekurs auf Boulainvilliers und seine Unterscheidung der aristokratischen, nordischen Herren- und Erobererrasse der Franken und der inferioren römischen Rasse der Gallier diagnostiziert Gobineau eine Zivilisationskrise aufgrund des Verfalls der Rasse, die „nicht mehr den inneren Werth hat, den sie ehedem besaß, weil sie nicht mehr das nämliche Blut in ihren Adern hat, deren Werth fortwährende Vermischungen allmählich eingeschränkt haben".[59] Grundsätzlich vertritt er die Thesen von der Ungleichheit der Rassen, von ihrer „Entartung" durch Blutmischung und von ihrer zentralen geschichtlichen Bedeutung.[60] Zwar dauert es, bis das Hauptwerk Gobineaus im deutschsprachigen Raum gelesen und aufgenommen wird. In den 1880er Jahren von Richard Wagner inspiriert, gründet dann aber Ludwig Schemann 1894 ein *Archiv* und eine *Vereinigung*, die sich dem Erbe Gobineaus verschreibt. Seine Übersetzung von Gobineaus Rassenwerk erscheint in den Jahren 1898–1901.[61] Weiter popularisiert wird es durch Houston S. Chamberlain,

---

– allgemeiner gesagt – von aus dem Gleichgewicht geratenen menschlichen Vermögen, die in den modernen Arbeits- und Entfremdungsverhältnissen nicht länger ausgewogen zusammenspielen.

[57] Vgl. *R. Bernasconi*, Race and Anthropology, Bristol 2003.

[58] *A. Graf de Gobineau*, Versuch über die Ungleichheit der Menschenracen (1853–55), übers. von *L. Schemann*, Bde. 1–4. Stuttgart 1898–1901. Vgl. *L. Poliakov*, Der arische Mythos. Zu den Quellen von Rassismus und Nationalismus (1971), übers. von *M. Venjakob*, Hamburg 1993, S. 244–286. – Hinter dieser etwas vordergründigen, aber äußerst populären Rassismusgeschichte verbirgt sich eine weitere, in der anthropologischen Literatur tief verankerte wissenschaftliche Traditionslinie der Rassentheorie. Nicht zuletzt im Rahmen der philosophischen Anthropologie (zwischen 1800 und 1850) entwickelt und verfestigt, werden die „rassenanthropologischen" Grundannahmen auch in den naturwissenschaftlich dominierten Anthropologieentwicklungen in der zweiten Hälfte des 19. Jahrhunderts weitertradiert.

[59] Vgl. *Gobineau*, Bd. 1, a.a.O., S. 31; *H.-C. de Boulainvilliers*, Histoire de l'ancien gouvernement de la France, La Haye 1727.

[60] Vgl. *G. Mann*, Rassenhygiene – Sozialdarwinismus, in: Biologismus im 19. Jahrhundert, hg. von *ders.*, Stuttgart 1971, S. 73–93.

[61] Vgl. auch *L. Schemann*, Gobineaus Rassenwerk. Aktenstücke und Betrachtungen zur Geschichte und Kritik des Essai sur l'inégalité des races humaines, Stuttgart 1910. Schemann vereindeutigt die Lehren Gobineaus (indem er z.B. die Germanen mit den Deutschen gleichsetzt) und verleiht ihnen eine antisemitische Tendenz. Durch die von ihm gegründete Gobineau-Vereinigung werden zwischen dem weltanschaulichen „Rassestandpunkt" und der eher wissenschaftlich ausgerichteten Rassenhygiene Verbindungen intensiviert.

der den Kampf der Rassen als Bewegungsgesetz der Geschichte auffasst
und die germanische und jüdische Rasse als Antipoden darstellt.[62] Kaiser
Wilhelm II. war einer der Fürsprecher der Germanensaga Chamberlains.
Eine bedeutsame Aufnahme des Rassenkonzepts findet im Umkreis der
„Sozialanthropologie" statt, z.B. bei Otto Ammon und Georges Vacher de
Lapouge.[63] Sie tradieren einerseits die kulturhistorische Bedeutung der Rassen, andererseits konkretisieren sie den Gedanken ihrer materiell aufweisba-
ren qualitativen Differenz: An die Stelle der Blutbeschaffenheit und Blut-
mischung treten die in den Keimzellen wohnenden Erbinformationen. Die
Rassenhygiene stellt zwischen der sozialanthropologischen Rassenlehre und
der medizinisch-psychiatrischen Degenerationstheorie eine Verbindung her.
Im Rekurs auf die wissenschaftlichen Errungenschaften der Vererbungs-
biologie – Weismanns Keimplasmatheorie bahnt die Wiederentdeckung der
Mendelschen Regeln, d.h. den Beginn der Genetik an – wird eine Perspektive auf die generative Verursachung von Krankheiten entwickelt. Die Eugeniker machen dann die Vererbung zum Ausgangspunkt sozialhygieni-
scher Praktiken, indem sie positive und negative Maßnahmen zur
„Ertüchtigung der Rasse" ins Auge fassen.

IV.

Im Jahre 1859 erscheint Charles Darwins *On the origin of species by means
of natural selection, or the preservation of the favoured races in the strug-
gle of life*.[64] Das revolutionäre Moment der von Darwin vorgelegten Evolutionstheorie liegt in erster Linie in der Selektionstheorie.[65] Sie ermöglicht
es, die traditionellen Vorstellungen von der zweckmäßigen Einrichtung der
Natur zu verabschieden, indem sie ein Entwicklungsgesetz postuliert bzw.
genauer: eine Hypothese zur Erhaltung der Lebewesen aufstellt, die die
Entstehung der Arten, und d.h. die empirisch erforschbaren „historischen"
Veränderungen in der Welt der belebten Organismen, nachvollziehbar
macht. Aufgefasst als rein biologische Theorie, die sich zunächst nicht auf

---

[62] Vgl. *H. S. Chamberlain*, Die Grundlagen des 19. Jahrhunderts, 2 Bde. (1899), München
1919.

[63] Vgl. *O. Ammon*, Die natürliche Auslese beim Menschen. Auf Grund der Ergebnisse der
anthropologischen Untersuchungen der Wehrpflichtigen in Baden, Jena 1893; *G. Vacher de
Lapouge*, Les selections sociales, Paris 1896.

[64] Vgl. *C. Darwin*, Über die Entstehung der Arten durch natürliche Zuchtwahl oder die Erhaltung der begünstigten Rassen im Kampfe um's Dasein (1859), übers. von *J. V. Carus*, hg.
von *G. H. Müller*, Darmstadt 1992.

[65] Vgl. zu den wesentlichen Rezeptionslinien der Darwinschen Theorie: *E.-M. Engels* (Hg.),
Die Rezeption von Evolutionstheorien im 19. Jahrhundert, Frankfurt a.M. 2002.

den Menschen bezieht, vollzieht sich durch sie ein innerwissenschaftlicher Paradigmenwechsel. Dabei ist die Darwinsche (Selektions-) Theorie im Kern durch eine Zweideutigkeit charakterisiert. Offensichtlich wird diese, sobald die *Abstammung des Menschen* – so der Titel des von Darwin 12 Jahre später verfassten Werkes – zum Thema gemacht wird.[66] Hier zeigt sich, dass die rein formale und quantitative Bestimmung vom Überleben bzw. von der Fortpflanzung im Kampf ums Dasein vermischt ist mit qualitativen Vorstellungen von Anpassungsvorteilen, die den Stärkeren vor den Schwächeren auszeichnen. An diesem Punkt spielen sich Entwicklungsmodelle in den Vordergrund, die sich nicht nur auf eine Fortschrittslinie von noch undifferenzierten Lebensformen bis zum Menschen beziehen lassen, sondern auch innerhalb der Menschengattung Entwicklungsdifferenzen behaupten, die z.B. niedere und höhere Rassen unterscheidbar machen.[67] Bereits in den 60er Jahren erscheint eine Reihe von Büchern, die sich mit der neuen Anthropologie nach Darwin beschäftigen – und die traditionellen Entwicklungshierarchien im neuen evolutionsbiologischen Erklärungsmuster zur Geltung bringen.[68]

Für die Entstehung und Konsolidierung der Eugenik als Wissenschaft ist entscheidend, dass im Anschluss an Darwins Theorie der Selektion eine Perspektive eröffnet wird, „Entartungsphänomene" zu fassen und eine Praxis der „Aufartung" durch die Anwendung des Prinzips der künstlichen Zuchtwahl auf den Menschen in Aussicht zu stellen. Resultiert Entwicklung aus natürlicher Selektion, so liegt das deduktive „Argument" auf der Hand, dass im Zuge ihrer modernen zivilisatorischen Außerkraftsetzung Regressionsphänomene (im Rückgang auf primitivere und daher auch pathologische Formen) mehr und mehr in Erscheinung treten. In diesem Sinne kann man

---

[66] Vgl. *C. Darwin*, Die Abstammung des Menschen (1871). Paderborn o.J.

[67] Friedrich Nietzsche hat in seinen mit „Anti-Darwin" überschriebenen Passagen in seinem Spätwerk darauf aufmerksam gemacht, dass erstens der Kampf ums Dasein nur eine oberflächliche Variante des Kampfes um die Macht ist, und dass zweitens „die Gattungen nicht in der Vollkommenheit [wachsen]", weil „die Schwachen immer wieder über die Starken Herr [werden]." *F. Nietzsche*, Götzendämmerung, in: Kritische Studienausgabe in 15 Bänden., hg. von *G. Colli/M. Montinari*, Bd. 6. München 1988, S. 55–161, hier: S. 120–121. Hiermit legt er seinen Finger in die wunde Stelle des Darwinismus, wenn eine statistische Tatsache zu einer qualitativ bewerteten Tatsache umgedeutet wird. Alexander Tille hat dagegen in seinem Buch *Von Darwin bis Nietzsche* die grundlegenden Differenzen zwischen Nietzsche und einer darwinistisch verstandenen Entwicklungsethik wirkungsvoll eingeebnet. Vgl. *A. Tille*, Von Darwin bis Nietzsche. Ein Buch der Entwicklungsethik, Leipzig 1895.

[68] Vgl. *T. Huxley*, Man's place in nature (1863), Michigan UP 1961; *W. Wundt*, Vorlesungen über die Menschen- und Tierseele (1863), Hamburg/Leipzig 1911; *C. Vogt*, Vorlesungen über den Menschen. Seine Stellung in der Schöpfung und in der Geschichte der Erde, Gießen 1863; *E. Haeckel*, Generelle Morphologie des Organismus, Bd. 2., Berlin 1866, Kap. 27f. Vgl. zu den Problemen eines nach Darwin sich verändernden Menschenbildes: *A. Barsch/P. M. Hejl* (Hg.), Menschenbilder. Zur Pluralisierung der Vorstellung von der menschlichen Natur (1850–1914), Frankfurt a.M. 2000.

Eugenik und Rassenhygiene als sozialdarwinistische Theoriegebilde bezeichnen.[69] Zwar sind sie, vor allem in der ersten Generation, eng mit so-
zialistischen und sozialdemokratischen Vorstellungen liiert, gleichwohl be-
dienen sie sich des Selektionsprinzips zur Erklärung des gegenwärtigen
„vitalen" Zustands der Arbeiterklasse. Keineswegs sind es *per se* die (in
rassenhygienischer Sicht) „Stärkeren", die zu Reichtum und Macht gekommen sind, vielmehr wird eine „gerechte" natürliche Auslese durch den gesellschaftlichen *Status quo* gerade verhindert. Degenerationsmerkmale, die
auch zum Gegenstand empirischer und statistischer Untersuchungen avancieren, sind: der Rückgang der Militärdiensttauglichkeit, die steigende Zahl
von Geisteskrankheiten, eine erhöhte Selbstmordrate, zunehmende Kurz-
sichtigkeit, die Verschlechterung des Gebisses, der Rückgang der „leichten"
Gebärfähigkeit oder auch des Stillvermögens der Mütter. Die Rassenhygiene bietet eine wissenschaftlich abgesicherte Therapieform an, die den viel
diskutierten Umstand zivilisatorisch bedingter Verelendung bzw. Dekadenz
aus den kontraselektorisch wirksamen Institutionen erklären und neue Wege
aufzeigen kann, wie die „Fitness" oder Tüchtigkeit wiederzuerlangen ist.
Der Mensch ist nicht allein ein Lebewesen unter anderen im Prozess der
Evolution, vielmehr kann er selbst die Position des Züchters einnehmen, die
er quasi unbewusst immer schon eingenommen hat. Ein Beweis dieser
menschlichen Sonderstellung liegt dann scheinbar in der darwinistischen
Theoriebildung selbst.

Populärdarwinisten wie Haeckel entwickeln eine naturphilosophische
Weltanschauung, die alle Bereiche des menschlichen Lebens – psychologische, moralische und soziale Belange – auf biologische Kausalzusammen-
hänge zurückführt.[70] Somit wird es möglich, ein genuin naturwissenschaft-

---

[69] Von Sozialdarwinismus ist hier die Rede, wenn die Selektionstheorie zum zentralen Modell sozialen und politischen Handelns gemacht wird. Vgl. *H.-G. Zmarzlik*, Der Sozialdarwinismus in Deutschland als geschichtliches Problem, in: Vierteljahreshefte für Zeitgeschichte
11 (1963), S. 246–273. Vgl. zum Problemfeld Darwinismus, Sozialdarwinismus, Entwicklungsethik die erste zusammenfassende Darstellung im deutschsprachigen Raum von *R.
Schmid*, Die Darwinschen Theorien und ihre Stellung zur Philosophie, Religion und Moral,
Berlin 1876.
[70] Vgl. Haeckels Anthropologiebegriff in *E. Haeckel* 1866, a.a.O., §§ 27ff. Für die Rezepti-
onsgeschichte der Darwin'schen Theorien in Deutschland ist der Umstand wichtig, dass der
Populärmaterialismus als neue Naturreligion mit einem emphatischen Bekenntnis zu Darwin
auftrat. Die vitalistische Strömung hingegen, die sich nicht mit dem materialistischen und mechanistischen Weltbild zufrieden geben wollte, proklamierte – vor allem im ersten Jahrzehnt
des 20. Jahrhunderts – das „Sterbelager des Darwinismus", so ein Buchtitel von Eberhard
Dennert (Halle ²1911). Die Ablehnung der Darwin'schen Theorie der Evolution war breit:
Vgl. dazu *H. Driesch*, Die Maschinentheorie des Lebens, in: Biologisches Centralblatt XVI
(1896), S. 353–368; *ders.*, Die Seele als elementarer Naturfaktor. Studien über die Bewegung
des Organischen, Leipzig 1903; *O. Hertwig*, Das Werden der Organismen. Eine Widerlegung
von Darwins Zufallstheorie, Jena 1916; *J. von Uexküll*, Bausteine zu einer biologischen Weltanschauung, München 1913; *M. Scheler*, Die Stellung des Menschen im Kosmos, Darmstadt
1928, S. 1ff. Vitalistische und darwinistische Biologien im Hintergrund der unterschiedlich-

liches Erklärungsmonopol zu behaupten, das imstande ist, die aufgrund des Wesens der abendländischen Zivilisation ausgesetzte natürliche Selektion und die damit einhergehende Verschlechterung des menschlichen Erbguts zu erkennen und womöglich auch zu therapieren. Seinem eigenen Selbstverständnis nach hat Francis Galton zu diesem Zweck seine Eugenik entwickelt.[71] In den Mittelpunkt des Interesses rückt der Mechanismus der Vererbung. Es formiert sich die Erwartung, dass mit Hilfe der biologischen Vererbungslehre ein Zusammenhang zwischen den bevölkerungswissenschaftlichen Problemen in Zeiten der Industrialisierung – Urbanisierung, Hygiene, Geisteskrankheiten, Sexualität (z.B. die „differentielle Fruchtbarkeit") – und einer auf die „Krisensituation" reagierenden Bevölkerungspolitik möglich wird. Sie orientiert sich daran, die biologischen Ursachen der allgemeinen Degenerationsphänomene zu erkennen und ihnen entgegen zu wirken.

In der „Zukunft" schreibt Alfred R. Wallace in einem viel beachteten Aufsatz zur „menschlichen Auslese": „In einer meiner letzten Unterhaltungen mit Darwin sprach er sich wenig hoffnungsvoll über die Zukunft der Menschheit aus, und zwar auf Grund der Beobachtung, daß in unserer modernen Civilisation eine natürliche Auslese nicht zu Stande komme und die Tüchtigsten nicht überlebten."[72] Diese fortan immer wieder kolportierte Äußerung Darwins wird generell im Licht „der demokratischen Civilisation unserer Tage" so interpretiert, dass mit der unausgesetzten Fortpflanzung der „minderwerthigen" Bevölkerungsmehrheit ihr „Selbstmord" vorprogrammiert sei.[73] Daher müssten Maßnahmen ergriffen werden, die sich nicht auf eine kleine Elite, sondern auf die Hebung des durchschnittlichen Ni-

---

sten Theoriebildungen (in Philosophie, Soziologie, Politik etc.) sind nicht per se – bezogen auf ihre Kritik des jeweils opponierenden Standpunkts – als „politisch korrekt" einzustufen. Weder ist der „Biologismus" als solcher strikt der darwinistischen Position anzulasten – noch ist die „reine Wissenschaft" frei von spekulativen, ideologischen Momenten.

[71] „My general object has been to take note of the varied hereditary faculties of different men, and of the great differences in different families and races, to learn how far history may have shown the practicability of supplanting inefficient human stock by better strains, and to consider whether it might not be our duty to do so by such efforts as may be reasonable, thus exerting ourselves to further the ends of evolution more rapidly and with less distress than if events were left to their own course." *F. Galton*, Inquiries into Human Faculty and its Development (1883), London/New York 1943, S. 1. Vgl. zum Begriff der Eugenik: a.a.O., S. 17.

[72] *A. R. Wallace*, Menschliche Auslese, in: Die Zukunft (1894), S. 10–24.

[73] Beispielhaft heißt es bei Wallace zur „Kontraselektion": „Die beiden großen Faktoren, die in jeder Thierrasse den Fortschritt sichern, sind Zuchtwahl, als deren Resultat die Tüchtigen das Licht der Welt erblicken, und natürliche Auslese, als deren Resultat die Tüchtigsten überleben. Beide versagen bei der Menschheit, da sich in ihr ganze Schaaren von Menschen befinden, die in einer anderen Klasse Lebewesen niemals zur Geburt gebracht oder, wenn sie auch noch geboren worden wären, doch nicht überlebt hätten." (A.a.O., S. 14) Das Versagen der natürlichen Auslese verlangt in den Augen zahlreicher Autoren nach einer kompensatorischen künstlichen Auslese, die aber mit den traditionellen moralischen Wertvorstellungen bricht.

veaus der Bevölkerung richten. Nach Wallace widerspricht es allerdings
dem Humanismus und der Moral, gegen die freie Entscheidung der Individuen eugenische Praktiken staatlich zu verordnen, vielmehr gilt es, das
Verantwortungsgefühl des Einzelnen für die erbbiologische Qualität der
Rasse mittels Erziehung und Bildung zu kultivieren.[74]

V.

Neben der in den 1870er Jahren entstehenden „organizistischen" Soziologie, welche die ältere positivistische Doktrin von einer *Physik der Gesellschaft* aufgreift und evolutionsbiologisch ausdehnt, formiert sich eine Sozial*anthropologie*, die ebenfalls den Anspruch erhebt, von naturwissenschaftlichen Grundlagen aus eine Sicht auf den Menschen zu entwickeln. Ihr zentraler Begriff ist allerdings nicht die „Gesellschaft", sondern die „Rasse".
Dabei handelt es sich ausdrücklich um einen *anthropologischen* Begriff, der
mit einer charakteristischen, sowohl genealogischen als auch typologischen
Bestimmtheit verwendet wird.[75] Es ist charakteristisch für eine Rasse, in
den Kampf ums Dasein geworfen und biologischen Gefährdungen ausgesetzt zu sein. Die Sozialanthropologen knüpfen nach Darwin und Weismann
an die bestehenden Rassenlehren (Gobineau, Klemm, Nott/Gliddon, Carus)
an, indem sie die Ungleichheit der Rassen sowie die degenerativen Erscheinungen selektionstheoretischen Erklärungen zugänglich machen. In Frankreich und in Deutschland entsteht so eine darwinistische Rassenkunde. Einer ihrer wichtigsten Vertreter, Georges Vacher de Lapouge, veröffentlicht
ab 1883 zahlreiche anthroposoziologische Abhandlungen zum Zweck der
Übertragung biologischer Erkenntnisse auf die Sozialwissenschaften.[76] Sein

---

[74] Die Position von Wallace wird in der Literatur der Zeit mit der Ethikauffassung von
Thomas Huxley zusammengedacht. Bei Oscar Hertwig heißt es dazu: „Huxley erkennt zwar
ganz richtig an, daß die menschliche Gesellschaft, wie die Kunst, nur ein Teil der Natur ist,
hält es aber für bequem und vorteilhaft, sie als etwas von der Natur Verschiedenes zu betrachten, weil sie ein bestimmtes sittliches Ziel hat. [...] Auf diese Weise hat er den [...] Gegensatz zwischen der Natur und der sittlichen Welt, in welcher der Mensch lebt, konstruiert
und geradezu ein Außerkraftsetzen des Waltens der Naturmächte und das Dafüreinsetzen von
etwas anderem, das man das Walten der ethischen Mächte nennen kann, gelehrt. [...] Im Gegensatz zu Wallace, Huxley u.a. [...]." Vgl. *O. Hertwig*, Zur Abwehr des ethischen, des sozialen, des politischen Darwinismus. Jena ²1921, S. 32. Vgl. *T. Huxley*, Evolution und Ethik, in:
Evolution und Ethik, hg. von *K. Bayertz*, Stuttgart 1993, S. 67–74.
[75] Vgl. *G. Vacher de Lapouge*, Der Arier und seine Bedeutung für die Gemeinschaft. Freier
Kursus in Staatskunde, gehalten an der Universität Montpellier 1889–1890 (1899), übers. von
Käthe Erdniss, Frankfurt a.M. 1939, VII–VIII, S. 15ff., S. 214ff.
[76] Vgl. *ders.*, Questions aryennes, Paris 1889; *ders.*, Origine des aryens, Paris 1893; *ders.*,
Les sélections socials, Paris 1896; *ders.*, L'Aryen, son rôle social, Paris 1899; *ders.*, Race et

Sprachrohr ist die von Paul Topinard geleitete *Revue d'Anthropologie*.[77] Im Schulterschluss mit Haeckel und seinen Überlegungen zu einer biologischen Ethik und Anthropologie, die Theologie und Wissenschaft radikal gegeneinander ausspielt, bedient sich Lapouge anthropometrischer und kraniologischer Verfahrensweisen. Mit ihrer Hilfe versucht er, die Unterscheidung von „arischer" und „nicht-arischer" Rasse im Rahmen einer statistischen Erfassung und Katalogisierung charakteristischer Rassenmerkmale zu verifizieren. Es gibt demzufolge eine höhere Rasse („race supérieure"), die die Menschheit voranbringt, und niedere Rassen, die „zurecht" zum Sklavendienst herangezogen werden.[78] Im Anschluss an Galton dividiert Lapouge den Idealmenschen und die dekadenten Verfallserscheinungen der modernen Welt auseinander. Als eugenische Maßnahmen empfiehlt er den Mutterschaftsdienst, die Einführung von Familienbüchern mit erbbiologischen Informationen, die Sterilisierung „erbkranker" Personen (z.B. die Kastration von Neugeborenen), die Einsetzung einer rassenhygienischen Fortpflanzungskontrolle, die finanzielle Förderung „erbgesunder" Personen, Polygamie als Mittel der „Arisierung" und ein eindeutiges Bekenntnis zum Antisemitismus.

Ebenso macht die sozialanthropologische Arbeit Otto Ammons zur „natürlichen Auslese beim Menschen" die natürliche Selektion zum wesentlichen Faktor der vererbungstheoretisch begründeten biologischen Anthropologie, die vor der als antiquiert geltenden Kulturanthropologie ausgezeichnet wird. Anhand morphologischer Merkmale von Populationen werden bevölkerungstheoretische Parameter (Lebensdauer, Fruchtbarkeit) als rassenspezifische Überlebensvorteile im Kampf ums Dasein ausgewiesen.[79] Ludwig Woltmann, ein Schüler und Mitstreiter von Lapouge, liefert mit

---

milieu social, Paris 1909. An der *Faculté des Sciences de Montpellier* hält er Vorlesungen „über die Anwendung der Anthropologie auf die sozialen Wissenschaften".

[77] Zwar übernimmt er von Broca den Selektionsbegriff in modifizierter Form und interpretiert die Rassenungleichheiten biologisch, wendet sich aber gegen die von Spencer herkommende sozialdarwinistische Interpretation des „survival of the fittest". Vgl. zum Begriff der sozialen Selektion: *P. Broca*, Les sélections. Revue d'Anthropologie 1 (1872), S. 683–710.

[78] Rasse wird als zoologischer Begriff verwendet, der die Gesamtheit von Individuen mit gleichen oder ähnlichen, hereditär bedingten und im Keimplasma fixierten physischen und psychischen Eigenschaften bezeichnet. Wichtigstes morphologisches Rassenmerkmal ist die Schädelform, die kausal auf das Gehirn und damit auch auf die geistigen Fähigkeiten bezogen ist. Hierbei bedient sich Lapouge des Schädelindex, der 1842 von dem schwedischen Anatomen Anders Retzius eingeführt und von Paul Broca differenziert wurde. Der Index dient zum Vergleich horizontaler Maßverhältnisse und erlaubt die typisierende Unterscheidung zwischen brachycephaler und dolichocephaler Form. Lapouge schafft eine Verbindung zwischen der Broca'schen Hirn- und Schädelwissenschaft und der Gobineau'schen Rassenkampftheorie.

[79] „Aber es ist selbstverständlich, dass das Zusammentreffen einer höheren Lebensdauer mit einer stärkeren Fruchtbarkeit ungemein förderlich für die Ausbreitung einer Rasse sein muss." *O. Ammon*, Die natürliche Auslese beim Menschen. Auf Grund der Ergebnisse anthropologischer Untersuchungen der Wehrpflichtigen in Baden und andere Materialien, Jena 1893.

seiner *Politischen Anthropologie* (1903) eine erste Zusammenfassung der sozialanthropologischen Arbeiten.[80] Die von Woltmann 1902 ins Leben gerufene und für die Ausbreitung rassenanthropologischer Vorstellungen wirkungsmächtige „Politisch-Anthropologische Revue" wird ihr literarisches Organ. Ab dem Jahr 1911 wird sie den Untertitel mitführen: „Monatsschrift für praktische Politik [...] auf biologischer Grundlage". Programmatisch heißt es bei Woltmann in der Einleitung zur *Politischen Anthropologie*: „Eine Untersuchung über den Einfluß der Descendenztheorie auf die Lehre von der politischen Entwicklung und Gesetzgebung der Völker ist gleichbedeutend mit der Begründung einer politischen Theorie auf naturwissenschaftlichen, d.h. biologischen und anthropologischen Erkenntnissen."[81] Noch für Helmuth Plessner gilt diese Form der politischen Anthropologie als exemplarische Form der biologisch eng geführten Anthropologieentwicklungen nach Darwin.[82]

VI.

In Deutschland werden die eugenischen Vorstellungen von einer biologisch fundierten Züchtungspolitik in den 1890er Jahren zum Thema. Als erste Publikation in diesem Feld gilt die 1891 gedruckte Arbeit *Über die drohende körperliche Entartung der Kulturmenschheit* von Wilhelm Schallmayer.[83] Neben Schallmayer ist vor allem Alfred Ploetz die treibende Kraft und Hauptfigur der ersten Generation der deutschen Rassenhygiene. Frühzeitig unterhält er Beziehungen zu Haeckel und Weismann, den späteren Ehrenpräsidenten der *Deutschen Gesellschaft für Rassenhygiene*, die 1905 in Berlin (auf Betreiben von Ploetz) gegründet wurde.[84] Im Mittelpunkt der Arbeiten von Ploetz steht die Diagnose von einer evolutionsbiologisch erklärbaren Degeneration und Entartung des Menschen aufgrund kontraselektorisch wirksamer sozialstaatlicher und sanitärer Institutionen wie z.B. der Hygiene und die Vorstellung einer rassenhygienischen Therapie durch

---

[80] Vgl. *L. Woltmann*, Politische Anthropologie. Eine Untersuchung über den Einfluss der Descendenztheorie auf die Lehre von der politischen Entwicklung der Völker, Jena 1903.

[81] Vgl. *ders.*, Politische Anthropologie, a.a.O., S. 1. Vgl. zur anthropologisch fundierten Überlegenheit der weißen Rasse im Sinne ihrer Fähigkeit zu „höheren politischen Organisationen": a.a.O., S. 225ff.

[82] Vgl. *H. Plessner*, Macht und menschliche Natur. Ein Versuch zur Anthropologie der geschichtlichen Weltansicht (1931), in: Gesammelte Schriften, Bd. 5, hg. von *ders.*, Frankfurt a.M. 2003, S. 135–234, S. 144.

[83] Vgl. *W. Schallmayer*, Über die drohende körperliche Entartung der Kulturmenschheit und die Verstaatlichung des ärztlichen Standes, Berlin/Neuwied 1891.

[84] Gemeinsam mit Rüdin installiert Ploetz 1904 das *Archiv für Rassen- und Gesellschaftsbiologie einschließlich Rassen- und Gesellschaftshygiene*.

eine entsprechende Steuerung des Fortpflanzungsverhaltens.[85] Auf dem ersten deutschen Soziologentag 1910 vertritt er die Auffassung, dass „der züchtende Einfluss der Gesellschaft" schädliche Folgen für die Erbgesundheit einer „Vitalrasse" hat und schlägt vor, den Mangel an natürlicher Selektion durch „sexuelle Ausmerze" (Verhinderung der Fortpflanzung „schlecht beanlagter Individuen" etwa durch Sterilisationsgesetze) sowie, auf lange Sicht, durch „Ausmerze" auf der Ebene der Keimzellen auszugleichen.[86]

Die von Krupp finanzierte und von dem „Monistenführer" Ernst Haeckel u.a. ausgeschriebene Preisfrage: „Was lernen wir aus den Prinzipien der Descendenztheorie in Beziehung auf die innerpolitische Entwickelung und Gesetzgebung der Staaten?" von 1900 stellt eine der wichtigsten frühzeitigen „biopolitischen" Agitationen dar. Der erste Preisträger, Wilhelm Schallmayer, verwendet zwar nicht in seiner die Rassehygiene proklamierenden Preisschrift „Vererbung und Auslese im Lebenslauf der Völker" (1903), aber in der zwei Jahre später erscheinenden „Nationalbiologie" an zentraler Stelle den Begriff „biologische Politik".[87] Ähnliche Begriffsbildungen entstehen seit der Jahrhundertwende im Kontext der völkischen, auf eine eugenische Grundlage spekulierenden Rassenpolitik, und reichen bis in die Sprache der nationalsozialistischen Bevölkerungsideologie.[88]

---

[85] *A. Ploetz*, Die Tüchtigkeit unserer Rasse und der Schutz der Schwachen: Ein Versuch über Rassenhygiene und ihr Verhältniss zu den humanen Idealen, besonders zum Socialismus, Berlin 1895.

[86] *Ders.*, „Die Begriffe Rasse und Gesellschaft und einige damit zusammenhängende Probleme", in: Schriften der deutschen Gesellschaft für Soziologie, Bd. 1, Tübingen 1911, S. 111–136.

[87] Vgl. dazu *P. Gehring*, Biologische Politik um 1900: Reform? Therapie?, Experiment?, in: Zur Kulturgeschichte des Menschenversuchs, hg. von *B. Griesecke/N. Pethes*, Frankfurt a.M. 2009, S. 48–77. Woltmanns *Politische Anthropologie* entsteht ebenfalls im Zusammenhang der oben genannten Preisfrage und erhält den zweiten Preis zugesprochen, der von Woltmann allerdings abgelehnt wird.

[88] Das belegt die in den 1930er Jahren kursierende Redewendung vom „biopolitischen Grenzkampf", von der „biopolitischen Überlegenheit" der Völker mit hoher Geburtenrate, gesunden Erbanlagen etc. oder auch Hitlers Rede von einer „biologischen Politik". – Popularität erlangten zahllose Varianten einer „Züchtungspolitik", die sich, wie z.B. bei Robby Kossmann, auf die erblichen Anlagen der menschlichen Gesundheit, Intelligenz, Lebensdauer und Fruchtbarkeit, moralische Instinkte, Vaterlandsliebe etc. bezieht. Vgl. *R. Kossmann*, Züchtungspolitik, Schmargendorf bei Berlin 1905. Kossmann geht es zum einen darum, dass die künstlichen (zivilisationsbedingten) Störungen der natürlichen Auslese politisch vermieden werden, zum anderen um politische Maßnahmen, die bei der „Höherzüchtung der Rasse" – im Sinne der Überlebensfähigkeit im Kampf ums Dasein – hilfreich sind. Er schlägt vor, dass minder tüchtige Individuen mit staatlicher Unterstützung in die Kolonien auswandern, empfiehlt die geopolitische Deportation und Geschlechtertrennung als Maßnahme zum Geburtenrückgang bei erblich belasteten Individuen, und diskutiert nicht zuletzt die Ausdehnung der Todesstrafe hinsichtlich moralisch und physisch degenerierter Personen. Vgl. a.a.O., S. 196f. „Die Deportation [...] des rückfälligen Diebes z.B. und des ‚Kleptomanen', in eingeschlechtlichen Strafkolonien ist, wenn nicht als Strafe, so als Sicherungsmassregel, durchaus gerechtfertigt und zweckmäßig." A.a.O., S. 197. Besonders Erfolg versprechend erscheint Kossmann

Eine Verbindung zwischen Rassenanthropologie und deutscher Rassenhygiene wird dann im *Grundriß der menschlichen Erblichkeitslehre und
Rassenhygiene* (1921) von Erwin Baur, Eugen Fischer und Fritz Lenz hergestellt.[89] Seine Binnenstruktur findet sich im *Kaiser-Wilhelm-Institut für
Anthropologie, menschliche Erblehre und Eugenik* repräsentiert, welches
1927 in Berlin gegründet wurde.[90] Spätestens durch diese staatliche Institution etabliert sich die Rassenhygiene in Deutschland als Wissenschaft mit
konkreten „biopolitischen" Ambitionen. Leiter des Instituts wird Eugen Fischer. Fischer hatte zuvor in Freiburg einen Lehrstuhl für Anthropologie
und setzte mit seiner 1913 erschienenen Arbeit über *Die Rehobother Bastards und das Bastardisierungsproblem beim Menschen* wissenschaftliche
Maßstäbe. Er weist in seiner Studie nach, dass die Vererbung auch bei
menschlichen Rassen Mendel'schen Gesetzen unterliegt.[91] Hiermit wird die
Anthropologie, und mit ihr auch der Begriff der Rasse, vererbungsbiolo-
gisch begründet.[92] Die „anthropobiologische" Richtung Fischers konsolidiert sich durch die Blutgruppenforschung, die Familienanthropologie und
die rassenanthropologische Morphologie. Die Verbindung, die die Fischer'sche Anthropologie mit der Rassenlehre eingeht, begründet ihre dann
im Nationalsozialismus unangefochtene Stellung.[93] Die Nürnberger Gesetze
(1935), vorher bereits das Sterilisationsgesetz „zur Verhütung erbkranken

---

darüber hinaus die patriotische Bildungspolitik: die „aufopferungsfähige Hingabe der Massen
für das Wohl des Staates [ist] eines der wichtigsten Mittel zu dessen Selbsterhaltung." A.a.O.,
S. 211.

[89] Während Baur im ersten Teil des Buches einen „Abriß der allgemeinen Variations- und
Erblichkeitslehre" gibt und Lenz in den Schlussteilen die krankhaften Erbanlagen und die
Rassenpsychologie behandelt, bearbeitet Fischer im zweiten Teil die Anthropologie, d.h. die
„Rassenunterschiede des Menschen" in morphologischer, genetischer, physiologischer und
anatomischer Betrachtungsweise. Vgl. *E. Baur/E. Fischer/F. Lenz*, Menschliche Erblichkeits-
lehre, Bd. 1 (1921), München ³1927, S. IX–X, S. 83ff. Eine Popularisierung der Rassenkunde
lieferte Hans Ferdinand Karl Günther mit seiner *Rassenkunde des deutschen Volkes* (1922).
Günther wurde *der* Rassentheoretiker des NS. Auf Vermittlung von Frick, Innen- und Volksbildungsminister Thüringens (und erster NSDAP-Minister einer Landesregierung), erhält
Günther eine ordentliche Professur für Sozialanthropologie an der Jenaer Universität.

[90] *H. P. Kröner*, Von der Rassenhygiene zur Humangenetik. Das Kaiser-Wilhelm-Institut
für Anthropologie, menschliche Erblehre und Eugenik nach dem Kriege, Stuttgart 1998.

[91] Vgl. *E. Fischer*, Die Rehobother Bastards und das Bastardisierungsproblem beim Menschen. Anthropologische und ethnologische Studien am Rehobother Bastardvolk in Deutsch-
Südwestafrika, Jena 1913, S. 142ff.

[92] Vgl. *Fischer*, a.a.O. 1923a, S. 2, S. 6, S. 10–11. Zwar setzt sich bereits im Rekurs auf
August Weismanns Keimplasmalehre in den 1890er Jahren eine biologische Interpretation des
Rassebegriffs durch – in der Rassenhygiene, aber auch in den Sozialanthropologien und in der
Gobineau-Schule – dennoch markiert die Jahrhundertwende mit der Entstehung der Genetik
einen Einschnitt, den Fischer für seine Arbeiten zu verbuchen weiß.

[93] Gegen Kritik immunisiert und international seit den 1930er Jahren zunehmend isoliert,
steht sie in einem wechselseitigen Legitimationsverhältnis mit der Rassenideologie und Gesundheitspolitik der NSDAP. Vgl. *Weingart/Kroll/Bayertz*, Rasse, Blut und Gene, a.a.O.,
S. 355–362.

Nachwuchses" (1934) sowie die Euthanasiemorde realisieren bereits theoretisch formulierte und praktisch geforderte anthropologische Ziele, selbst der Antisemitismus wird in der soziologisch ausgerichteten Rassenanthropologie – im Rekurs auf Gobineau, den Arier und seinen Feind: den Juden – neu konstruiert.[94] Im Sitzungsbericht der Preußischen Akademie der Wissenschaften, zur öffentlichen Sitzung am 01.07.1937, stehen die folgenden Sätze Fischers:

> „Es ist ein ganz seltenes Glück, wenn einem Forscher vergönnt ist, seine Lebensarbeit nicht nur wissenschaftlich anerkannt zu sehen, sondern auch noch zu erleben, daß sie für sein ganzes Volk und für seinen Staat von großer, ja geradezu lebenswichtiger Bedeutung wird. Mir war das mit dem ersten Nachweis, daß Rassenmerkmale [...] Erbeigenschaften sind, beschieden, denn auf ihm baut sich die rassen- und erbmäßige Bevölkerungspolitik und -gesetzgebung des Dritten Reiches auf."[95]

Ich komme zum Schluss noch einmal auf die Bedeutung der anthropologischen Vernunft in den theoretischen Grundlagen der Biopolitik zu sprechen.[96] Seit Kant setzt sich die philosophische Anthropologie mit der Positivität einer inneren Natur auseinander, die sich im empirischen Charakter des Menschen bzw. in seiner empirischen Psychologie, vor allem im Kontext der Seelenkrankheiten, zur Geltung bringt. Die charakteristischen Unterschiede des Menschen beziehen sich z.B. auf das Naturell, die Talente, das Temperament, die Rassen, die Geschlechter und die Lebensalter. Dabei zeigt sich, dass die anthropologische Vernunft humanistisch geprägt ist: Die Menschen unterscheiden sich im Prinzip von den Tieren, weil sie Vernunftwesen sind mit einem „reinen Charakter", den sie geschichtlich zu realisieren haben. Aber es liegt eben faktisch in der *Natur* des Menschen, so Kant, dass bestimmte Rassen, ein bestimmtes Geschlecht etc., sich nicht so weit entwickelt haben, dass sie bereits das in ihnen angelegte Bewusstsein, ein Mensch zu sein, verwirklichen können. Die „Neger" etwa sind deshalb von ihrem (natürlichen) Charakter her zur Sklaverei disponiert – so heißt es einträchtig bei Kant, Steffens, Hegel oder in verschärfter Tonlage auch bei C. G. Carus und L. Büchner, von späteren Anthropologen ganz zu schweigen. Die philosophische Anthropologie entwickelt einen Begriff von der menschlichen Natur, der disparate Wissensformen miteinander verbindet: einerseits die physiologische und biologische Natur (Anlagen, Keime, Erbsubstanz), andererseits die psychologische oder quasi-psychologische Natur der menschlichen Vermögen bzw. die natürlichen Aspekte des Geis-

---

[94] Vgl. *Vacher de Lapouge*, Der Arier, a.a.O., S. 304ff.; *Chamberlain*, Die Grundlagen, a.a.O., S. 51ff. Vgl. *L. Schemann*, Gobineau und die deutsche Kultur, Leipzig 1910.

[95] *E. Fischer* 1937, zitiert in: *Weingart/Kroll/Bayertz*, Rasse, Blut und Gene, a.a.O., S. 391.

[96] Vgl. zum Folgenden *M. Rölli*, Kritik der anthropologischen Vernunft, a.a.O.

tes, seine kulturelle Existenz. Wer blödsinnig ist, der ist in Gefahr, auch körperlich zu verfallen, wer bestimmte Krankheiten hat, der hat wahrscheinlich auch sein seelisches Gleichgewicht verloren. Tierähnliche Rassen zeigen nicht nur eine tierähnliche Anatomie und Physiologie, sie sind auch in psychologischer oder kulturgeschichtlicher Hinsicht dem tierischen Zustand kaum entwachsen. In der Tradition der philosophischen Anthropologie wird genau diese menschliche Identität als physio-psychologische Einheit konsolidiert und die dazugehörigen Vermittlungswege für spätere Generationen vorgedacht.

Diese Situation einer Stufenfolge menschlicher Entwicklungszustände, die sich in den natürlichen Verschiedenheiten des empirischen Charakters verfestigen, verschärft sich im Übergang von der philosophischen zur naturwissenschaftlichen Anthropologie mit dem Verlust eines erkenntnistheoretischen oder dialektischen Korrektivs.[97] Von entscheidender Bedeutung ist hier, dass die Anthropologie nach Darwin die Degenerationstheorie, die Eugenik und die biologische Vererbungslehre problemlos implementiert. Durch die biologisch-anthropologische Behandlung der Probleme der Degeneration und Entartung wird der kulturpessimistisch-konservative mit dem zukunftsoptimistischen Zeitgeist vermittelt, der auf den Fortschritt der Naturwissenschaften spekuliert. Utopie und Fortschritt, pessimistische Kulturkritik und optimistisches Entwicklungsdenken werden verträglich gemacht mit der Aussicht auf eine naturwissenschaftliche Erkenntnis des Menschen und der Evolution im Ganzen. Zum einen orientiert sich die Entartungstheorie am Ideal eines Menschentypus, d.i. eine statistische Norm, das kraniometrische Ebenmaß oder die harmonische Ausbildung der leiblichen Organisation bzw. der Seelenvermögen – und gerade die Eugenik bemächtigt sich der romantisch vermittelten Idee vom Naturzustand.[98] Zum anderen stellt die biologische Anthropologie eine populationstherapeutische Operation in Aussicht, nämlich mit den avancierten eugenischen Verfahren der Rassenhygiene eine „Aufartung" der Bevölkerung zu unternehmen, indem insbesondere die kontraselektorischen Einflüsse der Zivilisation durch vom Menschen selbst gesteuerte Evolutionsmechanismen kompensiert werden.[99]

---

[97] Vgl. exemplarisch Schallers Kritik der Phrenologie und Adickes' Streitschrift gegen Haeckel. Vgl. *J. Schaller*, Die Phrenologie in ihren Grundzügen und nach ihrem wissenschaftlichen und practischen Werthe, Leipzig 1851 und *E. Adickes*, Kant contra Haeckel. Für den Entwicklungsgedanken – gegen naturwissenschaftlichen Dogmatismus, Berlin ²1906.

[98] Vgl. *Galton*, Genie und Vererbung, a.a.O., S. 383; vgl. auch *Ploetz*, Die Tüchtigkeit unserer Rasse, a.a.O., S. 144–147 oder *W. Hentschel*, Mittgart. Ein Weg zur Erneuerung der germanischen Rasse, Dresden 1907.

[99] Vgl. *H. Conrad-Martius*, Utopien der Menschenzüchtung. Der Sozialdarwinismus und seine Folgen, München 1955, S. 61–73.

Die Probleme der Degeneration, der körperlichen und geistigen Krankheiten, Laster und Leidenschaften, der Untüchtigkeit der Rasse, der Kriminalität, der Amoralität und Dekadenz – alle diese bevölkerungswissenschaftlich relevanten Probleme der „Minderwertigkeit" werden auf einen Schlag in ihrer Fassung als biologische Probleme handhabbar: Ihre Lösung rückt in Reichweite, wenn sie als vererbliche pathologische Erscheinungen gelten, die ihren Grund in Zelle, Blut, Keimplasma oder Chromosomen haben. In Anknüpfung an Darwin und Mendel verspannt die anthropologische Logik Biologie und Genetik einerseits und die kulturspezifischen Phänotypen, Erscheinungsbilder und Charaktere andererseits. Bereits in der *politischen Anthropologie* Woltmanns, dann auch in der biologischen Anthropologie Fischers besitzt der typologische Rassenbegriff eine zentrale Bedeutung für diese Transferleistungen der anthropologischen Vermittlung.[100] Er macht es möglich, einzelne Körpermerkmale als Indizien einer bestimmten (mehr oder weniger wertvollen oder wertlosen) biologischen Konstitution zu interpretieren. Die Physiognomie, die stets als anthropologische Teildisziplin firmierte, beansprucht zudem, die Merkmale als Ausdruck innerer Werte aufzufassen. Auf diese Weise greift sie von den bloß körperlichen Eigenschaften auf seelische und geistige Qualitäten und Charakteranlagen über.[101] Kurz gesagt, bezieht sich der anthropologische Begriff des Charakters erstens auf eine innere Qualität (geistige Fähigkeiten, moralischer Wert etc.), zweitens auf ein äußerliches Merkmal (Hirngröße, Hautfarbe etc.) und drittens auf ein biologisches Substrat (Keimplasma, Gene). Rassen sind entsprechend Gegenstände der biologischen, morphologischen und psychologischen Betrachtungsweise, die anthropologisch vereinheitlicht wird.

---

[100] Vgl. *Woltmann*, Politische Anthropologie, a.a.O., S. 63ff.; *E. Fischer*, Spezielle Anthropologie: Rassenlehre, in: Anthropologie, hg. von *ders./G. Schwalbe*, Leipzig/Berlin 1923, S. 122–222, hier: S. 124ff. Vgl. *F. Boas*, Kultur und Rasse (1914), Berlin/Leipzig ²1922, S. 74ff., der eine zur Verwendung des typologischen Rassebegriffs im Rahmen einer evolutionistischen Anthropologie gegensätzliche Position entwickelt. Vgl. insbesondere auch zum „Rassenproblem im sozial-politischen Leben" – als Kontrastfolie zur sozialen und politischen Anthropologie des Woltmannschen Typs: A.a.O., S. 228–237.

[101] Fritz Lenz schreibt z.B.: „Es besteht keinerlei Grund zu der Annahme, daß die seelischen Unterschiede der menschlichen Rassen geringer als die körperlichen seien; vielmehr sind die seelischen Unterschiede praktisch von ungleich größerer Bedeutung als die körperlichen. [...] Der Anthropologe, der wirklich ein Menschenkenner sein will, darf daher dieser Frage nicht ausweichen." *Baur/Fischer/Lenz*, Menschliche Erblichkeitslehre, a.a.O., S. 521. Der notwendige Sinn fürs Typische, für den eigentümlichen Ausdruck der Seele, geht nicht im Messen körperlicher Organe auf. So heißt es noch bei Gehlen: „Die eigentlich beschreibende Rassenkunde wiederum stützt sich auf Messungen, sie fordert aber darüber hinaus einen besonderen, fast künstlerischen Blick für Gestaltqualitäten und Formtypen." *A. Gehlen*, Zur Geschichte der Anthropologie (1961), in: *ders.*, Philosophische Anthropologie und Handlungslehre, Gesamtausgabe Bd. 4, hg. von *K.-S. Rehberg*, Frankfurt a.M. 1983, S. 143–164, hier: S. 146.

Die Bevölkerungspolitik des Nationalsozialismus impliziert eine anthropologische Logik, die es möglich macht, den minderen (vor allem ökonomisch berechenbaren) Wert eines Menschen festzustellen, der an äußerlichen Merkmalen ablesbar ist, in bestimmten geistigen oder körperlichen Eigenschaften gründet (z.B. Erbkrankheiten wie die Schizophrenie, oder auch eine bestimmte Rassenzugehörigkeit) und wissenschaftlich nachweisbar ist (in der Beschaffenheit der Erbsubstanz). Biopolitische Maßnahmen realisieren Programme der Eugenik und Rassenhygiene, indem sie einerseits verhindern, dass sich das sogenannte „minderwertige" oder „lebensunwerte Leben" fortpflanzt (Sterilisationsgesetze, Blutschutzgesetz, Praktiken der Euthanasie, Deportation, Asylierung und Ermordung), und andererseits die direkte „Höherzüchtung der Rasse" ins Auge fassen.[102]

Literaturhinweise

Primärliteratur

Adickes, Erich: Kant contra Haeckel. Für den Entwicklungsgedanken – gegen naturwissenschaftlichen Dogmatismus, Berlin ²1906.

Ammon, Otto: Die natürliche Auslese beim Menschen. Auf Grund der Ergebnisse der anthropologischen Untersuchungen der Wehrpflichtigen in Baden und andere Materialien, Jena 1893.

Barsch, Peter M. Hejl (Hg.): Menschenbilder. Zur Pluralisierung der Vorstellung von der menschlichen Natur (1850–1914), Frankfurt a.M. 2000.

Baur, Erwin/Fischer, Eugen/Lenz, Fritz: Menschliche Erblichkeitslehre, Bd. 1 (1921), München ³1927.

Binding, Karl: Zum Werden und Leben der Staaten, München/Leipzig 1920.

Boas, Franz: Kultur und Rasse (1914), Berlin/Leipzig ²1922.

Boulainvilliers, Henri-Comte de: Histoire de l'ancien gouvernement de la France, La Haye 1727.

Broca, Paul: Les sélections, in: Revue d'Anthropologie 1 (1872), S. 683–710.

Burgdörfer, Friedrich: Das Bevölkerungsproblem, seine Erfassung durch Familienstatistik und Familienpolitik, München 1917.

Ders.: Volk ohne Jugend. Geburtenschwund und Überalterung des deutschen Volkskörpers. Ein Problem der Volkswirtschaft, der Sozialpolitik, der nationalen Zukunft, Berlin 1932.

---

[102] Zum Beispiel verabschiedet das Reichskabinett das „Gesetz zur Verhütung erbkranken Nachwuchses" am 14.07.1933 und im Rahmen der SS wird 1936 die Menschenzuchtanstalt „Lebensborn" installiert.

Carus, Carl Gustav: Psyche. Zur Entwicklungsgeschichte der Seele (1846), Leipzig o. J.

Chamberlain, Houston Stewart: Die Grundlagen des 19. Jahrhunderts, 2 Bde. (1899), München 1919.

Comte, Auguste: Discours sur l'esprit positif (1844), Hamburg 1956.

Cuvier, Georges: Vorlesungen über vergleichende Anatomie, hg. von *André-Marie-Constant Duméril*, übers. von *G. Fischer*, Braunschweig 1801.

Darwin, Charles: Die Abstammung des Menschen (1871), Paderborn o. J.

Ders.: Über die Entstehung der Arten durch natürliche Zuchtwahl oder die Erhaltung der begünstigten Rassen im Kampfe um's Dasein (1859), übers. von *J. V. Carus*, hg. von *Gerhard H. Müller*, Darmstadt 1992.

Dennert, Eberhard: Der Staat als lebendiger Organismus, Halle 1922.

Driesch, Hans: „Die Maschinentheorie des Lebens", in: Biologisches Centralblatt XVI (1896), S. 353–368.

Ders.: Die Seele als elementarer Naturfaktor. Studien über die Bewegung des Organischen, Leipzig 1903.

Ehrenfels, Christian Freiherr von: Sexualethik, Wiesbaden 1907.

Engel, Ernst: Werth des Menschen, Berlin 1883.

Fischer, Eugen: Spezielle Anthropologie: Rassenlehre, in: Anthropologie. Leipzig, hg. von *ders./Gustav Schwalbe*, Berlin 1923, S. 122–222.

Ders.: Die Rehobother Bastards und das Bastardisierungsproblem beim Menschen. Anthropologische und ethnologische Studien am Rehobother Bastardvolk in Deutsch-Südwestafrika, Jena 1913.

Forel, August: Die sexuelle Frage. Eine naturwissenschaftliche, psychologische, hygienische und soziologische Studie für Gebildete, München 1905.

Galton, Francis: Genie und Vererbung (1869), übers. von *O. Neurath* und *A. Schapire-Neurath*, Leipzig 1910.

Ders.: Inquiries into Human Faculty and its Development (1883), London/New York 1943.

Geiger, Theodor: Die soziale Schichtung des deutschen Volkes. Soziographischer Versuch auf statistischer Grundlage, Stuttgart 1932.

Gobineau, Arthur Graf de: Versuch über die Ungleichheit der Menschenracen (1853–55), übers. von *Ludwig Schemann*, Bde. 1–4, Stuttgart 1898–1901.

Goldscheid, Rudolf: Entwicklungswerttheorie, Entwicklungsökonomie, Menschenökonomie: eine Programmschrift, Leipzig 1908.

Günther, Hans Ferdinand Karl: Rassenkunde des deutschen Volkes, o.O. 1922.

Haeckel, Ernst: Generelle Morphologie der Organismen. Allgemeine Grundzüge der organischen Formen-Wissenschaft, mechanisch begründet durch die von Charles Darwin reformirte Descendenz-Theorie, Bd. 2, Allgemeine Entwickelungsgeschichte der Organismen (1866), Berlin/New York 1988.

Ders.: Generelle Morphologie der Organismen, Bd. 2, Berlin 1866, Kap. 27f.

Hentschel, Willibald: Mittgart. Ein Weg zur Erneuerung der germanischen Rasse, Leipzig 1904.

Ders.: Mittgart. Ein Weg zur Erneuerung der germanischen Rasse, Dresden 1907.

Ders.: Varuna. Eine Welt- und Geschichtsbetrachtung vom Standpunkt des Ariers, Leipzig 1901.

Hertwig, Oscar: Das Werden der Organismen. Eine Widerlegung von Darwins Zufallstheorie, Jena 1916.

Ders.: Zur Abwehr des ethischen, des sozialen, des politischen Darwinismus, Jena ²1921.

Huxley, Thomas: Man's place in nature (1863), Michigan UP 1961.

Kossmann, Robby: Züchtungspolitik, Schmargendorf bei Berlin 1905.

Kuczynski, Robert R.: Beiträge zur Frage der Bevölkerungsbewegung in Stadt und Land, München 1897.

Lange, Friedrich Albert: Die Arbeiterfrage in ihrer Bedeutung für Gegenwart und Zukunft (1865), Hildesheim/New York 1979, S. 7–55.

Malthus, Thomas Robert: Das Bevölkerungsgesetz (1798), hg. und übers. von *Christian M. Barth*, München 1977.

Moheau, Jean-Baptist: Recherches et Considérations sur la population de la France, 2 vols., Paris 1778.

Mohl, Robert: Die Polizei-Wissenschaft nach den Grundsätzen des Rechtsstaates, 3 Bde. Tübingen 1832–1834, § 12ff.

Mombert, Paul: Bevölkerungslehre, Jena 1929.

Morel, Benedict Augustin: Traité des dégénérescences physiques, intellectuelles et morales de l'espèce humaine et de ses causes qui produisent ces variétés maladives, Paris 1857.

Ders.: Traité des maladies mentales, Paris 1870.

Nietzsche, Friedrich: Götzendämmerung, in: Kritische Studienausgabe in 15 Bänden, hg. von *Giorgio Colli/Gazzino Montinari*, Bd. 6, München 1988, S. 55–161.

Plessner, Helmuth: Macht und menschliche Natur. Ein Versuch zur Anthropologie der geschichtlichen Weltansicht (1931), in: Gesammelte Schriften, Bd. 5, Frankfurt a.M. 2003, S. 135–234.

Ploetz, Alfred: Die Begriffe Rasse und Gesellschaft und einige damit zusammenhängende Probleme, in: Schriften der deutschen Gesellschaft für Soziologie, Bd. 1, Tübingen 1911, S. 111–136.

Ders.: Die Tüchtigkeit unserer Rasse und der Schutz der Schwachen: Ein Versuch über Rassenhygiene und ihr Verhältniss zu den humanen Idealen, besonders zum Socialismus, Berlin 1895.

Quételet, Adolphe: Anthropométrie ou mésure des différentes facultés de l'homme, Brüssel 1870.

Ders.: Du système social et les lois qui le régissent, Paris 1848.

Ders.: Sur l'homme et le développement de ses facultés, ou essai de physique sociale, 2 Bde, Paris 1835 (²1869).

Roelcke, Volker: „Gesund ist der moderne Culturmensch keineswegs...". Natur, Kultur und die Entstehung der Kategorie „Zivilisationskrankheit" im psychiatrischen Diskurs des 19. Jahrhunderts, in: Menschenbilder. Zur Pluralisierung der Vorstellung von der menschlichen Natur (1850–1914), hg. von *Achim Barsch/Peter M. Hejl*, Frankfurt a.M. 2000, S. 215–236.

Schaller, Julius: Die Phrenologie in ihren Grundzügen und nach ihrem wissenschaftlichen und practischen Werthe, Leipzig 1851.

Schallmayer, Wilhelm: Beiträge zu einer Nationalbiologie, Jena 1905.

Ders.: Über die drohende körperliche Entartung der Kulturmenschheit und die Verstaatlichung des ärztlichen Standes, Berlin/Neuwied 1891.

Ders.: Vererbung und Auslese im Lebenslauf der Völker. Eine staatswissenschaftliche Studie auf Grund der neueren Biologie, Jena 1903.

Scheler, Max: Die Stellung des Menschen im Kosmos, Darmstadt 1928.

Schelling, Friedrich W. J.: Von der Weltseele – eine Hypothese der höhern Physik zur Erklärung des allgemeinen Organismus (1798)], in: Werke, Bd. 6, hg. von *Jörg Jantzen*, Stuttgart 2000, S. 64–271.

Schemann, Ludwig: Gobineau und die deutsche Kultur, Leipzig 1910.

Ders.: Gobineaus Rassenwerk. Aktenstücke und Betrachtungen zur Geschichte und Kritik des Essai sur l'inégalité des races humaines, Stuttgart 1910.

Schleiden, Matthias Jakob: Schelling's und Hegel's Verhältnis zur Naturwissenschaft (1844), hg. von *Olaf Breidbach*, Weinheim 1988.

Schmid, Rudolf: Die Darwinschen Theorien und ihre Stellung zur Philosophie, Religion und Moral, Berlin 1876.

Süßmilch, Johann Peter: Die Göttliche Ordnung in den Veränderungen des menschlichen Geschlechts, aus der Geburt, Tod und Fortpflanzung desselben erwiesen, Berlin 1741.

Tille, Alexander: Von Darwin bis Nietzsche. Ein Buch der Entwicklungsethik, Leipzig 1895.

Tönnies, Ferdinand: Gemeinschaft und Gesellschaft (1887), Darmstadt 1988, S. 3–6.

Török, Aurel von: Grundzüge einer systematischen Kraniometrie, Stuttgart 1890.

Uexküll, Jakob von: Bausteine zu einer biologischen Weltanschauung, München 1913.

Vacher de Lapouge, Georges: Der Arier und seine Bedeutung für die Gemeinschaft. Freier Kursus in Staatskunde, gehalten an der Universität Montpellier 1889–1890 (1899), übers. von Käthe Erdniss, Frankfurt a.M. 1939.

Ders.: L'Aryen, son rôle social, Paris 1899.

Ders.: Les selections socials, Paris 1896.

Ders.: Origine des aryens, Paris 1893.

Ders.: Questions aryennes, Paris 1889.

Ders.: Race et milieu social, Paris 1909.

Virchow, Rudolf: Gesamtbericht über die von der deutschen anthropologischen Gesellschaft veranlaßten Erhebungen, in: Archiv für Anthropologie, 16 (1886), S. 275–475.

Vögele, Jörg/Woelk, Wolfgang: Der „Wert des Menschen" in den Bevölkerungswissenschaften vom ausgehenden 19. Jahrhundert bis zum Ende der Weimarer Republik, in: Bevölkerungslehre und Bevölkerungspolitik vor 1933, hg. von *Rainer Mackensen*, Opladen 2002, S. 121–133.

Vogt, Carl: Vorlesungen über den Menschen. Seine Stellung in der Schöpfung und in der Geschichte der Erde, Gießen 1863.

Wallace, Alfred R.: Menschliche Auslese, in: Die Zukunft (1894), S. 10–24.

Weismann, August: Die Continuität des Keimplasma's als Grundlage einer Theorie der Vererbung, Jena 1885.

Ders.: Über die Vererbung, Jena 1883.

Winkler, Wilhelm: Statistisches Handbuch des gesamten Deutschtums, Berlin 1927.

Ders.: Vom Völkerleben und Völkertod, Eger 1918.

Wolf, Julius: Der Geburtenrückgang. Die Rationalisierung des Sexuallebens in unserer Zeit, Jena 1912.

Woltmann, Ludwig: Politische Anthropologie. Eine Untersuchung über den Einfluss der Descendenztheorie auf die Lehre von der politischen Entwicklung der Völker, Jena 1903.

Ders.: Vorlesungen über die Menschen- und Tierseele (1863), Hamburg/Leipzig 1911.

Zahn, Friedrich: Vom Wirtschaftswert des Menschen als Gegenstand der Statistik, in: Allgemeines Statistisches Archiv 24 (1934/35), S. 461–464.

Sekundärliteratur

Agamben, Giorgio: Homo sacer. Die souveräne Macht und das nackte Leben (1995), übers. von *Hubert Thüring*, Frankfurt a.M. 2002.

Aly, Götz/Roth, Karl-Heinz: Die restlose Erfassung, Berlin 1984.

Bernasconi, Robert: Race and Anthropology, Bristol 2003.

Brocke, Bernhard vom, Bevölkerungswissenschaft – Quo vadis? Möglichkeiten und Probleme einer Geschichte der Bevölkerungswissenschaft in Deutschland, Opladen 1998.

Caldwell, Lynton K.: Biopolitics: Science, Ethics, and Public Policy, in: Yale Review 54 (1964), S. 1–16.

Conrad-Martius, Hedwig: Utopien der Menschenzüchtung. Der Sozialdarwinismus und seine Folgen, München 1955.

Engels, Eve-Marie (Hg.): Die Rezeption von Evolutionstheorien im 19. Jahrhundert, Frankfurt a.M. 2002.

Esposito, Roberto: Bíos. Biopolitica e filosofia, Turin 2004.

Foucault, Michel: Der Wille zum Wissen. Sexualität und Wahrheit, Bd. 1 (1976), übers. von *U. Raulff* und *W. Seitte*, Frankfurt a.M. 1992.

Ders.: Die Ordnung der Dinge (1966), übers. von *U. Köppen*, Frankfurt a.M. 1991, S. 333–341.

Ders.: In Verteidigung der Gesellschaft. Vorlesungen am Collège de France (1975–76), übers. von *Michaela Ott*, Frankfurt a M. 1999, S. 276–305.

Gehlen, Arnold: Zur Geschichte der Anthropologie (1961), in: Philosophische Anthropologie und Handlungslehre, Gesamtausgabe Bd. 4, hg. von *Karl-Siegbert Rehberg*, Frankfurt a.M. 1983, S. 143–164.

Gehring, Petra: Biologische Politik um 1900: Reform?, Therapie?, Experiment?, in: Zur Kulturgeschichte des Menschenversuchs, hg. von *Birgit Griesecke/Nicolas Pethes*, Frankfurt a.M. 2009, S. 48–77.

Dies.: Was ist Biomacht? Vom zweifelhaften Mehrwert des Lebens, Frankfurt/ New York 2006.

Gerhardt, Volker: Der Mensch wird geboren. Kleine Apologie der Humanität, München 2001

Geyer, Christian (Hg.): Biopolitik. Die Positionen, Frankfurt a.M. 2001.

Glowatzki, Georg: Wissenschaftliche Anthropometrie – anthropologische Meßmethoden und ihre Anwendung, in: Der „vermessene" Mensch. Anthropometrie in Kunst und Wissenschaft, hg. von *Sigrid Braunfels*, München 1973.

Hardt, Michael/Negri, Antonio: Empire. Die neue Weltordnung (2000), übers. von *Thomas Atzert* und *Andreas Wirthensohn*, Frankfurt a.M. 2002.

Huxley, Thomas: Evolution und Ethik, in: Evolution und Ethik, hg. von *Kurt Bayertz*, Stuttgart 1993, S. 67–74.

Jauffret, Louis-François: Einführung in die Mémoires der Société des Observateurs de l'homme, in: Beobachtende Vernunft. Philosophie und Anthropologie in der Aufklärung (1970), hg. von *Sergio Moravia*, übers. von *E. Piras*, Frankfurt a.M. 1989, S. 209–219.

Kröner, Hans Peter: Von der Rassenhygiene zur Humangenetik. Das Kaiser-Wilhelm-Institut für Anthropologie, menschliche Erblehre und Eugenik nach dem Kriege, Stuttgart 1998.

Leclerc, Gérard: Anthropologie und Kolonialismus (1972), übers. von *H. Zischler*, Frankfurt a.M. [2]1976.

Lemke, Thomas: Die Macht und das Leben. Foucaults Begriff der „Biopolitik" in den Sozialwissenschaften, in: Foucault in den Kulturwissenschaften. Eine Bestandsaufnahme, hg. von *Clemens Kammler/Rolf Parr*, Heidelberg 2007, S. 135–156.

Ders.: Biopolitik zur Einführung, Hamburg 2007.

Mann, Gunter: Rassenhygiene – Sozialdarwinismus, in: Biologismus im 19. Jahrhundert, hg. von *ders.*, Stuttgart 1971, S. 73–93.

Marquard, Odo: Zur Geschichte des philosophischen Begriffs „Anthropologie" seit dem Ende des achtzehnten Jahrhunderts (1963), in: Schwierigkeiten mit der Geschichtsphilosophie, Aufsätze, hg. von *ders.*, Frankfurt a.M. 1973, S. 122–144.

Mill, John Stuart: Kritiken an Comte und Spencer, in: Auguste Comte und der Positivismus. Gesammelte Werke Bd. 9, hg. von *ders.*, übers. von *E. Gomperz*, Aalen 1968.

Mühlmann, Wilhelm E.: Geschichte der Anthropologie (1948), Frankfurt a.M./ Bonn ²1968.

Pieper, Marianne u.a. (Hg.): Empire und die biopolitische Wende, Frankfurt a.M. 2007.

Poliakov, Léon: Der arische Mythos. Zu den Quellen von Rassismus und Nationalismus (1971), übers. von *M. Venjakob*, Hamburg 1993, S. 244–286.

Rhodes, Henry: Alphonse Bertillon. Father of scientific detection, New York 1956.

Rölli, Marc: Kritik der anthropologischen Vernunft, Berlin 2011.

Stingelin, Martin (Hg.): Biopolitik und Rassismus, Frankfurt a.M. 2003.

Weingart, Peter/Kroll, Jürgen/Bayertz, Kurt: Rasse, Blut und Gene. Geschichte der Eugenik und Rassenhygiene in Deutschland (1988), Frankfurt a.M. 1992.

Zmarzlik, Hans-Günther: Der Sozialdarwinismus in Deutschland als geschichtliches Problem, in: Vierteljahreshefte für Zeitgeschichte 11 (1963), S. 246–273.

II. „Kontrolle" des Lebens

Reiner Anselm

Abtreibung und Emanzipation des Lebens

I. Kontinuität im Widerspruch: Die umstrittene Individualisierung verbindendes Element der protestantischen Debatten um den Schwangerschaftsabbruch

Das protestantische „Jein" in ethischen Fragen ist schon fast sprichwörtlich, ebenso wie seine Vielstimmigkeit angesichts politischer Kontroversen. Während die einen gerade darin ein besonderes Markenzeichen des Protestantismus erblicken, fehlt es gerade in der gegenwärtig wieder aufgeflammten engagierten Debatte um die Forschung an embryonalen Stammzellen nicht an Stimmen, die von Wankelmütigkeit und einer unklaren Positionierung des Protestantismus im Blick auf den Schutz menschlichen Lebens sprechen. Denn während der Protestantismus sich in der Auseinandersetzung um die Novellierung des Abtreibungsstrafrechts mehrheitlich auf die Seite der Befürworter einer moderaten Liberalisierung geschlagen und damit zugleich den Lebensschutz relativiert habe, argumentiere man hinsichtlich des Embryonenschutzes, der Beginn menschlichen Lebens mit der Befruchtung mache jeden technischen Zugriff ethisch illegitim, wenn er nicht ausnahmslos der Herbeiführung einer Schwangerschaft diene.[1]

Doch eine solche Sichtweise übersieht, dass die Positionierung des Protestantismus in der Auseinandersetzung um den Schwangerschaftsabbruch gar nicht vorrangig über die naturalistische Figur der Bestimmung des Lebensanfangs gesteuert wurde. Diese Frage spielt in den entsprechenden Auseinandersetzungen zwar auch immer wieder eine Rolle, fungiert allerdings nur als ein Zusatzargument, vor allem in den Situationen, in denen ein Schulterschluss mit dem Katholizismus zur Durchsetzung politischer Optionen gesucht wird.[2] Vielmehr, so meine These, folgt der Protestantismus in seiner

---

[1] Vgl. stellvertretend für diese sehr engagiert geführte Auseinandersetzung *R. Kipke*, Zoff in der Kirche, in: Gen-ethischer Informationsdienst 19 (2003), S. 34. Zur Kontroverse siehe auch die Beiträge in *R. Anselm/ U. H. J. Körtner* (Hg.), Streitfall Biomedizin. Urteilsbildung in christlicher Verantwortung, Göttingen 2003.

[2] Siehe vor allem die Argumentation in dem 1989 von einer gemeinsamen Arbeitsgruppe der *Deutschen Bischofskonferenz* und des *Rates der EKD* erarbeiteten Stellungnahme: Gott ist

Positionsbestimmung zur Abtreibung einem modernisierungsspezifischen
Paradigma, nämlich einer beständig wachsenden Sensibilität für das Individuum und seine Problemlagen. Dieses Leitprinzip ist es, das zunächst die
Abtreibung strikt ablehnt, dann, vor allem unter dem Eindruck der Vergewaltigungen in und nach den beiden Weltkriegen, eine vorsichtige Öffnung
einleitet, die schließlich zu einer Akzeptanz der 1976 und 1993 gefundenen
Kompromisslinien führt. Die Fokussierung auf das Individuum ist es aber
auch, die schließlich in einen strikten Embryonenschutz und, in der unmittelbaren Gegenwart, in die Ablehnung der Stammzellenforschung mündet.
Damit aber erweist sich die Stellung zur Moderne, insbesondere zu dem für
sie charakteristischen Prinzip der Hochachtung des Individuums, als das eigentliche Organisationsprinzip der unterschiedlichen Stellungnahmen. Zugleich erweist sich die Debatte um den Schwangerschaftsabbruch als Auseinandersetzung um die rechte Stellung zur Modernisierung, sehr viel mehr
jedenfalls als eine Auseinandersetzung um den Beginn oder die Definition
menschlichen Lebens.

In dieser Auseinandersetzung streiten spätestens seit der frühen Neuzeit
zwei Modernisierungskonzepte miteinander: In demselben Maße, in dem
die gesellschaftlichen Autoritäten Staat und Kirche versuchen, unter den
Leitbildern von Sozialdisziplinierung und Konfessionalisierung eine möglichst weitgehende Normierung individuellen Verhaltens zu erreichen, werden, gegenläufig dazu, Konzepte populär, die eben jenen Versuchen den
Gedanken von individueller Freiheit entgegensetzen. Diese Spannung setzt
eine große gesellschaftliche Dynamik frei, und zwar vor allem deswegen,
weil beide Konzepte nur scheinbar in schroffer Opposition zueinander ste-
hen. Tatsächlich aber leisten die Bemühungen um Konfessionalisierung und
Sozialdisziplinierung dem Gedanken der individuellen Freiheit insofern
Vorschub, als die mit dem wachsenden moralischen Druck einhergehende
Introspektions- und Selbstreflexionspraxis die Entstehung der neuzeitlichen
Individualität befördert.[3] Dass zudem sich beide Konzepte auf Ideale der

---

ein Freund des Lebens. Herausforderungen und Aufgaben beim Schutz des Lebens, Gütersloh
1989. Zur Charakteristik der ökumenischen Argumentation vgl. auch *G. Klinkhammer*, Bischofskonferenz: Warnung vor Missbrauch der Gentechnik, in: Deutsches Ärzteblatt 98
(2001), A-660, sowie *H. Kreß*, Embryonenschutz und Bioethik in der Kontroverse. Eine neue
Stufe kultureller und konfessioneller Differenzen?, in: Materialdienst des Konfessionskundlichen Instituts Bensheim 52 (2001), S. 63–69.
   [3] Vgl. insbes. *G. Oestreich*, Strukturprobleme des europäischen Absolutismus, in: *ders.*,
Geist und Gestalt des frühmodernen Staates. Ausgewählte Aufsätze, Berlin 1969, S. 179–197,
sowie *W. Schulze*, Gerhard Oestreichs Begriff „Sozialdisziplinierung in der frühen Neuzeit",
in: ZHF 14 (1987), S. 265–302. Zum Zusammenhang von Religion, Introspektion und Modernisierung vgl. zudem *A. Hahn*, Zur Soziologie der Beichte und anderer Formen institutionalisierter Bekenntnisse: Selbstthematisierung und Zivilisationsprozess, in: Kölner Zeitschrift für
Soziologie 34 (1982), S. 407–434; *P. Dinzelbacher*, Das erzwungene Individuum. Sündenbe-

Reformationszeit berufen konnten, dass die Dialektik von individueller Freiheit und gesellschaftlicher Normierung gerade angesichts der konfessionellen Konflikte der Frühneuzeit, aber auch später in der Auseinandersetzung um die Ideen von 1789, ein wesentlicher Motor der gesellschaftlichen Entwicklung war, braucht hier nicht eigens erwähnt werden.

II. Die schöpfungstheologisch begründete Eingrenzung individueller Freiheiten im Kaiserreich

In der Debatte um Schwangerschaftsabbruch und Empfängnisverhütung werden diese Konfliktlinien exemplarisch sichtbar: Es ist ein wesentliches Anliegen im Rahmen der Konfessionalisierung, auch den Bereich der Reproduktion, der traditionell als Frauendomäne galt, zu dem Männer – und damit staatliche wie kirchliche Funktionsträger – keinen Zugang haben, der Normierung zu unterwerfen. Der Kontrolle über die Hebammen und ihre Praktiken gilt daher schon früh ein besonderes Interesse; in diesem Licht sind aber auch die sich seit der beginnenden Neuzeit verstärkenden Versuche zu sehen, durch entsprechende Strafvorschriften die Praktiken des Schwangerschaftsabbruchs zu regulieren – ebenso wie auch die der Geburtenregelung. Wachsender moralischer Druck, verbunden mit einer verstärkten Kontrolle auf das Hebammen- und Apothekerwesen sind die Mittel dazu, die gleichwohl nur sehr langsam greifen, nämlich nur in dem Maße, in dem der Staat über bessere Mittel der Durchsetzung seiner eigenen Programmatik zu verfügen beginnt.[4] Demgegenüber bildet sich signifikanterweise gerade in den Reihen der Frauenemanzipation der Widerstand gegen den 1871 im Reichsstrafgesetzbuch kodifizierten § 218. Dieses Emanzipationsdenken ist dabei nur zum Teil selbst gewählt, es resultiert auch aus der weitenteils alternativlosen, stärkeren Einbettung der Frauen in die Produktionsprozesse der sich bildenden Industriegesellschaft.

Es kann nicht verwundern, dass sich die Reaktionsmuster auf den 1908 von der Frauenrechtlerin Camilla Jellinek initiierten und 1909 in mehrere Gesetzesinitiativen im Reichstag mündenden Vorschlag zur Abschaffung des § 218 an der Debatte um die Legitimität einer an der individuellen Freiheit ausgerichteten Rechtsregelung orientierten. Die Hauptargumentations-

---

wußtsein und Pflichtbeichte, in: Entdeckung des Ich. Die Geschichte der Individualisierung vom Mittelalter bis zur Gegenwart, hg. von *R. van Dülmen*, Köln u.a. 2001, S. 41–60.

[4] Vgl. *S. Fluegge*, Hebammen und heilkundige Frauen. Recht und Rechtswirklichkeit im 15. und 16. Jahrhundert (=Nexus, Bd. 23), Frankfurt a.M. 1998; *R. Jütte*, Die Geschichte der Abtreibung. Von der Antike bis zur Gegenwart, München 1993; *ders.*, Lust ohne Last. Geschichte der Empfängnisverhütung, München 2003.

linie des innerhalb des zeitgenössischen Protestantismus dominanten konservativen Kulturluthertums verläuft dabei über den an der Vorstellung von der ständisch geordneten Gesellschaft orientierten Gedanken, dass die Verwirklichung individueller Freiheit hinter den Erfordernissen der Gemeinschaft zurückzustehen habe, die ihrerseits die vom Schöpfer gewollte Ordnung abbilde. Charakteristisch zeigt sich das etwa an dem nationalprotestantisch imprägnierten Menschenrechtskonzept bei Christoph E. Luthardt, der den Menschenrechten zwar eine fundamentale Bedeutung für das Gemeinwesen zumisst, aber diese im Unterschied zu den – schließlich ja auch 1871 unterlegenen! – Ideen der französischen Revolution gerade nicht aus dem Freiheitsrecht des Individuums, sondern aus dessen Status als Geschöpf begründet. Diese Geschöpflichkeit motiviert den Lebensschutz, den Luthardt an den Anfang der Menschenrechte stellt, setzt aber dem Freiheitsgedanken, der konsequenterweise als ein „ferneres Recht" bezeichnet wird, enge Grenzen.[5]

Besonders prägnant kommt der hier bereits kurz skizzierte Sachzusammenhang bei Ludwig Lemme zum Ausdruck.[6] Lemme kombiniert den ständisch-nationalen Gedanken mit dem Motiv des Lebensschutzes, wobei der Aufrechterhaltung der gottgegebenen Ordnung der argumentative Primat zukommt: Er wendet sich zunächst gegen die Frauenemanzipation und hält fest: „Das natürliche und schriftgemässe Verhältnis der Unterordnung unter den Mann ist im Christentum so unaufgebbar (Gen. 3,16. 1. Kor. 14,34. Kol. 3,18), dass die Begünstigung der materialistischen Frauenemanzipationsbestrebungen durch unklare Köpfe von der klaren christlichen Einsicht nicht entschieden genug bekämpft werden kann".[7] Zwar seien im Christentum, anders als in den semitischen Religionskulturen, Mann und Frau in religiös-sittlicher Hinsicht gleichwertig, aber dadurch werde, so Lemme, „die Schöpfungsordnung nicht aufgehoben, nach der das Weib, durch seine Natur auf den geschlechtlich-häuslichen Beruf gewiesen, zur Lebensgefährtin und Gehilfin des Mannes bestimmt ist".[8] „Der in der modernen materialistisch oder pantheistisch gerichteten Literatur beliebten These, dass der Frau derselbe geschlechtliche Libertinismus zustehe wie dem Manne, stellt das Christentum den Grundsatz entgegen, dass der Mann, wenn er sittliche Persönlichkeit ist, aus innerer Selbstzucht sich dieselben Schranken setzt, welche die Sitte dem Weibe auferlegt".[9] Dementsprechend ist es „die Anschauung jeder gesunden philosophischen wie der christlichen Moral, dass die dem Weibe durch seine Natur, religiös betrachtet von Gott zugewiesene

---

[5] *C. E. Luthardt*, Vorträge über die Moral des Christentums, Leipzig 1872, S. 258.
[6] *L. Lemme*, Christliche Ethik, Bd. 2, Berlin 1905.
[7] A.a.O., S. 907.
[8] A.a.O., S. 909.
[9] Ebd.

Stellung die der Frau und Mutter ist".[10] Auf der Grundlage dieses Brücken-schlags zwischen naturalistischer und schöpfungstheologischer Argumenta-tion erfolgt nun auch Lemmes Positionierung gegen Geburtenkontrolle und Abtreibung: „Eingehung der Ehe mit der Absicht der Vermeidung von Kin-dererzeugung ist, als der göttlichen Schöpfungsordnung widersprechend, in sich unsittlich".[11] Begrenzung der Kinderzahl habe in der Regel ihren Grund in

„Bequemlichkeit, Genusssucht, Geldgier, Besitzkonzentration und luxuriöser Lebensführung. Die Abnahme der Bevölkerung in Frankreich, dem Osten Nordamerikas usw. ist daher ein trauriges Zeichen sittlicher Fäulnis, die unvermeidlich ist, wo das Leben nicht mehr durch den Glauben an den Schöpfer und Erlöser geheiligt wird. [...] Rückfall ins Heidentum bedeutet die (z.B. bei Paris in regelmässiger Übung stehende) Engelmacherei, die weitverbreitete Frucht-abtreibung und die bei unehelichen Geburten nicht seltene Tötung der Neugeborenen."[12]

Flankiert wird dieses Argument nun noch durch den Hinweis, dass nach christlicher Überzeugung jedem Kinde schon mit der Entstehung „individu-elles Eigenleben" zukomme. „Abtreibung der Frucht und Kinderbeseitigung ist daher nicht Verfügung elterlicher Gewalt über unpersönlichen Besitz, sondern Mord."[13] Während diesem Gedanken jedoch in heutigen Texten zumeist die tragende Bedeutung zukommt, ist es bei Lemme nur ein Sei-tenaspekt, bei dem der Ton auch weniger auf dem Gedanken des mit der Empfängnis beginnenden Lebensschutzes liegt, sondern vielmehr auf dem Aspekt, dass das Verweigern der christlichen Grundgesinnung und der aus ihr resultierenden Einordnung in die Schöpfungsordnung maßgeblich für die sittlichen Verfehlungen im Blick auf Geburtenkontrolle und Abtreibung sei.

Obwohl es im ausgehenden Kaiserreich eine zuweilen recht intensive po-litische Debatte um den § 218 gibt, schlägt sich dies kaum in den evangeli-schen Ethiken nieder. Lebensschutz und Fruchtabtreibung sind in den meis-ten Ethiken kein eigenständiges Thema; die Frage der rechten Ordnung der Geschlechterverhältnisse ist bei Weitem dominant. Die Ablehnung der Ab-treibung und – im Regelfall – auch der Empfängnisverhütung verläuft über eine sozialethische Argumentation und basiert nicht vorrangig auf individu-ellen Schutzrechten des werdenden Lebens. Dieser Fokus verändert sich in der Weimarer Zeit kaum, insbesondere nicht im Bereich des Luthertums. Reinhold Seeberg, wohl der einflussreichste Ethiker jener Zeit, resümiert

---

[10] A.a.O., S. 910.
[11] A.a.O., S. 913.
[12] Ebd.
[13] A.a.O., S. 914.

knapp in der letzten Auflage der Ethik: „Eintritt in eine Ehe [ist] wie die
Kindererzeugung als sittliche Pflicht zu beurteilen".[14] Eine

„Überspannung des Individualismus und der Anforderungen an den standard of life sind
daran schuld, dass in dem modernen Leben die Ehelosigkeit viel häufiger geworden ist, aber
auch, daß die eheliche Fruchtbarkeit künstlich eingeschränkt wird. Man will Genuß von der
Natur und verachtet dabei die ihr vom Schöpfer eingeflößte Ordnung. Der Neumalthusia-
nismus wird im Interesse des Familienglücks empfohlen. Mancherlei künstliche Mittel zur
Verhinderung der Empfängnis sowie die Fruchtabtreibung werden nicht nur ohne jeden
zwingenden Grund in den Familien angewandt, sondern werden auch unter Unverheirateten
massenhaft verbreitet und bahnen so einem unsittlichen und undisziplinierten Leben den
Weg. Und die Ehelosigkeit wie die absichtliche Geburtenbeschränkung fassen schwere sozialethische Gefahren in sich".[15]

III. Das dem Individuum vorgegebene Lebensrecht als Fokus der Diskussionen in der Weimarer Zeit

In Seebergs Argumentation klingt dabei die Debatte der Weimarer Zeit um
die sogenannte Notzuchtindikation an, die unter dem Eindruck der Massenvergewaltigungen nach dem 1. Weltkrieg große öffentliche Resonanz gefunden hatte und schließlich 1927 als vorläufigem Höhepunkt in einem
richtungsweisenden Urteil des Reichsgerichts mündete, das mit Verweis auf
den übergesetzlichen Notstand die Abtreibung nach Vergewaltigung für
straffrei erklärte. Es schließt sich eine umfassende Diskussion um die Novellierung des § 218 an, die jedoch durch die Machtübernahme der Nationalsozialisten aufgrund von deren bevölkerungspolitischen Zielsetzungen
beendet wurde. Dabei bleibt die Abtreibung grundsätzlich unter Strafe gestellt, lediglich für den Fall der medizinischen Indikation und der Notzuchtindikation gelten Ausnahmen. Diese Ausnahmen sind dabei als Zugeständ-
nis an die Bedürfnisse notleidender Frauen verstanden, ohne dass es zu einer grundlegenden Revision der Rahmenargumentation kommen würde:
Nach wie vor dominiert eine sozialethische Zugangsweise, die über den
Zweck der geschlechtlichen Verbindung von Mann und Frau und die Aufrechterhaltung des Volkes argumentiert.
    Interessanterweise schimmert diese Argumentationsweise auch noch in
Dietrich Bonhoeffers „Ethik" durch, auch wenn Bonhoeffer den Volksge-
danken gewissermaßen sakralisiert und auf die Kirche bezieht. „In der Ehe

---

[14] *R. Seeberg*, Christliche Ethik, Stuttgart ³1936, S. 243.
[15] A.a.O., S. 249.

werden die Menschen eins vor Gott, wie Christus mit seiner Kirche eins wird. [...] Solchem Einswerden gibt Gott den Segen der Fruchtbarkeit, der Erzeugung neuen Lebens. Der Mensch tritt mitschaffend in den Willen des Schöpfers ein. Durch die Ehe werden Menschen erzeugt zur Verherrlichung und zum Dienste Jesu Christi und zur Mehrung seines Reiches".[16] Analog zu Seeberg sieht auch Bonhoeffer die zeitgenössische ethische Grundproblematik in den aus den Aufklärungsmotiven erwachsenen Individualisierungsbestrebungen und diskreditiert den „Rückzug des Einzelnen aus der lebendigen Verantwortung seines geschichtlichen Daseins auf eine private Verwirklichung ethischer Ideale, in der er sein persönliches Gutsein garantiert sieht".[17] Stattdessen propagiert er ein „Leben für Andere", das in Sätzen mündet wie „Verantwortlichkeit gibt es nur in der vollkommenen Hingabe des eigenen Lebens an den anderen Menschen" und „nur der Selbstlose lebt verantwortlich und das heißt nur der Selbstlose *lebt*".[18] Leben wird hier also als eine dem Einzelnen übergeordnete Vollzugsform menschlicher Existenz verstanden, eine Figur, die Bonhoeffer dann auch in den Passagen über das natürliche Lebensrecht als Transformation einer naturrechtlichen Auffassung weiterführen kann – trotz seiner scharfen Kritik an der überkommenen Naturrechtslehre.[19]

Zweifelsohne motiviert durch die nationalsozialistischen Verbrechen klingen im Abschnitt über das natürliche Leben, in dem das Lebensrecht des Einzelnen angesichts der durch Selbstmord und Abtreibung, dem Umgang mit Schwerkranken und Behinderten sowie Geburtenregelung und Sterilisierung aufgeworfenen Fragen behandelt werden, Gedanken an, die durchaus an ein aufgeklärtes Menschenrechtsdenken erinnern. So kann Bonhoeffer unter kritischer Anspielung auf die Propaganda zur Vernichtung unwerten Lebens betonen, der Einzelne bringe ein natürliches Recht auf Leben mit, das nicht gegen die Interessen der Gemeinschaft aufgewogen oder verrechnet werden könnte.[20] Im weiteren Verlauf der Argumentation wird jedoch deutlich, dass es sich eben nicht um ein Recht handelt, das an das Individuum gebunden ist, sondern um eines, dass dem Einzelnen schon vorausliegt und dem er sich dementsprechend zu unterwerfen hat. Darum kann dann das Recht auf Leben auch umschlagen in die Pflicht, das eigene Leben zu erhalten, auch wenn man ihm überdrüssig geworden ist: „Der Mensch soll sein irdisches Leben, auch dort, wo es ihm zur Qual wird, ganz in Gottes Hand geben, aus der es gekommen ist, und sich nicht durch

---

[16] *D. Bonhoeffer*, Ethik. Herausgegeben von *I. Tödt, H. E. Tödt, E. Feil und C. Green* (=Dietrich Bonhoeffer Werke, Bd. 6), München 1992, S. 58, vgl. auch S. 201–208.

[17] A.a.O., S. 219.

[18] Vgl. a.a.O., S. 258.

[19] Vgl. a.a.O., S. 358.

[20] A.a.O., S. 176.

Selbsthilfe zu befreien trachten".[21] Das Lebensrecht ist mithin eben nicht das Recht des Einzelnen auf Leben, sondern es repräsentiert eine dem Individuum vorgegebene Ordnung, in die sich der Einzelne einzufügen hat.

IV. Die wachsende Berücksichtigung der individuellen Perspektive von Frauen in den Debatten um die Liberalisierung des § 218 in der Bundesrepublik

Scheinbar paradox sind es die Gräueltaten des 2. Weltkrieges, die eine gewandelte Diskussionslage induzieren und zu einer neuen Wahrnehmung der Abtreibungsproblematik hinführen. Drei Faktoren sind hier zu nennen: Zum einen und zuvörderst die in der Auseinandersetzung mit dem Nationalsozialismus gewachsene Sensibilität für das *individuelle* Leben,[22] zum anderen die Erfahrung der Massenvergewaltigungen am Kriegsende und schließlich die veränderte Rolle der Frau in der Gesellschaft der unmittelbaren Nachkriegszeit. Dabei sind entsprechende Veränderungen vorrangig in der akademischen Ethik zu registrieren, während sich die Haltung der Kirche nur sehr langsam wandelt. Hier zeigen die Debatten um das neue Familienrecht, insbesondere um die Durchsetzung des Gleichheitsgedankens aus Art. 3 GG in den frühen 1950er-Jahren, dass die Evangelische Kirche nach wie vor dem klassischen Bild der Ehe und der Geschlechterrollen verhaftet bleibt.[23] Karl Janssens 1960 gestellter Diagnose zur kirchlichen Debatte über die Abtreibung ist wenig hinzuzufügen: Janssen akzentuierte stärker den Zusammenhang zwischen dem Schwangerschaftsabbruch und einer veränderten gesellschaftlichen Selbstwahrnehmung der Frau, wenn er festhielt, auf-

---

[21] A.a.O., S. 196.

[22] Vgl. dazu unter anderem auch die Argumentation *Karl Barths* im Zusammenhang der Darstellung der Ethik in der Schöpfungslehre: *ders.*: Die Kirchliche Dogmatik, Bd. III/4, Zürich 1951, S. 166f.

[23] Vgl. *Evangelische Kirche in Deutschland*, Stellungnahme der Eherechtskommission der EKD zu dem Entwurf eines Familienrechtgesetzes 1952, in: *H. Dombois/F. K. Schumann* (Hg.), Familienrechtsreform. Dokumente und Abhandlungen, Witten 1955, S. 17f. In einer Stellungnahme von 1998 hat sich die EKD selbst von dieser Auffassung distanziert und auf die Probleme der genannten Sichtweise hingewiesen: „Bis in die Nachkriegszeit orientierte sich das Leitmodell der Familie am bürgerlichen Ideal der Einheit von Ehe, Elternschaft und Hausgemeinschaft. Auch wenn dieses Leitbild keineswegs durchgängig befolgt wurde, wurden doch im Alltag, im Recht und in der Politik andere Lebensformen (z.B. alleinerziehende Eltern) daran gemessen. Das führte zu Abwertungen und Diskriminierungen. Die Kirchen jedoch stützten dieses Leitbild und zugleich eine aus heutiger Sicht unangemessene rigide Rollenverteilung zwischen Männern und Frauen. Alternative Interpretationen, die es immer wieder gab, wurden abgewertet und oft sogar unterdrückt." Gottes Gabe und persönliche Verantwortung. Zur ethischen Orientierung für das Zusammenleben in Ehe und Familie. Eine Stellungnahme der Kammer der EKD für Ehe und Familie, Gütersloh 1998, S. 11.

grund eines veränderten Selbstverständnisses der Frau stelle sich die Problemlage bei der Notzuchtindikation zum Schwangerschaftsabbruch heute anders als in den Zeiten einer fraglosen Akzeptanz der patriarchalischen Gesellschaft. Es zähle, so Janssen, „zu den sicherlich bedenklichsten Versäumnissen der Gegenwart, daß sie die Wandlungen des weiblichen Selbstverständnisses in der Gegenwart noch kaum zur Kenntnis genommen" habe. Im Zusammenhang mit der Frage um die Notzuchtindikation sei dieses neue Selbstverständnis insofern relevant, als die Frau „ihre eigene Stellung beim Werden eines neuen Lebens keineswegs mehr rein passiv" interpretiere. Vielmehr verstehe sie sich als „Mitverursacherin der Empfängnis", so dass „nur aus dem beiderseitigen Willen zur Geschlechtsgemeinschaft [...] nach ihrer Überzeugung ein Kind hervorgehen" solle. Nur auf diesem Hintergrund werde „der in der Gegenwart zu beobachtende elementare Aufstand der Frau gegen die aufgezwungene Schwangerschaft voll verständlich".[24]

Den Ausgangspunkt der Debatte nach 1945 bildet die Aufhebung der nationalsozialistischen Rassegesetze, die u.a. auch die straffreie Abtreibung bei Vergewaltigung durch Angehörige minderwertiger Rassen vorsahen – ein Sachverhalt, mit dem die Abtreibung nach den Vergewaltigungen durch Mitglieder anderer Armeen trotz der 1942 erfolgten Verschärfung der Abtreibungsgesetze zugestanden wurde. Zunächst aus seelsorgerlich-pastoraltheologischen Gründen, weniger unter dem Gesichtspunkt einer grundsätzlichen ethischen Durchdringung des Themas, wendete sich die Evangelische Kirche dieser Problematik zu.[25] So wurde schon kurz nach dem staatlichen Zusammenbruch unter der Ägide von Hans Assmussen durch die Kirchenkanzlei der EKD eine gemeinsame Stellungnahme aller Landeskirchen zur Frage des Schwangerschaftsabbruchs bei vergewaltigten Frauen vorbereitet, aber nicht abgeschlossen. Der Deutsch-Evangelische Frauenbund erarbeitete im April 1946 ein Votum zu diesem Themenkreis, das für die Beibehaltung der bisherigen Regelung, also die Zulässigkeit der medizinischen Indikation bei gleichzeitiger Ablehnung anderer Indikationen zum Schwangerschaftsabbruch plädierte. Als im Dezember 1946 bekannt wurde, dass der Alliierte Kontrollrat eine Änderung des geltenden § 218 anstrebe, wandte sich Assmussen an C. Arild Olsen, den Leiter des Religious Affairs Office des OMGUS, mit der Bitte, vor einer eventuellen Änderung die Meinung der beiden Kirchen einzuholen. Olsen antwortete am 26. Februar 1947 und teilte mit, dass die ins Auge gefasste Änderung die Einführung einer medizinischen und einer Notzucht-Indikation beinhalten sollte. Er ging zugleich auf Assmussens Bitte ein, den Standpunkt der Kirche zu berücksich-

---

[24] *K. Janssen*, Die Unterbrechung der aufgezwungenen Schwangerschaft als theologisches und rechtliches Problem, in: ZEE 4 (1960), S. 65–72, hier: S. 68.

[25] Vgl. dazu ausführlicher *R. Anselm*, Jüngstes Gericht und irdische Gerechtigkeit. Protestantische Ethik und die deutsche Strafrechtsreform, Stuttgart 1994, S. 205–225.

tigen und forderte sogar eine Stellungnahme der Evangelischen Kirche an. Als offiziellen Text übersandte Assmussen am 1. April 1947 das Papier des Frauenbundes.

Die Aufforderung der amerikanischen Militärregierung fungierte als Katalysator für eine breitere innerkirchliche Debatte: Im Frühjahr und Sommer 1947 wurde das Thema Schwangerschaftsabbruch innerkirchlich intensiv diskutiert. Ein von der Evangelischen Kirche Westfalens erarbeitetes Wort zur Tötung keimenden Lebens, das die Abtreibung in jedem Falle verurteilt, auch wenn sie durch ein Gesetz straffrei gestellt würde, übernahmen die meisten Landeskirchen Westdeutschlands formell oder stimmten ihm in eigenen Stellungnahmen inhaltlich zu. Auch die Synoden in Treysa und Elbingerode beschäftigten sich mit diesem Thema und im Herbst 1947 begann eine großangelegte Aktion der Inneren Mission, um betroffenen Frauen zu helfen. Schließlich war der Schutz des ungeborenen Lebens eines der Themen, für die der Württembergische Landesbischof Theophil Wurm in einer offiziellen Eingabe der EKD an den Parlamentarischen Rat Regelungsbedarf reklamierte. Im „Wort zur Tötung keimenden Lebens" wird dabei nun auch prominent auf die Frage des Beginns des Lebens eingegangen, indem festgehalten wird:

> „Das Leben jedes Menschen ist heilig. Gott ist sein Urheber, sein Erhalter und sein Herr. [...] Das Leben des Menschen beginnt nicht erst mit der Geburt. Das hat die Heilige Schrift bezeugt, längst ehe die moderne Biologie ihre neuen Erkenntnisse formuliert hat (1. Mose 25,22; Jer. 1,5; Luk. 1,44). [...] Der Anfang des Lebens aber ist die Stunde der Empfängnis. Von da an entwickelt sich ein Mensch, der sich von allen Menschen in Vergangenheit, Gegenwart und Zukunft unterscheidet."[26]

Und selbstbewusst formulierte Hans Meiser 1947 in der Stellungnahme der Bayerischen Landeskirche, die Evangelische Kirche müsse „dem Staate und der gesetzgebenden Gewalt gegenüber in aller Klarheit bezeugen, daß alle staatliche Gesetzgebung und insbesondere eine Gesetzgebung zur Frage der Schwangerschaftsunterbrechung in Ehrfurcht und im Gehorsam gegen das 1. Gebot: ‚Ich bin der Herr, dein Gott' zu geschehen" habe.[27]

Obwohl es so auf den ersten Blick eine dezidierte Ablehnung des Schwangerschaftsabbruchs innerhalb der evangelischen Kirchen gab, zeigt doch die genauere Analyse, dass die theologische Ethik sich in diesen Fragen durchaus als kompromissbereit zeigte, wo es die konkreten politischen

---

[26] Wort zur Tötung des keimenden Lebens, in: Kirchliches Amtsblatt für die Evangelischen Kirche von Westfalen Nr. 12 vom 15. Oktober 1947, S. 65–67, hier: S. 65.

[27] *Landeskirchenrat der Evangelisch-Lutherischen Kirche in Bayern*, Stellungnahme zur Frage der Schwangerschaftsunterbrechung, in: Amtsblatt für die Evangelisch-lutherische Kirche in Bayern rechts des Rheins, Nr. 15 vom 18. August 1947, S. 71f., hier: S. 71.

Herausforderungen erforderlich scheinen ließen. So hatte etwa die bayerische Kirche von dem damaligen Stadtpfarrer in Erlangen, Wolfgang Trillhaas, ein Gutachten zur Frage des seelsorgerlichen Umgangs mit den betroffenen Frauen erbeten, in dem Trillhaas ein sehr differenziertes Bild bietet. Trillhaas weist zunächst darauf hin, dass von einer Schwangerschaftsunterbrechung erst dann gesprochen werden könne, wenn eine Schwangerschaft zweifelsfrei vorliege und der Embryo Menschengestalt habe, also ab dem 3. Monat. Davor sei ein ärztlicher Eingriff kaum als Tötung zu bezeichnen. Ohne eine Kasuistik für das Problem des Schwangerschaftsabbruchs geben zu wollen, geht Trillhaas dann die ethische, medizinische und die soziale Indikation durch. Während er die soziale wie die ethische Indikation ablehnt, billigt er die medizinische Indikation und fügt ihr noch eine *seelsorgerliche* Indikation hinzu. In diesem Fall sei die Abtreibung ebenfalls zu rechtfertigen. Dabei ging er bei der Beschreibung der seelsorgerlichen Notlage ganz besonders auf das Problem der Mischlingskinder ein, denn die Forderungen nach der Einführung einer Notzuchtindikation kamen ganz besonders aus amerikanisch besetzten Gebieten. So bestand etwa in Bayern die ausdrückliche Anweisung an die Staatsanwaltschaften, Schwangerschaftsabbrüche, die aufgrund der kriminologischen Indikation vorgenommen wurden, nicht strafrechtlich zu verfolgen. Auch in Thüringen gab es ein entsprechendes lokales Provisorium. Diese seelsorgerliche Indikation nimmt Trillhaas später in seinem ausgearbeiteten Entwurf zur Ethik zurück, bleibt aber für eine weiter gefasste medizinische Indikation offen.[28]

Die Folgewirkung der Debatten um die Notzuchtindikation bestand in der evangelischen Sozialethik darin, die traditionelle Position mit ihrer die Forderung nach einer unbedingten Strafbarkeit der Abtreibung, wie sie seit der Tradition des modernen Strafrechts in Deutschland durchgängige Rechtspraxis gewesen war, zumindest zu relativieren. Dabei verband sich die Ablehnung der Abtreibung keineswegs immer nur mit genuin theologischen Motiven wie dem Tötungsverbot, da vehemente Kritiker der Abtreibung auf der anderen Seite mit der unbedingten theologisch-ethisch gebotenen Beibehaltung der Todesstrafe argumentieren konnten. Dementsprechend setzte sich auch die unbedingte Ablehnung der Abtreibung, wie sie etwa Karl Heim vertreten hatte, innerhalb der evangelischen Ethik nicht durch. Die überwiegende Mehrheit schloss sich der am prominentesten von Karl Barth vertretenen Meinung an, nach der die medizinische Indikation zulässig sein müsse. Dabei vermied Barth konsequent jede zum Naturalis-

---

[28] *W. Trillhaas*, Theologisches Gutachten über die Frage der Schwangerschaftsunterbrechung in Fällen der vorausgegangenen Notzucht (8. August 1945), Archiv der Theologischen Fakultät der Universität Erlangen-Nürnberg; vgl. *ders.*, Ethik, Berlin ³1970, S. 218f.

mus tendierende Argumentation und begründete seine Einschätzung auf der
einen Seite mit dem Wert jeder einzelnen Person, der eine grundsätzliche
Ablehnung der Abtreibung begründe, auf der anderen Seite aber über die
Figur des ethischen „Grenzfalls", die zu einer differenzierten Betrachtung
des Einzelfalls anleitete.[29] Mit dieser Einschätzung war zweifellos auch eine
Aufwertung des Lebens der Frau verbunden, wie der Vergleich mit dem
Wort der Westfälischen Kirche zeigt: Hier wurde in solchen Fällen noch
von der Notwendigkeit des Opferns des eigenen Lebens gesprochen, ver-
bunden mit dem Hinweis, dass ein solches Opfer nur durch die werdende
Mutter, nicht aber durch das Kind erbracht werden könne. Etwa parallel zu
Barths Position deutete sich auch ein erster Wandel in der Einstellung zur
Notzuchtindikation an. Der dänische Sozialethiker Niels H. Søe forderte bereits 1949 dazu auf, diese Frage neu zu überdenken: Angesichts der Zulassung eines Schwangerschaftsabbruchs bei vorliegender medizinischer Indikation müsse man „eine sachliche Aussprache über das Problem gestatten,
ob nicht dasselbe im Falle einer offensichtlichen Vergewaltigung gilt, wenn
die werdende Mutter selbst den Abbruch der Schwangerschaft wünscht".[30]

Mit dem schwindenden Problemdruck nach der Aufrichtung der Rechtssi-
cherheit in beiden deutschen Staaten ebbte die Diskussion um den Schwangerschaftsabbruch zu Beginn der 1950er-Jahre wieder ab. Sie erhielt erst
neuen Auftrieb, als im Zuge der Bestrebungen um die Novellierung des
Strafgesetzbuches der Entwurf von 1960 die Straffreiheit der Notzuchtindikation in eng umgrenzten Fällen vorsah. Auf Initiative Konrad Adenauers
wurde der entsprechende § 160 des E 1960 aus Rücksichtnahme auf die
Kirchen wieder gestrichen. Gleichwohl kommt es zu einer sehr kontroversen Diskussion, die sich im Kern um die Frage dreht, wie sehr die Situation
der betroffenen Frauen berücksichtigt werden sollte. Diese Frage gewann
nicht zuletzt dadurch an Schärfe, dass sich in den 1950er-Jahren ein zunehmender Einfluss des Katholizismus auf die Rechts- und damit auch auf
die Werteordnung gezeigt hatte. Während dabei seitens der Kirchenleitun-
gen ein Schulterschluss im Blick auf anstehende Novellierungsfragen im
Schnittbereich von Recht und Ethik gesucht wurde, reagierte die akademische Theologie mehrheitlich mit einer Neupositionierung, die stärker auf
die ethische Urteilskraft des bzw. der Einzelnen setzte und nachdrücklich
auf die Grenzen rechtlicher Regelungen hinwies. Exemplarisch kann dafür
der Hinweis Helmut Thielickes stehen, die Zuständigkeit der staatlichen
Gesetzgebung werde überschritten, wenn durch eine strafrechtliche Regelung einer Frau befohlen werde, nach einem so elementaren Eingriff in den
Intimbereich, wie ihn eine Vergewaltigung darstelle, das Kind auszutragen.

---

[29] *K. Barth*, Die Kirchliche Dogmatik, Bd. III/4, Zürich 1951, S. 473ff.
[30] *N. H. Søe*, Die christliche Ethik. Ein Lehrbuch, München 1949, S. 212.

Es gebe, so Thielicke, keine schlimmere Gewissentyrannei, als wenn jemandem eine dogmatische oder moraltheologische These aufoktroyiert werde, von der er nicht überzeugt sei.[31]

Stellungnahmen der Evangelischen Frauenarbeit im Rheinland sowie des Rechtsausschusses der Evangelischen Frauenarbeit in Deutschland lagen auf derselben Linie. Seitens der Evangelischen Frauenarbeit im Rheinland argumentierte man, das ungeborene Leben stehe „als ein nach Gottes Willen zum Dasein berufenes Leben" zwar unter staatlichem Schutz, eine durch Vergewaltigung entstandene Schwangerschaft stelle jedoch eine besondere Konfliktlage dar, die besonderer Beurteilung bedürfe. In dieser Situation müsse es der „höchstpersönlichen Entscheidung" der Frau vorbehalten bleiben, ob sie „eine gegen ihren Willen außerehelich aufgezwungene Schwangerschaft trotz schwerster seelischer und körperlicher Belastungen für sie und das Kind austragen" wolle.[32] Ergänzend dazu wies der Rechtsausschuss der Evangelischen Frauenarbeit auf die Grenze des Rechts in einer solch schwierigen Konfliktlage hin.[33] Besonders deutlich kommt die entsprechende Umorientierung in einem durch die Schriftleitung der Zeitschrift für Evangelische Ethik von Hans-Christian von Hase erbetenen Beitrag zum Ausdruck.[34] Von Hase resümierte zwar „alles in allem dürften die Bedenken gegen den § 160 die zu seinen Gunsten vorgebrachten Argumente überwiegen", ließ sich jedoch eine Hintertür offen. Er wies darauf hin, dass die evangelische Ethik keinen Anlass dafür habe, „das fünfte Gebot dahin auszulegen, daß Gott unter Umständen das Verderben eines Lebens will, um ein anderes ins Leben zu rufen".[35] Angesichts des Konfliktfalls, der bei einer aufgezwungenen Schwangerschaft vorliege, sei eine eindeutige Entscheidung für eine evangelische Ethik nicht möglich, sondern in der konkreten Situation müsse jeweils neu entschieden werden. „Arzt und Seelsorger werden mit der Betroffenen die Entscheidung fällen müssen, was hier zum Heil dienen mag, und solche Entscheidung dann auch im Glauben bejahen dürfen".[36] Diese Argumentationslinie aufnehmend, bezeichnete von Hase zwei Jahre später, in Anlehnung an Barth, die Frage der Notzuchtindikation zum Schwangerschaftsabbruch als einen „Grenzfall" der Ethik, bei dem sich die Würde der Frau und die des ungeborenen Kindes gegenüberstünden. In Abgrenzung zur älteren, insbesondere lutherischen Argumenta-

---

[31] *H. Thielicke*, Die Bedrohung der Freiheit durch die freiheitliche Gesellschaft, in: Deutsche Zeitung Nr. 234 vom 8. Oktober 1962.

[32] Wort der Evangelischen Frauenarbeit im Rheinland zur Frage der ethischen Indikation, in: KiZ 17 (1962), S. 510f., hier: S. 510.

[33] *Rechtsausschuß der Evangelischen Frauenarbeit in Deutschland*, Wort zur Frage der ethischen Indikation, in: KJ 89 (1962), S. 117f.

[34] *H.-C. von Hase*, Ethische Indikation?, in: ZEE 4 (1960), S. 110–112, hier: S. 112.

[35] Ebd.

[36] Ebd.

tion hebt er hervor, man könne die Frau nicht einfach passiv als „Saatbeet"
für neues Leben ansehen, sondern müsse anerkennen, dass Mutterschaft
sich zu gleichen Teilen einer aktiven Entscheidung von Mann und Frau
verdanke. Die Frau sei „nicht Sklavin eines ‚Allebens', sondern verant-
wortlicher Mensch". Darum könne ihr in dem eng umgrenzten Fall der auf
einer Vergewaltigung beruhenden Schwangerschaft nicht durch ein Gesetz
zugemutet werden, ein Kind auszutragen, durch dessen Existenz unter Umständen die Würde, Selbstachtung und zukünftige Lebensaufgabe eines
Menschen zerstört würden.[37]
   Parallel dazu wurde auch eine Position problematisiert, die über ein natur-
rechtlich-naturalistisches Lebensverständnis argumentierte. So kritisierte
etwa Joachim Beckmann, die absolute Unantastbarkeit des Lebens sei kein
exklusiv-christlicher, sondern ein allgemein-naturrechtlicher Wert und
spitzte diese Feststellung mit dem Hinweis polemisch zu, die Forderung, eine aufgezwungene Schwangerschaft auszutragen, sei nur dann plausibel,
wenn Staat und Gesellschaft auf dem Boden der katholischen Lehre stün-
den. Demgegenüber gelte für eine protestantische Position die Aussage
Barths, dem menschlichen Leben komme nicht schon durch seine Existenz
absoluter Wert zu: „Das menschliche Leben ist kein absoluter Wert und
kann durch das Gebot wohl geschützt, aber doch nur in den Grenzen des
Willens des Gebieters geschützt sein. Es hat keinen Anspruch darauf, unter
allen und jeden Umständen erhalten zu werden".[38] Prägnanter noch stellte
der Jurist Paul Bockelmann die inkonsistente Argumentation seitens der
Gegner des § 160 E 1960 heraus: „Diejenigen, welche unter Berufung auf
die Heiligkeit des Lebens Schwangerschaftsunterbrechungen ohne jede
Ausnahme für unzulässig halten, sind gewöhnlich überzeugt, daß der Staat
die Todesstrafe gebrauchen dürfe oder gar müsse. Diejenigen umgekehrt,
welche die Ablehnung der Todesstrafe mit der Heiligkeit des Lebens begründen, sind gewöhnlich für die Freigabe der Abtreibung".[39] Angesichts
dieser Situation verwundert es kaum, dass Erwin Wilkens, Öffentlichkeits-
referent im Kirchenamt der EKD, angesichts des sich abzeichnenden Stim-
mungsumschwungs in der Theologie, aber auch in der Gesellschaft, offenbar auf das traditionelle lutherische Modell zur Abwehr der Notzuchtindikation zurückgreifen wollte; jedenfalls schreibt er an Hermann Kunst: „fast
scheint mir auch Künneth der einzige zu sein, der hier jetzt noch retten

---

[37] *H.-C. von Hase*, Tage im Buch des Lebens. Das Recht des Ungeborenen – theologisch
gesehen, in: Anstösse. Berichte aus der Arbeit der Evangelischen Akademie Hofgeismar 1962,
S. 104–113, hier: S. 111.
[38] *J. Beckmann*, Zur Frage der Strafbarkeit der Schwangerschafts-Unterbrechung, in: Deutsches Pfarrerblatt 62 (1962), S. 233–237, hier: S. 235.
[39] *P. Bockelmann*, Das Problem der Zulässigkeit von Schwangerschaftsunterbrechungen, in:
Gesellschaftliche Wirklichkeit im 20. Jahrhundert und Strafrechtsreform (Universitätstage
1964), Berlin 1964, S. 211–239, hier: S. 215.

könnte, eventuell noch Gloege". Ziel war es, durch ein theologisches Gutachten die Einführung der Notzuchtindikation zu verhindern.[40] Zu diesem Gutachten kam es freilich nicht, sondern es verstärkte sich lediglich die innere Pluralisierung im Protestantismus, sodass sich die Kirchenkanzlei gezwungen sah, drei Stellungnahmen als Abbild der Meinungsbildung innerhalb der EKD zu publizieren: Die Familienrechtskommission der EKD votierte zwar gegen eine Neuregelung, hielt aber gleichwohl fest, es sei „nicht geboten, von der Heiligen Schrift her grundsätzlich gegen das Bestreben Stellung zu nehmen, [...] Straffreiheit für eine Mutter zu erreichen, die in Verzweiflung über ihre Vergewaltigung das ungeborene Leben ausgelöscht hat".[41] Die Strafrechtskommission des Christopherus-Stifts votierte dafür, die grundsätzliche Strafbarkeit festzuhalten, aber in besonderen Fällen von einem Schuldspruch oder sogar von der Strafverfolgung abzusehen.[42] Schließlich formulierte der Eugenische Arbeitskreis des Diakonischen Werks eine Stellungnahme, die sich gegen jede Liberalisierung aussprach, jedoch ein verstärktes diakonisches Engagement der Kirchengemeinden für Mütter in Notsituationen forderte. Insgesamt lässt sich festhalten, dass sich in allen Stellungnahmen die Tendenz zu einer stärkeren Berücksichtigung der individuellen Situation der betroffenen Frauen zeigt. Statt die Abtreibungsproblematik nur aus der Perspektive der Erzeugung von Nachkommen zu thematisieren, findet nun zunehmend die Perspektive der Betroffenen Berücksichtigung, mit der Folge, dass der Respekt vor einer Notlage generalisierenden Regelungen entgegensteht. Charakteristisch heißt es in einer von Karl Janssen, Erwin Wilkens, Wolfgang Schweitzer und Karl-Horst Wrage für die Strafrechtskommission der EKD erarbeiteten Stellungnahme: „Der Gesetzgeber sollte das Tötungsverbot im Blick auf das werdende Leben nicht zu eng fassen, daß damit die Erfüllung des Liebesgebots im Blick auf das Leben der Frau unmöglich wird. Andererseits darf der Gesetzgeber dem Liebesgebot nicht zu weiten Spielraum geben, daß dadurch das Tötungsverbot praktisch aufgehoben würde".[43]

Zeichnete sich dieser Trend zu einer stärkeren Berücksichtigung der Betroffenenperspektive bereits zu Beginn der 1960er-Jahre ab, so verstärkte

---

[40] Dieses Schreiben zitiert Heinz Brunotte in seinem Brief an Hermann Kunst vom 18. Oktober 1962, EZA Berlin 2/84/384 Bh. Soziale und ethische Indikation.

[41] Entwurf einer Stellungnahme der Familienrechtskommission zur Notzuchtindikation, EZA Berlin 2/84/717/II.

[42] Strafrechtskommission der Evangelischen Studiengemeinschaft (Christophorus-Stift, Heidelberg): Stellungnahme zur Notzuchtsindikation, zit. nach: *G. Hornig*, Schwangerschaftsunterbrechung. Aspekte und Konsequenzen, Gütersloh 1967, S. 52–54, hier: S. 96.

[43] Anlage zum Protokoll der Strafrechtskommission: Theologenvorbesprechung vom 05.01.1971 in Hannover (EZA 99/1.299), zit. nach: *S. Mantei*, Ja und Nein zur Abtreibung. Die evangelische Kirche in der Reformdebatte um § 218 StGB (1970-1976) (=AkiZ B 38), Göttingen 2004, S. 119.

sich diese Tendenz in der breiten und äußerst engagiert geführten Debatte um die Novellierung des § 218, die mit der Wiederaufnahme der Arbeiten zur Reform des Strafgesetzbuches zu Beginn der 1970er-Jahre einsetzte. Eine Schlüsselfunktion kommt dabei sicherlich der Selbstbezichtigungskampagne im „Stern" von 1971 zu, denn mit ihr veränderte sich die Diskussionslage grundsätzlich: Sie erst ließ die Debatte um den Schwangerschaftsabbruch zu einer öffentlichen Debatte werden und machte darüber hinaus klar, dass eine Novelle des § 218 schon angesichts der herrschenden Praxis unumgänglich ist. Darüber hinaus erweiterte sie die Diskussion endgültig um die Perspektive, die zuvor entweder ausgeblendet wurde oder ausgeblendet werden sollte: Die Perspektive der Frau. In der nun um sich greifenden Debatte wurde das Anrecht der Frau auf eine verantwortliche Selbstbestimmung über ihren Körper dem Lebensrecht des Embryos an die Seite gestellt – eine Sichtweise, deren Relevanz durch das Urteil des US Supreme Court Roe v. Wade von 1973 zusätzlich bestärkt wurde.

Die durch den Respekt vor den betroffenen Frauen angeregte Aufgeschlossenheit für eine Liberalisierung des § 218 gewann zunächst in den Synoden und den Theologischen Fakultäten Raum. So äußerten sich auf Initiative von Horst Seebaß 26 Mitglieder der Evangelisch-Theologischen Fakultät in Münster und forderten, unbeschadet der Tatsache, dass der Schwangerschaftsabbruch nur die allerletzte Notlösung sei, müsse doch die entsprechende strafrechtliche Regelung humanisiert werden. Man richte deshalb die Bitte an die kirchenleitenden Gremien, „die bisher oft zu enge Argumentation zum Schutze werdenden Lebens zu überprüfen und auf eine möglichst baldige und umsichtige Änderung des § 218 hinzuwirken."[44] Die Anfang 1971 von Professoren der Evangelisch-Theologischen Fakultät der Universität Tübingen vorgelegte gutachterliche Äußerung tendierte in eine ähnliche Richtung. Ziel einer erstrebenswerten Reform müsse es sein, eine Regelung zu finden, die die Verantwortungsfähigkeit und Verantwortungsbereitschaft der Betroffenen fördere – jenseits der ihrer Auffassung nach falschen Alternative zwischen absolutem Verbot und uneingeschränkter Freigabe.[45] Etwa zeitgleich hatte auch die unter Federführung von Karl-Horst Wrage erarbeitete „Denkschrift zu Fragen der Sexualethik" für eine vorsichtige Öffnung zu einer Liberalisierung des Schwangerschaftsabbruchs plädiert. Die veränderte Diskussionslage zeigt exemplarisch eine Passage aus dem Referentenentwurf für den Bericht des Ratsvorsitzenden der EKD,

---

[44] Zit. nach: Kirchliches Jahrbuch für die evangelische Kirche in Deutschland, hg. von *J. Beckmann*, Jg. 98 (1971), Gütersloh 1973, S. 154.

[45] *E. Jüngel/E. Käsemann/J. Moltmann/D. Rössler*, Annahme oder Abtreibung. Thesen zur Diskussion über den § 218 StGB, in: *E. Wilkens* (Hg.), § 218. Dokumente und Meinungen zur Frage des Schwangerschaftsabbruchs, Gütersloh 1973, S. 168–173.

Hermann Dietzfelbinger, zur Frankfurter EKD-Synode von 1971: Erwin Wilkens formulierte:

„Der Wandel menschlicher und gesellschaftlicher Lebensverhältnisse, besonders hinsichtlich der Beanspruchung der Frau in Beruf und Familie, führt in weiteren Einzelfällen in Notsituationen, die hinsichtlich ihrer menschlichen Schwere mit der unmittelbaren Bedrohung von Leben und Gesundheit der Mutter vergleichbar sind. Die rechtliche Neuordnung wird den Bereich der Straffreiheit über die medizinische Indikation hinaus erweitern müssen."[46]

Auch wenn Dietzfelbinger diesen Passus nicht in seine Rede übernahm, markiert er doch die innerkirchliche Mehrheitsmeinung, die schließlich bis zur Verabschiedung der Indikationenregelung in der zweiten Novelle zum § 218 mündete – eine Position, die in den drei Erklärungen des Rates der EKD zur Reform des § 218 bestärkt wurde und die auch verstärkt Eingang in die theologisch-ethische Theoriebildung fand.

V. Die Betonung der Individualität werdenden Lebens und der unauflösbaren Konfliktsituationen in den jüngsten Diskussionen um Künstliche Befruchtung, Embryonenschutz und Stammzellforschung

Nach dem Kompromiss von 1976 veränderte sich die Diskussionslage; die bioethische Debatte verlagerte sich auf die Debatte um den Embryonenschutz, insbesondere nach der Geburt des ersten Retorten-Babys Louise Brown 1978. Dabei kommt es nun interessanterweise zu einer deutlichen Akzentverschiebung: Während im Blick auf die Abtreibungsfrage sich immer mehr eine Sicht durchsetzte, die unter Respekt vor der individuellen Konfliktlage auf eine stärkere Eigenverantwortung und Entscheidungsbeteiligung der betroffenen Frauen setzte – insbesondere auch in der Akzeptanz der Regelungen von 1995, die die ärztlich gestellte Indikation durch seine Indikationsstellung durch die Schwangere nach erfolgter, verpflichtender Beratung ersetzten, ist hinsichtlich der Beurteilung der extrakorporalen Befruchtung und jetzt auch der Embryonenforschung ein gegenläufiger Trend zu beobachten. Hier wird von den ersten Stellungnahmen in den 1980er-Jahren an ein Ton angeschlagen, der nicht die Eigenverantwortung der betroffenen Frauen und Paare in den Mittelpunkt stellt, sondern gerade vor deren Entscheidungen hohe ethische und auch rechtliche Hürden auf-

---

[46] Brief von Erwin Wilkens an Hermann Dietzfelbinger vom 22.10.1971 (EZA 2/93/6216), zit. nach *Mantei*, Abtreibung, a.a.O., S. 151.

bauen möchte und der eigenen Entscheidung enge Grenzen setzt. Dabei spielt sicher eine grundsätzlich gewachsene Skepsis gegenüber dem technischen Zugriff auf das Leben, insbesondere auch die Fortpflanzung eine Rolle. Was jedoch zunächst als ein Neuansatz und auch als ein gewisser Widerspruch zur vorangegangenen Diskussionsstruktur aussieht, erweist sich bei näherem Hinsehen als dessen konsequente Weiterführung. So führt die erste offizielle Äußerung der EKD zu den Themenkreisen extrakorporale Befruchtung, Fremdschwangerschaft und genetische Beratung von 1985 konsequent die Linie weiter, die im Blick auf die Liberalisierung des § 218 beschritten worden war, nur zielen die entsprechenden Argumente jetzt nicht mehr auf eine Liberalisierung, sondern auf eine striktere Regelung. So wird zunächst das Liebesgebot so ausgelegt, dass gerade die Gabe neuen Lebens als Frucht der Liebe, die in Gottes Liebe ihren Ursprung hat, sich als inkompatibel mit dem technischen Zugriff einer künstlichen Befruchtung erweist.[47] Darüber hinaus wird auch – in Aufnahme der eingangs formulierten These – der stärkeren Berücksichtigung des Individuums Rechnung getragen, nur dass der Schutz und der Respekt vor dem Individuum nun nicht mehr vorrangig den betroffenen Frauen bzw. Paaren, sondern dem zunehmend als Person aufgefassten werdenden Leben gilt. So wird das vereinzelt schon vorher verwendete, naturalistische Argument, mit dem Zeitpunkt der Befruchtung läge bereits ein individueller Mensch vor, dessen Personwürde vor einem technischen Zugriff, und natürlich auch vor einer Verzweckung, geschützt werden müsse, nun immer wichtiger: Spielte es in den Stellungnahmen vor 1971 als flankierendes Thema nur eine Nebenrolle, so gerät es nunmehr immer mehr ins Zentrum der Argumentation. Die Gründe dafür wären noch genauer aufzuarbeiten, sie dürften möglicherweise damit zusammenhängen, dass der naturwissenschaftlich-medizinischen Beratung bei der Ausarbeitung der entsprechenden Dokumente eine größere Rolle eingeräumt wird: Seit den 1960er-Jahren vollzieht sich im Bereich der kirchlichen Stellungnahmen eine Aufwertung des Laienelements. In der Folge findet sich in den entsprechenden Stellungnahmen ein sehr viel breiteres argumentatives Spektrum, unter anderem auch an naturwissenschaftlicher Argumentation. Ein wichtiger Gesichtspunkt dürfte aber eben auch sein, dass nur über diese Figur die Individualität des ungeborenen Lebens argumentativ hergestellt werden kann. Dass sich daraus Inkonsistenzen gegenüber der eigenen theologischen Argumentation ergeben, rückt gegenüber diesem offensichtlichen Vorteil in den Hintergrund, nicht zuletzt gegenüber dem Vorteil der ökumenischen Anschlussfähigkeit, die sich in der

---

[47] Von der Würde werdenden Lebens. Extrakorporale Befruchtung, Fremdschwangerschaft und genetische Beratung. Eine Handreichung der Evangelischen Kirche in Deutschland zur ethischen Urteilsbildung (=EKD Texte 11), Hannover 1985, S. 1.

gemeinsamen Erklärung „Gott ist ein Freund des Lebens" von 1989 manifestiert.[48] Erst in der jüngsten Vergangenheit mehren sich hier die Stimmen, die zu einer Rückbesinnung auf die eigene Tradition raten und zur Vorsicht gegenüber einer vorrangig naturalistischen Argumentation mahnen. Das allerdings bedeutet, gegenüber der naturalistischen Verkürzung zu einem eigenen, theologischen Begriff des Lebens und der Personalität zu kommen, der sowohl in den gegenwärtigen Debatten Orientierungskraft besitzt, als auch sich als anschlussfähig an die eigene theologische Tradition erweist. Es bedeutet aber auch, anzuerkennen, dass der Respekt vor der Individualität notwendigerweise in Konfliktsituationen führt, die nicht durch eine immer stärkere Aufwertung etwa des ungeborenen Lebens aufgelöst werden. Diese Konflikte sollten dabei aber nicht nur als Zeichen des Verfalls, sondern eben selbst als Ausfluss der eigenen Traditions- und Lehrbildung gedeutet werden.

Literaturhinweise

Anselm, Reiner/Körtner, Ulrich H. J. (Hg.): Streitfall Biomedizin. Urteilsbildung in christlicher Verantwortung, Göttingen 2003.

Anselm, Reiner: Jüngstes Gericht und irdische Gerechtigkeit. Protestantische Ethik und die deutsche Strafrechtsreform, Stuttgart 1994.

Arbeitsgruppe der Deutschen Bischofskonferenz und des Rates der EKD, Gott ist ein Freund des Lebens. Herausforderungen und Aufgaben beim Schutz des Lebens, Gütersloh 1989.

Barth, Karl: Die Kirchliche Dogmatik, Bd. III/4, Zürich 1951.

Beckmann, Joachim (Hg.): Kirchliches Jahrbuch für die evangelische Kirche in Deutschland, Jg. 98 (1971), Gütersloh 1973.

Ders.: Zur Frage der Strafbarkeit der Schwangerschafts-Unterbrechung, in: Deutsches Pfarrerblatt 62 (1962), S. 233–237.

Bockelmann, Paul: Das Problem der Zulässigkeit von Schwangerschaftsunterbrechungen, in: Gesellschaftliche Wirklichkeit im 20. Jahrhundert und Strafrechtsreform (Universitätstage 1964), Berlin 1964, S. 211–239.

Bonhoeffer, Dietrich: Ethik, hg. von *Ilse Tödt, Heinz Eduard Tödt, Ernst Feil und Clifford Green* (=Dietrich Bonhoeffer Werke, Bd. 6), München 1992.

Brunotte, Heinz: Schreiben an Hermann Kunst vom 18. Oktober 1962, EZA Berlin 2/84/384 Bh. Soziale und ethische Indikation.

---

[48] Gott ist ein Freund des Lebens. Herausforderungen und Aufgaben beim Schutz des Lebens. Gemeinsame Erklärung des Rates der Evangelischen Kirche in Deutschland und der Deutschen Bischofskonferenz, Gütersloh 1989.

Dinzelbacher, Peter: Das erzwungene Individuum. Sündenbewußtsein und Pflicht-beichte, in: Entdeckung des Ich. Die Geschichte der Individualisierung vom Mit-telalter bis zur Gegenwart, hg. von *Richard van Dülmen*, Köln u.a. 2001, S. 41–60.

Evangelische Kirche in Deutschland: Stellungnahme der Eherechtskommission der EKD zu dem Entwurf eines Familienrechtgesetzes 1952, in: *Hans Dom-bois/Friedrich Karl Schumann* (Hg.), Familienrechtsreform. Dokumente und Ab-handlungen, Witten 1955.

Evangelische Frauenarbeit im Rheinland: Zur Frage der ethischen Indikation, in: KiZ 17 (1962), S. 510f.

Evangelische Kirche in Deutschland/Deutsche Bischofskonferenz: Gott ist ein Freund des Lebens. Herausforderungen und Aufgaben beim Schutz des Lebens. Gemeinsame Erklärung des Rates der Evangelischen Kirche in Deutschland und der Deutschen Bischofskonferenz, Gütersloh 1989.

Evangelische Kirche in Deutschland: Von der Würde werdenden Lebens. Extrakor-porale Befruchtung, Fremdschwangerschaft und genetische Beratung. Eine Hand-reichung der Evangelischen Kirche in Deutschland zur ethischen Urteilsbildung (=EKD Texte 11), Hannover 1985.

Familienrechtskommission: Entwurf einer Stellungnahme zur Notzuchtindikation, EZA Berlin 2/84/717/II.

Fluegge, Sibylla: Hebammen und heilkundige Frauen. Recht und Rechtswirklichkeit im 15. und 16. Jahrhundert (=Nexus, Bd. 23), Frankfurt a.M. 1998.

Hahn, Alois: Zur Soziologie der Beichte und anderer Formen institutionalisierter Bekenntnisse: Selbstthematisierung und Zivilisationsprozess, in: Kölner Zeit-schrift für Soziologie 34 (1982), S. 407–434.

Hase, Hans-Christian von: Ethische Indikation?, in: ZEE 4 (1960), S. 110–112.

Ders.: Tage im Buch des Lebens. Das Recht des Ungeborenen – theologisch gese-hen, in: Anstösse. Berichte aus der Arbeit der Evangelischen Akademie Hofgeis-mar 1962, S. 104–113.

Hornig, Gottfried: Schwangerschaftsunterbrechung. Aspekte und Konsequenzen, Gütersloh 1967, S. 52–54.

Janssen, Karl: Die Unterbrechung der aufgezwungenen Schwangerschaft als theo-logisches und rechtliches Problem, in: ZEE 4 (1960), S. 65–72.

Jüngel, Eberhard/Käsemann, Ernst/Moltmann, Jürgen/Rössler, Dietrich: Annahme oder Abtreibung. Thesen zur Diskussion über den § 218 StGB, in: *Erwin Wilkens* (Hg.), § 218. Dokumente und Meinungen zur Frage des Schwangerschaftsab-bruchs, Gütersloh 1973, S. 168–173.

Jütte, Robert: Die Geschichte der Abtreibung. Von der Antike bis zur Gegenwart, München 1993.

Ders.: Lust ohne Last. Geschichte der Empfängnisverhütung, München 2003.

Kammer der EKD für Ehe und Familie: Gottes Gabe und persönliche Verantwor-tung. Zur ethischen Orientierung für das Zusammenleben in Ehe und Familie, Gütersloh 1998.

Kipke, Roland: Zoff in der Kirche, in: Gen-ethischer Informationsdienst 19 (2003) S. 34.

Klinkhammer, Gisela: Bischofskonferenz: Warnung vor Missbrauch der Gentechnik, in: Deutsches Ärzteblatt 98 (2001), A-660.

Kreß, Hartmut: Embryonenschutz und Bioethik in der Kontroverse. Eine neue Stufe kultureller und konfessioneller Differenzen?, in: Materialdienst des Konfessionskundlichen Instituts Bensheim 52 (2001), S. 63–69.

Landeskirchenrat der Evangelisch-Lutherischen Kirche in Bayern, Stellungnahme zur Frage der Schwangerschaftsunterbrechung, in: Amtsblatt für die Evangelischlutherische Kirche in Bayern rechts des Rheins, Nr. 15 vom 18. August 1947, S. 71f.

Lemme, Ludwig: Christliche Ethik, Bd. 2, Berlin 1905.

Luthardt, Christoph Ernst: Vorträge über die Moral des Christentums, Leipzig 1872.

Mantei, Simone: Ja und Nein zur Abtreibung. Die evangelische Kirche in der Reformdebatte um § 218 StGB (1970-1976) (=AkiZ B 38), Göttingen 2004.

Oestreich, Gerhard: Strukturprobleme des europäischen Absolutismus, in: *ders.*, Geist und Gestalt des frühmodernen Staates. Ausgewählte Aufsätze, Berlin 1969, S. 179–197.

Rechtsausschuß der Evangelischen Frauenarbeit in Deutschland: Wort zur Frage der ethischen Indikation, in: KJ 89 (1962), S. 117f.

Schulze, Winfried: Gerhard Oestreichs Begriff „Sozialdisziplinierung in der frühen Neuzeit", in: ZHF 14 (1987), S. 265–302.

Seeberg, Reinhold: Christliche Ethik, Stuttgart ³1936.

Søe, Niels H.: Die christliche Ethik. Ein Lehrbuch, München 1949.

Thielicke, Helmut: Die Bedrohung der Freiheit durch die freiheitliche Gesellschaft, in: Deutsche Zeitung Nr. 234 vom 8. Oktober 1962.

Trillhaas, Wolfgang: Ethik, Berlin ³1970.

Ders.: Theologisches Gutachten über die Frage der Schwangerschaftsunterbrechung in Fällen der vorausgegangenen Notzucht (8. August 1945), Archiv der Theologischen Fakultät der Universität Erlangen-Nürnberg.

Wort zur Tötung des keimenden Lebens, in: Kirchliches Amtsblatt für die Evangelischen Kirche von Westfalen Nr. 12 vom 15. Oktober 1947, S. 65–67.

Werner Heun

Verrechtlichung des Lebens*

I. Rechtlicher Schutz des Lebens durch das Tötungsverbot

Der Schutz individuellen Lebens durch das Recht gehört zum ursprünglichen und ehernen Kern jeder Rechtsordnung. Der Schutz wird von Anfang an negativ durch ein rechtliches Tötungsverbot gewährleistet. Ein Verstoß zieht regelmäßig schwere Sanktionen nach sich. Mit dem Inzestverbot reicht das Tötungsverbot als grundlegendes Tabu[1] sogar bis in vorrechtliche Ordnungen[2] zurück. Es ist notwendige Existenzvoraussetzung jeder sozialen Gruppe von der archaischen Horde bis hin zum modernen Nationalstaat. Das fünfte Gebot des Alten Testaments „Du sollst nicht töten"[3] ist keine Besonderheit des jüdisch-christlichen Monotheismus, sondern Ausdruck eines weltweiten moralischen und rechtlichen Konsenses.[4] Intensität und Reichweite des Tötungsverbots mögen variieren und sogar über den Kreis der Mitmenschen ausgedehnt werden,[5] seine innergesellschaftliche Geltung steht überall außer Zweifel. Das Leben ist daher mit der Entstehung des Rechts auch unmittelbar verrechtlicht.

Das Tötungsverbot galt indes von Anfang an nicht uneingeschränkt. Zwei Durchbrechungen können geradezu den Anspruch klassischer Geltung er-

---

* Der Beitrag befindet sich insgesamt auf dem Stand von 2009.

[1] Vgl. *Dirk Fabricius*, Der Begriff des Tabus, in: *O. Depenheuer* (Hg.), Recht und Tabu, 2003, S. 27ff. (33ff.); vgl. zur Beibehaltung des – problematischen – strafrechtlichen Inzestverbots jetzt BVerfGE 120, 225 (238ff.).

[2] Zur Entstehung des Rechts und dem Übergang von vorrechtlichen zu rechtlichen Ordnungen vgl. hier nur einführend *Uwe Wesel*, Frühformen des Rechts in vorstaatlichen Gesellschaften, 1985.

[3] Zum fünften Gebot aus theologischer Sicht hier nur *Werner H. Schmidt*, Die zehn Gebote im Rahmen alttestamentarischer Ethik, 1993, S. 107ff.; *Frank-Lothar Hoßfeld*, Du sollst nicht töten. Das fünfte Dekaloggebot im Kontext alttestamentarischer Ethik, 2003; aus rechtlicher Sicht umfassend *Horst Dreier*, Grenzen des Tötungsverbots, Juristenzeitung 2006, S. 261ff., 317ff.

[4] Vgl. die Vortragssammlung: *Bernhard Mensen* SVD (Hg.), Recht auf Leben, Recht auf Töten. Ein Kulturvergleich, Nettetal 1992.

[5] Vgl. einerseits die Vorstellungen des Buddhismus und andererseits neuere Tendenzen der Tierethik, dafür prominent etwa *Peter Singer*, Animal Liberation, London ²1990, S. 27ff.

heben. Im Gegensatz zum individuellen Tötungsverbot hat die Gesellschaft als Ganzes nach außen und nach innen ein Tötungsrecht in ihrem Namen beansprucht, das zwar jeweils der besonderen Rechtfertigung bedurfte, aber nicht prinzipiell in Frage gestellt wurde.

Während der Bestand der Gruppe nach innen ein Tötungsverbot zwingend erforderte, war dies im Kriegs- und Verteidigungsfall nach außen gegenüber Feinden und Angreifern außer Kraft gesetzt. Die Tötung des Gegners war nicht nur erlaubt, sondern gerechtfertigt, wenn nicht sogar positiv verlangt.[6] Zunächst ethisch, erst in jüngerer Zeit auch rechtlich, wurde dieses Recht der Gesellschaften und Staaten, das ius ad bello, einzuhegen versucht. Römische Traditionen seit *Cicero*[7] und christliche Überlieferung unter dem überragenden Einfluss *Augustinus*'[8] haben mit der Lehre vom gerechten Krieg erste Grenzen gezogen, die das moderne Völkerrecht im Gefolge von *Grotius* prinzipiell übernommen hat.[9] Erst nach dem Ersten Weltkrieg setzten Versuche zur völkerrechtlichen Ächtung des Krieges ein, die nach dem Zweiten Weltkrieg in das Gewaltverbot des Art. 2 UN-Charta mündeten, das freilich weiterhin Maßnahmen der individuellen und kollektiven Selbstverteidigung sowie kollektive Zwangsmaßnahmen der UN bzw. in ihrem Auftrag zulässt.[10] Insbesondere die Haager Abkommen von 1899 und 1907 sowie mehrere Genfer Abkommen haben daneben das ius in bello, d.h. die Methoden und Mittel der Kriegsführung beschränkt, indem vor allem Regeln zum Schutz der Zivilbevölkerung erlassen wurden.[11] Die Staa-

---

[6] Eine bezeichnende Ausnahme bildete die christliche Auffassung vor der Konstantinischen Wende, vgl. *Paulus Engelhardt*, Die Lehre vom „gerechten Krieg" in der vorreformatorischen und katholischen Tradition, in: *R. Steinweg* (Hg.), Der gerechte Krieg, Frankfurt a.M. 1980, S. 72ff.; *David S. Bachrach*, Religion and the Conduct of War c. 300–1215, Woodbridge 2003, S. 24ff. und ebd. S. 7ff. zur Bedeutung der Konstantinischen Wende; Textsammlung: *Louis J. Swift*, The Early Fathers on War and Military Service, Wilmington 1983, S. 32ff.

[7] Vgl. *Sigrid Albert*, Bellum iustum, Kalmünz 1980, S. 12ff. auch zum Begründer Cicero.

[8] *Aurelius Augustinus*, Quaestiones in Heptateuchum VI, 10; zur Entwicklung der christlichen Auffassungen im Vergleich zu den islamischen instruktiv *John Kelsay/James Turner Johnson* (Hg.), Just War and Jihad. Historical and Theoretical Perspectives on War and Peace in Western and Islamic Traditions, New York 1991.

[9] *Wilhelm G. Grewe*, Epochen der Völkerrechtsgeschichte, Baden-Baden ²1988, S. 131ff., 240ff.; siehe auch zum freien Kriegsführungsrecht im 19. Jh. ebd., S. 623ff.

[10] Vgl. zur Entwicklung *Grewe*, Epochen, a.a.O., S. 783ff.; zum geltenden Völkerrecht vgl. hier nur *Torsten Stein/Christian von Buttlar*, Völkerrecht, Köln ¹¹2005, S. 291ff.; *Leslie Claude Green*, The Contemporary Law of Armed Conflicts, Manchester 1993, S. 67ff.; *Ingrid Detter*, The Law of War, Cambridge ²2000, S. 62ff.

[11] *Stein/Buttlar*, Völkerrecht, a.a.O., S. 473ff.; *Stefan Oeter*, Methods and Means of Combat, in: *D. Fleck* (Hg.), The Handbook of Humanitarian Law in Armed Conflicts, Oxford 1995, S. 105ff.; *Green*, Law, a.a.O., S. 220ff.; *Detter*, Law, a.a.O., S. 211ff.

tenpraxis hat sich durch diese rechtlichen Restriktionen allerdings insgesamt wenig beeindrucken lassen[12].

Innergesellschaftlich bildet die Todesstrafe die wichtigste Durchbrechung des generellen Tötungsverbots. Sie wird traditionell als legitime Form der Sanktionierung von schwerwiegenden, gesellschaftlich definierten Straftaten angesehen und insbesondere auch als „klassischer Ausdruck des Talionsgedankens"[13] zur Durchsetzung des Tötungsverbots selbst eingesetzt. Bis ins 20. Jahrhundert sehen fast alle Strafrechtskodifikationen die Todesstrafe vor.[14] Besonders im späten Mittelalter und in der frühen Neuzeit war sie nicht nur weit verbreitet, sondern wurde selbst für geringfügige Delikte verhängt,[15] Differenzierungen fanden gewissermaßen innerhalb der Todesstrafe[16] durch Verschärfungen wie Rädern, Vierteilung, Pfählen oder andere Methoden statt. Erst seit der Aufklärung wurde sie unter dem Einfluss *Beccarias*[17] allmählich etwas zurückgedrängt.[18] Jedenfalls in den westlichen Verfassungsstaaten ist sie nach dem Zweiten Weltkrieg zunehmend auf wenige Tatbestände beschränkt und schließlich überwiegend ganz abgeschafft worden.[19] Die Vereinigten Staaten bilden hier freilich nach wie vor die bedeutsamste Ausnahme,[20] da der Supreme Court nach einer stärker restriktiven Phase[21] die Todesstrafe prinzipiell gebilligt[22] und erst jüngst für bestimmte Fallgruppen wieder deutlichere Grenzen gezogen hat.[23] Dagegen

---

[12] Vgl. auch die neuere Debatte über den gerechten Krieg, ausgelöst von *Michael Walzer*, Just and Unjust Wars, 1977, New York ²1992; aus der jüngeren Literatur *Mark Evans* (Hg.), Just War Theory. A Reappraisal, Edinburgh 2005.

[13] *Hinrich Rüping/Günter Jerouschek*, Grundriss der Strafrechtsgeschichte, München ⁵2007, Rn. 168; guter knapper, historischer Überblick bei *Horst Dreier*, in: ders. (Hg.), GG-Kommentar, Bd III, Tübingen ²2008, Art. 102, Rn. 1ff.; umfassend ideengeschichtlich *James J. Megivern*, The Death Penalty. An Historical and Theological Survey, New York 1997, S. 9ff.

[14] *Dreier*, Art. 102, a.a.O., Rn. 16; zur Antike s. *Jens-Uwe Krause*, Kriminalgeschichte der Antike, München 2004, S. 20ff.

[15] *Richard van Dülmen*, Theater des Schreckens, München ³1988, S. 102ff.; *Richard J. Evans*, Rituals of Retribution, Capital Punishment in Germany 1600–1987, Oxford 1996, S. 27ff.; *Jürgen Martschukat*, Inszeniertes Töten. Eine Geschichte der Todesstrafe vom 17. bis zum 19. Jahrhundert, Köln 2000, S. 12ff.

[16] *Dreier*, Art. 102, a.a.O., Rn. 17.

[17] *Cesare Beccaria*, Über Verbrechen und Strafen (1764), § 16; vgl. dazu *B. Strub*, Der Einfluß der Aufklärung auf die Todesstrafe, Zürich 1973, S. 64ff.; *Evans*, Rituals, a.a.O., S. 127ff.

[18] Vgl. *Martschukat*, Töten, a.a.O., S. 54ff.

[19] Rechtsvergleichender Überblick bei *Dreier*, Art. 102, a.a.O., Rn. 32 ff.

[20] Vgl. dazu hier nur *Hugo Adam Bedau* (Hg.), The Death Penalty in America, Oxford 1997, S. 3ff.

[21] Vgl. vor allem *Furman v. Georgia*, 408 U. S. 153 (1972).

[22] *Gregg v. Georgia*, 428 U. S. 153 (1976); vgl. a. *John E. Nowak/Ronald D. Rotunda*, Constitutional Law, St. Paul ⁶2000, S. 548ff. mit weiteren Nachweisen.

[23] Vgl. *Atkins v. Virginia*, 536 U. S. 304 (2002), anders noch *Perry v. Lynaugh*, 492 U. S. 302 (1989) für geistig Behinderte; *Roper v. Simmons*, 543 U. S. 551 (2005), anders noch *Stanford v. Kentucky*, 492 U. S. 361 (1989) für Minderjährige.

wurde in Deutschland als Reaktion auf die exzessive Verhängung der Todesstrafe im Nationalsozialismus und die millionenfachen Morde außerhalb
justizförmiger Verfahren die Todesstrafe im Grundgesetz 1949 verfassungsrechtlich untersagt.[24] In Europa wurde die Abschaffung der Todesstrafe
(außerhalb von Kriegszeiten) völkerrechtlich erst durch Art. 1 des 6. Zu-
satzprotokolls der EMRK vom 28.04.1983 gewährleistet. Das am
01.07.2003 in Kraft getretene 13. Zusatzprotokoll hat dies zum kategorischen Verbot gesteigert.[25] In Theologie, Philosophie, Ethik und Jurispru-
denz ist der Streit um die Rechtfertigung der Todesstrafe freilich nicht endgültig ausgetragen,[26] obwohl jedenfalls außerhalb der USA ihre Befürworter
heute absolut in der Minderheit sind.[27]

II. Positive Rechtsgarantie des Lebens

Der negativen Absicherung des Lebens durch das Tötungsverbot korre-
spondiert heute jedenfalls im Grundgesetz eine positive Garantie des Le-
bensrechts durch das Grundrecht des Art. 2 Abs. 2 GG. Die grundrechtliche
Gewährleistung geht zurück auf die naturrechtliche Konzeption der Sicherung von life, liberty and property bei *Edward Coke*[28] und *John Locke*.[29] Als
förmliches Grundrecht wird diese Gewährleistung erstmals in der Virginia
Bill of Rights 1776 normiert[30] und findet dann in der Due Process Clause
des 5. Amendments der US Verfassung von 1868 Aufnahme.[31] In der europäischen und namentlich in der deutschen Verfassungstradition spielt das
Grundrecht allerdings bis zum Zweiten Weltkrieg keine nennenswerte Rol-

---

[24] Zur Entstehungsgeschichte des Art. 102 GG s. *Dreier*, Art. 102, a.a.O., Rn. 26.

[25] Vgl. *Dreier*, Art. 102, a.a.O., Rn. 28ff.

[26] So *Alexander Hollerbach*, Art. Todesstrafe, in: *W. Korff u. a.* (Hg.), Lexikon der Bioethik, Gütersloh 2000 Bd. III, S. 585ff. (585); *Dreier*, Art. 102, a.a.O., Rn. 14.

[27] Vgl. zum pro und contra *Hugo Adam Bedau/Paul G. Cassell* (Hg.), Debating the Death
Penalty, Oxford 2004; Überblick mit weiteren Nachweisen bei *Dreier*, Art. 102, a.a.O., Rn.
14f.

[28] *Edward Coke*, The Second Part of the Institutes of the Laws of England, Bd. II, London
⁴1671, vor allem im Kommentar zur Magna Carta, S. 1ff., insbes. S. 50ff.; vgl. dazu *Josef Bo-
hatec*, Die Vorgeschichte der Menschen- und Bürgerrechte in der englischen Publizistik der
ersten Hälfte des 17. Jahrhunderts, in: *R. Schnur* (Hg.), Zur Geschichte der Erklärung der
Menschenrechte, Darmstadt 1964, S. 267ff. (270ff.). Die Formel als solches verwendet Coke
aber noch nicht.

[29] *John Locke*, Two Treatises of Government (1689), II, § 87, 123f.; vgl. a. *Johannes Hahn*,
Der Begriff des property bei John Locke, Frankfurt a.M. 1984, S. 36ff.; *Raymond Polin*, John
Locke's Conception of Freedom, in: *J. W. Yolton* (Hg.), John Locke. Problems and Perspec-
tives, Cambridge 1969, S. 1ff. (6).

[30] Art. 1 Virginia Bill of Rights of 1776; vgl. a. *Willi Paul Adams*, Republikanische Verfassung und bürgerliche Freiheit, Darmstadt 1973, S. 149ff.

[31] *Nowak/Rotunda*, Law, a.a.O., S. 544ff.

le. Die Erfahrungen des Dritten Reiches und des Stalinismus[32] bewirkten
allerdings, dass zunächst einige Landesverfassungen[33] und 1949 das Grundgesetz das Recht auf Leben grundrechtlich verankern.[34] Die völkerrechtlichen Garantien sind noch jüngeren Datums. Zwar enthält schon Art. 3 der
Allgemeinen Erklärung der Menschenrechte von 1948 das Recht auf Leben,
verbindliche Wirkung entfaltet insoweit jedoch erst Art. 6 des Internationalen Paktes über bürgerliche und politische Rechte von 1966 und auf europäischer Ebene Art. 2 EMRK von 1950.[35]

Es ist vor allem die verfassungsrechtliche Rechtsprechung des Bundesverfassungsgerichts zum Recht auf Leben, die neben medizinischen und gesellschaftlichen Entwicklungen die zunehmende Verrechtlichung des Lebens wesentlich vorantreibt. Ausgangspunkt der Verdichtung der verfassungsrechtlichen Anforderungen ist die erste Entscheidung des Bundesverfassungsgerichts zum Schwangerschaftsabbruch, mit der es die strafrechtliche Fristenlösung des Gesetzgebers als Konsequenz der gesellschaftlichen und politischen Bestrebungen, das Abtreibungsrecht zu liberalisieren,
für verfassungswidrig erklärte.[36] In dieser Entscheidung nimmt das Gericht
drei grundlegende Weichenstellungen vor, die es später bestätigt, weiter
ausgebaut und fortgeführt hat. Erstens wird der Beginn des grundrechtlichen Lebensschutzes vom Zeitpunkt der Geburt, mit der regelmäßig die
Rechtssubjektivität des Einzelnen beginnt, auf den Zeitpunkt der Nidation
vorverlagert.[37] Nur durch diese Vorverlagerung war die Abtreibung verfassungsrechtlich zu domestizieren. Zweitens begründet das Bundesverfassungsgericht mit dieser Entscheidung erstmals eine grundrechtliche Schutzpflicht des Staates.[38] Während Grundrechte bis dahin prinzipiell als
Abwehrrechte verstanden wurden, wird der Gesetzgeber nunmehr zum aktiven Handeln verpflichtet, was seinerseits mit Grundrechtseingriffen gegenüber Dritten verbunden ist. Diese allgemeine Schutzpflicht, die dem Staat
ansonsten regelmäßig einen erheblichen Entscheidungsspielraum belässt, in
welcher Weise er der Schutzverpflichtung nachkommen will, wird in diesem Fall sogar so zugespitzt, dass der Lebensschutz den Staat bzw. Gesetzgeber zum allerschärfsten denkbaren Eingriff gegenüber der Schwangeren,

---

[32] Vgl. BVerfGE 18, 112 (117); 39, 1 (36f.); *Helmuth Schulze-Fielitz*, in: *H. Dreier* (Hg.),
GG-Kommentar Bd. I, Tübingen ²2004, Art. 2 II, Rn. 1.

[33] Art. 3 HessVerf., Art. 5 Abs. 2 Brem., Art. 3 RhPf., Art. 1 Saarl. Verf.

[34] *Schulze-Fielitz*, Art. 2 II, a.a.O., Rn. 4.

[35] *Schulze-Fielitz*, Art. 2 II, a.a.O., Rn. 6; Inkrafttreten IPBPR 1976, EMRK 1953.

[36] BVerfGE 39, 1.

[37] BVerfGE 39, 1 (37); 88, 203 (251f.).

[38] BVerfGE 39, 1 (36ff.); *Georg Hermes*, Das Grundrecht auf Schutz von Leben und Gesundheit, Heidelberg 1987, S. 43ff.; *Schulze-Fielitz*, Art. 2 II, a.a.O., Rn. 76 mit weiteren
Nachweisen; allgemein auch *Peter Unruh*, Zur Dogmatik der grundrechtlichen Schutzpflichten, Berlin 1996, S. 26ff.

nämlich zur strafrechtlichen Sanktionierung der Abtreibung zwingt.[39] Der
Schritt zur grundrechtlich begründeten staatlichen Handlungspflicht hatte
kaum zu überschätzende Konsequenzen, da die Schutzpflicht entgegen an-
fänglichen Einschätzungen kraft inhärenter Logik nicht zu begrenzen ist,
sondern im Gegenteil zu immer weiterer Ausdehnung tendiert.[40]

Schließlich greift das Bundesverfassungsgericht zur Begründung der
Schutzpflicht auf die Formulierung der Menschenwürdegarantie des Art. 1
Abs. 1 GG zurück, wonach der Staat die Menschenwürde „zu achten und zu
schützen" verpflichtet ist.[41] Dieser Begründungszusammenhang nötigt das
Gericht zu einer verhängnisvollen Gleichsetzung von Lebensrecht und
Menschenwürdegarantie mit dem Argument, das menschliche Leben sei
„vitale Basis der Menschenwürde".[42] Die Rechtsfolgen dieser Konstruktion
sind hochproblematisch. Zum einen ist die Menschenwürde im Gegensatz
zu allen anderen Grundrechten unantastbar, so dass Eingriffe in ihren
Schutzbereich nicht rechtfertigungsfähig und folglich immer unzulässig
sind.[43] Zum anderen werden durch die Anwendbarkeit der Menschenwürdegarantie alle Probleme, die den Lebensbeginn und das Lebensende betreffen, zu Verfassungsfragen erhoben, die nicht nur dem Gesetzgeber, sondern
sogar dem Verfassungsgesetzgeber entzogen sind, da die Verbürgung des
Art. 1 Abs. 1 GG der sog. Ewigkeitsgarantie des Art. 79 Abs. 3 GG unter-
fällt.[44] Allein das Bundesverfassungsgericht verfügt kraft seiner Interpreta-
tionsmacht über die Letztentscheidungskompetenz. Diese Rechtsfolgen
provozieren geradezu die permanente Hochzonung der Probleme auf die
Ebene der Verfassung.

Als weiterer Faktor der Verrechtlichung tritt die ebenfalls durch das Bundesverfassungsgericht entscheidend bewirkte generelle Ausweitung des Ge-
setzesvorbehalts und seine Steigerung zum Parlamentsvorbehalt in Fällen
intensivierter Grundrechtsrelevanz hinzu.[45] Diese Entwicklungen schließen
mehr und mehr aus, dass der Gesetzgeber wesentliche Fragen etwa des Me-
dizinrechts, die das Lebensrecht berühren, noch gesellschaftlicher Selbstre-
gulierung überlässt.

---

[39] Zu Recht kritisch schon die abweichende Meinung BVerfGE 39, 1 (68ff., bes. 73ff.).
[40] Kritisch zu den Schutzpflichten daher *Werner Heun*, Funktionell-rechtliche Schranken
der Verfassungsgerichtsbarkeit, Baden-Baden 1992, S. 66ff.
[41] BVerfGE 39, 1 (41), später schiebt das BVerfG diese Brücke immer mehr beiseite.
[42] BVerfGE 39, 1 (42).
[43] Vgl. *Horst Dreier*, in: *ders.*, GG-Kommentar, Bd. I, a.a.O., Art. 1 I Rn. 44 mit weiteren
Nachweisen.
[44] Vgl. *Dreier*, Art. 1 I, a.a.O., Rn. 43.
[45] BVerfGE 49, 89 (126f.); 53, 30 (56); 83, 130 (142, 152); 88, 103 (116); aus der Literatur
hier nur *Fritz Ossenbühl*, Vorrang und Vorbehalt des Gesetzes, Handbuch des Staatsrechts V,
Heidelberg ³2007, § 101, Rn. 41ff.

III. Drei Felder der Verrechtlichung

Prinzipiell lassen sich drei Hauptfelder rechtlicher Regelungen des Lebens unterscheiden, die in unterschiedlichem Maß neueren Verrechtlichungsschüben unterliegen.

Erstens erlaubt die Rechtsordnung in bestimmten Konstellationen dem Einzelnen oder dem Staat eine Abweichung vom Fremdtötungsverbot. Zweitens wirft insbesondere die moderne Apparatemedizin schwierige Fragen am Ende des Lebens auf, die von der Todesdefinition bis zu zulässigen Formen der Beendigung des (eigenen) Lebens reichen. Drittens haben die neuen Methoden der Biotechnologie rechtliche Probleme am Beginn des Lebens hervorgerufen.

1. Durchbrechungen des Fremdtötungsverbots

Abseits der Todesstrafe enthalten alle Rechtsordnungen Regeln über Durchbrechungen des Tötungsverbots, die vor allem im Strafrecht als Ausnahmetatbestände normiert sind. Die allgemeinen, nicht speziell auf Tötungsdelikte zugeschnittenen Erlaubnistatbestände der Notwehr und der Nothilfe zugunsten Dritter (§ 32 StGB) erlauben dem Einzelnen zur Verteidigung wichtiger Rechtsgüter gegenüber rechtswidrigen Angriffen, insbesondere des Lebens einzelner Personen, im Konfliktfall sogar die Tötung eines Angreifers.[46] Das Recht braucht dem Unrecht nicht zu weichen,[47] nur ein grobes Mißverhältnis zwischen verteidigtem Rechtsgut und Verteidigungshandlung kann die Tötung Dritter als Form der Verteidigung verbieten.[48] Im Fall des Notstandes ist die Situation diffiziler. Allgemein formuliert ist damit die Konstellation gemeint, dass bei einer gegenwärtigen Gefahr für ein bestimmtes Rechtsgut zu seiner Rettung Maßnahmen ergriffen werden dürfen, die andere Rechtsgüter verletzen, wenn die Gefahr nicht anders abwendbar ist. Im Fall des rechtfertigenden Notstandes muss das ge-

---

[46] Vgl. allgemein nur *Claus Roxin*, Strafrecht Allgemeiner Teil, Bd. I, München [4]2006, § 15, Rn. 1ff., S. 654ff.; teilweise wird dieses Recht sogar als naturrechtlich verankert angesehen s. *Kristian Kühl*, Strafrecht Allgemeiner Teil, München [5]2005, § 7 Rn. 1; es findet sich in praktisch allen Rechtsordnungen.

[47] So erstmals *Albert Friedrich Berner*, Lehrbuch des deutschen Strafrechts, Leipzig [18]1898, S. 107; *Kühl*, Strafrecht, a.a.O., § 7 Rn. 10.

[48] Zu den sozialethischen Beschränkungen der Notwehr *Kühl*, Strafrecht, a.a.O., § 7 Rn. 157ff.; *Thomas Fischer*, StGB, München [56]2009, § 32 Rn. 36ff.; *Theodor Lenckner/Walter Perron*, in: Schönke/Schröder, StGB, München [27]2006, § 32 Rn. 48ff.; *Klaus Marxen*, Die sozialethischen Grenzen der Notwehr, Frankfurt a.M. 1979, S. 54ff.; *Thomas Rönnau/Kristian Hohn*, in: StGB-Leipziger Kommentar, Bd. 2, Berlin [12]2006, § 32, Rn. 225ff.; *Volker Erb*, in: Münchner Kommentar – StGB, Bd. 1, München 2003, § 32 Rn. 176ff.

schützte das verletzte Rechtsgut deutlich überwiegen.[49] In der deutschen Rechtsordnung ist ein die Tötung eines Dritten rechtfertigender Notstand (§ 34 StGB) nicht denkbar, weil infolge der Einzigartigkeit eines jeden Lebens individuelles Leben jeder Abwägung qualitativer (junges gegen altes) oder quantitativer (ein Leben zugunsten mehrerer) Art grundsätzlich entzogen ist.[50] Allenfalls kann im Karneades-Fall,[51] dem entschuldigenden Notstand nach § 35 StGB, die individuelle Vorwerfbarkeit und damit die Strafbarkeit entfallen: wer den anderen von der rettenden Planke stößt um sich selbst (oder nahestehende Dritte) zu retten, kann höchstens entschuldigt aber nicht gerechtfertigt werden, er handelt rechtswidrig,[52] wird jedoch nicht mit Strafsanktionen belegt.[53] Hier handelt es sich um klassische Regelungen, die normativ nicht geändert, also seit langem nicht zusätzlich verrechtlicht wurden.[54]

Notwehr, Nothilfe und Notstand sind strafrechtliche Regelungen, die Handlungen zwischen Privaten betreffen. Sie können daher nicht staatliches Handeln positiv legitimieren und bilden keine gesetzliche Ermächtigung für die Staatsgewalt.[55] Deswegen enthalten die Polizeigesetze eine entsprechende Befugnisnorm, die die Polizei im Sinne der Nothilfe dazu ermächtigt, zur Gefahrenabwehr eine Person gezielt zu töten, wenn dies die einzige Möglichkeit darstellt, eine akute Lebensgefahr oder eine schwerwiegende Verletzung der körperlichen Unversehrtheit von Geiseln abzuwenden (finaler Rettungsschuss).[56] Die betreffende Person ist für ihre eigene Erschießung

---

[49] Dazu *Michael Pawlik*, Der rechtfertigende Notstand, Berlin 2002, S. 268ff.; *Roxin*, Strafrecht, a.a.O., § 16, Rn. 26ff.; *Kühl*, Strafrecht, a.a.O., § 8, Rn. 97ff.; *Frank Zieschang*, in: StGB-Leipziger Kommentar, Bd. 2, a.a.O., § 39, Rn. 52ff.

[50] Vgl. BGHSt 35, 347 (350); *Dreier*, Grenzen, a.a.O., S. 263f. mit weiteren Nachweisen; *Kühl*, Strafrecht, a.a.O., § 8, Rn. 154.

[51] Nach dem griechischen Rhetoriker Karneades vgl. *Alexander Aichele*, Was ist und wozu taugt das Brett des Karneades?, Jahrbuch für Recht und Ethik Bd. 11, Berlin (2003), S. 245ff.

[52] Der Angegriffene ist deshalb zur Notwehr berechtigt, siehe *Kühl*, Strafrecht, a.a.O., § 12, Rn. 16.

[53] Vgl. dazu *Roxin*, Strafrecht, a.a.O., § 22, Rn. 1ff.; *Kühl*, Strafrecht, a.a.O., § 12, Rn. 92ff.; *Dreier*, Grenzen, a.a.O., S. 264.

[54] Zur Notwehr, Nothilfe und Notstand im Mittelalter *Eberhard Schmidt*, Einführung in die Geschichte der deutschen Strafrechtspflege, Göttingen ³1964, § 62f.; die Peinliche Halsgerichtsordnung Kaiser Karls V (Carolina) von 1532 regelte in Art. 138ff. die Notwehr bei Tötungsdelikten sehr eingehend; die modernen Strafgesetzbücher wie das Preußische von 1851 (§ 41) und das StGB von 1871 (§ 53) regeln die Notwehr, rechtfertigender und entschuldigender Notstand kommen erst später hinzu.

[55] Zu diesem grundsätzlichen Unterschied vgl. nur *Bodo Pieroth/Bernhard Schlink/Michael Kneisel*, Polizei und Ordnungsrecht, München ⁵2008, § 12 Rn., 22ff.; davon scharf zu unterscheiden ist die Frage, ob Amtsträger sich auf diesen Strafausschließungsgrund berufen dürfen, was umstritten, aber wohl zu bejahen ist, vgl. dazu *Pawlik*, Notstand, a.a.O., S. 186ff.; *Kühl*, Strafrecht, a.a.O., § 7, Rn. 148ff.; *Erb*, § 32, a.a.O., Rn. 169ff.; der der herrschenden differenzierenden Theorie (keine Ermächtigungsgrundlage, aber Entschuldigungsgrund) folgt; ablehnend *Zieschang*, § 34, a.a.O., Rn. 6ff., bes. 16.

[56] Vgl. näher *Pieroth/Schlink/Kneisel*, Polizeirecht, a.a.O., § 24, Rn. 18ff.

selbst verantwortlich. Die Abwehr des rechtswidrigen Angriffs auf Leib oder Leben legitimiert auch den Eingriff in das Grundrecht auf Leben des Art. 2 Abs. 2 GG[57] – ohne dass hier die Menschenwürde ins Spiel gebracht wird. Trotz einer etwas wechselhaften Entwicklungsgeschichte dieser Befugnisse ist auch hier keine wesentliche Änderung der Verrechtlichung zu konstatieren.

Eine neue und über die Befugnisse des finalen Rettungsschusses qualitativ hinausgehende Regelung stellte die Ermächtigung des § 14 Abs. 3 des Luftsicherheitsgesetzes dar, die den Abschuss eines verdächtigen Flugzeugs und damit die Tötung der an Bord befindlichen unschuldigen Passagiere erlaubte, wenn es sich um einen terroristischen Akt handelt, der das Leben zahlreicher anderer unschuldiger Personen bedroht. Das Bundesverfassungsgericht hat die Norm indes für verfassungswidrig erklärt.[58] Der Abschuss lässt sich gerade nicht als finaler Rettungsschuss qualifizieren, da unschuldige Dritte getötet werden[59] – den Abschuss eines ausschließlich mit Terroristen besetzten Flugzeugs hält das Bundesverfassungsgericht konsequenterweise auch für zulässig,[60] da in diesem Fall die klassische polizeirechtliche Konstellation der Tötung des Verantwortlichen zur Rettung unbeteiligter Dritter vorliegt. Entscheidend für die Bewertung ist deshalb das Verbot der Abwägung zwischen Menschenleben, welches der strafrechtlichen Dogmatik zum Notstand zugrunde liegt und uneingeschränkt auf das Verfassungsrecht übertragen wird.[61] Folgt man diesem Prinzip ist der Abschuss nicht zu rechtfertigen, was strafrechtlich die Annahme eines übergesetzlichen entschuldigenden Notstandes[62] und damit Straffreiheit nicht ausschließt.[63] Die Rechtswidrigkeit des Staatshandelns bleibt davon unberührt.

Es darf allerdings bezweifelt werden, dass die These der Unabwägbarkeit des Lebens und der Absolutheit des Lebensschutzes unanfechtbar ist. Die Behauptung genereller Unabwägbarkeit ist unzutreffend. In Fällen kollidierender Handlungspflichten, etwa der Rettung von Menschen aus brennen-

---

[57] *Schulze-Fielitz*, Art. 2 II, a.a.O., Rn. 44, 62; vgl. auch Art. 2 Abs. 2 a EMRK.

[58] BVerfGE 115, 118 (139ff.); zu Recht kritisch zu dieser Entscheidung *Reinhard Merkel*, § 14 Abs. 3 Luftsicherheitsgesetz: Wann und warum darf der Staat töten?, Juristenzeitung 2007, S. 373ff.

[59] Vgl. *Dreier*, Grenzen, a.a.O., S. 266f.; auch kann die Norm nicht damit gerechtfertigt werden, dass das Leben in jedem Fall verloren sei; vgl. *Michael Pawlik*, § 14 Abs. 3 des Luftsicherheitsgesetzes – ein Tabubruch?, Juristenzeitung 2004, S. 1045ff. (1049ff.)

[60] BVerfGE 115, 118 (160ff.)

[61] Dezidiert *Dreier*, Grenzen, a.a.O., S. 265ff.; für das BVerfG folgt dies aus dem verfehlt herangezogenen Prinzip der Menschenwürde.

[62] Vgl. dazu *Kühl*, Strafrecht, a.a.O., § 12, Rn. 92ff.; *Roxin*, Strafrecht, a.a.O., § 22, Rn. 142ff.; *Thomas Rönnau*, in: StGB-Leipziger Kommentar, Bd. 2, a.a.O., Vor § 32, Rn. 342ff.; die Rechtsprechung hat einen nicht auf nahestehende Dritte beschränkten Entschuldigungsgrund bisher allerdings nicht anerkannt.

[63] BVerfGE 115, 118 (157); *Dreier*, Grenzen, a.a.O., S. 267; eingehend *Rönnau*, Vor § 32, a.a.O., Rn. 346ff.

den Häusern, kann und muss die Zahl der Menschenleben abgewogen werden.[64] Die Unzulässigkeit der Abwägung durch Private schließt außerdem
eine Abwägung durch den Staat nicht notwendig und zwingend aus. Der
Staat nimmt den Einzelnen gerade im Kriegs- und Verteidigungsfall[65] wie
etwa auch bei anderen Einsätzen (Feuerwehr) mit seinem Leben in die
Pflicht[66] und opfert es. Im Kriegsfall kann es zulässig sein, unbeteiligte Zi-
vilisten aktiv zu töten.[67] Es ist eine Wertungsfrage, inwieweit man Akte des
Terrorismus mit derartigen Konstellationen gleichsetzt oder davon abhebt.
Die Zulässigkeit einer Tötung unschuldiger Dritter im Fall terroristischer
Attacken ist daher keine Frage der Logik oder der Konsistenz der Wertungen, sondern eine grundlegende ethisch-politische Entscheidung, die vielleicht besser beim demokratischen Gesetzgeber als beim Bundesverfassungsgericht aufgehoben ist, was dieses durch die Anknüpfung an die Menschenwürde aber versperrt hat.

2. Verrechtlichung am Ende des Lebens

Der medizinische Fortschritt schiebt das Ende des Lebens immer weiter
hinaus und lässt zugleich im Übergang zwischen Leben und Tod schwierige
Abgrenzungsprobleme entstehen, die partiell und punktuell Verrechtlichungsprozesse ausgelöst haben. Zugleich bleibt bisher gerade das überkommene Strafrecht über die freiwillige Beendigung des Lebens unverändert. Daraus ergeben sich teilweise erhebliche Friktionen.

Nach geltendem Recht ist die Selbsttötung in Deutschland nicht strafbar,[68]
da die Tötungsdelikte die Tötung eines *anderen* Menschen voraussetzen.[69]
Folglich entfällt auch die Strafbarkeit von entsprechenden Teilnahmehand-
lungen wie Anstiftung und Beihilfe, da nach der herrschenden Akzessorie-
tätslehre eine tatbestandsmäßige rechtswidrige Haupttat eines anderen

---

[64] *Merkel*, Staat, a.a.O., S. 380f.; *Fischer*, StGB, a.a.O., § 34, Rn. 12f.

[65] BVerfGE 115, 118 (157) beschränkt seine Aussage explizit auf nichtkriegerische Einsät-
ze der Streitkräfte, mit der fatalen Konsequenz, daß Art. 1 I GG im Kriegsfall nicht anwendbar
sein kann.

[66] *Dreier*, Grenzen, a.a.O., S. 262f.; vgl. a. *Pawlik*, Tabubruch, a.a.O., S. 1052ff.

[67] Vgl. hier nur *Michael Bothe*, Friedenssicherung und Kriegsrecht, in: *W. Graf Vitzthum*
(Hg.), Völkerrecht, Berlin ³2004, Rn. 63ff.; *ders./K. J. Partsch/W. A. Solf*, New Rules for
Victims of Armed Conflicts, the Hague 1982, Art. 51 (S. 296ff.); *Oeter*, Methods, a.a.O., S.
162ff (Rn. 445ff.).

[68] Vgl. generell zur Straflosigkeit *Wilfried Bottke*, Suizid und Strafrecht, Berlin 1982, S.
32ff.; *Ralph Ingelfinger*, Grundlagen und Grenzbereiche des Tötungsverbots, Köln 2004, S.
218ff.; *Hartmut Schneider*, in: Münchner Kommentar-StGB, Bd. 3, München 2003, Vor § 211,
Rn. 30f.

[69] *Bottke*, Suizid, a.a.O., S. 35; *Ingelfinger*, Grundlagen, a.a.O., S. 219; *Fischer*, StGB,
a.a.O., Vor § 211, Rn. 10a.

Strafbarkeitsvoraussetzung ist.[70] Im freiheitlichen Verfassungsstaat gibt es auch keine ethisch-politische[71] oder verfassungsrechtliche Grundlage für eine Strafbarkeit des Suizids,[72] auch wenn der Bundesgerichtshof einst andere moralische Wertungen geäußert hat.[73] Weder ethisch noch rechtlich gibt es eine Pflicht zum Leben.[74] Verfassungs- und grundrechtlich wird man die Suizidhandlung[75] dabei wohl nicht im Lebensrecht des Art. 2 Abs. 2 GG gewissermaßen als dessen negative Kehrseite verankern können,[76] da die Auslöschung des Schutzguts des Lebens schwerlich als Teil der Grundrechtsausübung qualifiziert werden kann.[77] Richtigerweise fällt die Selbsttötung aber jedenfalls in den Schutz der allgemeinen Handlungsfreiheit des Art. 2 Abs. 1 GG[78] und ist zudem in der Autonomie des Menschen, die durch die Menschenwürdegarantie des Art. 1 Abs. 1 GG fundiert wird, begründet.[79] Das Verfassungsrecht erkennt insoweit ein Recht auf den eigenen Tod, die Bestimmung des Todeszeitpunkts und das Recht in Würde zu sterben, an. Ein Rechtfertigungsgrund, der die strafrechtliche Sanktionierung der Selbsttötung durch den Staat als Eingriff in die grundrechtlich geschützte Autonomie legitimieren könnte, ist nicht erkennbar.[80] Die auch jüngst wieder in Anknüpfung an

---

[70] *Kühl*, Strafrecht, a.a.O., § 20, Rn. 134ff.

[71] Seit der Antike ist die ethische Bewertung umstritten, vgl. *Georges Minois*, Geschichte des Selbstmords, Düsseldorf 1996, S. 19ff.; *M. Bormuth*, Ambivalenz der Freiheit. Suizidales Denken im 20. Jahrhundert, Göttingen 2008, S. 23ff.; Platon und Aristoteles verurteilen sie, Kyniker und Stoiker bejahen sie (vgl. hierzu *Rudolf Hirzel*, Der Selbstmord, Archiv für Religionswissenschaft 11 (1908), S. 75ff., 243ff.; 417ff. (bes. 269ff. 277ff.); die Ablehnung im Christentum beruht maßgeblich auf Augustinus, De civitate Dei, I, 17f.; (vgl. *Dagmar Hofmann*, Suizid in der Spätantike, Stuttgart 2007, S. 52ff.)

[72] *Dreier*, Grenzen, a.a.O., S. 319.

[73] BGHSt 6, 147 (153); siehe auch BGHSt 46, 279 (285); kritisch dazu *D. Sternberg-Lieben*, Anmerkung, Juristenzeitung 2002, S. 153ff.

[74] *Ingelfinger*, Grundlagen, a.a.O., S. 220; *Günter Jakobs*, Tötung auf Verlangen, Euthanasie und Strafrechtssystem, München 1988, S. 13.

[75] Eingehender Überblick über die Lösungsansätze *Jörg Antoine*, Aktive Sterbehilfe in der Grundrechtsordnung, Berlin 2004, S. 218ff., mit weiteren Nachweisen.

[76] So *Udo Fink*, Selbstbestimmung und Selbsttötung, Köln 1992, S. 82ff.

[77] Vgl. a. *Johannes Hellermann*, Die sogenannte negative Seite der Grundrechte, Berlin 1993, S. 33f.; *Schulze-Fielitz*, Art. 2 II, a.a.O., Rn. 32 mit weiteren Nachweisen; *Kai Möller*, Selbstmordverhinderung im freiheitlichen Staat, Kritische Vierteljahresschrift für Gesetzgebung und Rechtswissenschaft 88 (2005), S. 230ff. (234).

[78] *Cathrin Correll*, in: Alternativ-Kommentar GG, Art. 2 II, Rn. 41; *Philip Kunig*, in: *I. v. Münch/P. Kunig*, GG-Kommentar, Bd. I, München ⁵2000, Art. 2, Rn. 12.

[79] *Dreier*, Art. 1 I, a.a.O., Rn. 157; s. a. *Möller*, Selbstmordverhinderung, a.a.O., S. 232ff., der es im allgemeinen Persönlichkeitsrecht des Art. 2 I i.V.m. 1 I GG situiert; ähnlich *Antoine*, Sterbehilfe, a.a.O., S. 251f.

[80] Vgl. *Möller*, Selbstmordverhinderung, a.a.O., S. 231; *Dreier*, Grenzen, a.a.O., S. 319; missverständlich ist die vor allem in der Strafrechtswissenschaft verbreitete Auffassung, es gebe kein „grundrechtliches Recht auf Selbsttötung" (*Fischer*, StGB, a.a.O., Vor § 211, Rn. 10c mit weiteren Nachweisen). Ein solches positives Recht gibt es nicht, ein Verbot wäre gleichwohl ein Verfassungsverstoß.

Moralvorstellungen der 50er Jahre geäußerte vereinzelte Auffassung, die Autonomie gelte „nur zur eigenbestimmten Führung und Ausgestaltung seines bestehenden Lebens" und umfasse nicht „die Zerstörung der physischen Existenz"[81], ist unhaltbar, da sie inhaltlich und moralisch vorschreiben will, wie der Einzelne seine Autonomie ausüben soll, und konsequent jegliche Selbstschädigung als autonomiewidrig verurteilen muss. Sie ist mit der Grundkonzeption menschlicher Autonomie des Grundgesetzes unvereinbar.[82]

Die eindeutige Straflosigkeit der Selbsttötung und der Beteiligung Dritter wird allerdings in problematischer Weise ergänzt durch die Strafbarkeit der Tötung auf Verlangen (§ 216 StGB). Dieser Straftatbestand wirft bis heute schwierige Abgrenzungen zwischen strafloser Beihilfe zur Selbsttötung und strafbarer Tötung auf Verlangen auf.[83] Entscheidend ist nach allgemeiner Auffassung, ob der Suizident oder der Beteiligte die sogenannte Tatherrschaft hat.[84] Das Paradebeispiel, dass das Reichen eines Stricks für die Selbsttötung straflos ist, aber das Nichtabschneiden, wenn der Suizidtäter sich mit dem Strick erhängt hat und bewusstlos, aber noch nicht tot ist, strafbar,[85] zeigt die Absurdität der Rechtsprechung plastisch auf. Rechtfertigen lässt sich die Strafbarkeit der Tötung auf Verlangen[86] zudem lediglich mit der Missbrauchsgefahr, die in der Beteiligung Dritter liegt,[87] was nur begrenzt tragfähig erscheint.[88]

---

[81] *Dieter Lorenz*, Aktuelle Verfassungsfragen der Euthanasie, Juristenzeitung 2009, S. 57ff. (60), der bezeichnenderweise die allgemeine Handlungsfreiheit völlig unerwähnt lässt und so zu dem Schluss kommt, der Suizid sei gar nicht geschützt.

[82] Bei *Jean Amery*, Hand an sich legen, Stuttgart 1976, S. 52f. erscheint der Suizid in Anlehnung an *Jean Baechler* geradezu als „Privileg des Humanen"; vgl. auch schon *Arthur Schopenhauer*, Die beiden Grundprobleme der Ethik (1840) in: *ders.*, Sämtliche Werke (Großherzog Wilhelm Ernst Ausgabe), Bd. III, S. 517 (2. Abhandlung § 5); s. ferner *ders.*, Die Welt als Wille und Vorstellung I, IV, § 69 (ebd. I, S. 521f.) und Parerga und Paralipomina II, ch. 13, § 157 (ebd. IV, S. 332ff.).

[83] Vgl. BGHSt 19, 135 (139f.); eingehend *Ingelfinger*, Grundlagen, a.a.O., S. 224ff.; das ärztliche Standesrecht verbietet auch die ärztliche Beihilfe zum Suizid, die straflos ist, siehe *Klaus Kutzer*, Patientenautonomie und Strafrecht bei der Sterbebegleitung, Verhandlungen 66. Deutscher Juristentag, 2006, Bd. II/1, N 9ff. (31).

[84] *Fischer*, StGB, a.a.O., vor § 211, Rn. 10 b; *Bottke*, Suizid, a.a.O., S. 65ff.

[85] BGHSt 2, 150 (156); 32, 367 (375f.); kritisch zur Theorie des Tatherrschaftswechsels v. a. *Schneider*, Vor § 211ff. , a.a.O., Rn. 67ff. bes. 73.

[86] Eingehend zu den verschiedenen Begründungsansätzen *Jakobs*, Tötung, a.a.O., S. 14ff.; *Ingelfinger*, Grundlagen, a.a.O., S. 165ff.; *Antoine*, Sterbehilfe, a.a.O., S. 375ff.

[87] Vgl. die Qualifizierung als abstraktes Gefährdungsdelikt bei *Jakobs*, Tötung, a.a.O., S. 19, 23; *Antoine*, Sterbehilfe, a.a.O., S. 380ff.; kritisch dazu *Ingelfinger*, Grundlagen, a.a.O., S. 195f.

[88] *Antoine*, Sterbehilfe, a.a.O., S. 387f. hält § 216 im Fall von nicht zum Suizid fähigen Patienten daher für verfassungswidrig.

Die Dilemmata werden bei schweren Krankheiten am Lebensende[89] drastisch evident. Die Strafbarkeitsnorm des § 216 StGB gilt grundsätzlich auch gegenüber Ärzten und stellt die sogenannte aktive direkte Sterbehilfe durch Ärzte, also eine aktive und gezielte Tötung von Patienten unter Strafe. Die Einwilligung des Betroffenen schließt die Strafe gerade nicht aus.[90] Das gilt selbst dann, wenn der Patient nicht mehr in der Lage ist, eigenhändig Suizid zu begehen.[91]

Davon zu unterscheiden ist der Fall der sogenannten aktiven indirekten Sterbehilfe, bei der ein Arzt dem Patienten mit dessen Einverständnis hochwirksame Schmerzmittel zur Linderung meist schwerer oder unerträglicher Schmerzen verabreicht, die als unvermeidbare Nebenwirkung den Todeseintritt beschleunigen. Tatbestandsmäßig wird in diesem Fall § 216 StGB verwirklicht, die Rechtsprechung stellt das Handeln des Arztes – zwar im Einklang mit katholischer Moraltheologie,[92] aber im Widerspruch zur Dogmatik des § 216 StGB – gleichwohl straffrei[93] und dokumentiert damit die Fragwürdigkeit der Regelung.

Die sogenannte passive Sterbehilfe, d.h. der Behandlungsabbruch mit Todesfolge aufgrund des realen oder mutmaßlichen Einverständnisses des Patienten fällt aufgrund der spezifischen juristischen Konstruktion von Behandlungsmaßnahmen völlig aus der Strafbarkeit heraus.[94] Ausgangspunkt ist das Selbstbestimmungsrecht des Einzelnen und seine körperliche Integrität.[95] Jeder Eingriff in die körperliche Integrität, und das bedeutet jegliche ärztliche Heilbehandlung einschließlich lebenserhaltender Maßnahmen wie Magensonde und Infusion, bedarf zu ihrer Rechtfertigung der Einwilligung des Patienten. Andernfalls stellt der Eingriff eine Körperverletzung

---

[89] Zur Sterbehilfe historisch *Udo Benzenhofer*, Der gute Tod? Euthanasie und Sterbehilfe in Geschichte und Gegenwart, München 1999, S. 13ff.; und rechtsvergleichend *Thela Wernstedt*, Sterbehilfe in Europa, Frankfurt a.M. 2004, S. 36ff.

[90] *Ingelfinger*, Grundlagen, a.a.O., S. 244ff.

[91] BGH, Neue Juristische Wochenschrift 2003, S. 2326ff., obwohl „das Lebensrecht zur schwer erträglichen Lebenspflicht" werde.

[92] Vgl. dazu und zur amerikanischen Rechtslage *Alan Meisel*, The Right to Die, New York ²1995, 2 Bde. I, S. 478ff.; zu den kirchlichen Positionen auch *Michael Seibert*, Rechtliche Würdigung der aktiven indirekten Sterbehilfe, Konstanz 2003, S. 55ff.

[93] BGHSt 42, 301 (305); vgl. *Albin Eser*, in: Schönke/Schröder, StGB, München ²⁷2006, Vor § 211ff., Rn. 26; der die Konstruktionsnöte deutlich macht; vgl. ferner *Ingelfinger*, Grundlagen, a.a.O., S. 257ff.; *Jakobs*, Tötung, a.a.O., S. 26f.; *Fischer*, StGB, a.a.O., Vor § 211, Rn. 18, 18a; *Seibert*, Würdigung, a.a.O., S. 92ff.

[94] *Ingelfinger*, Grundlagen, a.a.O., S. 275ff.; im Ergebnis besteht Einigkeit, in der konstruktiven Begründung nicht; vgl. *Fischer*, StGB, a.a.O., Vor § 211, Rn. 19ff.

[95] BVerfGE 52, 131 (168); vgl. *Torsten Verrel*, Patientenautonomie und Strafrecht bei der Sterbebegleitung, Gutachten C, 66. Deutscher Juristentag, München 2006, C 37f.; *Nationaler Ethikrat*, Selbstbestimmung und Fürsorge am Lebensende, Berlin 2006, S. 57ff.; ebenso das amerikanische Recht: *Werner Heun*, The Right to Die – Terri Schiavo, Assisted Suicide und ihre Hintergründe in den USA, Juristenzeitung, 2006, S. 425ff.

dar.[96] Deshalb ist die Aufnahme oder Fortführung einer Behandlung durch die Einwilligung rechtfertigungsbedürftig.[97] Der Behandlungsabbruch mit Einwilligung ist juristisch nichts anderes als das Unterlassen einer Körperverletzung und deshalb rechtlich keine Tötung (auf Verlangen). Die Rechtslage ist eindeutig und klar bei einwilligungsfähigen Patienten,[98] wird freilich zum Problem bei einwilligungsunfähigen Personen. Hier wird weitgehend auf den mutmaßlichen Willen abgehoben,[99] was häufig auf Fiktionen hinausläuft. Eine blinde Vermutung zugunsten des Lebens und damit der – unbegrenzten – Weiterbehandlung[100] ist aber noch weniger überzeugend. Die amerikanische Rechtsprechung stellt deshalb überzeugender umso mehr auf das objektive Interesse ab, je unklarer und unsicherer der Patientenwille zu ermitteln ist.[101]

Insgesamt ist in diesem Bereich zwar erhebliche Rechtsunsicherheit[102] und eine schwankende Rechtsprechung zu beobachten, aber kaum eine Verrechtlichung. Es stellt vielmehr eher das Problem dar, dass die Gesetzeslage seit 100 Jahren weitgehend unverändert ist. Allenfalls soll nun durch eine Regelung der Patientenverfügung eine Detailfrage gesetzlich geklärt werden,[103] während sonstige Normierungsvorschläge bisher erfolglos geblieben sind.[104]

---

[96] BVerfGE 52, 131 (168), vgl. schon RGSt 25, 375 (378); zustimmend z.B. *Dieter Dölling,* in: *ders./G. Duttge/D. Rössner* (Hg.), Gesamtes Strafrecht, Baden-Baden 2008, S. 225 Rn. 9; *Klaus Kutzer,* Sterbehilfeproblematik in Deutschland, Medizinrecht 2001, 77ff. (77); die Literatur lehnt das allerdings zum Teil ab, vgl. inbesondere *Hans Lilie,* in: Leipziger Kommentar – StGB, Bd. 6, Berlin [11]2005, Vor § 223, Rn. 3ff.

[97] Dezidiert *Volker Lipp,* Patientenautonomie und Lebensschutz, Göttingen 2005, S. 11f., 18; *ders.,* Stellvertretende Entscheidungen bei passiver Sterbehilfe, in: *A. T. May et al.* (Hg.), Passive Sterbehilfe. Besteht gesetzlicher Regelungsbedarf?, Münster 2002, S. 37ff. (41ff., 48f.); im Ansatz verfehlt daher die im strafrechtlichen Schrifttum verbreitete Auffassung, der Patient müsse „ein Veto" einlegen, vgl. z.B. *Schneider,* Vor § 211, a.a.O., Rn. 105; *Burkhard Jähnke,* in: Leipziger Kommentar – StGB, Bd. 5, Berlin [11]2005, Vor § 211, Rn. 13, 18, 20a „Behandlung unterbinden".

[98] BGHSt 11, 111 (112ff.); *Ingelfinger,* Grundlagen, a.a.O., S. 277ff.; das ist unstreitig.

[99] BGHSt 40, 257 (262); *Eser,* Vor § 211ff. , a.a.O., Rn. 28 a, b.

[100] So *Eva Schumann,* Dignitas-Voluntas-Vita, Göttingen 2006, S. 40ff., die nur bei positiver Kenntnis des entgegenstehenden Willens die Behandlung abbrechen will; ähnlich *Gunnar Duttge,* Preis der Freiheit, Thüngersheim [2]2006, S. 55ff.

[101] *Heun,* Schiavo, a.a.O., S. 428f.

[102] Vgl. nur *Torsten Verrel,* Konsequenzen aus den Ergebnissen des Deutschen Juristentages in: *G. Duttge* (Hg.), Ärztliche Behandlung am Lebensende, Göttingen 2008, S. 9ff. (16 f.) mit weiteren Nachweisen.

[103] Zum Problem der Patientenverfügungen vgl. hier nur BGHZ 154, 205; 163, 195; *Enquete-Kommission, Ethik und Recht der modernen Medizin,* Zwischenbericht, Patientenverfügungen, Zur Sache 2/2005 (BT-Drs. 15/3700), S. 34ff.; *Verrel,* Gutachten, a.a.O., S. 79ff.; *Lipp,* Patientenautonomie, a.a.O., S. 21ff.; *Marion Albers* (Hg.), Patientenverfügungen, Baden-Baden 2008; knapp *Dreier,* Grenzen, a.a.O., S. 323ff. mit weiteren Nachweisen; siehe jetzt die drei divergierenden Gesetzentwürfe: BT-Drs. 16/8442; 16/11360; 16/11493, der erstere ist inzwischen Gesetz geworden (BGBl. 2009 I, 2286).

[104] Vgl. die Vorschläge des 66. DJT 2006, in: Verhandlungen des 66. Deutschen Juristentages, Stuttgart 2006, Bd. II, N 211ff. = N 73ff.

Als eine Verrechtlichung im eigentlichen Sinn kann in diesem Bereich nur qualifiziert werden, dass der Gesetzgeber eine gesetzliche Regelung der Organtransplantation erlassen hat, die das Hirntodkriterium zur Feststellung des Todeszeitpunktes heranzieht (§ 3 TPG vom 05.11.1997). Rechtlich war der Tod bis in die jüngste Zeit als ein unzweifelhaft vorgegebenes Ereignis hingenommen worden.[105] Die bisherige Selbstverständlichkeit der Gleichsetzung von Herz- und Kreislaufstillstand mit dem Tod war jedoch durch die Möglichkeiten der künstlichen Beatmung und Wiederbelebung sowie die erste Herztransplantation medizinisch erschüttert worden. Deshalb hat die Harvard Medical School 1968[106] das Hirntodkonzept entwickelt, welches von der Bundesärztekammer 1982[107] und sodann von der Rechtswissenschaft nahezu einhellig akzeptiert wurde.[108] Angesichts der Notwendigkeit einer Regelung der bisher nicht normierten Organtransplantation ist das Konzept des Hirntodes, das wesentliche Voraussetzung für die Durchführung der meisten Organtransplantationen ist, kritisiert und in Frage gestellt worden.[109] Der Gesetzgeber hat das Konzept allerdings nach intensiver und heftiger Debatte übernommen und damit die Todeskriterien verrechtlicht. Auch diese Frage ist zugleich unmittelbar auf die Verfassungsebene gehoben worden, da die Reichweite des Grundrechts auf Leben naturgemäß durch die Grenze des Todes bestimmt wird. Während in den meisten Fällen eine Differenzierung zwischen Herz- und Kreislaufstillstand und Hirntod als Todeskriterium irrelevant ist, können bei intensiv-medizinischer Aufrechterhaltung der Herz- und Kreislauftätigkeit klinischer Tod und Hirntod zeitlich weit auseinanderfallen. Die Zulässigkeit von Behandlungsabbruch und Organentnahme hängt in diesen Konstellationen entscheidend davon ab, ob das Grundrecht auf Leben des Art. 2 Abs. 2 GG dem hirntoten Patienten noch zusteht oder nicht. Nicht nur in der Gesetzgebung, sondern auch

---

[105] Klassisch *Friedrich Carl von Savigny*, System des heutigen Römischen Rechts, Bd. 2, Berlin 1840, S. 17: „Der Tod als die Gränze der natürlichen Rechtsfähigkeit ist ein so einfaches Naturereignis, daß derselbe nicht, wie die Geburt, eine genauere Feststellung seiner Elemente nöthig macht".

[106] *Ad hoc Committee of the Harvard Medical School*, A Definition of Irreversible Coma, JAMA 205 (1968), S. 337ff.

[107] *Bundesärztekammer*, Kriterien des Hirntodes mit Entscheidungshilfe zur Feststellung des Hirntodes, Dt. Ärzteblatt 1982, S. 45ff.

[108] Vgl. z. B. *Hans-Ludwig Schreiber*, Kriterien des Hirntodes, Juristenzeitung 1983, S. 593ff.; *Palandt-Henrichs*, BGB, München [55]1996, § 1, Rn. 3; *Eduard Dreher/Herbert Tröndle*, StGB, München [47]1995, vor § 211, Rn. 3 (Stand vor Erlass des TPG).

[109] Ausgelöst wurde die Debatte von *Johannes Hoff/Jürgen in der Schmitten* (Hg.), Wann ist der Mensch tot?, Reinbek 1994, erw. 1995; für Kritik aus jüngster Zeit siehe *Alan Shewmon*, The Brain and Somatic Integration, Journal of Medicine and Philosophy 26 (2001), S. 457ff.; *Franklin Miller/Robert D. Truog*, Rethinking the Ethics of Vital Organ Donations, Hastings Center Report 38 (2008), S. 38ff.

in der Verfassungsrechtswissenschaft[110] und der Rechtsprechung[111] hat sich das Hirntodkonzept trotz heftigen Widerstandes indes zu Recht durchgesetzt. Entscheidend dazu beigetragen hat zweifellos der weitgehende Konsens der Ärzteschaft in dieser Frage.

3. Verrechtlichung des Lebensbeginns

Eine ähnliche Verschränkung von Gesetzgebung und Verfassungsrechtsargumentation ist auf dem (noch stärker umstrittenen und umkämpften) dritten Feld zu beobachten, das den Beginn des Lebens und das vorgeburtliche Leben insgesamt betrifft. Das Recht lässt die Rechtsfähigkeit und damit eine Inanspruchnahme von (subjektiven) Rechten regelmäßig erst mit der Geburt beginnen, wie § 1 BGB es klassisch normiert.[112] Auf der Ebene des Verfassungsrechts hat das Bundesverfassungsgericht den Grundrechtsschutz des Art. 2 Abs. 2 GG indes vorverlagert, um den gesetzgeberischen Spielraum bei der Liberalisierung des Schwangerschaftsabbruchs scharf zu beschränken. In diesen Entscheidungen lässt das Bundesverfassungsgericht das Leben „jedenfalls" mit der Nidation beginnen.[113] Infolge der behaupteten Untrennbarkeit von Leben und Menschenwürde setzt auch der Schutz der Menschenwürde zum gleichen Zeitpunkt ein. Freilich hat diese Konstruktion erhebliche Inkonsistenzen zur Folge, da ein Schwangerschaftsabbruch außerhalb der medizinischen Indikation nicht rechtfertigungsfähig wäre, das Bundesverfassungsgericht aber Abtreibungen in weit größerem Umfang unter Anerkennung weiterer, wenig begrenzbarer Indikationslagen für verfassungsrechtlich zulässig hält.[114] Die formale Qualifizierung der betreffenden Schwangerschaftsabbrüche als rechtswidrig[115] ändert daran nichts.

---

[110] Vgl. eingehend *Werner Heun*, Der Hirntod als Kriterium des Todes des Menschen – Verfassungsrechtliche Grundlagen und Konsequenzen, Juristenzeitung 1996, S. 213ff.; *Ines Klinge*, Todesbegriff, Totenschutz und Verfassung, Baden-Baden 1996, S. 88ff.; *Schulze-Fielitz*, Art. 2 II, a.a.O., Rn. 30f. mit weiteren Nachweisen; *Michael Anderheiden*, „Leben" im Grundgesetz, Kritische Vierteljahresschrift für Gesetzgebung und Rechtswissenschaft 84 (2001), S. 353ff. (371ff.).

[111] Das BVerfG hat eine gegen das TPG gerichtete Verfassungsbeschwerde nicht einmal angenommen. BVerfG (1. Kammer des Ersten Senats), Neue Juristische Wochenschrift 1999, S. 3403f.

[112] „Die Rechtsfähigkeit des Menschen beginnt mit Vollendung der Geburt".

[113] BVerfGE 39, 1 (37); 88, 203 (251f.); kritisch zur Interpretation des Lebensbegriffs durch das Bundesverfassungsgericht auch *Michael Anderheiden*, (Re-)Biologisierung des Rechts?, Zeitschrift für Gesetzgebung 2002, S. 151ff. (160ff.).

[114] Zur Kritik vgl. *Horst Dreier*, Menschenwürdegarantie und Schwangerschaftsabbruch, Die Öffentliche Verwaltung 1995, S. 1036ff. (1039f.); *Werner Heun*, Embryonenforschung und Verfassung – Lebensrecht und Menschenwürde des Embryos, Juristenzeitung 2002, S. 517ff.

[115] BVerfGE 88, 203.

Trotz der Inkonsistenzen und Fragwürdigkeit der Rechtsprechung waren aber damit zunächst einmal die Rechtsfragen mehr oder weniger verbindlich festgezurrt. Die Methoden der Biotechnologie haben allerdings die Problematik des rechtlichen Beginns des Lebens neu aufgeworfen. Verbreitet ist deshalb rechtlich der Lebensbeginn auf den Zeitpunkt der Verschmelzung von Ei- und Samenzelle vorverlegt worden.[116] Der Gesetzgeber hat sich dieser Auffassung einerseits mit dem Embryonenschutzgesetz vom 13.12.1990 angeschlossen.[117] § 8 definiert den Embryo in diesem Sinn und lässt die künstliche Befruchtung nur in engen Grenzen zu,[118] Forschung an Embryonen,[119] Präimplantationsdiagnostik[120] und therapeutisches Klonen[121] werden dagegen nach ganz herrschender Lesart verboten. Andererseits hat der Gesetzgeber – in partiellem Widerspruch zu den grundsätzlichen Regelungen des Embryonenschutzgesetzes – die Einfuhr von sogenannten Stammzelllinien aus dem Ausland im Stammzellgesetz vom 28.06.2002 ermöglicht, soweit sie vor einem bestimmten Stichtag erzeugt worden sind.[122] Die Glaubwürdigkeit und Konsistenz des Gesetzgebers ist zudem zusätzlich dadurch erschüttert worden, dass der Stichtag 2008 noch einmal verlegt worden ist.[123] Jedenfalls auf einfachgesetzlicher Ebene ist der Beginn des Lebens insofern vorverlagert und verrechtlicht worden.

Die politische und ethische Debatte, die zu den gesetzgeberischen Entscheidungen geführt hat, wird vielfach überlagert und verdrängt durch die parallele und bei weitem nicht abgeschlossene verfassungsrechtliche Diskussion über den Beginn des grundrechtlichen Lebens- und Würdeschutzes. Infolge der letztverbindlichen Interpretationskompetenzen des Bundesverfassungsgerichts entscheiden sich auf diesem Feld Notwendigkeit und Zulässigkeit, Umfang und Reichweite des Embryonenschutzes. Die Streitfrage ist immer noch offen, ein Urteil des Bundesverfassungsgerichts ist noch nicht gefällt. Das Spektrum der Auffassungen reicht insoweit von der Kern-

---

[116] *Schulze-Fielitz*, Art. 2 II, a.a.O., Rn. 29 mit weiteren Nachweisen.

[117] BGBl. I 1990, S. 2746; vgl. zum Folgenden auch den Kommentar *Hans-Ludwig Günther/Jochen Taupitz/Peter Kaiser*, Embryonenschutzgesetz, Stuttgart 2008 mit zahlreichen Nachweisen.

[118] § 1 ESchG; vgl. dazu *Werner Heun*, Restriktionen assistierter Reproduktion aus verfassungsrechtlicher Sicht, in: *G. Bockenheimer-Lucius u.a.* (Hg.), Umwege zum eigenen Kind, Göttingen 2008, S. 49ff.

[119] § 2 ESchG; *Reinhard Merkel*, Forschungsobjekt Embryo, München 2002.

[120] Vgl. hier nur *Barbara Böckenförde-Wunderlich*, Präimplantationsdiagnostik als Rechtsproblem, Tübingen 2002, S. 118ff. mit Nachweisen zum Diskussionsstand.

[121] § 6 ESchG verbietet Klonen generell, also reproduktives wie therapeutisches Klonen ohne Unterschied; vgl. hierzu nur etwa *Henning Rosenau*, Reproduktives und therapeutisches Klonen, in: *FS H.-L. Schreiber*, Heidelberg 2003, S. 761ff.; *Ingo Hildebrand u.a.* (Hg.), Klonen – Stand der Forschung, ethische Diskussion, rechtliche Aspekte, Stuttgart ²2002.

[122] BGBl. I 2002, S. 2277.

[123] BT-Drs. 16/7981; BGBl. I 2008, S. 1708; das Änderungsgesetz verschiebt den Stichtag vom 01.01.2002 auf den 01.05.2007.

verschmelzungsthese bis hin zur vereinzelten Behauptung, der Lebens-
bzw. Würdeschutz setze erst mit oder sogar nach der Geburt[124] ein. Die Details können in ihrer ganzen Vielfalt hier nicht ausgebreitet werden.[125]

Eine Erstreckung jeglichen grundrechtlichen Lebens- oder Würdeschutzes
auf die Zeit vor der Nidation ist sachlich nicht haltbar. Jede Vorverlagerung
des Grundrechtsschutzes bedarf einer tragfähigen Begründung. Das Konti-
nuitätsargument, auf das sich das Bundesverfassungsgericht vornehmlich
stützt, ist doppelt ungeeignet: Zum einen weil es sich um einen seit der Antike als Sorites-Paradox bekannten Fehlschluss handelt, zum anderen weil
es weit über die Kernverschmelzung zurückreicht. Letzteres richtet sich
auch gegen das Potentialitätsargument, das zu einer maßlosen Inflationie-
rung und Entwertung, insbesondere der Menschenwürdegarantie, führt und
eine fragwürdige Gleichstellung von möglichem künftigen Status und aktueller Position zugrundelegt. Vor allem fehlt es an der notwendigen Identität
als Brücke zwischen dem (Prä-)Embryo und dem späteren Grundrechtsträ-
ger. Grundrechtsträgerschaft setzt individuelles menschliches Leben voraus.
Die eine Zwillingsbildung praktisch erst ausschließende Individuation erfolgt jedoch erst etwa zeitgleich mit der Einnistung. Zuvor und zumal vor
der Ausdifferenzierung von Trophoblast und Embryoblast besteht keine
Identität mit den späteren Individuen.

Auch nach der Nidation ist vorgeburtliches Leben nicht mit dem späteren
Leben geborener Menschen grundrechtlich gleichzustellen, auch wenn der
Grundrechtsschutz prinzipiell mit diesem Zeitpunkt beginnt. Die „katego-
riale Differenz"[126] ergibt sich schon aus der Rechtsprechung des Bundesverfassungsgerichts, das eben eine Abtreibung weithin straflos lässt, was bei
nachgeburtlichem Leben rechtlich undenkbar ist. Unabhängig von der
grundrechtlichen Konstruktion im Einzelnen gilt jedenfalls, dass der Lebensschutz von der Nidation bis zur Geburt graduell abgestuft ist. Darüber
hinaus ist die Menschenwürdegarantie sinnvoll frühestens nach Ausbildung
der Hirnfunktionen anwendbar,[127] was ebenfalls zur Abstufung des Grundrechtsschutzes beiträgt. Vor der Geburt ist der Lebens- und Würdeschutz
daher nach allgemeiner Auffassung trotz aller theoretisch anders lautender
Behauptungen alles andere als absolut.

Der einfachgesetzliche Schutz der Embryonen reicht daher gegenwärtig
weiter als – nach zutreffender Auffassung – verfassungsrechtlich geboten

---

[124] So etwa *Norbert Hoerster*, Ethik des Embryonenschutzes, Stuttgart 2002, S. 92ff.
[125] Eingehende Erörterung mit weiteren Nachweisen, auf die hier verwiesen werden muss,
Heun, Embryonenschutz, a.a.O., S. 520ff.; *ders.*, Menschenwürde und Lebensrecht als Maßstäbe für PID? Dargestellt aus verfassungsrechtlicher Sicht, in: *A. Gethmann-Siefert/St. Huster*
(Hg.), Recht und Ethik in der Präimplantationsdiagnostik, Bad Neuenahr-Ahrweiler 2005, S.
69ff. (78ff.), vgl. a. *Dreier*, Art. 1 I, a.a.O., Rn. 77ff.
[126] So *Dreier*, Grenzen, a.a.O., S. 267.
[127] *Heun*, Embryonenforschung, a.a.O., S. 522.

ist. Solange der Gesetzgeber einen umfassenden Schutz auch schon über-
schießend vor der Nidation gewährt, wird das Bundesverfassungsgericht eine Entscheidung vermeiden können. Eine Liberalisierung würde aber wohl
unweigerlich auch insoweit eine Festlegung erzwingen, da sich im Zweifel
berechtigte Antragsteller finden würden. Damit würde die derzeitige Offenheit der verfassungsrechtlichen Lage beseitigt sowie die Verrechtlichung
des Lebensbeginns zu einem mittelfristig definitiven Abschluss gebracht, so
dass die Rechtslage auf absehbare Zeit betoniert würde.

IV. Resümee

Die allgemeine Tendenz der Juridifizierung von Lebenssachverhalten im
modernen Verfassungsstaat gilt in besonderem Maß für die Bundesrepublik
und hat hier auch „das Leben" erfasst. Verrechtlichung ergreift aber verschiedene Felder mit abgestufter Intensität. In weiten Bereichen des Lebensschutzes durch strafrechtlich sanktionierte Tötungsverbote sind keine
zusätzlichen Juridifizierungsprozesse festzustellen. Die Entwicklung der
modernen Medizin hat indes Verrechtlichungsprozesse am Beginn und am
Ende des Lebens ausgelöst, da überkommene Vorstellungen und Rechts-
konzepte ihre Validität und Überzeugungskraft verloren haben. Dabei sind
zwei Ebenen zu unterscheiden. Einfachgesetzlich hat der Gesetzgeber hier
änderbare Normen erlassen, weitaus nachhaltiger und problematischer ist
aber die zunehmende Verdichtung verfassungsrechtlicher Vorgaben durch
Entscheidungen des Bundesverfassungsgerichts, die die Spielräume demokratischer Gesetzgebung einengen.

Literaturhinweise

Anderheiden, Michael: „Leben" im Grundgesetz, Kritische Vierteljahresschrift für
  Gesetzgebung und Rechtswissenschaft 84 (2001), S. 353ff.
Antoine, Jörg: Aktive Sterbehilfe in der Grundrechtsordnung, Berlin 2004.
Bedau, Hugo Adam/Cassell, Paul G. (Hg.): Debating the Death Penalty, Oxford
  2004.
Bedau, Hugo Adam (Hg.): The Death Penalty in America. Current Controversies,
  Oxford 1997.
Bormuth, Matthias: Ambivalenz der Freiheit. Suizidales Denken im 20. Jahrhun-
  dert, Göttingen 2008, S. 23ff.
Bottke, Wilfried: Suizid und Strafrecht, Berlin 1982.
Dreier, Horst: Grenzen des Tötungsverbots, Juristenzeitung 2006, S. 261ff., 317ff.

Ingelfinger, Ralph: Grundlagen und Grenzbereiche des Tötungsverbots. Das Menschenleben als Schutzobjekt des Strafrechts, Köln 2004.

Jakobs, Günther: Tötung auf Verlangen, Euthanasie und Strafrechtssystem, Sitzungsberichte der Bayerischen Akademie der Wissenschaften, Philosophisch-historische Klasse Jg. 1998, Heft 2.

Klinge, Ines: Todesbegriff, Totenschutz und Verfassung, Baden-Baden 1996.

Kühl, Kristian: Strafrecht, Allgemeiner Teil, München [6]2008.

Lipp, Volker: Patientenautonomie und Lebensschutz, Göttingen 2005.

Megivern, James J.: The Death Penalty, An Historical and Theological Survey, New York 1997.

Merkel, Reinhard: § 14 Abs. 3 Luftsicherheitsgesetz: Wann und warum darf der Staat töten?, Juristenzeitung 2007, S. 373 ff.

Möller, Kai: Selbstmordverhinderung im freiheitlichen Staat, Kritische Vierteljahresschrift für Gesetzgebung und Rechtswissenschaft 88 (2005), S. 230 ff.

Pawlik, Michael: § 14 Abs. 3 des Luftsicherheitsgesetzes – ein Tabubruch?, Juristenzeitung 2004, S. 1045 ff.

Roxin, Claus: Strafrecht. Allgemeiner Teil, Bd. I, [4]2006.

Verrel, Torsten: Patientenautonomie und Strafrecht bei der Sterbebegleitung, Gutachten C zum 66. Deutschen Juristen Tag, 2006.

Alexander-Kenneth Nagel

Überleben: Ökologische Apokalypsen im technischen Zeitalter

I. Einleitung

„*Bestelle dein Haus, denn du wirst sterben und nicht lebendig bleiben*". Das Jesaja-Wort, das im berühmten Actus Tragicus von Johann Sebastian Bach erfahrbar wird, erinnert an die prinzipielle Endlichkeit des Lebens. Im Angesicht des nahen Todes, so die Botschaft, gilt es die eigenen irdischen Angelegenheiten in Ordnung zu bringen. Wer ist der Adressat, wenn nicht die eine und allzumenschliche Triebkraft: Überleben? Überleben, das bedeutet, die eigene Existenz gegen alles Widrige, Lebensfeindliche zu behaupten. Überleben, das kann auch bedeuten, etwas oder andere, weniger Glückliche, zu über-leben. Überleben hat in jedem Fall ein aktivistisches Gepräge. Es erschöpft sich nicht im fatalistischen „Leben-und-leben-Lassen", sondern bezeichnet das tätige Bestreben, das Lebensende aufzuhalten.

Für das menschliche Überleben hat die *Natur* seit je eine zentrale, wenn auch ambivalente, Rolle gespielt: Als Lebensgrundlage ermöglicht sie die Erhaltung des Organismus, zugleich allerdings ist sie Quelle und Schauplatz lebensbedrohlicher Katastrophen: Flut und Dürre, Sturm und Flaute, Vulkanausbrüche, Erd- und Seebeben und was der Umweltzumutungen mehr sind. Zwar werden diese Bedrohungen durch die technologische Entwicklung sowie durch neuartige Organisations- und Kommunikationsformen zunehmend handhabbar, dafür gerät nun die Kehrseite der Naturbeherrschung in den Blick: die potentielle *Auszehrung* der Lebensgrundlage durch eine wachsende Weltbevölkerung, die potentielle *Auslöschung* allen Lebens durch eine atomare Katastrophe.

Damit ist der Bogen geschlagen zu ökologischen Apokalypsen der Nachkriegszeit. Gemeint sind Erzählungen, die eine globale ökologische Krise beschwören – um sie abzuwenden, kurzum: Erzählungen des Überlebens. Wenn diese Erzählungen hier in die Denk- und Deutungstradition der Apokalyptik gestellt werden, so ist damit nicht der Anspruch verbunden, dass sie sich ausschließlich als apokalyptische Zeugnisse im biblischen Sinne verstehen lassen. Ebenso wenig sollen sie durch die Klassifikation als apokalyptisch diskreditiert oder in ihrer Relevanz beschnitten werden. Vielmehr kommt mit der apokalyptischen Lesart ein hermeneutischer Schlüssel zur Anwendung, der neue semantische und rhetorische Aspekte der Rede über die ökologische Krise zu erschließen sucht und darüber hinaus einen theologischen bzw. religionswissenschaftlichen Zugang zu einem Diskurs des Überlebens eröffnet, der die vergangenen Jahrzehnte geprägt hat.

Was aber unterscheidet ökologische Apokalypsen von anderen, nicht apokalyptischen Befassungen mit ökologischen Krisen? Eine Antwort auf diese Frage sollte apokalyptische Rede zunächst nach semiotischen Kriterien unterscheiden nach dem *Gehalt*, also nach bestimmten Bildern oder Topoi, nach dem *Arrangement*, also nach dem Erzählstil oder der Dramaturgie sowie nach ihrem *Gebrauch*, also ihrer rhetorischen Absicht. In einem früheren Überblicksbeitrag wurde der „Deutungsvektor" der Apokalypse aus wissenssoziologischer und literaturwissenschaftlicher Perspektive wie folgt umrissen:[1]

Dimension	Gehalt		Arrangement		Gebrauch	
Formen	*Bilder*		*Stil*		*Rhetorik*	
Ordnungs-schemata	Apokalyptische Matrix	Defizienz und Fülle	klassisch kupiert	invers klassisch-modernisiert	aktivistisch/ quietistisch	konsultativ

Tabelle 1: Deutungsvektor der Apokalypse

Die Tabelle gibt einen Überblick über bestehende Ordnungsschemata für apokalyptische Deutungsmuster. Mit Blick auf den *Gehalt* bzw. die Bildsprache wird häufig auf die „apokalyptische Matrix" und den Gegensatz von Defizienz und Fülle verwiesen. Die apokalyptische Matrix ist an der Offenbarung des Johannes als systematischem ‚Stammvater' apokalyptischer Texte gebildet. Hier steht vor allem die kosmische, weltumspannende bzw. übergreifende Dimension der offenbarten Geschehnisse im Vordergrund.[2] Dagegen ist die Unterscheidung von Defizienz und Fülle stärker

---

[1] *A.-K. Nagel,* Ordnung im Chaos. Zur Systematik apokalyptischer Deutung, in: Apokalypse. Zur Soziologie und Geschichte religiöser Krisenrhetorik, hg. von *A.-K. Nagel* u.a., Frankfurt a.M. 2008, S. 49–72.

[2] *V. Trimondi/V. Trimondi,* Krieg der Religionen. Politik, Glaube und Terror im Zeichen der Apokalypse, München 2006, S. 11ff. Den weit reichenden, religionsvergleichenden Ambitio-

symboltheoretisch angebunden.[3] Apokalypsen sind in diesem Verständnis eine Symbolik zur Auslegung einer prinzipiellen Spannung zwischen Erfahrungen der Fülle, verstanden als „kreatürliches Wohlbefinden und unbeeinträchtigte Entfaltung der Vitalkräfte" und Erfahrungen der Defizienz, d.h. des Mangels, Leidens oder Todes. Die belebte und unbelebte Natur, so die Annahme, dient als zentraler Erfahrungsanlass für apokalyptische Auslegungen.[4]

Darüber hinaus lassen sich verschiedene *Arrangements* apokalyptischer Erzählungen unterscheiden. Während klassische Apokalypsen i.d.R. durch den Dreischritt Defizienz – Krise – Fülle gekennzeichnet sind, fehlt in modernen apokalyptischen Texten häufig die finale Heilserwartung: die Geschichte ist um das gute Ende beschnitten, „kupiert".[5] Andere Autoren sprechen von der „Inversion" der apokalyptischen Dramatik in der Moderne: „Kennzeichnend für inverse, fortschrittskritische Apokalypsen ist die rückwärtsgewandte Sehnsucht nach einem erfüllten Zustand, in dem der Fortschritt [...] und dessen Folgeprobleme noch unbekannt waren".[6] Danach wird das Heilsmoment nicht einfach abgeschnitten, sondern in die Vergangenheit verlagert.

Schließlich kann apokalyptische Rede nach ihrem *Gebrauch* eingeordnet werden: Wird ein Heilsmoment in Aussicht gestellt, so kann die rhetorische Absicht gleichermaßen aktivistisch oder quietistisch sein: „Aktivismus meint tätige oder gar kämpferische Eingriffe in die soziale Ordnung [...], Quietismus meint hier ruhiges Erdulden und Durchdauern von Krisenzeiten und als ungerecht empfundener Herrschaft".[7] Während religionskritische Autoren auf die agitative, ja geradezu kriegstreiberische Wirkung apokalyptischer Rhetorik verweisen, werden apokalyptische Texte andernorts als „Trostbuch"[8] bzw. befriedende „Schriften in Bedrängnis"[9] eingeordnet. Wenn, wie in kupierten bzw. inversen Apokalypsen, eine Heilserwartung fehlt, ist der rhetorische Gestus häufig ein konsultativer: Die Krise wird be-

---

nen der Autoren muss angesichts des engen Bezugsfeldes des Vergleichsmaßstabs allerdings eine Absage erteilt werden.

[3] *K. Vondung*, Die Apokalypse in Deutschland, München 2006, S. 69.

[4] *Trimondi/Trimondi*, a.a.O., S. 272.

[5] *Trimondi/Trimondi*, a.a.O., S. 12 u. 314f.

[6] *C. Gerhards*, Apokalypse und Moderne. Alfred Kubins „Die andere Seite" und Ernst Jüngers Frühwerk, Würzburg 1999, S. 38.

[7] *A.-K. Nagel*, Siehe, ich mache alles neu? Apokalyptik und sozialer Wandel, in: Apokalyptik und kein Ende?, hg. von *B. Schipper/G. Plasger*, Göttingen 2007, S. 253–272, hier: S. 264.

[8] *F. Hahn*, Die Offenbarung des Johannes als Geschichtsdeutung und Trostbuch, in: Kerygma und Dogma 51/1 (2005), S. 55–70.

[9] *P. Lapide*, Apokalypse als Hoffnungstheologie, in: Apokalypse: ein Prinzip Hoffnung? Ernst Bloch zum 100. Geburtstag, hg. von *R. W. Gassen/B. Holeczek*, Heidelberg 1985, S. 10–14, hier: S. 11.

schworen, *um* sie abzuwenden, die apokalyptische Erzählung erhält ein reformatorisches Gepräge.[10] Im Folgenden wird es nun darum gehen, prominente (Überlebens-)Erzählungen der ökologischen Krise in diesen Vektor apokalyptischer Deutung einzuordnen: Dazu gehört die naturwissenschaftlich begründete Prognose einer Auszehrung unserer natürlichen Lebensgrundlage durch den Club of Rome in den 70er-Jahren ebenso wie die politische Sozialökologie von Rudolf Bahro in den 80er- und 90er-Jahren. Der hermeneutische Zugang über die Apokalypse scheint bei all diesen Beiträgen geboten, da sie a. ein umfassendes und irreversibles ökologisches Katastrophenszenario ins Feld führen (Gehalt), b. dieses Szenario als Ausdruck bzw. Höhepunkt mehr oder weniger determinierter historischer Entwicklungstrends betrachten (Arrangement) und c. eine Heilserwartung begründen, die über einen Reformaufruf mit bestimmen Handlungsanweisungen verbunden wird (Gebrauch).

Die Beschränkung dieses Beitrags auf ökologische Apokalypsen der Nachkriegszeit hat sowohl inhaltliche als auch pragmatische Gründe: Einerseits handelt es sich um einen handhabbaren und gut zugänglichen Ausschnitt, der heute, angesichts steigender Rohstoffpreise, der Krise der Automobilindustrie und der großen Verbreitung von Nuklearwaffen, besondere Aktualität genießt. Andererseits handelt es sich um ein hochinteressantes Zeitfenster in der Mentalitätsgeschichte des Überlebens zwischen akuter Lebensbedrohung im Zweiten Weltkrieg und Kalten Krieg sowie wirtschaftlicher Prosperität und Aufbruchsstimmung, aber auch erhöhter Abhängigkeit unter Bedingungen der Globalisierung. Nichtsdestoweniger sei gleich zu Beginn darauf verwiesen, dass die katastrophale Wandlung der Natur zum Kernbestand bereits der frühesten apokalyptischen Zeugnisse gehörte. In der sogenannten Prophezeiung des Neferti, einem ägyptischen Text aus dem 2. Jahrtausend v.Chr. heißt es beispielsweise:

„Die Sonne ist verhüllt und scheint nicht, damit die Menschen sehen [...]. Die Ströme Ägyptens sind leer. Man kann die Gewässer zu Fuß durchschreiten und muss nach Wasser suchen, damit die Schiffe es befahren können. [...] Das Land geht zugrunde, wenn [man] Gesetz[e] erlässt, die immer wieder durch die Taten verletzt werden, so dass man ohne Handhabe ist."[11]

---

[10] *A.-K. Nagel*, Ordnung im Chaos, a.a.O., S. 66. Vgl. Auch *C. Gerhards*, Apokalypse und Moderne, Alfred Kubins „Die andere Seite" und Ernst Jüngers Frühwerk, Würzburg 1999, S. 40, sowie die Fallstudie von *T. Etzemüller*, „Dreißig Jahre nach Zwölf"? Der apokalyptische Bevölkerungsdiskurs im 20. Jahrhundert, in: Apokalypse. Zur Soziologie und Geschichte religiöser Krisenrhetorik, hg. von *A.-K. Nagel* et al., Frankfurt a.M. 2008.

[11] Zitiert nach *B. Schipper*, Endzeitszenarien im Alten Orient. Die Anfänge apokalyptischen Denkens, in: Apokalyptik und kein Ende?, hg. von *B. Schipper/G. Plasger*, Göttingen 2007, S. 11–30, hier: S. 21.

Und in der Offenbarung des Johannes ist zu lesen:

„Und der sechste Engel goß aus seine Schale auf den großen Wasserstrom Euphrat; und das Wasser vertrocknete, auf daß bereitet würde der Weg den Königen vom Aufgang der Sonne." (Offb 16, 12).

Die Auszüge machen zweierlei deutlich: Erstens gehören Naturkatastrophen wie Dürre zum traditionellen Inventar apokalyptischer Bildsprache.[12] Zweitens, und wichtiger, wird schon früh ein Zusammenhang hergestellt zwischen der Gefährdung der natürlichen Lebensgrundlage und der herrschenden sozialen Ordnung. Im ersten Beispiel führt die Wasserknappheit zu Gesetzlosigkeit und Anomie, im zweiten Beispiel bereitet sie einer neuen (und unerwünschten) Ordnung in Gestalt morgenländischer Könige die Bahn. Diese enge Verbindung von Natur und menschlichem Zusammenleben, so die These für die nachfolgenden Fallstudien, ist auch und gerade für moderne ökologische Apokalypsen kennzeichnend.

II. Club of Rome:
Auszehrung und die Grenzen des Wachstums

Der Club of Rome (CoR) ist ein Zusammenschluss von Wissenschaftlern, Industriellen und Personen des öffentlichen Lebens. Er wurde 1968 gegründet und erlangte im Jahr 1972 weltweite Aufmerksamkeit durch die Veröffentlichung des Berichts „The Limits To Growth".[13] Zwei Jahre später erschien ein zweiter Bericht, der in Deutschland unter dem Titel „Menschheit am Wendepunkt" publiziert wurde.[14] Die folgende Darstellung bezieht sich vor allem auf diese beiden Publikationen. Zwar hat der CoR in den vergangenen Jahrzehnten mehr als 30 Berichte zur Zukunft des menschlichen Zusammenlebens in seinen unterschiedlichsten Facetten begleitet, dennoch ist die Debatte über die Grenzen des Wachstums bis heute die wirkmächtigste geblieben. Am Anfang der ersten Berichte stehen Probleme: „Wettrüsten,

---

[12] Hier müssen einige illustrative Andeutungen genügen. Für eine akribische Inventarisierung apokalyptischer Bilder siehe *K. Berger*, Hellenistisch-heidnische Prodigien und die Vorzeichen in der jüdischen und christlichen Apokalyptik, in: Aufstieg und Niedergang der Römischen Welt. Geschichte und Kultur Roms im Spiegel der neueren Forschung, hg. von *H. Temporini/W. Haase*, Berlin/New York 1980, S. 1428–1469.

[13] *D. Meadows*, Die Grenzen des Wachstums. Bericht des Club of Rome zur Lage der Menschheit, Stuttgart 1972.

[14] *M. Mesarovic/E. Pestel*, Menschheit am Wendepunkt, 2. Bericht an den Club of Rome zur Weltlage, Stuttgart 1974.

Umweltverschmutzung, Bevölkerungsexplosion und wirtschaftliche Stagnation".[15] Dabei wird rasch klar, dass es sich nicht um lokale Herausforderungen handelt, sondern um Phänomene von so epochalem Ausmaß, „dass das künftige *Schicksal der Menschheit*, vielleicht sogar das *Überleben* der Menschheit selbst, davon abhängt, wie rasch, und wie wirksam weltweit diese Probleme gelöst werden".[16] Die wissenschaftliche Untersuchung von Bevölkerungszahlen, knappen Rohstoffen, Umweltverschmutzung und technologischem Wandel wird auf diese Weise zur Schicksalserzählung, statistische Prognose zur Prophetie des Überlebens. Im Selbstverständnis des Beitrags als „Futurologie" wird das überdeutlich: Zukunftsschau ist zur Wissenschaft geworden, die Forscher der renommierten MIT zu Deuteengeln der ökologischen Offenbarung.

Im Mittelpunkt der Studie steht ein *Modell des Weltsystems* mit fünf zentralen Parametern: Bevölkerung, Kapital, Nahrungsmittel, Rohstoffvorräte und Umweltverschmutzung.[17] Mit dem Konzept des Weltsystems ist vor allem der Anspruch verbunden, die Interdependenzen zwischen einzelnen Staaten zu erfassen:

> „Heute und in Zukunft können wir also nicht mehr die Welt als eine Ansammlung von 150 Nationen und eine Reihe von politischen und Wirtschafts-Blöcken sehen. Sie ist ein aus untereinander abhängigen und sich gegenseitig beeinflussenden Nationen und Regionen bestehendes System geworden."[18]

Neben der wechselseitigen Abhängigkeit der Staaten verweisen die Autoren auch auf das komplexe Zusammenspiel der genannten Parameter. Sie fordern eine „holistische" Betrachtungsweise,[19] die sie durch interdisziplinäre Zusammenarbeit eingelöst sehen.[20] Um diese doppelte Interdependenz analytisch bewältigen zu können, kommt ein komplexes Computermodell zur Anwendung:

> „Unsere Untersuchung wurden mit Hilfe eines flexiblen, rechnergestützten Planungsinstrumentes durchgeführt, das als Kern ein regionalisiertes Mehrebenen-Modell des Weltsystems enthält. Dieses Modell unterscheidet sich fundamental von allen zuvor bekanntgewordenen; denn es trägt der in der heutigen Welt vorhandenen Mannigfaltigkeit Rechnung."[21]

---

[15] *Meadows*, Die Grenzen des Wachstums, a.a.O., S. 11.

[16] Ebd. Hervorhebungen durch *A.-K. Nagel*.

[17] *Meadows*, a.a.O., S. 76.

[18] *Mesarovic/Pestel*, Menschheit am Wendepunkt, a.a.O., S. 25.

[19] *Meadows/Pestel*, a.a..O., S. 27.

[20] *Meadows/Pestel*, a.a.O., S. 37.

[21] *Meadows/Pestel*, a.a.O., S. 8.

Der Geltungsanspruch der futurologischen Prognosen – und der damit verbundenen Handlungsanweisungen – wird durch eine Technologie verbürgt, der damals wie heute eine mystische Qualität eignet: elektronische Datenverarbeitung. Die Rechenleistung des Computers, so die Aussage, in Verbindung mit der systemtheoretischen ‚Weltformel' sei allein geeignet, der Komplexität der Problemlage Herr zu werden. Indes ist bemerkenswert, dass gerade in Deutschland die Computergläubigkeit der Studie auf heftige Kritik stieß.[22] Robert Jungk, selbst ökologisch Bewegter und Zukunftsforscher, stellt die Frage, „ob der ‚Club of Rome' genau so ernst genommen worden wäre, wenn die Prognosen nicht ‚von der mit den Eigenschaften eines fast unfehlbaren Orakels behafteten Zeitautorität Computer ausgedrückt worden wären?'".[23]

Dabei hängen der Gehalt und die Dramatik der öko-apokalyptischen Vision eng zusammen: Als Kulminationspunkt allen Übels wird das exponentielle Wachstum der Weltbevölkerung ausgemacht. In drastischen Worten vergleichen Mesarovic und Pestel das unkontrollierte Bevölkerungswachstum mit einem Krebsgeschwür: „Die Welt hat Krebs, und der Krebs ist der Mensch."[24] Mit zunehmender Bevölkerung, so die Autoren, steige auch der Bedarf an nachwachsenden Rohstoffen, etwa Nahrung und Kleidung. Zwar ließen sich die Erzeugung und Verarbeitung dieser Rohstoffe technologisch optimieren, damit wären allerdings Sachinvestitionen und mithin ein steigender Bedarf an nicht nachwachsenden Rohstoffen verbunden.[25] Darüber hinaus führe intensivere Landwirtschaft und ein steigender Lebensstandard für immer mehr Menschen zu einer exponentiellen Zunahme der Umweltverschmutzung.[26] Die Schnittstelle zwischen dem Gehalt der ökologischen Krise und ihrer zeitlichen Dramatik bildet die Figur des exponentiellen Wachstums. Unter der Überschrift „Die Mathematik exponentieller Wachstumskurven" veranschaulicht Meadows das Phänomen anhand eines „französischen Kinderreims":

„In einem Gartenteich wächst eine Lilie, die jeden Tag auf die doppelte Größe wächst. Innerhalb von dreißig Tagen kann die Lilie den ganzen Teich bedecken und alles andere Leben in dem Wasser ersticken. Aber ehe sie nicht mindestens die Hälfte der Wasseroberfläche einnimmt, erscheint ihr Wachstum nicht beängstigend: es gibt ja noch genügend Platz, und

---

[22] Eine detaillierte Presseschau findet sich in der Dissertation von *F. Hahn* zur Wirkungsgeschichte des Club of Rome: *F. Hahn,* Von Unsinn bis Untergang: Rezeption des Club of Rome und der Grenzen des Wachstums in der Bundesrepublik der frühen 1970er Jahre, Dissertation, Freiburg 2006, S. 106ff.

[23] Zitiert nach *Hahn,* Von Unsinn bis Untergang, a.a.O., S. 107.

[24] *Mesarovic/Pestel,* Menschheit am Wendepunkt, a.a.O., S. 12.

[25] *Meadows,* Die Grenzen des Wachstums. a.a.O., S. 44ff.

[26] *Meadows,* a.a.O., S. 59f.

niemand denkt daran, sie zurückzuschneiden, auch nicht am 29. Tag; noch ist ja die Hälfte des Teiches frei. Aber schon am nächsten Tag ist kein Wasser mehr zu sehen."[27]

Das Beispiel ist in verschiedener Hinsicht charakteristisch für die Krisenerzählung des CoR und ihr apokalyptisches Gepräge: Im Sujet der Fabel werden komplexe Sachverhalte exemplarisch nachvollziehbar und dadurch handlungsrelevant gemacht. Im Zentrum der Geschichte steht ein Paradox, dass nämlich auch eine positive Erscheinung (wie die Lilie oder eben die Weltbevölkerung und ihr Lebensstandard) durch unmäßige Expansion ihre eigene Lebensgrundlage gefährden kann. Dieser Gedanke wird an anderer Stelle wie folgt auf den Punkt gebracht: „Im Gegensatz dazu scheinen die gegenwärtigen Krisen ‚positiven' Ursachen zu entspringen, sozusagen die Ergebnisse bester menschlicher Absichten zu sein, die unseren traditionellen Wertvorstellungen entsprechen."[28] Mehr Lebensqualität für mehr Menschen, wie sollte das nicht ein wünschenswertes Ziel sein? Allerdings, so der fabelhafte Analogieschluss der Autoren, führt die äußerliche Schönheit des Gedankens zu eitler Schau, wo Wachsamkeit geboten und zu Untätigkeit, wo Handeln vonnöten wäre. Das zentrale Dilemma der modernen ökologischen Krise besteht also darin, dass sie gerade nicht von ‚bösen' Mächten, sondern von ‚guten' Absichten ins Werk gesetzt wird. Dies steht auf den ersten Blick im Widerspruch zu der klaren Dualität von Gut und Böse, die doch für apokalyptisches Denken kennzeichnend ist (s.o.). Handelt es sich bei der Krisenerzählung des CoR also um eine ‚Anti-Apokalypse', die das dualistische Schema von Defizienz und Fülle *ad absurdum* führen will? Die Frage lässt sich verneinen. Vielmehr stehen die Ausführungen in der Kontinuität einer apokalyptischen Krisendeutung, die das Unheil dort zu offenbaren antritt, wo man es am wenigsten vermutet. Und welche Offenbarung könnte radikaler und grundstürzender sein als die, dass der Keim des Übels in dem angelegt ist, das man bislang für erstrebenswert gehalten hatte?

Das dramatische Moment der ökologischen Apokalypse beruht auf der Figur des exponentiellen Wachstums und dem Arrangement der Erzählung auf einen finalen Zustand hin, da die natürliche Lebensgrundlage unwiederbringlich aufgezehrt (Rohstoffe) oder zerstört (Umweltverschmutzung) wird. In der Chronologie dieser Unheilsgeschichte sehen sich die Sprecher selbst in einer Entscheidungssituation, die dem finalen Zustand vorausgeht und die Handhabe bietet, den akademisch visierten Niedergang noch aufzuhalten: „Einige Leute sind der Ansicht, der Mensch habe seine Umwelt bereits in derartigem Maße gestört, daß langfristige, nicht wiedergutzuma-

---

[27] *Meadows*, a.a.O., S. 20f.
[28] *Mesarovic/Pestel*, Menschheit am Wendepunkt, a.a.O., S. 19.

chende Schäden eingetreten seien."[29] Die fatalistische Wendung bleibt eine rhetorische (Droh-)Gebärde, um die Dramatik im Hier und Jetzt zu unterstreichen. Die gegenwärtige Situation stelle „vielmehr die ernsteste Bewährungsprobe der Menschheit in ihrer Geschichte dar".[30] Auf der einen Seite des apokalyptischen Arrangements steht also ein selbsttätiger und gleichsam gesetzmäßiger Prozess des Niederganges: „[D]as Grundverhalten des Weltsystems ist das exponentielle Wachstum von Bevölkerungszahl und Kapital bis zum Zusammenbruch".[31] Auf der anderen Seite allerdings steht das Heilsversprechen an die „Menschheit am Wendepunkt", das Ruder herumzureißen und einen neuen Zustand des Gleichgewichts zu erreichen. Dabei gehen die Autoren von einer Art Fatalismus des Fortschritts aus: Das Abwarten und Zögern der politischen Entscheidungsträger sei „zweifellos ein Erbe aus jener Zeit, in der unaufhaltsamer Fortschritt ein Glaubensbekenntnis war. Wer sich dieser ‚Religion' verschrieben hat, übersieht allerdings, dass für das automatische Eintreten weiteren Fortschritts gar keine Beweisgrundlage existiert."[32] Indem der blinde Fortschrittsglaube *en passent* zur Religion erklärt wird, kann das Primat des Gleichgewichts zum Vehikel der Aufklärung werden. Entsprechend groß sind die apologetischen Bemühungen, die Idee vom Gleichgewicht von ihren negativen Implikationen, Stillstand und Innovationsfeindlichkeit, zu befreien.[33] Dieses Arrangement entspricht dem eingangs angeführten Ordnungsschema der *inversen* Apokalypse von Claudia Gerhards. Der technologische Fortschritt begründet einen fatalen Umschwung von organischem zu undifferenziertem Wachstum – und frisst auf diese Weise seine Kinder. Diese Fortschrittsskepsis in Verbindung mit der Rückbesinnung auf einen früheren Zustand des Gleichgewichts, emphatisch verstanden als Einklang des Menschen mit seiner natürlichen Umwelt, lässt die Vergangenheit golden, die Gegenwart aber als Zeitalter des Niedergangs erscheinen.

Dennoch ist es, um in der wuchtigen Bildsprache des CoR zu bleiben, noch nicht zu spät, die wuchernde Lilie des Fortschritts „zurückzuschneiden" (s.o.) bzw. die Erde von dem Krebsgeschwür namens Mensch zu kurieren. Damit ist der Bogen geschlagen zum *Gebrauch* bzw. der Pragmatik der ökologischen Krisenerzählung. Die inverse Dramaturgie wird nicht fatalistisch gewendet, sondern über die Fiktion einer Situation der Entscheidung und Bewährung, eines Wendepunktes aktivistisch umgemünzt:

---

[29] *Meadows*, Die Grenzen des Wachstums, a.a.O., S. 72.

[30] *Mesarovic/Pestel*, Menschheit am Wendepunkt, a.a.O., S. 21.

[31] *Meadows*, Die Grenzen des Wachstums, a.a.O., S. 129.

[32] *Mesarovic/Pestel*, Menschheit am Wendepunkt, a.a.O., S. 72.

[33] *Meadows*, Die Grenzen des Wachstums, a.a.O., S. 156f.

„In jedem Fall ist unsere Lage sehr bedrohlich, aber nicht ohne Hoffnung. Der Bericht gibt eine Alternative zum unkontrollierten und schließlich katastrophalen Wachstum und trägt Gedanken für eine neue Einstellung bei, die einen stabilen Gleichgewichtszustand zur Folge haben könnte. [...] Die Übergangsphase wird in jedem Fall schmerzhaft sein, sie verlangt ein außergewöhnliches Maß an menschlichem Scharfsinn und an Entschlusskraft. Nur die Überzeugung, dass es zum Überleben keinen anderen Weg gibt, kann die dazu notwendige moralische, intellektuelle und schöpferische Kraft für dieses bisher in der Menschheit einmalige Unternehmen freisetzen."[34]

Diese Zeilen stammen aus der Stellungnahme des CoR zu dem Bericht des MIT. Die „Kritische Würdigung durch den Club of Rome" bildet ein eigenständiges Kapitel, das die Studie beschließt, aber aus der normalen Kapitalzählung heraus fällt. Dieser Aufbau dokumentiert die Aufteilung der Krisenerzählung in einen akademischen ‚Visionsbericht' und ein politisches ‚Sendschreiben'. In der Stellungnahme wird der Gesetzmäßigkeit des Untergangs die „Hoffnung" gegenübergestellt, das „katastrophale Wachstum" einzudämmen und dadurch zu einem neuen Gleichgewicht zu gelangen. Diese „Alternative" wird allerdings an einen tief greifenden Gesinnungswandel geknüpft: Es gilt nicht nur, eine „neue Einstellung" zu den Grenzen des Wachstums zu entwickeln, sondern es bedarf einer umfassenden moralischen Erneuerung, gepaart mit entsprechender Tatkraft. In der Selbstumwandlung zum Neuen Menschen, so die zentrale Aussage, liegt die einzige Möglichkeit („keinen anderen Weg"), das Überleben der Menschheit dauerhaft zu sichern und die ökologische Katastrophe abzuwenden.

Während klassische Apokalypsen die Katastrophe, wenn nicht als Katharsis für die verdorbene Welt, so doch als notwendigen Schritt zum Übergang zum Himmlischen Jerusalem betrachten, beschwört der CoR die ökologische Krise, *um* sie abzuwenden. In Aussicht gestellt wird nicht eine kategorial andere Welt, sondern ein neues Gleichgewicht: Überleben, nicht Ewiges Leben, heißt das Programm. Friedemann Hahn kommt in seiner Dissertation zur Rezeption der Studie zu dem Schluss: „Die Grenzen des Wachstums ähnelten an dieser Stelle einer beinahe missionarischen Schrift, deren Zentrum zum einen die Opferbereitschaft des Individuums und zum anderen ein darauf aufbauendes Veränderungspotenzial ausmachte."[35] Ziel der Mission ist der Rückbau der Lebensverhältnisse und der Weltbevölkerung, Veränderung erfolgt im Einklang mit den bestehenden Institutionen in Politik und Wirtschaft, das Weltsystem wird gedrosselt – die bestehende Ordnung aber nicht in Frage gestellt. Die Heilsorientierung ist immanent und der Gestus der Offenbarung akademisch und nüchtern. Ist dies die typi-

---

[34] *Meadows*, a.a.O., S. 175.
[35] *Hahn*, Von Unsinn bis Untergang, a.a.O., S. 21.

sche Gestalt der ökologischen Apokalypse im technischen Zeitalter? Die folgende Auseinandersetzung mit Bahros Analyse einer Logik der Selbstausrottung als zweitem Fallbeispiel unterstreicht die Bandbreite moderner Erzählungen von der ökologischen Krise.

III. Bahro:
Auslöschung und die „Logik der Rettung"

Während der CoR sich naturwissenschaftlicher Ansätze bedient, um auf die Gefahr einer Auszehrung der natürlichen Lebensgrundlage durch immer größere Menschenmassen hinzuweisen, haben die Schriften des schillernden deutschen Intellektuellen und Aktivisten Rudolf Bahro (1935 – 1997) einen anderen Ausgangspunkt: In seinem Buch zur „Logik der Rettung"[36] nutzt Bahro eine (im weiteren Sinne) sozialwissenschaftliche Perspektive, um auf die Gefahr einer Auslöschung der Menschheit und ihre gesellschaftlichen und ideengeschichtlichen Grundlagen aufmerksam zu machen.[37] Die programmatische Frage ist dabei im Untertitel angezeigt: „Wer kann die Apokalypse aufhalten?". Im Unterschied zum CoR bewegt sich Bahro also auch seinem Selbstverständnis nach in einem apokalyptischen Diskursfeld. Dies äußert sich nicht zuletzt in der Anlage seiner Betrachtungen. War der erste Bericht an den CoR durch die klare Aufteilung in wissenschaftliche ‚Offenbarung' und politisches ‚Sendschreiben' gekennzeichnet, so stellt sich Bahros Buch als eine soteriologische Essaysammlung dar, die sich von der „Logik der Selbstausrottung" hin zu einer „Logik der Rettung" erstreckt und schließlich ausführlich über die politischen und geistigen Voraussetzungen einer neuen Ordnung („ORDINE NUOVO") reflektiert.

Die Bildsprache von Bahros ökologischer Apokalypse kreist zunächst um den Begriff des „Exterminismus". Gemeint ist „die massenhafte Vernichtung von Leben, das wir für unwert befunden haben".[38] Dabei betont Bahro, dass diese Auslöschung des Lebens nicht an bestimmte historische oder technologische Entwicklungen geknüpft ist, sondern in der der Ideengeschichte der abendländischen Zivilisation prinzipiell angelegt ist:

---

[36] *R. Bahro*, Logik der Rettung. Wer kann die Apokalypse aufhalten? Ein Versuch über die Grundlagen ökologischer Politik, Stuttgart/Wien 1987.

[37] Für eine ausführliche Charakterisierung Bahros vgl. die umfangreiche Biographie von *G. Herzberg/K. Seifert*, Rudolf Bahro – Glaube an das Veränderbare. Eine Biographie, Berlin 2002.

[38] *Bahro*, Logik der Rettung, 27.

„Will man die Exterminismus-These in Begriffen von Marx ausdrücken, kann man auch sagen, daß das Verhältnis von Produktiv- und Destruktivkräften innerhalb unserer Gesellschaft völlig umgekippt ist. Es gab immer diese destruktive Seite, seit wir produktiven
Stoffwechsel mit der Natur betreiben. Und nur, weil sie überhand nimmt, sind wir jetzt gezwungen, apokalyptisch zu denken, nicht aus Kulturpessimismus als Ideologie".[39]

Die „Logik der Selbstausrottung" wird hier im Dualismus von Produktiv-
und Destruktivkräften verortet, der für die menschliche Bewirtschaftung der
Natur kennzeichnend ist. Die Perfidie dieser Entwicklung liegt darin, dass
die Zerstörung erst dann zu Bewusstsein kommt, wenn sie ein kritisches
Maß überschritten hat. Aus dieser Wahrnehmungsblockade zum einen und
aus seiner Gegenwartsdiagnose zum anderen leitet Bahro die Notwendigkeit
einer Offenbarung, ja einer apokalyptischen Perspektive ab. Ein besonders
prominentes Zeichen für das „Überhandnehmen" der Destruktivkräfte ist
für Bahro die Kernkraft: „Die Kernkraft ist nur der geile Spitzentrieb eines
Krebses, der unserer Gesamtkultur innewohnt [...]. In den Regelkreis, der
unsere Gattungsentwicklung lenkt, hat sich der Tod eingenistet."[40] Mit dieser Aussage wird der kriegerischen wie der friedlichen Nutzung von Atom-
energie gleichermaßen eine Absage erteilt. Zugleich verdeutlicht das Beispiel die dualistische Verknüpfung von destruktiven und produktiven
Potentialen.

Ähnlich wie der CoR basieren auch die Betrachtungen Bahros auf einer
‚Weltformel'. War es dort ein kybernetisches „Weltmodell" (s.o.), so ist es
hier „Galtungs Weltschematik", benannt nach dem norwegischen Politik-
wissenschaftler und Friedensforscher Johan Galtung. In diesem Modell stehen sich vier zivilisatorische Prinzipien als vier Welten idealtypisch gegenüber: Kapitalismus (1. Welt), Sozialismus (2. Welt), Entwicklungsländer (3.
Welt) und das japanische Prinzip (4. Welt). Bahros besonderes Interesse gilt
einem Ausschnitt im Schnittfeld von erster, zweiter und dritter Welt, in der
die jeweiligen Steuerungs- und Verteilungsprinzipien zu einem optimalen
Ausgleich kommen.[41] Es ist diese von Galtung selbst als „Regenbogenzone"
bezeichnete Mischform, der Bahros besondere Aufmerksamkeit gilt. Anders
als Galtung möchte er die Weltschematik nicht nur als eine Heuristik für
unterschiedliche Politikstile sehen, sondern als Landkarte zu einem besseren Leben: „Mir hat damals an Galtungs Bildchen gleich gefehlt, dass er die
ideale Zone, das ‚Fenster', nur bezeichnet, aber nichts darüber sagt, auf
welchem Weg wir dahin kommen".[42] An dieser Stelle verknüpft Bahro die

---

[39] *Bahro*, a.a.O., S. 28.
[40] *Bahro*, a.a.O., S. 27.
[41] *Bahro*, a.a.O., S. 40.
[42] *Bahro*, a.a.O., S. 41.

abstrakt-allgemeine Weltschematik mit der konkreten Dynamik der ökologischen Bewegung. Hier geht er vor allem mit den Grünen hart ins Gericht: Diese seien nicht mehr als „dienstbare Geister" und Sachwalter des Establishments. Als Gegenleistung erhalten sie Pfründe, namentlich „die bürokratische Ausbeutung der ökologischen Krise".[43] Diese politische Vereinnahmung der ökologischen Bewegung zeige sich auch in einer bourgeoisen Verflachung ihrer gesellschaftskritischen Geisteshaltung: „Inzwischen ist der parteigrüne Diskurs fast völlig auf die bürgerliche Soziologie und Politologie zurückgefallen",[44] die grüne Partei ist nicht mehr als „ein Alibi für unsere umwelttrostbedürftige Gesellschaft".[45]

Was die ‚Weltformeln' von Bahro und dem CoR verbindet, ist die Vorstellung eines idealen Gleichgewichtszustandes als Grundvoraussetzung für das Überleben der Menschheit. Im Weltmodell des CoR sollen letztlich Bedürfnisse und Ressourcen zum Ausgleich gebracht werden, in Galtungs Weltschematik ideale Prinzipien von Steuerung und Verteilung. So sehr sich die beiden Entwürfe in ihrer equilibristischen Gestalt ähneln, so unterschiedlich sind ihre Wirkungsabsichten und Adressaten: Bei den Berichten an den CoR sind es vor allem Entscheidungsträger in Politik und Wirtschaft, die für die Grenzen des Wachstums sensibilisiert werden sollen.[46] Bei Bahro hingegen ist der Adressat jeder einzelne Mensch als geistig-moralisches Wesen. Er ist der Ausgangspunkt einer Logik der Selbstausrottung und damit zugleich zentraler Hoffnungsträger der ökologischen Offenbarung: „Immerhin ist gerade dies das Hoffnungsvollste an dieser narkotisierten Atmosphäre, in der wir auf alles zutreiben: Uns bleibt nicht mehr die Ausflucht, andere als uns selbst verantwortlich machen zu können".[47] Bahros Rede von der ‚Logik' der Selbstausrottung und der Rettung macht deutlich, dass es ihm primär um einen Wandel des Bewusstseins bzw. der Geisteshaltung und weniger um die Reform von Institutionen geht, kurzum: um eine „anthropologische Revolution":

„Was wir eigentlich brauchen, ist eine anthropologische Revolution, einen Sprung in der Evolution des menschlichen Geistes, der bereits begonnen hat, nachdem er seit der ‚Achsenzeit' von Buddha Laudse, Plato, Christus, Mohammed vorangekündigt war. Anthropologische Revolution meint die Neugründung der Gesellschaft auf bisher unerschlossene, unentfaltete Bewußtseinskräfte."[48]

---

[43] *Bahro*, a.a.O., S. 53f. (Zitat S. 54).
[44] Ebd.
[45] *Bahro*, a.a.O., S. 57.
[46] *Meadows*, Die Grenzen des Wachstums, a.a.O., S. 9.
[47] *Bahro*, Logik der Rettung, a.a.O., S. 83.
[48] *Bahro*, a.a.O., S. 84.

Der *Homo Novus* wird hier zur Voraussetzung für den sprichwörtlichen neuen Himmel und die neue Erde der apokalyptischen Verheißung. Dabei betont Bahro mit seinem Rekurs auf die Achsenzeit und seiner Chronologie der Propheten, dass die Logik der Rettung eine ebenso lange Ideengeschichte hat wie die Logik der Selbstausrottung. Dieser Dualismus von Exterminismus (s.o.) und Rettung kann als das apokalyptische Leitmotiv in Bahros Schrift gelten. Er manifestiert sich zuallererst im menschlichen Bewusstsein und dann, „psychodynamisch" im Gang der Geschichte.⁴⁹

Um die anthropologische Revolution ins Werk zu setzen, formuliert Bahro an späterer Stelle eine Art *Glaubensbekenntnis* der Rettungspolitik. Diese „Grundeinstellungen" beginnen mit einem Bekenntnis zur „Unsichtbaren Kirche" – und mit einem Einrichtungsverbot: Die Unsichtbare Kirche ist nach der Vorstellung Bahros eine „ökospirituelle Bewegung", deren Institutionalisierung zur Öko-Diktatur es unbedingt zu verhindern gelte.⁵⁰ Die nachfolgenden Glaubenssätze enthalten eine Art Sendungsbefehl („Wer die Wahrheit über die ökologische Krise [...] erkannt hat, muss sie als reinen Wein einschenken.") und die Anerkennung der apokalyptischen Perspektive: „Ökopolitik beginnt mit der Entscheidung, die apokalyptische Analyse und die Richtung der Rettung als in etwa korrekt anzuerkennen und sich auch praktisch daran zu orientieren."⁵¹ Darüber hinaus gelte es, die neue Ordnung prinzipiell und ganzheitlich umzusetzen, jenseits von Lobbyismus und notfalls auch gegen das demokratische System: „Eine Rettungspolitik kann nicht unter Vertretern besonderer Interessen ausgehandelt und kompromissfähig traktiert werden. [...] Die Lebensinteressen müssen absoluten Vorrang haben."⁵² Das apokalyptische Glaubensbekenntnis endet mit einem Katalog universaler „Prinzipien einer neuen Kultur". Dabei werden die „ursprünglichen Zyklen und Rhythmen des Lebens" über „Entwicklung und Fortschritt" gestellt und eine umfassende sittliche und ethische Umkehr angemahnt:

> „Nur bei einem auf Subsistenzwirtschaft gegründeten Lebensstil freiwilliger Einfachheit
> und sparsamer Schönheit können wir uns, wenn wir außerdem unsere Zahl begrenzen, auf
> der Erde halten. Diese *kontraktive* Lebensweise ist auch notwendig, damit unsere Distanz zu
> den Gegenständen unseres Handelns, Wünschens und Denkens wieder geringer wird, denn
> im Kontakt liegt die Wahrheit."⁵³

---

⁴⁹ *Bahro*, a.a.O., S. 101.
⁵⁰ *Bahro*, a.a.O., S. 314.
⁵¹ *Bahro*, a.a.O., S. 315.
⁵² *Bahro*, a.a.O., S. 316.
⁵³ *Bahro*, a.a.O., S. 320. Hervorhebung im Original.

Ein wichtiges Kennzeichen der anthropologischen Revolution ist der Rückbau der Lebensverhältnisse und die Revision des Fortschritts als Selbstzweck. Auf den ersten Blick ähneln diese Forderungen stark dem Ansatz des CoR. Wo Meadows und seine Kollegen vom MIT allerdings mit Regelkreisen von Verbrauch und Produktion argumentieren, nimmt Bahro eine existentielle, ja mystische Perspektive ein. Die Rückkehr zur Subsistenzwirtschaft ist für ihn das Vehikel zur einer neuen Unmittelbarkeit und Wahrhaftigkeit der Lebensführung.

Bei den Berichten an den CoR war es die Figur des exponentiellen Wachstums, die das Scharnier zwischen dem Gehalt und der *Dramatik* des apokalyptischen Szenarios bildete, bei Bahro ist es die gnostische Bewältigung des Dualismus von Selbstausrottung und -rettung. Auf der einen Seite steht hier die Logik der Selbstausrottung als eine Art historische Gesetzmäßigkeit, auf der anderen die im besten Sinne subversive Unterwanderung der bestehenden Verhältnisse durch eine ökologische Rettungsbewegung.

In seiner Analyse der Struktur- und Ideengeschichte der Selbstausrottung führt Bahro den Exterminismus auf das Industriesystem und die Kapitaldynamik und diese wiederum auf das patriarchalische Weltbild des Okzidents zurück:[54]

> „Der Exterminismus tritt an der Oberfläche als Serie mörderischer Geschwüre zutage, aber wie uns die ganzheitliche Medizin für den Analogfall des menschlichen Organismus lehrt, muß es sich um eine allgemeinere Stoffwechselstörung handeln, die sich diesen oder jenen Ausdruck gibt, und hinter der Stoffwechselstörung wird ein Fehler in der psychischen Steuerung verborgen sein."[55]

Der Gestus der Diagnose und das Bild des Krebsgeschwürs sind vom CoR bekannt (s.o.). Wurde dort allerdings ohne viel Federlesens der Mensch und seine vitalen Bedürfnisse als Ursache ausgemacht, so geht es Bahro um die Analyse der organischen und geistigen Voraussetzungen der pathologischen Entwicklung. In einem ersten Schritt ordnet Bahro den Exterminismus als Symptom der Industriezivilisation ein. Er entwirft dazu das Bild einer molochitischen „Megamaschine", die alle Lebensbereiche umspannt und sich dem Einzelnen unabweisbar aufprägt: „Der Begriff der Megamaschine bedeutet, daß sämtliche menschliche Energie, die über diese Struktur vermittelt in den gesellschaftlichen Lebensprozeß eingeht, falsch herum gedreht wird."[56] Die ungeheuerliche Wirksamkeit dieser Maschinerie beruht auf der

---

[54] *Bahro*, a.a.O., S. 107. In letzter Instanz bleibt Bahro allerdings Materialist, indem er dieses Weltbild in der conditio humana selbst angelegt sieht (a.a.O., 176ff.).

[55] *Bahro*, a.a.O., S. 126.

[56] *Bahro*, a.a.O. S. 121.

Perversion der menschlichen Antriebe und Bedürfnisse und einem Verblendungszusammenhang, den es zu erkennen und zu durchbrechen gilt.[57] Bahro schildert die Megamaschine als eine Entität eigener Art, welche „die natürlichen Ordnungsgrenzen durchbrochen hat", und knüpft damit an die Untier-Prophetien klassischer Apokalypsen an.[58]

Und doch ist diese Megamaschine keine Schöpfung _ex nihilo_, sondern nur opportune Gestalt einer tiefer liegenden Pathologie der abendländischen Zivilisation, die Bahro im „kapitalistischen Antrieb" bzw. in der „Eigendynamik des Kapitals" identifiziert.[59] Der kapitalistische Antrieb sei auf Expansion und Akkumulation ins Unendliche gerichtet, eine Logik, die der räumlichen Endlichkeit der Welt und der zeitigen Endlichkeit des menschlichen Daseins konträr entgegengesetzt ist.[60] Das dramatische Moment in Bahros Erzählung besteht nun darin, dass man nicht genau wissen kann, ob man schon soweit „über den Rand" hinausgeschossen ist, dass es kein Zurück mehr gibt: „Können wir die Akkumulationslawine nicht verhältnismäßig kurzfristig aufhalten, wird alles Andere, Grundlegendere, Innerlichere zu spät kommen."[61] Das Bild der Lawine bringt eine neue Dynamik in Bahros besonnenes Grundsatz-Räsonnement: Es wird eine Situation der Entscheidung konstruiert, die dem angemahnten Bewusstseinswandel voraus geht. Anders als bei der Figur des exponentiellen Wachstums ist das Risiko hier aber nicht berechenbar, wobei die Ungewissheit aktivistisch gewendet wird.

Der nächste Schritt in Bahros Ätiologie der Ausrottung ist die Frage nach den kollektiven _tiefenpsychologischen Determinanten_, die den kapitalistischen Antrieb ermöglicht haben.[62] Hier hebt er zum einen den kompetitiven Individualismus hervor, der sich in den ersten olympischen Spielen ebenso zeige wie in der kapitalistischen Wirtschaftsweise.[63] Zum anderen verhandelt er den „männlichen Logos" als Grundlage dieser individualistischen Prägung. Der kämpferische, expansiv vorwärts strebende Geist des Patriarchats bringe die abendländische Zivilisation aus dem Lot und „steuert zum Tode" in seiner Einseitigkeit: „der rationalistische Dämon beruht auf der Machtpolitik des verängstigen männlichen Ichs".[64] Allerdings werde diese Entwicklung „schwerlich rückwärts aufzulösen sein, indem wir irgendeinen

---

[57] In diesem Punkt erinnert Bahros Denken stark an die Arbeiten von Herbert Marcuse, (_Marcuse_, Der eindimensionale Mensch), die er allerdings nicht zitiert.

[58] Dan 7, 3–9; Offb 13.

[59] _Bahro_, Logik der Rettung, 128.

[60] _Bahro_, a.a.O., S. 134.

[61] _Bahro_, a.a.O., S. 129.

[62] _Bahro_, a.a.O., S. 149.

[63] _Bahro_, a.a.O., S. 155.

[64] _Bahro_, a.a.O., S. 162.

vorhergehenden paradiesischen Naturzustand wieder aufdecken [...], als wären diese älteren Zeiten nicht mit dem Konflikt schwanger gegangen".[65] Anders als beim CoR ist die Dramaturgie der ökologischen Apokalypse Bahros also nicht durch ein Niedergangsszenario und die Restauration eines neuen alten Gleichgewichts geprägt, sondern durch Überwindung der defizienten Mitfeld und den Übergang zu einer prinzipiell anderen Nachwelt. Der apokalyptische Stil, also das Arrangement von Auslöschung und Rettung in der Zeit ist weder invers, noch kupiert (s.o.). Vielmehr stehen Bahros Ausführungen in der Tradition der klassischen Apokalypse, indem sie die Krise als Übergang zu einem „ORDINE NUOVO" betont.

　Anders als in der Offenbarung des Johannes geht dieser neuen Ordnung allerdings kein opulentes Strafgericht über den Widersacher voraus. Sie kommt auch nicht mit Pauken und Trompeten vom Himmel herab. Sie gilt Bahro vielmehr als utopisches Leitmotiv einer ganzheitlichen Erneuerungsbewegung und verspricht daher Aufschlüsse über seine rhetorische Absicht bzw. seinen *Gebrauch* der ökologischen Krisenerzählung. Ein wichtiger Ausgangspunkt ist die Unterscheidung zwischen der „Utopie einer Rettungsbewegung" und der „Idee einer Rettungsregierung". Der ORDINE NUOVO als „utopische Vision" soll die Dynamik der Rettungsbewegung auf Dauer stellen und ein selbstreferentielles Leerlaufen verhindern.[66] Im Unterschied dazu ist die Idee einer Rettungs*regierung* pragmatisch ausgerichtet:

> „Dagegen ist eine Rettungsregierung ein begrenztes Projekt. Sie ist rational konstruierbar, wenigstens soweit es um Gefahrenabwehr geht, und sie ist im Grunde *jetzt machbar*, sobald sie als Idee akzeptiert wird. Und ihre Möglichkeit, weil ihre Notwendigkeit, reift schnell heran. Sie schafft keine Ordnung, sondern soll nur den Boden sichern, auf dem diese Entstehen kann. Die Bewegung dagegen geht auf eine Erfüllung, auf eine Ankunft zu."[67]

Hier spricht Bahro zugleich als Visionär und als Aktivist. Einerseits mündet seine gründliche ideengeschichtliche Spurensuche in die Einsicht, der Umgang des Menschen mit der Natur müsse von Grund auf neu geordnet werden, andererseits drängt ihn die o.a. Ungewissheit, ob es nicht vielleicht schon zu spät ist, zu raschem Handeln. Der Preis der Machbarkeit sind Zugeständnisse an die bestehenden Institutionen. In dem Bewusstsein, dass sich die Megamaschine nicht von innen aushöhlen lässt, trifft Bahro die Unterscheidung von „Überleben" und „Rettung". Anders als beim CoR bildet das Überleben zwar die Voraussetzung zur Rettung, diese geht aller-

---

[65] *Bahro*, a.a.O., S. 174.
[66] *Bahro*, a.a.O., S. 430f.
[67] *Bahro*, a.a.O., S. 431. Hervorhebung im Original.

dings als „Sprung in ein anderes Bewusstsein, in eine andere geistige, seelische und sinnliche Gesamtbefindlichkeit", darüber hinaus.

Wie aber kann dieser Sprung ins Werk gesetzt werden? Bahros Strategie
ist Überleben und Verkündigung. Im Übrigen geht er davon aus, dass die
sich mehrenden Symptome des Exterminismus (Ölkrise, Tschernobyl) die
Erforderlichkeit einer neuen Ordnung offenbar werden lassen; die Möglichkeit der Rettung folgt ihrer Notwendigkeit (s.o.). Ein Anzeichen dafür ist,
was Bahro bildlich als „Spaltung der exterministischen Mönche" bezeichnet. Er meint damit das wachsende Unbehagen der akademisch geschulten
Managementklasse der Megamaschine, die einerseits die Anzeichen der
Auslöschung nicht mehr leugnen kann und andererseits zu den Profiteuren
des bestehenden Systems gehört: „Es herrscht heute nirgends eine größere
Schizophrenie als in den ‚Eierköpfen' und ihren Bienenstöcken. Dort braut
sich aus der Summe der Gewissenskonflikte und Antinomien etwas zusammen."[68] War das Wissen um die Selbstausrottung der abendländischen Zivilisation bislang nur in einem esoterischen Kreis von Auserwählten bekannt
– und anerkannt, wird es nun mehr und mehr zur Leitströmung eines neuen
Bewusstseins: „Es zieht eine neue kulturelle, ja neue geistliche Hegemonie
herauf. Es naht die Stunde der ‚Idealisten', die den Anspruch erheben, mit
einer *geistbestimmten Antwort* auf die Herausforderung der zivilisatorischen
Krise zu reagieren. Sie sind jetzt schon stärker als sie wissen."[69]

Hier schlägt Bahro den Bogen zwischen der „Bewusstseinsspaltung" in
den Lenkungsgremien der Megamaschine und den Vordenkern der neuen
Ordnung: Parallel zu den Auflösungserscheinungen der Industriezivilisation
entstehen im Zuge der Rettungsbewegung neue Formen der Vergemein-
schaftung:

> „Basisgemeinden des ORDINE NUOVO – in Gestalt eines netzwerkartigen Verbundes von
> Gleichgesinnten und -empfindenden, die überall lokale Knotenpunkte kommunitären Zu-
> sammenlebens bilden – werden die erste Daseinsweise der neuen Kultur als einer wirklichen
> sozialen Formation sein."[70]

Bahros Ausdrucksweise erinnert hier stark an den Entstehungskontext der
Johannes-Offenbarung: Wie die frühchristlichen Gemeinden sind auch die
„Basisgemeinden des ORDINE NUOVO" Inseln idealistischer Naherwar-
tung im Meer einer hegemonialen Hyperkultur, dort der Kaiserkult, hier die
Ideologie der Megamaschine. Diese Kontinuität ist durchaus beabsichtigt,
wie in Bahros Ausführungen zur Entgrenzung der Rettungsbewegung deut-

---

[68] *Bahro*, a.a.O., S. 424.
[69] *Bahro*, a.a.O., S. 438. Hervorhebung im Original.
[70] *Bahro*, a.a.O., S. 441.

lich wird. Die o.g. Basisgemeinden sind für ihn nämlich nur das Anfangs-stadium („erste Daseinsweise") einer globalen Alternativkultur: „Herauf kommt eine Unsichtbare Kirche weltweit, zunächst synkretistisch […], aber die Anläufe konvergieren. […] Es gibt durchaus eine Analogie zu dem, was ganz am Anfang der Christenheit mit der ‚Gemeinschaft der Heiligen' ge-meint war."[71] Diese Gemeinschaft ist für Bahro von Anfang an auch ur-kommunistisch konnotiert. Dabei gilt ihm der realexistierende Sozialismus allerdings als warnendes Beispiel dafür, wie rasch eine Erneuerungsbewe-gung an Bürokratismus und der Übernahme alter Muster für die neue Sache erstickt. Dennoch ruht seine zentrale Hoffnung auf einer „Spiritualisierung" des Sozialismus im Zuge der Perestroika in Verbindung mit einer weltum-spannenden ökologischen Rettungsbewegung:

> „Wenn es wirklich zu einer vollständigen Entbürokratisierung der Kommunisten im ‚reale-xistierenden Sozialismus' […] zur Spiritualisierung ihrer Programmatik und Praxis käme, wie es sich als Tendenz in dem Erscheinen Michael Gorbatschows ankündigt, und wenn dann Moskau, dieses Dritte Rom, *nicht* papistisch agieren würde … Ich will den Satz nicht vollenden, denn es ist kaum auszudenken, welche glückliche Wendung die Geschichte am Ende des 20. Jahrhunderts nehmen könnte.
>
> Für das Werden dieses Bundes aber sollten wir auf allen Ebenen der sozialen Kommuni-kation […] und in allen Verbänden fachlicher und sachlicher Zusammenarbeit bewußt etwas tun."[72]

In der Gestalt von Michael Gorbatschow erhält die Naherwartung hier ein geradezu adventistisches Format, indem sein „Erscheinen" mit der „Ankün-digung" der neuen Ordnung verbunden wird. Zugleich wird an dieser Stelle Bahros prinzipielle Ambivalenz zwischen gnostischem Erlösungswissen (Rettung) und konkretem Aktivismus (Überleben) deutlich.

Im Zentrum von Bahros Wirkungsabsicht und seinem Gebrauch apoka-lyptischer Rede steht eine neue ökologische und soziale Ordnung und die Frage, wie sie verwirklicht werden kann. Auf den ersten Blick ähnelt Bahros „Logik der Rettung" hier dem Krisenszenario des CoR. In beiden Fällen werden Gesetzmäßigkeiten des ökologischen und sozialen Zusam-menbruchs aufgezeigt und daraus die Notwendigkeit zu raschem Handeln abgeleitet. Beide Schriften beschwören also die Krise, um sie abzuwenden. Während der CoR allerdings die alte Ordnung *restaurieren* und eine Kon-solidierung des Weltsystems erreichen möchte, ist Bahros Anliegen *refor-matorisch* darauf gerichtet, in der bestehenden Welt die Voraussetzungen für eine von Grund auf neue Ordnung zu schaffen. Um diese radikale Er-

---

[71] *Bahro*, a.a.O., S. 453.
[72] *Bahro*, a.a.O., S. 454. Hervorhebung im Original.

neuerung zu bewerkstelligen braucht es allerdings Zeit, ein knappes Gut angesichts der immer expliziteren Symptome der Selbstauslöschung. ‚Bewahren, um verändern zu können', so ließe sich das Programm auf den Punkt bringen. Es sind also zwei verschiedene Zeithorizonte, in denen sich die apokalyptische Pragmatik bricht: Kurzfristig gilt es, der akuten Selbstzerstörung der Megamaschine Einhalt zu gebieten, ein Unterfangen, das als „Rettungsregierung" nur mit und nicht gegen ihre Institutionen gelingen kann. Der rhetorische Gestus ist aktivistisch. Langfristig ist die „Rettungsbewegung" allerdings auf die Überwindung der bestehenden Ordnung im politischen, wirtschaftlichen und sozialen Bereich gerichtet. „Neuinstitutionalisierung" statt „Selbstregenration", lautet die Devise.[73] Die Sprecherabsicht ist in diesem Punkt uneindeutig. Zwar lässt Bahro keinen Zweifel daran, dass die „Unsichtbare Kirche" durch vorbildliche Lebensführung verbreitet werden soll, zugleich mahnt er indes zur Vorsicht vor „Missionarismus als fanatischem oder verlockendem Predigertum"[74] sowie vor der Verfestigung und Dogmatisierung der Rettungsbewegung.[75] Diese Uneindeutigkeit kann auch als Ausdruck eines Gattungswechsels von der klassischen Apokalyptik zu utopischem Postmillenarismus verstanden werden, den Bahro in seiner Schrift vollzieht. Das Verhältnis zwischen apokalyptischen Mustern und dem Selbstverständnis der ökologischen Krisenerzählungen des CoR und von Rudolf Bahro ist Gegenstand der folgenden Schlussbetrachtung.

IV. Schlussbetrachtung

Wie lässt sich abschließend das apokalyptische Muster der Krisenerzählung von den „Grenzen des Wachstums" bzw. der „Logik der Rettung" charakterisieren? Genauer: Welche Gemeinsamkeiten und Unterschiede lassen sich bei der Verwendung apokalyptischer Bilder (Gehalt), Stilelemente (Arrangement) und Rhetorik (Gebrauch) erkennen? Und schließlich: In welchem Zusammenhang stehen die apokalyptische Deutung der ökologischen Krise und das wissenschaftliche Selbstverständnis der Autoren?

Vergleicht man den apokalyptischen *Gehalt*, ergeben sich zunächst diverse Gemeinsamkeiten: So ist in beiden Fällen von weltumspannenden und lebensbedrohlichen Krisenerscheinungen die Rede. Diese Krisendiagnose ist ganzheitlich in dem Sinne, dass sie nicht auf die Zerstörung der natürli-

---

[73] *Bahro*, a.a.O., S. 40.
[74] *Bahro*, a.a.O., S. 454.
[75] A.a.O., S. 314 u. 430f.

chen Lebensgrundlage beschränkt bleibt, sondern explizit soziale und wirtschaftliche Katastrophen in ihren Fokus mit hinein nimmt. Die globale Perspektive wird in beiden Fällen mit einer wissenschaftlich begründeten
‚Weltformel‘ untermauert, im Falle des CoR ein kybernetisches Modell des
Weltsystems, bei Bahro die „Weltschematik“ von Johan Galtung. Dagegen
besteht ein wesentlicher *Unterschied* in der Konkretion und Bildlichkeit der
Krisenerzählung: Im Bericht an den CoR überwiegt die sachbezogene Darstellung der ökologischen Krise und ihrer sozialen und wirtschaftlichen
Folgen, die immer wieder auf die fünf zentralen Parameter des Weltmo-
dells, Bevölkerung, Kapital, Nahrungsmittel, Rohstoffvorräte und Umweltverschmutzung, zurückgeführt werden. Bei Bahro hingegen kreist die Darstellung um den sperrigen Begriff des Exterminismus und den abstrakten
Dualismus zwischen einer Logik der Selbstausrottung und einer Logik der
Rettung.[76]
Mit Blick auf ihr dramaturgisches *Arrangement* ähneln sich beide Kri-
senszenarien darin, dass sie die Sprechersituation als Entscheidungssituation bestimmen. Sowohl der CoR als auch Bahro berufen sich auf die Kenntnis von historischen oder ökologischen Gesetzmäßigkeiten, die durchbrochen werden müssen, um das Überleben der Menschheit zu ermöglichen.
Eine auffällige Gemeinsamkeit ist in beiden Fällen die Unsicherheit darüber, ob sich die fatale Entwicklung noch aufhalten lässt oder ob es dazu
bereits zu spät ist. Die Fokussierung der bisherigen Geschichte auf einen
„Wendepunkt“ bzw. eine Schicksalsfrage steht in einer Linie mit der Ge-
schichts- und Weltdeutung klassischer Apokalypsen. Dennoch lässt die
dramatische Gestaltung der beiden Krisenerzählungen auch deutlich *Unterschiede* erkennen: Der CoR kritisiert das entfesselte Wachstum der Weltbevölkerung und das expansive Programm des Fortschritts und fordert einen
‚Rückbau‘ der Bevölkerung und der Lebensverhältnisse, um eine Auszehrung der natürlichen Lebensgrundlage zu vermeiden. Dabei scheint die Subsistenzwirtschaft früherer Tage mit ihrer zyklischen Lebensweise immer
wieder als Idealbild auf; das apokalyptische Arrangement ist „invers“, insoweit es eine Erzählung des Niederganges mit einem Aufruf zur Umkehr
verbindet. Anders bei Bahro: Zwar gilt es auch hier, die „Akkumulationslawine“ aufzuhalten und der Logik der Selbstausrottung Einhalt zu gebieten. Das Fernziel bleibt allerdings stets die vollständige Überwindung der
alten Ordnung und die Errichtung eines Neuen Jerusalems. Diese Krisenerzählung ist dramatisch der Offenbarung des Johannes nachgebildet, mit ei-

---

[76] Allerdings ist die Rede vom Exterminismus vor dem konkreten Erfahrungshintergrund
des Kalten Krieges zu sehen, gleichsam als Symbolbegriff für das Wettrüsten der Blöcke und
seine sozialen und ökologischen Konsequenzen. Vgl. dazu *L. Niethammer*, Posthistoire. Ist die
Geschichte zu Ende?, Hamburg 1989, S. 63.

ner chiliastischen Vorstellung vom Überleben („Rettungsregierung") und der finalen Heilsvision einer Neuen Erde („Rettungsbewegung").

Vergleicht man schließlich den *Gebrauch* der Öko-Apokalypsen, so soll in beiden Fällen der Adressat zu einem grundlegenden Sinneswandel und, damit verbunden, einer radikalen Umstellung seiner Lebensführung veranlasst werden. Sowohl Bahro als auch der CoR beschwören die Krise, *um* sie abzuwenden, die rhetorische Absicht ist also konsultativ und aktivistisch. Wie eingangs vermutet, soll das Überleben der Menschheit durch tätige Anstrengung gesichert werden. Darin liegt ein wesentlicher Unterschied zur klassischen Apokalyptik, die den Rezipienten zum Zuschauer in einem kosmischen Schauspiel macht. In der ökologischen Apokalypse des technischen Zeitalters ist jeder Einzelne ein Protagonist. Sie will nicht Trost spenden[77] oder Angst vor Umweltkatastrophen nehmen, sondern zum Weltschutz als Selbstschutz aufrufen. Überleben ist immanent geworden und meint nur weniger ein soteriologisches Über-diese-Erde-hinaus-Leben als vielmehr Weiterleben. Der Geltungsgrund dieser Offenbarung liegt nicht in der mystischen Qualität des Propheten oder in der Dignität eines Deuteengels, sondern in den Rationalitätskriterien der modernen Wissenschaft. *Unterschiede* zwischen den „Grenzen des Wachstums" und der „Logik der Rettung" bestehen zunächst im Adressatenkreis: Der CoR wendet sich auch und vor allem an die politischen Entscheidungsträger, während sich Bahros Schrift als esoterisch und subversiv versteht: nicht die Hohepriester der Megamaschine sollen aufgeklärt, sondern die Basisgemeinden der öko-spirituellen Bewegung ermutigt werden. Ein weiterer Unterschied liegt in der aktivistischen Stoßrichtung: Im Bericht an den CoR folgt aus dem inversen Aufbau und dem kybernetischen Denken ein Aufruf zur Restauration, zur Stabilisierung des Weltsystems auf geringerem Niveau. Ganz anders bei Bahro: Die akute Erhaltung der Lebensgrundlage ist für ihn nichts als ein millenaristischer Meilenstein auf dem Weg zur neuen Ordnung. Reformation, nicht Restauration, lautet die Zielstellung. Die apokalyptische Pragmatik ist hier zweigeteilt in einen konkreten Aufruf zur „Rettungsregierung", d.h. zum tätigen Überleben, und in eine Ermunterung der „Rettungsbewegung" und ihrer Basisgemeinden.

Der bemerkenswerteste Unterschied zwischen den „Grenzen des Wachstums" und der „Logik der Rettung" liegt allerdings jenseits von ihrem apokalyptischen Gehalt, Arrangement oder Gebrauch: im *Selbstverständnis* als apokalyptisches Zeugnis. Bahro, an den geschichtsphilosophischen Betrachtungen von Ernst Bloch geschult, stellt nicht nur im Untertitel seines Buches die Frage, „Wer kann die Apokalypse aufhalten?", sondern reflek-

---

[77] *Hahn*, Die Offenbarung des Johannes, a.a.O., S. 55–70; *Bahro*, Logik der Rettung, a.a.O., S. 57.

tiert ausdrücklich die Angemessenheit einer apokalyptischen Perspektive. Dem Bericht an den CoR fehlt diese Distanz zur diskursiven Gestalt der ökologischen Krisenerzählung. Für Bahro ist die Apokalypse nicht nur eine geeignete Hermeneutik der ökologischen Krise, sondern auch ein rhetorisches Instrument zur Kanalisierung von Existenzangst in umweltfreundliches Handeln. Entsprechend aktivistisch ist seine Lesart der klassischen Apokalyptik. Danach ist „die echte apokalyptische Vision im Grunde optimistisch, indem sie in einen Umkehraufruf mündet".[78]

Es kann hier dahingestellt bleiben, ob Bahros Auslegung klassischer Apokalypsen stichhaltig ist oder gängigen exegetischen Gütekriterien genügt. Wichtig ist vielmehr, dass er sich bewusst in die Kontinuität apokalyptischer Krisendeutung stellt und seine ökologische Krisenerzählung apokalyptisch inszeniert; semiotischer Phänotyp und Selbstverständnis fallen zusammen. Anders „Die Grenzen des Wachstums": Zwar lässt auch der Bericht an den CoR sich in der Tradition apokalyptischer Rede interpretieren, seinem Selbstverständnis nach handelt es sich aber um einen nüchternen, wenn auch engagierten, Beitrag zur Politikberatung.[79] Endet damit die religionswissenschaftliche Zuständigkeit? Die Berechtigung einer apokalyptischen Perspektive auf ökologische Apokalypsen wird letzthin zum Testfall für die generelle Angemessenheit einer theologischen Auseinandersetzung mit dem Leben. Die Antwort liegt auf der Hand: Solange das menschliche Leben nicht nur eine gattungsgeschichtliche, sondern auch eine religions- bzw. kulturgeschichtliche Dimension besitzt, behält die religionswissenschaftliche Perspektive ihre Gültigkeit. Leben, so sollte man meinen, unterscheidet sich vom bloßen Vegetieren dadurch, dass es sich seiner selbst bewusst ist. Apologetische Scharmützel zwischen Geistes- und Naturwissenschaft sind hier fehl am Platze: Weder gilt es, die Moderne und ihre naturwissenschaftlichen Errungenschaften zu einem Appendix der Religionsgeschichte zu degradieren,[80] noch erscheint es angebracht, Bewusstsein in neurophysiologische Prozesse und Leben in die Decodierung des Genoms aufzulösen. Die Analyse von ökologischen Apokalypsen der Nachkriegszeit hat gezeigt: Eine disziplinäre Engführung der Lebens- und Überlebensfragen der Menschheit wird ihrer existentiellen Dimension nicht gerecht. Solange Menschen hoffen, ist Lebensgeschichte nicht nur Onto- oder Phylogenese, sondern immer auch Heilsgeschichte.

---

[78] *Bahro*, Logik der Rettung, a.a.O., S. 78.

[79] *Meadows*, Die Grenzen des Wachstums, a.a.O., S. 9.

[80] *H. Blumenberg*, Die Legitimität der Neuzeit, Frankfurt a.M. 1966; *K. Löwith*, Weltgeschichte und Heilsgeschehen: Zur Kritik der Geschichtsphilosophie, Stuttgart 1983.

Literaturhinweise

Bahro, Rudolf: Logik der Rettung. Wer kann die Apokalypse aufhalten? Ein Versuch über die Grundlagen ökologischer Politik, Stuttgart/Wien 1987.

Berger, Klaus: Hellenistisch-heidnische Prodigien und die Vorzeichen in der jüdischen und christlichen Apokalyptik, in: Aufstieg und Niedergang der Römischen Welt. Geschichte und Kultur Roms im Spiegel der neueren Forschung, hg. von *Hildegard Temporini/Wolfgang Haase*, Berlin/New York 1980, S. 1428–1469.

Blumenberg, Hans: Die Legitimität der Neuzeit, Frankfurt a.M. 1966.

Etzemüller, Thomas: „Dreißig Jahre nach Zwölf"? Der apokalyptische Bevölkerungsdiskurs im 20. Jahrhundert, in: Apokalypse. Zur Soziologie und Geschichte religiöser Krisenrhetorik, hg. von: *Alexander-Kenneth Nagel* u.a., Frankfurt a.M. 2008, S. 197–216.

Gerhards, Claudia: Apokalypse und Moderne. Alfred Kubins „Die andere Seite" und Ernst Jüngers Frühwerk, Würzburg 1999.

Hahn, Ferdinand: Die Offenbarung des Johannes als Geschichtsdeutung und Trostbuch, in: Kerygma und Dogma 51/1 (2005), S. 55–70.

Hahn, Friedemann: Von Unsinn bis Untergang: Rezeption des Club of Rome und der Grenzen des Wachstums in der Bundesrepublik der frühen 1970er Jahre, Dissertation, Freiburg 2006.

Herzberg, Guntolf/Seifert, Kurt: Rudolf Bahro – Glaube an das Veränderbare. Eine Biographie, Berlin 2002.

Lapide, Pinchas: Apokalypse als Hoffnungstheologie, in: Apokalypse: ein Prinzip Hoffnung? Ernst Bloch zum 100. Geburtstag, hg. von *Richard W. Gassen/ Bernhard Holeczek*, Heidelberg 1985, S. 10–14.

Löwith, Karl: Weltgeschichte und Heilsgeschehen: Zur Kritik der Geschichtsphilosophie, Stuttgart 1983.

Marcuse, Herbert: Der eindimensionale Mensch, Neuwied 1967.

Meadows, Dennis: Die Grenzen des Wachstums. Bericht des Club of Rome zur Lage der Menschheit, Stuttgart 1972.

Mesarovic, Mihailo/Pestel, Eduard: Menschheit am Wendepunkt. 2. Bericht an den Club of Rome zur Weltlage, Stuttgart 1974.

Nagel, Alexander-Kenneth: Siehe, ich mache alles neu? Apokalyptik und sozialer Wandel, in: Apokalyptik und kein Ende?, hg von *Bernd Schipper/Georg Plasger*, Göttingen 2007, S. 253–272.

Ders.: Ordnung im Chaos. Zur Systematik apokalyptischer Deutung, in: Apokalypse. Zur Soziologie und Geschichte religiöser Krisenrhetorik, hg. von *ders.*, Frankfurt a.M. 2008, S. 49–72.

Niethammer, Lutz: Posthistoire. Ist die Geschichte zu Ende?, Hamburg 1989.

Schipper, Bernd: Endzeitszenarien im Alten Orient. Die Anfänge apokalyptischen Denkens, in: Apokalyptik und kein Ende?, hg. von *Bernd Schipper/Georg Plasger*, Göttingen 2007, S. 11–30.

Trimondi, Victor/Trimondi, Victoria: Krieg der Religionen. Politik, Glaube und Terror im Zeichen der Apokalypse, München 2006.
Vondung, Klaus: Die Apokalypse in Deutschland, München 2006.

Wolfgang Vögele

Leben und Überleben

Der Lebensbegriff im Kontext der protestantischen Friedensbewegung in Deutschland

I. Lieber rot als tot?

Lieber rot als tot? Vor 1989 haben Politiker und Journalisten diese Frage gerne beantwortet. Die Formel, die sich so griffig reimte, führte direkt in das umstrittene politisch-ethische Feld, auf dem Kapitalismus und Totalitarismus, Antikommunismus und Pazifismus in ideologisch und emotional aufgeladener Weise einander gegenüber standen. Und die Formel brachte die Überlebensfrage der westdeutschen Friedensbewegung auf eine vermeintlich eindeutige Gegenüberstellung.

Nach 1989 verschwand die Formel langsam aus dem politischen Bewusstsein. Nicht nur die Formel, auch die hitzigen und strittigen Debatten um Abrüstungsverträge und Nachrüstungsanstrengungen traten in den Hintergrund der öffentlichen Aufmerksamkeit. Die in den 50er und 80er Jahren so starke Friedensbewegung in der Bundesrepublik ist selbst zum historischen Phänomen geworden. Zwar sehen die Fernsehzuschauer einmal im Jahr am Abend des Ostermontags die Bilder von den jährlichen Ostermärschen. Aber jedes Jahr wundert man sich, dass diese Märsche bei weitem nicht mehr die Teilnehmerzahlen erreichen, wie das noch in den Jahrzehnten zuvor in der Bundesrepublik üblich war.

Die Geschichte dieser Bundesrepublik war an entscheidenden Punkten mitbestimmt von einer großen und öffentlichkeitswirksamen Friedensbewegung, die demonstrierend und reflektierend auf die Gefahren von atomarer Aufrüstung und militärischer Konfrontation hinwies. Beteiligt waren Gewerkschaften, Parteien und Kirchen, Philosophen und Theologen.

Diese Friedensbewegung meldete sich in ihren unterschiedlichen Strömungen beständig und nachhaltig zu Wort und kämpfte nach den Atombombenabwürfen von Hiroshima und Nagasaki am Ende des Zweiten Weltkriegs in den fünfziger Jahren gegen die Wiederbewaffnung der Bundeswehr; sie begrüßte die Aufnahme des Rechts auf Kriegsdienstverweigerung in das Grundgesetz, opponierte gegen die westeuropäische Integration Deutschlands in die NATO, bekämpfte den NATO-Doppelbeschluss und besonders die Stationierung von Mittelstreckenraketen, und schließlich begleitete sie die verschiedenen Abrüstungsverhandlungen und entsprechenden -abkommen von SALT bis START.

Nicht nur den Beobachtern der deutschen Zeitgeschichte, auch den damaligen, mittlerweile alt gewordenen Aktivisten sind die Ereignisse aus den fünfziger und besonders aus den achtziger Jahren noch in lebendiger Erinnerung, die Sitzblockaden vor Kasernen und NATO-Hauptquartieren, die großen Kundgebungen im Hofgarten in Bonn, die verschiedenen Friedens- und Menschenketten sowie die Blockadeaktionen, zum Beispiel vor dem amerikanischen Pershing-II-Depot im schwäbischen Mutlangen unter Beteiligung führender deutscher Intellektueller von den Nobelpreisträgern Böll und Grass über den Rhetorikprofessor Walter Jens bis zum sozialdemokratischen Politiker Erhard Eppler.

Die deutsche Debatte war stets auch vom Gegensatz zwischen der DDR und der Bundesrepublik und ihrer Einbindung in Warschauer Pakt und NATO bestimmt. Befürwortung der Nachrüstung und Stellungnahme zum Kommunismus oder Totalitarismus waren – anders als in anderen europäischen Ländern und den Vereinigten Staaten – eng aufeinander bezogen. Man diskutierte über die Legitimität eines atomaren Erstschlags, über die Möglichkeiten gewaltfreien Handelns als Alternative zu militärischen Schlägen, über die Frage, ob die bloße Drohung mit atomaren Waffen ethisch zu verantworten sei. Die Friedensdebatte war eingebunden in eine sehr viel grundsätzlichere politische Diskussion, in der militärische Bündnisse und Gesellschaftstheorien, unterschiedliche politische Kulturen und Ideologien einander gegenüber standen. In der Bundesrepublik und in der DDR waren diese Debatten zusätzlich aufgeladen durch Erfahrungen des Zweiten Weltkriegs, des Nationalsozialismus und dem Scheitern der Appeasement-Politik.

Oft verkürzten sich die Diskussionen auf Schlagworte. Auf den Demonstrationsplakaten der pazifistischen Gruppen hieß es: „Frieden schaffen ohne Waffen!" Oder, stärker biblisch orientiert: „Schwerter zu Pflugscharen!", während die Gegner den friedensbewegten Gruppen unterstellten, sie handelten nach dem Prinzip: „Lieber rot als tot!"

Dass die Bibel auch für die Bildung von Schlagworten herangezogen wurde, ist kein Zufall. Denn die Gegensätze innerhalb der gesellschaftspolitischen Diskussion spiegelten sich auch in der evangelischen und in der katholischen Kirche. Auf der evangelischen Seite garantierten die Heidel-

berger Thesen von 1959[1] angesichts einer sich zuspitzenden militärischen
Ost-West-Konfrontation gerade noch ein Nebeneinander von Militärdienst
und Kriegsdienstverweigerung, also eine pazifistische und eine militärische
Option. Diese fragile Gleichberechtigung beider Optionen wurde in den
folgenden Jahren von den offiziellen Gremien stets weiter vertreten. Dem
Streit nahm das überhaupt nichts von seiner erheblichen Schärfe: Gruppen
mit pazifistischer Orientierung wie „Ohne Rüstung Leben" standen gegen
Gruppen wie „Sicherung des Friedens", welche die Nachrüstung mit Mittelstreckenraketen als akzeptabel und gerade noch verantwortbar ansah.

Einen gewissen Höhepunkt markierte die Erklärung des Moderamens des
Reformierten Bundes von 1982 mit seinen an die Barmer Erklärung ange-
lehnten sechs Thesen, in der für die Drohung mit und Anwendung von
Atomwaffen der status confessionis ausgerufen wurde. Damit war die Frie-
densfrage aus einer militärischen, politischen und ethischen Frage zu einer
Glaubensfrage geworden.

II. Friedensorientierungen und ihre theologischen, ethischen und philosophischen Voraussetzungen

Die achtziger Jahre sind an ihrem Anfang durch diese Erklärung des Moderamens und eine entsprechende Verschärfung der Diskussion geprägt, während an ihrem Ende mit dem Fall der Mauer und dem Zusammenbruch der
Staaten des Ostblocks auch das kirchlich-öffentliche Interesse an der Frie-
densthematik zurückging, obwohl es im kirchlichen Raum länger Aufmerksamkeit erhielt als in der politischen Öffentlichkeit. Die friedensethische
Diskussion war allerdings nicht still gestellt, sondern wandte sich im Gefolge neuer und anders gearteter politischer Konflikte wieder den Fragen nach
der Möglichkeit eines gerechten Krieges und der Legitimation militärischer
Interventionen[2] zu, was an den Beispielen Kosovo, Irak und Afghanistan
intensiv diskutiert wurde.

Fragt man nun nach dem Zusammenhang von Leben und Frieden, so fällt
zuerst ins Auge, dass dieser besonders virulent wird bei der Frage nach der
Drohung mit und Anwendung von atomaren Waffen. Deswegen erreichte
diese Diskussion nach dem Abwurf der beiden Wasserstoffbomben in Hiroshima und Nagasaki im August 1945 einen ersten Höhepunkt. Denn damit
wurden die atomaren Waffen zu einer unmittelbaren Gefahr für den gesam-

---

[1] Heidelberger Thesen von 1959, in: *G. Howe* (Hg.), Atomzeitalter, Krieg und Frieden,
Witten/Berlin 1962, S. 226–236.
[2] Im evangelischen Bereich zum Beispiel *M. Haspel*, Friedensethik und humanitäre Intervention, Neukirchen 2002.

ten Globus und die gesamte Menschheit, weil mit der zunehmenden Anzahl
atomarer Waffen und wegen des gegenseitig hochgeschaukelten Bedro-
hungspotentials zwischen NATO und Warschauer Pakt die Möglichkeit einer vollständigen Auslöschung natürlichen – und damit auch menschlichen
– Lebens auf der Erde gegeben war. Mit den ersten Atomwaffen und ihrer
Anwendung ergab sich das bedrohliche Szenario, alles Leben auf der Erde
zu zerstören.

Das aber konnte nicht im Sinne der jeweiligen Kriegsgegner sein, weshalb sich die militärische Diskussion schnell auf die Frage konzentrierte, ob
es möglich sei, begrenzte atomare Schläge zu führen, die nicht in eine unmittelbare militärische Eskalation mit unerwünschtem Ende münden würde.
Dies führte die einen zur Forderung nach der Ächtung und Vernichtung
atomarer Waffen, während andere gerade dieses unerwünschte Endzeit-
Szenario als Garantie dafür nahmen, dass es ausreiche, mit atomaren Waffen zu drohen. Keiner der Kontrahenten, so argumentierten sie, würde in
diesem Fall das Risiko einer vollständigen Eskalation eingehen, weil er das
Risiko einer Zerstörung allen Lebens nicht in Kauf nehmen wollte.

Man sieht aus diesen wenigen Überlegungen, dass der Lebensbegriff der
Friedensbewegungen von mindestens zwei Gegensätzen geprägt war. Die
eine Gegenübersetzung lautet Erhaltung friedlichen Lebens ohne Krieg und
Waffen versus Zerstörung allen Lebens in der atomaren Katastrophe. Die
zweite Gegenübersetzung ergibt sich aus dem Slogan „Lieber rot als tot!",
und in ihr kann man verschiedene Qualifikationen des Lebensbegriffs unterscheiden: ein Leben in einer demokratisch-rechtsstaatlichen Ordnung, ein
Leben in einer kommunistischen Gesellschaftsform („Lieber rot!"). Dazu
rückt noch die Möglichkeit eines Lebens nach einem dritten Weltkrieg mit
atomaren Schlägen und Gegenschlägen in den Blick: Dieses Leben müsste
sich nach den umfassenden Zerstörungen durch die Bomben mit einer nied-
rigeren Stufe der Zivilisation zufrieden geben.

Diesen Bedrohungs- und Zerstörungsszenarien stand im protestantischen
Raum ein schöpfungstheologisches Argument entgegen: „Gott ist ein
Freund des Lebens"[3] lautete der Titel einer gemeinsamen Denkschrift von
evangelischer und katholischer Kirche, die sich allerdings gerade nicht mit
friedensethischen Themen befasste, sondern besonders Anfang und Ende
menschlichen Lebens in den Blick nahm. Wenn Gott ein Freund des Lebens
war, das er selbst geschaffen hat, so ergab sich die umfassende ethische,
rechtliche und politische Aufgabe, die Bedingungen dieses Lebens zu erhalten. Die genannte Denkschrift, gerade im Wendejahr 1989 publiziert,

---

[3] *Kirchenamt der Evangelischen Kirche, Sekretariat der Deutschen Bischofskonferenz*
(Hg.), Gott ist ein Freund des Lebens. Herausforderungen und Aufgaben beim Schutz des Lebens, Gütersloh 1989.

steht im übrigen dafür, diese schöpfungstheologischen Überlegungen zum Lebensbegriff über die Friedensethik hinaus auf andere ethische Themenfelder zu erweitern. Was den Menschen als Person anging, so sollte darin der im Grundgesetz prominent am Anfang eingeführte Begriff der Würde[4] eine wichtige Rolle spielen.

Mit dem Begriff der Würde wurde der Lebensbegriff auf eine bestimmte Weise qualifiziert und konnte in der Folge nicht mehr auf das Faktum der bloßen Existenz reduziert werden. Man sprach von der besonderen Würde des Lebens, der „Heiligkeit" des Lebens und dem besonderen Schutz, der sich daraus ergebe. Gott wurde nicht nur als Schöpfer des Lebens verstanden, sondern auch als Garant der Wahrheit des Lebens. Für den Menschen verdichtete sich diese Wahrheit im Begriff seiner unantastbaren Würde. Ähnliche Überlegungen bezogen sich auf den Schutz der Natur, wobei sich allerdings die Rede von der „Würde der Natur" nicht in demselben Maße durchsetzen konnte.

Diese Rezeption des Würdebegriffs fehlt noch in den früheren Texten der Friedensbewegung. Allerdings setzen sie alle im Hintergrund einen bestimmten, durchaus unterschiedlich formierten Lebensbegriff voraus, der im Folgenden in seinem Verhältnis zur Friedensethik weiter untersucht werden soll. Diese Texte haben gemeinsam, dass sie im Vordergrund friedensethische Fragen diskutieren: die Legitimation von Atomwaffen, die Entwicklung von Abrüstungsoptionen oder Bedrohungsszenarien, die Frage nach der Stationierung von Mittelstreckenraketen, die Lehre vom gerechten Krieg oder die Alternative von Militärdienst oder Kriegsdienstverweigerung. Der – theologisch formierte – Lebensbegriff gehört in den Hintergrund, zu den Voraussetzungen dieser Schriften.

Die Auseinandersetzungen um Aufrüstung und Frieden wurden in der Bundesrepublik, zumal in den evangelischen Kirchen mit einer außerordentlichen Heftigkeit geführt. Die Texte stellen drastisch und mit aller Schärfe die jeweiligen Alternativen vor. Nicht nur ethische Optionen, sondern auch Weltanschauungen, philosophische und theologische Entwürfe prallten heftig aufeinander. Dabei ist die Verhältnisbestimmung von Friedensethik und Lebensbegriff, von Forderung und Voraussetzung, besonders interessant.

Denn es war nicht unumstritten, dass die Frage der atomaren Aufrüstung *nur* als eine ethische Frage eingeführt und begriffen wurde. Deutlich wird das an Überlegungen der beiden Theologen Ingo Holzapfel und Joachim Liß, die an den Philosophen Günter Anders[5] anschließen: Sie kritisieren die

---

[4] Dazu *W. Vögele*, Menschenwürde zwischen Recht und Theologie, Öffentliche Theologie 14, Gütersloh 2000.
[5] Zu Anders siehe unten Abschnitt 8.

ethische und militärische Reduktion der atomaren Problematik und sehen statt dessen ein sehr viel fundamentaleres Problem, nämlich die „Gefahr der Selbstvernichtung der Menschengattung".[6] Wenn diese Gefahr besteht, dann steht sehr viel mehr, nämlich das Überleben des gesamten Globus, auf dem Spiel als wenn es nur um die Begrenzung der atomaren Option ginge. Beide kritisierten, dass damals diese Gefahr der Selbstvernichtung nicht einmal innerhalb der Friedensbewegung selbst völlig ernst genommen wurde. Je mehr das Risiko eines atomaren Schlages betont wird und je gravierender die globalen Folgen ausfallen, desto dringlicher stellen sich ethische und politische Schlussfolgerungen dar.

Holzapfel und Liß führen die Überlegung so weiter: Weil diese gigantische Gefahr der Selbstvernichtung besteht, verwandelt sich die pragmatische Zeit der Gegenwart in eine apokalyptische Endzeit, und die vornehmliche ethische Aufgabe der Menschheit besteht dann darin, eine solche Selbstvernichtung zu verhindern. Man kann diese alarmistischen Worte als den Versuch sehen, dem Thema der Atomwaffen größere öffentliche Aufmerksamkeit zu verleihen. Das Auffallende an ihren Überlegungen besteht in dem Übergang von der Diskussion ethischer und militärstrategischer Fragen in die gesteigerte Form schöpfungstheologischer und apokalyptischer Reflexion. Die atomare Zerstörung aufgrund eines wechselseitigen atomaren Schlages wäre die menschliche Revision der göttlichen Schöpfung. Sie entwickeln sozusagen eine negative Schöpfungstheologie. Es geht um die Frage der Vernichtung des gesamten Lebens, der gesamten Erde. Wenn dem so ist, so die These, muss das auch Folgen haben für die ethische Beurteilung von Rüstungs- und Abrüstungsfragen. Eingebettet in dieses apokalyptische Bedrohungsszenario radikalisiert sich die Frage nach ethischen Legitimität von Drohung und Anwendung von Atomwaffen.

Nach diesen ersten Überlegungen lassen sich drei Lebensbegriffe unterscheiden:

– Nicht-Leben, das heißt die befürchtete Zerstörung allen menschlichen und natürlichen Lebens durch atomare Schläge.
– Überleben, das heißt der Verlust von evolutionärer und zivilisatorischer Lebensqualität nach begrenzten atomaren Schlägen.
– (Qualifiziertes) Leben als die Verteidigung des status quo mit Hilfe militärischer, auch atomarer Drohung.

Seine Komplexität gewinnt dieser Lebensbegriff aus seinem eschatologischen, man könnte auch sagen, apokalyptischen Moment: Ein Zukunfts-

---

[6] *I. Holzapfel/J. Liß*, Einleitung, in: *dies.*, Frieden, Almanach für Literatur und Theologie 15, hg. von *H. Regenstein*, Wuppertal 1981, S. 10–20, hier: S. 14.

szenario, das weitreichende oder begrenzte atomare Angriffe einschließt, wird zur Grundlage ethischen Handelns in der Gegenwart gemacht. Das betrifft die Frage der Kriegsdienstverweigerung ebenso wie der sogenannten Nachrüstung mit atomaren Mittelstreckenraketen.

Eingebettet ist dieser Lebensbegriff, so wie er zwischen 1950 und 1990 in Westdeutschland diskutiert wurde, in mindestens vier Themenfelder und Auseinandersetzungen, welche die theologische Diskussion damals in sehr viel stärkerem Maße bestimmten als heute.

1. Für die achtziger Jahre ist ein sehr viel größerer Einfluss der Theologie Karl Barths als heute anzunehmen. Barth hatte sich zwar in Fragen des Ost-West-Gegensatzes, der Legitimation eines demokratischen Rechtsstaates und der Wiederbewaffnung der Bundeswehr politisch sehr stark engagiert, und er hatte damit auf seine deutschen Schüler (und auf die politische Öffentlichkeit) großen Einfluss. Nach seinem Tod übernahmen diese Schüler seine Rolle als politisch-theologische Ratgeber und versuchten Modelle vorzustellen, um aus der in der Kirchlichen Dogmatik entwickelten Christologie Schlussfolgerungen für die ethische Urteilsbildung zu ziehen.[7] Diese Modelle waren unter den Schülern Barths nicht unumstritten. Auf lutherischer Seite begegneten sie einem stärker pragmatisch konfigurierten ethischen Entwurf, der sich im Gefolge der Zweireichelehre stärker an Vorfindlichkeiten und Gegebenheiten des politischen Systems orientierte.

2. Die Theologie der 80er Jahre war sehr viel stärker als heute eschatologisch und apokalyptisch orientiert. Dies war auch der Rezeption der Philosophie Ernst Blochs zu verdanken, die sich vor allem über den Tübinger Theologen Jürgen Moltmann[8] zu einer Theologie der Hoffnung verdichtete, die sich aus Gottes heilendem und errettendem Handeln eine Veränderung der als reaktionär und unvollkommen wahrgenommenen Gegenwart erhoffte. Gerade, was die Frage atomarer Aufrüstung und später auch ökologischer Fragen anging, verband sich damit eine stärkere Aufmerksamkeit für Apokalyptik. Gegenüber dieser sehr starken Rezeption einer Theologie der Hoffnung, die ganz auf das Thema Zeit und Zeitlichkeit setzte, wurden lutherische Traditionen der Schöpfungstheologie zeitweise in den Hintergrund gedrängt.

3. Neben der Begründung der Ethik und der apokalyptischen Eschatologie war die Friedensethik im eigentlichen Sinn ein Hauptgegenstand damaliger hitziger politischer und kirchlicher Diskussionen. Diese waren bestimmt durch den Gegensatz einer pazifistischen, an der Bergpredigt orientierten Ethik der Gewaltfreiheit und einer pragmatischen, am Gegensatz von Lega-

---

[7] Vgl. dazu *B. Klappert/U. Weidner*, Schritte zum Frieden. Theologische Texte zu Frieden und Abrüstung, Wuppertal 1983.
[8] *J. Moltmann*, Theologie der Hoffnung, München 1964.

lität und Legitimität ausgerichteten Ethik. Dabei spielen im Hintergrund unterschiedliche Begründungen politischer Ethik eine gewichtige Rolle, was sich vor allem an der sich verändernden Bewertung des demokratischen Rechtsstaates zeigt.[9]

4. Und schließlich bestimmte der aus dem Ost-West-Konflikt übernommene Gegensatz zwischen Atheismus und Theismus im Hintergrund auch die Diskussion um die Friedensethik. Eine Reihe von evangelischen Theologen begannen damals einen Dialog mit dem Marxismus, der den Atheismus als unbedingte Voraussetzung marxistischer Ideen anzweifelte.[10]

Innerhalb dieses friedensethisch und theologisch entfalteten Rahmens sind nun verschiedene Positionen zum Lebensbegriff in der Friedensbewegung zu betrachten. Helmut Gollwitzer (3) steht dabei für eine originelle und eigenständige Position, die an die Theologie Karl Barths anschließt, ohne schülerhaft alte Lehrermeinungen nachzubeten. Er entwickelt innerhalb des Gegensatzes von Theismus und Atheismus eine neue Perspektive. Dem steht eine von lutherischer Theologie geprägte Stellungnahme des Heidelberger Theologen Edmund Schlink (4) gegenüber. Die eigentliche Auseinandersetzung um friedensethische Positionen im evangelischen Bereich prägten zwei Dokumente, die Erklärung des Moderamens des Reformierten Bundes von 1982 (5) sowie die sogenannte Friedensdenkschrift der EKD (6).

Aber theologische und kirchliche Positionen zur Friedensethik waren auch von der Philosophie beeinflusst. Darum macht es Sinn, hier zuletzt die philosophischen Positionen von Carl Friedrich von Weizsäcker (7) mit seiner großen Affinität zur evangelischen Ethik sowie die radikal modernitätskritische Position des Husserl-Schülers Günter Anders (8) vorzustellen, um schließlich in einem letzten Abschnitt den friedens- und schöpfungstheologischen Ertrag (9) daraus zu gewinnen.

---

[9] Derjenige, der diese Perspektive im Blick auf das Grundgesetz voranbrachte, war in den sechziger Jahren Gustav Heinemann: dazu *W. Vögele*, Christus und die Menschenwürde. Eckpfeiler der politischen Ethik des Justizministers und Bundespräsidenten Gustav Heinemann, in: *J. Thierfelder/M. Riemenschneider* (Hg.), Gustav Heinemann. Christ und Politiker, Karlsruhe 1999, S. 150–169.

[10] Zum Beispiel *J. M. Lochman*, Marx begegnen. Was Christen und Marxisten eint und trennt, Gütersloh 1977. Aus marxistischer Sicht *M. Machovec*, Jesus für Atheisten, Stuttgart/Berlin 1972.

III. Schöpfung – Leben – Frieden

Die Theologie des lutherischen Barth-Schülers Helmut Gollwitzer ist durch die Erfahrung des Nationalsozialismus, durch den Zweiten Weltkrieg[11] und durch den darauf folgenden Kalten Krieg geprägt. Die Auseinandersetzung mit dem massiven Antikommunismus des Westens führte Gollwitzer in der Nachkriegszeit zu einer Neubegründung des christlich-marxistischen Dialogs. Innerhalb dieses zeitgeschichtlichen Kontextes ist auch die Ablehnung atomarer Aufrüstung anzusiedeln, welche sich von den Diskussionen der frühen Jahre der Bundesrepublik[12] bis zur Friedensbewegung der 80er Jahre wie ein roter Faden durch sein Werk zieht. Es ist Gollwitzers Verdienst, dass es ihm gelang, dogmatische Theologie, den Dialog der Christen mit Atheisten, mit Nihilisten im Gefolge Nietzsches und den Dialog mit den Sozialisten auf eine originelle Weise theologisch zu verbinden.

Gollwitzer entwarf vor dem Hintergrund dieser Auseinandersetzungen eine eschatologische Schöpfungstheorie. Diese erweist sich als außerordentlich ertragreich für den Lebensbegriff. Eine Entfaltung dieser Schöpfungstheorie findet sich in hervorgehobener Weise in Gollwitzers zentralem Werk „Krummes Holz – Aufrechter Gang".[13] Darin stellt er die Frage nach dem Sinn des Lebens und der Welt, gerade nach den politischen Katastrophenerfahrungen des 20. Jahrhunderts. Diese Frage kann für ihn immanent, aus der Erfahrung dieser Welt heraus, nicht beantwortet werden. Darin trifft sich der christliche Glaube für Gollwitzer mit dem modernen Nihilismus, der diese weltimmanente Beantwortung der Sinnfrage ebenfalls ablehnt. Bezogen auf den Lebensbegriff heißt das, dass die Qualifikation von Leben als sinnvollem Leben nicht weltimmanent geleistet werden kann. Aber im Gegensatz zum Nihilismus, der jegliche Qualifikation des Lebensbegriffs und jede positive Beantwortung der Sinnfrage ablehnt, gesteht der christliche Glaube eine solche Qualifikation zu. Sie wird jedoch nicht immanent, sondern transzendent, auf dem Wege des Glaubens geleistet – durch den Gott, der die Welt geschaffen hat.

Die Existenz des Schöpfers lässt sich aus den Gegebenheiten der Schöpfung bzw. der Welt nicht beweisen. Dass Gott die Welt geschaffen hat, ist ein Akt der Kontingenz, keine Notwendigkeit, die sich aus dem Wesen Gottes ergibt. Die Schöpfung ist gegenüber ihrem Schöpfer frei – und Gollwitzer versteht das anders als der Nihilismus nicht im Sinne quälender,

---

[11] Gollwitzer selbst kämpfte als Soldat im Zweiten Weltkrieg und veröffentlichte den Bericht über die Jahre seiner Kriegsgefangenschaft in der Sowjetunion unter dem Titel ‚Und führen wohin du nicht willst', München 1956.

[12] *Ders.*, Die Christen und die Atomwaffen, ThExh 61, München [6]1981 (1957).

[13] *Ders.*, Krummes Holz – Aufrechter Gang, München [8]1979.

sinnloser Verzweiflung, sondern als eine Gnade und Freiheit. Gott der Schöpfer gönnt den Menschen diese Freiheit, sie ist eine Wirkung seiner überfließenden Liebe.[14] „In der Beziehung zu ihm (nämlich zu Gott dem Schöpfer WV) hat die Welt und das Einzelleben Sinn."[15] Diese Qualifikation von globalem und individuellem Leben ist jedoch nicht statisch zu begreifen. Die Sinnfrage wird nicht ein für allemal und nicht endgültig beantwortet. In der Gegenwart sind nur vorläufige Antworten möglich. Glaube bleibt stets an Momente des Zweifels und der Ungewissheit gebunden.

Sinn ist eine Ressource, die eschatologisch zu verstehen ist. Das Gute wächst und zeigt sich endgültig erst in der Vollendung der Welt. Darum kann Gollwitzer für die Gegenwart sagen: Die Welt ist deshalb gut, weil sie für Weiteres, Kommendes tauglich ist.[16] Die Sinnhaftigkeit der Welt begründet sich in ihrer eschatologischen Offenheit. Dabei sind der Sinn der Welt, das heißt die Qualifikation des Lebens als globale Gesamtheit, und der individuelle Sinn, das heißt die Rechtfertigung des einzelnen, aufeinander bezogen. Nur wenn die Welt als Ganzes qualifizierten Sinn macht, dann kann es auch für den einzelnen Rechtfertigung und vor Gott gerechtes Leben geben.[17] Wer darum an einen Schöpfer glaubt, der erkennt die Welt als Schöpfung an, deren Vollendung noch aussteht. Glauben muss darum vor allem als Hoffen und Durchhalten im Angesicht von gegenwärtig zweifelnder Anfechtung verstanden werden: „Sinnverheißung ist Befehl und Einladung zu Sinnhoffnung."[18] Mit dieser gedanklichen Operation der eschatologischen Schöpfungshoffnung gewinnt Gollwitzer einen weiten Raum, um die Gegenwart in ihrer Konflikthaftigkeit und -trächtigkeit zu beschreiben. Gegenwart ist Kampf, Spannung, Auseinandersetzung, zwischen Sinn und Sinnlosigkeit, zwischen Hoffnung und Verzweiflung.[19] Und solange die Schöpfung noch nicht vollendet ist, ist dieser Konflikt aus der Gegenwart nicht herauszukürzen. Weder Utopien noch Ideologien der Weltverbesserung können aus diesem Gegensatz herauströsten. Die Zukunft lässt sich philosophisch nicht als bereits im Diesseits vollendete Schöpfung beschreiben. Die Hoffnung auf die vollendete Welt ist darum angewiesen auf den schöpferischen Gott, der erst in der erlösten und vollendeten Welt zum Ziel seiner Aufgabe kommt.

Diese theologischen Überlegungen zur Eschatologie haben Auswirkungen auf die Befindlichkeit des einzelnen, auf seinen Glauben und auf seine Verzweiflung. Darum kommt Gollwitzer am Ende seines nach wie vor lesens-

---

[14] A.a.O., S. 225.
[15] A.a.O., S. 211.
[16] Ebd.
[17] A.a.O., S. 224.
[18] A.a.O., 326.
[19] Ebd.

werten Buches zu ganz einfachen schlichten Thesen, welche die Ambivalenz des Lebens, aber gleichzeitig auch seine Sinnhaftigkeit sehr gut umschreiben.

„Nichts ist gleichgültig. Ich bin nicht gleichgültig."
„Dieses Leben ist ungeheuer wichtig."
„Die Welt ist herrlich – die Welt ist schrecklich."
„Es lohnt sich, zu leben."[20]

Der Lebensbegriff Gollwitzers ist von mindestens zwei Spannungen und einer Ambivalenz geprägt. Gollwitzer scheut sich nicht, die Auseinandersetzung mit Atheismus und Nihilismus zu führen und hier auch Felder des Konsenses mit dem christlichen Glauben abzustecken: Leben in der Welt ist aus sich heraus nicht begründbar. Trotzdem hat das Leben Gültigkeit, es hat Wert und Bedeutung. Das ergibt sich aus der eschatologischen Hoffnung auf einen Schöpfer, der in der Zukunft diese Welt als Schöpfung vollenden wird. Diese kann auf dem Weg des Glaubens in die Gegenwart hineingeholt werden: Sie stiftet eine Gewissheit, welche dem Leben eine Perspektive der Hoffnung verleiht.

Das nimmt jedoch der Gegenwart des Lebens nichts von seiner (furchtbaren) Ambivalenz. Deswegen bezeichnet Gollwitzer die Welt als herrlich und schrecklich zugleich. Diese Ambivalenz kann durch den Glauben nicht stillgestellt, wohl aber *existentiell* überwunden werden.

Die Atomwaffen gehören in dieser Perspektive auf die negative Seite der Ambivalenz: Sie sind in all ihrer Schrecklichkeit zu brandmarken. Der Kampf gegen sie, gegen ihre Aufstellung, Anwendung, auch gegen die Drohung mit ihnen, ist ethisch gesehen der Kampf für die Erhaltung der Welt – und damit auch die Voraussetzung dafür, dass Gott diese Welt als Schöpfung vollenden kann. Der Kampf gegen die Atomwaffen benötigt nicht notwendig den christlichen Glauben. Denn in dem Streben nach Erhaltung der Welt sind sich Christen wie Nicht-Christen einig, und darum spricht nichts gegen taktische Allianzen in politischen Auseinandersetzungen. Die nur im Glauben zu beantwortende Frage nach dem Sinn und die politisch-militärische Frage nach Drohung und Anwendung von Atomwaffen werden einander zugeordnet, aber nicht in dem Sinn, dass sie identifiziert werden, sondern so, dass ein Feld politischen und ethischen Streites über diese Waffen offen bleibt. Weil die Beantwortung der Sinnfrage noch aussteht und in der Gegenwart nur durch einen eschatologischen Hoffnungsglauben, nicht durch Erkenntnis eingeholt werden kann, erscheint die Gegenwart als ein Feld politischen, militärstrategischen und ethischen

---

[20] A.a.O., S. 382.

Streites. Auch Christen müssen für Gollwitzer in diesem Streit Stellung beziehen, aber sie kommen nicht um diesen eschatologischen Vorbehalt herum.

IV. Vorrang des Glaubens im Leben

Während Gollwitzer die Frage nach dem Gutsein der Schöpfung eschatologisch auflöste und von daher zu einer Ablehnung der atomaren Aufrüstung
kam, entwickelt der lutherische Theologe Edmund Schlink, der in Heidelberg Systematische Theologie lehrte, eine ganz andere Perspektive. Für ihn
tritt die Frage nach der Erhaltung der Welt und der ethischen Verantwortbarkeit der Aufstellung, Drohung und Anwendung von Atomwaffen hinter
dem Dual von Glauben und Unglauben zurück.[21] Das bestehende Leben
harrt noch der Erlösung, es ist in der Gegenwart negativ durch die Sünde
qualifiziert. Insofern könnte man sagen, dass Schlink die Ambivalenz der
Gegenwart nach der Seite des Bösen und Schrecklichen hin auflöst. Menschen, die der Sünde erlegen sind, sind für ihn „tot, auch wenn sie ,leben'
[...]. Und umgekehrt gilt für die Glaubenden, daß sie leben, obwohl sie
sterben werden."[22] Leben ist also ein durch den Glauben qualifizierter und
gesteigerter Begriff. Wer nicht glaubt, ist dem Tod endgültig verfallen,
während der im Glauben Lebende den Tod genauso endgültig überwindet.
Wenn das Dual Glauben – Unglauben im Leben so unbedingt in den Vordergrund rückt, dann relativiert sich damit in Schlinks Perspektive die sozialethische Frage nach den Atomwaffen. Denn es gilt: „Norm der ethischen
Entscheidung kann also keineswegs sein: irdische Lebenserhaltung um jeden Preis."[23]

Plötzlich erscheint es so, dass dem Glaubenden die atomaren Waffen kein
Problem sein können, weil die Glaubenden sowieso den Tod in Christus
überwunden haben, während die, die nicht glauben, in den atomaren Waffen dem Gesetz Gottes[24] begegnen: Denn sie haben sich selbst die Möglichkeit der globalen Selbstzerstörung geschaffen. In diesen Waffen dokumentiert sich für Schlink darum auch das Scheitern des Unglaubens.

Schlink bestreitet, dass Gott als „Garant irdischen Lebens" in Anspruch
genommen werden kann.[25] Gott wird nicht die Welt erhalten, weil Men

---

[21] *E. Schlink*, Die Atomfrage in der kirchlichen Verkündigung, in: *G. Howe* (Hg.), Atomzeitalter, Krieg und Frieden, Witten/Berlin ³1962, Forschungen und Berichte der Evangelischen Studiengemeinschaft, S. 204–225.
[22] A.a.O., S. 204.
[23] A.a.O., S. 205.
[24] A.a.O., S. 211.
[25] A.a.O., S. 213.

schen auf die Abschaffung von Atomwaffen drängen. Die sozialethische Frage der atomaren Aufrüstung wird zugunsten der Frage nach einem gnädigen oder ungnädigen Gott nach hinten geschoben. Glaube oder Unglaube, Heil oder Unheil sind wichtiger als die Zerstörung der Welt durch die verfeindeten Menschen in einem nuklearen Krieg.[26] Vor diesem Hintergrund erst gelangt Schlink zu seiner entscheidenden sozialethischen Schlussfolgerung: Leben ist bestimmt durch den theologisch qualifizierten Gegensatz von Glaube und Unglaube, dieser steht vor allen sozialethischen Kontroversen. Er bestimmt das Handeln Gottes wie das Handeln der Menschen. Deswegen ist dann für Schlink (vorläufig) die Androhung der Anwendung atomarer Waffen legitim, solange sie abschreckend einen globalen nuklearen Krieg verhindern. Freilich gebe es dafür, so Schlink, keine Garantie.[27]

Auch Schlink sieht also die atomaren Waffen als eine gefährliche Entwicklung, relativiert aber die Bedeutung dieser (ethischen) Frage dahingehend, dass sie für das Dual Glaube oder Unglaube, Leben in Gott oder Leben aus der Sünde heraus, nichts austrägt. Deswegen gesteht er die *Drohung* mit atomaren Waffen zu, auch wenn das Risiko in Kauf genommen werden muss, daß die Drohung mit den aufgestellten Waffen letztendlich auch zu ihrer Anwendung führt. Diese Option entwickelt Schlink vor dem Hintergrund einer grundsätzlich negativen Bewertung menschlichen Lebens: Es ist durch die Sünde bestimmt, und diese Sünde kann nur durch den Glauben, nicht durch irgendein weltliches Handeln überwunden werden. Der Schlink'sche Lebensbegriff ist also durch die Ambivalenz von Sünde und Glaube geprägt.

V. Nein ohne jedes Ja

Den beiden Positionen der systematischen Theologen Gollwitzer und Schlink sollen nun zwei kirchliche Dokumente gegenübergestellt werden, zunächst die die Friedenserklärung des Moderamens des Reformierten Bundes von 1982.[28] Diese Erklärung rief in Bezug auf die atomare Aufrüstung den status confessionis aus, verschob die ethische Frage also aus dem Be-

---

[26] A.a.O., S. 214: „Die entscheidende Gefahr droht den Menschen nicht von anderen Menschen, auch nicht von Atomwaffen, sondern von Gott. Die verborgene Wurzel aller Angst, die heute die Menschen erfüllt, ist die Angst vor Gott, der der Sünde Feind ist."

[27] A.a.O., S. 217.

[28] *Moderamen des Reformierten Bundes* (Hg.), Das Bekenntnis zu Jesus Christus und die Friedensverantwortung der Kirche, Gütersloh 1982; vgl. dazu *R. Wischnath*, Das Christusbekenntnis und die Stellung der Christen zu den Massenvernichtungsmitteln. Zur Auseinandersetzung um die Erklärung des Moderamens des Reformierten Bundes, Beiheft Junge Kirche Juli 1983.

reich der für den Glauben gleichgültigen weltlichen Angelegenheiten in den Bereich des Glaubens. Bejahung oder Ablehnung der Drohung und Anwendung atomarer Waffen waren nach Auffassung der Erklärung eingebunden in den Gegensatz von Glaube oder Unglaube.

Atomare Bewaffnung wird ausdrücklich als das Leben zerstörende „Gotteslästerung" bezeichnet, und sie steht im „Gegensatz zu den Grundartikeln" des christlichen Glaubens".[29] Dieser status confessionis bezieht sich nicht nur auf die Drohung und Anwendung von Atomwaffen, sondern auch auf die ideologische Begründung dieser Maßnahme. Im Gegensatz zu Schlink, der die Welt der atomaren Waffen der Sünde verfallen sieht, bleibt für die Erklärung des Moderamens Gott der Schöpfer und Erhalter der Welt: „Trotz unserer Schuld hält und erneuert er in Treue den Bund mit uns Menschen und gibt nicht preis die Werke seiner Hände."[30] Die schöpferische und die Welt erhaltende Gottesherrschaft bleibt auch in der vorletzten Welt sichtbar. Die Freiheit des Menschen greift diese Herrschaft nicht an.[31] Die Erklärung bezeichnet die Auferstehung Jesu Christi als die letzte und endgültige Widerlegung aller Mächte und Gewalten, die sich gegen Gott richten. Endgültig offenbar wird dieses allerdings erst am Ende der Zeiten.[32]

Das von Gott geschaffene Leben wird also eingeordnet in einen heilsgeschichtlichen Horizont. Sowohl aus der Perspektive der Schöpfungstheologie wie auch aus der Perspektive der Eschatologie ergibt sich die strikte Ablehnung schon der Drohung mit atomaren Waffen. „In der Perspektive des Glaubens an Gott den Schöpfer erkennen wir: In vorerst letzter Konsequenz seines Abfalls von Gott hat der Mensch gegen seinen Mitmenschen Gewaltmittel entwickelt, die den Bundespartner Gottes ausrotten und die Erde innerhalb weniger Stunden wieder ‚wüst und leer' machen können."[33] Sozialethisch folgt daraus die strikte Ablehnung von Massenvernichtungswaffen, sowohl ihres Gebrauchs als auch der Drohung damit.

Allerdings ist theologisch zu fragen, ob dieses Dokument nicht die prekäre Verhältnisbestimmung vom Schon-jetzt der Wirklichkeit der Heilsgeschichte und dem Noch-Nicht des ausstehenden Reiches Gottes verfehlt. Es bleibt unklar, was mit der Heilsgeschichte geschieht, falls die „Bundespartner Gottes" sich in der atomaren Katastrophe selbst vernichten. Und es stellt sich in dieser Perspektive die Frage, wie Gott selbst auf eine solche atomare Katastrophe reagieren würde. Die eschatologische Perspektive des Noch-Nicht der Heilsgeschichte, exemplarisch bei Gollwitzer auf den Punkt

---

[29] A.a.O., S. 4.
[30] A.a.O., S. 7.
[31] A.a.O., S. 12.
[32] A.a.O., S. 16.
[33] A.a.O., S. 18.

gebracht, wird aus bestimmten sozialethischen Interessen heraus vernachlässigt.

Es ist weiter zu fragen, ob man für die Erkenntnis der *Möglichkeit* der völligen Zerstörung des Globus die Schöpfungs- und Versöhnungstheologie bemühen sollte. Denn dieses lässt sich ja auch ausschließlich aufgrund der rational abgewogenen Bewertung der (damaligen) militärischen Situation feststellen. Und es ist zu fragen, ob das Subjekt der so emphatisch entwickelten Heilsgeschichte nicht Gott selbst ist. Die Hoffnung auf die Errichtung des Gottesreiches schließt ein, dass Gott dann auch zerstören wird, was ihm am Ende der Zeit als Böses erscheint.

Die Erklärung des Moderamens macht den Menschen auf merkwürdige Weise zum cooperator Dei und spielt ihm eine Helferrolle im eschatologischen Drama zu. Es ist aber zu fragen, ob diese Verknüpfung von heilsgeschichtlicher Theologie und Sozialethik zu einem stimmigen Ergebnis führt[34] oder ob nicht ein theologischer Kurzschluss entsteht, wenn Heilsgeschichte und Sozialethik so nahe zusammengebracht werden.

VI. Frieden bewahren, fördern, erneuern

Die Denkschrift der evangelischen Kirche in Deutschland „Den Frieden bewahren, fördern, erneuern" von 1981[35] antwortete auf die theologischen wie ethischen Herausforderungen, die sich durch die militärische Drohkulisse des Kalten Krieges stellten. Dabei liegt der Akzent der Argumentation anders als in der Erklärung des Moderamens deutlich auf der *sozialethischen* Frage nach den Möglichkeiten von atomarer Abrüstung und friedenspolitischer Entspannung, während die Reflexion über theologische Voraussetzungen der eigenen sozialethischen Grundentscheidungen genauso deutlich zurückgenommen wird. Damit öffnet sich ein größerer Spielraum für ethische, politische und militärische Optionen, was Abrüstungsfragen, Verteidigungs- und Außenpolitik angeht.

Die Denkschrift erneuert im Blick auf die Frage nach dem Militärdienst die alte Position der Heidelberger Thesen: Wehrdienst und Kriegsdienstverweigerung sind (noch) gleichrangige Möglichkeiten. Sie stellt den unbedingten Friedenswillen als zentrale politische Aufgabe heraus und begrün-

---

[34] Man müsste in weiteren Überlegungen, für die hier nicht der Platz ist, die Frage stellen, ob diese unglückliche Zuordnung von Heilsgeschichte und Sozialethik nicht auch für die reformierte Ablehnung der Weltwirtschaft des globalen Kapitalismus oder des Neoliberalismus gilt.
[35] *Evangelische Kirche in Deutschland* (Hg.), Frieden wahren, fördern, erneuern, Gütersloh 1981.

det diesen Friedenswillen mit der Bejahung des Lebens.[36] Dabei wird Leben nicht einfach im Sinne der Schöpfungstheologie als von Gott gut geschaffenes Leben bezeichnet. Vielmehr ist Leben bestimmt durch Konflikte, deren Lösung oder mindestens Abmilderung eine politische und gesellschaftliche Gestaltungsaufgabe ist.[37] Die eschatologische Perspektive, die bei Gollwitzer hervorgehoben wurde, fehlt in diesem Lebensbegriff. Leben als auf die Zukunft hin offener Prozess schließt jedoch diese Perspektive nicht aus, auch wenn sie die Denkschrift nicht ausdrücklich erwähnt.

Entscheidend ist für die Denkschrift die These, dass Lebensbejahung und Frieden einander bedingen, und aus dieser Grundpositionierung folgen dann eine Reihe von Erwägungen, die Ziele, Mittel und Intentionen friedensstiftenden Handelns unter diesen Kriterien des (Über-)Lebens und des Friedens abwägen. Damit ist für die Denkschrift ein sehr viel umfangreicheres ethisches Spielfeld gewonnen, das der Abwägung und dem politischen Urteil sehr viel breiteren Raum lässt als die um Vieles steilere theologische Erklärung des Moderamens. Der folgende Abschnitt wird zeigen, daß die EKD-Denkschrift hier sehr unmittelbar auf Überlegungen des Philosophen Carl Friedrich von Weizsäcker zurückgreift.

VII. Frieden als Konfliktbegrenzung

Wie die Denkschrift beschreibt Weizsäcker[38] das Leben als grundsätzlich konflikthaft. Ein Leben ohne Konflikte, die um knappe Güter materieller wie symbolischer Art kreisen, ist für ihn nicht denkbar. Wenn das stimmt, darf Frieden nicht als Konfliktfreiheit verstanden werden. Es kommt ethisch darauf an, zerstörerische Methoden der Konfliktlösung auszuschalten und konstruktive, an der Nächstenliebe orientierte Methoden der Konfliktlösung zu fördern. Diejenige Form der Konfliktlösung, die am gefährlichsten und schädlichsten ist für den Menschen, ist der Krieg. Denn im Krieg ist das Leben des Feindes, das Leben Unbeteiligter, das Leben der Natur und das eigene Leben bedroht.

Je größer, weitreichender und zielgenauer nun die von der militärischen Industrie entwickelten Waffen werden und ihr zerstörerisches Potential sich ausweitet, desto deutlicher und evidenter wird, dass Krieg als Mittel der Konfliktlösung nicht mehr taugt. Darum muss ein globaler, umfassender Krieg, wie er mit der Drohung und Anwendung atomarer Waffen in den Blick kommt, um des Überlebens der Menschen willen verhindert werden.

---

[36] A.a.O., S. 22.
[37] A.a.O., S. 23.
[38] C. F. von Weizsäcker, Der Garten des Menschlichen, München 1977.

Dies ist eine politische, nicht nur eine militärische Aufgabe. Das Militär wäre mit der Aufgabe der Begrenzung des Krieges überfordert.[39] Es handelt sich vielmehr um eine allgemein menschliche Aufgabe, die in ihrem Ursprung nicht sofort militärisch ist. Sondern im Konflikt besteht ein Kampf um Macht: „Kampf ist allem organischem Leben eigen; Macht ist ein Humanum. Jedes Lebewesen ist bedroht. Im organischen Leben sind gewisse Güter stets knapp, die Evolution macht sie knapp."[40] Konflikte und Machtkämpfe lassen sich also nicht ausschalten.

Demgegenüber ist das friedliche Austragen von Konflikten eine Kulturleistung, die die bewaffnete und darum naturgemäß zerstörerische Auseinandersetzung überwindet. Weizsäcker sieht eine Konkurrenz unterschiedlicher Methoden der Konfliktbewältigung. Leben ist ohne Konflikte nicht zu haben. Dieses ist zu akzeptieren. Es kommt dann für eine Gesellschaft nur darauf an, diejenigen Methoden der Konfliktbewältigung zu kultivieren, die den Frieden erhalten und dauerhaft machen. Damit ist der Lebensbegriff aus Gegenwart und Geschichte heraus bestimmt. Eine dauerhaft Zukunft für das Leben entscheidet sich daran, ob es dem Menschen gelingt, friedliche Formen der Konfliktlösung zu finden.

VIII. Die Selbstzerstörung des Menschen

Diesen vorsichtigen Optimismus Weizsäckers kann der Philosoph Günther Anders[41] nicht teilen. Vor allem in seinem Hauptwerk „Die Antiquiertheit des Menschen"[42] vertritt er die These, dass der Mensch mit den technischen Mitteln nicht fertig wird, die er selbst geschaffen hat. Genau darin besteht die Antiquiertheit des Menschen, dass er es nicht mehr schafft, philosophisch und ethisch die technischen Mittel zu beherrschen, die er selbst geschaffen hat.

Das zeigt sich in der letzten Steigerungsform an den atomaren Waffen. Den amerikanischen Abwurf der beiden Atombomben auf Hiroshima und Nagasaki hält Anders für einen epochalen Wendepunkt in der Menschheitsgeschichte. Denn damit ist demonstriert worden, dass der Mensch fähig wäre, alles Leben auf der Welt zu zerstören. Dieser Abwurf markiert darum

---

[39] A.a.O., S. 25.
[40] A.a.O., S. 28.
[41] G. *Anders*, Die atomare Drohung, München [2]1981; *ders.*, Hiroshima ist überall, München 1982.
[42] *Ders.*, Die Antiquiertheit des Menschen, Bd. 1, Über die Seele im Zeitalter der zweiten industriellen Revolution, München [7]1987; *ders.*, Die Antiquiertheit des Menschen, Bd. 2, Über die Zerstörung des Lebens im Zeitalter der dritten industriellen Revolution, München 1980.

für Anders den Beginn der Apokalypse, und die Antiquiertheit des Menschen kommt für Anders in einer verbreiteten „Apokalypse-Blindheit"[43] zum Ausdruck. Mit diesem Ausdruck geißelt Anders die fehlende Bereitschaft, sich ethisch, philosophisch und politisch mit der Möglichkeit der Selbst-Zerstörung der Menschheit auseinander zu setzen. Wäre diese vorhanden, so käme es darauf an, sich zum einen vor dieser Möglichkeit zu ängstigen und zweitens daran zu arbeiten, dass die Frist, die sich zwischen der Gegenwart und der potentiellen Zerstörung durch einen massiven atomaren Schlag ergibt, so weit wie möglich ausgedehnt wird.[44] Wie keine andere der behandelten philosophischen, theologischen und kirchlichen Schriften zeigt Anders die Risiken der atomaren Drohung auf. Aber es ist die Frage, ob er die Risiken nicht so sehr in den Vordergrund stellt, dass über der damit erzeugten Angst die nüchtern kalkulierten Handlungsoptionen in militärischer wie politischer Hinsicht als viel zu harmlos erscheinen, als dass sie die atomare Apokalypse verhindern könnten.

Und in dieser Einschätzung ist Anders' These von der atomaren Blindheit des Menschen jedoch durch die Geschichte widerlegt worden. Zumindest die mit der Ost-West-Konfrontation verbundene gegenseitige atomare Aufrüstung wurde mit dem Fall der Mauer und einer Reihe von Abrüstungsabkommen merklich entschärft. Dass die militärische Drohung mit Atomwaffen weiterhin besteht und umfassende Abrüstung weiterhin ein wichtiges militärpolitisches Ziel ist, zeigen die jährlichen Abrüstungsberichte der Bundesregierung.[45]

IX. Schlussfolgerungen

Betrachtet man protestantische Texte aus der Zeit der Friedensbewegung nicht in der Perspektive der Optionen gegen oder für die Drohung mit atomaren Waffen, sondern in der Perspektive der Frage nach dem vorausgesetzten Lebensbegriff, so ergeben sich die folgenden sieben Punkte:

1. Es wird deutlich, wie sehr der eigentlich eher im Feld der Voraussetzungen platzierte Lebensbegriff die ethischen Entscheidungen bestimmt

---

[43] *Anders*, Antiquiertheit 1, a.a.O., S. 267.

[44] Ein zentraler Text, in dem er diese Vermischung aus Zeitdiagnose, Ethik und Philosophie entfaltet, sind die „Thesen zum Atomzeitalter" aus dem Jahr 1959, in: *Anders*, Atomare Drohung, a.a.O., S. 93–105.

[45] Bericht der *Bundesregierung* zum Stand der Bemühungen um Rüstungskontrolle, Abrüstung und Nichtverbreitung sowie über die Entwicklung der Streitkräftepotentiale (Jahresabrüstungsbericht 2008), http://www.auswaertiges-amt.de/diplo/de/Aussenpolitik/Themen/Abruestung/Downloads/0901-Jahresabruestungsbericht-2008.pdf.

und präformiert, egal ob es sich um theologische, kirchliche oder philosophische Texte handelt. Der Blick in diese Voraussetzungen offenbart die bestimmende Kraft unterschiedlicher ethischer, theologischer und konfessioneller Entwürfe.

2. Der in den Texten vertretene Lebensbegriff ist bestimmt durch das Dual von Lebenserhaltung und Lebenszerstörung. Dieses wird gemessen an der Möglichkeit einer Zerstörung allen Lebens in der Welt durch atomare Waffen. Allerdings unterscheiden sich die Stellungnahmen darin, ob sie diese globale Zerstörung als eine, wenn auch unwahrscheinliche Möglichkeit oder als unmittelbar bevorstehend charakterisieren. Die Einschätzung des Risikos eines atomaren Schlages ist in höchstem Maße umstritten. Und je nachdem variieren auch die Zugeständnisse an die Möglichkeiten ethischen Handelns. Wenn die atomare Bedrohung sich nicht mehr aufhalten lässt, so ist die Apokalypse beinahe schon eingetreten. Die ethische Abwägung politischer und militärischer Alternativen macht dann nicht mehr viel Sinn. Je mehr jedoch das apokalyptische Element in den Hintergrund tritt, desto mehr gewinnt die Debatte um solche Alternativen ihren Sinn.

3. Je mehr sich die friedensethischen Texte von der engen Sicht, die sich allein auf die atomare Drohung konzentriert, befreien, desto mehr wird deutlich, dass Frieden viel mehr ist als das Überleben angesichts des Risikos eines globalen atomaren Schlags. Wenn Frieden mehr meint als Überleben, dann muss der Friedensbegriff parallel zum Lebensbegriff qualifiziert werden. Beide Kirchen haben darum konsequent in den Titeln späterer Denkschriften von *gerechtem* Frieden gesprochen.[46] Und dieses zielt auch auf einen qualifizierten Lebensbegriff, der sich mit Stichworten wie einem menschenwürdigen Leben oder der Forderung nach Bewahrung der natürlichen Grundlagen des Lebens beschreiben lässt. Damit wird deutlich, dass die Sicherung des Friedens eine ethische Frage ist, die weit über Militärstrategie hinausreichend daran geknüpft ist, dass konfliktvermeidend für alle Menschen gleiche Lebensbedingungen hergestellt werden.

4. Deutlich ist ein Prozess der Verzeitlichung des Lebensbegriffs. Die Welt wird in der Befürchtung eines globalen atomaren Zerstörungsschlags von ihrem Ende her gedacht, manchmal so sehr, dass es die Abwägung politischer Alternativen in der Gegenwart in Frage stellt. Dieses scheint jedoch um der Erhaltung menschlicher Handlungsfähigkeit unverzichtbar. Je stärker apokalyptische Vorstellungen in den ver-

---

[46] *Sekretariat der Deutschen Bischofskonferenz* (Hg.), Gerechter Frieden, Bonn 2000; *Kirchenamt der EKD* (Hg.), Aus Gottes Frieden leben – für gerechten Frieden sorgen, Gütersloh 2007.

zeitlichten Lebensbegriff eingetragen werden, desto geringer werden die Chancen menschlichen Handelns veranschlagt.

5. In den theologischen und kirchlichen Dokumenten wird der Lebensbegriff theologisiert, und dieser Prozess schließt an seine Verzeitlichung an. Die Vergangenheit, sprich die Wirklichkeit der Schöpfung kommt dabei am wenigsten in den Blick. Die Gegenwart ist charakterisiert durch die Ambivalenz von Zweifel und Glaube (Gollwitzer) oder durch die Sünde, die nur durch Gott überwunden werden kann (Schlink), während die Zukunft auf eine merkwürdige Weise doppelt charakterisiert ist: durch die Möglichkeit des atomaren Globalschlags und durch das eschatologische und nur im Glauben zu erfassende Reich Gottes. Beide Zukunftsszenarien stehen zueinander in Spannung. Man kann den atomaren Schlag für theologisch irrelevant halten (Schlink), man kann ihn aber auch umgekehrt zur Glaubensfrage erklären, beides mit ethischen Folgen, die heute nicht mehr völlig nachvollziehbar erscheinen.

6. Dass das Leben in Gegenwart und Vergangenheit als Gottes Schöpfung zu beschreiben ist, scheint eine Banalität. Es darf aber nicht übersehen werden, dass diese Leben mit Konflikten, Risiken und Ambivalenzen behaftet ist. Diese gehören zu Gottes Schöpfung hinzu, und die biblischen Erzählungen der Urgeschichte geben ein wichtiges Zeugnis davon, dass diese Gefährlichkeit und Gefahrenträchtigkeit des Lebens schon den damaligen Autoren bewusst war.

7. Deutlich erscheint, egal ob in theologischer oder philosophischer Perspektive, dass Leben bedeutet, mit (nicht nur atomaren, auch ökologischen und anderen politischen) Risiken der Selbstvernichtung zu leben. Daraus folgt für die Gegenwart die ethische Aufgabe, an der Minimierung dieser Risiken und an der Erhaltung gerechter globaler Lebensbedingungen mitzuarbeiten.

Literaturhinweise

Anders, Günther: Die Antiquiertheit des Menschen, Bd. 1, Über die Seele im Zeitalter der zweiten industriellen Revolution, München [7]1987.

Ders.: Die Antiquiertheit des Menschen, Bd. 2, Über die Zerstörung des Lebens im Zeitalter der dritten industriellen Revolution, München 1980.

Ders.: Die atomare Drohung, München [2]1981.

Ders.: Hiroshima ist überall, München 1982.

Bundesregierung: Bericht zum Stand der Bemühungen um Rüstungskontrolle, Abrüstung und Nichtverbreitung sowie über die Entwicklung der Streitkräftepoten-

tiale, Jahresabrüstungsbericht 2008, http://www.auswaertiges-amt.de/diplo/de/
Aussenpolitik/Themen/Abruestung/Downloads/0901-Jahresabruestungsbericht-
2008.pdf.

Evangelische Kirche in Deutschland (Hg.): Frieden wahren, fördern, erneuern, Gütersloh 1981.

Gollwitzer, Helmut: Und führen wohin du nicht willst, München 1956.

Ders.: Die Christen und die Atomwaffen, ThExh 61, München [6]1981 (1957).

Ders.: Krummes Holz – Aufrechter Gang, München [8]1979.

Haspel, Michael: Friedensethik und humanitäre Intervention, Neukirchen 2002.

Holzapfel, Ingo/Liß, Joachim: Einleitung, in: *dies.*, Frieden, Almanach für Literatur und Theologie 15, hg. von *Hartmut Regenstein*, Wuppertal 1981, S. 10–20.

Howe, Günter (Hg.): Heidelberger Thesen von 1959, in: Atomzeitalter, Krieg und Frieden, Witten/Berlin 1962, S. 226–236.

Kirchenamt der Evangelischen Kirche/Sekretariat der Deutschen Bischofskonferenz (Hg.): Gott ist ein Freund des Lebens. Herausforderungen und Aufgaben beim Schutz des Lebens, Gütersloh 1989.

Kirchenamt der EKD (Hg.): Frieden leben – für gerechten Frieden sorgen, Gütersloh 2007.

Klappert, Bertold/Weidner, Ulrich: Schritte zum Frieden. Theologische Texte zu Frieden und Abrüstung, Wuppertal 1983.

Lochman, Jan Milic: Marx begegnen. Was Christen und Marxisten eint und trennt, Gütersloh 1977.

Machovec, Milan: Jesus für Atheisten, Stuttgart Berlin 1972.

Moderamen des Reformierten Bundes (Hg.): Das Bekenntnis zu Jesus Christus und die Friedensverantwortung der Kirche, Gütersloh 1982.

Moltmann, Jürgen: Theologie der Hoffnung, München 1964.

Schlink, Edmund: Die Atomfrage in der kirchlichen Verkündigung, in: Atomzeitalter, Krieg und Frieden, hg. von *Günter Howe*, Witten/Berlin [3]1962, Forschungen und Berichte der Evangelischen Studiengemeinschaft, S. 204–225.

Sekretariat der Deutschen Bischofskonferenz (Hg.): Gerechter Frieden, Bonn 2000.

Vögele, Wolfgang: Christus und die Menschenwürde. Eckpfeiler der politischen Ethik des Justizministers und Bundespräsidenten Gustav Heinemann, in: Gustav Heinemann. Christ und Politiker, hg. von *Jörg Thierfelder/Matthias Riemenschneider*, Karlsruhe 1999, S. 150–169.

Ders.: Menschenwürde zwischen Recht und Theologie, Öffentliche Theologie 14, Gütersloh 2000.

Weizsäcker, Carl Friedrich von: Der Garten des Menschlichen, München 1977.

Wischnath, Rolf: Das Christusbekenntnis und die Stellung der Christen zu den Massenvernichtungsmitteln. Zur Auseinandersetzung um die Erklärung des Moderamens des Reformierten Bundes, Beiheft Junge Kirche Juli 1983.

Martina Kumlehn

Von der Lebensschule zur multiperspektivischen, differenzorientierten Schulung für das Leben

Exemplarische Zugänge zum Verhältnis von Leben und Bildung

Beim Blick in das von Dietrich Benner und Jürgen Oelkers 2004 herausgegebene „Historische Wörterbuch der Pädagogik"[1], das in systematischer und historischer Perspektive Leitbegriffe der Bildungs- und Erziehungstheorie differenziert darstellt, fällt auf, dass das Stichwort Leben fehlt. Das Verhältnis von der spezifischen Verfasstheit menschlichen Lebens und der damit einhergehenden Notwendigkeit von Bildungsprozessen, um dem ungesicherten, weltoffenen Leben Form zu geben und Kultur zur zweiten Natur des Menschen werden zu lassen, ist vermutlich so basal, aber zugleich auch so komplex, dass es nicht eigens aufgenommen, sondern vielmehr in allen Zugriffen vorausgesetzt und damit als latentes Thema mitgeführt wird. Diese Form des impliziten Mitgesetztseins verlangt jedoch geradezu nach kritischer Rekonstruktion, denn die verschiedenen Bildungskonzepte und -intentionen verstehen sich immer vor dem Hintergrund einer spezifischen Wahrnehmung und Deutung des Lebens und prägen in ihrer Umsetzung selbst die Lebenswirklichkeit von Schülern und Schülerinnen.

In der pädagogischen Anthropologie, wie sie vor allem von den Klassikern der Bildungstheorie im 18. und 19. Jahrhundert ausgebildet worden ist, ist das dynamische Wechselverhältnis von Leben und Bildung grundlegend expliziert worden. Die Freisetzungsprozesse der Aufklärung entbinden die Frage nach dem Sinn des Lebens neu, wenn tradierte Lebensformen nicht mehr per se Geltung beanspruchen können, sondern nach Begründungskontexten verlangen, die sich vor dem Forum der Vernunft verantworten können. Zunehmende Freiheiten in der Lebensführung gekoppelt mit der aufklärerisch-optimistischen Vorstellung einer möglichen Perfektibilität

---

[1] *D. Benner/J. Oelkers* (Hg.), Historisches Wörterbuch der Pädagogik, Weinheim/Basel 2004.

menschlichen Lebens setzen die Näherbestimmung der Bedeutung von Bildungsprozessen aus sich heraus. Pädagogische Anthropologie und Bildungstheorie bedingen sich gegenseitig. So heißt es bei Humboldt: „Nur auf eine philosophisch empirische Menschenkenntnis lässt sich die Hofnung gründen, mit der Zeit auch eine philosophische Theorie der Menschenbildung zu erhalten".[2] Diese Einsicht führt zu dem Plan einer vergleichenden Anthropologie, die das ‚ganze Leben' als Stoff zugrunde legen, sichten und ordnen will. Dass dieses Unternehmen Fragment geblieben ist, verwundert nicht. Dennoch führen Humboldts Studien zu fundamentalen Aussagen über Bildung. Sie wird mit dem wahren Zweck, und das heißt für Humboldt mit dem Sinn menschlichen Lebens überhaupt identifiziert.

> „Der wahre Zwek des Menschen [...] ist die höchste und proportionirlichste Bildung seiner Kräfte zu einem Ganzen. Zu dieser Bildung ist Freiheit die erste, und unerlassliche Bedingung. Allein ausser der Freiheit erfordert die Entwikkelung der menschlichen Kräfte noch etwas andres, obgleich mit der Freiheit eng verbundenes, Mannigfaltigkeit der Situationen. Auch der freieste und unabhängigste Mensch, in einförmige Lagen versetzt, bildet sich minder aus."[3]

Der Kraftbegriff ist in diesem Kontext sehr voraussetzungsreich und meint (ähnlich wie bei Herder) die Dynamis des Lebens selbst, die das Individuum spezifisch konstituiert und nach ihrer individuellen Entfaltung verlangt. D.h., diese Kräfte sind einerseits Voraussetzung der Bildsamkeit des Menschen, treiben ihn quasi in die Bildungsprozesse hinein und bedürfen aber auch der Bildung, um nicht zu verkümmern. „Nur durch die Arbeit an einem Außen kann die mit der energetischen menschlichen Struktur gegebene Unruhe befriedigt werden und eine ‚innere Verbesserung und Veredlung' geschehen. Bildung heißt ‚Verknüpfung unseres Ichs mit der Welt' zu der allgemeinsten, regesten und freiesten Wechselwirkung."[4] Den Menschen grundsätzlich als bildsam vorauszusetzen und durch Anregung der Selbsttätigkeit zu produktiver Freiheit, geschichtlich verantworteter Existenz und sprachlicher Ausdrucksfähigkeit zu befähigen, kann auch gegenwärtig als

---

[2] *W. v. Humboldt*, Ästhetische Versuche. Erster Teil: Über Goethes Hermann und Dorothea, Gesammelte Schriften Bd. 2: 1796–1799, hg. von *A. Leitzmann*, Berlin 1904, S. 113–319, hier: S. 118. Vgl. zum Folgenden *D. Benner*, Wilhelm von Humboldts Bildungslehre. Eine problemgeschichtliche Studie zum Begründungszusammenhang neuzeitlicher Bildungsreform, Weinheim u.a. ²1995; und *J. Kunstmann*, Religion und Bildung. Zur ästhetischen Signatur religiöser Bildungsprozesse, Gütersloh 2002, S. 146–167.
[3] *W. v. Humboldt*, Ideen zu einem Versuch die Grenzen der Wirksamkeit des Staats zu bestimmen, Gesammelte Schriften Bd.1: 1785–1795, hg. von *A. Leitzmann*, Berlin 1903, S. 99–254, hier: S. 106.
[4] *C. Wulf*, Art. Anthropologie, pädagogische, in: *D. Benner/J. Oelkers* (Hg.), Historisches Wörterbuch der Pädagogik, S. 33–57, hier: S. 36.

adäquate Ausgangsbestimmung pädagogischer Reflexion gelten. Bildsamkeit wird dabei wesentlich als Relationsbegriff verstanden, der den Menschen gerade aus einer Determination durch seine biologisch gegebene Lebensverfasstheit befreien soll. Unabhängig davon, was dem Menschen konkret als Anlagen mitgegeben ist oder was Umwelteinflüsse aus ihm machen, wird immer diese Struktur vorausgesetzt, dass er „durch pädagogische Interaktion eine auf seine Mitwirkungsmöglichkeit am eigenen Bildungsprozess ausgerichtete Hilfe"[5] annehmen und individuell in Selbsttätigkeit überführen kann, sodass langfristig ein Prozess der Selbstbildung initiiert wird, der schließlich der gezielten pädagogischen Intervention entbehren kann.

Interessanterweise hat sich in der Spätmoderne jenseits des pädagogischen Diskurses im Horizont Praktischer Philosophie eine Renaissance von Lebenskunst-Konzepten ereignet, die ihrerseits ganz darauf setzen, dass das Subjekt sich lebenslang selbst bestimmt um seine Lebensführung kümmern könne und müsse. Denn das Individuum finde sich, so Wilhelm Schmid, allein

„in seinem begrenzten Lebenshorizont wieder, die Ressourcen eines überlieferten, gemeinsamen Lebenswissens bleiben ihm verschlossen und es beginnt danach zu fragen, wo Lebenshilfe zu bekommen sei. Die Situation wird verschärft von Ängsten und der Empfindung von Schwäche angesichts der Komplexität moderner Gesellschaften und der stets neuen Herausforderungen durch Wissenschaft und Technik, auf die nicht von vornherein schon Antworten bereitstehen."[6]

Bildung bekommt in der Schule der Lebenskunst, so Wilhelm Schmid einen ganz zentralen Stellenwert.

„Nicht Wissen um des Wissens, sondern um des *Lebenswissens* willen, um Einblick in Grundstrukturen des Lebens und der Welt, der geschichtlichen Herkunft und gesellschaftlichen Gegenwart zu gewinnen. Wichtig erscheint, die Liebe zum Wissen ebenso zu pflegen wie die mögliche Distanz dazu, die das Selbst nicht zum Spielball des Wissens werden lässt; eine Fähigkeit zur Relativierung des *wissenschaftlichen Wissens* zu kultivieren, das allzu oft den Eindruck erweckt, die endlich gewonnene letzte Wahrheit zu sein. Das Wissen, selbst im Wissen keine absolute Gewissheit finden zu können, ist Bestandteil des Lebenswissens und führt dazu, mit Ungewissheit leben zu lernen und nicht über trügerische Gewissheiten sich zu definieren. Bildung bedarf des theoretischen Wissens, vor allem jedoch, wo immer

---

[5] *D. Benner*, Allgemeine Pädagogik. Eine systematisch-problemgeschichtliche Einführung in die Grundstruktur pädagogischen Denkens und Handelns, Weinheim und München, [3]1996, S. 59.

[6] *W. Schmid*, Mit sich selbst befreundet sein. Von der Lebenskunst im Umgang mit sich selbst, Frankfurt a.M. 2007, S. 40.

dies möglich ist, des praktischen *Erfahrungswissens*, das zu unterscheiden lehrt, welches Wissen hilfreich ist, welches nicht, und die Brücke vom virtuellen Können des Wissens zum realen Können des Lebens schlägt."[7]

Was hier durch die Dialektik der Aufklärung hindurch als erfahrungsgesättigtes, gebildetes Lebenswissen jenseits substantieller Absolutsetzungen einzelner Wissensbestände gepriesen wird, spiegelt noch im Integrationsversuch die virulente Spannung von realem Leben und Bildung, die schon seit der Antike immer wieder thematisch geworden ist, weil das, was das Leben vermeintlich braucht und fordert, und das, was in Bildungs- und vor allem in intentionalen Erziehungsprozessen geschieht bzw. erfahren und erlitten wird, im Widerspruch zueinander stehen kann. So beklagt Seneca in seinem berühmten Ausspruch in den „Epistulae morales ad Lucilium" (XVII, 106,12): „Non vitae, sed scholae discimus", dass eine unnütze Stoffmenge vermittelt werde, die die Freude am Lernen nehme, weil sie in ihrer Lebensdienlichkeit nicht mehr erkannt werden könne. Dass dieses Zitat dann in der Umkehrung „Non scholae, sed vitae discimus" zu einem zentralen pädagogischen Appell wird, hebt die Spannung nicht auf, sondern unterstreicht sie noch einmal. Zu Beginn des 20. Jahrhunderts hat man in verschiedensten reformpädagogischen Konzepten emphatisch versucht, genau diese Spannung aufzulösen, indem eine normativ für gut befundene Lebensform im Bildungsprozess unmittelbar erlebt und angeeignet werden soll. Dieser Zugriff, der Leben und Schule symbiotisch verschränken will, hat auch in der zweiten Hälfte des 20. Jahrhunderts immer noch erhebliche Faszinationskraft, insbesondere in Bemühungen um die bewusste Inszenierung und Gestaltung des Schullebens, in der Proklamation ganzheitlichen Lernens vorrangig in der Grundschulpädagogik und vor allem im Privatschulbereich – gerade auch in Schulen in evangelischer Trägerschaft. Als in den siebziger Jahren der Bildungsbegriff im Zuge der Kritischen Theorie und der Ideologiekritik der idealistischen Tradition selbst obsolet geworden ist, ist die genaue Zielvorstellung eines durch Lernen und Erziehung anzustrebenden gelingenden Lebens, das die Defizite des vorfindlichen Lebens aufhebt, unter veränderten Vorzeichen sehr wohl noch bestimmend geblieben. Parallel lassen sich wirkmächtige gesellschaftliche Tendenzen ausmachen, Leben unter dem Primat des Nützlichen und Ökonomischen wahrzunehmen und Bildung auf Ausbildung zu reduzieren. Die Debatte um lebenslanges Lernen und Bildungsstandards ist stets vor dem Hintergrund einer angestrebten engen Verzahnung von Bildungs- und Wirtschaftssystem zu betrachten. Daneben haben sich allerdings dann im letzten Drittel des 20. Jahrhunderts doch differenzierte Perspektiven auf das Verhältnis von Leben

---

[7] A.a.O., S. 437.

und Bildung eingestellt. Die Theoriediskurse der Phänomenologie, des Konstruktivismus und der Semiotik haben auch die Allgemeine Pädagogik in bestimmten Richtungen dafür sensibilisiert, dass das, was Leben ist, selbst so deutungsoffen und deutungsbedürftig ist, dass Bildungsprozesse dazu befähigen müssen, sich zu sich selbst und zu den vielfältigen Formen des Lebens reflexiv ins Verhältnis setzen zu können, um es dann differenzbewusst wahrnehmen und gestalten zu können. Im Folgenden sollen diese Entwicklungen etwas genauer vorgestellt und akzentuiert werden.

I. Lebensschule – Arbeitsschule – Schulleben: Impulse der Reformpädagogik

Im Rahmen der Entwicklung der modernen Industriegesellschaften hat sich auch der Ausbau der gesellschaftlichen Erziehung hin zu großen institutionellen Komplexen vollzogen. Jürgen Oelkers hat diesen Prozess beschrieben und darin die Rolle der Reformpädagogik situiert:

„Der professionelle pädagogische Komplex nahm in dem Maße zu, wie die Qualifikationsanforderungen an den gesellschaftlichen Nachwuchs stiegen und die lebensweltlichen Erziehungseinflüsse entwertet wurden. Die Entwicklung der Bildungsinstitutionen andererseits, ursprünglich selbst als Reform intendiert, wurde in ihrem Sinn immer fragwürdiger. Seit dem Ende des 19. Jahrhunderts verstärkten sich daher die Reformpostulate, die die pädagogischen Institutionen selbst betrafen. Auch die Schulkritik der Reformpädagogik gab jedoch den zentralen Gedanken der pädagogischen Reform, die intentionale Einwirkung zur Verbesserung von Kompetenzen und Dispositionen, nicht auf."[8]

Allerdings gewann die Reformpädagogik im engeren Sinne dann ihr besonderes Profil dadurch, dass sie sich mit den vielfältigen Lebensreformbewegungen der Jahrhundertwende verband. So disparat diese Bestrebungen auch waren, die an bestimmten Orten wie dem Monte Verità in Ascona exemplarisch zusammen fanden,[9] und Lebenskunst, Emanzipation der Frau, vegetarische Lebensweise, Freikörperkultur und Rechtschreibreform umfassen konnten, so sehr verband sie der kultur- und gesellschaftskritische Impuls, in der modernen Lebensform Dekadenz und Verbildung zu sehen, die

---

[8] *J. Oelkers*, Pädagogische Reform und Wandel der Erziehungswissenschaft, in: *C. Führ/ C. L. Furck* (Hg.), Handbuch der deutschen Bildungsgeschichte, Bd. VI: 1945 bis zur Gegenwart, Erster Teilband: Bundesrepublik Deutschland, München 1998, S. 217–243, hier: S. 218.
[9] Vgl. *A. Schwab/C. Lafranchi* (Hg.), Sinnsuche und Sonnenbad. Experimente in Kunst und Leben auf dem Monte Verità, Zürich 2002.

den Menschen von seiner naturhaften Bestimmung entfernen.[10] In veränderter Spielart kommen hier die kulturkritischen Impulse aus Rousseaus epochalem Erziehungsroman „Émile" erneut zum Tragen.[11] Reformpädagogische Schulen müssen von daher weit ab der städtischen Zivilisation liegen, um deren Verführungen nicht zu erliegen. So heißt es bei Hermann Lietz in den Erziehungsgrundsätzen der Deutschen Land-Erziehungsheime:

> „Schauplatz der Erziehung ist nicht Stadt und Dorf, sondern sind gesunde, schöne in unmittelbarer Nähe großartiger Gebirgslandschaft [...] gelegene Schullandsitze mit weiten Wiesen, Gärten, Wäldern und Feldern; mit Fluß und Bach; sie soll stattfinden auf einem Boden, der durch Sage und Geschichte berühmt ist, der durch seine Naturerzeugnisse und Menschenwerke eine Fülle von Belehrung bietet. Das Schulgebiet bildet einen kleinen Staat für sich, auf dem möglichst alles wächst, und nach Möglichkeit alles hergestellt wird, was die Schulbürger zum Leben brauchen, damit diese so einen genauen Einblick in Entstehung, Umfang und Kosten alles dessen bekommen, was notwendigerweise zum Leben gehört, damit sie ihrer Kraft entsprechend daran mitarbeiten können; damit sie ferner durch das Leben in der kleinen Gemeinde sich einzuleben lernen in einfache, gesunde, natürliche Verhältnisse."[12]

Nicht von ungefähr erinnert der Ausdruck an klösterliche Lebensweise und Kultur, sodass das Landerziehungsheim auch als „geistiger Orden"[13] bezeichnet werden kann. Geht es doch darum, im geschützten eigenen Raum ein autarkes, durch Fremdes möglichst nicht in Frage gestelltes Leben zu führen und diese asketische Lebensform selbst als eigentlich bildende Kraft zu begreifen, eine eigene erzieherische Lebenswelt zu schaffen, die ganz wesentlich aus der Dichotomie zur Umwelt lebt und damit „als Idylle der pädagogischen Provinz"[14] zur bewussten Gegenwelt wird.[15] Pflege des

---

[10] Vgl. z.B. *E. Barlösius*, Naturgemäße Lebensführung: zur Geschichte der Lebensreform um die Jahrhundertwende, Frankfurt a.M. 1997 und *W. R. Krabbe*, Gesellschaftsveränderung durch Lebensreform, Strukturmerkmale einer sozialreformerischen Bewegung im Deutschland der Industrialisierungsperiode, Göttingen 1974.

[11] Vgl. *J.-J. Rousseau*, Emil oder Über die Erziehung, Paderborn u.a. [13]2001; dazu *P. Tremp*, Rousseaus Èmile als Experiment der Natur und Wunder der Erziehung: ein Beitrag zur Geschichte der Glorifizierung von Kindheit, Opladen 2000.

[12] *H. Lietz*, Deutsche Landerziehungsheime. Erziehungsgrundsätze und Organisation (1906), in: *D. Benner/H. Kemper* (Hg.), Quellentexte zur Theorie und Geschichte der Reformpädagogik, Teil 2: Die Pädagogische Bewegung von der Jahrhundertwende bis zum Ende der Weimarer Republik, Weinheim 2001, S. 60–65, hier: S. 60f.

[13] *H. Röhrs*, Die Reformpädagogik. Ursprung und Verlauf unter internationalem Aspekt, Weinheim und Basel [6]2001, S. 158.

[14] *R. Köhler*, Ästhetische Erziehung zwischen Kulturkritik und Lebensreform. Eine systematische Analyse der Motive ästhetischer Erziehungskonzeptionen, Hamburg 2002, S. 67.

[15] Vgl. dazu *F. Wild*, Askese und asketische Erziehung als pädagogisches Problem. Zur Theorie und Praxis der frühen Landerziehungsheimbewegung in Deutschland zwischen 1898 und 1933, Frankfurt a.M. 1997.

kreatürlichen Lebens und Pflege der Seele durch eine alle Sinne einbezie-
hende Bildung von Kopf, Herz und Hand, durch eine ausgeprägte Fest- und
Ritualkultur, sollen zusammenwirken, um die anvertrauten Kinder „zu ein-
heitlichen, edlen, selbständigen Charakteren [zu] zu erziehen, zu deutschen
Jünglingen und Jungfrauen, die ihrer Jungend froh werden sollen; die an
Leib und Seele gesund und stark sind; die warm empfinden, klar und scharf
denken, mutig und stark wollen."[16] In dieser Charakterisierung der Erzie-
hungsziele deutet sich an, warum Hermann Lietz und dann vor allem sein
Freund und Nachfolger Alfred Andreesen anfällig für völkisch-nationales
Gedankengut waren, ohne dass das Verhältnis zum Nationalsozialismus ein-
fach und eindeutig zu klären ist.[17]

In anderen Zuschnitten der Reformpädagogik wurde der Bezug zum realen Leben noch sehr viel stärker prononziert, indem die Arbeit als zentrale
Kategorie eingeführt wurde. Dabei konnte einerseits ganz konkret gemeint
sein, durch Aufnahme von produktiver Handarbeit in den Unterricht den
Anschluss an die Arbeitswelt herzustellen, andererseits jedoch auch ein
weiter Arbeitsbegriff zugrunde gelegt werden, der im Dienste der Herausbildung bestimmter Tugenden stand.[18] Bei Georg Kerschensteiner wurden
diese Elemente zusammengeführt und konzentriert:

> „Die Arbeitsschule ist eine Schule, die soweit als möglich ihre Bildungstätigkeit an die in-
> dividuelle Veranlagung ihrer Zöglinge anknüpft und diese Neigungen und Interessen durch
> beständige Betätigung auf entsprechenden Arbeitsgebieten soweit als möglich nach allen
> Seiten verzweigt und entwickelt. 2) Die Arbeitsschule ist eine Schule, welche die sittlichen
> Kräfte des Zöglings dadurch zu gestalten sucht, daß sie ihn anleitet, beständig seine Ar-
> beitsleistungen daraufhin zu prüfen, ob sie in möglichster Vollkommenheit das zum Aus-
> druck bringen, was der Einzelne gefühlt, gedacht, erlebt, gewollt hat, ohne sich oder andere
> zu täuschen."[19]

Die Förderung, in Wahrhaftigkeit die eigenen Anlagen erkennen und in
selbsttätiger Arbeit ausbilden zu können, sei es im handwerklichen, sei es
im geistigen Bereich, soll den Einzelnen in die sittliche Arbeitsgemein-
schaft zunächst der Schule und dann der Gesellschaft im Ganzen integrie-

---

[16] *Lietz*, Deutsche Land-Erziehungsheime, a.a.O., S. 60.
[17] Vgl. *R. Koerrenz*, Landerziehungsheime in der Weimarer Republik. Alfred Andreesens
Funktionsbestimmung der Hermann-Lietz-Schulen im Kontext der Jahre von 1919 bis 1933,
Frankfurt a.M. u.a. 1992, z.B. S. 163. Dazu auch *Wild*, Askese und asketische Erziehung als
pädagogisches Problem, a.a.O., S. 76–89.
[18] Vgl. *P. Gonon*, Art. Arbeit, in: *Benner/Oelkers* (Hg.), Historisches Wörterbuch der Pädagogik, a.a.O., S. 58–74, hier: S. 70.
[19] *G. Kerschensteiner*, Das Wesen der Arbeitsschule (1922), in: *D. Benner/H. Kemper*
(Hg.), Quellentexte zur Theorie und Geschichte der Reformpädagogik, a.a.O., S. 247–251,
hier: S. 251.

ren. Die Fokussierung auf die spätere Eingliederung in das Arbeitsleben im engeren Sinne hat diesen Ansatz auch für die sozialistische Bildungskonzeption im Rahmen einer polytechnischen Ausbildung zunächst in der Sowjetunion und dann in der ehemaligen DDR interessant gemacht.[20]

Vor solchen Verkürzungen hat dagegen vor allem Otto Eberhard gewarnt, der die Arbeitsschule nur als ein Element einer umfassenden Lebensschule begreifen wollte, die das „Leben als Ziel und Mittel, als Kraft und Empfänglichkeit, als bewusste Entwicklung mit bewusster Zielsetzung fasst. Die Lebensschule erzieht bewusst durch das Leben für das Leben."[21]

> „So helfen wir dem hohen Grundsatz der Lebensoffenheit und Lebenswirklichkeit zur Auswirkung und bahnen einer Menschenbildung den Weg, die in dem Ineinandersein von Selbsttätigkeit und Empfänglichkeit, von Selbstgewinnung und Entselbstung den Schlüssel zum Geheimnis harmonischer Lebensgestaltung trägt, […], die aber auch selbst in ihrem Verlauf sich als ein Lebensprozess und ein lebendiges Wachsen und Gestalten von innen heraus offenbart."[22]

Die ausführlichen Originalstimmen zeigen die Leidenschaft für eine bestimmte – als rein, unmittelbar, authentisch konnotierte – Form von Leben. Diese Leidenschaft und ihre Visionen gelingenden Lebens können sich mit Erlösungsphantasien verknüpfen und „Erziehung als Kraft und Ursache der radikalen Erneuerung"[23] verstehen. Man könnte die Reformpädagogik sicher auch als einen eigenen Beitrag zu einer modernen Religion des Lebens begreifen, die dieses selbst in projizierten Idealformen in den Bildungsprozessen rituell begehbar macht und feiert.[24] Dabei orientiert sich die Reformpädagogik an Visionen vom neuen Menschen, die auf das Kind in seinem unverbildeten Potential, dem nur zur ungehinderten Entwicklung verholfen werden müsse, projiziert werden.

> „Das ursprünglich sakrale und nur im Christentum zentrale Motiv des göttlichen Kindes wurde fortschreitend säkularisiert, ohne die damit verbundene religiöse Kraft zu verlieren. Die Auftrennung von Erziehung und Religion hat messianische Erwartungen auf die Erziehung verlagert, die seit dem 18. Jahrhundert für diesseitige Perfektion sorgen sollte."[25]

---

[20] Vgl. *Gonon*, Art. Arbeit, a.a.O., S. 73.
[21] *O. Eberhard*, Von der Arbeitsschule zur Lebensschule, Berlin 1925, S. 9.
[22] A.a.O., S. 8.
[23] *J. Oelkers*, Art. Reformpädagogik, in: *Benner/Oelkers* (Hg.), Historisches Wörterbuch der Pädagogik, a.a.O., S. 783–806, hier: S. 786.
[24] Vgl. exemplarisch *B. Hanusa*, Die religiöse Dimension der Reformpädagogik Paul Geheebs. Die Frage nach der Religion in der Reformpädagogik, Leipzig 2006.
[25] *Oelkers*, Art. Reformpädagogik, a.a.O., S. 786. Vgl. *J. Oelkers*, Reformpädagogik. Eine kritische Dogmengeschichte, Weinheim/München ³1996, S. 95–110.

Angesichts der fortschreitenden Ausdifferenzierung von Lebensstilen in der spätmodernen, medialisierten Lebenswelt mit ihren ambivalenten Ausprägungen ist die Sehnsucht nach einem an unmittelbarer Sinneserfahrung ausgerichteten Lebensmodell, das Orientierung und Komplexitätsreduktion verspricht und in Bildungsprozessen verbindlich gelebt und angeeignet werden soll, nach wie vor von großer Anziehungskraft. So haben Elemente der Reformpädagogik gerade zum Ende des 20. Jahrhunderts auch in die staatlichen Regelschulen Eingang gefunden. Insbesondere in der Grundschulpädagogik sollen ganzheitliche Lernprozesse mit starker Betonung des rituellen, ästhetischen Elements Defizite der an Primärerfahrungen unter Umständen armen kindlichen Lebenswelt ausgleichen.[26] Eine Stärkung des Schullebens über den Unterricht hinaus, die die Schule durch eine ausgeprägte Ritual- und Festkultur, durch körperorientiertes Lernen, Projektwochen und Ganztagsangebote als Lebensgemeinschaft begreifen lässt,[27] knüpft an die Internatskultur der Reformpädagogik an. Insbesondere die privaten Schulen in evangelischer Trägerschaft wollen ihr besonders Profil durch die Affinität von Reformpädagogik und christlichem Menschenbild unterstreichen.[28] Dass dieses Verhältnis sehr vielschichtig ist, nach den unterschiedlichen reformpädagogischen Ansätzen differenziert werden müsste und einer eigenen Analyse bedürfte, kann hier nur angedeutet werden. Darüber hinaus wäre gerade im evangelischen Kontext zumindest die möglichen Gefahren einer eskapistischen Grundhaltung im Gegenüber zu einer kritischen Auseinandersetzung und Bewährung in der jeweiligen Lebenswelt zu bedenken und ideologiekritische Lesarten des religiös aufgeladenen Lebensbegriffes im Singular anzustreben.

---

[26] Vgl. *A. Pehnke* (Hg.), Anregungen international verwirklichter Reformpädagogik: Traditionen, Bilanzen, Visionen, Frankfurt a.M. 1999; *J. Wiechmann*, Mitreißende Schulen: reformpädagogische Konzepte als Programm, Braunschweig 1998.

[27] Vgl. exemplarisch *H. Gudjons/G.-B. Reinert* (Hg.), Schulleben, Königstein 1980; *P. Struck*, Pädagogik des Schullebens, München u.a. 1980; *M. Brenk/U. Kurth* (Hg.), SCHULe erLEBEN, Frankfurt a.M. u.a. 2001.

[28] *Evangelische Schulstiftung in der EKD* (Hg.), Lernen vor Gott und in der Lebenswirklichkeit. Leitgedanken und Anregungen für das Gespräch über das evangelische Profil in und mit den allgemein bildenden evangelischen Schulen und ihren Gremien in der Evangelischen Kirche in Deutschland, Kassel²2003, S. 6.

II. Lebenskrisen – Bildungskrisen:
Verabschiedung und Neugewinn des Bildungsbegriffs unter dem
Vorzeichen von Emanzipation und Mündigkeit

Georg Picht, der langjährige Leiter der FEST, der vorher von 1946-1956
Schulleiter des reformpädagogischen Landerziehungsheimes Birklehof gewesen ist, hat 1964 wirkmächtig auf eine drohende Bildungskatastrophe im
Nachkriegsdeutschland aufmerksam gemacht, die zugleich als umfassende
Lebenskrise aufzufassen sei, da „Notstände, die im Bildungswesen herr-
schen, [...] das Leben des ganzen Volkes [vergiften], zumal auch die Eltern
und Schüler und die Angehörigen der Lehrer von ihnen unmittelbar betroffen werden und das Gedeihen der gesamten Gesellschaft davon abhängt“[29].
Picht hatte seine Analysen vor allem auf eine massive Unterfinanzierung,
Lehrermangel und fehlenden akademischen Nachwuchs und die entsprechenden Folgen für das Bildungswesen bezogen. Zeitgleich formierten sich
jedoch auch die radikalen gesellschaftlichen Umwälzungen, die verdrängte
existentielle Lebensfragen nach Schuld und Verantwortung der Elterngene-
ration und eine ausgebliebene Auseinandersetzung mit der nationalsozialistischen Vergangenheit nicht zuletzt im Bildungswesen einforderten. Dabei
machte die Generation von 1968 das Bildungsverständnis des schon von
Nietzsche angegriffenen Bildungsbürgertums mit für die Katastrophe des
fehlenden breiten Widerstandes gegen die nationalsozialistische Ideologie
verantwortlich. Es habe in einem verkürzten Rückgriff auf die Klassiker eine Orientierung an elitären kanonischen Bildungsgütern fixiert und durch
eine betonte Hinwendung zum inneren Menschen und seiner Gesinnung eine aktive politische Gestaltung gesellschaftlicher Lebenswirklichkeit verhindert und damit das Leben selbst verfehlt.[30] Die idealistisch ausgerichtete
sogenannte geisteswissenschaftliche Pädagogik, die nach 1945 das Bildungswesen geprägt habe, müsse – so Heinrich Roth in seiner Göttinger
Antrittsvorlesung – entsprechend durch eine „realistische Wendung“[31] hin
zur tatsächlich vorfindlichen Lebenswelt abgelöst werden.
  Dazu sollte die Pädagogik aus ihrer Verankerung in der Praktischen Philosophie gelöst und stärker an den empirischen Wissenschaften, der Sozio-

---

[29] *G. Picht*, Die deutsche Bildungskatastrophe, München 1965, S. 12.
[30] Vgl. z.B. die Zusammenfassung bildungskritischer Ansätze bei *V. Steenblock*, Theorie
der kulturellen Bildung. Zur Philosophie und Didaktik der Geisteswissenschaften, München
1999, S. 185–197. Dazu auch *G. Bollenbeck*, Bildung und Kultur. Glanz und Elend eines deutschen Deutungsmusters, Frankfurt a.M. 1996.
[31] Vgl. *H. Roth*, Die realistische Wendung in der Pädagogischen Forschung, in: Neue
Sammlung. Göttinger Blätter für Kultur und Erziehung, Göttingen 2. Jg. 1962, S. 481–490.
Dazu *ders.*, Pädagogische Anthropologie, Bd. I: Bildsamkeit und Bestimmung, Hannover
⁵1984, S. 87–103.

logie und der Psychologie orientiert werden. Maßgeblich für diese Um-
strukturierungsprozesse waren die ideologiekritischen und handlungs-
theoretischen Impulse der Kritischen Theorie Frankfurter Schule durch
Horkheimer, Adorno und Habermas. War die Reformpädagogik in spezifischer Weise aufklärungskritisch, indem sie die einseitige Ausrichtung am
kognitiven Lernprozess aufheben wollte, verstehen sich die neuen Formationen bewusst in radikaler Aufklärungstradition, indem sie ganz auf Rationalität, Verständigung, Emanzipation und Mündigkeit setzen und den belasteten Bildungsbegriff zugunsten der Begriffe Erziehung, Lernen, Sozialisation aufgeben. Klaus Mollenhauer hat in seiner wegweisenden Aufsatz-
sammlung „Erziehung und Emanzipation" die Intentionen folgendermaßen
skizziert: „‚Emanzipation' heißt die Befreiung der Heranwachsenden [...]
aus Bedingungen, die ihre Rationalität und das mit ihr verbundene Handeln
beschränken."[32] Dazu gehören z.B. die ökonomischen Bedingungen, die den
chancengleichen Zugang zu Bildungseinrichtungen unterbinden, sowie institutionelle Strukturen des Bildungswesens, die etwa „in Gestalt gegeneinander abgeschotteter Schulformen die Reproduktion gesellschaftlicher
Schichten sichern."[33] Kritische Gesellschaftsanalyse soll die depravierenden
Strukturen eines unmündigen, gebundenen Lebens erhellen, um dann in gezielten erzieherischen Interventionen den Weg zur Emanzipation und verantwortlichen Mitgestaltung demokratischer Wirklichkeit zu bahnen. Es
geht nach Mollenhauer um die kritische „Verneinung konstatierter Unfrei-
heit" und den Aufweis der „Mangelhaftigkeit des Faktischen durch die
Konfrontation mit dem Möglichen."[34] Strukturanalog zur Reformpädagogik
wird Lebensrealität als defizitär eingestuft, um dann ein alternatives Lebensmodell im – wieder ganz ideal gedachten – herrschaftsfreien Diskurs,
zu implementieren. In diesem sogenannten herrschaftsfreien Diskurs sollen
die Ordnungen des menschlichen Zusammenlebens aus einem „wahrheits-
verbürgenden ‚ungezwungenen Konsens'"[35] anstatt aus herrschaftsverzerr-
ter Kommunikation gewonnen werden.[36] Dass auch dabei Prämissen des
guten Lebens leitend sind, die selbst nicht noch einmal zur Disposition stehen, bleibt freilich festzuhalten. Trotz der Beteuerung von emanzipativem
Interesse konnten pädagogische Interventionen deshalb durchaus so erfahren werden, dass sie auf eine bestimmte Sicht von Leben konditionieren

---

[32] *K. Mollenhauer*, Erziehung und Emanzipation. Polemische Skizzen, München ²1969,
S. 11.
[33] *Ruhloff*, Art. Emanzipation, in Historisches Wörterbuch, a.a.O., S. 279–287, hier: S. 284.
[34] *Mollenhauer*, Erziehung und Emanzipation, a.a.O., S. 69. Vgl. zu einem solchen an kritischer Rationalität orientierten Bildungsverständnis auch *H.-J. Heydorn*, Bildungstheoretische
Schriften, 3 Bd., Frankfurt a.M. 1980.
[35] *Ruhloff*, Art. Emanzipation, a.a.O., S. 285.
[36] Vgl. *R. E. Maier*, Mündigkeit. Zur Theorie eines Erziehungszieles, Bad Heilbrunn 1981,
S. 85–97.

wollen. Zudem kommt Leben ganz unter dem Primat des Handelns und damit notwendig um zentrale Dimensionen der Passivität und der Empfänglichkeit verkürzt in den Blick. Die Educanden sollen mit Fähigkeiten und Qualifikationen ausgestattet werden, die sie die angenommenen gesellschaftlich relevanten Lebensaufgaben der Zukunft meistern lassen.[37]

Interessanterweise wird jedoch in diesem Kontext der Bildungsbegriff in den achtziger Jahren rehabilitiert, indem Wolfgang Klafki ihn mit den Zentralanliegen der emanzipatorischen Pädagogik verbindet.[38] Schlüsselqualifikationen wie „Fähigkeit zur Selbstbestimmung", „Mitbestimmungsfähigkeit" und „Solidaritätsfähigkeit"[39] sollen in der Bearbeitung epochentypischer Schlüsselprobleme ihre bildende Kraft entfalten. Für Klafki gehören 1985 die Friedensfrage, die ökologische Krise, Möglichkeiten und Gefahren des technischen Fortschritts, soziale Ungleichheit und wirtschaftliche Machtpositionen, Demokratisierung und Herausforderungen durch Arbeitslosigkeit zu den Schlüsselproblemen.[40] In dieser gesellschaftspolitisch-ethischen Zuspitzung von elementaren Bildungsanliegen wird die Ausrichtung an den Krisenphänomenen des Lebens noch einmal besonders deutlich, die das Leben unter dem Vorzeichen der Bedrohtheit und der Sorge wahrnehmen und ins Bewusstsein der Schülerinnen und Schüler heben. Mit Karl Ernst Nipkow könnte man wohl sagen, das elementare Thema des Lebens selbst werde zum Schlüsselthema und zwar in dreifacher Hinsicht: „als Überleben: Leben überhaupt haben zu dürfen; als Leben in der Achtung der natürlichen Lebensgrundlagen: Lebensbedingungen bewahren; und als sinnerfülltes Leben: Lebenssinn gewinnen."[41]

In der Religionspädagogik hat diese pädagogische Orientierung an Zielen wie politischer Partizipationsfähigkeit, Mündigkeit und Emanzipation zu einer korrespondierenden „realistischen Wende" und Neuausrichtung im thematisch-problemorientierten Religionsunterricht geführt. Im Kontext des theologischen Begründungszusammenhanges rücken das protestantische Freiheitsverständnis und sozialethische Fragen ins Zentrum, im pädagogischen Argumentationsgefüge kommt es zu einem verstärkten Bezug auf die Sozial- und Humanwissenschaften und zur Etablierung empirischer Unterrichtsforschung, um die konkret lebensweltlichen und schülerorientierten

---

[37] Vgl. *Ruhloff*, Art. Emanzipation, a.a.O., S. 286f.
[38] *W. Klafki*, Neue Studien zur Bildungstheorie und Didaktik. Zeitgemäße Allgemeinbildung und kritisch-konstruktive Didaktik, Weinheim/Basel [6]2007.
[39] A.a.O., S. 52.
[40] Vgl. a.a.O., S. 56–60.
[41] *K. E. Nipkow*, Bildung als Lebensbegleitung und Erneuerung. Kirchliche Bildungsverantwortung in Gemeinde, Schule und Gesellschaft, Gütersloh 1990, S. 25.

Unterrichtsvoraussetzungen zu erheben.[42] Ungeachtet der zweifellos be-
rechtigten Erneuerungsimpulse, die hinsichtlich der nachhaltigen Verankerung religionspädagogischer Diskussionen in der allgemeinen pädagogischen Diskurslage unhintergehbar sind, wiederholen sich allerdings auch im
religionspädagogischen Kontext kritische Anfragen, die an das allgemein
pädagogische Anliegen im Gefolge der kritischen Theorie zu stellen sind.
Entgegen den Anliegen der durchaus differenzierten theoretischen Ansätze
kommt es in der Praxis durchaus zu einseitigen Rezeptionen, die zu einer
latent defizitären Sicht auf das konkrete Leben und die Lebenswelt von
Schülerinnen und Schülern, zu einer moralischen Engführung theologischer
Anliegen und zu einer Ideologisierung unter dem Vorzeichen von Ideologiekritik führen können.[43] Insbesondere in den sozialisationskritisch ausgerichteten Konzepten der Problemorientierung kommt es zu einer Über-
schreitung von Lernsituationen auf therapeutische Ziele hin und damit zu
einem bildungstheoretisch höchst umstrittenen Anspruch eines direkten Zugriffs auf Leben und Lebensgestaltung der Schülerinnen und Schüler: „Die
Therapie soll sich darauf beziehen, jene Schädigungen, die den SchülerInnen im Laufe ihrer bisherigen Sozialisationsgeschichte zugefügt worden
sind, wieder rückgängig zu machen."[44] D.h., der sozialisationsbegleitende
Religionsunterricht will „neutralisierte Religion aufarbeiten, um die au-
thentische Religion im Leben und in den Vorstellungen sowie Verhaltensweisen von SchülerInnen relevant werden zu lassen."[45] Angesichts dieser
Entwicklungen musste in der Folgezeit um eine erneute Weitung des Reli-
gions- und Bildungsverständnisses gerungen werden, um neben der ethischen auch der ästhetischen Dimension von Religion und Bildung neu gerecht werden zu können.

---

[42] Vgl. *G. Lämmermann*, Religionspädagogik im 20. Jahrhundert, München [2]1999, S. 125–
137 und *T. Knauth*, Problemorientierter Religionsunterricht. Eine kritische Rekonstruktion,
Göttingen 2003.
[43] Vgl. schon zum frühen Ringen um das Konzept *H.-B. Kaufmann* (Hg.), Streit um den
problemorientierten Unterricht, Frankfurt a.M. 1973 und *P. Biehl/H.-B. Kaufmann*, Zum Verhältnis von Emanzipation und Tradition, Frankfurt a.M. 1975.
[44] *Lämmermann*, Religionspädagogik im 20. Jahrhundert, a.a.O., S. 180. Lämmermann bezieht sich vor allem auf *D. Stoodt*, Religiöse Sozialisation und emanzipiertes Ich, in: *K.-W.
Dahm/N. Luhmann/D. Stoodt*, Religion – System und Umwelt, Darmstadt 1972, S. 189–237
und *ders.*, Religionsunterricht als Interaktion. Grundsätze und Materialien zum evangelischen
Religionsunterricht der Sekundarstufe I, Düsseldorf 1975.
[45] A.a.O., S. 184.

III. Multiperspektivische Zugänge zur Lebenswirklichkeit und differenzorientierte Bildungsprozesse

Bewegungen im Bildungswesen verdanken sich eigentlich immer dem Grundimpuls einer tatsächlichen oder einer inszenierten Krise. Das war am Anfang des Jahrhunderts im Kontext der Folgen zunehmender Industrialisierung so, das war im Rahmen der Umbrüche rund um das Jahr 1968 so und das wiederholt sich um das Jahr 2000, als die PISA-Studie[46] die deutsche Bildungslandschaft aufgeschreckt hat und zu verstärkten Debatten über den Zustand und die Entwicklungsperspektiven des Bildungssystems geführt hat.[47] In Folge der Arbeit der eingesetzten Expertengruppe, die zum sogenannten Klieme-Gutachten[48] und vielen anderen Reaktionen geführt hat, sind zwei Aspekte hervorzuheben. Ein begrüßenswerter Impuls liegt m.E. darin, aufgrund der Ergebnisse der PISA-Studie, die u.a. die Lesefähigkeit an vermeintlich sehr lebensnahen pragmatischen Texten – also Gebrauchsanweisungen und Zeitungstexten – überprüft hat und damit wesentliche Dimensionen von literacy ausgeblendet hat, wieder präziser nach dem Verhältnis von Leben, Lebenspraxis und Bildung zu fragen. Es werden die Merkmale der ausdifferenzierten spätmodernen Gesellschaft auch in ihren Konsequenzen für das Bildungsverständnis bewusst wahrgenommen und reflektiert. Was es für Bildungsprozesse heißt, dass sich unterschiedliche Wertsphären, Rationalitätsformen und Systemlogiken gebildet haben, die die Lebenswelt durchdringen, hat Bernhard Dressler pointiert zusammengefasst: Bildungsprozesse leben vom

„Perspektivenwechsel und dem damit verbundenen Unterscheidungsvermögen. In der modernen Gesellschaft müssen Menschen wissen, aus welchen unterschiedlichen Perspektiven sie in unterschiedlichen Situationen die Welt wahrnehmen und welcher blinde Fleck mit jeder dieser Perspektiven unvermeidlich verbunden ist. […] Deshalb gehört es zur Bildung, dass sie unterschiedliche Weltzugänge, unterschiedliche Horizonte des Weltverstehens eröffnet, die – das ist entscheidend, nicht wechselseitig substituierbar sind und auch nicht nach Geltungshierarchien zu ordnen sind: empirische, logisch-rationale, hermeneutische und musisch-ästhetische Weltzugänge mit ihren jeweils unterschiedlichen Potentialen an Verfügungswissen und Orientierungswissen, ihren jeweils eigenen Rationalitätsformen."[49]

---

[46] *J. Baumert u.a.* (Hg.), PISA 2000: Basiskompetenzen von Schülerinnen und Schülern im internationalen Vergleich, Opladen 2001.
[47] Vgl. z.B. die Folgen bis in die publizistische Öffentlichkeit hinein bei *K. Adam,* Die deutsche Bildungsmisere. PISA und die Folgen, München 2004.
[48] *Bundesministerium für Bildung und Forschung* (Hg.), Zur Entwicklung nationaler Bildungsstandards. Eine Expertise, Bonn 2003.
[49] *B. Dressler,* Unterscheidungen. Religion und Bildung, Leipzig 2006, S. 110.

Religion findet dabei ihren Ort im Überschneidungsfeld von ästhetisch-expressivem Weltzugang und dem Feld der „Probleme konstitutiver Rationalität"[50]. Im Zuge der Bildungsprozesse sollen Anregungen vermittelt werden, die Propria und Grenzen der unterschiedlichen Weltzugänge zu verstehen und in der Reichweite für die eigene Selbst-, Welt- und möglicherweise auch Transzendenzdeutung, d.h. in der Bedeutsamkeit für das eigene und soziale Leben zu erschließen. Dabei gilt es auch Übergänge zwischen den Modi „als Aufgaben der Transformation zwischen verschiedenen Erkenntnis- und Handlungslogiken" zu gestalten, „die zu unterscheiden sind, aber auch wechselseitig kommunizieren und miteinander verwoben sind."[51] So können z.B. die Potentiale fiktionaler Weltzugänge als Möglichkeitshorizonte von Leben, die auch das reale Leben hinsichtlich der Bewältigungsstrategien erweitern, für Bildungsprozesse in Fächern wie Deutsch und Religion gleichermaßen fruchtbar gemacht werden.

Dass in Bildungsprozessen nicht mehr einfach *eine* Form von Lebenswirklichkeit als allein verbindlich kommuniziert werden kann, darf jedoch nicht die Augen davor verschließen lassen, dass immer Leitvorstellungen gelingenden Lebens im Spiel sind, sie müssen allerdings transparent gemacht und diskursfähig gehalten werden. Mit Blick auf das Verhältnis zum Leben scheint mir darüber hinaus bedeutsam zu sein, festzuhalten, dass es nicht Verlust, sondern Gewinn bedeuten kann, dass Bildungsprozesse Freiheitsräume eröffnen, sich vom vorfindlichen Leben auch distanzieren zu können, in kritische Distanz zum eigenen und zu fremden Lebensentwürfen treten zu können, im Experimentieren mit Weltdeutungsmustern im eigenen, vielleicht künstlichen Raum Schule Konsequenzen verschiedener Angebote der Lebensgestaltung zu durchdenken, um dann auch im „richtigen" Leben im besten Falle erweiterte Verstehens- und Handlungsmöglichkeiten zu haben. Der im Zuge von PISA favorisierte Kompetenzbegriff soll bereichsspezifisch erhellen, welche komplexen Problemlösefähigkeiten als Ergebnis von Lernprozessen und als Ertrag der Wirksamkeit von Unterricht bei den Schülerinnen und Schülern erwartet werden. Gegenüber dem Qualifikationsbegriff der emanzipativen Bildung ist er vieldimensionaler gedacht und nicht allein auf unmittelbare Handlungskompetenz beschränkt. So werden hinsichtlich religiöser Kompetenz verschiedene Dimensionen der Erschließung von Religion wie Perzeption, Kognition, Performanz, Interaktion und Partizipation unterschieden.[52] Konsequent wäre es dann allerdings auch nicht von Bildungsstandards, sondern von zu erhebenden Kompetenz-

---

[50] A.a.O., Anm. 270 und 271.
[51] A.a.O., S. 113.
[52] Vgl. *D. Fischer/V. Elsenbast* (Redaktion), Grundlegende Kompetenzen religiöser Bildung. Zur Entwicklung des evangelischen Religionsunterrichts durch Bildungsstandards für den Abschluss der Sekundarstufe I, Münster 2006, S. 17–20.

standards zu sprechen. Denn Bildungsprozesse sind aufgrund ihrer Komplexitiät und des nicht-operationalisierbaren Anteils an Selbstbildung und Gewissheitsbildung nicht vollständig überprüfbar und schon gar nicht standardisierbar.[53] Bildung als Geschehen am Orte des Subjektes, das sich selbst und anderen immer auch entzogen ist, hält das Bewusstsein für das nicht Standardisierbare, die Unverfügbarkeit von Leben fest und bringt es vielfältig zur Darstellung. Wahrhafte Bildung weiß um das nicht Machbare im Leben und hält damit für das Unverfügbare im Leben offen. Vielperspektivische Bildung nimmt das vielfältige Leben wahr, bietet vielstimmige Deutungsoptionen der Lebenswirklichkeiten und vertraut die Gestaltung des Lebens der Freiheit der Subjekte an.

Literaturhinweise

Adam, Konrad: Die deutsche Bildungsmisere. PISA und die Folgen, München 2004.

Barlösius, Eva: Naturgemäße Lebensführung: zur Geschichte der Lebensreform um die Jahrhundertwende, Frankfurt a.M. 1997.

Baumert, Jürgen u.a. (Hg.): PISA 2000. Basiskompetenzen von Schülerinnen und Schülern im internationalen Vergleich, Opladen 2001.

Benner, Dietrich: Allgemeine Pädagogik. Eine systematisch-problemgeschichtliche Einführung in die Grundstruktur pädagogischen Denkens und Handelns, Weinheim/München, [3]1996.

Ders. (Hg.): Bildungsstandards. Instrumente zur Qualitätssicherung im Bildungswesen. Chancen und Grenzen – Beispiele und Perspektiven, Paderborn u.a. 2007.

Ders.: Wilhelm von Humboldts Bildungslehre. Eine problemgeschichtliche Studie zum Begründungszusammenhang neuzeitlicher Bildungsreform, Weinheim u.a. [2]1995.

Des./Oelkers, Jürgen (Hg.): Historisches Wörterbuch der Pädagogik, Weinheim/Basel 2004.

Biehl, Peter/Kaufmann, Hans-Bernhard: Zum Verhältnis von Emanzipation und Tradition, Frankfurt a.M. 1975.

Bollenbeck, Günter: Bildung und Kultur. Glanz und Elend eines deutschen Deutungsmusters, Frankfurt a.M. 1996.

Brenk, Markus/Kurth, Ulrike (Hg.): SCHULe erLEBEN, Frankfurt a.M. u.a. 2001.

Bundesministerium für Bildung und Forschung (Hg.): Zur Entwicklung nationaler Bildungsstandards. Eine Expertise, Bonn 2003.

---

[53] Vgl. *D. Benner* (Hg.), Bildungsstandards. Instrumente zur Qualitätssicherung im Bildungswesen. Chancen und Grenzen – Beispiele und Perspektiven, Paderborn u.a. 2007; *M. Rothgangel/D. Fischer* (Hg.), Standards für religiöse Bildung? Zur Reformdiskussion in Schule und Lehrerbildung, Münster 2004.

Dressler, Bernhard: Unterscheidungen. Religion und Bildung, Leipzig 2006.

Eberhard, Otto: Von der Arbeitsschule zur Lebensschule, Berlin 1925.

Evangelische Schulstiftung in der EKD (Hg.): Lernen vor Gott und in der Lebenswirklichkeit. Leitgedanken und Anregungen für das Gespräch über das evangelische Profil in und mit den allgemein bildenden evangelischen Schulen und ihren Gremien in der Evangelischen Kirche in Deutschland, Kassel ²2003.

Fischer, Dietlind/Elsenbast, Volker (Redaktion): Grundlegende Kompetenzen religiöser Bildung. Zur Entwicklung des evangelischen Religionsunterrichts durch Bildungsstandards für den Abschluss der Sekundarstufe I, Münster 2006.

Gonon, Philipp: Art. Arbeit, in: *Dietrich Benner/Jürgen Oelkers* (Hg.), Historisches Wörterbuch der Pädagogik, Weinheim/Basel 2004, S. 58–74.

Gudjons, Herbert/Reinert, Gerd-Bodo (Hg.): Schulleben, Königstein 1980.

Hanusa, Barbara: Die religiöse Dimension der Reformpädagogik Paul Geheebs. Die Frage nach der Religion in der Reformpädagogik, Leipzig 2006.

Heydorn, Hans-Joachim: Bildungstheoretische Schriften, 3 Bde., Frankfurt a.M. 1980.

Humboldt, Wilhelm von: Ästhetische Versuche. Erster Teil: Über Goethes Hermann und Dorothea, Gesammelte Schriften Bd. 2: 1796–1799, hg. von *A. Leitzmann*, Berlin 1904.

Ders.: Ideen zu einem Versuch die Grenzen der Wirksamkeit des Staats zu bestimmen, Gesammelte Schriften Bd.1: 1785–1795, hg. von *A. Leitzmann*, Berlin 1903.

Kaufmann, Hans-Bernhard (Hg.): Streit um den problemorientierten Unterricht, Frankfurt a.M. 1973.

Kerschensteiner, Georg: Das Wesen der Arbeitsschule (1922), in: *Dietrich Benner/Herwart Kemper* (Hg.), Quellentexte zur Theorie und Geschichte der Reformpädagogik. Teil 2: Die Pädagogische Bewegung von der Jahrhundertwende bis zum Ende der Weimarer Republik, Weinheim 2001, S. 247–251.

Klafki, Wolfgang: Neue Studien zur Bildungstheorie und Didaktik. Zeitgemäße Allgemeinbildung und kritisch-konstruktive Didaktik, Weinheim/Basel ⁶2007.

Knauth, Thorsten: Problemorientierter Religionsunterricht. Eine kritische Rekonstruktion, Göttingen 2003.

Koerrenz, Ralf: Landerziehungsheime in der Weimarer Republik. Alfred Andreesens Funktionsbestimmung der Hermann-Lietz-Schulen im Kontext der Jahre von 1919 bis 1933, Frankfurt a.M. u.a. 1992.

Köhler, Regine: Ästhetische Erziehung zwischen Kulturkritik und Lebensreform. Eine systematische Analyse der Motive ästhetischer Erziehungskonzeptionen, Hamburg 2002.

Krabbe, Wolfgang R.: Gesellschaftsveränderung durch Lebensreform, Strukturmerkmale einer sozialreformerischen Bewegung im Deutschland der Industrialisierungsperiode, Göttingen 1974.

Kunstmann, Joachim: Religion und Bildung. Zur ästhetischen Signatur religiöser Bildungsprozesse, Gütersloh 2002.

Lämmermann, Godwin: Religionspädagogik im 20. Jahrhundert, München ²1999.

Lietz, Hermann: Deutsche Landerziehungsheime. Erziehungsgrundsätze und Organisation (1906), in: *Dietrich Benner/Herwart Kemper* (Hg.), Quellentexte zur Theorie und Geschichte der Reformpädagogik. Teil 2: Die Pädagogische Bewegung von der Jahrhundertwende bis zum Ende der Weimarer Republik, Weinheim 2001, S. 60–65.

Maier, Robert E.: Mündigkeit. Zur Theorie eines Erziehungszieles, Bad Heilbrunn 1981.

Mollenhauer, Klaus: Erziehung und Emanzipation. Polemische Skizzen, München ²1969.

Nipkow, Karl Ernst: Bildung als Lebensbegleitung und Erneuerung. Kirchliche Bildungsverantwortung in Gemeinde, Schule und Gesellschaft, Gütersloh 1990.

Oelkers, Jürgen: Art. Reformpädagogik, in: *Dietrich Benner/Jürgen Oelkers* (Hg.), Historisches Wörterbuch der Pädagogik, Weinheim/Basel 2004, S. 783–806.

Oelkers, Jürgen: Pädagogische Reform und Wandel der Erziehungswissenschaft, in: *Christoph Führ/Carl Ludwig Furck* (Hg.), Handbuch der deutschen Bildungsgeschichte. Bd. VI: 1945 bis zur Gegenwart. Erster Teilband: Bundesrepublik Deutschland, München 1998, S. 217–243.

Ders.: Reformpädagogik. Eine kritische Dogmengeschichte, Weinheim/München ³1996.

Pehnke, Andreas (Hg.): Anregungen international verwirklichter Reformpädagogik. Traditionen, Bilanzen, Visionen, Frankfurt a.M. 1999.

Picht, Georg: Die deutsche Bildungskatastrophe, München 1965.

Röhrs, Hermann: Die Reformpädagogik. Ursprung und Verlauf unter internationalem Aspekt, Weinheim/Basel ⁶2001.

Roth, Heinrich: Die realistische Wendung in der Pädagogischen Forschung, in: Neue Sammlung. Göttinger Blätter für Kultur und Erziehung, Göttingen 2. Jg. 1962, S. 481–490.

Ders.: Pädagogische Anthropologie, Bd. I: Bildsamkeit und Bestimmung, Hannover ⁵1984.

Rothgangel, Martin/Fischer, Dietlind (Hg.): Standards für religiöse Bildung? Zur Reformdiskussion in Schule und Lehrerbildung, Münster 2004.

Rousseau, Jean-Jacques: Emil oder Über die Erziehung, Paderborn u.a. ¹³2001.

Ruhloff, Jürgen: Art. Emanzipation, in: Historisches Wörterbuch der Pädagogik, Weinheim/Basel 2004, S. 279–287.

Schmid, Wilhelm: Mit sich selbst befreundet sein. Von der Lebenskunst im Umgang mit sich selbst, Frankfurt a.M. 2007.

Schwab, Andreas/Lafranchi, Claudia (Hg.): Sinnsuche und Sonnenbad. Experimente in Kunst und Leben auf dem Monte Verità, Zürich 2002.

Steenblock, Volker: Theorie der kulturellen Bildung. Zur Philosophie und Didaktik der Geisteswissenschaften, München 1999.

Stoodt, Dieter: Religionsunterricht als Interaktion. Grundsätze und Materialien zum evangelischen Religionsunterricht der Sekundarstufe I, Düsseldorf 1975.

Ders.: Religiöse Sozialisation und emanzipiertes Ich, in: *Klaus-Wilhelm Dahm/Niklas Luhmann/Dieter Stoodt*, Religion – System und Umwelt, Darmstadt 1972.

Struck, Peter: Pädagogik des Schullebens, München u.a. 1980.

Tremp, Peter: Rousseaus Èmile als Experiment der Natur und Wunder der Erziehung: ein Beitrag zur Geschichte der Glorifizierung von Kindheit, Opladen 2000.

Wiechmann, Jürgen: Mitreißende Schulen. Reformpädagogische Konzepte als Programm, Braunschweig 1998.

Wild, Frank: Askese und asketische Erziehung als pädagogisches Problem. Zur Theorie und Praxis der frühen Landerziehungsheimbewegung in Deutschland zwischen 1898 und 1933, Frankfurt a.M. 1997.

Wulf, Christoph: Art. Anthropologie, pädagogische, in: *Dietrich Benner/Jürgen Oelkers* (Hg.), Historisches Wörterbuch der Pädagogik, Weinheim/Basel 2004, S. 33–57.

Traugott Jähnichen

Arbeits-Leben unter den Bedingungen industrieller Massenproduktion

Theologisch-sozialethische Positionen zur Deutung und Gestaltung der Industriearbeit

I. Einleitung

In der Zeit der „langen 1960er Jahre" vom Ende der 1950er Jahre bis zum Jahr 1973 erreichen die gesellschaftliche Bedeutung und der ökonomische Wert industrieller Arbeit einen einzigartigen Höhepunkt. Es herrscht in allen Industrieländern praktisch Vollbeschäftigung, wobei die Nachfrage nach Arbeitskräften das Angebot eher übersteigt, so dass ohne größere Probleme viele Menschen aus der Landwirtschaft und aus den Bereichen ungelernter Arbeit in der Industrie gute Arbeits- und Verdienstmöglichkeiten finden. Darüber hinaus werden in Deutschland wie auch in anderen Industrienationen seit dem Ende der 1950er Jahre in großer Zahl Arbeitskräfte aus Süd- und Südosteuropa sowie der Türkei und den nordafrikanischen Staaten angeworben, um auf den Arbeitskräftebedarf in der Zeit der industriellen Hochkonjunktur zu reagieren. Auf diese Weise ist in den 1960er Jahren kontinuierlich eine große Zahl neuer Beschäftigungsverhältnisse geschaffen worden, in der Regel zeitlich unbefristete, sozialversicherungspflichtige und Vollzeit-Arbeitsstellen, zumeist von Männern besetzt.

Erst mit der Ölkrise des Jahres 1973, der zunehmenden Resonanz auf die ökologischen Folgekrisen der Industriegesellschaft im Kontext der Wachstumskritik des „Club of Rome" sowie auf Grund verschiedener anderer Anzeichen eines krisenhaften, tiefgehenden Wirtschafts- und Strukturwandels, all dies Hinweise auf eine neue Zeit „nach dem Boom",[1] kommt die Hochphase der fordistisch geprägten Industriegesellschaft zu einem Ende. Erneut wird seit der Mitte der 1970er Jahre das Problem der Massenarbeitslosigkeit

---

[1] Vgl. *A. Doering-Manteuffel*, Nach dem Boom. Perspektiven auf die Zeitgeschichte seit 1970, Göttingen 2008.

zur zentralen gesellschaftspolitischen Herausforderung und es kommt auf dem Weg hin zur Wissens- und Dienstleistungsgesellschaft zu einer tiefgreifenden Veränderung der Struktur der Arbeitswelt, die einerseits von destandardisierten, auf einer hohen Qualifizierung beruhenden Arbeitsverhältnissen und andererseits von der Abkehr von den sogenannten Normalerwerbsarbeitsverhältnissen aus der Zeit des Booms und teilweise einer schrittweisen Prekarisierung von Erwerbsarbeit geprägt ist.

Theologie und Kirche versuchen sich seit der Mitte der 1950er Jahre auf das Leitbild der Industriearbeitsgesellschaft einzustellen. Beginnend mit der EKD-Synode von 1955 in Espelkamp zum Thema „Die Kirche und die Welt der industriellen Arbeit"[2] wird sowohl auf der Ebene theologischer Reflexion wie auch im Blick auf die Neuschaffung kirchlicher Handlungsfelder die Industriegesellschaft als zentrale Herausforderung kirchlicher Präsenz begriffen. Die Welt der Industriearbeit wird als eine „andere Welt", als „fremdkörperhafter Teil und unentbehrlicher Unterbau unserer eigenen Welt"[3] wahrgenommen, die es zunächst sorgfältig wahrzunehmen gilt, um angemessen darauf reagieren zu können. Die technisch bestimmten Abläufe sowie die wesentlich davon geprägte Mentalität haben zu einer problematischen „Trennung"[4] zwischen der Arbeitswelt und der Welt der Kirche geführt, was bei einzelnen durch die Verbindung der persönlich-familiären Welt zur Kirche kompensiert wird, vielfach jedoch die Entfremdung von Kirche und Industriearbeiterschaft vertieft hat. Gesellschaftspolitisch wird die „Industriearbeiterfrage" als die zentrale „soziale Frage der Gegenwart"[5] identifiziert, weil „die soziale Unruhe des modernen Industriearbeiters [...] ein politisches Faktum ersten Ranges"[6] bedeutet. Vor diesem Hintergrund ist es nicht erstaunlich, dass sich sowohl in der theologisch-sozialethischen Literatur dieser Zeit, die nicht zuletzt durch die Gründung sozialethischer Institute und Lehrstühle seit dem Ende der 1950er Jahre einen signifikanten Aufschwung erlebt hat, wie auch in den sozialpolitischen Stellungnahmen der evangelischen Kirche und schließlich auch im Blick auf die neu entwickelten kirchlichen Handlungsformen eine nahezu ausschließliche Konzentration auf die Situation der Industriearbeiter feststellen lässt. Dies ist eine zeittypische Verengung des Blickfelds, da die Industriearbeit zwar seinerzeit die dominante, jedoch nicht die einzige Form der Erwerbsarbeit – von

---

[2] Vgl. *K. von Bismarck* (Hg.), Die Kirche und die Welt der industriellen Arbeit. Reden und Entschließungen der Synode der EKD Espelkamp 1955, Witten 1955.

[3] *H. Gollwitzer*, Geleitwort, in: Die Welt des Arbeiters. Junge Pfarrer berichten aus der Fabrik, hg. von *H. Symanowski/F. Vilmar*, Frankfurt a.M. 1963, S. 5–8, hier. S. 5.

[4] *H. Symanowski*, Der kirchenfremde Mensch in der Welt der industriellen Arbeit, in: Kirche, hg. von K. von Bismarck, S. 53–61, hier: S. 53.

[5] *A. Rich*, Christliche Existenz in der industriellen Welt. Eine Einführung in die sozialethischen Grundfragen der industriellen Arbeitswelt, Zürich/Stuttgart ²1964, S. 29.

[6] *A. Rich*, Christliche Existenz, a.a.O., S. 30.

anderen Formen der Arbeit ganz zu schweigen – gewesen ist. Indem in dem folgenden Beitrag die sozialethische Diskussion des Arbeitslebens jener Zeit rekonstruiert wird, spielt diese Konzentration auf die Probleme der Industriegesellschaft folglich eine zentrale Rolle. Dabei werden aber auch neben den weithin die damalige öffentliche Diskussion bestimmenden sozialpolitischen Reformprogrammen zur Stärkung des Faktors „Arbeit" kritische Anfragen an die Industriegesellschaft, wie sie vor 1973 zwar vereinzelt, aber auch zu finden sind, berücksichtigt.

II. Theologische Deutungsversuche der Lebensführung im Horizont der Industriearbeit

In den 1950er und 1960er Jahren lässt sich auf der semantischen Ebene ein Siegeszug des Begriffs „Arbeit" konstatieren, der ältere Begriffe wie „Beruf", „Tagewerk" u.a. nach und nach verdrängt. Dies ist in der Alltagssprache ebenso der Fall wie in den kirchlichen Begriffsprägungen – die Form der „Bibelarbeit" erlebt eine erste Blüte – und nicht zuletzt in den gesellschaftspolitischen und akademischen Diskursen.

In deutlicher Entsprechung zur wachsenden ökonomischen Relevanz des knappen Faktors „Arbeit" kommt es zu politischen Auseinandersetzungen, die auf eine Aufwertung der gesellschaftlichen Stellung der Arbeiterschaft zielen. Diese Neuorientierung lässt sich insbesondere im Blick auf die Programmatik und Politik der Gewerkschaften zeigen. Nach dem Scheitern ihrer gesellschaftspolitischen Neuorientierungspläne in der Nachkriegszeit haben sie sich seit den frühen 1950er Jahren vorrangig auf die Lohn-, Arbeitszeit- und die betriebliche Sozialpolitik konzentriert und hier eine Reihe von Erfolgen erzielt.[7] Seit den frühen 1960er Jahren sind zunehmend wieder allgemeinpolitische Reformperspektiven in emanzipatorischer Absicht zugunsten der Arbeitnehmerschaft aufgegriffen worden mit dem Ziel einer Demokratisierung der Arbeitswelt und des wirtschaftlichen Lebens.[8] In diesem Kontext kommt es zu einer erneuten Rezeption marxistischen Denkens, so dass „Arbeit" verherrlicht und geradezu „zum höchsten Wert des Lebens, zur wertbildenden Macht schlechthin"[9] verklärt wird. Anthropologisch ist

---

[7] Vgl. *H. Limmer*, Die Deutsche Gewerkschaftsbewegung, München/Wien 1973, S. 102–107.

[8] Exemplarisch können hier die Arbeiten von *F. Vilmar* in den 1960er und 1970er Jahren herangezogen werden. Vgl. *F. Vilmar*, Forderungen zur Demokratisierung der Wirtschaft, in: Welt des Arbeiters, hg. von *H. Symanowski/F. Vilmar*, S. 128–138.

[9] So die zeitgenössische kritische Diagnose von *H.-D. Wendland*, Einführung in die Sozialethik, Berlin/New York ²1971, S. 111.

Arbeit in diesem Sinn als die zentrale Bestimmung des Menschseins bezeichnet worden, woraus sich auf der gesellschaftlichen Ebene der Anspruch einer Umgestaltung der Gesellschaft zugunsten des Faktors Arbeit
ableiten ließ.

Anzeichen einer solchen Neuorientierung lassen sich auch im Blick auf
die evangelische Sozialethik zeigen, in der bei wichtigen Vertretern eine
Abkehr von dem traditionellen Berufsbegriff zugunsten der „Arbeit" zu
konstatieren ist.[10] Indem die Industriearbeiterschaft und ihr Schicksal bzw.
ihr sozialer Status als zentrale gesellschaftspolitische Herausforderung
wahrgenommen werden, wird „die Arbeit" als die zentrale Bezugsgröße der
modernen Lebenswelt entdeckt.[11] Während der traditionelle Berufsbegriff
vorrangig auf die personhafte Identität und den sozialen Ort der Betreffenden bezogen war, so dass sich eine spezifische innere Berufshaltung ausbilden konnte, ist unter den Bedingungen der Industriegesellschaft „nur das
nackte, gesellschaftlich-ökonomische Faktum der Arbeit, die sich in neuartigen, technisch rationalen Formen organisiert"[12], übrig geblieben. Industriearbeit wird hier vorrangig im Blick auf die rationale Unterordnung der
Arbeitenden unter den Prozess der Massenproduktion wahrgenommen. Diese Form der Arbeit auf der Grundlage einer strikten Trennung von individueller Lebens- und Arbeitswelt wird als Veräußerlichung der menschlichen
Arbeit problematisiert, da die Lohnarbeiter „lediglich ihre Arbeitskraft
wirtschaftlich verwerten"[13] können und vor diesem Hintergrund die vorrangige Orientierung am Lohn sowie die Deutung der Arbeit als „bloße Erwerbschance"[14] als plausible Anpassungsreaktionen interpretiert werden.
Dementsprechend liegt unter diesen Bedingungen „im Geldverdienen [...]
das reale Arbeitserlebnis des Arbeiters heute",[15] weshalb Versuche einer
Rehabilitation des Berufsbegriffs sowie Formen romantisch-konservativer
Sozialkritik angesichts der Arbeitswirklichkeit unter Bedingungen industrieller Massenproduktion als wirklichkeitsfremd angesehen werden.

Arthur Rich, Heinz-Dietrich Wendland und Heinz Eduard Tödt als die
exponiertesten evangelischen Sozialethiker der 1960er Jahre leiten aus dieser von ihnen in ähnlicher Weise erarbeiteten Diagnose die Konsequenz ab,
ein dem Realismus der Reformatoren entsprechendes Arbeitsverständnis für
die Welt der industriellen Arbeit wiederzugewinnen. Ein solches Verständ

---

[10] Vor den 1960er Jahren ist eine theologische Kritik des Berufsbegriffs nur zu sehr vereinzelt zu finden, etwa in den – seinerzeit jedoch noch nicht publizierten – frühen Ethikvorlesungen Karl Barths aus der Zeit in Münster und Bonn. Vgl. *K. Barth*, Ethik I, 1928, in: Gesamtausgabe II. Akademische Werke, hg. von *D. Braun*, Zürich 1973, S. 293–353.
[11] Vgl. *A. Rich*, Christliche Existenz, a.a.O., S. 79–83.
[12] *H. D. Wendland*, Einführung, a.a.O., S. 110.
[13] Ebd.
[14] *A. Rich*, Christliche Existenz, a.a.O., S. 91.
[15] *A. Rich*, Christliche Existenz, a.a.O., S. 89.

nis darf weder eine Arbeitsverherrlichung noch eine Entwertung der Arbeit beinhalten,[16] sondern hat eine Perspektive aufzuzeigen, welche die Arbeit im Blick auf die Ruhe des Menschen sowie auf andere Tätigkeitsformen relativiert und gleichzeitig das Freisein des Menschen auch in der Arbeit zu thematisieren vermag. In diesem Sinn hat Tödt „Arbeit" als die „tätige Bejahung des von Gott geschenkten menschlichen und kreatürlichen Daseins in der Welt"[17] gedeutet, die ungeachtet der Sünde des Menschen, die den Fluch auf die Erde bringt, unter dem Segen Gottes steht. Sie zielt wesentlich auf die Existenzsicherung des Menschen, ohne jedoch darin aufzugehen, da sie wesentlich zur sozialen Anerkennung wie auch zu einem positiven Selbstbild der Betroffenen beiträgt. Der „Arbeit" kommt somit fundamentale Bedeutung für die Humanität und Mitmenschlichkeit des Menschen zu, ohne deren alleinige Quelle zu sein.[18] Insofern ist „Arbeit" ein wesentlicher Teil der „ganzheitlichen Lebensbetätigung des Menschen […], begrenzt durch andere Tätigkeit bis hin zum Spiel und relativiert durch die Ruhe und das Feiern als Gegengewicht, das zum Lösen der Arbeitszwänge unentbehrlich ist".[19]

Auch wenn die Zwänge in der Arbeitswelt, zumal die Zwänge in der Industrie, betont und kritisch gegen eine Vorstellung von Arbeit als Form der „Selbstverwirklichung"[20] ins Feld geführt worden sind, hat dies keinesfalls zu einer resignativen Grundhaltung geführt. Vielmehr sind in Auseinandersetzung mit den gesellschaftspolitischen Reformprojekten jener Zeit von der evangelischen Sozialethik und nicht zuletzt durch kirchenoffizielle Stellungnahmen unterschiedliche Modelle einer gesellschaftlichen Aufwertung des Faktors „Arbeit" entwickelt worden. Leitend war dabei die Perspektive, die „Berufung der Jünger Jesu zu Dienern der Nächstenliebe um(zu)setzen in die Arbeit an der Humanisierung der industriellen Welt."[21] Diese Perspektive der Humanisierung ist in wichtigen Stellungnahmen der EKD sowie in sozialethischen Grundlagentexten ausgeführt worden, wobei in den 1960er Jahren insbesondere eine angemessene Beteiligung der Arbeiter an dem Ertrag der Arbeit, ein Ausbau der Mitbestimmungsrechte und arbeitsorganisatorische Maßnahmen zur Humanisierung der Arbeitswelt thematisiert worden sind.

---

[16] Vgl. *H.-D. Wendland*, Einführung, a.a.O., S. 112.
[17] *H. E. Tödt*, Das Angebot des Lebens, Gütersloh 1978, S. 124. Der hier zitierte Beitrag Tödts stammt aus dem Jahr 1976. Er kann als exemplarische Zusammenfassung eines theologischen Arbeitsverständnisses der Zeit der 1960er und frühen 1970er Jahre verstanden werden.
[18] Vgl. *A. Rich*, Christliche Existenz, a.a.O., S. 173.
[19] *H. E. Tödt*, Angebot, a.a.O., S. 139.
[20] Vgl. *H. E. Tödt*, Angebot, a.a.O., S. 125.
[21] *H. Gollwitzer*, Geleitwort, a.a.O., S. 7.

III. Sozialethische Impulse zur Humanisierung
der Welt der industriellen Arbeit

Die Durchsetzung der Industriearbeitsgesellschaft ist untrennbar mit dem Versprechen verknüpft, die Arbeiterschaft in die Gesellschaft zu integrieren und ihr dabei einen wachsenden Anteil an den Erträgen der ökonomischen Produktion zukommen zu lassen, wie es Ludwig Erhard mit der klassischen Formel „Wohlstand für alle"[22] zum Ausdruck gebracht hat. Allerdings ist seit den späten 1950er Jahren mit der politischen und ökonomischen Konsolidierung der jungen Bundesrepublik die erneut stark zunehmende ungleiche Eigentumsverteilung nicht allein von den Gewerkschaften als zentrales gesellschaftspolitisches Problem empfunden worden. Auch die evangelische Kirche hat diese Problemstellung etwa im Rahmen vieler Akademieveranstaltungen aufgenommen. Mit der Herausgabe der ersten Denkschrift im Jahr 1962 zum Thema „Eigentumsbildung in sozialer Verantwortung" hat der Rat der EKD schließlich Stellung bezogen und die nach dem Krieg erfolgte „einseitige Vermögensbildung"[23] in der Bundesrepublik kritisch beurteilt. Diese Entwicklung sollte korrigiert werden, indem Arbeitnehmer „Haushalter über einen Anteil am Produktivvermögen des Volkes"[24] werden, um so wirtschaftliche Mitverantwortung ausüben zu können. In diesem Sinn hat die Denkschrift die Schaffung eines Investivlohns gefordert und in den folgenden Jahren gemeinsam mit der katholischen Kirche Initiativen entwickelt, um neue Wege der Vermögensbildung breiter Schichten der Gesellschaft aufzuzeigen.[25]

Innerprotestantische Kritiker der Denkschrift haben demgegenüber darauf hingewiesen, dass die gesellschaftliche Integration der Arbeitnehmer und deren Mitverantwortung für die ökonomische Entwicklung nicht vorrangig über eine breitere Eigentumsstreuung zu erreichen, sondern dass der Faktor „Arbeit" selbst stärker in die ökonomischen Entscheidungen einzubeziehen sei. In diesem Sinn hat bereits die von Horst Symanowski und Fritz Vilmar ebenfalls 1962 herausgegebene Studie über die „Welt des Arbeiters" umfassende Vorschläge zur Demokratisierung der Wirtschaft und zur Verbesserung der Mitbestimmung im Arbeitsprozess vorgelegt.[26] Der Sozialethiker

---

[22] *L. Erhard*, Wohlstand für alle, Düsseldorf 1957.

[23] *Rat der EKD* (Hg.), Eigentumsbildung in sozialer Verantwortung. Eine Denkschrift (1962), in: Die Denkschriften der EKD. Soziale Ordnung, Bd. 2, Gütersloh 1978, These 14, S. 25. Zur Darstellung der historischen Entwicklung vgl. auch These 13 a–c.

[24] *Rat der EKD*, Eigentumsbildung, a.a.O., These 26.

[25] In einem gemeinsam mit der römisch-katholischen Kirche verfassten Memorandum „Empfehlungen zur Eigentumspolitik" (1964) ist diese Perspektive konkretisiert worden und hat die Gesetzgebung zum zweiten Vermögensbildungsgesetz nachhaltig beeinflusst.

[26] Vgl. *H. Symanowski/F. Vilmar*, Die Welt des Arbeiters, S. 121–138.

Günter Brakelmann hat in grundsätzlicher Weise den Schritt von der Diskussion der Eigentumsentwicklung hin zur Forderung der Mitbestimmung gefordert. Ausgehend von einer Kritik an dem liberalen Eigentumsverständnis, das der Denkschrift zugrunde liegt, hat er die Mitbestimmung als „die Grundforderung eines christlich-sozialen Gewissens"[27] bezeichnet, da dies dem christlichen Verständnis eines partnerschaftlichen und gleichwertigen Verhältnisses der Menschen untereinander entspreche.

Diese sozialethischen Impulse sind vor dem Hintergrund der zeitgleichen Initiativen des DGB zur Ausweitung der Mitbestimmungsgesetzgebung zu interpretieren. Nachdem 1962 ein Gesetzentwurf zur Ausweitung der Montan-Mitbestimmung auf alle Kapitalgesellschaften und Großkonzerne vorgelegt worden ist, hat das 1963 verabschiedete neue Grundsatzprogramm die Mitbestimmung zur gewerkschaftlichen Zentralforderung erklärt, was sich 1965 in einem neuen Aktionsprogramm niedergeschlagen hat, das die Forderung der Mitbestimmung in der gewerkschaftlichen Tagesarbeit verankert hat.[28] Als erster Erfolg dieser Aktionen ist die Bildung einer unabhängigen Sachverständigenkommission im Jahr 1967 zu bewerten, mit der die große Koalition auf diese Forderungen reagiert hat und deren später unter dem Namen des Kommissionsvorsitzenden Biedenkopf veröffentlichter Bericht wesentliche Anstöße zur gesetzlichen Neuordnung gegeben hat.

Auch die EKD hat diese Diskussionen zum Anlass genommen, sich erneut mit einer Stellungnahme zu Themen der Arbeitswelt zu äußern. Der 1968 veröffentlichten Studie zu sozialethischen Aspekten der Mitbestimmung geht es vorrangig darum, die scharfen gesellschaftlichen Konflikte um dieses Thema durch das Aufzeigen einer Kompromisslinie zu entschärfen.[29] Auf der Grundlage der Betonung der Würde des arbeitenden Menschen entspricht nach Auffassung der Studie ein „partnerschaftliches Verhältnis zwischen sozialen Gruppen"[30] der Würde des Menschen am besten, als Gottes Mitarbeiter in Freiheit und Mitverantwortung die Welt zu gestalten. Mitbestimmung als konkrete Ausformung einer in Einzelfällen auch von Konflikten geprägten Partnerschaft leitet sich aus den ineinander gefügten Rechten von Kapital und Arbeit ab, die beide für Unternehmen kon-

---

[27] *G. Brakelmann*, Kritische Anmerkungen und Thesen zur Eigentumspolitik, zur Gewinnbeteiligung und zur Mitbestimmung, in: Christ und Eigentum. Ein Symposium, Hamburg 1963, S. 148–175, hier: S. 160.
[28] Vgl. *H. Limmer*, Deutsche Gewerkschaftsbewegung, S. 118f.
[29] Dies gelang allerdings nur bedingt, da sich auch die Kammer nicht zu einer eindeutigen Option entschließen konnte und neben einem Mehrheitsvotum zwei abweichende Minderheitenvoten – jeweils stark von gewerkschaftlichen bzw. arbeitnehmernahen Positionen bestimmt – veröffentlicht worden sind. Daher ist diese Stellungnahme nicht als „Denkschrift", sondern lediglich als „Studie" publiziert worden.
[30] *Rat der EKD* (Hg.), Sozialethische Erwägungen zur Mitbestimmung in der Wirtschaft der Bundesrepublik Deutschland. Eine Studie der Sozialkammer der EKD, in: Die Denkschriften der EKD, Bd. 2 Soziale Ordnung, Gütersloh 1978, These 5.

stitutiv sind. Eigentum und Arbeit sind in dieser Perspektive aufeinander angewiesen und „als gleichwertige Faktoren begriffen".[31] Die daraus resultierenden Mitbestimmungsrechte bedeuten daher „keine Minderung der den Kapitaleignern zustehenden Rechte."[32] Die in der Studie sozialethisch aufgezeigte Gleichwertigkeit von Kapital und Arbeit kann nach Auffassung Günter Brakelmanns nur einen Zwischenschritt der sozialethischen Reflexion markieren, da er in theologischer Perspektive eine „unvergleichlich höhere anthropologische und soziale Bedeutung der Arbeit im Verhältnis zum Eigentum"[33] gegeben sieht. Dementsprechend hat er die Perspektive einer Wirtschaftsordnung aufgezeigt, „in der die Funktion des Kapitals dem menschlichen Produktivfaktor Arbeit untergeordnet"[34] werden soll.

Neben den grundsätzlichen Überlegungen zur Gleichwertigkeit und Partnerschaft von Kapital und Arbeit hat die EKD-Studie in ihrem Mehrheitsvotum konkrete Vorschläge zur rechtlichen Ausgestaltung der Mitbestimmung vorgelegt, die weitgehend in der Novellierung des Betriebsverfassungsgesetzes von 1972 und im Mitbestimmungsgesetz von 1976 realisiert worden sind. Darüber hinaus sind weitere Maßnahmen zur Verankerung der Mitbestimmung im Sinn des Partnerschaftsgedankens entwickelt worden, wobei man in besonderer Weise auf Möglichkeiten der direkten Beteiligung der Arbeitnehmer hingewiesen hat, um deren Möglichkeiten der Mitbestimmung an der Regelung der sie unmittelbar betreffenden Fragen zu stärken.[35] Arthur Rich hat diesen Gedanken in seinen Arbeiten zur Mitbestimmungsthematik aufgenommen und die notwendige Ergänzung der „repräsentativ-kollektive[n] Mitbestimmung [...] durch die individuelle Mitbestimmung am Arbeitsplatz"[36] gefordert. Nur „so könnten die Mitbestimmungsrechte für den einzelnen Arbeitnehmer verwesentlicht und zu einer unmittelbaren, seine Person aufwertenden Erfahrung werden. Dabei liegt der Akzent nicht so sehr auf der Mitwirkung des einzelnen Individuums als auf derjenigen der personalen Gruppe."[37] Diese Vorschläge zielen auf eine Humanisierung der Arbeitsprozesse, wie es als Reformprogramm seit 1969 von den sozialliberalen Bundesregierungen aufgenommen und umgesetzt worden ist.

Diesen Vorschlägen liegt eine Kritik der tayloristischen Arbeitsorganisation zugrunde, welche die Arbeitsleistung völlig den technisch dominierten

---

[31] *Rat der EKD*, Sozialethische Erwägungen, a.a.O., These 14.

[32] Ebd.

[33] *G. Brakelmann*, Priorität für die Arbeit. Die sozialethische Herausforderung der Mitbestimmung, in: Jenseits des Nullpunktes? Festschrift für Kurt Scharf, hg. von *R. Weckerling*, Stuttgart 1972, S. 205–220, hier: S. 220.

[34] Ebd.

[35] Vgl. *Rat der EKD*, Sozialethische Erwägungen, a.a.O., These 25.

[36] *A. Rich*, Mitbestimmung in der Industrie, Zürich 1973, S. 129.

[37] Ebd.

Arbeitsabläufen untergeordnet und dabei alle sozialen, kommunikativen und dispositiven Elemente ausgeschieden hat.[38] Eine solche Form der Arbeit – allein auf das Motiv des Lohnanreizes und der Einpassung in vorgegebene Organisationsstrukturen ausgerichtet, so dass durch den technisch vorgegebenen Arbeitstakt die Arbeitenden rigide diszipliniert und zu bloßen Exekutoren maschineller Prozesse degradiert – ist sozialethisch als „Verdinglichung"[39] der Arbeitenden scharf kritisiert worden. Die damit bezeichnete Problematik ist älter als das Programm der „Humanisierung der Arbeit". So sind bereits in den 1920er Jahren kritische sozialethische Diskussionen um die Rationalisierung der industriellen Arbeit geführt worden. In ähnlicher Weise hat während des Essener Kirchentages von 1950 die Arbeitsgruppe „Arbeit und Wirtschaft" die Zielsetzung einer Verbesserung der Arbeitsbedingungen diskutiert und angesichts der Gefahren der Vermassung und Degradierung des Einzelnen im Betrieb zur „bloße(n) Nummer"[40] hat eine Erklärung des Rates der EKD die Überwindung des „bloßen Lohnarbeitsverhältnisses" und das Ernstnehmen der „Arbeiter als Mensch und Mitarbeiter"[41] gefordert.

Während von kirchlicher und theologischer Seite zumeist recht pauschal die Durchsetzung technischer Arbeitsabläufe kritisiert worden ist, hat Heinz-Dietrich Wendland die Ambivalenzen dieser Entwicklung herausgestellt. Nach seiner Auffassung können „die rationalen Formen der modernen Gesellschaft" nicht ohne weiteres „in ‚Gemeinschaft'" oder andere personale Beziehungen transformiert werden, nicht zuletzt weil in der sich durchsetzenden Rationalisierung der Arbeitsabläufe ein enormer Fortschritt der Produktivität angelegt ist. Allerdings gilt es, die Rationalisierungsprozesse in sozialethischer Perspektive menschengerechter zu gestalten: „Aber sie (die Rationalisierungsprozesse, Vf.) bleiben leer, wenn nicht Kräfte der Mitmenschlichkeit in sie einströmen, wenn nicht personale Verantwortung sie belebt und steuert und die kritische Frage nach der sozialen Gerechtigkeit sie kontrolliert."[42] Diese Sichtweise, nach der die rationalen Organisationen im Wirtschafts- und Berufsleben durch die Ermöglichung persönlicher Verantwortungsübernahme im Geist der Humanität geprägt und

---

[38] Vgl. *R. Kramer*, Arbeit. Theologische, wirtschaftliche und soziale Aspekte, Göttingen 1982, S. 88f.

[39] In der theologischen Sozialethik ist diese Formulierung vor allem von Arthur Rich, Christliche Existenz, S. 62 verwendet worden. Vielfach ist diesbezüglich – allerdings zumeist wenig präzisiert – der marxistische Begriff der „Entfremdung" aufgegriffen worden, vgl. *R. Kramer*, Arbeit, a.a.O., S. 89 u.a.

[40] Entschließung der Arbeitsgruppe „Rettet die Freiheit" (AG 1) des Essener Kirchentages von 1950, in: Kirche im Volk, Heft 6, Velbert 1950, S. 53.

[41] Erklärung des Rates der EKD „Zur Frage der Mitbestimmung", in: Kirche im Volk, Heft 6, Velbert 1950, S. 60.

[42] *H.-D. Wendland*, Einführung in die Sozialethik, Berlin 1963, S. 31f.

verändert werden müssen, hat in Verbindung mit sozialpsychologischen Einsichten wesentlich zu der Entwicklung neuer Formen der Arbeitsorganisation geführt. Als konkrete Konzepte einer solchen Humanisierung der Arbeit, welche die personalen und sozialen Bedürfnisse der Arbeitenden bei einer Reorganisation der Produktionsabläufe stärker zur Geltung bringen soll, sind Aufgabenwechsel, -erweiterung und -bereicherung sowie das Modell der teilautonomen Arbeitsgruppe zu nennen.[43] Die Erprobung dieser Modelle insbesondere in den frühen 1970er Jahren ist jedoch spätestens seit 1975 durch die Herausforderung der Massenarbeitslosigkeit überlagert worden, so dass viele dieser Reformversuche auf halbem Wege stecken geblieben sind.

IV. Zur Kritik der zunehmenden Durchdringung der Lebenswelt durch „Industriearbeit" und „Massenkonsum"

Eine ganz andere Perspektive der Auseinandersetzung mit der modernen Industriegesellschaft hat Hannah Arendts Studie „Vita activa"[44] eröffnet. Dieses 1960 in deutscher Übersetzung erschienene Werk ist deshalb in die Darstellung einzubeziehen, weil es in den 1970er Jahren zum wichtigen Impulsgeber gerade auch der evangelischen Sozialethik avancierte. In kritischer Abgrenzung zur modernen Industriearbeitsgesellschaft, die auf die Fetische der „Arbeit" und des „Konsums" fixiert ist, hat Arendt die Verschiebungen innerhalb der Sphäre der vita activa in der Neuzeit analysiert. Ausgehend von der an der antiken griechischen Philosophie orientierten Unterscheidung von „Handeln", „Herstellen" und „Arbeiten" rekonstruiert sie die unterschiedliche Entwicklung dieser Grundtätigkeiten, wobei sie in der Moderne vor allem einen Niedergang der Kultur politischer Öffentlichkeit, die sie mit dem Begriff des „Handelns" umschreibt, diagnostiziert. Seit der Industrialisierung lässt sich nach Arendt eine immer weitergehende Reduktion der menschlichen Tätigkeitsformen hin zur Erwerbsarbeit im Sinne der in den Produktionsprozess integrierten Lohnarbeit feststellen: „Die Neuzeit hat im 17. Jahrhundert begonnen, theoretisch die Arbeit zu verherrlichen, und sie hat zu Beginn dieses Jahrhunderts damit geendet, die Gesellschaft im Ganzen in eine Arbeitsgesellschaft zu verwandeln."[45] Die Industriegesellschaft zwingt die Menschen zur Erwerbsarbeit, da der Lebensstil der modernen Welt durch die technischen und ökonomischen Be-

---

[43] Vgl. zusammenfassend *G. Brakelmann*, Humanisierung der industriellen Arbeitswelt, in TRE Bd. III, Berlin/New York 1978, S. 657–669.

[44] Vgl. *H. Arendt*, Vita activa oder: Vom tätigen Leben, Stuttgart 1960.

[45] *H. Arendt*, Vita activa, a.a.O., S. 11.

dingungen des Produktionsgeschehens weithin bestimmt wird. Zur Verdeutlichung ist hier die von Arendt eingeführte Unterscheidung zwischen „Arbeiten" und „Herstellen" im Blick auf die Güter der Produktion heranzuziehen. Als Produkte der „Arbeit" bezeichnet sie Konsumgüter, die „verbraucht" werden, während Produkte des „Herstellens" oder Werkens „gebraucht" werden. Allerdings ist nach Arendt der Unterschied zwischen „Gebrauch" und „Verbrauch" im Zuge der Industrialisierung immer mehr vergleichgültigt worden, da die Haltbarkeit von Gütern – speziell unter den Bedingungen der Massenproduktion – letztlich unerwünscht und zur seltenen Ausnahme geworden ist. Alle Massenprodukte, selbst Häuser, vor allem aber Mobiliar, die Haushaltsgeräte oder Autos, sollen so schnell wie möglich verzehrt bzw. verbraucht werden, ähnlich wie es im Stoffwechsel der Natur der Fall ist. Die industrielle Produktion zielt darauf, „schneller und intensiver die Dinge der Welt [zu] verzehren und damit die der Welt eigene Beständigkeit"[46] zu zerstören.

Daher kann Hannah Arendt die „Arbeitsgesellschaft" in gleicher Weise als „Konsumgesellschaft" identifizieren, in der die Verbindung von Arbeit und Konsum als Glücksversprechen fungiert und die Lebensführung der Masse der Bevölkerung prägt. In letzter Konsequenz entwickelt sich in dieser Perspektive eine Gesellschaft der Job-Holder, welche nach Hannah Arendt das Ideal der Aktivierung des Menschen ad absurdum führt. So ist es denkbar, dass „die Neuzeit, die mit einer so unerhörten und unerhört vielversprechenden Aktivierung aller menschlichen Vermögen und Tätigkeiten begonnen hat, schließlich in der tödlichsten, sterilsten Passivität enden wird, die die Geschichte je gekannt hat".[47] Dieses Ideal der Arbeits- und Konsumgesellschaft ist speziell in der zweiten Hälfte des 20. Jahrhunderts auf immer weitere Lebensbereiche übertragen worden, so dass die Kategorien der „Produktivität" und des „Verbrauchs" auch in die Sektoren des Handwerks, der Landwirtschaft, aber auch der Wissenschaft und des sozialen Handelns nach und nach eingedrungen sind. Die so entstehende Massengesellschaft tendiert zur Gleichförmigkeit und wirkt letztlich entpolitisierend, da für ein öffentliches „Handeln" kaum mehr Raum bleibt. Stattdessen werden der Logik von „Arbeit" und „Konsum" alle Lebensbereiche, nicht zuletzt Kulturgüter, unterworfen, die ebenfalls zunehmend „verzehrt" werden.

Diese Diagnose eines dominanten und prägenden Einflusses der Lebensführung durch die Erwerbsarbeit und den Konsum bedeutet, dass letztlich nur noch dieses Handlungsmuster gesellschaftlich legitimiert und von den Individuen als erstrebenswert bezeichnet wird. Erwerbsarbeit ermöglicht

---

[46] *H. Arendt*, Vita activa, a.a.O., S. 119.
[47] *H. Arendt*, Vita activa, a.a.O., S. 314 f.

den Konsum von Gütern, verleiht soziale Anerkennung und wird immer enger mit dem Lebenssinn verknüpft. Ein Leben ohne oder jenseits der Erwerbsarbeit und des Konsums wird dementsprechend von den meisten Menschen als verweigerte Teilhabe und Ausgrenzung erlebt. Die sich seit der Mitte der 1970er Jahre verstetigende Massenarbeitslosigkeit ist insofern als radikale Infragestellung einer „Arbeitsgesellschaft", der nunmehr „die Arbeit aus[zu]gehen"[48] droht, verstanden worden. „Arbeit" als die wesentliche Tätigkeitsform moderner Gesellschaften ist nicht mehr der integrierende und stabilisierende Faktor der Gesellschaft, wie in den „langen 1960er Jahren", sondern wird zu einem Exklusionsmechanismus, der eine neue Teilung der Gesellschaft bewirkt. Aus diesem Grund hat seit der Endphase der 1970er Jahre das Problem der Arbeitslosigkeit wesentlich die sozialethischen Stellungnahmen der EKD bestimmt und auch von theologisch-sozialethischer Seite ist diese Thematik im Horizont der Frage nach einem „Recht auf Arbeit" intensiv diskutiert worden.[49]

Einen anderen bei Hannah Arendt ebenfalls angelegten Kontrapunkt zu dem dominanten Trend der Herausbildung der Arbeits- und Konsumgesellschaft haben die Diskussionen um die „Lebensqualität" gesetzt, die insbesondere die Konsumorientierung moderner Industriegesellschaften problematisiert haben. Ausgangspunkt der Fragen nach einem neuen Konsumverständnis und -verhalten ist seit dem Ende der 1960er Jahre die Erkenntnis, dass der wachsende Wohlstand in Industrienationen auf offenkundigen Ungerechtigkeiten der Weltwirtschaftsordnung[50] und auf einer Ausbeutung der natürlichen Lebensgrundlagen beruht. In kritischer Abgrenzung gegenüber der auf dem quantitativen Wachstum basierenden Wirtschaftspolitik aller Industrienationen und einem entsprechend rein quantitativ orientierten Verständnis des Lebensstandards, sind von sozialen Gruppen im Umfeld der entstehenden Alternativbewegung und vor allem der Kirchen der Begriff der „Lebensqualität"[51] und die Suche nach einem

---

[48] *H. Arendt*, Vita activa, a.a.O., S. 32.

[49] Den Auftakt markiert eine Erklärung der EKD-Synode von 1978 in Saarbrücken, grundlegend sodann die Studie der EKD „Solidargemeinschaft von Arbeitenden und Arbeitslosen", Gütersloh 1982. Zur theologisch-sozialethischen Diskussion vgl. *J. Moltmann* (Hg.), Recht auf Arbeit – Sinn der Arbeit, München 1979, darin insbesondere die Thesenreihe von *G. Brakelmann*, Das Recht auf Arbeit, a.a.O., S. 9–39.

[50] Diese Thematik hat bereits die vierte Vollversammlung des Ökumenischen Rates der Kirchen 1968 in Uppsala diskutiert. Vgl. Sektion VI. Auf der Suche nach neuen Lebensstilen, in: Bericht aus Uppsala 1968. Offizieller Bericht über die vierte Vollversammlung des Ökumenischen Rates der Kirchen, Uppsala 4.–20. Juli 1968, Genf 1968, insbesondere S. 97f.

[51] Vgl. *H. D. Engelhardt/K.-E. Wenke/H. Westmüller/H. Zilleßen*, Lebensqualität – Zur inhaltlichen Bestimmung einer aktuellen politischen Forderung. Ein Beitrag des sozialwissenschaftlichen Instituts der EKD, Wuppertal 1973.

„neuen Lebensstil"[52] propagiert worden. „Lebensqualität" als neues gesellschaftspolitisches Leitbild hat eine veränderte Einstellung zu den natürlichen Lebensgrundlagen zu vermitteln versucht, indem insbesondere die
„Dominanz der Bewertung des Materiellen"[53] in den gesellschaftlichen
Wertvorstellungen kritisch hinterfragt worden ist. In diesem Sinn soll der
von Arendt beschriebene Kreislauf von „Arbeit" und „Verbrauch" durch die
Infragestellung des Konsums unterbrochen werden.

Die von diesen Gruppen angestrebten Formen einer Veränderung der
Konsumgewohnheiten sind unterschiedlich und zum Teil widersprüchlich.
Während eine Festlegung von Konsumobergrenzen[54] nur von einer Minderheit der Vertreter der Idee der „Lebensqualität" gefordert worden ist, hat
sich in den 1970er Jahren europaweit eine Vielzahl von sogenannten Lebensstil-Gruppen entwickelt, die sich persönlich zu einem einfacheren Lebensstil verpflichtet haben, um einerseits Entwicklungsprojekte zu unter-
stützen und andererseits die Umwelt zu schonen.[55] Die Grundhaltung der
„Lebensstil-Gruppen" ist in der Regel von einer prinzipiell konsumkritischen Haltung geprägt gewesen, die den steigenden Konsum insgesamt als
gesellschaftliche Fehlentwicklung angeprangert hat. Demgegenüber haben
andere Vertreter dieses Ansatzes einen eher partiellen Konsumverzicht als
Befreiung von gesellschaftlichen Zwängen verstanden. Diese Zwänge sind
wesentlich durch die Werbung vermittelt worden, welche entsprechend eingeschränkt oder zumindest im Blick auf bestimmte Güter verboten werden
sollte.[56]

Wenngleich die Propagierung eines neuen Lebensstils in Verbindung mit
einer konsumkritischen Haltung in den 1970er Jahren zunächst auf kleinere
Gruppen in Kirche und Gesellschaft beschränkt geblieben ist, hat diese Bewegung dennoch dazu beigetragen, die paradigmatische Abkehr von einem
rein quantitativ verstandenen Wirtschaftswachstum als Indikator des Lebensstandards in größeren Kreisen der Gesellschaft zu verankern. Darüber
hinaus hat sich die konsumkritische Bewegung seit den 1980er Jahren qualitativ weiterentwickelt, indem nicht mehr vorrangig ein „Konsumverzicht"

---

[52] Vgl. für den theologischen Kontext exemplarisch: *J. Moltmann*, Neuer Lebensstil.
Schritte zur Gemeinde, München 1977.

[53] *H. D. Engelhardt* u.a., Lebensqualität, S. 65.

[54] Konsumobergrenzen wurden in Europa erstmals formuliert in einem entwicklungspoliti-
schen Vorschlag aus Schweden: Wie viel genügt? – Ein anderes Schweden, in: Neue Entwicklungspolitik, Jg. 1, Nr. 2–3 (1975), S. 36–47.

[55] Vgl. die Dokumentation der entsprechenden Gruppen und Selbstverpflichtungen in: Neuer Lebensstil – verzichten oder verändern? Auf der Suche nach Alternativen für eine menschlichere Gesellschaft, hg. von *K.-E. Wenke/H. Zilleßen*, Opladen 1978.

[56] Vgl. exemplarisch *C. Stückelberger*, Konsumverzicht: Befreiung für Menschen und Natur, in: Der neue Konsument. Redaktion Rudolf Bron, Frankfurt 1979, S. 7–16.

gefordert wird, sondern Bewegungen des „fairen Handels" bzw. eines umweltbewussten Konsums entwickelt worden sind.

V. Ausblick

Der Faktor „Arbeit" ist in den 1960er Jahren in Kirche und Gesellschaft in einer unvergleichlichen Weise wertgeschätzt worden. Gemeint ist dabei fast ausschließlich die zumeist männlich bestimmte Erwerbsarbeit, konkret industrielle Arbeit. Diese Arbeit wird auch in theologischer Perspektive als zentrales Vergesellschaftungsprinzip und zugleich als Grunddatum menschlicher Existenz gewürdigt.[57] Die gesellschaftspolitischen Auseinandersetzungen über die Mitbestimmung mit dem Ziel einer Demokratisierung der betrieblichen und unternehmerischen Entscheidungsstrukturen durch den Faktor „Arbeit" sowie die Konzepte und exemplarischen Modelle einer Humanisierung der Produktionsabläufe sind von den Kirchen und der Sozialethik aufgenommen und zum Teil eigenständig weiter entwickelt worden. Der gesellschaftliche Bezugspunkt dieser Diskussionen ist wesentlich die durch die Gewerkschaften repräsentierte Arbeiterbewegung gewesen. Demgegenüber sind die grundlegend von Hannah Arendt angeregten Debatten über die Gefährdungen der Industriearbeitsgesellschaft von evangelischer Kirche und theologischer Sozialethik nur zögerlich aufgenommen worden und haben zunächst im Umfeld der Alternativbewegungen, innerhalb der Kirche stark von der Ökumene geprägt, Aufmerksamkeit gefunden. Die zunehmende Resonanz dieser Fragestellungen in den 1970er und 1980er Jahren signalisiert einerseits die Krisen und Wandlungen von der Industrie- zur Wissens- und Dienstleistungsgesellschaft und andererseits die zunehmende Relevanz der neuen sozialen Bewegungen. Als Konsequenz dieser Entwicklungen wird in der theologischen Sozialethik gegenwärtig vielschichtiger und offener über den Stellenwert von „Arbeit" reflektiert.[58]

---

[57] So mit unterschiedlichen Akzentsetzungen die hier vorrangig diskutierten Sozialethiker Rich, Wendland und Tödt. In den 1970er und 1980er Jahren ist diese Position vor allem von Günter Brakelmann vertreten worden, vgl. exemplarisch *ders.*, Das Recht auf Arbeit, a.a.O., S. 13.

[58] Vgl. *T. Meireis*, Tätigkeit und Erfüllung. Protestantische Ethik im Umbruch der Arbeitsgesellschaft, Tübingen 2008.

Literaturhinweise

Anonym: Entschließung der Arbeitsgruppe „Rettet die Freiheit" (AG 1) des Essener Kirchentages von 1950, in: Kirche im Volk, Heft 6, Velbert 1950, S. 53.

Anonym: Wie viel genügt? – Ein anderes Schweden, in: Neue Entwicklungspolitik, Jg. 1, Nr. 2–3 (1975), S. 36–47.

Arendt, Hannah: Vita activa oder: Vom tätigen Leben, Stuttgart 1960.

Barth, Karl: Ethik I, 1928, in: Gesamtausgabe II. Akademische Werke, hg. von *Dietrich Braun*, Zürich 1973, S. 293–353.

Bismarck, Klaus von (Hg.): Die Kirche und die Welt der industriellen Arbeit. Reden und Entschließungen der Synode der EKD Espelkamp 1955, Witten 1955.

Brakelmann, Günter: Das Recht auf Arbeit, in: Recht auf Arbeit – Sinn der Arbeit, hg. von *Jürgen Moltmann*, München 1979, S. 9–39.

Ders.: Humanisierung der industriellen Arbeitswelt, in TRE Bd. III, Berlin/New York 1978, S. 657–669.

Ders.: Kritische Anmerkungen und Thesen zur Eigentumspolitik, zur Gewinnbeteiligung und zur Mitbestimmung, in: Christ und Eigentum. Ein Symposium, Hamburg 1963, S. 148–175.

Ders.: Priorität für die Arbeit. Die sozialethische Herausforderung der Mitbestimmung, in: Jenseits des Nullpunktes? Festschrift für Kurt Scharf, hg. von *Rudolf Weckerling*, Stuttgart 1972, S. 205–220.

Doering-Manteuffel, Anselm: Nach dem Boom. Perspektiven auf die Zeitgeschichte seit 1970, Göttingen 2008.

Engelhardt, Hans Dietrich/Wenke, Karl-Ernst/Westmüller, Horst/Zilleßen, Horst: Lebensqualität – Zur inhaltlichen Bestimmung einer aktuellen politischen Forderung. Ein Beitrag des sozialwissenschaftlichen Instituts der EKD, Wuppertal 1973.

Erhard, Ludwig: Wohlstand für alle, Düsseldorf 1957.

Gollwitzer, Helmut: Geleitwort, in: Die Welt des Arbeiters. Junge Pfarrer berichten aus der Fabrik, hg. von *Horst Symanowski/Fritz Vilmar*, Frankfurt a.M. 1963, S. 5–8.

Kramer, Rolf: Arbeit. Theologische, wirtschaftliche und soziale Aspekte, Göttingen 1982, S. 88f.

Limmer, Hans: Deutsche Gewerkschaftsbewegung, München 1976, S. 118f.

Ders.: Die Deutsche Gewerkschaftsbewegung, München/Wien 1973, S. 102–107.

Meireis, Torsten: Tätigkeit und Erfüllung. Protestantische Ethik im Umbruch der Arbeitsgesellschaft, Tübingen 2008.

Moltmann, Jürgen (Hg.): Recht auf Arbeit – Sinn der Arbeit, München 1979.

Ders.: Neuer Lebensstil. Schritte zur Gemeinde, München 1977.

Ökumenischer Rat der Kirchen: Sektion VI. Auf der Suche nach neuen Lebensstilen, in: Bericht aus Uppsala 1968. Offizieller Bericht über die vierte Vollversammlung des Ökumenischen Rates der Kirchen, Uppsala 4.–20. Juli 1968, Genf 1968, insbesondere S. 97f.

Rat der EKD (Hg.): Eigentumsbildung in sozialer Verantwortung. Eine Denkschrift (1962), in: Die Denkschriften der EKD. Soziale Ordnung, Bd. 2, Gütersloh 1978, These 14. Zur Darstellung der historischen Entwicklung vgl. auch These 13 a–c.

Ders. (Hg.): Sozialethische Erwägungen zur Mitbestimmung in der Wirtschaft der Bundesrepublik Deutschland. Eine Studie der Sozialkammer der EKD, in: Die Denkschriften der EKD, Bd. 2, Soziale Ordnung, Gütersloh 1978, These 5.

Ders.: Studie der „Solidargemeinschaft von Arbeitenden und Arbeitslosen", Gütersloh 1982.

Ders.: Erklärung des Rates der EKD „Zur Frage der Mitbestimmung", in: Kirche im Volk, Heft 6, Velbert 1950, S. 60.

Rich, Arthur: Christliche Existenz in der industriellen Welt. Eine Einführung in die sozialethischen Grundfragen der industriellen Arbeitswelt, Zürich/Stuttgart [2]1964.

Ders.: Mitbestimmung in der Industrie, Zürich 1973.

Stückelberger, Christoph: Konsumverzicht: Befreiung für Menschen und Natur, in: Der neue Konsument. Redaktion Rudolf Bron, Frankfurt 1979, S. 7–16.

Symanowski, Horst: Der kirchenfremde Mensch in der Welt der industriellen Arbeit, in: Geschichte der sozialen Ideen in Deutschland: Sozialimus – Katholische Soziallehre – Protestantische Sozialethik. Ein Handbuch, hg. von *Helga Grebing*, Wiesbaden 2005, S. 53–61.

Ders./Vilmar, Fritz: Die Welt des Arbeiters, Frankfurt 1964.

Tödt, Heinz Eduard: Das Angebot des Lebens, Gütersloh 1978, S. 124.

Vilmar, Fritz: Forderungen zur Demokratisierung der Wirtschaft, in: Welt des Arbeiters, hg. von *Horst Symanowski/Fritz Vilmar*, Frankfurt 1964, S. 128–138.

Wendland, Heinz-Dietrich: Einführung in die Sozialethik, Berlin 1963.

Ders.: Einführung in die Sozialethik, Berlin/New York [2]1971.

Wenke, Karl-Ernst/Zilleßen, Horst (Hg.): Dokumentation der entsprechenden Gruppen und Selbstverpflichtungen in: Neuer Lebensstil – verzichten oder verändern? Auf der Suche nach Alternativen für eine menschlichere Gesellschaft, Opladen 1978.

Thomas Klie

Kultur und Freizeit

I. Herrentag[1]

Zu hören waren sie schon von weitem. Lauter noch als der Traktor, der den mit Bänken beladenen landwirtschaftlichen Anhänger durch den Waldweg zog, drang der Gesang eines wenig harmonischen Männerchores an das Ohr. *„Oh, du schöhöhöner Wehehesterwald [...]"*. Traktor und Wagen waren reichlich geschmückt mit Birkengrün – eine Art motorisiertes Großgesteck. Die Teilnehmer des feucht-fröhlichen Exzesses waren zwischen Anfang und Mitte zwanzig. Der Traktorist vermochte gerade noch den Eindruck eines Fahrzeugführers zu erwecken, der sich die Übersicht über die Widrigkeiten des Weges und die Fährnisse eines Transportes von Personen mit eingeschränkter Wahrnehmungsbereitschaft bewahrte. Das Geschehen in seinem Rücken hingegen war durch gezielten Kontrollverlust bestimmt. Einige der Sänger standen auf der Ladefläche und winkten Spaziergängern mit großen Humpen zu, aus denen bei jedem Schlagloch das Bier schwappte. Andere hielten sich mehr oder weniger aufrecht auf ihren Bänken. Zwei weitere Umzugsteilnehmer liefen hinterher und versuchten unter dem Gejohle der oben Sitzenden wieder den Wagen zu erklimmen.

Es war *Vatertag* oder, wie es in Ostdeutschland heißt, *Herrentag*. Zu den kulturellen Inszenierungsverpflichtungen dieses traditionell 40 Tage nach Ostern begangenen Feiertags zählt der kollektive Exodus (zumeist junger) Männer aus dem Wohnbereich in den Nahbereich angrenzender Wald- und Flurstücke. Wie allerorten äußerte sich auch hier das Besondere dieses alljährlichen Auszuges vor allem im exzessiven Alkoholgenuss. Aus einem kleinen Fässchen, postiert auf einem aus groben Latten gezimmerten Holzbock, wurde das obligatorische „Bierchen" gezapft. Glas an Glas, routiniert hielt der Zapfmeister den Hahn auf Durchlauf. Das ambulante Gelage trug stark rituelle Züge. Es hatte den Anschein, als könne man(n) hier und heute schlicht nicht *nicht* trinken. Darin stimmten Gestus und Kleidung überein.

---

[1] Diese Szenographie ist ein ergänztes Selbstzitat aus *T. Klie* (Hg.), Valentin, Halloween & Co. Zivilreligiöse Feste in der Gemeindepraxis, Leipzig 2006, S. 107f.

Der Kleidercode variierte, blieb aber in einem dem Anlass entsprechenden
Rahmen: schwarze Sakkos und Sonnenhüte dominierten die Szene. Getragen wurden dazu bunte T-Shirts, die mit diversen Sinnsprüchen signiert waren. Drei der „Herren" trugen Zylinder und an den Händen (ursprünglich)
weiße Handschuhe. Bierselige Umarmungen, unter Männern allenfalls aus
Anlass von Fußballspielen respektive unter guten Freunden üblich, vermittelten nicht nur den Eindruck gegenseitiger Zuneigung, vielmehr kam ihnen
hier auf dem rumpelnden Wagen auch eine ganz elementare Stützfunktion
zu. Die Rechte des Nachbarn hielt einen aufrecht und bewahrte vor den
Wirkungen der Schwerkraft. – Und so zog die Herrenpartie vorüber, wie sie
gekommen war. Allmählich verhallte die vatertagstypische Symphonie aus
Motorgeräusch und Männergesang im Hochwald.

Wenn man *Freizeit* bestimmt als einen von Lohn- und Reproduktionsar-
beit ausgesparten Optionsraum, dann handelt es sich bei dieser hybriden
Prozession um ein festförmiges Freizeit-Phänomen. Und wenn man *Kultur*
definiert als ein Komplex symbolischer Ordnungen,[2] über die Akteure ihre
Wirklichkeiten als bedeutungsvolle kommunizieren, dann sind festförmige
Freizeitgestaltungen ein relevantes Kultur-Phänomen.[3] *Freizeit* und *Kultur* –
beide Topoi gelten in allen theologieaffinen Wissenschaftssegmenten als
übercodierte Umbrella-Terms[4] – kommen im Außergewöhnlichen des *Festes*
exemplarisch zu sich selbst. Indem festliche Begehungen Zeitläufe struktu-
rieren, kollektive Identitäten schaffen, Erinnerungsfiguren in Szene setzen
und soziale Sinngebungen generieren, bilden sie, so die hier vertretene These, ein zentrales Integral jeder Kultur. Die „kulturelle Einheit" Fest bildet
den einen Pol einer zentralen Grunddifferenz im Bereich gesellschaftlicher
Sinnsysteme.

---

[2] Symbolische Ordnungen bauen sich über die regelgeleitete Inanspruchnahme semantischer
Einheiten auf, die ein sinnvolles Handeln ermöglichen und einschränken.

[3] Vgl. *A. Reckwitz*, Die Transformation der Kulturtheorien. Zur Entwicklung eines Theorieprogramms, Weilerswist 2000, S. 84. In semiotischer Perspektive definiert Umberto Eco *Kultur* als konventionellen Modus, „wie unter bestimmten historisch-anthropologischen Bedingungen auf allen Ebenen [...] Inhalt segmentiert (und die Erkenntnis damit objektiviert) wird".
– *U. Eco*, Zeichen. Einführung in einen Begriff und seine Geschichte, Frankfurt 1977, S. 186.

[4] Stephan Moebius und Dirk Quadflieg sprechen von der Ausweitung des Kulturbegriffs zu
einem „soziale(n) Totalphänomen", das zu einer „konturlosen Erweiterung tendiert". Wenn
grundsätzlich „alles" mit ‚Kultur' etikettiert wird, verschwimmen letztlich auch die Konturen
zwischen Kultur und Gesellschaft. Die beiden Autoren stellen mit Recht die Frage, ob man
denn von einem einheitlichem *cultural turn* als einem semantisch distinkten Phänomenbereich
überhaupt reden kann, wenn „Kultur" immer nur als eine von ihrer jeweils fachlich gebundenen Thematisierung abhängige Variable erscheint. Problematisch sind die Begriffe „Freizeit"
und „Kultur" auch insofern, als sie immer schon vorverstandene Sachverhalte markieren. – *S.
Moebius/D. Quadflieg* (Hg.), Kultur. Theorien der Gegenwart, Wiesbaden 2006, S. 10.

II. „Freye Zeyt"

Der Begriff „Freizeit" ragt sprachgeschichtlich nicht sehr weit zurück.[5] Etymologisch finden sich zwar im späten Mittelalter erste Spuren, aber als „frey zeyt" galt hier die Zeitspanne, in der ein besonderer obrigkeitlicher Schutz für einen städtischen Markt gewährleistet war.[6] Erst im 16. Jahrhundert entstand dann im Kontext humanistischer Gelehrsamkeit als Lehnübersetzung aus dem lateinischen *tempus liberum* die deutsche Wortverbindung „freye zeyt", die insofern der jetzigen Semantik nahe kam, als sie eine Zeitspanne bezeichnete, über die die handelnden Subjekte nach Gutdünken verfügen konnten.[7] Die ersten Belege in der Literatur, die „Freizeit" in die bis heute signifikante Opposition zu zweckgebundener Beschäftigung rücken, finden sich allerdings erst in den 1820er Jahren. Folgt man den einschlägigen Untersuchungen, dann war der Volkspädagoge Friedrich Fröbel der erste, der diesen Terminus in die erziehungswissenschaftliche Literatur einführte. Ausgehend von der typisch kindlichen Lebensform des Spiels rückte er den Bildungswert des „Freispiels" bzw. der „Freiarbeit" ins Zentrum seiner Pädagogik. Für den Protagonisten einer spielerischen Vorschulerziehung und den Wortschöpfer des „Kindergartens" hatte „Freizeit" vor allem die Bedeutung eines offenen Zeitraums für das nicht verzweckte Spiel. „Freizeit" war Spielraum auf Zeit, kreative Auszeit im Lerntakt. Fröbel akzentuierte also stark intentional-progressiv, im Sinne von „freie Zeit haben *für*". „Freizeit" avancierte damit zum zeitlichen Synonym für die eher räumliche Metapher „Kindergarten". Ganz ähnlich, wenn auch auf der Grundlage einer anderen Anthropologie, formulierte auch schon Rousseau in seinem Bildungsroman „Émile" von 1760:

„Gebt zunächst dem Ansatz seines (Émiles) Charakters völlige Freiheit, sich zu enthüllen, zwingt ihn in keiner Weise, damit ihr ihn besser erkennt, wenn er sich ganz enthüllt. Glaubt ihr, diese Zeit der Freiheit (*ce temps de liberté*) sei für ihn verloren? Ganz im Gegenteil – so ist sie am besten ausgenutzt, denn nur so könnt ihr erreichen, keinen Augenblick einer kostbaren Zeit zu verlieren."[8]

Für Fröbel bildet sich die pädagogische Sphäre – im Gegensatz zu seinem libertären Vorgänger – durch eine bewusste Herausnahme des Lernens und

---

[5] *H. W. Opaschowski*, Freizeit. Eine wortgeschichtliche Studie, in: Zeitschrift für deutsche Sprache 26 (1970), S. 142–150, hier: S. 145f.
[6] Vgl. hierzu die faktenreiche Pionierstudie von *W. Nahrstedt*, Die Entstehung der Freizeit. Dargestellt am Beispiel Hamburgs, Göttingen 1972, S. 31.
[7] Ebd. – Ähnlich auch *U. Rosseaux*, Freiräume. Unterhaltung, Vergnügen und Erholung in Dresden 1694–1830, Köln u.a. 2007, S. 4.
[8] *J. J. Rousseau*, Émile oder über die Erziehung, hg. von *M. Rang*, Stuttgart 1965, S. 214.

Lehrens aus der übrigen Lebenswelt. Dieser Trennungsakt ist die Bedingung der Möglichkeit dafür, zu dieser in eine kritische Distanz treten zu können, ohne von ihr über Gebühr behelligt zu werden. Lernorte müssen als Frei-Räume nach außen hin sicher gestellt werden, so das Fröbel'sche Credo.

Diese schulisch-pädagogische Prägung der „Freizeit" blieb im deutschen Sprachraum lange Zeit prägend. Doch mit der industriellen Revolution verschob sich im 19. Jahrhundert das semantische Feld. Zu der ideengeschichtlich eng mit der Freiheitstradition der Aufklärung zusammenhängenden, eher spielerisch konnotierten Freizeit kam nun eine ökonomische Ernst- und Ausnahmesituation hinzu. Das gesellschaftliche Sein der arbeitsteiligen Industriegesellschaft gab dem Vorstellungszusammenhang Freizeit seine auch heute noch bestimmende moderngesellschaftliche Qualität: Die dominante Lesart von „Freizeit" war jetzt der Müßiggang *nach* der Arbeit bzw. *vor* dem Beginn der nächsten Arbeit. Freizeit stand für ein zeitlich bestimmtes Interim. Die Vokabel „Freizeit" geriet zu einem Antonym zur „Arbeitszeit"; freie Zeit diente der Rekreation der Arbeitskraft – so die These des Bielefelder Soziologen Wolfgang Nahrstedt.

„Die Freiheit, die sich bis dahin in mehreren Zeiten verwirklichte, fand ihren eigentlichen Ort immer mehr nur noch in der ‚Zeit der eigentlichen Freiheit'. Das Verhältnis zur Arbeit wurde dabei auf eine neue Grundlage gestellt und versachlicht. Die Arbeit wurde nun nicht mehr an sich als höchster Wert geschätzt. Sie behielt Bedeutung nur, insofern sie als Grundlage des Lebens und damit auch der Freizeit notwendig blieb."[9]

Erst unter den neuen wirtschaftlichen und sozialen Bedingungen im 19. Jahrhundert entstand die charakteristische und sprachgeschichtlich nach wie vor wirksame Kopplung von Freiheit und Zeit. Angesichts eines 12–16-stündigen Arbeitstages für einen Großteil der Familie bestand die Verheißung der „Freizeit" in der auch heute noch nachwirkenden Lesart die „freie Zeit *von*". Die pädagogisch-räumliche Logik der Freiheitsoption wurde also abgelöst von einer ökonomisch-temporalen Dichotomie.

Die so bestimmte Freizeit wurde in erster Linie an den Sonn- und Feiertagen gelebt.

„Es gehörte zu den typischen Merkmalen frühneuzeitlicher Lebenswelten, dass Formen der Unterhaltung, des Vergnügens und der Erholung, die über ein geselliges Beisammensein im Alltag oder den Besuch eines Wirtshauses hinaus gingen, nicht permanent zur Verfügung

---

[9] *W. Nahrstedt*, Die Entstehung des Freiheitsbegriffs der Freizeit. Zur Genese einer grundlegenden Kategorie der modernen Industriegesellschaften (1755–1826), in: Vierteljahresschrift für Sozial- und Wirtschaftsgeschichte 60 (1973), S. 311–342, hier: S. 314.

standen, sondern sich in bestimmten, zyklisch wiederkehrenden Zeiträumen konzentrierten."[10]

Der wöchentliche Frei-Tag und die kirchenjahreszeitliche Festkultur stellten die Freistatt zur Verfügung, in der man seine Zeit *anders* begehen konnte als an den übrigen Dienst-Tagen. Schon früh lagerte sich in städtisch geprägten Gebieten an die religiös codierte und rechtlich geschützte Sonntagsruhe[11] eine ganze Palette typischer Freizeitvergnügungen an. Die Sonn- und Festtage nutzten die Bürger für Spaziergänge, Ausflüge und Wirtshausbesuche. Eine kategorische Sonntagsruhe war kaum durchsetzbar – kaufmännische und gewerbliche Tätigkeiten blieben in den großen Städten zumeist nur während der Gottesdienstzeiten untersagt. Die Zeit nach dem „gänzlich verrichteten Gottesdienste" stand dann aber fast uneingeschränkt für die vergnüglichen Aspekte des Lebens zur Verfügung. In dem Maße, wie sich der Sonntag zu einem „multifunktionalen Tag" mit hohen Freizeitanteilen entwickelte, sorgten die sich an die hohen kirchlichen Feiertage anlagernden Jahrmärkte für eine bunte Unterhaltungskultur.[12] Schaustellern, Puppenspielern, Seiltänzern und Theatergesellschaften bot sich hier ein Publikum, das auf Zerstreuung aus war und sich bereit zeigte, auf bestimmte Angebote auch mit entsprechendem Konsumverhalten zu reagieren. Freie Zeit drängte zunehmend in die leibliche und räumliche Gestaltung. Die Melange aus Schaustellungen, Promenaden, Tanz und Markttreiben wurde zum Medium öffentlicher Rekreation. Und so deutet sich schon im 19. Jahrhundert eine Tendenz zur Veralltäglichung des „Zeitvertreibs" in den nicht durch Arbeit bestimmten Rhythmen an. Die ursprünglich auf das ganze Jahr verteilten Jahrmärkte kumulierten zu einer saisonalen Sonderzeit. Theater, Puppenspielhäuser und Opern etablierten sich und beanspruchten für sich die Wintersaison, während Kur- und Badeaufenthalte in der „Sommerplaisir" stattfanden. Für die Freizeitgestaltung standen immer größere

---

[10] *Rosseaux*, Freiräume, a.a.O., S. 35.

[11] Wenn in religions- und kulturwissenschaftlichen Zusammenhängen immer wieder ostinat auf die atl. Sabbatheiligung verwiesen wird, dann widerspricht dies in vielerlei Hinsicht dem Textbefund. Mit Recht weist Stefan Beyerle darauf hin, dass im Kontext des Verstehensgeflechts Sabbat „nicht uneingeschränkt" die moderngesellschaftliche Komplementarität von Arbeit und Freizeit vorausgesetzt werden kann. – *S. Beyerle, Scholā* und *Paidia*. Erkundungen zur „Freizeit" im Umfeld von Altisrael und antikem Judentum, in *T. Claudy/M. Roth* (Hg.), Freizeit als Thema theologischer Gegenwartsdeutung, Leipzig 2005, S. 77–95; vgl. dazu auch *F. Hartenstein*, Der Sabbat als Zeichen und heilige Zeit. Zur Theologie des Ruhetages im Alten Testament, Jahrbuch Biblische Theologie 18 (2003 [2004]), S. 103–131.

[12] *Rosseaux*, Freiräume, a.a.O., S. 42f.

Zeiträume dauerhaft zur Verfügung: „Das Vergnügen war gleichsam alltäglich geworden."[13]

Mit der stufenweisen Abnahme der Arbeitszeit in der „Wirtschaftswunderzeit" Mitte des 20. Jahrhundert lässt sich eine weitere semantische Nuancierung feststellen: Freizeit wird nun immer weniger im Sinne einer reinen Rekreationszeit gedeutet, sondern man verstand das Lexem seit den 1970er Jahren kompensatorisch im Sinne von „freie Zeit haben *für*". Die von der Sicherung des Lebensunterhalts befreite Zeit gerät also voll in den Eigentlichkeitssog moderngesellschaftlicher Nötigungen zur „Selbstverwirklichung". „Freizeit" sowie deren arbeitsrechtliche Kumulierung in Gestalt von „Urlaub" erfahren eine kollektive Aufladung zum lebenspraktischen Imperativ („Identitätsfindung"). Bedroht ist hiernach die Freizeit-Gestaltung nach zwei Seiten hin: durch die *Leere*, bei der das Quantum an gestaltbarer Zeit Langeweile erzeugen kann, und durch die *Fülle*, bei der der unbestimmte Freiraum in ein rastloses Staccato intensiver Erlebnisse zerlegt wird.[14]

III. Bitemporalität

Denkbar ist diese Expansion der Freizeitaktivitäten bzw. die Entgrenzung und Verstetigung entsprechender Gestaltungsofferten nur auf der Folie eines kulturgeschichtlich außerordentlich wirkmächtigen zweistelligen Zeittakts. Innerhalb des offenen Feldes semantischer Oppositionen im Zeichenkosmos einer Kultur bildet die Differenz zwischen Alltag und Fest eines der grundlegenden Oppositionssysteme. Dies gilt für tribale Strukturen ebenso wie für die vom Kirchenjahreskreis dominierte Kultureinheit des Mittelalters. In der Moderne gewann die Unterscheidung von aufgenötigten und frei gestaltbaren Zeit-Räumen unter dem Vorzeichen funktionaler arbeitsweltlicher Differenzierungen eher noch an Bedeutung. Auch wenn heute Zeit hinsichtlich der Dichotomie von Autonomie und Heteronomie als gedrittet erscheint – „Arbeitszeit" (zur Sicherung des Lebensunterhalts), „Obligationszeit" (Zeitaufwand für die private Haushaltsführung) und „Individualzeit"

---

[13] So lautet das kulturhistorisch bedeutsame Fazit der Habilitationsschrift von Ulrich Rosseaux (*ders.*, Freiräume, a.a.O., S. 325), der die urbane Unterhaltungskultur im 18. und frühen 19. Jahrhundert am Beispiel Dresdens untersucht hat.
[14] *H. W. Opaschowski*, Sinnwelt Arbeit, Sinnwelt Freizeit. Von der Alternative zur Symbiose, in *W. Köpke* (Hg.), Das gemeinsame Haus Europa. Handbuch zur europäischen Kulturgeschichte, München 1999, S. 784–785; *G. E. Moser* (Hg.), Fit- & Fun-Kultur – zwischen Leistung und Freude. Kulturwissenschaftliche Perspektiven, Münster u.a. 2003.

(freie Zeit zur individuellen Gestaltung)[15] – die Kriterien, nach denen diese soziologischen Merkmalscluster konstruiert sind, beruhen auf einem binären Code, der sich zu Beginn des 19. Jahrhundert herausbildete. Es ist darum auch kein Zufall, dass gerade in der Frühromantik eine unter anderem für die evangelische Liturgik maßgebliche Festtheorie formuliert wurde. Im Kontext seiner Überlegungen zum „Cultus" bestimmt Friedrich Schleiermacher die Kulturleistung des Festes in der symbolischen Unterbrechung von wirksamen Tätigkeiten zugunsten gestalteter Freizeit. „Wenn die Menschen sich, indem sie die Arbeit und das Geschäft sistieren, in größeren Massen zu einer gemeinschaftlichen Tätigkeit vereinen, so ist das ein Fest."[16] Schleiermacher sieht Feste als „Unterbrechungen des übrigen Lebens", die dazu „in relativem Gegensatz" stehen; der Gegensatz zeigt sich darin, dass „die bürgerliche und Geschäftstätigkeit [...] für diese Zeit gehemmt" ist.[17] Die Religion in gottesdienstlich-christlicher Gestalt lebt von dieser Unterscheidung, kommt sie doch in der Kulturform des Festes zweckfrei und ästhetisch zur Darstellung. Für Schleiermacher ist der christliche Gottesdienst der Exemplarfall eines Festes überhaupt. Öffentliche Gottesdienste wie allgemeine „gesellige Vereinigungen" konstituieren sich durch „Kunstelemente" und haben ihren „Effect" allein im „erhöhete(n) Bewußtsein", d.h. in der erhebenden Performanz des gemeinsam Dargestellten. Das darstellende Handeln tritt in die „Pausen" des „wirksamen" Arbeits- und Gesellschaftslebens ein.[18] Die Zeitgrenze zeigt sich in den Handlungsvollzügen, die die Zeiten jeweils charakterisieren: die Sphäre zweckbestimmter Arbeit auf der einen Seite und die von diesen Nötigungen freie Sphäre der ästhetischen Kommunikation. Das darstellende Handeln ist insofern kein wirksames Handeln, als es nicht auf Effizienz aus ist, sondern in der Veräußerlichung seinen Selbstzweck sieht. Es geht gewissermaßen von innen nach außen, es überführt Gemütszustände im Medium gemeinsamen Kulthandelns in einen Zustand relativer Befriedigung.

Neben der Unterbrechungsleistung, der Inszenierungsbedürftigkeit des so entstandenen Sonderraums sowie der seelischen Erhebung hebt Schleiermacher auch noch zwei weitere Aspekte hervor, die seine Festtheorie gewis-

---

[15] In dieser Weise fasst z.B. Albrecht Scriba in seinem Aufsatz „Freizeit aus der Perspektive des Neutestamentlers" den allgemeinsoziologischen Befund zusammen; in *T. Claudy/M. Roth* (Hg.), Freizeit als Thema theologischer Gegenwartsdeutung, Leipzig 2005, S. 97–103, hier: S. 103.

[16] *F. Schleiermacher*, Die Praktische Theologie nach den Grundsätzen der evangelischen Kirche im Zusammenhange dargestellt, Berlin 1850, S. 70. – Vgl. dazu *D. Rössler*, Unterbrechung des Lebens. Zur Theorie des Festes bei Schleiermacher, in *P. Cornehl/M. Dutzmann/A. Strauch* (Hg.), „... in der Schar derer, die da feiern". Feste als Gegenstand praktisch-theologischer Reflexion, Göttingen 1993, S. 33–40.

[17] *Schleiermacher*, Die Praktische Theologie, a.a.O.

[18] *F. Schleiermacher*, Die christliche Sitte nach den Grundsätzen der evangelischen Kirche im Zusammenhang dargestellt, Berlin 1843, S. 532.

sermaßen kulturtheoretisch weiten: die allgemeine Wahrnehmung und die geschichtliche Veranlassung von Frei-Zeiten. Feste haben nur dann Einfluss auf die Strukturierung sozialer Räume, wenn sie massenhaft bzw. von einer erkennbaren Bevölkerungsmehrheit begangen werden und sich in diesen Begängnissen die Erinnerung an eine ursprüngliche Veranlassung bewahrt hat:

> „Ein Fest behält nur seinen eigentlichen Charakter, wenn es aus dem Gemeingeist und der geschichtlichen Ursache ein natürliches Erzeugnis ist, ohne Nebenabsicht und ohne eine besondere Wirkung zu bezwecken. Daher sind Volksfeste nur da wirklich und lebendig, wo sie von selbst aus dem Volke ausgehen; wo aber Regierungen solche einsetzen zu bestimmten erziehendem Zweck, da verliert sich das Lebendige."[19]

Zu gestaltende Freizeiten in Form von Festen und Gottesdiensten nach Schleiermacher stellen einen Rückzug aus dem „übrigen Leben" auf Zeit dar. So sehr sich ein freizeitlicher Exzess durch sein Zuvor und sein Danach von seinem Kontext abhebt, so sehr lebt der Zeichenzusammenhang Fest allerdings vom Zeichencharakter seiner Ausdrucksformen – die Darstellung ist gewissermaßen thematisch gebunden. Schon allein durch ihr Anderssein signifizieren sie den Alltag und machen ihn als solchen kenntlich. Das Alltägliche tritt den Feiernden im Außergewöhnlichen des Festes in ästhetisch gewandelter Form entgegen. Im Bezogen-Sein auf seine Umgebung bekräftigt jedes Fest das außer-festliche Miteinander der Feiernden. Zugleich entlastet es sie vom alltäglichen Verhaltensdruck, denn es vergegenwärtigt und kondensiert erlebte Bedeutsamkeiten. Ritualisierte Festzeiten unterbrechen die lineare Chronologie und bilden durch den ihnen eigenen Rhythmus Anlässe für ein kollektives Innehalten. Die Wiederholbarkeit macht Vergangenheit zyklisch „begehbar" – sie intensiviert den *Chronos* im *Kairos*.[20]

Wirkungsgeschichtlich war die festtheoretische Bestimmung des Gottesdienstes durch Schleiermacher für die evangelische Liturgik von großer Bedeutung. Eine funktionale Rückbesinnung auf Wesen und Wirkung von Festen setzte in der Praktischen Theologie jedoch erst wieder in den 1970er Jahren ein.[21]

In jüngster Zeit erhielt die Festtheorie neue Impulse vor allem in religions- bzw. kulturwissenschaftlicher Perspektive. So zeichnet Jan Assmann

---

[19] *Schleiermacher*, Praktische Theologie, a.a.O., S. 70.
[20] Zur spieltheoretischen Systematisierung von Schleiermachers Festtheorie vgl. *T. Klie*, Zeichen und Spiel. Semiotische und spieltheoretische Rekonstruktion der Pastoraltheologie, Gütersloh 2003, S. 121–124.
[21] *H. Cox*, Das Fest der Narren. Das Gelächter ist der Hoffnung letzte Waffe, Stuttgart/Berlin 1970; *G. M. Martin*, Fest und Alltag. Bausteine zu einer Theorie des Festes, Stuttgart u.a. 1973; *D. Trautwein*, Mut zum Fest, München 1975; *E. Jüngel*, Von Zeit zu Zeit. Betrachtungen zu den Festzeiten im Kirchenjahr, München 1976.

das Fest ein in seine Theorie des kollektiven Gedächtnisses. Ganz analog zu Schleiermacher, aber ohne auf ihn direkt Bezug zu nehmen, sieht er in Festen in erster Linie rhythmisierte Sonderzeiten; in der kommunikativen Ökonomie besetzen sie den „Ort des Anderen".[22] Als kulturprägende Größe konstituiert sich das Fest über drei Oppositionsachsen: Kontingenz versus Inszenierung, Knappheit versus Fülle und Routine versus Besinnung bzw. Aufwallung.

Auf der Ebene der *Formen* stehen sich Alltag und festliche Frei-Zeit gegenüber als Bereich des Zufalls und des „Ungeformten" bzw. als Wirksphäre des rituell Strukturierten. Das alltägliche Erreichen von Zwecken erzeugt eine „Haltung der ‚Sorge' und der kritischen Wachsamkeit, das Sicheinstellen-Können auf Augenblickserfordernisse im Nahhorizont der Tagesgeschäfte".[23] Dem entspricht im Nicht-Alltäglichen die strukturierte Sphäre des Nicht-Beliebigen, frei Gewollten und stilvoll Geformten. Die Nötigung zur Formgebung ist der Beitrag des Festes zur Kulturgeschichte. Nicht der Zweck bestimmt das Handeln in der Freizeit, sondern es ist gerade der Nicht-Zweck, der als Erlebnisanspruch die gestalthaften Deutungen von Zeitläufen induziert. – Auf der Ebene der *Bedürfnisse* ergibt sich ein Gegensatz zwischen dem Mangel, den zu beseitigen Arbeit aufgewendet werden muss, und der Fülle, die sich gerade unproduktiv verausgabt. „Zur Fülle gehören Ruhe und Frieden wie zur Knappheit Arbeit und Streit."[24] Die Opulenz in der Gestaltung freier Zeit zeigt sich unter anderem im Kleidercode, im besonderen Essen und in besonderen Sozialkontakten. – Auf der dritten Ebene des *Zeitgefühls* besteht das Gegensatzpaar aus den arbeitsförmigen Handlungsschematismen auf der einen Seite und einer ritualisierten Gestimmtheit auf der anderen Seite. Diese besondere Gestimmtheit kann sich entweder nach innen richten und sich als „Besinnung" in der „Transzendierung des im Alltagshandeln notwendigerweise verengten Sinnhorizonts"[25] artikulieren oder sie nimmt als nach außen gerichtete Effervezenz[26] Gestalt an.[27] Man sprengt die Routinen eines durchrationalisierten

---

[22] *J. Assmann*, Der zweidimensionale Mensch – das Fest als Medium des kollektiven Gedächtnisses, in: *ders.* (Hg.), Das Fest und das Heilige. Religiöse Kontrapunkte zur Alltagswelt, Gütersloh 1991, S. 13–30, hier: S. 13.

[23] *Assmann*, Der zweidimensionale Mensch, a.a.O., S. 14.

[24] A.a.O., S. 15.

[25] Ebd.

[26] Latein. *effervescere* – aufwallen, aufbrausen.

[27] Beide Funktionen des Festes sind in der Literatur bereits eingehend diskutiert worden. Betonen die *Exzess-Theorien* (z.B. *R. Caillois*, Die Spiele und die Menschen. Maske und Rausch, München u.a. 1960) mit der Freigabe des sonst Verbotenen im Fest den Freiheitsaspekt des kollektiven Spiels, so sehen die *Affirmations-Theorien* (exemplarisch *J. Pieper*, Zustimmung zur Welt. Eine Theorie des Festes, München 1963) das Fest als eine Strategie zum Überspielen bedrückender Differenzerfahrungen. Sie betonen die ordnenden und bestätigen-

Alltags über Entgrenzungserfahrungen und außerordentliche Erlebnisse. In der unproduktiven, aber ausdrucksstarken Festzeit werden die alltagsweltlichen Nötigungen ekstatisch überspielt. Die spielerische Respektlosigkeit des *homo festivus* entlarvt die Totalität des Zweckhaften über das Außer-sich-Sein.

Die für den Zeitkontrast charakteristische Herausbildung symbolischer Formen ist nach Assmann eine pragmatische Folgeerscheinung der ästhetisch intensivierten Zeiterfahrung. Die Frei-Zeit lebt von dem, was der Alltag reduziert und im Gegenzug muss die Arbeitszeit auf dem bestehen, was im Fest suspendiert wird. Im Spiel wechselseitiger Bezogenheit wird Sinn generiert; es bildet sich ein kulturelles Gedächtnis heraus. „Was durch solche Bewegung zirkuliert wird, ist der in gemeinsamer Sprache, gemeinsamem Wissen und gemeinsamer Erinnerung artikulierte *kulturelle Sinn*, d.h. der Vorrat gemeinsamer Werte, Erfahrungen, Erwartungen und Deutungen, der die ‚symbolische Sinnwelt‘ bzw. das ‚kulturelle Gedächtnis‘ einer Gesellschaft bildet."[28] Kulturschaffende Qualität erlangt die Bitemporalität also insofern, als sich die interagierenden Subjekte in der Zeitgestaltung immer schon vorfinden in einem gewachsenen Ensemble bestimmter Deutungszusammenhänge. Diese sind eingelagert in Darstellungen, die es erlauben, kollektive Identitäten in Interaktion und Kommunikation zu erzeugen bzw. zu reproduzieren. Zugespitzt: Im Rhythmus von Freizeit und Pflichtzeit wird Kultur generiert.

IV. Fluidum Erlebnisrationalität

In der spätmodernen Freizeitkultur scheint sich diese strikte Grenzziehung zwischen Arbeit und Nicht-Arbeit, zwischen Werk-Tagen und Frei-Tagen zunehmend zu verflüssigen. Für das erlebnisrational handelnde Subjekt übersteigt der Möglichkeitsraum die Freizeit-Arbeitszeit-Dichotomie bei weitem. Individualzeit, Obligations- und Arbeitszeit differenzieren sich aus, überlappen sich und fließen ineinander. Dies zeigt sich unter anderem an zunehmend fragmentierten Arbeitszeitmodellen, an der Rede vom „Erlebniseinkaufen" oder an den ubiquitären Wellness-Angeboten. Die von Aleida Assmann[29] und anderen diagnostizierte „Verfestlichung des Alltags" scheint

---

den Funktionen von Festivitäten. Dominieren auf der einen Seite die Affekte und die Ekstase, so sind es auf der anderen die Riten und die Regelhaftigkeit der Feierelemente.

[28] *Assmann*, Der zweidimensionale Mensch, a.a.O., S. 24.

[29] *A. Assmann*, Feste und Fasten. Zur Kulturgeschichte und Krise des bürgerlichen Festes, in: Das Fest. Poetik und Hermeneutik XIV, hg. von *W. Haug* und *R. Warning*, München 1989, S. 227–246. – Ganz ähnlich votiert auch Jan Assmann: „Das Feiernkönnen des Menschen gerät in eine schwere Krise, wenn die Differenz zwischen Fest und Alltag verschwindet, entwe-

die bis dato plausible Opposition obsolet werden zu lassen. Die Ausdehnung und Steigerung der ästhetischen Erfahrung schlägt als Übersättigung gegen eine expandierende Freizeitkultur zurück. Die in vielen Lebensbereichen beobachtbare Nivellierung hat Auswirkungen in beide Richtungen: der Alltag „verfreizeitlicht" sich und die Freizeit wird mehr und mehr zu einem außeralltäglichen Leistungsnachweis. Was der Praktische Theologe Gerhard Marcel Martin 1973 noch als „messianische Perspektive" seiner Festtheorie beschrieb, „Alltag soll ‚Sonntag' werden, und zwar so, dass Sonntag ‚Alltag', die gewöhnliche Situation, Reich Gottes wird",[30] scheint kaum eine Generation später mit der infiniten Erlebnisorientierung der Inszenierungsgesellschaft[31] in greifbare Nähe gerückt zu sein. Allerdings haben die Inszenierungen der ästhetisch kaschierten Werktage in der allgemeinen Wahrnehmung kaum noch messianische Qualität. Wenn die freie Zeit die Arbeitszeit entgrenzt und alltagsästhetisch entfristet wird, dann hat es die freie Zeit schwer, ihre kulturelle Bedeutung zu behaupten.

Folgt man der These von der kulturbildenden Wirkung des Wechsels von Festzeit und Alltag, dann sind Veränderungen im Festkalender keineswegs marginale Randerscheinungen. Denn wie kollektive Identitäten geschaffen, Erinnerungsfiguren in Szene gesetzt und soziale Sinngebungen generiert werden, ist für kulturelle Reproduktion einer Gesellschaft von Ausschlag gebender Bedeutung:

„Kultur zeugt sich fort, indem sie zweiweise in festlichen Akten der Selbsttranszendierung, ja Selbstzerstörung aus sich heraus tritt, um sich aus diesem Außen heraus aufs Neue zu instituieren. Die Feste dramatisieren den kulturellen Charakter der Wirklichkeit, indem sie in der Inszenierung des Anderen ihr Auch-anders-Möglichsein aufzeigen."[32]

Literaturhinweise

Assmann, Aleida: Feste und Fasten. Zur Kulturgeschichte und Krise des bürgerlichen Festes, in: Das Fest. Poetik und Hermeneutik XIV, hg. von *Walter Haug/ Rainer Warning*, München 1989, S. 227–246.

---

der durch die Verabsolutierung des Alltags und die Veralltäglichung des Festlichen oder durch die Verabsolutierung des Festes und die Sakralisierung bzw. Verfestlichung des Alltags." A.a.O., S. 27.

[30] *Martin*, Fest und Alltag, a.a.O., S. 49.

[31] *H. Willems/M. Jurga* (Hg.), Inszenierungsgesellschaft, Opladen, Wiesbaden 1998.

[32] *Assmann*, Der zweidimensionale Mensch, a.a.O., S. 27.

Assmann, Jan: Der zweidimensionale Mensch – das Fest als Medium des kollektiven Gedächtnisses, in: *ders.* (Hg.), Das Fest und das Heilige. Religiöse Kontrapunkte zur Alltagswelt, Gütersloh 1991, S. 13–30.

Beyerle, Stefan: *Scholä* und *Paidia*. Erkundungen zur „Freizeit" im Umfeld von Altisrael und antikem Judentum, in *Tobias Claudy/Michael Roth* (Hg.), Freizeit als Thema theologischer Gegenwartsdeutung, Leipzig 2005, S. 77–95.

Caillois, Roger: Die Spiele und die Menschen. Maske und Rausch, München u.a. 1960.

Cox, Harvey: Das Fest der Narren. Das Gelächter ist der Hoffnung letzte Waffe, Stuttgart, Berlin 1970.

Eco, Umberto: Zeichen. Einführung in einen Begriff und seine Geschichte, Frankfurt 1977.

Hartenstein, Friedhelm: Der Sabbat als Zeichen und heilige Zeit. Zur Theologie des Ruhetages im Alten Testament, Jahrbuch Biblische Theologie 18 (2003 [2004]), S. 103–131.

Jüngel, Eberhard: Von Zeit zu Zeit. Betrachtungen zu den Festzeiten im Kirchenjahr, München 1976.

Klie, Thomas (Hg.): Valentin, Halloween & Co. Zivilreligiöse Feste in der Gemeindepraxis. Leipzig 2006.

Ders.: Zeichen und Spiel. Semiotische und spieltheoretische Rekonstruktion der Pastoraltheologie, Gütersloh 2003.

Martin, Gerhard Marcel: Fest und Alltag. Bausteine zu einer Theorie des Festes. Stuttgart u.a. 1973.

Moebius, Stephan/Quadflieg, Dirk (Hg.): Kultur. Theorien der Gegenwart, Wiesbaden 2006.

Moser, Gerda E. (Hg.): Fit- & Fun-Kultur – zwischen Leistung und Freude. Kulturwissenschaftliche Perspektiven, Münster u.a. 2003.

Nahrstedt, Wolfgang: Die Entstehung der Freizeit. Dargestellt am Beispiel Hamburgs, Göttingen 1972.

Ders.: Die Entstehung des Freiheitsbegriffs der Freizeit. Zur Genese einer grundlegenden Kategorie der modernen Industriegesellschaften (1755–1826), in: Vierteljahresschrift für Sozial- und Wirtschaftsgeschichte 60 (1973), S. 311–342.

Opaschowski, Horst W.: Sinnwelt Arbeit, Sinnwelt Freizeit. Von der Alternative zur Symbiose, in: *Wulf Köpke* (Hg.), Das gemeinsame Haus Europa. Handbuch zur europäischen Kulturgeschichte, München 1999, S. 784–785.

Ders.: Freizeit. Eine wortgeschichtliche Studie, in: Zeitschrift für deutsche Sprache 26 (1970), S. 142–150.

Pieper, Josef: Zustimmung zur Welt. Eine Theorie des Festes, München 1963.

Reckwitz, Andreas: Die Transformation der Kulturtheorien. Zur Entwicklung eines Theorieprogramms, Weilerswist 2000.

Rosseaux, Ulrich: Freiräume. Unterhaltung, Vergnügen und Erholung in Dresden 1694–1830, Köln u.a. 2007.

Rössler, Dietrich: Unterbrechung des Lebens. Zur Theorie des Festes bei Schleiermacher, in *Peter Cornehl/Martin Dutzmann/Andreas Strauch* (Hg.), „... in der Schar derer, die da feiern". Feste als Gegenstand praktisch-theologischer Reflexion, Göttingen 1993, S. 33–40.

Rousseau, Jean Jacques: Émile oder über die Erziehung, hg. von *Martin Rang*, Stuttgart 1965.

Schleiermacher, Friedrich: Die christliche Sitte nach den Grundsätzen der evangelischen Kirche im Zusammenhang dargestellt, Berlin 1843.

Ders.: Die Praktische Theologie nach den Grundsätzen der evangelischen Kirche im Zusammenhange dargestellt, Berlin 1850.

Scriba, Albrecht: Freizeit aus der Perspektive des Neutestamentlers, in: *Tobias Claudy/Michael Roth* (Hg.), Freizeit als Thema theologischer Gegenwartsdeutung, Leipzig 2005, S. 97–103.

Trautwein, Dieter: Mut zum Fest, München 1975.

Willems, Herbert/Jurga, Martin (Hg.): Inszenierungsgesellschaft, Opladen, Wiesbaden 1998.

Jörn Ahrens

Vorannahmen der Gesellschaft

Zum Verhältnis von Gesellschaft und Leben am Beispiel des StZG

Warum war seit der Milleniumswende die Debatte um die Biowissenschaften binnengesellschaftlich so bedeutsam? Weshalb schloss ausgerechnet an sie eine Grundsatzdebatte um den sozialen Stellenwert der Menschenwürde an? Und warum entstand speziell hier eine Diskurssituation, die die gesamte Gesellschaft von den Einzelnen bis hin zur Institution Deutscher Bundestag erfasst hat – und dies in Form existentieller Fragestellungen? In der Debatte, die der Deutsche Bundestag im Januar 2002 zur Stammzellforschung führte, brachte der Abgeordnete Kues die speziell konfliktgeladene ethische Dimension des Themas zum Ausdruck: „Die Menschenwürde bedeutet, dass der Mensch nie allein Objekt werden und nie allein als Mittel zum Zweck dienen darf, sondern immer Subjekt bleiben muss."[1] Im Umgang mit menschlichen Embryonen, lautet die Botschaft, entscheidet sich das Verhältnis der aktuellen Gesellschaft zur Menschenwürde als einer Kategorie von zentraler ethischer Bedeutung; dies markiert nichts weniger als die moralische Integrität dieser Gesellschaft. Damit positioniert Kues den Konflikt um die Legitimität der Biowissenschaften im Allgemeinen und der Stammzellforschung im Besonderen in einer Konstellation, die vom kategorischen Imperativ Kants bis zur Objektformel Günter Dürigs reicht. Kues fährt fort: „Der einzige Grund [...], warum die Forschung unabdingbar erscheint, ist eine bestimmte forschungspolitische Binnenperspektive [...]. Ich möchte nicht die Hand dafür reichen, dass wegen dieser Forschungsperspektive grundlegende Prinzipien unseres Personen- und Rechtsverständnisses, so wie sie in der Verfassung niedergelegt sind, aufgegeben oder umgedeutet werden."[2] Damit wird deutlich, dass der Konflikt um den richtigen Umgang mit den Biowissenschaften und die normative Bewertung ihrer Möglich-

---

[1] *H. Kues* (CDU/CSU), Plenarprotokoll 14/214, Stenographischer Bericht, S. 21195 (A), hg. von Deutscher Bundestag.

[2] *Kues*, a.a.O., S 21195.

keitspotentiale weniger eine Debatte um diese Wissenschaften und Technologien selbst ist, als eine um die Grundlegung von Gesellschaft. An den Biowissenschaften entzündet sich eine Grundsatzdebatte über die Verfasstheit der modernen Gesellschaft. Dies ist umgekehrt nur deshalb möglich, weil die Biowissenschaften, wie kein anderes Thema die Grundverfasstheit von Gesellschaft erodieren, indem sie die Einheit von Ethik und menschlicher Gattung in Frage stellen.

Die folgenden Überlegungen wenden sich dem aus dieser Konstellation resultierenden Problem einer gesellschaftlichen Einhegung der Biowissenschaften in vier Schritten zu. Zunächst wird die Kategorie eines sozial Symbolischen erörtert und in einem zweiten Schritt untersucht, inwieweit speziell die Biowissenschaften dieses Symbolische in Frage stellen. Drittens wird der soziale Wert des Kompromisses reflektiert und schließlich am Beispiel des Stammzellgesetzes (StZG) gezeigt, wie eine Lösung des Konflikts zwischen den Biowissenschaften als Agenten eines technischen Fortschritts und einem für Gesellschaft notwendigen Symbolischen aussehen kann.

I. Voraussetzungen von Gesellschaft

Um zu verstehen, weshalb gerade die modernen Biowissenschaften eine Krise der Gesellschaft bewirkt haben, ist es notwendig, sich der Voraussetzungen von Gesellschaft zu vergewissern. Die paradoxe Situation speziell moderner Gesellschaften besteht darin, dass auch sie auf Vorannahmen rekurrieren müssen, die sich der reflexiven und rationalen Begründung entziehen. Obwohl plural und diskursiv verfasst, greifen sie auf vorgängige, dem Diskurs nicht mehr zugängliche Vorannahmen zurück. Diese ermöglichen Prozesse der Vergesellschaftung und der Institutionalisierung. Im Anschluss an Cornelius Castoriadis sowie unter Hinzuziehung Ernst Cassirers soll die soziale Existenz solcher Vorannahmen auf ein Zusammenwirken symbolischer und imaginärer Aspekte bezogen werden.

Für alle bislang genannten Aspekte lassen sich speziell in den Unterlagen des Deutschen Bundestages Belege einer sozialen Dynamik finden, die zugleich eine Begrenzung eben dieser Dynamik intendiert. Als kultureller Kern von Gesellschaft erweist sich dabei trotz aller der Moderne geschuldeten Rhetorik des Fortschreitens und der Diskontinuität ein Bemühen um Liminalität. Diese entspräche der Etablierung symbolischer Ränder des Sozialen, wie sie in der Philosophischen Anthropologie von Beginn an thematisiert wurde. Wenn Helmuth Plessner und Arnold Gehlen den Menschen als genuin künstliches Lebewesen anschreiben, das sich in Artefaktwelten beheimatet, zählt dazu nicht allein die Herstellung materieller Artefakte aller Art, sondern insbesondere auch die Implementierung von Instrumentarien der individuellen und sozialen Sinngenerierung und Herkunftsvergewisserung. Ernst Cassirer greift dieses Thema auf, wenn er als Besonderheit des Menschen hervorhebt, dieser lebe in einer „neuen Dimension der Wirklichkeit", die Cassirer das „Symbolnetz" nennt.[3] Der Mensch lebe „in einem symbolischen Universum. [...] Der Mensch kann der Wirklichkeit nicht mehr unmittelbar gegenübertreten; er kann sie nicht mehr als direktes Gegenüber betrachten. Die physische Realität scheint in dem Maße zurückzutreten, wie die Symboltätigkeit des Menschen an Raum gewinnt."[4] Innerhalb solcher Symbolisierungsleistungen konstituiert sich demnach der Raum des Humanen als kulturelle und soziale Lebenswelt. Das bedeutet aber auch, dass umgekehrt diese Lebenswelt eine Kontinuität der Symbolisierung gewährleisten muss, worin diese sich auch unter Bedingungen der Modifikation und Veränderung als mit sich selbst identisch tradieren kann.

Dass es sich dabei nicht allein um eine philosophische Abstraktion handelt, sondern um ein Kernproblem der Gesellschaftsgenese, zeigt ein Blick auf die Kultursoziologie Friedrich Tenbrucks. Tenbruck hält fest, soziale Wirklichkeit bedürfe der aktiven Vermittlung – eine Aufgabe, die er explizit den Sozialwissenschaften zuweist. Die bewusst gemachte Wirklichkeit, da sie bereits durch Verfahren der Reflexion und der Vermittlung hindurchgegangen sei, sei freilich schon nicht mehr originär.[5] Dieser Überschuss an Bedeutung verweist auf Bedeutungslagen, die zwar sozial wirksam, nicht aber manifest realisiert sind. Tenbruck nennt dies die „latenten Funktionen", die sämtlichen gesellschaftlichen Institutionen und Handlungen eigen seien: „[...] alle die Trivia des gesellschaftlichen Daseins – das alles hat neben den manifesten auch latente Funktionen und diese latenten Funktionen gehören wesentlich hinzu, ja sie sind oft wesentlicher als die [...] manifesten Funktionen."[6] Aufgabe sozialwissenschaftlicher Kompetenz sei es nun, „bei ihrem Studium der sozialen Wirklichkeit alle latenten Funktionen, soweit sie bestehen und wo immer sie sich auch neu bilden, sogleich in manifeste [zu] verwandeln."[7] Damit folgt Tenbruck einem der Aufklärung verpflichteten, auf „Entzauberung der Welt" (M. Weber) abzielenden Verständnis von Sozialwissenschaft. Natürlich lässt sich bezweifeln, ob die Realisierung eines solchen Programms möglich ist; man kann aber auch fragen, ob sie überhaupt gesellschaftlich sinnvoll wäre. Zu Recht bemerkt Tenbruck, bislang sei keine Gesellschaft bekannt, die ohne derartige latente

---

[3] *E. Cassirer*, Versuch über den Menschen (1944), Hamburg 1996, S. 49.
[4] *Cassirer*, a.a.O., S. 50.
[5] Vgl. *F. Tenbruck*, Perspektiven der Kultursoziologie. Gesammelte Aufsätze, Opladen 1996, S. 46.
[6] Ebd.
[7] Ebd.

Funktionen hätte bestehen können,[8] und es kann bezweifelt werden, ob eine solche Gesellschaft jemals realisierbar wäre. Schließlich liegt die Qualität symbolischer Sinnstiftungen gerade darin, nicht offensichtlich, nicht grundsätzlich nachvollziehbar zu sein. Die Möglichkeit zu sozialer Abstraktion und Reflexion wird demnach erst dadurch hergestellt, dass sich ein bestimmter Bereich des Symbolischen genau dieser Reflexion entzieht und auf nicht-essentialistische Weise, nämlich als Kulturartefakt, dennoch sozial essentiell wirkt. Just die Gesellschaft befände sich daher in einer massiv krisenhaften Situation, die sich zu einer strukturellen Transparenz genötigt sähe und die gezwungen wäre, ihr Symbolisches offenbar zu machen, es also in manifeste soziale Praktiken, Handlungsabläufe, Ritualisierungen und Bedeutungszuschreibungen zu übersetzen.

In Frage gestellt werden solche, Kontinuität gewährleistende Kulturtechniken freilich nicht zuletzt durch den technischen Fortschritt der Moderne als einer Moderne, die aus ihren Traditionen heraustritt und ihre Zukunft kulturell von ihrer Herkunft emanzipiert. Just aus dieser Emanzipation der Moderne von ihren Ursprüngen, resultiert jedoch auch jenes weithin bekannte Unbehagen an einem technischen Fortschritt, der bekanntlich v.a. auf Beschleunigungsprozesse der Kultur und des Sozialen setzt – denn, wie Odo Marquard pointiert, „für zuviel Veränderung ist das Menschenleben zu kurz".[9] Lebenszeit und Weltzeit stehen dann in keinem vermittelbaren Verhältnis mehr zueinander. „Die Zukunft wird – modern und allererst modern – emphatisch das Neue, indem sie herkunftsneutral wird. Die moderne Welt wird [...] zum Zeitalter der Neutralisierungen."[10] Genau damit werde jedoch das Motiv der Herkunft und die Gewissheit einer genealogischen Verankerung der humanen Existenz aufgebrochen. In der Tat, so Marquard, bedürfe der Mensch der Herkunft – insbesondere in kultureller und historischer Hinsicht. Diese Herkunft muss daher kulturell eingehegt, performativ zugänglich und sozial diskursiv gemacht werden.

Mehr noch als jeder andere soziale Konflikt der Moderne berührt die Auseinandersetzung um die modernen Biowissenschaften diese gesellschaftliche Kompetenz zur Implementierung symbolischer Funktionen. An diesem Konflikt zeigt sich, dass die von Tenbruck angezielte, vollständige Umwidmung latenter Sinngehalte in manifeste mitnichten das Ziel einer sozialen Teleologie abgeben kann, sondern dass die komplette Beseitigung jener latenten Funktionen und Symbolisierungen nicht mehr durch manifeste Institutionen substituierbar wäre. Das Symbolische wurde in seiner Eigenschaft als Ausgangspunkt jedweder Möglichkeit von Gesellschaft und Kul-

---

[8] Ebd.
[9] *O. Marquard*, Philosophie des Stattdessen, Stuttgart 2000, S. 70.
[10] *Marquard*, a.a.O., S. 68.

tur über wissenschaftliche Praktiken manifest gemacht, erwies sich jedoch gerade in dieser Manifestation als dysfunktional. Dabei zeigt sich, dass Gesellschaft in ihrer Konstituierung von kulturanthropologischen Prämissen ausgeht, welche den Prozessen der Vergesellschaftung zugrunde liegen. Nicht ohne Grund wurde die Auseinandersetzung um die Biowissenschaften primär von der Fragestellung orchestriert, welche Entitäten von welchem Zeitpunkt an, als Mensch zu betrachten seien.

Hinsichtlich der Genese von Gesellschaft steht für Cornelius Castoriadis außer Frage, dass soziale Handlungen und soziale Produkte „außerhalb eines symbolischen Netzes" unmöglich wären. Das bedeutet, dass den sozialen Institutionalisierungsleistungen symbolische Annahmen und Funktionen vorausgehen müssen. Zwar lassen sich „die Institutionen [...] nicht auf das Symbolische zurückführen, doch können sie nur im Symbolischen existieren."[11] Gesellschaft rekurriert demnach auf eine „symbolische Ordnung", die sie zwar selbst produziert, die ihr aber zugleich diskursiv unzugänglich wird und somit als gegeben erscheint, da sie nur auf „bereits instituierte" Kontexte zurückgreifen kann.[12] In diesem Spannungsverhältnis von Symbolischem und sozialer Institutionalisierung konstituieren sich die kulturelle und die soziale Lebenswelt. Akte der Institutionalisierung – obschon als Kulturartefakte – gewährleisten soziale Kontinuität in der Zeit, während das Symbolische die Möglichkeit von Veränderung und Transformation zulässt, da in seinem Kontext keine Institution absolut werden kann. Zugleich stabilisiert das Symbolische solche Annahmen, die selbst weder durch Vernunft noch durch Institutionen begründbar sind. Dazu zählen die Produktion von kulturellem und sozialem Sinn, die Identität der Gattung und, nicht zuletzt, die Legitimität von Ethik.

Mit den Biowissenschaften sieht sich nichts weniger in Frage gestellt, als dasjenige Verständnis des Menschen, seiner menschlichen Natur als einer latenten Funktion des Sozialen, worauf die Möglichkeit von Vergesellschaftung und Kulturgenese aufruht. Die Krise der Kultur, die durch die Biowissenschaften ausgelöst wurde, ist eine durchaus akute Krise, die so praktische wie konsequenzenreiche Fragen wie die nach der moralischen und juridischen Einhegung des Menschen berührt und damit auch die nach der symbolischen Liminalität von Gesellschaft. Dennoch wirkt diese Krise ursächlich auf der Ebene jener latenten Funktionen, der Symboltätigkeiten des Menschen und nur auf dieser Ebene kann sie auch bewältigt werden. Schließlich ist mit dem Übergang von der äußeren Naturbeherrschung zur „Naturbeherrschung am Menschen" (R. zur Lippe) und weiter zur Naturbe-

---

[11] C. *Castoriadis*, Gesellschaft als imaginäre Institution (1975), Frankfurt a.M. 1990, S. 200.
[12] *Castoriadis*, a.a.O., S. 213.

herrschung im Menschen – u.a. vermittels der modernen Biowissenschaften – eine „radikale Veränderung" der Weisen menschlicher Selbstgestaltung verbunden, die, so Gernot Böhme, bislang auf die Felder von Moral, Pädagogik und Politik beschränkt gewesen seien, nun aber unmittelbar auch das erfassten, „was am Menschen Natur ist".[13] Die symbolische Fassung des Menschen muss daher vordringlich als ein kulturempirisch zu bestimmendes „soziales Apriori" (G. Simmel) aufgefasst werden.

Derlei Vorannahmen werden als explizit vorgesellschaftlich imaginiert. Zwar handelt es sich um ein sozial Imaginäres, das auf soziale Praktiken zurückgeht. Aber in der Funktion als Vorannahme verschwindet der Bezug auf ihren imaginären Gehalt, wodurch sie als essentielle Bedingungen der Möglichkeit von Gesellschaft wirken und gerade nicht als Produkte eines Vergesellschaftungsprozesses. Deshalb tragen ethische Annahmen auch in der Moderne gemeinhin keine Begründungslast, es sei denn eine negative – was unethisch ist, lässt sich weit eher identifizieren. Zur Realisierung dieser Konstellation bedarf es aber eines konsistenten Bildes vom Menschen und einer ebensolchen Definition der Menschenwürde. Beides ist keineswegs selbstverständlich: Während das nach wie vor dominierende Menschenbild auf antike und speziell christliche Kontexte zurückgeht, speist sich das Konzept der Menschenwürde aus dem Humanismus und der Aufklärung. Wenn nun dieses Menschenbild durch die Biowissenschaften aufgebrochen und sein symbolischer Gehalt in Gestalt menschlich undefinierter Lebensformen geradezu anschaulich wird, ist es als Fixpunkt ethischer Vorannahmen nicht mehr haltbar.

Berücksichtigt werden muss dabei, dass solche Vorannahmen grundlos sind; kausal, rational oder reflexiv sind sie durch nichts gerechtfertigt. Dieses Dilemma lässt sich vormodern durch transzendente Annahmen lösen, also durch die Annahme souveräner, die kulturelle und gesellschaftliche Wirklichkeit bedingender Mächte. Selbst wenn diese de facto von Menschen begründet und hergestellt sind, es sich also um Kulturartefakte handelt, so wird genau dieser Akt in der Transzendierung der Gesellschaft wieder enteignet und somit eine Basis manifester Vergesellschaftungsmodi geschaffen. In einer Gesellschaft, der ihre kulturelle und soziale Artifizialität präsent ist, ist dies freilich nicht möglich. Das „Projekt der Moderne" (Habermas) legitimiert sich schließlich massiv durch Kernkompetenzen, die jeden Transzendenzbezug in Frage stellen. Daher wirkt gerade die Einsicht in die Existenz sozialer Vorannahmen auch in der Moderne in krisenhafter Weise erschütternd auf die moderne Gesellschaft und ihr Selbstverständnis. Die Möglichkeit zur sozialen Institutionalisierung und zu Praktiken der Re-

---

[13] G. *Böhme*, Über die Natur des Menschen, in: Die Zukunft des Menschen. Philosophische Ausblicke, hg. von G. *Seubold*, Bonn 1999, S. 45.

flexion resultiert erst daraus, dass das Imaginäre der Gesellschaft, das an das Symbolische anschließt, sich der Reflexion entzieht und auf nicht-essentialistische Weise, nämlich als Kulturartefakt, dennoch sozial essentiell wirkt. Just die Gesellschaft befände sich dann in einer massiv krisenhaften Situation, deren imaginäre Grundgehalte wegbrächen oder zumindest ernsthaft beschädigt würden. Denn nun sähe Gesellschaft sich genötigt, ihre Vorannahmen aufzudecken und diese zugleich in manifeste soziale Praktiken, Ritualisierungen und Bedeutungszuschreibungen zu übersetzen. Genau dies widerstreitet dem Sinn des Symbolischen, dessen Aufgabe es gerade ist, nicht nur gewissermaßen präsozial zu wirken, sondern sich auch nicht präsente Funktionen zu übersetzen.

Gerade der politische Diskurs um die Biowissenschaften widmet sich massiv einer aktiven Reetablierung des Symbolischen. Gefordert ist hier eine Alternative zur Reimplementierung des symbolischen Status quo ante, der nur um den Preis des Verlusts von dessen Glaubwürdigkeit möglich wäre, da das Symbolische in den Stand des offensichtlich Imaginären überführt wird. Hingegen bedarf es einer Form des Symbolischen (hier: des Bildes vom Menschen), die den gesellschaftlichen, kulturellen und politischen Verhältnissen der Gegenwart angemessen wäre. Eine solche Lösung bietet das StZG an, das sich als ernsthaftes Bemühen der Gesellschaft erweist, das ihr vorausliegende Symbolische erneut instand zu setzen. Allerdings erfolgt dies nicht als getreue Rekonstruktion des Symbolischen vor dessen technologischer Entdeckung, sondern als gesellschaftliche Praxis, die intendiert, den Erfordernissen der Gegenwart gerecht zu werden. Symbolische Gehalte produzieren kulturelle Selbstverständlichkeiten, die nichts weniger sind als selbstverständlich. Sie werden dazu erst aufgrund einer sie betreffenden kulturellen Kommunikation. Das bedeutet, dass es sich um eine soziale Performativität des Imaginären handelt, die dazu dient, Gesellschaft mit einer Aura der Fraglosigkeit zu umgeben. So gesehen dient das Symbolische nicht nur der Herstellung von gesellschaftlicher Kontinuität; es trägt auch ganz entscheidend dazu bei, den Anteil an Kontingenz im sozialen und kulturellen Raum zu minimieren. Damit Gesellschaft sich überhaupt auf Dauer stellen kann, damit sie Geschichte erfahren und vollziehen kann, bedarf es einer Gewährleistung von historischer Kontinuität sowie der Begrenzung solcher Möglichkeiten, die diese Gesellschaft wesentlich in Frage stellen. Das bedeutet, dass das Motiv der Kontingenz, das für die Moderne bekanntlich wesentlich ist, in nicht unbedeutendem Maße eingeschränkt werden muss, damit Gesellschaft möglich wird. Das bedeutet auch, dass im Zuge dessen der arbiträre Charakter jener aus der Symboltätigkeit des Menschen resultierenden Bedeutungsleistungen einem kulturellen Vergessen erliegen muss. In der Folge tritt eine Art kultureller Essentialisierung ein, die, ganz im Sinne ethischer oder anthropologischer Prämissen, von Selbstverständlichkeiten ausgehen kann, wo es sich eindeutig um kulturelle und soziale Artefakte handelt.

Gesellschaft wäre dann, was der aufgeklärten Moderne zunächst adäquat erscheint, darauf angewiesen, ihre liminalen Strukturen konsequent zu diskursivieren und der allgemeinen Reflexion zugänglich zu machen. Insbesondere normative und kulturanthropologische Annahmen beziehen jedoch einen Großteil ihrer Legitimität daraus, dass sie im sozialen Raum nicht oder nur begrenzt diskursiv wirken. Ein Abbau des Symbolischen würde daher den radikalen und völlig ungeregelten Einbruch von Kontingenz in den Raum von Kultur und Gesellschaft bedeuten, was die Verlässlichkeit der daran angehefteten Vergesellschaftungs- und Kulturalisationsmodi nachhaltig in Frage stellte. Vor diesem Hintergrund stellt nun das StZG den institutionalisierten Versuch dar, eine Restitution des Symbolischen umzusetzen und eine schwere Krise des Sozialen zu vermeiden – es intendiert, das Symbolische erneut in einen Kontext sozialer Dauer einzubetten und dennoch den dynamischen Erfordernissen einer technischen Moderne gerecht zu werden. Es kann daher nur im Interesse von Gesellschaft sein, das Symbolische respektive die latenten Funktionen intakt zu halten, damit über deren Wirkungskraft jene zeitliche Dauer und normative Legitimität erstellt wird, deren eine funktionale Gesellschaft bedarf. Die Institutionen mögen die liminalen Räume des Sozialen definieren; sie verweisen aber auch zurück auf die begrenzende Kraft einer symbolisch vermittelten Genese von Bedeutung, mit anderen Worten: auf Vorannahmen der Gesellschaft. Zu diesem Zweck knüpft das StZG dezidiert an liminale Werte wie die Menschenwürde und das Recht auf Leben an, die sowohl verfassungskonstitutiv als auch, durch höchstrichterliche Argumentation bekräftigt, nur einer negativen Definition zugänglich sind. Die Symboltätigkeit bezieht sich nicht lediglich darauf, eine der gesellschaftlichen Ordnung vorgelagerte Sphäre zu konstruieren, die als unsichtbarer Souverän die Liminalität von Kultur und Gesellschaft definiert. Sie ist zugleich nur möglich als permanente soziale Praxis, die auf interdependenten Beziehungen zwischen den handelnden Individuen und einer aus diesem Handeln resultierenden Metastruktur aufbaut. Dieses figurative Verhältnis zwischen Individuen, sozialer Ordnung und Symboltätigkeit ist von entscheidender Bedeutung für die Möglichkeit einer Rekonstituierung des Sozialen angesichts eines radikalen Einbruchs von Kontingenz in den Raum der Gesellschaft und angesichts des Fehlens metaphysischer Gewissheiten in der Moderne.

II. *Biowissenschaften und die gesellschaftliche Implementierung des Imaginären*

Festgehalten werden kann zunächst, dass die modernen Biowissenschaften insbesondere die gesellschaftliche Kompetenz zur Implementierung von Formen und Funktionen des Imaginären betreffen. Im Falle einer Dysfunktionalisierung des mit ihnen verbundenen Imaginären bestünde das krisenhafte Moment darin, dass diese sozialen Symbolisierungsleistungen nicht mehr substituierbar wären. Aus diesem Grund hat die Debatte um die Biowissenschaften gerade zu ihren Hochzeiten zwischen 1999 und 2002 massiv auf Fragen eines Symbolischen des Humanums fokussiert. Dabei stehen weniger konkrete biopolitische Motivlagen im Vordergrund, als die Beschädigung der soeben thematisierten sozialen Vorannahmen. Diese versinnbildlichen sich der modernen Gesellschaft in einem Menschenbild, das die physisch/biologische Existenz des Menschen mit einer ethischen Vorstellung der Menschenwürde zusammenbringt. So gelingt in der imaginären Figur des Menschen die Konzentration zentraler ethischer Prämissen, die zugleich an eine Identität als Gattung geknüpft sind, mit einer bestimmten Ikonographie einher gehen und auf die Gebürtlichkeit des Menschen verweisen. Diesen Zusammenhang von Bildlichkeit, Natalität und Normativität des Menschen brechen die modernen Biowissenschaften radikal auf. In diesem Sinne notiert der Verfassungsrechtler Josef Isensee, die „Grenzen des Lebens" seien „genuine Rechtsfragen. Sie beziehen sich auf die biologische Identität des Subjekts der Menschenrechte und erfassen diese radikal."[14] Die Konstituierung von Gesellschaft wäre also an kulturanthropologische Prämissen geknüpft, auf denen Vergesellschaftung aufbaut. Nicht ohne Grund wurde der Konflikt primär von der Fragestellung orchestriert, welche Entitäten von welchem Zeitpunkt an als Mensch zu betrachten seien.

Um diese Frage kreiste nicht nur massiv die unter großer Anteilnahme geführte öffentliche Diskussion um eine soziale Legitimität der Biowissenschaften und deren Begrenzung, sondern ganz explizit deren politische Diskussion. So äußert in jener bereits zitierten Debatte zur Stammzellforschung etwa die Abgeordnete Eichhorn: „Wann – das ist die Grundfrage – beginnt menschliches Leben? [...] Für mich ist wichtig, dass der Embryo bereits die volle genetische Ausstattung hat und sich von diesem Zeitpunkt an zu einem eigenständigen Menschen entwickelt. [...] letztlich ist entscheidend, ob ich diesem Embryo von Anfang an die volle Würde des Menschen zuerken-

---

[14] *J. Isensee*, Der grundrechtliche Status des Embryos, in: Gentechnik und Menschenwürde. An den Grenzen von Ethik und Recht, hg. von *O. Höffe* u.a. Köln 2002, S. 43.

ne."[15] Die Konstituierung von Gesellschaft basiert demnach auf kulturanthropologischen Annahmen, über die Einvernehmen erzielt werden muss. Sofern die Kategorie des Menschen in dieser Mehrdeutigkeit als symbolische Grundlage von Gesellschaft fungiert, würde die Infragestellung dieses Symbolischen durch seine wissenschaftliche Manifestierung und Profanisierung ein dezidiert krisenhaftes Moment bezeichnen. Genau diese Dynamik identifiziere ich als den entscheidenden gesellschaftlichen Effekt biowissenschaftlicher Forschung.

Das gerade umschriebene Bild des Menschen bewirkt, sofern es intakt ist, binnengesellschaftlich soziale Essentialisierungen, aus denen sich ethische Annahmen ableiten lassen. Zumal es sich mit der Essentialität des Menschlichen und daraus abgeleiteter ethischer Annahmen um die zentrale symbolische Funktion von Gesellschaft handelt. Diese Qualität des Humanums als sozial Symbolisches pointiert fast paradigmatisch der Bundestagsabgeordnete Wolfgang Wodarg: „Der Mensch soll für den Menschen unverfügbar sein. Deshalb darf man auch niemandem das Recht einräumen, zu definieren, in welcher Phase seiner Existenz oder aufgrund welcher Kriterien ein Mensch als Mensch gelten darf."[16] Die enorme Schwierigkeit der Debatte um die Legitimität der Biowissenschaften besteht daher darin, einen adäquaten Umgang mit dem beschädigten, jetzt in Gesellschaft verfügbaren Humanum, als Synonym des sozial Symbolischen zu suchen. Zwei Lösungsstrategien bieten sich an: Einmal die konsequente Aufhebung des Symbolischen und dessen Überführung in fortlaufende, diskursiv gefasste, sozial konstruktive Entscheidungen. Die Gegenposition besteht in einer umfassenden Rekonstituierung des Symbolischen. Dieser zweite, Lebensschutzansatz steht, obwohl er zunächst sehr breitenwirksam ist, vor dem eigentümlichen Problem, mit dem offen artikulierten Willen zu einem Bereich des Symbolischen in einer enttranszendentalisierten Gesellschaft für die Reetablierung eines genuin transzendenten Raumes zu werben. Diese Forderung vertritt etwa der Abgeordnete Rossmann, der davon ausgeht, die selbstverständliche Bestimmung des Embryos sei stets der „Zweck [...], zu einem eigenen Leben werden zu können[.] So hat es die Schöpfung vorgesehen und so haben wir es respektiert. [...] Wir als Menschen haben nicht das Recht, in diese natürliche Zweckbestimmung der individuellen Menschwerdung mit anderen Zwecken [...] einzugreifen."[17] Positionen wie diese sind Indikatoren für eine in den vergangenen Jahren zu beobachtende allgemeine Renaissance des Transzendenten. Diese steht in unmittelbarem

---

[15] *M. Eichhorn* (CDU/CSU), Plenarprotokoll 14/214, Stenographischer Bericht, S. 21220 (A), hg. von Deutscher Bundestag.
[16] *W. Wodarg* (SPD), Plenarprotokoll 14/214, S. 21202 (C), hg. von Deutscher Bundestag.
[17] *E. D. Rossmann* (SPD), Plenarprotokoll 14/214, S. 21218 (B), hg. von Deutscher Bundestag.

Zusammenhang mit der biowissenschaftlichen Diskussion, in der in verstärktem Maße auf transzendente Argumentationsmuster und Sinngehalte zurückgegriffen wird. Dabei geht es schließlich um nichts anderes, als die Wiederherstellung einer absoluten Liminalität menschlichen Handelns, die sich bisher an der ethischen Dimension des Menschen festmachte. Mit dem biowissenschaftlichen Fortschritt diffundiert diese Kategorie des Menschen und ist nunmehr weder mit ihrer epistemischen noch mit ihrer ikonographischen Tradition vereinbar. Deshalb scheint auch die Frage nicht länger beantwortbar, wie sich die Würde des Menschen begründet und auf wen sie abzielt.

Zwei Beispiele aus dem Jahr 2001, dem Höhepunkt der Bioethik-Debatte, verdeutlichen diese Wende einer Retranszendentalisierung. So bekräftigt der damalige Bundespräsident Johannes Rau: „Ich glaube, daß es Dinge gibt, die wir um keines tatsächlichen oder vermeintlichen Vorteils willen tun dürfen. Tabus sind keine Relikte vormoderner Gesellschaften [...]. Ja, Tabus anzuerkennen, das kann ein Ergebnis aufgeklärten Denkens und Handelns sein."[18] Unverhohlen klingt hier das Bekenntnis zur Notwendigkeit symbolischer Kategorien im Vorfeld der Gesellschaftsbildung durch – als Tabusetzungen in der aufgeklärten Gesellschaft, also ethische Setzungen, die keiner rationalen Begründung bedürfen. Deren Fähigkeit läge u.a. darin, Handlungsnormen und Liminalität im sozialen und kulturellen Raum durchzusetzen. Nur ein funktionierendes ethisches Tabu kann demnach den wissenschaftlichen und sozialen Fortschritt aufhalten, der als Teleologie der Moderne gelten muss und gegen dessen „theoretische Neugierde" (Blumenberg) es de facto keinen triftigen Einwand gibt. Die Moderne zehrt von einem Imperativ der Dynamik und der Transformation. Dieser hat nunmehr auch den Menschen erfasst und lässt sich nur im Rückgriff auf eine Logik des Tabus und der Transzendenz eingrenzen.

Komplementär dazu steht Jürgen Habermas' Diagnose, beunruhigend an den Biowissenschaften sei „das Verschwimmen der Grenze zwischen der Natur, die wir sind, und der organischen Ausstattung, die wir uns geben."[19] Der hier verwendete Begriff der „Natur" zielt auf ein Selbstverständnis des Menschen, worin die Natur des Menschen zwar an dessen organische Ausstattung gebunden ist, diese zugleich aber transzendiert und mit einer distinkten kulturellen Bedeutung auflädt. Das daran anknüpfende Dilemma einer notwendigen symbolischen Vermittlung des Menschen als gesellschaftliches Wesen benennt Habermas klar: „Die Genmanipulation berührt Fragen der Gattungsidentität, wobei das Selbstverständnis des Menschen als

---

[18] *J. Rau*, Wird alles gut? – Für einen Fortschritt nach menschlichem Maß, in: Die Genkontroverse. Grundpositionen, hg. von *S. Graumann*, Freiburg i.Brsg. 2001, S. 17.

[19] *J. Habermas*, Die Zukunft der menschlichen Natur. Auf dem Weg zu einer liberalen Eugenik?, Frankfurt a.M. 2001, S. 44.

eines Gattungswesens auch den Einbettungskontext für unsere Rechts- und Moralvorstellungen bildet."[20] Erforderlich sei nichts weniger als eine „Moralisierung der menschlichen Natur", also die Integration einer technisch disponibel gemachten menschlichen Natur in die Regularien moralischer Kontrolle.[21] Was daher bleibt, ist der Versuch einer gesellschaftlichen „Wiederverzauberung der inneren Natur" und das heißt: die Errichtung einer Tabuschranke als letztem Mittel der aufgeklärten, säkularen Gesellschaft, ihren Bestand an ethischen und anthropologischen Prämissen vor einer latenten technosozialen Kolonisierung zu bewahren. Zu dieser Bestrebung fügt sich auch die Hinwendung von Habermas zu einer neuen Wertschätzung religiöser Inhalte, die er just in diesem Zeitraum vollzogen hat.[22]

Hingegen kontrastiert das Plädoyer für eine Freiheit der Forschung, die mit starken medizinischen Hoffnungen einher geht, dem Bestreben die Dignität der menschlichen Natur zu erhalten. Diese Bipolarität prägt die Debatte um den gesellschaftlichen Umgang mit den Biowissenschaften in allen ihren Dimensionen, die in Deutschland vorläufig durch zwei Gesetzgebungsverfahren abgeschlossen wurde. Das schon 1990 implementierte ESchG, das 2001 an den Stand der Forschung angepasst wurde, stellt orientiert an Art. 1 & 2 GG eine normative Rahmung sämtlicher Zugriffe auf menschliche embryonale Lebensformen bereit.[23] Eine weitere Größe biowissenschaftlicher Forschung sind embryonale Stammzellen, die weder rechtlich noch biologisch als Embryonen gelten und daher nicht unter die Direktiven des ESchG fallen. Es handelt sich vielmehr um „noch undifferenzierte Zelle[n] eines Organismus, die sich in ihrem undifferenzierten Zustand über einen langen Zeitraum hinweg vermehren und reifere Tochterzellen bilden [können], also die Fähigkeit zur Differenzierung in bestimmte Zell- oder Gewebetypen besitz[en]".[24] Zu ihrer Gewinnung müssen aber Embryonen zerstört werden, weshalb das ESchG indirekt doch tangiert ist. Zugleich gelten embryonale Stammzellen als Schlüsselressource, über die therapeutische Erfolge bei bislang nicht oder nur sehr eingeschränkt therapierbaren Krankheiten wie Krebs, Alzheimer, Multiple Sklerose oder Parkinson angezielt werden. Aufgabe des 2002 verabschiedeten StZG ist es, diesen medizinischen und wissenschaftlichen Belangen gerecht zu werden, ohne die Prämissen eines ethisch motivierten Lebensschutzes preiszugeben.

---

[20] Ebd.
[21] *Habermas*, Die Zukunft der menschlichen Natur, a.a.O., S. 46.
[22] Vgl. *J. Habermas*, Zwischen Naturalismus und Religion, Frankfurt a.M. 2005; vgl. in diesem Zusammenhang auch *G. Vattimo*, Jenseits des Christentums. Gibt es eine Welt ohne Gott?, München/Wien 2004.
[23] ESchG §8.
[24] *M. Brewe*, Embryonenschutz und Stammzellgesetz. Rechtliche Aspekte der Forschung mit embryonalen Stammzellen, Berlin 2006, S. 3f.

III. Der Kompromiss als Praxis sozialen Handelns

Als Instrument sozialen Handelns kommt in den Auseinandersetzungen um die Implementierung des StZG speziell der Kompromiss zum Einsatz. Diese Praxis schließt unmittelbar an die Bedeutung symbolischer Annahmen für die Konstitution von Gesellschaft und den spezifischen Bezug der biowissenschaftlichen Debatte zur Krise des Symbolischen als Leerstelle des Sozialen an. Das Gesetz soll einen Rahmen schaffen, der sowohl ethische Belange als auch die der Forschung wahrt. Dieser Rahmen ergibt sich aus dem Prinzip des Kompromisses. Was als basale soziale Praxis erscheinen mag, wirkt im Kontext der Biowissenschaftsdebatte spektakulär, die von strikt dichotomischen, dezisionistischen Logiken geprägt wird, denen die Form des Kompromisses fremd bleibt oder schmittianisch als unpolitisch erscheint. Dieser Affekt gegen den Kompromiss führt sich auf den Stellenwert eines Symbolischen als soziales Apriori zurück. Wenn es entweder darum geht, dieses Symbolische im Sinne des gesellschaftlichen Fortschritts zu demontieren oder es vollständig wiederherzustellen, um genau diese Dynamik einzudämmen, erscheint die Möglichkeit des Kompromisses als das gesellschaftlich und politisch Unmögliche schlechthin, mithin als das Unwünschbare.

Andererseits wurde in soziologischer Perspektive der Kompromiss als Kompetenz gesellschaftlicher Praxis hervorgehoben. Norbert Elias etwa begreift Gesellschaft als ein „Gewebe der interdependenten Funktionen, durch die die Menschen sich gegenseitig binden". Gerade diese grundsätzliche Verflochtenheit aller sozialer Akteure biete einen „recht genau umschreibbaren Spielraum" für Kompromsslösungen.[25] Die Praxis des Kompromisses weist daher den Aktionsrahmen an, worin soziale Spannungen sich im Rahmen einer sozialen Figuration auflösen lassen. Der Begriff der Figuration umschreibt die Verwobenheit der Individuen mit sozialen Strukturelementen, die erst in der Interaktion die Realität von Gesellschaft bilden. Gesellschaften bilden sich demnach aus und als „Figurationen interdependenter Menschen".[26] Solche Figurationen versammeln respektive repräsentieren eine Pluralität an Individuen, sozialen Gruppen und Interessen. Jedes Resultat von in Figurationen erzielten Entscheidungsprozessen ist eingebettet in sowohl kontingente Parameter einer sozialen Interaktion aller beteiligten Gruppen als auch abhängig von Strukturgesetzen, die innerhalb der Figuration wirken. In dieser Konstellation kann der Kompromiss als Instrument der sozialen Entscheidungsfindung (und damit auch der Herstellung von sozialem Sinn) wirksam werden, die die Belange aller am Konflikt Beteiligten

---

[25] *N. Elias*, Die Gesellschaft der Individuen, Frankfurt a.M. 2003, S. 33.
[26] *N. Elias*, Die höfische Gesellschaft, Frankfurt a.M. 2002, S. 36.

berücksichtigt, ohne diese zu harmonisieren. Hinsichtlich dieser Qualität des Kompromisses, lässt sich eine Strategie in den Blick nehmen, ein sozial Symbolisches offen performativ zu rekonstituieren.

Die Qualität des Kompromisses als Grundlage des StZG haben schon dessen Initiatoren stark gemacht. So mahnt Margot von Renesse, in der Bundestagsdebatte vom Januar 2002 die Notwendigkeit einer Abkehr von absoluten Positionen an. In der Folge entfaltet sie eine Argumentation, die ethisch-normative Prämissen mit einer Akzentuierung der Forschungsfreiheit verzahnt. Das Bekenntnis: „Wir wollen keine verbrauchende Embryonenforschung, und zwar nicht nur in Deutschland, sondern, wenn irgend möglich, auch in der Welt",[27] verbindet sie mit der politisch-sozialen Figuration, die mit dem StZG berührt wäre: „Wir leben mit einer Verfassung der Freiheit und auf Freiheit begründet sich Würde. Also müssen wir darüber reden, ob wir verbieten wollen und können."[28] Renesse weist darauf hin, dass es sich bei embryonalen Stammzelllinien selbst keineswegs um Embryonen handelt, diese daher nicht unter den Würdeschutz von ESchG und Grundgesetz fallen. Dann entwirft sie die Perspektive eines institutionellen Handelns, das der Notwendigkeit des gesellschaftlich Symbolischen ebenso gerecht wird, wie der Unumkehrbarkeit einer kulturellen Artifizialität der menschlichen Natur: „Die Natürlichkeit der Natur scheint eine Gewährleistung der Humanität des Menschen zu sein. [...] Aber auch die Natur ist kein Wegweiser; denn der Mensch definiert auch die Natur und er setzt ihr Grenzen. Die Antwort ist vielmehr, dass wir die Moderne verarbeiten und dass wir ihr geistig gewachsen sind."[29] Mit Renesse bedarf es also durchaus einer Restitution des Symbolischen als „Gewährleistung der Humanität des Menschen", aber dieses Symbolische muss eingepasst werden in die Erfordernisse und Bedingungen der Moderne, die die kulturelle Gegenwart definieren und somit auch die Möglichkeiten einer Implementierung des Symbolischen. Für Renesse liegt exakt in der spezifischen und privilegierten Kompetenz der sozialen Begrenzung gesellschaftlicher Potenzen der besondere Wert des Parlaments im Vergleich zu anderen sozialen Akteuren: „Hierüber entscheidet der Gesetzgeber und kein Wissenschaftler."[30] Über diese Kompetenz verfügt das Parlament, weil es als Legislative der legitime Ort der sozialen Souveränität ist. In solch einem Handeln kultiviert es eine konstellative Logik des Entscheidens, die eine Figuration gesellschaftlicher Realitäten zu repräsentieren beabsichtigt. Damit schließt parlamentarisches Handeln an ein soziales Handeln ganz im Sinne von Elias' Kategorie der

---

[27] *M. von Renesse* (SPD), Plenarprotokoll 14/214, Stenographischer Bericht, S. 21196 (A), hg. von Deutscher Bundestag.
[28] *Renesse*, a.a.O., S. 21196 (B).
[29] *Renesse*, a.a.O., S. 21196 (C/D).
[30] *Renesse*, a.a.O., S. 21196 (A).

Figuration an. Dass die Kompromissvariante des StZG sich am Ende tatsächlich durchgesetzt hat, zeugt sowohl von der Dringlichkeit, Gesellschaft
ausgehend von einem sozial Symbolischen zu organisieren, als auch von der
Notwendigkeit, der kulturellen Konstruktion und Artifizialität sämtlicher
sozialer Institutionen Rechnung zu tragen. Als schließlich im April 2008 eine Novellierung des StZG zur Entscheidung stand, ob der im Gesetz fest-
gelegte Stichtag einmalig verschoben werden soll, hatte sich der zuvor umstrittene bis pejorativ gehandhabte Kompromisscharakter des Gesetzes
bereits bewährt und wurde jetzt mehrheitlich als Status quo gehandhabt.

IV. Das StZG als Pointe

Die spezifische Kompetenz des Kompromisses wäre es demnach, in einer
sozial konfliktuösen Situation eine Entscheidung herbeizuführen, die alle
Konfliktparteien mittragen können, ohne den bestehenden Dissens aufzuheben. Er ermöglicht ein Einvernehmen der sozialen Figuration im Stande des
Dissenses. In Anlehnung an Lewis Coser ließe sich auch sagen, das Ergebnis eines nach bestimmten Regeln ausgetragenen Konflikts könne auch „zu
einem Bedeutungswandel von geltendem Recht oder zur Neuschaffung von
Recht" beitragen.[31] Der in einer sozialen Figuration erzielte Kompromiss
würde dann als Medium eines solchen Ergebnisses fungieren und im vorliegenden Fall zudem das sozial Symbolische wiederherstellen. Der besondere
Kniff, den das StZG dazu anwendet, besteht darin, gezielt das sozial Symbolische als ein soziales Apriori zu rekonstituieren, um im Anschluss an
diese starke normative Rahmung die Belange von Forschung und Medizin
zu berücksichtigen. Nur über die Wiederherstellung des transzendenten
Rahmens von Gesellschaft gelingt somit auch deren Anpassung an die Erfordernisse einer wissenschaftlichen und sozialen Dynamik der Moderne. In
diesem Sinne soll zuletzt am Beispiel des StZG ausgeführt werden, wie ein
exemplarischer Lösungsansatz für die durch die modernen Biowissenschaften ausgelöste Krise der Gesellschaft als einer Krise ihres Symbolischen aussehen kann.

Der normative Einsatz des StZG ist hoch und sucht dem Bemühen, der
„staatliche[n] Verpflichtung, die Menschenwürde und das Recht auf Leben
zu achten und zu schützen und die Freiheit der Forschung zu gewährleisten", gerecht zu werden.[32] Dieser präambelhafte Satz des Gesetzes schließt
nicht nur an alle Artikel des Grundgesetzes an, die als Leitmotive in der

---

[31] *L. Coser*, Theorie sozialer Konflikte, Neuwied 1965, S. 150.
[32] StZG §1.

Debatte dienen, sondern auch an die einschlägige Rechtsprechung durch das BVerfG. Zwischen der Würde des Menschen, repräsentiert durch das Humanum des Embryos, und der Freiheit der Wissenschaft wird abgewogen. Mit Satz 1–3 folgen daraufhin die wesentlichen Bestimmungen des Gesetzes: 1. Das Verbot der Einfuhr und Verwendung embryonaler Stammzellen; 2. der Vorbehalt, von Deutschland aus keine „Gewinnung embryonaler Stammzellen oder eine Erzeugung von Embryonen zur Gewinnung embryonaler Stammzellen" zu veranlassen; 3. „die Voraussetzungen zu bestimmen, unter denen die Einfuhr und die Verwendung embryonaler Stammzellen ausnahmsweise zu Forschungszwecken zugelassen sind."[33] Letzteres stellt die Crux des Gesetzes dar; auf diese Weise soll der Ausgleich zwischen Menschenwürde und Forschungsfreiheit ermöglicht werden. Unter bestimmten Voraussetzungen wird dazu die Einfuhr embryonaler Stammzellen zu Forschungszwecken ermöglicht: Die Stammzellen müssen „in Übereinstimmung mit der Rechtslage im Herkunftsland dort vor dem 1. Januar 2002 gewonnen" sein; die dazu verwendeten Embryonen dürfen nicht explizit zu Forschungszwecken produziert worden sein; die Überlassung von Embryonen zur Stammzellgewinnung darf nicht kommerziell erfolgen.[34] Über die ordentliche Ausführung dieser Bestimmungen wacht eine eigens eingerichtete Ethik-Kommission mit Sitz beim Robert-Koch-Institut, der Anträge auf die Einfuhr embryonaler Stammzellen vorgelegt werden müssen.[35]

Dies erweist sich als ernsthaftes Bemühen der sozialen Institution, das ihr vorausliegende Symbolische, im Sinne einer auf dem Motiv des Kompromisses basierenden gesellschaftlichen Praxis der Institutionalisierung zu restituieren, die den Erfordernissen der Gegenwart gerecht zu werden beabsichtigt. Mit seinem ersten Artikel erreicht das Gesetz daher dreierlei: Es bekennt sich zum Embryonenschutz und setzt diesen konsequent um. Damit ermöglicht es die Restitution eines sozial Symbolischen des Humanums, das jetzt als Fundament normativer Prämissen in einer modernen Gesellschaft dienen kann. Das StZG tut sogar noch mehr, denn es beschränkt sich nicht auf den Gestaltungsraum der deutschen Legislative. Mit Paragraph 1, Art. 2 greift es zielstrebig auch auf das Ausland aus und sucht dort hergestellte Embryonen zu schützen, indem vermieden werden soll, „dass von Deutschland aus" die Gewinnung embryonaler Stammzellen „im Ausland" veranlasst wird. Festzuhalten ist, dass es sich beim StZG in keiner Weise um ein permissives Gesetz handelt, sondern um eines, das um normative Bestandswahrung bemüht ist. Dazu bezieht es sich auf einen Begriff des Humanums, welcher den Embryonenschutz deckt und der selbst nur durch Rekurs auf

---

[33] Vgl. StZG, §1, Art. 1–3.
[34] Vgl. StZG, §4, Art. 2.1a–c.
[35] Vgl. StZG, §7–9.

ein sozial Symbolisches zu halten ist. Zugleich erlaubt das StZG in den Paragraphen 4 & 5 die „Einfuhr und Verwendung embryonaler Stammzellen" und definiert die Bedingungen, die zu deren Realisierung wie auch zur Erlaubnis der „Forschung an embryonalen Stammzellen" gewährleistet sein müssen. Forschung ist demnach im wesentlich erlaubt, sofern „sie hochrangigen Forschungszielen [...] oder für die Erweiterung medizinischer Kenntnisse" dient."[36] Damit ist die Forschung an embryonalen Stammzellen zwar stark kanalisiert und überwacht; gleichwohl wird sie unter Rückgriff auf ethische Prämissen des Lebensschutzes ermöglicht, die nicht relativiert werden, sondern nur auf die spezifischen Bedürfnisse der Moderne und ihrer Forschung reagieren.

Die symbolische Pointe des StZG steckt in Paragraph 4, Art.2, Satz 1a. Dort heißt es, Einfuhr und Genehmigung embryonaler Stammzellen seien zulässig, wenn „die embryonalen Stammzellen in Übereinstimmung mit der Rechtslage im Herkunftsland dort vor dem 1. Januar 2002 gewonnen wurden und in Kultur gehalten werden oder im Anschluss daran kryokonserviert gelagert werden."[37] Dies ist die sogenannte Stichtagsregelung des StZG, die sich nur dann erschließt, wenn man sich vergegenwärtigt, dass das Gesetz erst am 28. Juni 2002 beschlossen wurde, also gut ein halbes Jahr nach dem als Stichtag gesetzten Termin. Auch die am 11. April 2008 beschlossene Novellierung des Gesetzes verfährt so und wählt als Stichtag den 1. Mai 2007. Genau in diesem Vorgehen, in der zeitlichen Rückverlegung des Stichtags zur Herstellung jener Stammzellen, deren Einfuhr nach Deutschland erlaubt werden kann, erschließt sich die Implementierung eines Symbolischen mit den Mitteln der Moderne.

Über die Rückverlagerung in der Zeit distanziert sich die ethische Liminalität, von der Gegenwart. Die zeitliche Enthobenheit setzt das Symbolische wieder in einen vorgängigen Status ein und produziert mit den Mitteln einer artifiziellen Kultur eine Imagination der Herkunft ethischer Standards, wie sie für ein funktionierendes soziales Symbolisches bedeutsam ist. Nicht nur kann so das Humanum als essentiell Symbolisches der Gesellschaft gewahrt bleiben, sondern insbesondere auch die an dieses Humanum geheftete Ethik, die letztlich durch keinen Akt der Reflexion begründbar wäre. Während aber durch diesen Schachzug das Symbolische dem unmittelbaren Zugriff von Kultur und Gesellschaft wieder entrückt ist und erneut produktiv werden kann, verhält es sich zur Gesellschaft dennoch nicht länger exterritorial. Im Gegenteil, seine Implementierung durch die soziale Institution der Legislative macht es klar tangierbar. Insofern bedeutet das StZG auch die Vergesellschaftung des Symbolischen, das nunmehr dezidiert Teil der so-

---

[36] StZG, §5.1.
[37] StZG, §5.2 (1.a).

zialen Figuration wird und zwar indem es als das soziale Apriori schlechthin fungiert. Dennoch kann nur ausgesprochen eingeschränkt Zugriff auf das Symbolische genommen werden, nämlich über die Institution, die es auch implementiert hat: die Legislative. Als Parlament hat diese selbst eine symbolische Funktion inne. Indem das sozial Symbolische somit auch als ein Vergesellschaftetes noch in den Zirkel symbolischer Bedeutungen eingeschrieben bleibt, lässt es sich in Gesellschaft erfolgreich als moderne, säkularisierte Variante symbolischer Bedeutungsmuster verstehen. Damit markiert es deutlich, dass sich nunmehr auch die Moderne der Bedeutung symbolischer Vorannahmen von Gesellschaft bewusst wird. Wolf-Michael Catenhusen hat diesen Gedanken in der Debatte zur Stammzellforschung formuliert: „Wir sind als Menschen dazu verurteilt, Maßstäbe für einen verantwortlichen Umgang mit dem, was die Wissenschaft an erwarteten und an unerwarteten Ergebnissen hervorruft, zu entwickeln, oder wir versagen als Menschen."[38] Getragen wird diese säkularisierte, moderne Variante des Symbolischen von der Praxis des Kompromisses, die es einer sozialen Figuration erlaubt, noch aus einem rigiden Unvernehmen heraus ein Einvernehmen herzustellen, das die Einigung auf die symbolische Grundlegung gesellschaftlicher Praxis ebenso anzeigt, wie es Handlungsoptionen in einer plural verfassten Gesellschaft aufzeigt. Das Unvernehmen der Gesellschaft selbst kann schließlich auf dieser Grundlage erst wirklich performativ und ausgetragen werden.

Literaturhinweise

Böhme, Gernot: Über die Natur des Menschen, in: Die Zukunft des Menschen. Philosophische Ausblicke, hg. von *Günther Seubold*, Bonn 1999.

Brewe, Manuela: Embryonenschutz und Stammzellgesetz. Rechtliche Aspekte der Forschung mit embryonalen Stammzellen, Berlin 2006.

Cassirer, Ernst: Versuch über den Menschen (1944), Hamburg 1996.

Castoriadis, Cornelius: Gesellschaft als imaginäre Institution (1975), Frankfurt a.M. 1990.

Catenhusen, Wolf-Michael (SPD): Plenarprotokoll 14/214, Stenographischer Bericht, S. 21233 (D), hg. von Deutscher Bundestag.

Coser, Lewis: Theorie sozialer Konflikte, Neuwied 1965.

Eichhorn, Maria (CDU/CSU): Plenarprotokoll 14/214, Stenographischer Bericht, S. 21220 (A), hg. von Deutscher Bundestag.

---

[38] *W.-M. Catenhusen* (SPD), Plenarprotokoll 14/214, Stenographischer Bericht, S. 21233 (D), hg. von Deutscher Bundestag.

Elias, Norbert: Die Gesellschaft der Individuen, Frankfurt a.M. 2003.

Ders.: Die höfische Gesellschaft, Frankfurt a.M. 2002.

Habermas, Jürgen: Die Zukunft der menschlichen Natur. Auf dem Weg zu einer liberalen Eugenik?, Frankfurt a.M. 2001.

Ders.: Zwischen Naturalismus und Religion, Frankfurt a.M. 2005.

Isensee, Josef: Der grundrechtliche Status des Embryos, in: *Otfried Höffe/Ludger Honnefelder/Josef Isensee/Paul Kirchhof*, Gentechnik und Menschenwürde. An den Grenzen von Ethik und Recht, Köln 2002.

Kues, Hermann (CDU/CSU): Plenarprotokoll 14/214, Stenographischer Bericht, S. 21195 (A), hg. von Deutscher Bundestag.

Marquard, Odo: Philosophie des Stattdessen, Stuttgart 2000.

Rau, Johannes: Wird alles gut? – Für einen Fortschritt nach menschlichem Maß, in: *Siegrid Graumann* (Hg.), Die Genkontroverse. Grundpositionen, Freiburg i.Brsg. 2001, S. 14–29.

Renesse, Margot von (SPD): Plenarprotokoll 14/214, Stenographischer Bericht, S. 21196 (A), hg. von Deutscher Bundestag.

Rossmann, Ernst Dieter (SPD): Plenarprotokoll 14/214, S. 21218 (B), hg. von Deutscher Bundestag.

Stammzellgesetz: §5.1; §5.2(1.a); §1, Art. 1–3; §4, Art. 2.1a–c; §7–9.

Tenbruck, Friedrich: Perspektiven der Kultursoziologie. Gesammelte Aufsätze, Opladen 1996.

Vattimo, Gianni: Jenseits des Christentums. Gibt es eine Welt ohne Gott?, München/Wien 2004.

Wodarg, Wolfgang (SPD): Plenarprotokoll 14/214, S. 21202 (C), hg. von Deutscher Bundestag.

III. „Biowissenschaften" und Leben

Cornelius Borck

Transformation der Medizin zur Biomedizin

Die Vorsilbe *Bio* hat Konjunktur. Aus Naturkost-Ideen weltfremder Phantasten ist ein veritabler Industriezweig geworden. Längst beschränkt sich das Prädikat nicht mehr nur auf eine Auszeichnung für Gemüse und Brot. Von Reinigungsmitteln über Farben und Lacke bis zu Baumaterialien, Betten und Teppichen finden sich Bio-Varianten inzwischen bei fast jedem Produkttyp, und sogar Autos und Stadtbusse fahren mit „Biodiesel" oder „Biostrom". Aber ausgerechnet dort, wo Menschen nicht als Kunden, Käufer oder Konsumenten agieren, sondern mit ihrem biologischen Körper in seiner organischen Natürlichkeit und menschlichen Krankheitsanfälligkeit im Zentrum stehen sollten, verkehrt sich die Wortbedeutung in ihr Gegenteil. Denn „Bio" steht hier nicht für die dynamische Allianz mit einer vermeintlich unverfälschten Natur, sondern vielmehr für eine besondere Parteinahme der Medizin für die hoch technisierten Naturwissenschaften, die modernen Lebenswissenschaften Biochemie, Molekularbiologie und Genetik. „Biomedizin" akzentuiert jene spezifische Form naturwissenschaftlich fundierter und technisch instrumentierter Medizin, die in westlichen Industrieländern nach Ende des Zweiten Weltkriegs im Dreieck von staatlicher Forschungsförderung, universitärer Krankenversorgung und privatwirtschaftlicher Pharmaindustrie entstanden ist.

Das Wort Biomedizin ist eine Übertragung aus dem Englischen, wo *biomedicine* im Zusammenhang mit der Entwicklung der Atombombe aufkam und z.B. ab 1948 die medizinische Forschungsabteilung von Los Alamos bezeichnete, wie Alberto Cambrosio und Peter Keating in ihrer grundlegenden Studie zur Biomedizin rekonstruiert haben.[1] Ab den späten 1950er Jahren fungierte das Wort zunehmend als Bezeichnung für die damals gerade aufkommende Erforschung der biochemisch-molekularen Grundlagen von Gesundheitsstörungen.[2] Im amerikanischen Wissenschaftsjournal *Science*

---

[1] *P. Keating/A. Cambrosio*, Biomedical Platforms: Realigning the Normal and the Pathological in Late-Twentieth-Century Medicine, Cambridge, Mass. 2003.
[2] So hieß es etwa im Journal *Tubercology* in einer Rezension ganz selbstverständlich: „Here is an up-to-date consideration [...] of biochemical reactions which will fascinate the scientific minded student of biomedicine." (zitiert nach A.I.B.S. Bulletin vom April 1957, S. 10).

z.B. wurde es 1960 nach dem Wahlsieg von John F. Kennedy gewählt, um den erwarteten neuen Schwerpunkt auf naturwissenschaftlicher Grundlagenforschung an den Universitäten zu bezeichnen.[3] Mit ähnlicher Zielsetzung gründete die American Medical Association (AMA) 1963 ein *Institute for Biomedical Research*, einen Laborkomplex für über 80 Wissenschaftler in den oberen Etagen ihres Hauptsitzes in Chicago. Raymond McKeown, Initiator des Projekts und Präsident der Education and Research Foundation der AMA, formulierte als Forschungsziel: „The institute will concern itself with intensive and fundamental study of life processes particularly as related to intracellular mechanisms."[4] Entsprechend gehörten zum Institut weder eine Klinik noch Ausbildungsprogramme für Ärzte. Bis zum Ende der 1960er Jahre avancierte *Biomedicine* dann zum Rubrikennamen für medizinische Erforschungen, Entdeckungen und Erfindungen im *Science News Yearbook*, und auch die amerikanische Raumfahrtbehörde nannte ihre medizinischen Forschungen ab jener Zeit ein „space biomedical research program".

Einen zweiten Strang in der Genealogie von „biomedicine" stellen dessen Verwendungen im Rahmen der Einführung von elektronischen Techniken der Informationsverarbeitung in die Medizin dar. Auch hier fallen die wesentlichen Entwicklungen in die 1960er Jahre, weshalb 1970 eine Zeitschrift mit dem Titel *Computer Programs in Biomedicine* gegründet werden konnte, in dessen Editorial es hieß: „Being basically interdisciplinary, biomedical research reflects the whole spectrum of computer usage ranging from process control applications to complex theoretical model studies on large scale computers."[5] Zunächst waren es aber weniger die experimentellen Forschungen als vor allem jene Zweige der Biomedizin, die mit großen deskriptiven Datenmengen zu tun hatten, in denen Computer zur Informationsverarbeitung herangezogen wurden, also vor allem Epidemiologie und Statistik sowie die systematische Literaturerfassung.[6] Um trotz dem starken Anwachsen wissenschaftlicher Publikationen Einzelveröffentlichungen schnell auffinden und zur Verfügung stellen zu können, führte die National Library of Medicine im Jahr 1961 MEDLARS, das erste Computer-basierte *Medical Literature Analysis and Retrieval System*, mit dem Ziel ein: „To

---

[3] *H. M.*, The New Administration: It Faces a Number of Questions of Scientific Policy; No Easy Solutions in Sight, Science 132 (1960), No. 3437, S. 1382–1383.

[4] Zur Institutsgeschichte vgl. *P. Berg/M. Singer*, George Beadle, an Uncommon Farmer. Cold Spring Harbor, New York 2003, S. 289f.; das Zitat stammt aus *J. Walsh*, AMA: Convention Accents Positive by Announcing Research Institute, Reshaping Scientific Sections, Science 140 (1963), No. 3574, S. 1382–1383, hier: S. 1382.

[5] *W. Schneider*, Introduction, Computer Programs in Biomedicine 1 (1970), No. 1, S. 5–8, hier: S. 5.

[6] Auf diesem Gebiet erschien z.B. im Jahr 1964 erstmals *Olive J. Dunn*, Basic Statistics: a Primer for the Biomedical Sciences, New York [4]2009.

provide for prompt and efficient searching of a large computer store of information for citations to biomedical and biomedically related literature."[7] Das Herzstück des neuen „man-machine system" bildeten dabei die (bis heute benutzten) Medical Subject Headings (MeSH), die von eigens trainierten Spezialbibliothekaren von Hand in die Datenbank eingefüttert werden mussten. Aber was hier verschlagwortet wurde, hieß jetzt ganz selbstverständlich „Biomedizin".

Das Adjektiv *biomedical* hingegen ist deutlich älter. Gewissermaßen in Vorbereitung der späteren Verselbständigung als Substantiv wurde *biomedical* (bzw. *bio-medical*) zunächst meist zur Abgrenzung ihrer auf Grundlagenforschung zielenden Zweige von der klinischen Medizin verwendet.[8] Mit dieser Spezifizierung konnte *biomedical* schon Mitte der 1930er auch in kritischer Absicht benutzt werden, im Sinne einer Vernachlässigung sozialer und kultureller Aspekte von Gesundheitsproblemen.[9] Bereits hier bahnte sich also eine Bedeutung an, die dann vor allem in den medizinkritischen Diskursen der zweiten Hälfte des 20. Jahrhunderts wichtig werden sollte. Im Lichte dieser Kritik stand „Biomedizin" nun für die Durchsetzung eines mechanistisch-reduktionistischen Krankheitsverständnisses anstelle einer „ganzheitlichen" Medizin. Damit unterstützte und forcierte Biomedizin jene „Enteignung der Gesundheit", die als These der Medikalisierung des Lebens seit den 1970ern für Furore sorgte und von Ivan Illich in seiner *Nemesis der Medizin* ihr pointiert formuliertes Porträt gefunden hat:[10] Mit dem Aufstieg von Naturwissenschaften und Technik habe die Medizin seit dem 19. Jahrhundert für immer weitere Aspekte menschlichen Lebens ihre Zuständigkeit reklamiert und alternative Heilprofessionen bzw. religiöskulturelle Deutungen zurückgedrängt, bis sie ihre heutige Monopolstellung in der Krankenversorgung bzw. hinsichtlich der Deutung von Gesundheit und Krankheit erlangt habe. Auf diese Weise sei in den modernen westlichen Gesellschaften jenes mächtige Konglomerat von Medizin, Gesundheitsbehörden und Pharmazeutischer Industrie entstanden, das in bis dato ungekannter Weise totalitär und globalisiert menschliche Körper beherr-

---

[7] L. Karel/C. J. Austin/M. M. Cummings, Computerized Bibliographic Services for Biomedicine, Science 148 (1965), No. 3671, S. 766–772, hier: S. 766.

[8] So wurde bereits im Jahr 1926 die Tagung der medizinischen Sektion der American Association mit einem Referat „Tendencies in Research in the Bio-Medical Sciences" eröffnet (zitiert nach: A. J. Goldforb, Program of the Section of Medical Sciences of the American Association, Science 64 (1926), No. 1662, S. 443–444, hier: S. 444). Analog auch J. Wallen Hunt, Periodicals for the Small Bio-Medical and Clinical Library, The Library Quarterly 7 (1937), No. 1, S. 121–140.

[9] J. L. Hypes, Review of „The Art and Science of Marriage", American Journal of Sociology 44 (1937), No. 4, S. 591–592.

[10] I. Illich, Limits to Medicine: Medical Nemesis: the Expropriation of Health, London 1976, auf deutsch zuletzt als Die Nemesis der Medizin: Die Kritik der Medikalisierung des Lebens, München [5]2007.

sche. Problematisch an der These der Medikalisierung ist weniger die Diagnose einer Monopolstellung als die implizite Zuweisung von Täter- und Opferrollen, mit der die Schwächeren nochmals entmündigt werden, etwa wenn Schwangere eindimensional zu Opfern genetischer Beratungen erklärt werden.[11] Diesem Problem entgehen Diskussionen im Anschluss an Michel Foucaults Begriff der Biopolitik, die auf die für die Moderne typische Internalisierung wissenschaftlich-technischer Handlungsrationalitäten abheben. Charakteristisch für die Gegenwart sei nicht einfach eine Ausweitung der Herrschaftsformen dank einer immer genaueren Erfassung, Charakterisierung und Disziplinierung des Körpers, sondern vor allem eine Form der Gouvernementalität, bei der diese Kontrolle zur Maxime der Selbstbestimmung und individuellen Vorsorge geworden sei.[12] In diesem Sinne seien moderne Gesellschaften – wie eine neue Zeitschrift programmatisch im Titel formuliert – zu *BioSocieties* geworden, in denen Individuen im Namen kollektiver oder individueller Gesundheitsimperative zuvörderst an sich selbst arbeiten.[13]

Der diskursive Übergang von der Medikalisierung zur Biopolitik beinhaltet dabei eine Perspektivenverschiebung, die für die Bestimmung von „Leben" von tiefgreifender Bedeutung ist: Die These von der Enteignung der Gesundheit hatte noch das Leben in seiner Unverfügbarkeit in Opposition zur Medizin mit ihren Techniken und Wissensordnungen zu positionieren gesucht. Hier galt Gesundheit vor ihrer Enteignung zugleich als eine historisch im Prozess der Modernisierung verschüttete bzw. zerstörte Lebensform und als Zielpunkt einer politischen Agenda. Denn im Lichte der Medikalisierungsthese blieb (gelingendes) menschliches Leben wesentlich bestimmt als autonomer Bereich je individueller körperlicher sowie psychosozialer Erfahrungen vor bzw. diesseits medizinischer Kontroll- und Erklärungsansprüche. Leben war hier gewissermaßen sich selbst immer schon unmittelbar und deshalb solange vertraut, bis die Enteignung durch die Medizin dazwischentrat, weil Menschen selbst Lebewesen sind und mit ihrem Körper am Lebensprozess teilhaben. Hinter der Diagnose einer mit der Moderne einsetzenden Enteignung von Leben und Gesundheit stand also eine letztlich ahistorische Konzeption von Leben, von der her überhaupt erst der historische Prozess als Zerstörung bestimmt werden konnte. Hiermit bricht Foucaults Diskursanalyse, die mit einem radikalen historischen Apriori zusammen mit den Wissensordnungen der Humanwissenschaften auch die Figur des Menschen, seine Subjektivität und schließlich das Leben

---

[11] *B. Duden*, Die Gene im Kopf – der Fötus im Bauch. Historisches zum Frauenkörper, Hannover 2002.
[12] *M. Foucault*, Die Geburt der Biopolitik: Vorlesung am Collège de France, 1978–1979, Frankfurt a.M. 2004. *T. Lemke*, Gouvernementalität und Biopolitik, Wiesbaden 2007.
[13] *P. Rabinow/N. Rose*, „Biopower Today", BioSocieties 1 (2006), S. 195–217.

selbst als historische Formationen begreift.[14] Biomedizin im Zeitalter der Biopolitik ist nicht die Unterwerfung eines von anders her bestimmten Lebenszusammenhangs unter die instrumentelle Rationalität von Wissenschaft, Technik und Politik, sondern ihr eignet eine wesentlich nichtantizipierbare Produktivität. Biomedizin richtet nicht Leben zu oder ab, sondern konstituiert Leben in seiner heute wirksamen Gestalt. – Wenn zeitgleich zur Biomedizin heute auch ganz buchstäblich Techniken gehören, neue Lebensformen zu konstruieren und in natürliche Umwelten freizusetzen, so treffen sich hier die Wirklichkeitspotenziale des biowissenschaftlichen wie des reflexionswissenschaftlichen Konstruktivismus.

In das Wort „Biomedizin" gehen also das Leben und die Medizin zwar zu scheinbar gleichen Teilen ein, aber spezifisch für sie – so ließen sich die bisherigen Ausführungen zu einer vorläufigen These zusammenfassen – ist dabei gerade, dass die Medizin mit ihren neuen technischen Interventionen und molekularbiologischen Erklärungen nicht nur das Leben in besonderer Weise affiziert bzw. zum Gegenstand therapeutischer Bearbeitung macht, sondern dass Biomedizin als Wissensform Leben gleichsam von innen neu erschließt. Nicht weil die Techniken immer perfekter werden, wird der Zugriff der Biomedizin auf das Leben total, sondern weil Biomedizin in neuer Weise bestimmt, was über das Leben heute gesagt, gedacht und mit ihm getan werden kann. Am Beginn des 21. Jahrhunderts markiert das Wort heute jene wechselseitige Durchdringung von Leben und Medizin, mit der das Leben selbst in den Horizont menschlicher Verfügbarkeit gerückt und damit zum politischen Gegenstand geworden ist.

I. Die Wende zur naturwissenschaftlichen Medizin

In seiner Grundbedeutung, die Medizin auf jenem festen Boden objektiver naturwissenschaftlicher Erkenntnisse neu zu begründen, wie sie die biologischen Wissenschaften über den Menschen zusammentragen, besiegelt das Wort Biomedizin eine Transformation medizinischer Praxis, die seit der zweiten Hälfte des 19. Jahrhunderts als klassischer Topos zum Selbstverständnis vor allem der akademischen Medizin aufstieg. Nach ersten Reformbemühungen aus der Medizin selbst heraus, wie sie vor allem für die Krankenhausmedizin um 1800 in Paris und Wien charakteristisch waren,[15]

---

[14] *M. Foucault*, Die Ordnung der Dinge [Les mots et les choses, Paris 1966], Frankfurt a.M. 1974, besonders Kap. 10, S. 413–462.

[15] Vgl. *M. Foucault*, Die Geburt der Klinik. Eine Archäologie des ärztlichen Blicks [Naissance de la clinique: une archéologie du regard médical, ²Paris 1972], München 1973; sowie

übernahmen spätestens mit der Generation der Schüler von Johannes Müller in Deutschland bzw. François Magendie in Frankreich die experimentellen Laborwissenschaften die Führungsrolle. Am Ende des Jahrhunderts war es breiter Konsens, dass die neue wissenschaftliche Medizin gar nicht umhin konnte, sich ebenfalls auf die Wissensstrategien der Laborwissenschaften zu stützen, und dazu eigene Laboratorien in die Kliniken zu integrieren hatte. Bernhard Naunyns oft zitiertes (aber von ihm selbst in dieser Form nur retrospektiv überliefertes) Diktum, die Medizin werde Wissenschaft sein oder nicht sein,[16] steht stellvertretend für den Glauben einer ganzen Generation deutscher bzw. in Deutschland ausgebildeter Universitätsmediziner. Spätestens mit dem Flexner-Report von 1910, der eine katastrophale Lage der medizinischen Ausbildung in den USA konstatierte und als Reform eine Übernahme des deutschen Systems empfahl, wie es allenfalls an der damaligen Reformuniversität Johns-Hopkins realisiert war, erlangte das Modell einer wissenschaftlichen Medizin Weltgeltung.

Bis zur Jahrhundertwende bedeutete dieses Medizin-Reformprogramm zu allererst einen Glauben an die „Nothwendigkeit einer entschieden wissenschaftlichen Richtung in derselben", wie Wilhelm Roser und Carl August Wunderlich schon 1842 gefordert hatten.[17] Und anfangs konnte damit wenig mehr gemeint sein als eine Abkehr von klinischem Pragmatismus oder vermeintlich spekulativen Systemen. Denn an positiv formulierbaren Thesen beinhaltete wissenschaftliche Medizin nur die Behauptung, Krankheiten seien keine Entitäten sui generis, sondern pathophysiologische Prozesse, die denselben Gesetzen unterworfen seien wie alle Naturprozesse. Diese grundsätzliche Übertragbarkeit der naturwissenschaftlichen Methodik auf die Medizin erhob der französische Physiologe Claude Bernard 1865 in seiner berühmten *Einleitung in das Studium der experimentellen Medizin* zum Dogma, weshalb sein Text bis weit ins 20. Jahrhundert als Referenzwerk und Charta biowissenschaftlicher Forschung fungierte:

„Für den Physiker ist die Bewegung jedes Rädchens determiniert durch unabänderliche physikalisch-chemische Bedingungen, deren Gesetze er kennt. Ebenso findet der Physiologe, wenn er in das innere Milieu der lebenden Maschine hineinsehen kann, dort einen absoluten

---

E. *Ackerknecht*, Medicine at the Paris Hospital: 1794–1848, Baltimore 1967 und E. *Lesky*, Die Wiener medizinische Schule im 19. Jahrhundert, Graz 1965.

[16] B. *Naunyn*, Ärzte und Laien, in: Gesammelte Abhandlungen, 2 Bd., Würzburg 1909, S. 1327–1355, hier: S. 1348.

[17] W. *Roser/C. A. Wunderlich*, Über die Mängel der heutigen deutschen Medicin und über die Nothwendigkeit einer entschieden wissenschaftlichen Richtung in derselben, Archiv für physiologische Heilkunde 1: I–XXX, 1842, wiederabgedruckt in: K. E. *Rothschuh* (Hg.), Was ist Krankheit? Erscheinung, Erklärung, Sinngebung, Darmstadt 1975, S. 45–71.

Determinismus, der für ihn zur wahren Grundlage der Wissenschaft von den lebenden Körpern werden muss."[18]

Die Erforschung von Modellorganismen bzw. von Teilpräparationen von Versuchstieren unter den künstlichen Bedingungen des Experiments sollte so weitgehend Aufschluss über das Leben geben, dass damit zugleich Ansatzpunkte für wirkungsvolle therapeutische Interventionen abgeleitet werden könnten.

Allerdings klafften hier über längere Zeit Anspruch und Wirklichkeit auseinander, und die mit den Laborwissenschaften beobachteten Regelmäßigkeiten wurden eher tentativ zu „Gesetzen" erklärt, denn hier mussten mehr noch als bei ihren Vorbildern aus der Physik oftmals zahlreiche Ausnahmen die Regel bestätigen. Zwar erwiesen sich nicht alle biologischen Gesetze als so fiktiv wie Ernst Haeckels „biogenetisches Grundgesetz" einer Rekapitulation der Evolution in der Ontogenese,[19] aber selbst ein experimentell umfassend untersuchtes und streng korreliertes Phänomen wie die Steigerung der Herzleistung mit dem Füllvolumen – das sogenannte Frank-Starling-Gesetz – markiert eher einen komplexen Regulationszusammenhang als einen durch eine mathematische Formel gegebenen Kausalzusammenhang. Hier tritt als eine Eigenart biologischer Naturgesetze hervor, dass deren Analyse zwar zu bedingenden Faktoren führt, aber statt bei ersten Ursachen bei immer komplexeren Netzen untereinander wechselwirkender Größen anlangt.[20] In Folge dessen haben die physiologischen Forschungsprogramme die lange Zeit so bohrende Frage nach der Besonderheit des Lebens im Laufe des 19. Jahrhunderts regelrecht in der Analyse seiner Einzelaspekte und Prozessualität zersetzt. Bis schließlich ein Physiker die Beantwortung der „alten Frage" *Was ist Leben?* in dem Moment für sein Fach reklamieren konnte, als das Leben zum Gegenstand technischer Manipulierbarkeit bis hin zu seiner totalen Auslöschung geworden war.[21] Was immer sich einmal hinter dieser Frage verborgen hatte, hier manifestierte sich, wie die Natur-

---

[18] *C. Bernard*, Einführung in das Studium der experimentellen Medizin [Introduction à l'étude de la médecine expérimentale, Paris 1865], Leipzig 1961, S. 118; s.a. *É. C. Wolff et al.* (Hg.), Philosophie et méthodologie scientifique de Claude Bernard, Paris 1967.

[19] *N. Hopwood*, Pictures of Evolution and Charges of Fraud: Ernst Haeckel's Embryological Illustrations, Isis 97 (2006), S. 260–301.

[20] *H. Starling/M. B. Vischer*, The Regulation of the Output of the Heart, Journal of Physiology 62 (1927), S. 243–261; vgl. hierzu *M. Hampe*, Eine kleine Geschichte des Naturgesetzbegriffs, Frankfurt a.M. 2007, besonders seiner Analyse der Mendelschen Regeln als „Gesetze der Genetik", S. 165–170.

[21] *E. Schroedinger*, Was ist Leben? Die lebende Zelle mit den Augen des Physikers betrachtet, Bern 1946 bzw. dazu *M. P. Murphy/L. A. J. O'Neill* (Hg.), Was ist Leben? Die Zukunft der Biologie: Eine alte Frage in neuem Licht – 50 Jahre nach Erwin Schrödinger, Heidelberg 1997.

wissenschaften mit ihrem Erklärungsanspruch die Phänomene selbst transformieren.

Besonders im Hinblick auf seine Effekte für eine Konzeptualisierung von Leben muss das theoretische Programm einer Biomedizin also historisch als ein vergleichsweise langfristiger, strukturbildender Prozess angesetzt werden, der lange vor dem jüngsten Aufstieg der Biowissenschaften zu Leitdisziplinen des wissenschaftlich-technischen Fortschritts eingesetzt hat und letztlich zurückgeht auf die im 19. Jahrhundert beginnende Experimentalisierung des Lebens.[22] In dieser längerfristigen Perspektive ist die Biomedizin gekennzeichnet durch die These einer exklusiven Zuständigkeit naturwissenschaftlicher Forschungsmethoden für medizinische Fragen und Probleme. Biomedizin unterscheidet sich damit sowohl von einer rein empirisch-pragmatisch verfahrenden klinischen Praxis (wofür vor allem die vielen nicht-akademisch ausgebildeten Praktiker auf dem Markt konkurrierender Heiler von den Fachvertretern angeklagt wurden), als auch von einer autochthonen, sich auf eine ehrwürdige Tradition oder dogmatische Wahrheiten stützenden Medizin, worunter die Apostel der wissenschaftlichen Heilkunde zunächst vor allem die Hippokratischen Kliniker bekämpften, später dann auch die Homöopathen, Anthroposophen und esoterische Heilkundige.

Mindestens bis zur Entstehung der Mikrobiologie, der Entdeckung der Röntgenstrahlen und dem Beginn biochemischer Forschungen handelte es sich bei dem Projekt einer physiologisch fundierten Medizin allerdings weitgehend um reine Theorie, denn trotz aller Fortschritte bei der Beschreibung physiologischer Prozesse folgte aus der Experimentalisierung der Forschung keineswegs automatisch eine klinisch ergiebige Pathophysiologie. Aber da die Lebenswissenschaften inzwischen enorm an Prestige gewonnen hatten, erwies sich dieses Programm als sozialpolitisch äußerst erfolgreich, um Ärzten den Aufstieg von der vergleichsweise marginalen Rolle eines verständigen Beistandes für individuelle Patienten zum gesellschaftlich anerkannten Experten für Gesundheit und Krankheit zu ermöglichen, bis einer ihrer prominentesten Vertreter sogar erklären konnte Politik sei „weiter nichts als Medicin im Großen".[23] Es war wesentlich diese neue Machtposition gesellschaftlich sanktionierten Wissens, die Ärzte am Ende des 19.

---

[22] *H.-J. Rheinberger/M. Hagner* (Hg.), Die Experimentalisierung des Lebens: Experimentalsysteme in den biologischen Wissenschaften 1850/1950, Berlin 1993.

[23] *R. Virchow*, Der Armenarzt, in: Sämtliche Werke, hg. von *C. Andree*, Bd. 28, 1, Hildesheim 2006, S. 34. Immerhin war Rudolf Virchow nicht nur als Abgeordneter sozialreformerisch aktiv gewesen, sondern hatte als Rektor der Berliner Universität später den Kaiser im Reich der Wissenschaft empfangen können. Zum gesellschaftlichen Aufstieg der Ärzteschaft vgl. *C. Huerkamp*, Der Aufstieg der Ärzte im 19. Jahrhundert: Vom gelehrten Stand zum professionellen Experten, Göttingen 1985.

Jahrhunderts verleitete, in der neuen Form von Wissenschaftlichkeit Legitimation wie Ursache ihrer Kompetenz zu verorten.

Weil die neue Laborforschung im 19. Jahrhundert kaum therapeutischen Nutzen, sondern allenfalls diagnostische Innovationen brachte, bildete sich als Gegenstück zum neuen Glauben an die Wissenschaftlichkeit eine konsequente Abwertung der Therapie heraus, der sogenannte *therapeutische Nihilismus*, für den vor allem der Wiener Arzt Josef Dietl mit seinem „Im Wissen nicht im Handeln liegt unsere Kraft" berüchtigt wurde.[24] Statt der auf das neue Laborwissen gestützten Inneren Medizin durchlief hingegen die Chirurgie dank Anästhesie und Antisepsis einen erstaunlichen Aufstieg und erweiterte ihr Interventionsgebiet dramatisch – ohne dass sie in gleicher Weise Ansprüche auf Wissenschaftlichkeit geltend machte, was allein schon die weiter bestehenden verschiedenen Ausbildungswege erschwerten. Geradezu mit lässiger Häme konnte deshalb ein Chirurg wie Ferdinand Sauerbruch 1926 auf die Überschätzung der vermeintlich exakten Naturwissenschaften durch seine internistischen Kollegen herabblicken und ihnen eine wahre Heilkunst entgegenhalten, die selbstverständlich den technischen Fortschritt nutze, aber die „Auswüchse exakter Naturwissenschaften in der Medizin" durch die Besinnung auf eine Goethesche Naturanschauung „auszurotten" suche.[25]

Das Narrativ einer seit dem 19. Jahrhundert durch ihre Wissenschaftlichkeit ausgewiesenen und in der Laborforschung objektiv begründeten Medizin prägt gleichwohl bis heute deren Selbstverständnis und wurde auch von der Medizingeschichtsschreibung weitgehend übernommen.[26] Eine wichtige Ausnahme bildet hier allerdings die französische, epistemologische Wissenschaftsgeschichte mit Georges Canguilhems großer Studie zum *Normalen und Pathologischen*, die Bernards Konzept des Pathologischen als bloßer Normabweichung die intrinsische Normativität des Lebendigen entgegenstellte, Michel Foucaults Analyse der neuen Klinik als paradigmatischer Wissensform der Moderne, die den Körper zum Sprechen bringt und den Patienten zum Schweigen verpflichtet, oder Bruno Latours Rekonstruktion der „Pasteurisierung Frankreichs", bei der gerade nicht-menschliche Akteure wie Mikroben und wissenschaftliche Repräsentationen zu den wichtigs-

---

[24] *J. Dietl*, [Vorwort zu] Practische Wahrnehmungen nach den Ergebnissen im Wiener Bezirkskrankenhaus, Zeitschrift der Kaiserlichen inneren Gesellschaft der Ärzte zu Wien 1 (1845), No. 2, S. 9–26, hier: S. 9.
[25] *F. Sauerbruch*, Heilkunst und Naturwissenschaft, Naturwissenschaften 14 (1926), S. 1081–1090.
[26] *R. Toellner*, „Die wissenschaftliche Ausbildung des Arztes ist eine Culturfrage..." Über das Verhältnis von Wissenschaftsanspruch, Bildungsprogramm und Praxis der Medizin, Berichte zur Wissenschaftsgeschichte 11 (1988), S. 193–205.

ten Akteuren zählten, die erst das Potenzial des mikrobiologischen Wissens von Louis Pasteur effizient mobilisierten.[27]

Ebenso wichtig hervorzuheben sind die unterschiedlichen gesellschaftlichen Kontexte allein schon in den verschiedenen westlichen Ländern. Die Vorreiterrolle von Laborforschungen in Frankreich und Deutschland bzw. der zeitlich daran anknüpfende Export medizinischer Biowissenschaften in andere Länder, allen voran die USA, sind bereits erwähnt worden.[28] Gleichzeitig bestanden die institutionellen Unterschiede in den verschiedenen Gesundheitssystemen weiter und führten zu national sehr unterschiedlichen Entwicklungsmustern der Medizin. Während etwa in den USA zusammen mit der neuen laborwissenschaftlichen Medizin Vollzeitpositionen in medizinischen Fakultäten und Universitätskrankenhäusern geschaffen wurden, blieb in Großbritannien ein Modell bestehen, bei dem gerade Führungspositionen in privatärztlicher Tätigkeit ausgeübt wurden. Entsprechend kam es dort nicht vor Ende des Zweiten Weltkriegs zur typischen Verschmelzung von Krankenhausmedizin und Laborwissenschaft, obwohl physiologische Institute wie die in London und Cambridge ohne Zweifel zu den international führenden zählten.[29]

Im Deutschland der Weimarer Republik wiederum führten die besondere Umbruchssituation nach dem verlorenen Ersten Weltkrieg, das Sozialversicherungswesen mit vergleichsweise gering bezahlten Kassenärzten und zahlreichen konkurrierenden, therapeutisch tätigen Praktikern sowie möglicherweise auch die relativ längere Geschichte einer als wissenschaftlich legitimierten Medizin zu heftigen Diskussionen um die nun als „Schulmedizin" wegen ihrer vermeintlich den Patienten missachtenden Einseitigkeit in Verruf geratenen wissenschaftlichen Medizin. Diese Kritik kam sogar aus den eigenen Reihen wie im Fall von Erwin Liek, dessen entsprechende Bücher sich blendend verkauften.[30] In dieser Debatte wurde wahlweise eine Rückbesinnung auf eine verloren geglaubte „ärztliche Kunst", alternative

---

[27] G. *Canguilhem*, Das Normale und das Pathologische, München 1974; M. *Foucault*, Die Geburt der Klinik: Eine Archäologie des ärztlichen Blicks, München 1973; B. *Latour*, The Pasteurization of France, Cambridge Mass. 1988.

[28] Vgl. A. *McGehee Harvey*, Science at the Bedside: Clinical Research in American Medicine 1905–1945, Baltimore 1981.

[29] C. *Lawrence*, Clinical Research, in: J. *Krige* (Hg.), Science in the Twentieth Century, Amsterdam 1997, S. 439–459; J. *Sadler*, Ideologies of ‚Art' and ‚Science' in Medicine: The Transition from Medical Care to the Application of Technique in the British Medical Profession, in: W. *Krohn*/E. T. *Layton Jr.*/P. *Weingart* (Hg.), The Dynamics of Science and Technology: Social Values, Technical Norms and Scientific Criteria in the Development of Knowledge, Dordrecht 1978, S. 177–215.

[30] H.-P. *Schmiedebach*, Der wahre Arzt und das Wunder der Heilkunde: Erwin Lieks ärztlich-heilkundliche Ganzheitsideen, in: H.-H. *Abholz u.a.* (Hg.), Der ganze Mensch und die Medizin, Hamburg 1989, S. 33–53.

Heilverfahren oder die Neue deutsche Heilkunde des sich ankündigenden Nationalsozialismus propagiert.

Gleichzeitig formierte sich im Deutschland der 20er Jahre eine eigenständige philosophische Anthropologie, die die Frage nach dem Menschen im Horizont von Medizin und Lebenswissenschaften reflektierte. Autoren wie Max Scheler, Arnold Gehlen und vor allem Helmuth Plessner argumentierten in expliziter Bezugnahme auf Einsichten aus den Lebenswissenschaften gegen eine einseitig naturwissenschaftliche Feststellung des Menschen und für dessen letztlich biologisch begründete geistig-soziale Freistellung.[31] Hieran knüpften wiederum Mediziner wie Viktor von Weizsäcker mit einer nun medizinischen Anthropologie an,[32] aus der die besondere Form einer klinisch-internistischen (statt psychoanalytisch-psychotherapeutischen) Psychosomatik hervorging, wie sie insbesondere in der Bundesrepublik der Nachkriegszeit Fuß fassen konnte und die deshalb in gewisser Hinsicht einen deutschen Sonderweg in der Medizin markiert.[33] Zum Erfolg dieser Psychosomatik in der Bundesrepublik hat sicher auch die mörderische Radikalisierung der Medizin im Namen eines rassistischen Biologismus während der Zeit des Nationalsozialismus beigetragen. Es dürfte diesen besonderen Entwicklungslinien geschuldet sein, dass das Wort Biomedizin erst als Rückimport aus den USA in die Nachkriegsbundesrepublik eingeführt wurde, auch wenn damit eine Form von wissenschaftlich begründeter Medizin gemeint war, deren Protagonisten einst im deutschen Kaiserreich als ausländische Gastärzte ausgebildet worden waren.

II. Die Zeit der heroischen Biomedizin und die Vision einer individualisierten Therapie

Von dem bis hier entfalteten, mehr programmatischen Verständnis von Biomedizin im Sinne einer historischen Tiefenstruktur lässt sich eine zweite, historisch engere Bedeutung des Wortes abgrenzen, die sich spezifisch auf jene Form von Medizin bezieht, wie sie sich nach dem Zweiten Weltkrieg vor allem in den nun wissenschaftlich-technisch führenden USA herausgebildet hat. In diesem Sinne hat z.B. Jean Paul Gaudillière die Biome-

---

[31] Vgl. hierzu jetzt *H.-P. Krüger/G. Lindemann* (Hg.), Philosophische Anthropologie im 21. Jahrhundert, Berlin 2006.

[32] *U. Benzenhöfer*, Der Arztphilosoph Viktor von Weizsäcker, Göttingen 2007.

[33] *M. Hagner*, Naturphilosophie, Sinnesphysiologie, Allgemeine Medizin: Wendungen der Psychosomatik bei Viktor von Weizsäcker, in: *M. Hagner/M. Laubichler* (Hg.), Der Hochsitz des Allgemeinen: Das Allgemeine als wissenschaftlicher Wert, Zürich 2006, S. 315–336.

dizin als das Zusammentreffen der folgenden drei Tendenzen in den Jahren 1945–65 beschrieben:[34]

– Eine Molekularisierung der Medizin, die lange vor den ersten Ambitionen in Richtung auf eine genetische Medizin mit den Erfolgen der chemisch-molekularen Identifizierung körpereigener Wirkstoffe und der molekularen Synthese künstlicher Pharmaka einsetzte.

– Die Einführung von Tiermodellen, Zellkulturen und Modellsystemen, mit denen Stellvertreter menschlicher Krankheiten unter Laborbedingungen kultiviert und auf die sie kontrollierenden Parameter hin studiert werden konnten. Auf diese Weise sollten die je individuellen Besonderheiten, Zufälligkeiten und Unzugänglichkeiten eines speziellen Patientenfalls experimentell umgangen und in standardisierte Bedingungen überführt werden können.

– Sowie schließlich eine Experimentalisierung der Klinik selbst, wodurch die therapeutische Intervention von einer theoretisch unproblematischen Anwendung theoretisch-experimentell gesicherten Wissens zu einem in seinen Folgen nicht vollständig vorhersehbaren experimentellen Akt wurde, der nun seinerseits umfassender Kontrolle, Protokollierung, Dokumentation und statistischer Auswertung bedurfte.

In Folge dieser drei Trends sei das biologische Labor – so Gaudillière – tatsächlich zum zentralen Ort geworden, an dem die Ursachen pathologischer Prozesse entdeckt, manipuliert und kontrollierbar gemacht würden.

Die Gründe für diese Transformation der Medizin nach dem Zweiten Weltkrieg sind sicher vielfältig. Spektakuläre Erfolge z.B. bei der Beherrschung von Infektionen durch das seit Kriegsende in industriellem Maßstab hergestellte Penicillin führten zu einem enormen Fortschrittsoptimismus in der Medizin selbst wie bei der entsprechend mobilisierten Öffentlichkeit. Vor allem in den USA begann nach dem Krieg der Staat massiv die biologische Grundlagenforschung zu finanzieren, nachdem dies bis dahin fast ausschließlich die Domäne philanthropischer Stiftungen, allen voran der Rokkefeller Foundation gewesen war.[35] In den Jahrzehnten nach 1945 wurde das Forschungsbudget in den Biowissenschaften mehr als hundertfach gesteigert, in Form der Biomedizin partizipierte die Medizin an der neuen „Big Science".[36] In diesem Zusammenhang ist auch auf den neuen Typ interdisziplinär-kooperativer Forschung hingewiesen worden, wie er durch

---

[34] *J.-P. Gaudillière*, Inventer la biomédicine: la France, l'Amérique et la production des savoirs du vivant (1945–1965), Paris 2002.
[35] *R. Brown*, Rockefeller Medicine Men: Medicine and Capitalism in America, Berkeley, L.A. 1979.
[36] Vgl. *R. C. Maulitz/D. E. Long* (Hg.), Grand Rounds: 100 Years of Internal Medicine, Philadelphia 1988; *P. Galison/B. Hevly* (Hg.), Big Science: the Growth of Large-Scale Research, Stanford, California 1992.

die massive Rekrutierung von Wissenschaftlern für den Kriegseinsatz bedingt war und der auch nach dem Krieg die Grenzen zwischen Wissenschaft und Technik bzw. zwischen Grundlagenwissenschaft und angewandter Forschung mindestens durchlässiger gemacht, wenn nicht gar aufgehoben hat.[37] In Folge einer Reorganisation der Forschung sei eine neuartig interdisziplinäre und stärker auf Anwendung denn auf akademische Kontexte bezogene Formation von Forschung entstanden, die Technowissenschaft – wobei der Ausdruck gleichermaßen auch auf die nun zentrale Rolle innovativer Techniken für neue wissenschaftliche Erkenntnisse und Theorien bezogen werden kann.[38]

Schließlich partizipierte die Medizin auch an den revolutionären Fortschritten einer molekularen Beschreibung der Lebensprozesse und den damals neuen Theorien ihrer genetischen Steuerung.[39] In dieser Perspektive scheint die Biomedizin im 20. Jahrhundert regelrecht gerahmt von der molekularbiologischen Erschließung des Lebens, wie sie mit der Prägung des Gen-Begriffs am Jahrhundertanfang begann, der Bestimmung der Struktur der DNS im Jahre 1953 bestätigt wurde und dem humanen Genomprojekt an der Jahrtausendwende vermeintlich ans Ziel kam. Der Biomedizin galten entsprechend die Identifizierung der Vererbung und molekularen Verursachung einzelner Stoffwechselkrankheiten und generell die Genetik als besonders zukunftsweisende Durchbrüche. Aber auch die Hormon- und Vitamin-Forschung waren an diesem neuen Nexus von molekularer Biochemie und Klinik situiert, entsprechend kam es auch hier zu intensiven Forschungen und großen Erwartungen.

Mehr noch als solche einzelnen Fortschritte bei der Erforschung von Krankheiten scheint die Biomedizin der Nachkriegszeit jedoch durch eine spezifische Mentalität technischer Machbarkeit geprägt, für die nun kein Projekt zu groß oder zu anspruchsvoll war, um nicht mit der Hoffnung auf Lösung in Angriff genommen zu werden. Bereits Anfang der 1950er Jahre wurden die sogenannte künstliche Niere und die Herz-Lungen-Maschine in der Klinik zum Einsatz gebracht, gleichzeitig begann mit den ersten Nierenverpflanzungen das Zeitalter der Organtransplantation – trotz einer zu-

---

[37] *S. S. Schweber*, The Mutual Embrace of Science and the Military: ONR and the Growth of Physics in the United States after World War II, in: *E. Mendelsohn/M. R. Smith/P. Weingart* (Hg.), Science, Technology and the Military, Dordrecht 1988, S. 3–46; *B. Rappert/B. Palmer/J. Stone*, Science, Technology, and the Military: Priorities, Preoccupations, and Possibilities, in: *E. J. Hackett/O. Amsterdamska/M. Lynch/J. Wajcman* (Hg.), The Handbook of Science and Technology Studies, Cambridge, Mass. 2008, S. 719–739.

[38] *J.-P. Gaudillière*, Making Mice and Other Devices: The Dynamics of Instrumentation in American Biomedical Research (1930–1960), in: *B. Joerges/T. Shinn* (Hg.), Instrumentation Between Science, State and Industry, Dordrecht 2001, S. 175–196.

[39] *E. Fox Keller*, The Century of the Gene, Cambridge, Massachusetts 2000; *L. E. Kay*, Who Wrote the Book of Life? A History of the Genetic Code, Stanford, California 2000.

nächst geradezu makaber geringen Erfolgsrate. Spätestens als 1967 Christiaan Barnard mit enormem Medienecho das erste menschliche Herz einem Patienten implantierte, schien die Medizin bei einer vollständigen Beherrscharbeit des Lebens angelangt.[40] Dieser vorläufige Gipfelpunkt des technischen Optimismus fiel wohl kaum zufällig in die Zeit des Apollo-Projekts. Wenn es gelungen war, das Leben des Menschen durch künstliche Schutzvorrichtungen und technische Apparate so an die lebensfeindliche Umwelt des Weltalls anzupassen, dass Menschen zum Mond fliegen, dort spazieren gehen und auch noch heil wieder zur Erde zurückkommen konnten, dann schien es nur noch eine Frage der Zeit, bis für die vergleichsweise überschaubaren Probleme hier auf der Erde wissenschaftlich-technische Lösungen bereitstanden.

Allerdings stellte sich schnell heraus, dass die klinische Wirklichkeit weitaus zwiespältiger war, weshalb die Biomedizin ihre Kontrolle über das Leben zunächst auf einem anderen Feld umso effektvoller demonstrierte, der Hormonforschung. Im Jahr 1960 wurde die Antibabypille in den USA zugelassen, ein Jahr später in der Bundesrepublik. Die wesentlich länger schon bestehenden Forschungen zur künstlichen Befruchtung gelangten zwar erst 1978 mit der Geburt des ersten „Retortenbabys" zum Durchbruch, aber mit mehr als zwei Millionen geborenen Kindern ist hier ebenfalls inzwischen ein komplexes neues Einsatzfeld biomedizinischer Forschungen entstanden.[41] Künstlicher Organersatz, eine technisch hochgerüstete Intensivmedizin, Entwicklung von Antibabypille und von Techniken zur künstlichen Befruchtung mussten den Eindruck entstehen lassen, Wissenschaft und Technik garantierten schon in naher Zukunft eine perfekte Kontrolle über das Leben und mit ihrer Hilfe würde sich die Biomedizin nun des Lebens in seiner Totalität von der Zeugung bis zum Tod ermächtigen.

Ein anschauliches Beispiel für diesen Zeitgeist lieferte die Thematisierung von Gesundheitserziehung bei der Weltausstellung 1967 in Montreal. Hier bildete „Biomedizin" ganz selbstverständlich das Thema eines entsprechenden Pavillons, in dem neben einem begehbaren Modell einer Zelle als quasi-industrieller chemischer Produktionsanlage auch ein Schaukasten mit diversen Prothesen als „Ersatzteillager" für erkrankte Organe gezeigt wurde.[42] Außerdem wurde das Publikum über Hormone als Mittel der Wahl zur

---

[40] *T. Schlich*, Die Erfindung der Organtransplantation: Erfolg und Scheitern des chirurgischen Organersatzes (1880–1930), Frankfurt a.M. 1998; *S. E. Lederer*, Flesh and Blood: Organ Transplantation and Blood Transfusion in Twentieth-Century America, Oxford 2008.
[41] *C. Schreiber*, Natürlich künstliche Befruchtung? Eine Geschichte der In-vitro-Fertilisation von 1878 bis 1950, Göttingen 2007; *C. Thompson*, Making Parents: The Ontological Choreography of Reproductive Technologies, Cambridge, Mass. 2005.
[42] *C. Borck*, Der Transhumanismus der Kontrollmaschine: Die Expo '67 als Vision einer kybernetischen Versöhnung von Mensch und Welt, in: *M. Hagner/E. Hörl* (Hg.), Die Trans-

Kontrolle der weltweiten Bevölkerungsexplosion aufgeklärt. Damit griff die Expo ein Thema auf, das auch schon bei der legendären Ciba-Konferenz *Man and his Future* 1962 in London entsprechend diskutiert worden war.[43] Die technische Hybris der dort verhandelten Lösungsvorschläge für globale medizinische Probleme, wo ernsthaft erwogen wurde, die Erde mittels DDT „keimfrei" zu machen oder Kontrazeptiva in Entwicklungsländern gleich ins Trinkwasser zu geben, um die Geburtenrate zu senken, wurde allenfalls noch von technischen Zukunftsvisionen überboten, die aus heutiger Sicht ins Fantastische reichten, wie Plänen für einen Plutonium-getriebenen Herzschrittmacher.

Diese Biomedizin stand offenbar in umso höherem Ansehen, je heroischer sie vorging. Ärzte galten in dieser Zeit als „Halbgötter in weiß", und Chefärzte großer Kliniken avancierten zu unhinterfragbaren Autoritäten. Vorbild und Erfolgsmodell für diese technisch hochgerüstete Biomedizin war die Mayo Clinic in Rochester, wo eine ganze Großstadt ihren Wohlstand der privatwirtschaftlich organisierten medizinischen Forschung und dem technisch-diagnostischen Fortschritt verdankte. In dieser „Fabrik der Ärzte" standen für jeden Patienten 200 Ärzte zur Verfügung und über 500 Patienten wurden täglich „durch die Mühle gedreht", wie der *Spiegel* in einer umfangreichen Reportage notierte.[44] Im fernen Deutschland erschien Mitte der 1960er Jahre der *Mayo-Report*, um das „Neueste und Aktuellste aus der amerikanischen Medizin" zu verbreiten, und nach dem amerikanischen Vorbild – allerdings ohne vergleichbaren Erfolg – wurde 1970 in Wiesbaden die *Deutsche Klinik für Diagnostik* gegründet.

Dieser Aufstieg der Biomedizin zur unangefochtenen Instanz über das Leben bleibt historisch erklärungsbedürftig – insbesondere vor dem Hintergrund der schon angesprochenen Kritik an der Schulmedizin als einseitig, technisch und inhuman. Der Spiegel-Report illustriert indirekt diese Ambivalenz, wenn er einerseits den Fließbandbetrieb beschrieb und andererseits voller Hochachtung die Leistungsziffern der Mayo-Klinik wie das Produktionsergebnis eines Industrieunternehmens anführte. Was der Mayo-Klinik offenbar gelang und was wohl das Erfolgsrezept der heroischen Biomedizin zu nennen ist, war die effektvolle Inszenierung von Aufwand für den Einzelfall. Im Zentrum dieser Medizin stand eine bis dahin unbekannte Mobilisierung einer Vielzahl medizinischer Spezialisten primär für die Diagnostik.

---

formation des Human. Beiträge zur Kulturgeschichte der Kybernetik, Frankfurt a.M. 2008, S. 125–162.

[43] *G. Wolstenholme* (Hg.), Man and His Future, London 1963. Die Tagung wurde in deutscher Übersetzung von *R. Jungk* herausgegeben als Das umstrittene Experiment: Der Mensch, 27 Wissenschaftler diskutieren die Elemente einer biologischen Revolution, München 1963.

[44] „Mayo-Klinik: Fabrik der Ärzte" und „Patient Nr. 2 306 914. Eine General-Untersuchung in der Mayo-Klink", Der Spiegel 2/1961, S. 40–53.

Hier konnte die wissenschaftlich-apparative Medizin ihre neu gewonnene Stärke zeigen und sie gegebenenfalls gleich in technisch-chirurgischen Eingriffen umsetzen. So profitierte sie von einer doppelten Zuspitzung medizinischen Handelns auf die Differentialdiagnose und auf eine operative Intervention. In beiden Bereichen hatte die Biomedizin viele Fortschritte vorzuweisen, womit gleichzeitig die eklatanten Defizite bei der Betreuung chronisch Erkrankter in den Hintergrund gedrängt wurden. So musste der Eindruck entstehen, die enorme Steigerung des medizinisch-technischen Aufwands sei gleichbedeutend mit einer Verbesserung der Medizin und der massive Einsatz bei der Diagnostik sei schon die medizinische Intervention. Geblendet von der Effizienz der neuen medizinischen Maschinerie, die bald auch in Deutschland im Fabrik-ähnlichen Großkrankenhaus ihr architektonisches Sinnbild fand, exemplifizierte diese Biomedizin also nochmals die Dietl'sche Priorisierung von Wissen über Therapie – aber ohne dass diesmal der diagnostische Selbstzweck als therapeutischer Nihilismus bedauert wurde.

War Biomedizin in den reichen Ländern der westlichen Welt gekennzeichnet von einer enormen Ressourcenmobilisierung für den einzelnen Fall, wie am Aufstieg der Mayo-Klinik exemplarisch illustriert, so korrespondierten ihr ebenso technokratische, aber dabei auf die ganze Bevölkerung ausgerichtete Strategien im Bereich der internationalen Gesundheitspolitik. Das Thema Public Health, das zu Beginn des Jahrhunderts ebenfalls Ziel der Arbeit philanthropischer Stiftungen gewesen war – z.B. hatte die Rockefeller Foundation neben dem Medical Union College in Peking auch die London School of Tropical Hygiene finanziert – wurde nach 1945 zu einem wichtigen Feld internationaler Politik und sogenannter Entwicklungshilfe.[45] Die World Health Organization initiierte große Programme zur gesunden Ernährung und zur Bekämpfung vor allem von Infektionskrankheiten, wie z.B. das Mitte der 1950er Jahre auf der Basis von amerikanischen Erfolgen mit dem Insektizid DDT gestartete WHO-Programm einer weltweiten Eradikation der Malaria. Es demonstriert dabei nicht nur noch einmal jenen zeittypischen Glauben an technische Machbarkeiten, sondern verweist mit seinen problematischen ökologischen Folgen auf die eminent politischen Effekte vermeintlich rein humanistischer Programme.[46] Biomedizin kolonisierte Gesundheitsvorstellungen weltweit, sowohl als gut gemeinte Propagierung westlicher Ausbildungs- und Hygienestandards als auch durch staatlich bzw. international gelenkte Gesundheitspolitik. Dem militärisch-industriellen Komplex in der Welt des Kalten Krieges lässt sich

---

[45] *W. H. Schneider*, Rockefeller Philanthropy and Modern Biomedicine: International Initiatives from World War I to the Cold War, Bloomington, Indiana 2003.
[46] *K. Lee*, The World Health Organization (WHO), London 1009; *R. M. Packard*, The Making of a Tropical Disease: a Short History of Malaria, Baltimore, Maryland Press 2007.

damit im globalen Maßstab ein biopolitischer Komplex zur Seite stellen, in dem „die Bevölkerung" durch Reihenuntersuchungen, Durchimpfungsraten und Vorsorgeprogramme biomedizinisch geformt und sogenannte Weltprobleme in den Bereichen Gesundheit, Ernährung und Bevölkerungswachstum technisch bewältigt werden sollten.

Diese Form der Biomedizin scheint inzwischen Geschichte. In erster Annäherung reichte die heroische Phase der Biomedizin bis zur Erschütterung des Glaubens an die technische Steuerbarkeit der Zukunft, wie sie durch den Bericht des Club of Rome *Die Grenzen des Wachstums*, den Beginn einer Debatte über ökologische Krisen und das Einsetzen neuer politischer Bewegungen markiert wird.[47] Konnte davor kein biologisches Problem zu groß sein, um nicht eine technische Lösung herauszufordern, gelten seither biologische Lösungen als überlegene und technisch noch kaum einholbare Strategien.

III. Smarte Biomedizin zwischen Individualisierung und Effizienzsteigerung

Noch vor wenigen Jahren schien die Biomedizin im Abrücken von einer totalen Technisierung des Lebens bzw. von gesundheitspolitischen Interventionen im Bevölkerungsmaßstab auf ein neues Ideal des *small is beautiful* zu konvergieren. Eine solche gleichermaßen genetisch und biologisch-systemisch fundierte Biomedizin versprach gerade aus Patientenperspektive viel leistungsfähiger zu sein als die vorausgegangene heroische Biomedizin, weil an die Stelle der Ersatztechniken der Nachkriegszeit mit ihrer impliziten Reduktion des menschlichen Körpers auf die Imperative der verfügbaren Technik eine erneute Orientierung an biologischen Vorbildern getreten war. Gerade die naturwissenschaftliche Forschung hatte dabei maßgeblich zur Überwindung des eindimensionalen, mechanistischen Paradigmas beigetragen, wenn nun in Wechselwirkungen, Regelkreisen und Systemzusammenhängen gedacht und geforscht wurde, wo jeder krankhafte Vorgang an vielen Stell- und Regelgrößen beeinflussbar wurde.[48] Eine smarte Biomedizin bot endlich Aussicht auf die Einlösung der bislang unerfüllten Hoffnung, die wissenschaftlichen Analysemethoden und technischen Interventionsstrategien bis zur Entschlüsselung und Therapie eines einzelnen

---

[47] D. *Meadows/D. Meadows/E. Zahn/P. Milling* (Hg.), Die Grenzen des Wachstums: Bericht des Club of Rome zur Lage der Menschheit, Stuttgart 1972.

[48] C. *Borck*, Anatomien medizinischer Erkenntnis. Der Aktionsradius der Medizin zwischen Vermittlungskrise und Biopolitik, in: Anatomien medizinischen Wissens, Frankfurt a.M. 1996, S. 9–52.

Falles voranzutreiben. Denn die neuen Leitdisziplinen der molekularen Genetik, Nanotechnologie und Bionik favorisierten auf je unterschiedliche
Weise alle eine biotechnisch möglich gewordene Verschmelzung von Einzigartigkeit und Naturwissenschaftlichkeit. Auch eine solche Biomedizin
bedeutete zweifelsohne große Herausforderungen für die Gesellschaft,
schließlich mündeten die neuen Optionen in bisher ungeahnte Handlungs-
und Freiheitsräume für individuelle Patientenentscheidungen. Denn wenn
ein krankmachender Prozess bis in seine vielen Verzweigungen erforscht
worden war, sollte daraus eine bis dato nicht gekannte Bandbreite wissenschaftlich ähnlich gut gestützter therapeutischer Optionen resultieren. Aufgrund dieses gewachsenen Wissens musste der Arzt jetzt zum Berater des
Patienten werden, denn letztlich konnte nur ein aufgeklärter Patient das Für
und Wider solcher Alternativen abwägen.[49]

Schon jetzt lässt sich absehen, dass der unerwartete Spielraum für individuelle Gesundheitsentscheidungen, der sich am Übergang von Moderne zu
Postmoderne als Akzeptanzkrise der Biomedizin aufgetan hatte, nur die
Morgenröte einer anderen Rationalisierungsform war, die den gesamten Ge-
sundheitsbereich einem neuen Imperativ der Effizienz-Optimierung unter-
wirft. Hier zeigt sich, dass das Rationalitätsdispositiv, das mit der Entstehung der modernen Klinik sich entfaltete und in der Biomedizin sein
theoretisches Programm gefunden hat, nie ohne Alternativen war und sich
jetzt als historisch kontingent erweist.[50] Die einstmals im epistemischen
Primat labor-experimentell gesicherten Wissens als objektiv fundierte und
entsprechend über pathophysiologische Erklärungen legitimierte Biomedizin ist inzwischen statistisch-epidemiologisch anfechtbar geworden. Denn
der Wahrheitsanspruch kausal-rationaler Therapien zerschellt heutzutage
am neuen Rationalitätstyp empirisch-klinischer Evidenz. Inzwischen manifestiert sich auch auf dem Gebiet der Gesundheitspolitik die neue Macht des
Regulierungs- und Evaluationswissens.[51] So einschlägig die Rationalität der
Biomedizin in der Selbstwahrnehmung ihrer Akteure nach wie vor sein
mag, lässt sich mittlerweile im System Gesundheitswesen ein unaufhaltsamer Aufstieg konkurrierender Akteure neben der Biomedizin verzeichnen,
wo mittlerweile Versicherer, Kontrolleure, Juristen und Statistiker im Namen einer rein empirischen, also objektiven Evidenz an den naturwissen-

---

[49] *E. J. Emanuel/L. L. Emanuel*, Four Models of the Physician-Patient Relationship, JAMA
267 (1992), No. 16, S. 2221–2226.
[50] *U. Tröhler*, „To Improve the Evidence of Medicine": The 18th Century British Origins of
a Critical Approach, Edinburgh 2000; *D. L. Sackett*, Clinical epidemiology: what, who, and
whither, Journal of Clinical Epidemiology 55 (2002), S. 1161–1166.
[51] *S. Timmermans/M. Berg*, The Gold Standard: The Challenge of Evidence-Based Medicine and Standardization in Health Care, Philadelphia, Pennsylvania 2003.

schaftlich legitimierten Wissensformen vorbei zu mächtigen Akteuren aufgestiegen sind.

Diese Evidence Based Medicine (EBM) hat vorderhand zu einer überraschend weitgehenden therapeutischen Entideologisierung und synkretistischen Entkrampfung der Klink im Namen einer fröhlichen Polypragmasie der Medizin geführt – und zumeist sicher dem Wohle des Patienten gedient. Wo früher Grabenkämpfe zwischen internistischen oder chirurgischen, psycho- oder pharmakotherapeutischen, bio- oder alternativmedizinischen Vorgehensweisen wogten, und Fachvertreter auf die Barrikaden gingen, wenn von alternativen Heilverfahren wie der Akupunktur auch nur geredet wurde, stecken heute die feinen Nadeln direkt neben den Sonden für die Überwachungsmonitore im Patientenkörper im Operationsraum. Längst hat sich EBM dabei aber zu einer neuen Orthodoxie gemausert, in deren Licht die vormalige Wissenschaftlichkeit der Biomedizin nun ihrerseits nur noch als Dogmatik einer nicht mehr allgemeingültigen Laborwissenschaft erscheint.[52] Diese biowissenschaftliche Rationalität vermag vielleicht weiterhin die Zirkel der Forschung zu bestimmen, für die medizinische Praxis soll aber nun ausschließlich gelten, was mit dem Maßstab klinischer Wirksamkeit „rein empirisch" gemessen wurde.[53] Mit dem Aufstieg der EBM scheint eine nahezu zwei Jahrhunderte währende Periode naturwissenschaftlich legitimierter Medizin zu Ende zu gehen, die Moderne der Medizin.[54]

In diesem Sinne ist Medizin heute schon nicht mehr Biomedizin, sondern Handlungswissenschaft. Aber trifft sie sich in dieser Pragmatik nicht mit jener Auflösung des Imperativs kausaler Therapien durch die Dynamik biomedizinischer Forschungsprogramme, die als smarte Biomedizin beschrieben wurde? Der grundsätzliche Widerspruch zwischen der Evidenzlogik großer randomisierter Studien und hochspezifischer, individualisierter Therapien soll hier keineswegs geleugnet werden, und noch bleibt es eine offene Frage, welche der beiden medizinischen Innovationstendenzen die Gesellschaft mit ihren Effekten dominieren werden. Schließlich gilt auch für die smarte Biomedizin, dass sie an die Stelle folgenloser Diagnostik und zweifelhafter Therapien pragmatische, technisch gesicherte Interventionen setzt. Auf alle Fälle konvergieren smarte Biomedizin und EBM in einer weitgehenden Verwischung der Grenzen zwischen therapeutischen Eingriffen zur Wiederherstellung eines physiologisch definierten Normalzustandes und gezielten Interventionen zur Verbesserung oder Steigerung der Aus-

---

[52] *D. Armstrong*, Professionalism, Indeterminacy and the EBM Project, BioSocieties 2 (2007), S. 73–84.
[53] *J. Daly*, Evidence-Based Medicine and the Search for a Science of Clinical Care, Berkeley 2005.
[54] Hier spiegelt der Aufsatz den Diskussionsstand von 2010, vgl. inzwischen *C. Borck*, Quo vadis Medizin?, in: *ders.*, Medizinphilosophie zur Einführung, Hamburg 2016, S. 140–191.

gangswerte. Denn wo sich für die Biomedizin smarter Interventionen der Handlungsspielraum am Maßstab biotechnischer Reproduzierbarkeit bemisst, orientiert sich die EBM an nachgewiesener Effizienz. Welche Prothese welches Enhancement einer menschlichen Fähigkeit mit welcher Sicherheit leistet, lässt sich ebenso zielstrebig randomisiert prüfen wie nur im Einzelfall realisieren, und ihre alltägliche Verwendung wird sich dabei vermutlich nach einem Gradienten von Nützlichkeit und Aufwändigkeit bemessen.

Hier wäre also das besondere Potenzial der aktuellen Biomedizin zu verorten: In einer zunehmend von Evaluation und Effizienz bestimmten Welt lässt sie den Menschen zum *homo faber* seiner selbst werden. Selbstverständlich waren Menschen immer schon die Produkte ihrer jeweiligen Kultur, aber im Gefolge des Aufstiegs von EBM und smarter Biomedizin wird „Leben" zunehmend zum Konglomerat dessen, was sich medizinisch-biotechnisch optimieren lässt. Im Hinblick auf die Umformung und Gestaltung der Welt hat sich der Mensch dabei bisher zumeist als unbeholfener Zauberlehrling herausgestellt, der die Geister nicht bändigen konnte, die er selbst rief, weshalb er mittlerweile vom Ozonloch bis zum Artensterben und der Antibiotika-Resistenz vor allem auch mit den Konsequenzen seines eigenen Tuns konfrontiert ist.[55] Dieser Umschlag lässt sich aktuell etwa bei der Weiterentwicklung genetischer Diagnostik von der Prädiktion bestimmter seltener Krankheiten zur Messung der Anfälligkeit für bestimmte Krankheitsbilder beobachten, wo bislang unklar ist, welche biographischen Effekte diese diagnostischen Informationen freisetzen und welche klinischen Konsequenzen daraus überhaupt gezogen werden sollten.[56] In dieser Situation steht wenig mehr fest, als dass aus der biotechnisch möglich gewordenen Optimierung menschlichen Lebens offensichtlich Probleme resultieren, die menschliche Entscheidungskompetenzen nicht allein in ethischer Hinsicht übersteigen. Waren ästhetische Korrekturen der äußeren Körperform dabei noch vergleichsweise einfach und hinsichtlich ihrer Konsequenzen unproblematisch, so setzten bereits sie vielfältige Rückwirkungen auf die Fixierung eines vermeintlichen Normal-Maßes frei, das vollends problematisch wird, wo es um die Steigerung der Fähigkeit für Sinneswahrnehmung und Informationsverarbeitung geht, zumal wenn hier maßgeschneiderte Moleküle ebenso unsichtbare wie vorübergehende Eingriffe

---

[55] *R. L. Sinsheimer*, The prospect of designed genetic change, Engineering and Science 32 (1969), No. 7, S. 8–13; *B. Latour*, Wir sind nie modern gewesen: Versuch einer symmetrischen Anthropologie, Berlin 1995.

[56] *C. Rehmann-Sutter*, Prädiktive Vernunft: Das Orakel und die prädiktive Medizin als Erfahrungsbereiche für Rationalität, in: Zwischen den Molekülen: Beiträge zur Philosophie der Genetik, Tübingen, S. 243–265; *R. Kollek/T. Lemke*, Der medizinische Blick in die Zukunft: gesellschaftliche Implikationen prädiktiver Gentests, Frankfurt a.M. 2008.

versprechen. Die Langzeitfolgen einer weiteren Verbreitung von Designerdrogen, prädiktiver genetischer Diagnostik, intelligenten Prothesen und multiplen Mensch-Maschine-Schnittstellen werden wohl in einem kollektiven Feldversuch zu beobachten sein, der als kulturelle Evolution dezent umschrieben ist.

Literaturhinweise

Ackerknecht, Erwin: Medicine at the Paris hospital: 1794–1848, Baltimore 1967.

Anonym: „Mayo-Klinik: Fabrik der Ärzte" und „Patient Nr. 2 306 914. Eine General-Untersuchung in der Mayo-Klink", Der Spiegel 2/1961, S. 40–53.

Armstrong, David: Professionalism, indeterminacy and the EBM project, BioSocieties 2 (2007), S. 73–84.

Benzenhöfer, Udo: Der Arztphilosoph Viktor von Weizsäcker, Göttingen 2007.

Berg, Paul/Singer, Maxine: George Beadle, an uncommon farmer. Cold Spring Harbor, New York 2003, S. 289f.

Bernard, Claude: Einführung in das Studium der experimentellen Medizin [Introduction à l'étude de la médecine expérimentale, Paris 1865], Leipzig 1961, S. 118.

Borck, Cornelius: Anatomien medizinischer Erkenntnis. Der Aktionsradius der Medizin zwischen Vermittlungskrise und Biopolitik, in: Anatomien medizinischen Wissens, Frankfurt a.M. 1996, S. 9–52.

Ders.: Der Transhumanismus der Kontrollmaschine: Die Expo '67 als Vision einer kybernetischen Versöhnung von Mensch und Welt, in: *Michael Hagner/Erich Hörl* (Hg.), Die Transformation des Human. Beiträge zur Kulturgeschichte der Kybernetik, Frankfurt a.M. 2008, S. 125–162.

Ders.: Medizinphilosophie zur Einführung, Hamburg 2016.

Brown, Richard: Rockefeller Medicine Men: Medicine and Capitalism in America, Berkeley, L.A. 1979.

Canguilhem, Georges: Das Normale und das Pathologische, München 1974.

Daly, Jeanne: Evidence-Based Medicine and the Search for a Science of Clinical Care, Berkeley 2005.

Dietl, Josef: [Vorwort zu] Practische Wahrnehmungen nach den Ergebnissen im Wiener Bezirkskrankenhaus, Zeitschrift der Kaiserlichen inneren Gesellschaft der Ärzte zu Wien 1 (1845), No. 2, S. 9–26.

Duden, Barbara: Die Gene im Kopf – der Fötus im Bauch. Historisches zum Frauenkörper, Hannover 2002.

Dunn, Olive Jean: Basic statistics: a primer for the biomedical sciences, New York ⁴2009.

Emanuel, Ezekiel J./Emanuel, Linda L.: Four models of the physician-patient relationship, JAMA 267 (1992), No. 16, S. 2221–2226.

Foucault, Michel: Die Geburt der Biopolitik: Vorlesung am Collège de France, 1978–1979, Frankfurt a.M. 2004.

Ders.: Die Geburt der Klinik. Eine Archäologie des ärztlichen Blicks [Naissance de la clinique: une archéologie du regard médical, ²Paris 1972], München 1973.

Ders.: Die Ordnung der Dinge [Les mots et les choses, Paris 1966], Frankfurt a.M. 1974, besonders Kap. 10, S. 413–462.

Fox Keller, Evelyn: The Century of the Gene, Cambridge, Massachusetts 2000.

Galison, Peter/Hevly, Bruce (Hg.): Big Science: the Growth of Large-Scale Research, Stanford, California 1992.

Gaudillière, Jean-Paul: Inventer la biomédicine: la France, l'Amérique et la production des savoirs du vivant (1945–1965), Paris 2002.

Ders.: Making mice and other devices: The dynamics of instrumentation in American biomedical research (1930–1960), in: *Bernward Joerges/Terry Shinn* (Hg.), Instrumentation Between Science, State and Industry, Dordrecht 2001, S. 175–196.

Goldforb, A. J.: Program of the Section of Medical Sciences of the American Association, Science 64 (1926), No. 1662, S. 443–444.

M., H.: The New Administration: It Faces a Number of Questions of Scientific Policy; No Easy Solutions in Sight, Science 132 (1960), No. 3437, S. 1382–1383.

Hagner, Michael: Naturphilosophie, Sinnesphysiologie, Allgemeine Medizin: Wendungen der Psychosomatik bei Viktor von Weizsäcker, in: *Michael Hagner/Manfred Laubichler* (Hg.), Der Hochsitz des Allgemeinen: Das Allgemeine als wissenschaftlicher Wert, Zürich 2006, S. 315–336.

Hampe, Michael: Eine kleine Geschichte des Naturgesetzbegriffs, Frankfurt a.M. 2007.

Hopwood, Nick: Pictures of evolution and charges of fraud: Ernst Haeckel's embryological illustrations, Isis 97 (2006), S. 260–301.

Huerkamp, Claudia: Der Aufstieg der Ärzte im 19. Jahrhundert: Vom gelehrten Stand zum professionellen Experten, Göttingen 1985.

Hypes, J. L.: Review of „The Art and Science of Marriage", American Journal of Sociology 44 (1937), No. 4, S. 591–592.

Illich, Ivan: Limits to medicine: medical nemesis: the expropriation of health, London 1976, auf deutsch zuletzt als Die Nemesis der Medizin: Die Kritik der Medikalisierung des Lebens, München ⁵2007.

Karel, Leonard/Austin, Charles J./Cummings, Martin M.: Computerized Bibliographic Services for Biomedicine, Science 148 (1965), No. 3671, S. 766–772.

Kay, Lily E.: Who Wrote the Book of Life? A History of the Genetic Code, Stanford, California 2000.

Keating, Peter/Cambrosio, Alberto: Biomedical platforms: realigning the normal and the pathological in late-twentieth-century medicine, Cambridge, Mass. 2003.

Kollek, Regine/Lemke, Thomas: Der medizinische Blick in die Zukunft: gesellschaftliche Implikationen prädiktiver Gentests, Frankfurt a.M. 2008.

Krüger, Hans-Peter/Lindemann, Gesa (Hg.): Philosophische Anthropologie im 21. Jahrhundert, Berlin 2006.

Latour, Bruno: The Pasteurization of France, Cambridge Mass. 1988.

Ders.: Wir sind nie modern gewesen: Versuch einer symmetrischen Anthropologie, Berlin 1995.

Lawrence, Christopher: Clinical Research, in: *John Krige* (Hg.), Science in the Twentieth Century, Amsterdam 1997, S. 439–459.

Lederer, Susan E.: Flesh and Blood: Organ Transplantation and Blood Transfusion in Twentieth-Century America, Oxford 2008.

Lee, Kelley: The World Health Organization (WHO), London 1009.

Lemke, Thomas: Gouvernementalität und Biopolitik, Wiesbaden 2007.

Lesky, Erna: Die Wiener medizinische Schule im 19. Jahrhundert, Graz 1965.

Maulitz, Russel Charles/Long, Diana E. (Hg.): Grand Rounds: 100 Years of Internal Medicine, Philadelphia 1988.

McGehee Harvey, Abner: Science at the Bedside: Clinical Research in American Medicine 1905–1945, Baltimore 1981.

Meadows, Dennis/Meadows, Donella/Zahn, Erich/Milling, Peter (Hg.): Die Grenzen des Wachstums: Bericht des Club of Rome zur Lage der Menschheit, Stuttgart 1972.

Murphy, Michael P./O'Neill, Luke A. J. (Hg.): Was ist Leben? Die Zukunft der Biologie: Eine alte Frage in neuem Licht – 50 Jahre nach Erwin Schrödinger, Heidelberg 1997.

Naunyn, Bernhard: Ärzte und Laien, in: Gesammelte Abhandlungen, 2 Bd., Würzburg 1909, S. 1327–1355.

Packard, Randall M.: The Making of a Tropical Disease: a Short History of Malaria, Baltimore, Maryland Press 2007.

Rabinow, Paul/Rose, Nicolas: „Biopower Today", BioSocieties 1 (2006), S. 195–217.

Rappert, Brian/Palmer, Brian/Stone, John: Science, technology, and the military: priorities, preoccupations, and possibilities, in: *Edward J. Hackett/Olga Amsterdamska/Michael Lynch/Judy Wajcman* (Hg.), The handbook of science and technology studies, Cambridge, Mass. 2008, S. 719–739.

Rehmann-Sutter, Christoph: Prädiktive Vernunft: Das Orakel und die prädiktive Medizin als Erfahrungsbereiche für Rationalität, in: Zwischen den Molekülen: Beiträge zur Philosophie der Genetik, Tübingens, S. 243–265.

Rheinberger, Hans-Jörg/Hagner, Michael (Hg.): Die Experimentalisierung des Lebens: Experimentalsysteme in den biologischen Wissenschaften 1850/1950, Berlin 1993.

Roser, Wilhelm/Wunderlich, Carl August: Über die Mängel der heutigen deutschen Medicin und über die Nothwendigkeit einer entschieden wissenschaftlichen Richtung in derselben, Archiv für physiologische Heilkunde 1: I–XXX, 1842, wiederabgedruckt in: *Karl Eduard Rothschuh* (Hg.), Was ist Krankheit? Erscheinung, Erklärung, Sinngebung, Darmstadt 1975, S. 45–71.

Sackett, David L.: Clinical epidemiology: what, who, and whither, Journal of Clinical Epidemiology 55 (2002), S. 1161–1166.

Sadler, Judy: Ideologies of ‚art' and ‚science' in medicine: The transition from medical care to the application of technique in the British medical profession, in: *Wolfgang Krohn/Edwin T. Layton Jr./Peter Weingart* (Hg.), The Dynamics of Science and Technology: Social Values, Technical Norms and Scientific Criteria in the Development of Knowledge, Dordrecht 1978, S. 177–215.

Sauerbruch, Ferdinand: Heilkunst und Naturwissenschaft, Naturwissenschaften 14 (1926), S. 1081–1090.

Schlich, Thomas: Die Erfindung der Organtransplantation: Erfolg und Scheitern des chirurgischen Organersatzes (1880–1930), Frankfurt a.M. 1998.

Schmiedebach, Heinz-Peter: Der wahre Arzt und das Wunder der Heilkunde: Erwin Lieks ärztlich-heilkundliche Ganzheitsideen, in: *Heinz-Harald Abholz u.a.* (Hg.), Der ganze Mensch und die Medizin, Hamburg 1989, S. 33–53.

Schneider, Werner: Introduction, Computer Programs in Biomedicine 1 (1970), No. 1, S. 5–8.

Schneider, William H.: Rockefeller Philanthropy and Modern Biomedicine: International Initiatives from World War I to the Cold War, Bloomington, Indiana 2003.

Schreiber, Christine: Natürlich künstliche Befruchtung? Eine Geschichte der In-vitro-Fertilisation von 1878 bis 1950, Göttingen 2007.

Schroedinger, Erwin: Was ist Leben? Die lebende Zelle mit den Augen des Physikers betrachtet, Bern 1946.

Schweber, Silvan S.: The mutual embrace of science and the military: ONR and the growth of physics in the United States after World War II, in: *Everett Mendelsohn/Merritt Roe Smith/Peter Weingart* (Hg.), Science, Technology and the Military, Dordrecht 1988, S. 3–46.

Sinsheimer, Robert L.: The prospect of designed genetic change, Engineering and Science 32 (1969), No. 7, S. 8–13.

Starling, Henry/Vischer, M. B.: The regulation of the output of the heart, Journal of Physiology 62 (1927), S. 243–261.

Thompson, Charis: Making Parents: the Ontological Choreography of Reproductive Technologies, Cambridge, Mass. 2005.

Timmermans, Stefan/Berg, Marc: The Gold Standard: The Challenge of Evidence-Based Medicine and Standardization in Health Care, Philadelphia, Pennsylvania 2003.

Toellner, Richard: „Die wissenschaftliche Ausbildung des Arztes ist eine Culturfrage..." Über das Verhältnis von Wissenschaftsanspruch, Bildungsprogramm und Praxis der Medizin, Berichte zur Wissenschaftsgeschichte 11 (1988), S. 193–205.

Tröhler, Ulrich: „To Improve the Evidence of Medicine": The 18th Century British Origins of a Critical Approach, Edinburgh 2000.

Virchow, Rudolf: Der Armenarzt, in: Sämtliche Werke, hg. von *Christian Andree*, Bd. 28, 1, Hildesheim 2006.

Wallen Hunt, Judith: Periodicals for the Small Bio-Medical and Clinical Library, The Library Quarterly 7 (1937), No. 1, S. 121–140.

Walsh, John: AMA: Convention Accents Positive by Announcing Research Institute, Reshaping Scientific Sections, Science 140 (1963), No. 3574, S. 1382–1383.

Wolff, Étienne Charles et al. (Hg.): Philosophie et méthodologie scientifique de Claude Bernard, Paris 1967.

Wolstenholme, Gordon (Hg.): Man and His Future, London 1963. Die Tagung wurde in deutscher Übersetzung von *Robert Jungk* herausgegeben als Das umstrittene Experiment: Der Mensch, 27 Wissenschaftler diskutieren die Elemente einer biologischen Revolution, München 1963.

Christoph Rehmann-Sutter

Welches Leben erfasst die Molekularbiologie?

„Leben ist ein dynamischer Ordnungszustand der Materie." – So hat Manfred Eigen in einer Kapitelüberschrift von 1987 das zentrale Credo der Molekularbiologie zusammengefasst.[1] Obwohl sich in den letzten gut 20 Jahren Wesentliches darin geändert hat, *wie* sich die Molekularbiologie diesen dynamischen Ordnungszustand vorstellt, gilt diese Eigensche Formel für die Molekularbiologie bis heute. Die Veränderungen betreffen vor allem die Rolle, welche der genetischen Information in der Selbstkonstituierung und in der dynamischen Entwicklung von Lebewesen zugedacht wird und auch, was überhaupt der Begriff der genetischen Information in diesem Kontext bedeutet. Mit einem zugegebenermaßen groben und etwas wohlfeilen Begriff kann man sagen, die Molekularbiologie und auch die Philosophie der Biologie haben einen bemerkenswerten Wandel weg von einem linearen hin zu einem „systemischen Denken" vollzogen. Wir werden aber nicht darum herumkommen genauer zu sagen, was damit gemeint ist. Meine Frage, der ich in diesem Beitrag nachgehen möchte, ist, wie der Lebensbegriff vom *systems turn* der Molekularbiologie betroffen ist.

Es wird mir vor allem darum gehen herauszuarbeiten, dass wir diese Klärung nur erreichen können, wenn wir uns auf die richtige Ebene einstellen. Die molekularbiologische Forschung und auch die Biotechnologien, selbst die Varianten, die unter dem Titel „synthetische Biologie" daherkommen, befassen sich nämlich gar nicht mit „dem Leben" als solchem. Es ist für sie sogar sekundär, ob es in der Natur so etwas gibt wie „das Leben selbst". Was sie beschäftigt, sind vielmehr die Phänomene des Lebens: die Entwicklung der Lebewesen, ihre dynamische Organisation, Selbsterhaltung, Interaktionen, die verschiedenen Prozesse der Regulation und die Evolution. Diese Phänomene zu beschreiben, sie von ihrer molekularen Dimension her zu erklären und sie in kontrollierten Systemen zu simulieren, darin besteht das Arbeitsprogramm der molekularen Biologie. Synthetische Biologie zielt darauf, neue Formen von Organismen oder molekulare Teile von Or-

---

[1] *Manfred Eigen*, Stufen zum Leben. Die frühe Evolution im Visier der Molekularbiologie, München 1987, S. 47.

ganismen zu synthetisieren. Der Erfolg bemisst sich daran, ob die Produkte entweder die für „Leben" als minimal charakteristisch angesehenen Kriterien aufweisen oder die gewünschte biotechnologische Funktionen erfüllen können. „Leben" hingegen ist gleichsam der Fluchtpunkt dieser Phänomene. Es wird *vorausgesetzt*, dass die Untersuchungsgegenstände der Molekularbiologie (z.B. Colibakterien, Drosophilafliegen, Zebrafische oder Menschen) leben. Es wird sehr wohl thematisiert, was dieses Leben ausmacht, *wenn* man es als dynamischen Ordnungszustand der Materie betrachtet. Aber es kann mit dem Methodenrepertoire der Molekularbiologie nicht erörtert werden, ob „Leben als solches" etwas ist und was es bedeutet. „Leben" ist ein metabiologischer Begriff. Er gehört, wie ich zeigen möchte, eher der Ebene an, in der wir als am Leben beteiligte Beobachter die Beziehung zu diesen Wesen und zu uns selbst auslegen. „Leben" ist einerseits ein lebensweltlicher Begriff, wenn wir z.B. finden, dass die Zimmerpflanze dort lebt oder schon gestorben ist oder wenn Molekularbiologen ihre Zebrafische im Aquarium als Lebewesen ansehen. Andererseits ist es ein philosophischer Begriff, wenn wir z.B. in der Bioethik debattieren, wann das menschliche Leben beginnt oder ob Lebewesen eine Form von moralischem Respekt verdienen, einfach deswegen, weil sie „leben". Kann heute, gegenüber den molekularen Erklärungen, ein solcher philosophischer Begriff von Leben überhaupt noch verteidigt werden?

I. Das Leitbild der informationalistischen Periode

In dem berühmt gewordenen Buch mit dem Titel *What is Life?*, das 1945 erschienen ist, hat der während der Nazizeit nach Irland emigrierte deutsche Physiker Erwin Schrödinger die intellektuelle Grundlage für den informationellen Ansatz der Molekularbiologie gelegt.[2] Die damals physikalisch unerklärten Phänomene des Lebendigen, insbesondere die Fähigkeit, die eigene Ordnung nicht nur zu erhalten, sondern sie sogar während des Lebens noch weiter zu differenzieren, und die Fähigkeit der Fortpflanzung in derselben Art, könnten einer physikalischen Erklärung zugänglich sein, wenn es sich zeigen würde, dass die Zellen Information enthalten. Schrödinger kannte die DNA noch nicht, aber er beschrieb das Prinzip der Informationsspeicherung in „aperiodischen Kristallen", d.h. in langen Molekülen, die aus einer begrenzten Anzahl isomerer Elemente zusammengesetzt sind. Deren Reihenfolge (Sequenz) wirkt als Code, die Form und Struktur der

---

[2] *Erwin Schrödinger*, What is Life?, New York 1945.

Lebewesen bestimmt. Manfred Eigen fasst dieses Bild anschaulich zusammen:

„Die Information, der Bauplan der Lebewesen, ist in der DNA gespeichert. Die Symbolabfolge muss wie in einer Sprache organisiert sein. Es gibt in der Tat eine Interpunktion oder Gliederung, die den Riesenschriftsatz [des gesamten Genoms] in Wörter (Codonen), Sätze (Gene), Abschnitte (Operonen), ja ganze Schriftwerke (Chromosomen) unterteilt. [...] Alle Lebewesen benutzen als Speicher für ihr Erbmaterial die DNA und verarbeiten die gespeicherte information nach dem Schema:

| Legislative | →Nachricht | →Exekutive | →Funktion |
| DNA | →RNA | →Protein | →Stoffwechsel |

Nicht nur das Schema ist universell, die Detailstrukturen sind es gleichermaßen. [...] Sämtliche Spielarten des Lebens haben einen gemeinsamen Ursprung. Der Ursprung ist die Information, die in allen Lebewesen nach dem gleichen Prinzip organisiert ist."[3]

Man beachte in Eigens Darstellung die politische Metaphorik einer Regelung von oben nach unten (Legislative, Exekutive) und die Vorstellung einer strikten Unidirektionalität der Instruktionsprozesse, die Francis Crick mit wiederum einer nicht unpolitischen Metapher das „zentrale Dogma" der Molekularbiologie genannt hat. Das Genom wurde vorgestellt als eine Art „Liste" von Instruktionen, welche dem Organismus als Anleitung für seine Entwicklung dient und nach denen er alle wesentlichen Lebensfunktionen bestreitet. Das Leitbild der informationalistischen Periode der Molekularbiologie war von einer Reihe von Lehrsätzen geprägt, zu denen die folgenden gehören:

1. DNA hat den Status eines Organisator-Moleküls; die Information ist als primär aktiv gedacht, andere Teile der Zellen und des Organismus sind Mittel, Erfordernisse oder notwendige Bedingungen, um den Informationsgehalt der DNA zu verwirklichen.
2. Genetische Information ist repräsentiert durch die Nukleotidsequenz der DNA.
3. Am Übergang zwischen den Generationen zählt die genetische Information. Sie erklärt die Vererbung. Es ist nicht die Form des Organismus, die an die nächste Generation übergeben wird, sondern die Information für diese Form.

---

[3] *Eigen*, a.a.O., S. 49–51.

Wenn man davon ausgehen kann, dass sich so die Lebensphänomene erklären lassen, ruht das gesamte Gewicht der Theorie auf der genetisch codierten Information. Diese zu entschlüsseln und in ihrer Wirkungsweise zu erklären wäre eine empirisch im Detail zu lösende Aufgabe. Folgerichtig wurde die Sequenzierung zu einem der Leitprojekte der molekularen Genetik bis hin zu den großen Genomprojekten der Jahrtausendwende.

Einer der Pioniere, der schon früh gesehen hat, dass damit die Molekularbiologie im Grundsatz an ihr Ziel gekommen ist, war Gunther S. Stent. Er hat 1968 in einem provokativen Aufsatz in *Science* mit dem Titel „That Was the Molecular Biology That Was" die innovative Phase im Wesentlichen für abgeschlossen erklärt: „what remained now was the need to iron out the details".[4] Allerdings gebe es doch noch ein paar „formidable problems" zu lösen, z.B. die Prozesse der regelmäßigen Morphogenese der befruchteten Eizelle bis zum hoch differenzierten multizellulären Organismus, deren Grundprinzip aber immerhin bereits *imaginiert* werden könne, und das Problem des Ursprungs von Leben am Anfang der biotischen Evolution.

II. Biologisches Denken nach dem systems turn

Interessanterweise war es dann genau die Entwicklungsbiologie, speziell die genetische Entwicklungsbiologie, die am meisten dazu beigetragen hat, dass sich die Grundannahmen des Informationalismus nach und nach aufzulösen begannen. Genau genommen war es erst in den 1980er Jahren möglich, den Informationalismus als ideologische Position überhaupt zu erkennen.[5] Die Entwicklungsgenetik begann, die Rolle einzelner Gene und ihr Zusammenwirken im Verlauf der Entwicklungsprozesse auf molekularer Ebene zu beobachten. Dabei ist man überraschenderweise auf die Multifunktionalität von Genen gestoßen. Ein bestimmtes Gen z.B. dasjenige, das zu einem bestimmten Zeitpunkt in der Entwicklung der Drosophila-Fliege als eine Art Hauptschalter für die Entwicklung eines komplexen Facettenauges fungiert, spielt zu einer anderen Zeit im Verlauf der Larvenentwicklung eine andere Rolle.[6] Es ist offenbar so, dass die Bedeutung der Information nicht ohne Rekurs auf den Kontext erklärt werden kann, in dem sich die Gene entfalten.

---

[4] *G. S. Stent*, That Was the Molecular Biology That Was, Science 160 (1968), S. 390–395, hier: S. 394.

[5] Ich übernehme den Begriff „Informationalismus" von Martin Mahner und Mario Bunge.

[6] *G. Halder/P. Callaerts/W. J. Gehring*, Induction of ectopic eyes by targeted expression of the eyeless gene in Drosophila, in: Science (1995), Vol. 267, No. 5205, p. 1788–1792.

Die molekularbiologische Forschung brachte nach und nach eine Reihe von überraschenden Phänomenen zutage, die das Bild eines genetischen Programms für die Entwicklung, vorgestellt als Liste von Instruktionen, immer weniger plausibel machten. Eines der auffälligsten ist das *alternative Spleißen*. Nach der Überschreibung der Sequenzabschnitte von der DNA in die mRNA und vor der nachfolgenden Proteinsynthese gibt es bei Eukaryonten einen Zwischenschritt. Die primäre mRNA wird häufig an ganz bestimmten Stellen gekürzt. Die weggelassenen Abschnitte nennt man Introns, die für die Proteinsynthese verwendeten und wieder aneinandergefügten Abschnitte nennt man Exons. Die Zelle kann so aus einem DNA-Abschnitt durch verschiedenartiges Spleißen verschiedene Vorlagen für Proteine machen. Wenn dies geschieht, spricht man von „alternativem Spleißen". Aus einem Gen entstehen dann je nach Situation der Zelle, Entwicklungszustand etc. zwei oder mehr verschieden gespleißte mRNA-Moleküle, die zu verschiedenen Proteinen führen. Die Bedeutung eines chromosomalen Abschnittes für den Organismus liegt somit nicht einfach im Chromosom, sondern *ergibt sich* aus einem Zusammenwirken von Faktoren, die eine lokale Situation im Organismus ausmachen. Weitere Phänomene, welche die Vorstellungswelt des Informationalismus in Schwierigkeiten bringen, sind u.a. folgende: *überlappende Gene* (dieselben DNA-Sequenzen finden in mehreren Genen Verwendung); *alternative Leseraster* (die Tripletts von je drei DNA-„Buchstaben", die je für eine Aminosäure codieren, werden verschoben abgelesen, was zu anderen Triplett-Codes führt); *trans-Spleißen* (einzelne Exone werden aus anderen Lesefenstern „herbeigeholt" und in eine funktionale mRNA integriert); *antisense-Transkripte* (ein Teil der Exone werden in umgekehrter Leserichtung von zweiten DNA-Einzelstrang abgelesen); *mRNA Editing* (nach der Ablesung von der DNA wir die Sequenz der mRNA verändert, was zu einem veränderten Protein führt); *selektive Methylierung* (für die Regulation der differenziellen Genaktivitäten werden einzelne DNA-Abschnitte durch Ansetzen von Methylgruppen kovalent verändert); die *multiple, ortsspezifische Funktion* von Genen und Genprodukten (dasselbe Gen oder Protein hat zu verschiedenen Zeiten im Entwicklungsprozess und/oder an verschiedenen Orten im Organismus verschiedene Funktionen).[7] Alle diese Phänomene haben eines gemeinsam,

---

[7] Vgl. B. *Alberts et al.* (Hg.), Molecular Biology of the Cell, New York ⁵2008, S. 477–497; *E. M. Neumann-Held*, The Gene is Dead – Long Live the Gene! Conceptualizing Genes the Constructionist Way, in: *P. Koslowski* (Hg.), Sociobiology and Bioeconomics, Berlin 1999, S. 105–137; *E. M. Neumann-Held/C. Rehmann-Sutter* (Hg.), Genes in Development. Re-Reading the Molecular Paradigm, Durham 2006. *C. Rehmann-Sutter*, Genes in Labs. Concepts of Development and the Standard Environment, Philosophia Naturalis 43 (2006), S. 49–73; *ders.*, Eigener Sinn. Kritik der Gegenständlichkeit von Leben, in: Vierteljahrsschrift der Naturforschenden Gesellschaft in Zürich 149 (2004), S. 29–37; *ders.*, Genetics, a Practical Anthropology, in: The Contingent Nature of Life. Bioethics and the Limits of Human Existence, hg.

nämlich dass die Wirkungsweise, die einem DNA-Abschnitt zugewiesen wird, nicht eindeutig auf die Sequenz der DNA zurückgeführt werden kann, sondern sich interaktiv ergibt und deshalb auch nur kontextuell erklärbar ist. Eine solche Rückführbarkeit müsste man aber verlangen, wenn das Bild der in DNA-Sequenzen gespeicherten genetischen Information und damit die Vision eines „genetischen Programms" für die Morphogenese realistisch sein sollten.

Parallel dazu hat sich der Vererbungsbegriff wesentlich erweitert, indem man zu erkennen begann, wie wichtig neben dem genetischen Vererbungssystem die *epigenetischen* Prozesse sind: Eva Jablonka, unterscheidet steady state Systeme aus regulativen Feedbackschlaufen, die formbildende Funktion von zellulären Strukturen und die molekulare Markierung von Chromatin. Sobald die Einengung auf das Genom einmal überwunden ist, kann man den Blick noch mehr erweitern und auch die Regeneration von Verhalten durch soziales Lernen oder durch Imitation und das symbolische Vererbungssystem der Sprache in das Konzept von Vererbung integrieren.[8]

Ein Begriff, der dieser Art von Denken offensichtlich besonders nahekommt, ist der des „Systems". Es gibt in der Molekularbiologie in der postgenomischen Phase einen kräftigen Trend zur „Systembiologie". Damit ist keine Abkehr vom molekularen Ansatz verbunden, aber eine neue Perspektive auf Komplexität.[9] Wenn wir fragen, was mit dem Begriff des „Systems" denn eingebracht werden soll (es können ja grundsätzlich verschiedene Betonungen damit verknüpft werden, z.B. die Innen-Aussen-Abgrenzung, ein Netzwerk von Zusammenhängen, ein kohärentes „Ganzes" usw.), erhalten wir eine Antwort, die zu dem kontextualistischen Ansatz passt, den wir eben mit Bezug auf die Multifunktionalität von Genen und Genprodukten hervorgehoben haben. Kunihiko Kaneko betont die wechselseitige Beeinflussung von Teilen („mutual influence, not unidirectional causation") und stellt sich bildhaft vor, was notwendig wäre, um einen Dinosaurier aus der DNA des Dinosauriers auferstehen zu lassen:

---

von *Marcus Düwell/Christoph Rehmann-Sutter/Dietmar Mieth*, Berlin 2008, S. 37–52; *ders.*, Genetics, Embodiment and Identity, in: On Human Nature. Anthropological, Biological, and Philosophical Foundations, hg. von *Armin Grundwald/Matthias Gutmann/Eva M. Neumann-Held*, Berlin 2002, S. 23–50; *ders.*, DNA – Organismen – Körper. Zur Mensch-Natur-Beziehung in der Molekularbiologie, in: Natur als Politikum?, hg. von *Margarethe Maurer/Othmar Höll*, Wien 2003, S. 231–259.

[8] *E. Jablonka*, The Systems of Inheritance, in: *S. Oyama u.a.* (Hg.), Cycles of Contingency. Developmental Systems and Evolution, Cambridge Mass. 2001, S. 99–116.

[9] *T. Ideker/T. Galitski/L. Hood*, A new approach to decoding life: systems biology, Ann. Rev. of Genomics and Human Genetics 2 (2001), S. 343–372; *H. Kitano*, Systems biology. A brief overview, Science 295 (2002), S. 1662–1664.

„unless we also knew the initial conditions of the cellular composition that allow their proper expression of genes, we would not be able to create a Jurassic Park. The conclusion we reach from these considerations is that [...] we should be studying models of interactive dynamics. Then, we should inquire whether, within such dynamics, the asymmetric relation between two molecules is generated so that one plays a more controlling role and therefore can be regarded as the bearer of genetic information."[10]

Mit dem „System" ist im Kontext der Systembiologie genau das Verhältnis wechselseitiger Konstitution der Teile und ihrer Funktionen gemeint. Dies betrifft auch die Funktion des Genoms, d.h. die asymmetrische Relation zwischen Genom und Proteom. Francis Cricks „zentrales Dogma" ist damit sozusagen entdogmatisiert und Manfred Eigens hierarchisches Politikmodell der Zelle ist radikal demokratisiert worden. Die Unidirektionalität ist selbst ein Ergebnis von systemischen Wechselwirkungen, nicht deren Voraussetzung.

Aber ist das nicht trivial? Auch die Theoretiker eines genetischen Programms haben zugestanden, dass das Genom nur *als Informationsquelle* funktionieren kann, wenn es eingebettet ist in das ganze Agglomerat von Zellbestandteilen. Auch sie fanden, dass ein nacktes DNA-Molekül alleine nicht imstande wäre, seine Funktion auszuüben, die ihm im Kontext der Zelle gegeben ist. Aber der entscheidende Unterschied, der die Informationalisten von den Systembiologen unterscheidet, ist der, dass die ersteren behaupteten, die DNA habe eine Art ontologisches Privileg, d.h. sie sei Träger der essenziell das Leben bestimmenden Faktoren, während der Rest des Organismus ein Ort ist, an dem sich diese Bestimmungsfaktoren verwirklichen. Die letzteren hingegen entprivilegieren die DNA in ontologischer Hinsicht und sprechen von einer kausalen Parität aller Faktoren, die tatsächlich für die Entwicklung von je einem Schritt zum nächsten eine Rolle spielen.[11] Im Systemdenken kann auch die eigentlich metaphysische Voraussetzung fallen gelassen werden, dass die genetische Information schon existiere, bevor sie in der Entwicklung verwirklicht wird. Es ist für die Vorstellung eines sich entwickelnden Systems adäquater, den Gedanken zuzulassen, dass sich auch die Information, welche für die Entwicklung von einem bestimmten Schritt zum nächsten ausschlaggebend ist, aus der Geschichte des Organismus zu diesem Zeitpunkt ergibt und deshalb nicht ohne den Kontext darstellbar ist. Damit ist es möglich, die oben genannten Phänomene, welche dem Informationalismus Mühe bereiten, in die Theorie der Molekularbiologie unproblematisch zu integrieren.

---

[10] *K. Kaneko*, Life: An Introduction to Complex Systems Biology, Berlin u.a. 2006, S. 20.
[11] „Kausale Parität" verdanke ich der Darstellung von *K. Stotz*, Organismen als Entwicklungssysteme, in: *U. Krohs/G. Toepfer* (Hg.), Philosophie der Biologie, Frankfurt a.M. 2005, S. 125–143.

Der entscheidende Schritt hin zum Übergang zu einem kohärenten Systemdenken in der Molekularbiologie besteht genau darin, dass die Annahme einer prästabilisierten genetischen Information, die als Liste von Instruktionen die Entwicklung wesentlich steuert und in Form eines genetischen Programms in der Genomsequenz codiert ist, fallengelassen und durch eine Annahme der Emergenz der entwicklungsrelevanten Information ersetzt wird. Die erste Autorin, welche diesen radikalen Schritt vorgeschlagen hat, war Susan Oyama mit ihrem inzwischen zum Klassiker gewordenen Buch von 1985 *The Ontogeny of Information*.[12] Ihre zentrale These ist, dass Information, welche zur Erklärung der Entwicklung von einem Schritt zum nächsten relevant ist, aus einem Zusammenwirken verschiedener Faktoren, Strukturen und Prozesse im Verlauf dieser Individualentwicklung *entsteht*. Die DNA spielt als Ressource für die Herausbildung von Information genau die Rolle, die sich jeweils empirisch zeigen lässt, aber nicht mehr als das.

Damit werden neue Vorstellungen zur Beschreibung grundlegender Lebensvorgänge möglich. Susan Oyama spricht von der Evolution nicht als einer Sukzession von Individuen oder einer fluktuierenden Verteilung von Genfrequenzen in einer Population, sondern als Folgen von Lebenszyklen der Entwicklungssysteme.[13] Innerhalb der Vorstellung einer Folge von Lebenszyklen lassen sich die verschiedenen Ebenen der Vererbung integrieren. Es gibt keine Veranlassung mehr, wie im genetischen Informationalismus den Übergang von Generation zu Generation durch eine Art Flaschenhals zu führen, in welchem nur die genetische Information eine Rolle spielen darf. Der genetische Reduktionismus (und Essentialismus), der in der „synthetischen Theorie" von Genetik und Evolution eine ideologisch-erklärungsstrategische Rolle spielte, weicht zunehmend einer erfahrungsoffenen Einstellung, in der das genetische System seine Rolle ebenso hat wie das epigenetische System der zellulären Vererbung und die sozialen und symbolischen Ebenen. Man kann, Oyama weiter folgend, ausprobieren, ob es möglich ist, den Systembegriff noch weiter zu entwickeln, nämlich nicht als die dynamische Struktur des „Organismus", sondern abstrakter gedacht als System von Entwicklungsressourcen. Zu den Entwicklungsressourcen gehören sowohl die Faktoren innerhalb der „Haut" des Organismus als auch

---

[12] *S. Oyama*, The Ontogeny of Information. Developmental Systems and Evolution, Durham ²2000.

[13] „I will argue that evolution only seems to require these two ideas [1. that traits are ‚transmitted' in heredity, 2. ‚developmental dualism' due to internal and external influences]. In their place I offer an alternative way of looking at development and the succession of life cycles we call evolution [...] What it does require is a conception of development as construction, not as printout of a preexisting code [...] Developmental systems evolve, generating one life cycle after another." *S. Oyama*, Evolution's Eye. A Systems View of the Biology-Culture Divide, Durham 2000, S. 21 f. u. S. 30.

die Faktoren außerhalb. Welche Faktoren jedoch wichtig sind, hängt auch von der inneren Konstitution des Organismus ab. Z.B. ist es nicht zufällig, dass sich Pflanzen in ihrem Wachstum an der Richtung des einfallenden Lichts orientieren. Sie haben dafür Sensoren und „suchen" so dieses Licht, machen es in diesem Sinn zur entwicklungsrelevanten Ressource. Der Organismus ist in dieser Vorstellung von „developmental systems" eine emergente dynamische Struktur, die sich selbst unter Rückgriff auf innere und äußere entwicklungsrelevante Ressourcen Schritt für Schritt fortbildet.[14] Regelmäßigkeit *ergibt sich* – genauso wie die Unregelmäßigkeiten – aus diesem Voranschreiten von Schritt zu Schritt, nicht aus einem im Inneren bereits vorhandenen Plan. Die Vorstellung eines Entwicklungsprogramms ist inkohärent geworden und muss fallen gelassen werden. Die offensichtliche und erstaunliche phänotypische Regelmäßigkeit der Entwicklung eines Organismus (Morula, Blastula, Gastrula etc. innerhalb einer für die *Spezies* typischen Folge) wird zum Forschungsthema. Das molekularbiologische Denken ist in einem Sinn „historisch" geworden, indem es in seiner Konzeptualisierung von Entwicklungsschritten einer Schritt-für-Schritt-Logik folgt. Die Frage ist jeweils die, wie ein bestimmter Schritt aus den Voraussetzungen der je früheren Situation des Entwicklungssystems innerhalb einer Umweltsituation hervorgebracht wird.

III. Leben als metabiologischer Begriff

Das Bild vom Lebendigen ist nicht nur abhängig von der Forschungsperspektive Molekularbiologie, die ja die Struktur, die Selbsterhaltung, Entwicklung und Evolution von Lebewesen in erster Linie mit dem Methodenrepertoire der Biophysik und Biochemie untersucht. Es geht ihr darum, den dynamischen Ordnungszustand der Materie, welche sich in den Lebensfunktionen zeigt, darzustellen. Verstehen ist in der Molekularbiologie eng damit verkoppelt, biotechnologisch eingreifen zu können oder bestimmte Phänomene auch technisch rekonstruieren zu können. Wie dargestellt, hängt

---

[14] Oyama und viele ihrer Weggefährten gebrauchen den Begriff der „Konstruktion", um auszudrücken, dass der Organismus im Prozess des Zusammenwirkens der Entwicklungsressourcen herausgebildet wird. Ich halte diesen Begriff für unglücklich, weil er an die technologische Konstruktion nach Plan erinnert, also die Vorstellung, die es genau zu überwinden gilt. Deshalb bevorzuge ich den Begriff der Emergenz und verwende ihn in dem Sinn, dass sich bestimmte Strukturen aus einer Konstellation von Faktoren ergeben. Vgl. zur Binnendifferenzierung im Emergenzkonzept *A. Stephan*, Emergenz. Von der Unvorhersagbarkeit zur Selbstorganisation, Paderborn [2]2005. Zum „developmental systems approach" liegt ein Sammelband vor von *S. Oyama/P. E. Griffiths/R. D. Gray* (Hg.), Cycles of Contingency. Developmental Systems and Evolution, Cambridge Mass. 2001.

das Bild eben auch davon ab, ob der genetische Informationalismus oder das Systemdenken als *adäquate Interpretationsbasis* der molekularbiologischen Befunde angenommen wird. Dies ist letztlich eine biophilosophische Thematik. Die Frage ist offen, ob Leben überhaupt als „etwas" beschrieben werden kann, das allen Lebewesen gemeinsam ist und sie zu Lebewesen macht, ob sich der Begriff von Leben also realistisch auf einen Aspekt der Wirklichkeit bezieht, oder ob der Lebensbegriff letztlich nur in der Sprache sinnvoll ist.

In der Biologie des 20. Jahrhunderts ist die Auffassung vorherrschend gewesen, dass sich „Leben" nicht als *eine* Eigenschaft von Organismen definieren lässt. Es konnte einfach kein einzelnes Prinzip gefunden werden (historisch wurden verschiedene Listen von Kriterien probiert wie Selbstbewegung, Selbsterhaltung, Selbstorganisation), das alles Leben hinreichend kennzeichnet. Es gibt auch nichtlebendige selbstbewegende Gegenstände (z.B. das Wettersystem), nichtlebendige sich selbst erhaltende Gegenstände (z.B. eine Kerzenflamme) und nichtlebendige selbstorganisierende Systeme (z.B. die dissipativen Strukturen, die sich aus bestimmten chemischen Reaktionskomplexen in der Petrischale ergeben, auf die Ilya Prigogine Bezug nahm). Aleksandr Oparin schrieb 1924: „Life is not characterized by any special properties but by a definite, specific combination of these properties."[15] Viele Autoren haben deshalb Listen von Eigenschaften vorgeschlagen, die zusammen Leben ergeben. Wie Georg Toepfer zeigte, gibt es aber eine ganze Reihe von solchen Kriterienlisten, mehr oder weniger Elemente enthaltend und auch mehr oder weniger gut empirisch abgesichert. Anna Deplazes geht von einer offenen Liste mit sechs zentralen Kriterien aus, die eventuell durch weitere ergänzt werden müssten: (1) zelluläre Struktur, (2) Fähigkeit der Reproduktion, Entwicklung und Wachstum, (3) Fähigkeit zur Selbstorganisation, Selbst-Herstellung und Selbst-Erhaltung („*autopoiesis*"), (4) Stoffwechsel, (5) ein Informationscodierungssystem, (6) Fähigkeit zur Anpassung durch Evolution.[16]

Toepfer weist mit Recht darauf hin, dass damit Leben als einheitlicher Gegenstand verlorenzugehen droht. Gleichzeitig besteht eine gewisse Willkürgefahr bei der Abgrenzung, je nachdem welche Kriterien man in die engere Auswahl nimmt und welche man allenfalls noch für verzichtbar hält. Die Viren gehören dann z.B. dazu oder auch nicht. Die Lösung dieses Problems ergibt sich, wenn man berücksichtigt, wie die Listen zustande kom-

---

[15] *A. I. Oparin*, The Origin of Life, in: *J. D. Bernal* (Hg.), The Origin of Life, London 1967, S. 199–234, hier: S. 217. Das Zitat findet sich bei *G. Toepfer*, Der Begriff des Lebens (in: *U. Krohs/G. Toepfer* (Hg.), Philosophie der Biologie. Eine Einführung, Frankfurt a.M. 2005, S. 157–174), dem ich für diesen Abschnitt viel verdanke.
[16] *A. Deplazes-Zemp*, The Conception of Life in Synthetic Biology, in: Science and Engineering Ethics 18 (2012), 757–774.

men. Man geht nämlich von einem bereits lebensweltlich festgelegten Begriff von „Leben" aus und versucht, objektivierbare Eigenschaften zu finden, welche allen Elementen der Menge Lebewesen gemeinsam sind und sie von allem Elemente außerhalb dieser Menge hinreichend genau abgrenzen. Man muss deshalb unterscheiden zwischen dem Begriff Leben, der „etwas" meint (ohne genau sagen zu können, was es denn ist) und dem Konzept der Lebensphänomene, welche empirisch untersucht werden können. Für Letzteres ist es wichtig, eine operationalisierbare Definition zu haben, mit der man empirisch Lebendiges von Nichtlebendigem unterscheiden kann. Dafür ist es letztlich irrelevant, ob es überhaupt einen einheitlichen Gegenstand „Leben" gibt oder ob wir nur so sprechen, als ob es ihn gebe. Bei der Erklärung der Proto-Evolution kommen dann natürlich andere Ergebnisse heraus: Das Leben musste irgendwo einen einzigen Ursprung gehabt haben, oder es ist als Phänomenkomplex Stück um Stück entstanden, zunächst vielleicht ohne zelluläre Struktur.

Ich meine, dass man innerhalb eines biowissenschaftlichen Pragmatismus mit dieser Unschärfe ganz gut leben kann. Es ist nur wichtig, dass man sich jeweils klar macht, von welcher Definition man ausgeht. Philosophisch hingegen lässt sich das Problem so nicht einfach abhaken. Wir meinen nämlich etwas, wenn wir zu etwas in unserer Erfahrungswelt sagen, es „lebt" oder es „lebt nicht". Wir sprechen ihm etwas zu bzw. setzen uns zu ihm in ein anderes Verhältnis. Das geben die Listenkonzeptionen implizit auch zu, indem sie nämlich *einen* Begriff von Leben durch die verschiedenen Kriterien zu definieren suchen. Es muss irgendwie etwas sein, das der Fall ist, sofern ein Gegenstand der Untersuchung alle Kriterien erfüllt. Es kann aber sein, dass sich dieses integrierende „Etwas" nicht objektivieren lässt. Diesen Weg möchte ich im nächsten Abschnitt weiter beleuchten.

IV. Anerkennend wahrnehmen

Für die Molekularbiologie wäre es paradox, wenn man behaupten würde, Leben sei etwas in der physischen Natur, das sich der Erklärung durch die Naturwissenschaften aber systematisch entzieht. Eine philosophische Behauptung, dass Leben etwas sei, das zwar in der Natur vorliege, aber naturwissenschaftlich grundsätzlich unerklärlich bleibe, hätte mit dem Vorwurf der dichterischen Phantasie zu kämpfen. Woher nehmen wir die Sicherheit, annehmen zu können, dass es sich bei dieser Zuschreibung nicht einfach um einen Anthropomorphismus, also um ein Abbild unserer eigenen Vorurteile handelt?

Ich möchte argumentieren, dass mit dieser Alternative zwischen physikalistischer Erklärbarkeit des Lebens durch eine Liste von Fähigkeiten lebender Systeme und anthropomorpher Projektion die Frage falsch gestellt ist. Was meinen diejenigen, die daran festhalten, dass Leben etwas sei, das sich nicht in einer Kriterienliste erschöpft?Man muss dazu nicht eine zusätzliche, integrierende Eigenschaft oder Fähigkeit, die das Leben zum Leben macht, unterstellen. Was fehlt, ist vielmehr die Anerkennung eines Lebewesens als lebendiges Wesen in einem besonderen praktischen Verhältnis. Wenn wir Leben zusprechen, anerkennen wir ein Wesen als etwas, das *für uns* letztlich ein Anderes und Unerfassbares bleiben soll. Die anerkennende Wahrnehmung von Lebendigkeit strukturiert mit anderen Worten eine *praktische* Beziehung zu dem anerkannten Gegenstand. Sie ist nicht eine Feststellung der Faktizität eines scheinbaren Abstraktums „Leben".[17] Der Lebensbegriff ist relevant auf der Ebene der Anerkennungsverhältnisse und damit auf der Ebene der Handlungszusammenhänge.[18]

Was mit „Leben" anerkannt wird, ist, wie ich es auszudrücken versuche, ein eigener Raum von *genuin anderem Sinn*, der sich unserem Verständnis teilweise erschließen kann, sich aber letztlich entzieht. Und dafür bietet die Molekularbiologie, jedenfalls innerhalb ihrer systemischen Interpretation genügend Raum. Man muss nur die epistemologischen Kategorien scharf genug auseinanderhalten. Die informationalistische Interpretation schafft hingegen Hindernisse. Denn die Vorstellung des genetischen Programms legt die Aussage nahe, dass sich jede „innere" Sinndimension auf die genetische Information abbilden lasse. Letztere ist durch eine vollständige Erklärung der Wirkungsweise des Genoms im dynamischen Organismus vollständig erfassbar. Die Auffassung von sich-entwickelnden Systemen, deren Entwicklungslogik selbst nicht vorausbestimmt, sondern emergent ist, d.h. sich historisch Schritt für Schritt ergibt, ist hingegen offener. Sie enthält keinen vorausgesetzten reduktionistischen Letzterklärungsanspruch, der sich schon in dem theoretischen Bild findet, das sie vom Lebendigen entwirft.

---

[17] Christina Schües kritisiert aus phänomenologischer Perspektive das „menschliche Wesen" als scheinbares Abstraktum. Vgl. *C. Schües*, Philosophie des Geborenseins, Freiburg/München 2008, S. 287ff. Im Bezug auf den Lebensbegriff *dies.*, Morphologische Fragen zum „Embryo": Am Anfang ist die Beziehung, in: *R. Rehn/C. Schües/F. Weinreich* (Hg.), Der Traum vom besseren Menschen. Zum Verhältnis von praktischer Philosophie und Biotechnologie, Frankfurt a.M. u.a. 2003, S. 33–53.

[18] Vgl. ausführlicher *C. Rehmann-Sutter*, Leben beschreiben. Über Handlungszusammenhänge in der Biologie, Würzburg 1996; *ders.*, Eigener Sinn, a.a.O. und *ders.*, Poiesis and Praxis – two ways of describing development, in: Genes in Development. Re-reading the molecular paradigm, hg. von *Eva M. Neumann-Held/Christoph Rehmann-Sutter*, Durham 2006, S. 313–334; *ders.*, Lebewesen als Sphären der Aktivität. Thesen zur Interpretation der molekularen Genetik in einer praxisorientierten Naturphilosophie, in: Was ist Naturphilosophie und was kann sie leisten?, hg. von *Christian Kummer*, Freiburg/München 2009, S. 127–150.

Die Spur, die zu einer ethisch gehaltvollen Anerkennung von Leben führt, liegt in der Betonung des Somatischen, d.h. der Lebenswirklichkeit, welche im System-Ansatz liegt. Der Programm-Ansatz erklärte im Gegensatz dazu die Lebenswirklichkeit durch die darunterliegende genotypische Information, welcher der Status der „eigentlichen Wirklichkeit" zukam. Die Wirklichkeit der Entwicklungsschritte ist nun teleologisch auf zwei grundsätzlich verschiedene Arten zu fassen. Die eine ist die klassische Naturteleologie, welche im Vitalismus Driesch'scher Prägung Urständ gefeiert hatte, also die These, dass die Lebewesen zweckmäßig organisiert seien und dass ihr Leben einem inneren Ziel zustrebe. Diese These ist ohne Rekurs auf einen theologischen Schöpfungsglauben kaum zu verteidigen. Ich will gar nicht erst versuchen, sie zu verteidigen, sondern nur auf eine Eigenschaft der These hinweisen, die bemerkenswert ist: Sie fasst Lebensvorgänge als Mittel-Zweck-Relationen auf, die einem Ziel zustreben. Das entspricht strukturell dem aristotelischen Begriff der Poiesis (Herstellung, Hervorbringung). Aristoteles unterscheidet im Bezug auf menschliches Handeln zwei Auffassungweisen: die Poiesis und die Praxis. Poiesis ist ein Handeln, wenn es zu einem Produkt führt; Praxis ist ein Handeln, dessen Sinn und Wert in seinem Vollzug liegt. Man kann sagen, ein Herstellen (z.B. das Bauen eines Hauses) führt man um des Hergestellten willen aus (des Hauses willen), während man eine Praxis ausübt, weil sie sich selbst lohnt und sich auch danach beurteilen lässt, was sie als Handeln ist.[19]

Wenn man nun diese Unterscheidung in einem strukturanalogen aber übertragenen Sinn auf Prozesse anwendet, die sich im Lebendigen ereignen, wird eine „organische Poiesis" mit einer „Funktion" eines Teils des Organismus parallel gesetzt werden können. Denn der Teil leistet, wenn er eine „Funktion" hat, einen Beitrag zur Erhaltung des Gesamten. Das Augenmerk liegt auf diesem Beitrag für..., nicht auf dem, was die Bewegung oder die Existenz dieses Teiles selbst ist. Eine „organische Praxis" hingegen ist ein Prozess, der so aufgefasst wird, dass sein Sinn im Vollzug selbst liegt, d.h. in der Wirklichkeit, die der Prozess darstellt. Der Prozess wird zum Teil der „Korporealität" des Lebewesens.

Meine Vermutung ist, dass wir genau das meinen, wenn wir von etwas (von einem System) sagen, dass es „lebt": Wir sagen aus, dass dieses Etwas (dieses System) einen Sinn darin findet, als Prozess da zu sein. Das System eröffnet in sich einen eigenen („inneren") Raum von Sinn. Damit unterscheiden sich in unserer Wahrnehmung lebendige von nichtlebendigen Systemen. Letztere gehen darin auf, funktionale Systeme zu sein. Ihre Prozes-

---

[19] *Aristoteles*, Nikomachische Ethik 1140b 6f.: „Das Ziel der Herstellung (poiesis) ist von dieser selbst verschieden, das der Handlung (praxis) nicht. Denn das gute Handeln (eupraxia) selbst ist Ziel." (übers. Ursula Wolf).

se haben keinen Sinn in sich selbst. Es gibt keine Perspektive des Systems, auf die sich diese Frage nach dem inneren Sinn überhaupt beziehen könnte. Im Lebewesen gibt es eine solche Perspektive, auf die sich die Frage nach dem inneren Sinn beziehen kann. Der eigene Sinnraum ist dabei zunächst negativ gedacht, als Grenze zu dem, was wir als Beobachter erkennen und erklären können. Das Lebewesen ist etwas „Eigenes", „Anderes" in einem nicht trivialen Sinn.

Dazu ist es nicht nötig, metaphysische Annahmen über die Existenz von Naturzwecken zu treffen. Die Anerkennung der organischen Praxis als Anhaltspunkt für die Möglichkeit eines eigenen Sinnraums ändert etwas im *praktischen* Verhältnis zwischen anerkennendem Menschen und dem anerkannten Wesen. Es ist nicht eine theoretische Annahme gemeint, dass es diesen Sinn „gebe", so wie es Moleküle gibt. Sinn ist eine Dimension, die sich nur im Bezug auf die Beziehung eröffnet. Insofern ist die organische Praxis ein Element eines subjektiven (oder in gewisser Weise intersubjektiven) Verhältnisses zwischen uns als wahrnehmendem Subjekt und dem wahrgenommenen Leben. Es ist aber objektiv gemeint, dass dem Lebewesen die Sinndimension zukommt. Dieses Verhältnis steht zu dem objektiven Beobachtungsverhältnis, in das wir uns begeben, wenn wir Lebewesen molekularbiologisch beschreiben, nicht in Widerspruch. Die beiden Verhältnisse kreuzen sich, schließen sich gegenseitig aber nicht aus.

Die Annahme eines eigenen Sinnraums eines Lebewesens ist eigentlich keine theoretische Annahme, sondern ein praktisches Verhältnis: eine Tat. Das anerkennende Wahrnehmen, in dessen Rahmen die Beziehung zu einem eigenen Sinnraum von wahrgenommenen Lebewesen möglich wird, ist eine Form, sich praktisch in der Natur zu verhalten. Wahrnehmen ist nicht nur Datenaufnahme und Informationsverarbeitung, sondern ganz wesentlich ein tätiges Sich-in-Beziehung-Setzen zum Wahrgenommenen. Man kann dasselbe Lebewesen unterschiedlich „wahrnehmen", einmal als funktionierendes biomolekulares System, eine Art natürlich gewachsene (überaus komplexe) Maschine, ein anderes Mal als ein Wesen, das *da ist* und *sich* in der Welt bewegt. Mit den Worten „da sein" und „sich bewegen" ist dann wirklich etwas gemeint, das die Existenz des Wesens auszeichnet.

V. „Beam me up, Scotty!" – *Biotechnologien und synthetische Biologie*

Eine faszinierende Frage stellt sich heute im Bezug auf die biotechnologischen Produkte, die zunehmend abhängiger werden vom konstruktiven Akt. Lebt ein vollständig künstlicher Organismus? Bis zu welchem Grad der

Künstlichkeit oder im Bezug auf welche Arten der Künstlichkeit kann man überhaupt von Leben sprechen?

Bei relativ einfachen Eingriffen, stellt sich diese Frage noch nicht wirklich. Wenn z.b. in eine Kuh ein Gen eingeschleust wird, das die Kuh dazu bringt, in ihrer Milch einen medizinischen Wirkstoff auszuscheiden, den man dann für die Herstellung von Medikamenten für Menschen verwenden kann, so ist kaum fraglich, ob die Kuh durch diesen Eingriff weniger lebendig ist. Sie ist und bleibt lebendig und man muss tierethisch prüfen, ob die gentechnologische Intervention dem Tier Leiden verursacht.

Bei anspruchsvolleren Projekten, die unter dem Titel „synthetische Biologie" geführt werden,[20] stellt sich die Frage schon eher. Wie wäre es, wenn ein einfaches Lebewesen, z.b. ein Bakterium, in einzelne Zellfragmente zerlegt und in veränderter Form wieder zusammengebaut wird, vielleicht mit gleichzeitigem Einbau zusätzlicher und mit Weglassen einiger Teile, die man für den biotechnologischen Zweck als verzichtbar ansieht? Das Produkt wäre eine synthetische Zelle, deren Design in der Natur so nicht vorkommt. Gleichwohl gibt es eine enge Verwandtschaft zu den natürlich entstandenen Bakterien. Die Biotechnologen nehmen das natürliche Leben zum Vorbild, um ihre Zwecke zu erreichen, nämlich um das künstliche System mit einem funktionierenden Stoffwechsel und der Fähigkeit zur Zellteilung auszustatten.

Oder wie wäre es, wenn ein Bakterium aus Laborchemikalien nachgebaut würde, ohne dass man dafür Teile einer bereits bestehenden Zelle verwendet? Reicht es für die Wahrnehmung des Produkts als „lebend" aus, dass das Design von tatsächlich lebenden Zellen übernommen wurde?

Es ist kaum möglich (und sinnvoll), diese Fragen allgemein, ohne Bezug auf das spezielle Projekt zu beantworten. Aus ethischer Sicht droht hier ein biotechnologischer Fehlschluss, der darin besteht, die Eigenständigkeit des Produktes einer technologischen Intervention deshalb unterzubewerten (oder zu negieren), weil das Produkt ohne die technologische Intervention nicht existieren würde. Die Abhängigkeit vom gestalterischen Handeln ist aber für die Bewertung, ob das Produkt anerkennend als Lebewesen wahrgenommen werden kann oder sogar soll, zunächst einmal irrelevant.

Wir bewegen uns hier noch weitgehend im Bereich der Fiktion. Entsprechend kann man vielleicht aus Gedankenexperimenten lernen. Ein solches Gedankenexperiment stellt Mary Shelleys Roman *Frankenstein* dar. Dort wird eine Tragödie erzählt zwischen biotechnologischem Kreator (dem Arzt

---

[20] *P. L. Luisi*, The Emergence of Life. From Chemical Origins to Synthetic Biology, Cambridge 2006; *A. Deplazes*, Piecing together a puzzle. An exposition of synthetic biology, EMBO Report 10 (2009), S. 428–432; *C. Rehmann-Sutter*, Leben 2.0 – Ethische Implikationen synthetischer lebender Systeme, Zeitschrift für Evangelische Ethik 57 (2013), S. 113–125 (mit weiteren Referenzen).

Victor Frankenstein) und seiner Kreatur. Durch die fortgesetzte Nichtaner-
kennung *wird* die Kreatur zum gefährlichen Monster. Die Kreatur hat aber
Bedürfnisse und hätte der Fürsorge benötigt. Der beziehungsgestörte Techniker, der seine „Vaterrolle" nicht erkennt, kann seine Verantwortung dem
von ihm Geschaffenen und auch der Gesellschaft gegenüber, in die das
biotechnologische Produkt integriert werden sollte, nicht wahrnehmen.

Ein anderes Laboratorium fiktiver Handlungskonstellationen ist die Science Fiction. In der bekannten Fernsehserie *Star Trek* („Raumschiff Enter-
prise") ist ein zentrales Motiv das „Beamen". Damit ist eine vollständige
Zerlegung des Körpers in einzelne Atome und eine exakte Neuzusammen-
setzung an einem anderen Ort gemeint. Es war so als möglich gedacht, sich
auf die Oberfläche eines Planeten zu beamen und auch wieder zurück ins
Raumschiff. Eine gewisse Ähnlichkeit zum vorgestellten Fall, dass ein
Bakterium aus Laborchemikalien rekonstruiert werden könnte, lässt sich
nicht von der Hand weisen. Erstaunlich daran ist, dass es mindestens spe-
kulativ vorstellbar ist, auf diesem Weg die Person zu transportieren. Captain Kirk kommt nicht als Leiche im Raumschiff an, nachdem er per Funk
den Befehl gibt „Beam me up, Scotty!". Wenn alle atomaren Bestandteile in
exakt der gleichen Anordnung zusammengesetzt würden und wenn gleichzeitig alle Prozesse (biochemischen Transformationen, Flüsse, Kreisläufe,
die Bewegung der Organe etc.) wieder genau so verwirklicht würden, wie
sie im Original wirklich waren, ist es schwer vorzustellen, dass dann nicht
Captain Kirk lebend und mit vollem Bewusstsein in der Kabine erscheint.
Kirk ist nicht weniger Kirk, weil er dekomponiert und rekomponiert wurde.
Entsprechend möchte ich die Vermutung äußern, dass die biotechnologische
Synthese die Frage nach der Anerkennung von Lebewesen, die als Produkte
der Synthese entstehen, nicht grundsätzlich verändern werden.

VI. Epilog:
Molekularbiologen als politische Zeitgenossen

Es wäre eine Unterschätzung der Molekularbiologie, sie auf das zu reduzieren, was sie im Disziplinnamen in Aussicht stellt: die wissenschaftliche
Aufklärung der molekularen Natur von Organismen und Lebensprozessen.
Das tut die Molekularbiologie zwar wirklich, mit spektakulären Erfolgen
und mit teilweise umwälzenden gesellschaftlichen Implikationen. Es bildet
sozusagen ihren normalwissenschaftlichen Kern. Die intellektuellen Ambitionen ihrer Vertreterinnen und Vertreter reichten und reichen aber weiter.
Sie sind philosophisch anspruchsvoller und gesellschaftlich ebenfalls fol-
genreich, weil sie in der kulturellen Sphäre wirken. Wenn wir die Frage be-

antworten wollen, wie die Molekularbiologie Leben beschreibt, was sie beschreibt, wenn sie von lebendigen Systemen spricht, bzw. wie sie ihren Gegenstand, das Lebendige konstruiert, nicht nur materiell-technologisch, sondern konzeptuell-philosophisch, müssen wir beide Ebenen im Auge behalten.

Molekularbiologinnen und Molekularbiologen sind Zeitgenossen ihrer eigenen Forschungen. Und die Frage, welche ihrer Spekulationen und Interpretationen, die aus den Diskursen dokumentarisch nachweisbar sind, wirklich zur ‚Molekularbiologie' gezählt werden sollen und welche auf die Vorlieben der einzelnen Forscherpersönlichkeiten zurückgeführt werden müssen, hängt davon ab, wie man das ‚Phänomen Molekularbiologie' definiert. Jacques Monod soll z.B. über seine Entdeckung allosterischer Proteinsysteme gesagt haben: „I have discovered the second secret of life."[21] Das erste Geheimnis wäre natürlich die Entdeckung der Erbsubstanz DNA gewesen. Es war eine überschwängliche Deutung seiner eigenen Ergebnisse. Die Protagonisten haben gerne solche Deutungen hochgehalten, dass ihre Wissenschaft nämlich die „Geheimnisse des Lebens" entschlüsselt habe. Zu dieser emphatischen Deutung zählt auch die Außenperspektive, etwa die von US-Präsident Bill Clinton, der anlässlich der Sequenzierung eines ersten kompletten menschlichen Genoms im Juni 2000 verkündete: „Today we are learning the language in which God created life."[22] Der Enthusiasmus, mit den physikalisch-chemischen Methoden der neuen Biologie den Geheimnissen des Lebens auf der Spur zu sein, begleitete die Molekularbiologie seit ihren Anfängen nach dem 2. Weltkrieg. Aber die Entschlüsselung des Geheimnisses war dann doch jeweils nicht so endgültig, denn hinter jeder Entdeckung hat sich wiederum ein weiteres Geheimnis gezeigt und den Forschungsprozess bis heute aufrecht erhalten.

Wie Soraya de Chadarevian in ihrer Geschichte der Molekularbiologie zeigt,[23] ist dieser faszinierende Prozess nur wirklich zu verstehen, wenn man ihn nicht nur aus der Laborperspektive erklärt, sondern auch in seinen politisch-gesellschaftlichen Kontext stellt, in dem er möglich geworden ist und auf den er wiederum zurückgewirkt hat. Eine Rolle spielte gewiss die damals neue physikalisch-chemische Herangehensweise an die Lebensphänomene, die mit Namen wie Max Delbrück und Erwin Schrödinger – beides Physiker – assoziiert worden sind. Es wurden neue biophysikalische Unter-

---

[21] *H.F. Judson*, The Eighth Day of Creation. Makers of the Revolution in Biology, Woodbury, NY 1996, S. 552.
[22] *C. Rehmann-Sutter*, Genes – Cells – Interpretations. What Hermeneutics Can Add to Genetics and to Bioethics, in: GenEthics and Religion, hg. von *Georg Pfleiderer u.a.*, Basel 2010, S. 12–27.
[23] *S. de Chadarevian*, Designs for Life. Molecular Biology after World War II, Cambridge 2002.

suchungstechniken entwickelt wie die Röntgenstrukturanalyse von enorm großen Molekülen (wie die DNA oder die Proteine) oder die Elektronenmikroskopie. Ein weiterer wissenschaftsimmanenter Faktor, der häufig genannt wird, war die Wahl von einfachsten Organismen (Bakteriophagen, Bakterien, Hefe etc.), die Definition von Standardstämmen (z.B. von Escherichia coli K 12), die in allen Laboratorien verwendet wurden und die Ergebnisse reproduzierbar machten. An diesen einfachen und standardisierten Experimentalsystemen wurden fundamentale Lebensprozesse untersucht, die dann später in komplexeren Organismen (Maus, Arabidopsis usw. bis zum Menschen) in Variationen wieder gefunden werden konnten. Philosophisch sind die Ideen interessant, welche in der Molekularbiologie entwickelt wurden und von ihr ausgehend im Verlauf des 20. Jahrhunderts – in Wechselwirkung mit außerwissenschaftlichen kulturellen Faktoren – breite Wirksamkeit erlangt haben. Wenn man die Molekularbiologie nicht darauf einschränkt, was sie experimentell im Labor tut, sondern mit einbezieht, wie Molekularbiologen dachten, was sie umtrieb, und was sie ansportnte, erhält man ein breiteres Bild.

So gesehen ging und geht es der Molekularbiologie *erstens* auch darum, Hinweise zu gewinnen, um das ‚große Bild‘ des Lebens auf der Erde zu verstehen, sowohl in seiner zeitlichen Ausdehnung als Ursprung und Evolution des Lebendigen als auch in seiner räumlichen Ausdehnung als ökologische Funktionszusammenhänge in der Biosphäre. Es geht ihr *zweitens* darum, die Entstehung, die Rolle und die Möglichkeiten des ‚Menschen‘ als spezieller, mit Kognition und Intelligenz ausgestatteten Spezies auszulegen. Es geht ihr *drittens* darum, die ‚wesentlichen‘ Charakteristika des Lebens zu finden, also das, was das Lebendige lebendig macht. Sie möchte diese Wesensbestimmung freilich auf dem Boden der Objektivität vornehmen, ohne empirisch unbelegbare metaphysische Annahmen treffen zu müssen. Und *viertens* geht es ihr darum, in Lebensprozesse ‚biotechnologisch‘ zu intervenieren, bzw. Lebensprozesse durch artifizielle Konstruktionen im Labor zu regenerieren. Die Molekularbiologie ist von ihren Anfängen an eine praktische, experimentelle Disziplin gewesen, bei der als heuristische Regel gilt, dass man einen Zusammenhang nur dann wirklich verstanden hat, wenn man ihn erfolgreich im Experiment rekonstruieren konnte. Biotechnologien, z.B. das Engineering von Genen, sind nicht nur Objekte für die Forschung (Experimentalsysteme) und Output für die biotechnologisch-industrielle Anwendung, sondern sie gehören häufig schon im Labor zu den Methoden zur Prüfung von Hypothesen.

Diese vier weitergehenden Ambitionen kommen freilich nicht immer alle explizit bei jeder Autorin/jedem Autor zur Sprache. Und oft sind sie nur implizit aufzufinden oder sie ergeben sich im kulturellen Wirkungszusammenhang. Dafür ein Beispiel: Jacques Monod erklärte am Schluss seiner

Nobelpreisrede 1965, was die Molekularbiologie, die Disziplin, zu der Monod Entscheidendes beigetragen hatte, will: „the ambition of molecular biology is to interpret the essential properties of organisms in terms of molecular structures".[24] Was heißt aber „essentiell"? Eine nicht-metaphysische Verwendung des Begriffs im Sinn von „hauptsächlich", „auffällig" oder „zentral für die Erklärung" liegt für die Forschung in der Molekularbiologie nahe. Die Biologen wollen nicht das „Wesen" des Lebens erforschen, wenn sie den essential properties nach gehen. Aber dennoch ist die Verbindung zur ontologischen Bedeutung von essenziell nicht von der Hand zu weisen, wenn sie auch außerhalb der Möglichkeiten der Biologie als empirischer Laborwissenschaft liegt. Denn die Diskurse in der Gesellschaft haben sich dadurch, dass die Molekularbiologen bestimmte Elemente der Organismen für wesentlich gehalten haben – namentlich die Gene, die Chromosomen, die DNA – bezüglich der ontologischen Vorstellungen verändert. Es hat sich eingebürgert, von der „Genetisierung" des Denkens und der Naturwahrnehmung oder der „Genetisierung" der Medizin zu sprechen. Die empirischen Evidenzen einer solchen ontologisch kaum als neutral zu bezeichnenden Genetisierung sind reichlich vorhanden.[25] Molekularbiologie ist deshalb nicht nur als eine empirische Naturwissenschaft aufzufassen (was sie natürlich ganz wesentlich ist), sondern sie ist ein Projekt der Re-Interpretation von Leben, das sich letztlich am *benchmark* des biotechnologischen Erfolges misst. Im Bezug auf dieses Projekt lässt sich fragen, welches die Motive oder Ziele sind und welche Zusammenhänge mit anderen Anstrengungen der menschlichen Selbst- und Naturerklärung bestehen.

Literaturhinweise

Alberts, Bruce u.a. (Hg.): Molecular Biology of the Cell, New York [5]2008.

Aristoteles: Nikomachische Ethik, Oxford [2]1980.

De Chadarevian, Soraya: Designs for Life. Molecular Biology after World War II, Cambridge 2002.

Deplazes-Zemp, Anna: The Conception of Life in Synthetic Biology, in: Science and Engineering Ethics 18 (2012), 757–774.

---

[24] *J. Monod*, From Enzymatic Adaptation to Allosteric Transitions. Nobel Lecture, December 11, 1965, in: *A. Ullmann* (Hg.), Origins of Molecular Biology. A Tribute to Jacques Monod, Washington D.C. 2003, S. 295–317, hier: S. 313.

[25] Ref. *A. Lippman*, The Politics of Health. Geneticization Versus Health Promotion, in: *S. Sherwin*, The Politics of Women's Health. Exploring Agency and Autonomy, Philadelphia 1998, S. 64–82.

Dies.: Piecing together a puzzle. An exposition of synthetic biology, in: EMBO Report 10 (2009), S. 428–432.

Eigen, Manfred: Stufen zum Leben. Die frühe Evolution im Visier der Molekularbiologie, München 1987.

Halder, Georg/Callaerts, Patrick/Gehring, Walter J.: Induction of ectopic eyes by targeted expression of the eyeless gene in Drosophila, in: Science (1995), Vol. 267, No. 5205, pp. 1788–1792.

Ideker, Trey/Galitski, Timothy/Hood, Leroy: A new approach to decoding life: systems biology, in: Annual Review of Genomics and Human Genetics 2 (2001), S. 343–372.

Jablonka, Eva: The Systems of Inheritance, in: *Susan Oyama u.a.* (Hg.), Cycles of Contingency. Developmental Systems and Evolution, Cambridge Mass. 2001, S. 99–116.

Judson, Horace Freeland: The Eighth Day of Creation. Makers of the Revolution in Biology, Woodbury, NY 1996.

Kaneko, Kunihiko: Life: An Introduction to Complex Systems Biology, Berlin u.a. 2006, S. 20.

Kitano, Hiroaki: Systems biology. A brief overview, in: Science 295 (2002), S. 1662–1664.

Lippman, Abby: The Politics of Health. Geneticization Versus Health Promotion, in: *Susan Sherwin*, The Politics of Women's Health. Exploring Agency and Autonomy, Philadelphia 1998, S. 64–82.

Luisi, Pier Luigi: The Emergence of Life. From Chemical Origins to Synthetic Biology, Cambridge 2006.

Monod, Jacques: From Enzymatic Adaptation to Allosteric Transitions. Nobel Lecture, December 11, 1965, in: *Agnes Ullmann* (Hg.), Origins of Molecular Biology. A Tribute to Jacques Monod, Washington D.C. 2003, S. 295–317.

Neumann-Held, Eva M.: The Gene is Dead – Long Live the Gene! Conceptualizing Genes the Constructionist Way, in: *Peter Koslowski* (Hg.), Sociobiology and Bioeconomics, Berlin 1999, S. 105–137.

Dies./Rehmann-Sutter, Christoph (Hg.): Genes in Development. Re-Reading the Molecular Paradigm, Durham 2006.

Oparin, Aleksandr I.: The Origin of Life, in: *J. D. Bernal* (Hg.): The Origin of Life, London 1967, S. 199–234.

Oyama, Susan: Evolution's Eye. A Systems View of the Biology-Culture Divide, Durham 2000, S. 21ff.

Dies.: The Ontogeny of Information. Developmental Systems and Evolution, Durham ²2000.

Dies./Griffiths, Paul E./Gray, Russell D. (Hg.): Cycles of Contingency. Developmental Systems and Evolution, Cambridge Mass. 2001.

Rehmann-Sutter, Christoph: DNA – Organismen – Körper. Zur Mensch-Natur-Beziehung in der Molekularbiologie, in: *Margarethe Maurer/Othmar Höll* (Hg.), Natur als Politikum?, Wien 2003, S. 231–259.

Ders.: Eigener Sinn. Kritik der Gegenständlichkeit von Leben, in: Vierteljahresschrift der Naturforschenden Gesellschaft in Zürich 149 (2004), S. 29–37.

Ders.: Genes – Cells – Interpretations. What Hermeneutics Can Add to Genetics and to Bioethics, in: *Georg Pfleiderer u.a.* (Hg.), GenEthics and Religion, Basel 2010, S. 12–27.

Ders.: Genes in Labs. Concepts of Development and the Standard Environment, in: Philosophia Naturalis 43 (2006), S. 49–73.

Ders.: Genetics, a Practical Anthropology, in: *Marcus Düwell/Christoph Rehmann-Sutter/Dietmar Mieth* (Hg.), The Contingent Nature of Life. Bioethics and the Limits of Human Existence, Berlin 2008, S. 37–52.

Ders.: Genetics, Embodiment and Identity, in: *Armin Grundwald/Matthias Gutmann/Eva M. Neumann-Held* (Hg.), On Human Nature. Anthropological, Biological, and Philosophical Foundations, Berlin 2002, S. 23–50.

Ders.: Leben beschreiben. Über Handlungszusammenhänge in der Biologie, Würzburg 1996.

Ders.: Leben 2.0 – Ethische Implikationen synthetischer lebender Systeme, Zeitschrift für Evangelische Ethik 57 (2013), S. 113–125.

Ders.: Lebewesen als Sphären der Aktivität. Thesen zur Interpretation der molekularen Genetik in einer praxisorientierten Naturphilosophie, in: *Christian Kummer* (Hg.), Was ist Naturphilosophie und was kann sie leisten?, Freiburg/München 2009, S. 127–150.

Ders.: Poiesis and Praxis – two ways of describing development, in: *Eva M. Neumann-Held/Christoph Rehmann-Sutter* (Hg.), Genes in Development. Re-reading the molekular paradigm, Durham 2006, S. 313–334.

Schrödinger, Erwin: What is Life?, New York 1945.

Schües, Christina: Philosophie des Geborenseins, Freiburg/München 2008.

Dies.: Morphologische Fragen zum „Embryo“: Am Anfang ist die Beziehung, in: *R. Rehn/C. Schües/F. Weinreich* (Hg.), Der Traum vom besseren Menschen. Zum Verhältnis von praktischer Philosophie und Biotechnologie, Frankfurt a.M. u.a. 2003.

Stent, Gunther S.: That Was the Molecular Biology That Was, in: Science 160 (1968), S. 390–395.

Stephan, Achim: Emergenz. Von der Unvorhersagbarkeit zur Selbstorganisation, Paderborn ²2005.

Stotz, Karola: Organismen als Entwicklungssysteme, in: *Ulrich Krohs/Georg Toepfer* (Hg.), Philosophie der Biologie, Frankfurt a.M. 2005, S. 125–143.

Toepfer, Georg: Der Begriff des Lebens, in: *Ulrich Krohs/Georg Toepfer* (Hg.), Philosophie der Biologie. Eine Einführung, Frankfurt a.M. 2005, S. 157–174.

Elke Witt

Konzepte und Konstruktionen des Lebenden im postgenomischen Zeitalter

I. Einleitung

Leben ist ein so großes und vielschichtiges Phänomen, dass keine wissenschaftliche Disziplin für sich den Anspruch erheben könnte, es in einer allgemeingültigen Definition zu erfassen. Leben beinhaltet die Gesamtheit aller menschlichen wie amöboiden Existenz, allen Denkens, Handelns und Fühlens, Vergangenheit, Gegenwart und Zukunft. Und doch sind wir davon überzeugt, dass dieser Vielfalt an individuellen und autonomen Existenzen, von den Archaebakterien, welche die heißen Schwefelquellen der Tiefsee besiedeln, bis zum Mauersegler, der den größten Teil seines Lebens im Flug verbringt, gemeinsame Ursachen und Prinzipien zugrunde liegen. So versuchte zum Beispiel Marcello Malpighi (1628–1694) bereits in der frühen Neuzeit durch das Studium immer einfacherer Organismen grundsätzliche Prinzipien im Aufbau von lebenden Körpern aufzudecken:

> „[...] in der Begeisterung der Jugend habe ich mich an die Anatomie gemacht und, obschon ich um etwas Besonderes bemüht war, sie gleich an den höheren Thieren zu erforschen versucht. Da aber diese Sache von eigenthümlichem Dunkel umhüllt, noch im Finstern liegt, so bedarf sie der Vergleichung mit einfacheren Verhältnissen und so winkte mir sogleich die Untersuchung der Insecten, schliesslich, da auch diese ihre Schwierigkeiten bot, habe ich mich auf die Erforschung der Pflanzen gelegt, um nach langer Beschäftigung mit diesem Reich meine Schritte wieder zurück zu wenden und über die Stufe der Pflanzenwelt den Weg zu den früheren Studien zu gewinnen."[1]

Nach den Prinzipien und Ursachen des Lebens zu forschen, zählt auch heute noch zu einer der wesentlichen Aufgaben der Biologie, wenngleich bis zu Beginn des 21. Jahrhunderts ein großer Teil der Biologen davon überzeugt war, dass die biologischen Prinzipien des Lebens in ihren Grundzügen bereits verstanden seien. „The secret of life? But in principle we already know

---

[1] *M. Malpighi*, Die Anatomie der Pflanzen, Thun/Frankfurt a.M. 1999 [1675], S. 4.

the secret of life!".[2] Dieser Ausspruch Jacques Monods steht repräsentativ für die Auffassung vieler Biologen zum Ende des 20. Jahrhunderts. Ihre Einschätzung stützte sich insbesondere auf die Fortschritte in zwei relativ jungen Disziplinen der Biologie: Der Evolutionsbiologie, die sich vor 150 Jahren mit dem Erscheinen von Charles Darwins Werk „The Origin of Species" zu etablieren begann, und der Molekularbiologie, die im vergangenen Jahrhundert das Zeitalter der Gene einleitete. Die Theorie der Evolution durch natürliche Selektion bietet einerseits eine wissenschaftliche Grundlage für die Annahme eines Grundstocks an gemeinsamen Prinzipien allen Lebens. Andererseits kann sie auch zur Erklärung der Diversität und funktionalen Anpassung der verschiedenen Lebensformen herangezogen werden, indem sie von einer gemeinsamen Entstehungs- und einer divergierenden Entwicklungsgeschichte ausgeht. Der Molekularbiologie schließlich gelang es, die prinzipielle Einheit der biochemischen Grundlagen allen Lebens nachzuweisen, indem sie die in allen Lebewesen ablaufenden Prozesse der Genexpression und -replikation aufklärte. Mit den Fortschritten dieser beiden Disziplinen schien es, als bliebe zur endgültigen Klärung der Frage nach den Grundprinzipien des Lebens nur noch geringe Detailarbeit zu leisten: Hätte man erst die gesamten Gene eines oder mehrerer Organismen vollständig sequenziert und die darin enthaltene Information decodiert, wäre das umfassende Verständnis des Lebens bald erreicht. Das „Buch des Lebens" läge endlich offen und lesbar vor uns.

Doch je weiter die großen Genomsequenzierungsprojekte von den ersten Bakteriengenomen bis hin zum Humangenomprojekt fortschritten, desto deutlicher wurde, dass die Lektüre sich schwieriger und weniger ergiebig gestalten würde als angenommen. Die Gene allein gaben nicht die erwartete umfassende Auskunft über all die Zusammenhänge und die notwendige Organisation aller Bestandteile, die einen Organismus konstituieren. Um zu einem besseren Verständnis davon zu gelangen, wie Leben möglich ist, scheint nun ein neuer Blick auf das Zusammenspiel der verschiedenen beteiligten Komponenten notwendig zu sein. Damit rückt die Frage nach den Grundprinzipien und Ursachen des Lebens zur Zeit wieder zurück in den Fokus der biologischen Forschung. Kennzeichnend für diese Entwicklung sind mehrere Forschungsprojekte, die über den Weg der Konstruktion versuchen einen neuen Zugang zu dieser Problematik zu gewinnen. Anstatt, wie in der Molekularbiologie geschehen, das Leben in seine einzelnen Komponenten zu zerlegen und es auf seine physikalisch-chemischen Grundlagen zu reduzieren, wird dabei nach Wegen gesucht, Zusammenhänge zu verstehen und die einzelnen in der Molekularbiologie beschriebenen Bausteine wieder zu lebenden Einheiten zusammenzufügen.

---

[2] *J. H. Freeland*, The eighth day of creation, Cold Spring Harbour 1996, S. 6.

Es gibt heute eine Reihe von Projekten, die sich eine *in vitro* Herstellung von minimalen Lebensformen zur Aufgabe gesetzt haben. Doch um Leben konstruieren zu können, benötigt man bereits vorab eine Vorstellung davon, was man unter Leben versteht. Da es hierzu, wie eingangs bereits bemerkt, jedoch keine einheitliche Definition gibt, spiegeln sich in den Herangehensweisen der verschiedenen Konstruktionsansätze jeweils unterschiedliche Ausgangsauffassungen davon wieder, was Leben im biologischen Sinn ausmacht. So bieten diese Konstruktionen neben neuen Erkenntnissen über spezifische Funktionen von Lebewesen auch interessante Einblicke in das Verhältnis von theoretischen Konzepten und angewandter Forschung in der Biologie, über die verschiedenen aktuellen theoretischen Lebenskonzepte, ihre Anwendung und Entwicklung im Verlauf der Forschung und ihre verschiedenen Vorteile und Grenzen. Im Folgenden sollen nun die verschiedenen Ansätze zur Konstruktion minimaler Lebensformen unter dem Gesichtspunkt der ihnen zugrunde liegenden Konzeption von Leben vorgestellt werden. Die Konstruktionsprojekte lassen sich nach ihren konzeptuellen Hintergründen zunächst in zwei Kategorien einteilen: Die molekularbiologische Sichtweise des Lebens, die in reduktionistischer Tradition steht, und die organismische Sichtweise des Lebens, die systemtheoretische Ansätze verfolgt. Bei letzterer kann zudem noch zwischen einer evolutionären und einer funktionalen Herangehensweise unterschieden werden.

II. Die molekulare Sichtweise des Lebens und der genetische Minimalorganismus

Die Molekularbiologie, die sich im Laufe des 20. Jahrhunderts entwickelte, war mehr als nur eine neue Disziplin der Biologie, die mit Hilfe neuer Werkzeuge und Methoden die Prozesse des Lebens auf der Ebene der Moleküle zu erforschen begann. Sie stellte darüber hinaus auch eine neue Sichtweise auf das Leben dar, die bald das allgemeine Verständnis des Lebens in der Biologie und der öffentlichen Wahrnehmung entscheidend prägte, nämlich als Bewahrer und Übermittler von Information.[3] Die Rolle derjenigen Instanz, welche die Vermittlung zwischen der materiellen biologischen strukturierten Materie, der abstrakten Information und der konkreten Prozesssteuerung leisten soll, wird dem genetischen Material, den Genen, zugeschrieben. Damit wird das Gen zum entscheidenden janusköpfigen Vermittlermolekül innerhalb der Lebewesen: Es fungiert als physische Vorlage für die Synthese anderer Moleküle und zugleich als bestimmender

---

[3] *M. Morange*, Histoire de la biologie moléculaire, Paris 1994, S. 5.

Faktor für die Merkmale und phänotypischen Eigenschaften des Organismus. Das heißt, Gene müssen zugleich Träger von Informationen und Programme zur korrekten Umsetzung dieser Informationen sein.[4]

Lebewesen erschienen hier als hierarchisch geordnete Strukturen, an deren Basis die Information in Form der in der DNA chiffrierten Gene stand, die die Struktur der einzelnen Bausteine des Lebewesens bestimmte. Aus deren Strukturen wiederum ergaben sich alle weiteren relevanten Funktionen und Merkmale. Das 1957 von Francis Crick formulierte „zentrale Dogma" der Molekularbiologie lautete in seine kürzeste und prägnanteste Form gebracht: DNA macht RNA macht Proteine. Diese Sichtweise begünstigte die Verbreitung eines „brutalen Reduktionismus"[5] bzw. eines starken genetischen Determinismus und führte zur Marginalisierung des Gesamtorganismus, der in seiner letztendlichen Gestalt kaum mehr von wissenschaftlichem Interesse zu sein schien: Um ein Lebewesen in all seinen Facetten, seinen Bestandteilen, Fähigkeiten und Eigenschaften zu kennen und zu erklären, bedürfte es theoretisch lediglich der genauen Kenntnis seiner genetischen Grundlage, sowie einiger historischer Randdaten, wie spezifischer Umwelteinflüsse. Zum Symbol dieser neuen Spielart des mechanistischen Denkens wird der Computer. Der genetische Code wird als Analogon zum digitalen Code eines Computerprogramms angesehen, die Gene werden zum Quellcode von Programmen wie „Fliege", „Frosch" oder „Mensch". Für den amerikanischen Forscher Craig Venter, der mit dem 1991 gegründeten Institute for Genomic Research (TIGR) die Sequenzierung der Gesamtgenome verschiedener Organismen vorantrieb und 1998 mit seinem privaten Forschungsunternehmen Celera Genomics das Rennen um die Sequenzierung des menschlichen Genoms knapp gegen das internationale Human Genome Project gewann, fallen mit dem Erfolg der Genomsequenzierungsprojekte beide Formen der Information tatsächlich in Eines zusammen: „I view biology as an analog world that DNA sequencing has taking[en] into the digital world."[6] Dadurch, dass wir in der Lage sind, den genetischen Code einer Zelle in den digitalen Code eines Computerprogramms zu übersetzen, sind wir umgekehrt auch in der Lage, die Biologie zu „digitalisieren". Hier wird die zuvor noch bildlich gemeinte Rede von einem genetischen Programm wörtlich aufgefasst, der Körper wird zu einer Maschine, die über die DNA wie durch ein Computerprogramm gesteuert wird, wobei das Programm auch die notwendigen Informationen und Instruktionen zum Aufbau der Körpermaschine enthält. Tauscht man die DNA im Inneren eines Körpers gegen eine DNA aus, die ein anderes Programm enthält „you can boot up a

---

[4] *L. Moss*, What genes can't do, Cambridge, MA/London 2004, S. xvii.

[5] *M. Morange*, Histoire de la biologie moléculaire, Paris 1994, Kap. 15.

[6] *C. J. Venter*, in: Life. What a Concept, hg. von *J. Brockman*, New York 2008, S. 38.

system",[7] wie man durch das Einlegen einer neuen System CD in einen Computer ein neues Betriebssystems startet.

Ausgehend von diesem Grundverständnis des Lebens initiierte Craig Venter ein neues monumentales Forschungsprojekt: Die Konstruktion eines Minimalorganismus. Die Suche nach den minimalen Existenzbedingungen lebender Zellen schien aus der Perspektive der molekularen Sichtweise des Lebens nur wenig Probleme zu bereiten. Sie wurde auf die Suche nach dem kleinstmöglichen zellulären Genom reduziert, da man davon ausging, dass ein solches Genom einer genauen „Inventarliste" der notwendigen funktionalen Einheiten des Lebens entspräche:

„When reverse-engineering a complex machine, one basic goal is to draw up a list of essential parts. Having a list of *essential genes* might eventually enable a biological engineer to manipulate a cellular system to perform desirable functions. The concept of a minimal gene-set for cellular life originated from these straightforward ideas: the functional parts of a living cell are protein and RNA molecules, and the instructions for making these parts are encoded in genes."[8]

Auch die Grundidee zur Erzeugung eines genetischen Minimalorganismus war denkbar einfach: Nach der Identifikation der zum Leben notwendigen Gruppe von Genen synthetisiert man einen DNA-Strang mit der gewünschten Sequenz des Minimalgenoms. Dieses künstliche Genom kann dann in eine lebende Zelle eingebracht werden, deren eigenes Genom zerstört wurde. Durch die in der Zelle noch vorhandene Proteinmaschinerie werden anschließend den Anweisungen des neuen Genoms folgend nur noch die dem neuen Organismus entsprechenden Zellbestandteile produziert. Schon nach wenigen Zellteilungen sollten keinerlei Bestandteile der ursprünglichen Zellen mehr nachweisbar und der Minimalorganismus damit erschaffen sein.

Ein solcher Organismus wäre nicht nur ein interessantes Studienobjekt zur Erforschung der Grundprinzipien des Lebens. Glaubt man den Anhängern des Konzepts des Minimalorganismus, stellt er den Grundstock einer neuen Generation von biotechnologischen Werkzeugen dar. Auf dem Minimalgenom aufbauend ließe sich die „genetische Software" beliebig erweitern, so dass neue auf menschliche Bedürfnisse zugeschnittene biologische Arten entworfen und produziert werden könnten. Arten, die z.B. in der Lage wären, Schadstoffe abzubauen oder energiereiche Verbindungen zu erzeugen. Es böte sich demzufolge die Möglichkeit für jedes denkbare Pro-

---

[7] A.a.O., S. 52.
[8] *E. V. Koonin*, Comparative genomics, minimal gene-sets and the last universal common ancestor, in: Nature Reviews Microbiology 1 (2003), S. 127.

blem einen Organismus zu erzeugen, der so spezifisch auf dessen Lösung zugeschnitten wäre, dass er nur unter den genau definierten Bedingungen seines Einsatzes überleben könnte und bei sorgfältiger Entwicklung und Handhabung keinerlei unerwartete Nebenwirkungen zu erwarten wären.

Doch vor einer zukünftigen Anwendung steht zunächst die Frage nach der genetischen Ausstattung des Minimalorganismus: Wie lässt sich das Minimalgenom bestimmen? Zwei gegenläufige Wege wurden hierzu eingeschlagen: Zum einen wurden in verschiedenen Modellorganismen Gene durch zufällige Mutationen zerstört, um zu bestimmen, welche Genregionen verzichtbar schienen und welche anderen Regionen sich dagegen nicht ausschalten ließen. Die ersten Versuche hierzu wurden 1995, also noch vor Abschluss der Genomsequenzierungsprojekte, publiziert.[9] Ausgehend von dem Bakterium *Bacillus subtilis* wurde dabei eine Mindestgröße von 318–562 Kilobasenpaaren für das Minimalgenom ermittelt, wobei sich die Funktionen der hierin enthaltenen Gene zunächst noch nicht in allen Fällen zuordnen ließ. Ein zweiter Weg der Bestimmung des Minimalgenoms wurde durch die Publikation der ersten genomischen Sequenzdaten eröffnet. Nun konnte man einen Vergleich zwischen den Genomen verschiedener Spezies vornehmen und nach Übereinstimmungen suchen. Dadurch, so die ursprüngliche Idee, sollte sich der kleinste gemeinsame genetische Nenner als Schnittmenge aus den verschiedenen Genomen ergeben, welcher der notwendigen genetischen Grundausstattung allen Lebens entsprechen müsste.[10]

Ein eindeutiges Minimalgenom ließ sich allerdings mit beiden Ansätzen nicht bestimmen. So stellt sich zunächst das Problem, dass die Reduktion der Genome verschiedener Organismen auf eine minimal notwendige Anzahl von Genen je nach evolutionärer Entwicklungsgeschichte und rezenten Lebensbedingungen der Organismen unterschiedliche Minimalgenome ergeben wird. Die für das reine Überleben eines Organismus unter für ihn optimalen Bedingungen notwendige Organisation ist nicht nur eine Frage der allgemeinen Prinzipien, die hinter dem Leben stehen, sondern auch eine Frage nach den Strategien, die dieser Organismus entwickelt hat, um unter diesen Bedingungen überleben zu können. So wird sich das Minimalgenom eines in einer heißen Schwefelquelle der Tiefsee lebenden Bakteriums, das anaerobe Atmung betreibt, wesentlich von demjenigen eines Bakteriums unterschieden, das sein Wachstumsoptimum bei gemäßigten Temperaturen unter aeroben Bedingungen erreicht und seine Energie über Photosynthese gewinnt. Denn in den beiden Spezies beruhen Energie- und Stoffwechsel

---

[9] *M. Itaya*, An estimation of minimal genome size required for life, in: FEBS Letters 362 (1995), S. 257–260.

[10] *E. V. Koonin/A. R. Mushegian*, Complete genome sequences of cellular life forms: glimpses of theoretical evolutionary genomics, in: Current Opinion in Genetics & Development 6 (1996), S. 757–762.

auf sehr unterschiedlichen Wegen, deren Ausbildung und Funktion sehr unterschiedlicher Enzyme bedarf.[11]

Um dieses Problem zu umgehen, wurden für die Suche nach dem Minimalgenom über den Genomvergleich zuvor die Lebensbedingungen definiert, unter denen der Minimalorganismus leben sollte:

> „The idea of a minimal gene set refers to the smallest possible group of genes that would be sufficient to sustain a functioning cellular life form under the most favorable conditions imaginable, that is, in the presence of a full complement of essential nutrients and in the absence of environmental stress."[12]

Das heißt die Bedingungen sind so gewählt, dass der Organismus so wenig Funktionen wie möglich für sein Überleben ausüben muss. Im Genomvergleich musste also nach Genen gesucht werden, die unter bestimmten Standardsituationen aktiv sind, wobei es allerdings für jede dieser Situationen durchaus mehrere genetische Lösungsansätze geben konnte. Damit sahen sich nun eben jene Wissenschaftler, die in ihrer Arbeit am striktesten vom genomischen Ansatz ausgegangen waren, gezwungen den reinen Minimal*genom*ansatz wieder in Frage zu stellen. Denn bevor sie nach den gemeinsamen genetischen Sequenzen suchen konnten, die das Vorhandensein bestimmter Funktionen gewährleisten sollten, mussten sie eben jene notwendigen funktionalen Eigenschaften und die für ihre Realisation notwendigen Enzyme bestimmen. Aus dem Minimalgenomprojekt wurde auf diesem Weg zunächst ein Minimalproteomprojekt,[13] wobei erst in einem zweiten Schritt der Rückschluss auf die daran beteiligten Gene erfolgte.

Durch die Kombination dieser beiden Wege ließ sich schließlich nicht *das* aber zumindest *ein* Minimalgenom definieren. Ausgehend von dem Genom des Bakteriums *Mycoplasma genitalium* wurde an den J. Craig Venter Institutes (JVCI), einem Zusammenschluss der von Craig Venter gegründeten Forschungsunternehmen Institute for Genomic Research (TIGR), Center for the Advancement of Genomics (TCAG), J. Craig Venter Science Foundation, Joint Technology Center und Institute for Biological Energy Alternatives (IBEA) ein Minimalgenom von 382–387 Genen bestimmt.[14] Parallel hierzu wurde ein Verfahren zur Synthese von DNA-Stränge so optimiert,

---

[11] Siehe z.B. *S. N. Peterson/C. M. Fraser*, The complexity of simplicity, in: Genome Biology 2 (2001).

[12] *E. V. Koonin*, How many genes can make a cell: the minimal-gene-set concept, in: Annual Review of Genomics and Human Genetics 1 (2000), S. 100.

[13] *A. Mushegian*, The minimal genome concept, in: Current Opinion in Genetics & Development 9 (1999), S. 709–714.

[14] *J. I. Glass et al.*, Essential genes of a minimal bacterium, in: Proceedings of the national Academy of Sciences of the United States of America 103 (2006), S. 425–430.

dass damit auch die Synthese eines solchen Genoms möglich wurde.[15] Für den letzten Schritt zur Erzeugung des Minimalorganismus, die Integration eines neuen Genoms in eine Empfängerzelle, wurden hier ebenfalls bereits Methoden entwickelt und erprobt.[16] Was zur Erzeugung des Minimalgenombakteriums nun also nur noch auszustehen scheint, ist die Vereinigung all dieser Methoden zu seiner Fertigstellung: Die endgültige Festlegung des zu synthetisierenden Minimalgenoms, seine Erzeugung und sein Transfer in eine Rezipientenzelle.

Wie die Problematik um die Bestimmung des Minimalgenoms zeigte, wird mit der Herstellung des Venter'sche Minimalgenomorganismus die Frage nach den grundlegenden Prinzipien und den Ursachen des Lebens noch nicht beantwortet sein. Es wird auch kein Leben künstlich erzeugt worden sein. Stattdessen wird bereits bestehendes Leben geschickt zur Hervorbringung einer neuen, sehr einfachen Lebensform genutzt worden sein. Worum es in diesem Konstruktionsansatz also vor allem geht, ist nicht die Suche nach den Grundbedingungen des Lebens, sondern das Erlangen von maximalen Gestaltungsmöglichkeiten über dasselbe. Um im Bild der Molekularbiologie zu bleiben, interessiert hier nicht der Aufbau der „Hardware", sondern die verschiedenen Möglichkeiten ihrer Manipulation, Kontrolle und Nutzung über die „Software".

III. Die systemische Sichtweise des Lebens

Spätestens seit der Jahrtausendwende finden sich in der Biologie wieder vermehrt Arbeitsgruppen, die sich auf Konzepte berufen, denen zufolge den Lebewesen nicht eine hierarchische, sondern eine komplexe systemische Ordnung zugrunde liegt. Organismen werden dabei nicht als von einer zentralen Instanz wie dem Genom organisiert angesehen, sondern als ein Ganzes verstanden, das sich durch die Interaktionen seiner Teile selbst organisiert. Ist der molekularen Sichtweise des Lebens zufolge die Information der Schlüssel zum Verständnis des Lebens, verweisen die systemtheoretischen Ansätze auf mindestens zwei wesentliche Faktoren, die der Organisation des Lebenden zugrunde liegen. Dies ist erstens die Dynamik der Materie, auf die meist mit Bezug auf den Aphorismus „Alles fließt"[17] ver-

---

[15] D. G. Gibson et al., Complete chemical synthesis, assembly, and cloning of a Mycoplasma genitalium genome, in: Science 319 (2008), S. 1215–1220.

[16] C. Lartigue et al.: Genome transplantation in bacteria: changing one species to another, in: Science 317 (2007), S. 632–638, C. Lartigue et al., Creating bacterial strains from genomes that have been cloned and engineered in yeast, in: Science 325 (2009), S. 1693–1696.

[17] Der Satz „Alles fließt" gilt als eine auf Platon zurückzuführende Zusammenfassung der „Flusslehre" Heraklits. Dessen ursprüngliche Flussformel lautete: „Denen, die in dieselben

wiesen wird, und zweitens das Phänomen, dass die Organisation der Materie bei steigender Komplexität zur Emergenz[18] neuer Eigenschaften führt. Letzteres wird oft mit dem auf Aristoteles zurückgeführten Satz[19] zusammengefasst, dass das Ganze mehr sei als die Summe seiner Teile. Daraus wird zumeist abgeleitet, dass solche Systeme mit den herkömmlichen analytischen Methoden der reduktionistisch orientierten Forschung nicht erfasst werden können. Stattdessen nimmt man die Ganzheitlichkeit als Ausgangspunkt für eine Erforschung und Erklärung jener Phänomene, die sich, wie eben das Leben, aus der Komplexität ableiten. Die Auseinandersetzung mit den physikalisch-chemischen Eigenschaften der einzelnen Systembestandteile tritt so in den Hintergrund, während die Art ihrer Integration in das Systemganze zum bevorzugten Gegenstand der Forschung wird.

In dem Versuch Organismen als Systeme zu beschreiben und entsprechend dieser Beschreibung zu konstruieren, lassen sich zwei Herangehensweisen unterscheiden: Ein evolutionärer und ein funktionaler Ansatz. Der evolutionäre Ansatz ist vorrangig im Bereich der Origins of Life Forschung anzusiedeln, die sich auf die Beantwortung der Frage konzentriert, wie die grundlegende Organisation des Lebenden entstehen und sich entwickeln konnte. Daher gehen hier auch entwicklungsgeschichtliche Kriterien in die Systembeschreibung und -definition ein. Der funktionale Ansatz dagegen fragt danach, welche Organisation ein System aktuell notwendig aufweisen muss, um über diejenigen Eigenschaften zu verfügen, die es als lebendes System konstituieren.

1. Evolutionäre Systemansätze und die Konstruktion von Protozellen

Im Rahmen evolutionärer Systemansätze findet man Versuche einer historischen Rekonstruktion von primitiven Lebensformen, wie sie am Beginn der Entwicklung des heutigen Lebens gestanden haben könnten. Die historische

---

Flüsse steigen, fließt anderes und anderes Wasser zu." Womit über die Gleichzeitigkeit des Beharrens (es bleibt immer derselbe Fluß) und der Andersheit (immer anderes Wasser) die Einheit der Gegensätze verdeutlicht werden soll. Siehe *W. Bröcker*, Die Geschichte der Philosophie vor Sokrates, Frankfurt a.M. 1986, S. 33.

[18] Es gibt zwischen den verschiedenen Theorien große Unterschiede hinsichtlich der Frage, ob die Emergenz neuer Eigenschaften notwendig aus den Eigenschaften der Materie resultiert, oder ob es sich hierbei vielmehr um ein Phänomen handelt, das aus der Komplexität der miteinander in Verbindung stehenden Prozesse hervorgeht. Zur Diskussion der Emergenzthematik findet sich umfangreiche Literatur. Siehe z.B. *A. Beckermann/H. Flohr/J. Kim*, Emergence or Reduction?, Berlin/New York 1992; *M. Bedau/P. Humphreys*, Emergence, Cambridge, MA/ London 2008.

[19] Bei Aristoteles heißt es in der Metaphysik Buch VII, Kapitel 17: „Dasjenige, was so zusammengesetzt ist, dass das Ganze eines ist, nicht wie ein Haufen, sondern wie die Silbe, ist nicht nur seine Elemente." *Aristoteles*, Philosophische Schriften, Hamburg 1995, S. 1041b.

Perspektive stellt dabei insofern einen wesentlichen Bestandteil der for-
schungsanleitenden Fragestellung dar, als sie zur Bestimmung von lebenden
Systemen herangezogen wird. Organismen werden in diesem Kontext zumeist als komplexe, hierarchische Systeme angesehen, die sich ausgehend
von einem zentralen Subsystem entwickelten. Diesem historisch primären
Subsystem wird eine Wirkung als „Kristallisationskern" zugeschrieben, von
dem alle folgenden Entwicklungsschritte und damit auch die Entstehung der
weiteren Subsysteme ausgehen. Als solche primären Subsysteme kommen
zum einen das Stoffwechselsystem und zum anderen das genetische System
in Frage. Die entsprechenden Theorien der Entstehung des Lebens werden
als „metabolism first" bzw. „information first" Theorien bezeichnet.

Im Rahmen der „metabolism first" Theorien gilt Leben als ein notwendi-
ges Resultat von Prozessen, die durch die Bewegung der Materie hervorgerufen werden. Es ist das Resultat eines stets voranschreitenden Prozesses
der Selbstorganisation der Materie, dessen Gesetze sich allerdings nicht allein auf die physikalisch-chemischen Eigenschaften der einzelnen Grunde-
lemente des Systems zurückführen lasse. Organismen werden als Systeme
betrachtet, die durch ein Netzwerk aus sich einander wechselseitig hervor-
bringenden, erhaltenden sowie abbauenden Prozessen begründet werden.
Daher wird der Stoffwechsel mit all seinen verschiedenen ineinandergrei-
fenden und interagierenden Bestandteilen und Reaktionsketten als die sy-
stemkonstituierende Komponente angesehen. Allein die Verknüpfung einzelner chemischer Prozesse zu einem Stoffwechselkreislauf wäre
demzufolge ausreichend, um einen primitiven Organismus zu formen, ihn
über einen längeren Zeitraum hinweg konstant zu erhalten und seine spezifische Form der Organisation auch in Abspaltungs- und Teilungsprodukten
zu bewahren und weiterzuentwickeln. Das genetische System der Informationsspeicherung und -weitergabe ging demnach sekundär aus dem metabolischen System hervor und war ursprünglich weder zur Steuerung der verschiedenen Reaktionen noch zur erfolgreichen Reproduktion oder Evolution
des Systemganzen notwendig.

Aufgrund dieser Annahmen stellt der metabolische Ansatz allerdings zurzeit eine Minderheitsposition unter den Vertretern der Origins of Life Forschung dar. Neben der auch im post-molekularbiologischen Zeitalter unpo-
pulären Marginalisierung der Rolle der genetischen Information liegt dies
insbesondere in einer Skepsis gegenüber der angenommenen Stabilität und
Flexibilität von einzig auf Stoffwechselprozessen basierenden Systeme begründet. So wird die Wahrscheinlichkeit, dass sich ein komplexes Netzwerk
von interagierenden Bestandteilen ausbildet, bereits als gering angesehen.
Die Wahrscheinlichkeit, dass es sich in all seinen Bestandteilen über Generationen stabil immer wieder auf die gleiche Weise zusammensetzt oder
sich darüber hinaus sogar weiterentwickelt und an Komplexität zunimmt,

ohne an Stabilität abzunehmen, erscheint vielen Forschern als verschwindend gering. So gerieten auch die letzten Versuche der Erzeugung von Leben auf der Grundlage einer „metabolism first" Theorie der Entstehung des Lebens, der in den 1970er Jahren von Sydney Fox entwickelten „Proteinoidtheorie", nach anfänglichem Interesse der Fachwelt bald in Vergessenheit.[20] Fox hatte eine Methode gefunden, um aus so genannten „Proteinoiden", Peptidverbindungen, die durch das Erhitzen von Aminosäuren unter gleichzeitigem Entzug von Wasser entstehen, in einem Prozess der „Protobiogenese" zellähnliche Strukturen, die „Microsphären" herzustellen. Letzteren schrieb er bereits wesentliche Eigenschaften des Lebens wie Metabolismus, Wachstum und Vermehrung zu und sah sie als Vorläufersysteme primitiven Lebens an. Doch obgleich diese Funktionen denen lebender Zellen entsprachen, schienen die Mechanismen, die sie hervorriefen ebenso weit von den Mechanismen heute lebender Zellen entfernt, wie die der aus anorganischen Materialien erzeugten „artifiziellen Zellen" des 19. Jahrhunderts.[21] Sie konnten also das dem evolutionären Ansatz innewohnende Prinzip der Kontinuität der dem Leben zugrunde liegenden Prozesse nicht in überzeugender Weise gerecht werden.

Dennoch sollte man den „metabolism first" Ansatz durchaus noch nicht als vollständig überholt oder gar widerlegt ansehen. So greifen z.B. Theorien, die für einen mehrschichtigen Beginn des Lebens plädieren, in denen sich metabolische Prozesse, Membranbildung und Informationsentstehung gegenseitig beeinflussen, auf seine Argumente für die Notwendigkeit einer frühen Beteiligung des Stoffwechsels an der Entstehung des Lebens zurück.[22] Und so ist es durchaus möglich, dass es in Zukunft wieder Versuche der Konstruktion von Leben geben wird, die sich auf diesen Ansatz berufen werden.

Im Gegensatz zum „metabolism first" sehen Anhänger der „information first" Theorien bereits zu Beginn des Lebens die Notwendigkeit der Existenz von Informationsträgern. Diese Position wird meist mit dem Verweis darauf begründet, dass die Entwicklung von Leben nur in einem evolutionären Prozess vonstatten gegangen sein könne, und dass eine der Bedingungen für einen solchen Prozess die Existenz einer vererbbaren Informationsinstanz sei. Dieser Informationsinstanz werden dabei zwei Funktionen zugeschrieben, deren Realisation den Rückgriff auf zwei Informationskonzepte erfordert. So soll sie zum einen die Entwicklung eines bestimmten

---

[20] *H. Rauchfuß*, Chemische Evolution und der Ursprung des Lebens, Berlin/Heidelberg/New York 2005, Kap. 5.
[21] Näheres zu diesen Versuchen siehe *E. F. Keller*, Making sense of life, Cambridge, MA/London 2002.
[22] Siehe z.B. *F. Dyson*, Origins of Life, Cambridge/New York/Melbourne/Madrid 1999; *R. Shapiro*, Schöpfung und Zufall, München 1987.

Phänotyps gewährleisten, an dem Selektion angreifen kann. Zum anderen soll sie die dazu notwendige Information über die Generationen weitergeben.

Der ersten Funktion unterliegt dabei ein (teleo-)semantischer Informationsbegriff:[23] Der Informationsträger ist ursächlich für die Ausbildung eines bestimmten Zustands des Systems verantwortlich, in dem er selbst enthalten ist. Die Information wird hier als auf die Ausbildung und den Erhalt bestimmter Strukturen innerhalb eines komplexen, lebenden Systems ausgerichtet angesehen, wobei die Entstehung eines semantischen Gehalts der biologischen Information durch den Evolutionsprozess erklärt wird. Für die zweite Funktion, die reine Reproduktion des Informationsträgers selbst, bedarf es dagegen allenfalls eines schwachen Informationsbegriffs, der angelehnt an das kausale Informationskonzept von Shannon, keinerlei semantische, sondern lediglich eine syntaktische Dimension aufweist.[24]

Letzteres Informationskonzept wird in den „information first"-Ansätzen dem Beginn der Entwicklung des Lebens zu Grunde gelegt. Der Vorgang der Replikation einer strukturierten materiellen Einheit beinhaltet eine Form der Vererbung und setzt mithin das Vorhandensein eines molekularen Gedächtnisses voraus. Das Vorliegen eines solchen „Gedächtnisses" wird hier als Grundlage für das Einsetzen eines jeglichen Entwicklungsprozesses der Materie angesehen. Für die Anhänger des „information first"-Ansatzes gewährleistet nur die informationsgestützte Replikation die kontinuierliche Existenz von Strukturen über längere Zeiträume hinweg. Zudem könnten einzig im Zuge der Replikation auch Variationen entstehen, die sich unter bestimmten Bedingungen besser oder schlechter replizieren und mithin eine Evolution durch Selektion zulassen. Die Replikation wird somit zur notwendigen Bedingung der evolutionären Entwicklung, die eine natürliche

---

[23] Siehe auch *P. E. Griffiths*, Genetic Information. A Metaphor In Search of a Theory, in: Philosophy of Science 68 (2001), S. 394–412, *E. Jablonka*, Information. Its Interpretation, Its Inheritance, and Its Sharing, in: Philosophy of Science 69 (2002), S. 578–605, *B.-O. Küppers*, Der Ursprung biologischer Information, München 1986, *H. Lyre*, Informationstheorie. Eine philosophisch-naturwissenschaftliche Einführung, München 2002, *J. Maynard Smith*, The Concept of Information in Biology, in: Philosophy of Science 67 (2000), S. 177–194, *K. Sterelny/K. Smith/M. Dickison*, The extended replicator, in: Biology and Philosophy 11 (1996), S. 377–403.

[24] Beide Informationsbegriffe sind in ihrer Verwendung in der Biologie nicht unumstritten. Zu einer Übersicht über die Diskussion des biologischen Informationsbegriffes siehe *P. Godfrey-Smith*, Information in Biology, in: The Philosophy of Biology, hg. von *D. L. Hull/M. Ruse*, Cambridge u.a. 2007, S. 103–119, *P. E. Griffiths*, Genetic Information. A Metaphor In Search of a Theory, in: Philosophy of Science 68 (2001), S. 394–412, *P. Janich*, Was ist Information?, Frankfurt a.M. 2006, *S. Sarkar*, Biological information. A skeptical look at some central dogmas of molecular biology, in: The philosophy and history of molecular biology: New perspectives, hg. von *S. Sarkar*, Dordrecht/Boston/London 1996, S. 187–231, *U. Stegmann*, Der Begriff der genetischen Information, in: Philosophie der Biologie, hg. von *U. Krohs/G. Toepfer*, Frankfurt a.M. 2005, S. 212–230.

Entstehung von Systemen höherer Komplexität ermöglicht. Mit steigender Komplexität des Systems geht im Zuge der Evolution auch eine qualitative Änderung der Information einher: Die Informationsmoleküle erwerben im Verlauf der Entwicklung des Gesamtsystems in steigendem Maße semantischen Gehalt.[25]

Bei dem Versuch einfache lebende Zellen, bzw. Protozellen als deren Vorläufersysteme nach dem Prinzip des „information first"-Gedankens zu erzeugen, wird in drei Schritten vorgegangen: Den ersten Schritt bildet die Herstellung einer Umhüllung. Diese dient dem genetischen Informationsmolekül als Behälter, sie schirmt das System von der Außenwelt ab und sichert ihm so seine Individualität. Damit das System sich vermehren kann, muss diese Umhüllung selbst einen einfachen Replikator darstellen, also zu Wachstum und insbesondere Teilung in der Lage sein, ohne dabei ihren Inhalt an das Außenmedium zu verlieren. Um den Aufbau von größeren Molekülen in ihrem Inneren zu ermöglichen, muss sie darüber hinaus eine gerichtete Diffusion gestatten. Das heißt Grundstoffe aus dem Außenmedium sollen in das Innere des Containers gelangen, aus diesen zusammengesetzte größere Reaktionsprodukte, wie z.B. das genetische Informationsmolekül dürfen jedoch nicht aus dem Inneren hinaus diffundieren. Versuche zur Erzeugung membranartiger Strukturen, die diesen Anforderungen entsprechen werden bereits seit den 1960er Jahren mit verschiedenen amphiphilen Stoffen in unterschiedlichen Lösungsmitteln angestellt. Inzwischen liegen eine Reihe von verschiedenen Vesikelsystemen vor, die als Container in der Erzeugung von Protozellen eingesetzt werden können.

Der zweite Schritt, die Erzeugung eines zunächst einfachen Replikators, der jedoch das Potential zur Entwicklung semantischer Information aufweist, gestaltet sich bereits schwieriger. Da dieser Replikator einen möglichen Vorläufer des modernen genetischen Systems darstellen soll, in dem genetische Informationen durch die Abfolge der Nukleinsäurebausteine von DNA bzw. RNA bestimmt und durch Replikation weitergeleitet wird, sollte er eine Form der sequenzspezifischen Replikation aufweisen. Da diese Reaktion jedoch kaum spontan, sondern mit Hilfe eines Enzyms, der sogenannten Replikase stattfindet, und dieses in diesem frühen Stadium des Lebens noch nicht existiert haben dürfte, formulierten Francis Crick und Leslie Orgel bereits 1968 die Theorie, dass dem heutigen genetischen System RNA-Moleküle vorangegangen sein könnten, die neben der reinen Speicherung von Information auch katalytische Aufgaben übernahmen.[26]

---

[25] Für eine detaillierte Theorie eines solchen Prozesses, siehe: *M. Eigen*, Stufen zum Leben, München/Zürich 1987, *M. Eigen/P. Schuster*, The Hypercycle. A Principle of Natural Self-Organization, Berlin/Heidelberg/New York 1979.

[26] *C. Woese*, The genetic code. The molecular basis for genetic expression, New York 1967, S. 179.

Den eigentlichen Durchbruch erreichte dieses als „RNA-Welt"[27] bezeichnete Szenario durch die Entdeckung rezenter Ribozyme.[28] Dabei handelt es
sich um RNA-Moleküle, die tatsächlich in der Lage sind, spezifische katalytische Reaktionen durchzuführen. Sie erfüllen innerhalb der Zellen sehr
spezialisierte Aufgaben, indem sie z.B. RNA-Stränge an spezifischen Sequenzen zerschneiden und an anderen wieder zusammenfügen, um so kurze
Fragmente aus einem Strang zu entfernen.

Da die Existenz katalytischer RNA-Moleküles in modernen Zellen nachgewiesen werden konnte, erscheint die Annahme einer Replikasefunktion
des ersten genetischen Replikators nicht unplausibel. Ein Replikase-
Ribozym müsste in der Lage gewesen sein, RNA-Stränge zu erkennen, an
sich zu binden, und über das Prinzip der Watson-Crick-Basenpaarung Nu-
kleotide möglichst fehlerfrei zu einem zweiten RNA-Strang nach Vorbild
des ersten zusammenzufügen. Allerdings konnte ein solches Ribozym mit
Replikase-Aktivität bislang in keiner lebenden Zelle nachgewiesen werden.
Um aber zu beweisen, dass RNA-Moleküle durchaus in der Lage sind, diese
Funktion zu erfüllen, gibt es Anstrengungen ein solches Molekül im Labor
zu erzeugen. Der Entwurf der Sequenz und Struktur eines Replikase-
Ribozyms findet allerdings nicht auf dem Reißbrett oder am Computer statt.
Stattdessen wird dabei, ähnlich wie bei der Züchtung von Nutztieren und
-pflanzen, auf den Erfindungsreichtum der Natur gesetzt. Über einen Prozess der chemischen Evolution im Reagenzglas sollen mittels der Vorgabe
eines gerichteten Selektionsdrucks auf eine Menge von zufälligen RNA-
Fragmenten aus diesen funktionsfähige Ribozyme hervorgehen.[29] Wenngleich mit diesem Vorgehen bereits erste Replikasen erzeugt werden konnten, ist deren Leistungsfähigkeit jedoch bislang noch nicht ausreichend, um
auf ihrer Grundlage ein System von sich selbst replizierenden Informationsträgern zur etablieren. Für ein solches System wäre es notwendig, dass die
Ribozyme Moleküle ihrer eigenen Größe replizieren. Doch sind die RNA-
Fragmente, die durch die bisher vorliegenden Ribozym-Replikasen repli-
ziert werden, noch zu kurz und der Vorgang der Replikation auch nicht in
ausreichender Weise fehlerfrei. Dennoch scheinen die ersten Schritte in diese Richtung vielversprechend und bislang zeichnet sich noch kein Hindernis
ab, das eine zukünftige Entwicklung eines solchen Systems von selbstrepli-
zierenden RNA-Molekülen grundsätzlich ausschlösse.

---

[27] *W. Gilbert*, The RNA world, in: Nature 319 (1986), S. 618.
[28] *C. Guerrier-Takada et al.*, The RNA moiety of ribonuclease P is the catalytic subunit of
the enzyme, in: Cell 35 (1983), S. 849–57, *K. Kruger et al.*, Self-splicing RNA. autoexcision
and autocyclization of the ribosomal RNA intervening sequence of Tetrahymena, in: Cell 31
(1982), S. 147–57.
[29] *G. F. Joyce*, Directed evolution of nucleic acid enzymes, in: Annual Review of Biochemistry 73 (2004), S. 791–836.

Auch zum letzten Schritt, dem Zusammenfügen der beiden Subsysteme Membran und Ribozym zu einer „information first"-Protozelle, gibt es bereits umfangreiche Vorarbeiten. Verschiedene Vesikel wurden dabei mit Varianten rezenter genetischer Informationssysteme kombiniert. Dabei ließen sich verschiedene Schritte der Genexpression, aber auch der Replikation im Inneren der Vesikel durchführen. Doch auch hier ist keines der bislang erzeugten Modellsysteme als ausreichend selbsttätig und dynamisch anzusehen, um tatsächlich eine längerfristige Entwicklung in Richtung eines lebenden Systems durchlaufen zu können. Zudem findet bei einer Vielzahl der Modelle lediglich eine räumliche und keine funktionale Verknüpfung statt. Und so bleibt, obgleich inzwischen alle einzelnen Funktionsträger, die für das Leben als relevant angesehen werden, entweder *de novo* hergestellt oder aus Organismen isoliert werden können, die Schwierigkeit, sie durch Interaktion zu einem neuen komplexen System zusammenzufassen, das tatsächlich in der Lage wäre Autonomie und Entwicklungsfähigkeit für eine dauerhafte Existenz in einer gegebenen Umwelt zu entwickeln.

2. Funktionale Systemansätze und die Konstruktion von Protozellen

Im Gegensatz zu evolutionären Systemansätzen betrachtet man aus Sicht der funktionalen Systemansätze lebende Systeme ausschließlich in Hinsicht auf ihre aktuellen Eigenschaften und Funktionen und sucht nach den ihnen unterliegenden Organisationsprinzipien. Da die Frage nach der Entstehungsmöglichkeit eines solchen Systems im Rahmen eines evolutionären Prozesses ausgeblendet wird, ergibt sich hier ein wesentlich größerer Spielraum für komplexe Systemkonstruktionen. Während bei der evolutionären Herangehensweise darauf geachtet werden muss, dass die Systeme selbstorganisiert entstehen und ihre Eigenschaften ohne vorausschauende Planung entwickeln, werden Lebewesen im Rahmen der funktionalen Systemansätze vielmehr unter dem Gesichtspunkt der Konstruierbarkeit ihrer herausragenden Eigenschaften betrachtet. Dabei wird kein Wert darauf gelegt, dass die Konstrukte ihren Vorbildern tatsächlich in materieller Zusammensetzung und im Aufbau ähneln. Vielmehr geht es darum, die allgemeinen Prinzipien, die hinter dem Leben stehen, zu erkennen und sie auch außerhalb ihrer natürlichen Realisation zum Einsatz zu bringen. Für diese Herangehensweise finden sich zur Zeit zwei Beispiele: Zum einen die Arbeitsgruppe um den italienischen Chemiker Pier Luigi Luisi, die in ihren Konstruktionen von der Definition von Organismen als autopoietischen Systemen ausgeht, und zum anderen die Arbeitsgruppe Protocell Assembly des Los Alamos National Laboratory unter der Leitung von Steen Rasmussen, die für die Konstruktion ihres „Los Alamos Bug" Timor Gantis Chemoton-Modell des Lebens zugrunde legen.

Die Theorie der autopoietischen Systeme wurde in der zweiten Hälfte des 20. Jahrhunderts von Humberto Maturana und Francisco Varela in bewusster Opposition zur molekularen Sichtweise des Lebens formuliert. Anstatt sich auf die Untersuchung der einzelnen Bestandteile von Lebewesen zu konzentrieren und die Eigenschaften der Lebewesen von den Eigenschaften und Funktionen ihrer Teile her erklären zu wollen, wird ein einziger zentraler Mechanismus zum Ausgangspunkt aller biologischen Untersuchungen genommen, der hier „Autopoiese" genannt wird: Die Fähigkeit zur Selbsterzeugung eines Systems in allen seinen Teilen. Laut Maturana und Varela ist ein autopoietisches System dadurch gekennzeichnet, dass es seine Systemeigenschaften, das heißt sein Zusammengesetztsein und seine Begrenztheit nach außen, aus sich selbst heraus beständig selbst erzeugt und aufrecht erhält. Jedes System, das diese Anforderungen erfüllt, ist ein autopoietisches System und den Autoren zufolge damit auch ein lebendes System. Eigenschaften wie Fortpflanzung, Vererbung und Evolution werden nicht als notwendige konstitutive Eigenschaften des Lebenden angesehen. Vielmehr werden sie als Sekundäreffekte verstanden, die sich aufgrund kontingenter historischer Umstände aus der Autopoiese entwickelt haben.

Luisi und seine Mitarbeiter gingen bei dem Versuch Mechanismen und Materialien zu finden, anhand derer das Prinzip der Autopoiese realisiert werden kann, von einer Computersimulation zur Entstehung einfacher autopoietischer Systeme aus, die 1974 von Varela, Maturana und Uribe publiziert worden war. Diese für den zweidimensionalen Raum des Computerprogramms entwickelte Simulation sah zwei Komponenten vor: Katalysatoren und Substratelemente, die durch ihr Zusammenspiel eine neue Komponente, die Bindeglieder, erzeugen können. Jedes Bindeglied kann mit maximal zwei weiteren Bindegliedern eine Verbindung eingehen, die von Substratelementen nicht aber von Katalysatoren überwunden werden kann. Bewegen sich die Teile nach einem bestimmten Algorithmus, kommt es relativ schnell zu der Situation, dass ein Katalysator von den Bindegliedern eingeschlossen wird und so ein einfaches autopoietisches System entsteht:

> „Auf diese Weise wird eine Einheit erzeugt, die ein Netzwerk der Produktion all der Bestandteile darstellt, die ihrerseits dieses Netzwerk der Produktion dadurch erzeugen bzw. an ihm mitwirken, dass sie es als abgrenzbare Entität in dem Universum konkret herstellen, in dem sie sich als seine Bauelemente befinden. In diesem Universum genügen diese Systeme der autopoietischen Organisation."[30]

---

[30] Aus: *F. G. Varela/H. R. Maturana/R. Uribe*, Autopoiesis. the organization of living systems, its characterization and a model, in: Currents in Modern Biology 5 (1974), S. 187–196., dt. Übersetzung: Autopoiese. Die Organisation lebender Systeme, ihre nähere

Dieses Prinzip dient nun Luisi und seinen Mitarbeitern als Vorbild für die Erzeugung einer autopoietischen Protozelle.[31] Unter Ausnutzung der Selbstorganisationskapazität von Lipiden sollen Katalysatoren in den Wirkungsbereich der Liposomen integriert werden, die die Bildung neuer Lipidmoleküle fördern und so die Liposomen erweitern. Die Lipidhülle soll im Gegenzug den Erhalt des geeigneten Milieus für den Ablauf der Reaktion gewährleisten. Die erfolgreiche Erzeugung eines solchen Systems unter Verwendung von reversen Micellen wurde erstmals 1990 publiziert,[32] später konnte das Grundprinzip der Selbsterzeugung durch Grenzerzeugung auch auf herkömmliche wässrige Micellen,[33] Vesikel[34] und Riesenvesikel[35] übertragen werden. Eine wesentliche Erweiterung erfuhr dieses Modellsystem in einem chemischen Ansatz mit Oleatvesikeln, in dem nicht nur eine Reaktion zur Bildung von Vesikelbestandteilen stattfand, sondern auch eine konkurrierende Reaktion, die Moleküle erzeugt, die zur Vesikelbildung nicht mehr in der Lage sind. Abhängig von der jeweiligen Geschwindigkeit der beiden Reaktionen, die durch die Wahl der Versuchsbedingungen zu beeinflussen sind, gibt es für die Vesikel nun drei mögliche Optionen: Überwiegen die Hydrolysereaktionen über die Oxidationsreaktionen, wachsen und vermehren sie sich, überwiegen die Oxidationsreaktionen, schrumpfen sie und lösen sich auf, stehen beide Reaktionen zueinander im Gleichgewicht, erhalten die Vesikel ihren Status quo beständig aufrecht, befinden sich also in einem Zustand der Homöostase.

In den frühen Publikationen zu diesen sich selbst replizierenden oder auch nur selbsterhaltenden Lipidsystemen (wobei letztere wesentlich schwerer zu erzeugen sind, als erstere) wird deren Parallele mit der von Uribe et al. vorgestellten Computersimulation eines minimalen autopoietischen Systems hervorgehoben und der Umstand betont, dass mit diesen Strukturen erstmals seit der Entstehung des Lebens auf der Erde eine Erzeugung von autopoietischen Systemen gelungen sei.[36] Man muss sich al-

---

6., dt. Übersetzung: Autopoiese. Die Organisation lebender Systeme, ihre nähere Bestimmung und ein Modell, in: Erkennen: Die Organisation und Verkörperung von Wirklichkeit, hg. von *H. R. Maturana*, Braunschweig/Wiesbaden 1985, S. 157–169.

[31] *P. L. Luisi/F. J. Varela*, Self-replicating micelles – A chemical version of a minimal autopoietic cell, in: Origins of Life and Evolution of the Biosphere 19 (1988), S. 633–643.

[32] *P. A. Bachmann/P. Walde/P. L. Luisi/J. Lang*, Self-replicating reverse micelles and chemical autopoiesis, in: Journal of the American Chemical Society 112 (1990), S. 8200–8201.

[33] *P. A. Bachmann/P. L. Luisi/J. Lang*, Autocatalytic Self-Replicating Micelles as Models for Prebiotic Structures, in: Nature 357 (1992), S. 57–59.

[34] *P. Walde et al.*, Autopoietic self-reproduction of fatty acid vesicles, in: Journal of the American Chemical Society 116 (1994), S. 11649–11654.

[35] *R. Wick/P. L. Luisi*, Light microscopic investigations of the autocatalytic self-reproduction of giant vesicles, in: Journal of the American Chemical Society 117 (1995), S. 1435–1436.

[36] Siehe z.B. *P. A. Bachmann et al.*, Self-replicating reverse micelles and chemical autopoiesis, in: Journal of the American Chemical Society 112 (1990), S. 8200–8201, *P. A.*

lerdings fragen, ob es sich bei dieser Form der Selbsterzeugung tatsächlich um eine Form von Autopoiesis handelt. Je genauer man die sich selbst replizierenden Liposomen betrachtet, desto deutlicher wird, dass sie zwar in Analogie zu den Computersimulationen von Uribe konzipiert sind, sich damit jedoch von der ursprünglichen Konzeption autopoietischer Systeme entfernen. Denn wie auch in der Computersimulation wird hier nur ein Teil des Systems, nämlich seine Grenze, beständig neu erzeugt. Der Inhalt, der durch diese Grenze von der Außenwelt abgegrenzt wird, wird nicht regeneriert. Weder das Lösungsmittel, das die Liposomen ausfüllt, noch der Katalysator, der für die wesentliche Reaktion der Neuerzeugung der Hüllstrukturen verantwortlich ist, sind in den Kreislauf der Erhaltung und Erneuerung eingeschlossen. Vermehren sich die Membransysteme, so geschieht dies auf Kosten ihres Inhaltes, der nun auf die entstehenden Tochtersysteme aufgeteilt wird. Dies führt dazu, dass die neu gebildeten Formen mit jeder Generation schrumpfen und die Teilungsprozesse ab einer bestimmten minimalen Größe der Liposomen zum Stillstand kommen, sorgt man nicht beständig für eine Neuzufuhr der notwendigen Substanzen von außen.[37] Anstatt der Selbsterzeugung und -erhaltung des Gesamtsystems durch einen kontinuierlichen Prozess wird so deutlich, dass zu einer gelingenden Autopoiesis mindestens zwei Prozesse notwendig wären, die sogenante Shell-Replikation, die Erzeugung der Hülle des Vesikels und die Core-Replikation, die Erzeugung der funktionalen Enzyme im Inneren des Vesikels. Damit aus diesen beiden Prozessen tatsächlich eine funktionale Einheit entstehen kann, müssen diese miteinander verbunden und koordiniert werden. So stehen die Konstrukteure der autopoietischen Zellen nun vor ähnlichen Problemen wie die Konstrukteure der „information first"-Zellen: Sie benötigen ein Molekül im Inneren ihrer Zellen, das in der Lage ist, nicht nur die chemische Reaktion zur Herstellung der Membran zu katalysieren, sondern zugleich auch sich selbst zu replizieren. Doch wie bereits am Beispiel des Ribozyms gesehen, ist die Erzeugung eines solchen Moleküls bislang noch nicht absehbar.

Bachmann/P. L. Luisi/J. Lang, Self-Replicating Reverse Micelles, in: Chimia 45 (1991), S. 266–268, *P. L. Luisi*, Defining the transition to life: Self-replicating bounded structures and chemical autopoiesis, in: Thinking about biology, hg. von *W. D. Stein und F. J. Varela*, Reading, MA 1993, S. 17–39, *P. Walde*, Self-Reproducing Vesicles, in: Self-Production of Supramolecular Structures, hg. von *G. R. Fleischaker/S. Colonna/P. L. Luisi*, Dordrecht/Boston/London 1994, S. 209–216, *P. L. Luisi*, The Chemical Implementation of Autopoiesis, in: *ders.*, S. 179–197, *P. L. Luisi*, Die Frage nach der Entstehung des Lebens auf der Erde aus der Sicht der molekularen Naturwissenschaften, in: Vom Ursprung des Universums zur Evolution des Geistes, hg. von *P. Walde/P. L. Luisi*, Zürich 2002, S. 39–66.
[37] *P. L. Luisi/F. J. Varela*, Self-Replicating Micelles – a Chemical Version of a Minimal Autopoietic System, in: Origins of Life and Evolution of the Biosphere 19 (1989), S. 633–643; man beachte, dass die Unterschriften unter den Abbildungen vertauscht wurden.

Eine gänzlich andere Herangehensweise steht wiederum hinter der Erzeugung des so genannten „Los Alamos Bug", einer Protozelle, an der in der Arbeitsgruppe Los Alamos PA Project unter Leitung von Steen Rasmussen in Kooperation mit dem europäischen Forschungskonsortium Programmable Artificial Cell Evolution (PACE) gearbeitet wird. Zielsetzung von PACE ist es, theoretische und technische Grundlagen für die Verbindung von Informationstechnologien und biologischen Mechanismen für die Produktion einer neuen Generation von biologisch geprägten technischen Systemen zu erarbeiten. Vor diesem Hintergrund soll die Konstruktion des Los Alamos Bugs dazu beitragen, die Grundprinzipien hinter den wesentlichen Funktionen des Lebens zu verstehen und nutzbar zu machen.[38] Dieser sehr an der technischen Nutzbarkeit orientierte Ansatz stellt drei wesentliche Eigenschaften des Lebens in das Zentrum seines Interesses: Die Aufrechterhaltung der Identität über die Zeit, die Nutzung freier Energie aus der Umwelt zur Umwandlung von Nährstoffen zur Selbsterhaltung, zum Wachstum und letztlich auch zur Reproduktion, sowie die Kontrolle dieser Reaktionen durch vererbbare Informationen, die während der Reproduktion Änderungen erfahren können. Diesen drei Funktionen werden drei chemische Systeme zu ihrer Realisation zugeordnet: Ein Container, der alle Bestandteile zusammenhält, der Stoffwechsel, der die nutzbare Energie und die Nährstoffe aus der Umwelt aufnimmt und verarbeitet, und Gene, die die informationelle Kontrolle über die Funktionalität des Ganzen übernehmen.[39] Damit folgen sie in der Konzeption des Lebens dem von Tibor Ganti entwickelten Chemoton-Modell des Lebens.[40]

Im Falle des Los Alamos Bugs sehen die Forscher ihre Aufgabe nun nicht darin, ein System zu erzeugen, das diese zentralen Eigenschaften auf dieselbe oder eine ähnliche Weise erfüllt, wie dies in der Natur durch die Lebewesen geschieht. Sie zielen vielmehr darauf ab, einen möglichst einfachen Weg zu finden, um diese Eigenschaften künstlich zu realisieren. Dazu wurden beispielsweise die drei konstitutiven Systeme Container, Metabolismus und Gene nicht als jeweils eigenständige selbstreplizierende Systeme entworfen, die in einem zweiten Arbeitsschritt miteinander verknüpft werden müssen. Stattdessen wird schon gleich zu Beginn nach einem Weg der minimalen thermodynamischen Kopplung dieser drei Elemente gesucht. Dabei werden die Gene als Katalysatoren in den Metabolismus eingebunden, während der Metabolismus die Bestandteile des Containers produziert. Letzter wiederum setzt sich zu einem Aggregat zusammen, das den Meta-

---

[38] *Consortium, PACE*: PACE Report – Programmable Artificial Cell Evolution, http://www.istpace.org/Web_Final_Report/the_pace_report/index.html, letzter Zugriff: Jan. 2010.

[39] *S. Rasmussen et al.*, Assembly of a Minimal Protocell, in: Protocells, hg. von *S. Rasmussen et al.*, Cambridge, MA/London 2009, S. 125–157.

[40] *T. Ganti*, Chemoton Theory; Theory of Living Systems, New York 2003.

bolismus und die Gene enthält. Dabei sind die Begriffe von „Container",
„Metabolismus" und „Gen" nicht als strukturelle Vorgaben zu verstehen.
Die Containerstrukturen z.B. sind vereinfacht und in ihrer Größe auf nur
wenige Nanometer reduziert, indem die restlichen funktionalen Strukturen
nicht ihrem Inneren untergebracht werden, sondern auf bzw. in der Oberflä-
chenschicht der Moleküle des Containers. Auch die Gene sowie die meta-
bolisch aktiven Bestandteile sind chemisch so einfach wie nur möglich gehalten.[41]

Bislang existiert das hier skizzierte Los Alamos Bug, das den uns be-
kannten lebenden Zellen kaum ähnelt, in seiner Gesamtheit nur als
Planskizze, die in Computersimulationen erprobt wurde. Es gibt jedoch be-
reits eine Reihe von experimentellen Vorarbeiten zur Zusammensetzung
und Koppelung von metabolischen und genetischen Systemen, sowie zur
Chemie der Container. Doch auch dieser neueste unter den Ansätzen zur
Protozellerzeugung bedarf noch einiger Forschungsarbeiten, bevor er seine
Form des Protolebens hervorzubringen vermag.

IV. Fazit

Was lässt sich nun aus diesen verschiedenen Ansätzen der Erzeugung minimaler Lebensformen ableiten? Wir finden hier fünf verschiedene Auffassungen von Leben: Leben als die Realisation genetischer Information, Leben als ein komplexes System, das in seinen Grundfunktionen auf rein
metabolischen Interaktionen basiert, Leben als ein komplexes informations-
gesteuertes System, Leben als Autopoiese und Leben als eine kooperative
Struktur aus den drei Subsystemen Gene, Metabolismus und Container. Jeder dieser Ansätze beleuchtet einen anderen Aspekt des Lebens und jede
gelungene Konstruktion wird dazu beitragen, unser Verständnis von bestimmten Prinzipien des Lebens zu erweitern. Doch gleichwohl sie sich er-
gänzen und zum Teil zusammenlaufen, wird sich die Frage nach den gemeinsamen grundlegenden Prinzipien des Lebens wohl auch nach ihrer
Realisation nicht endgültig beantworten lassen. Zu vielschichtig sind die
Aspekte des Lebens und zu vielfältig die Möglichkeiten sie zu kreieren.

---

[41] S. *Rasmussen et al.*, Assembly of a Minimal Protocell, in: Protocells, hg. von *S. Rasmussen et al.*, Cambridge, MA/London 2009, S. 125–157.

Glossar

Autopoiesis: Organisationsprinzip aufgrund dessen ein System sich selbst erzeugt.

Chemoton Theorie: Von Timor Ganti aufgestellte quantitative Theorie, die aufzeigt, wie chemische Prozesse in dynamischen Systemen organisiert werden können. Im Rahmen dieser Theorie lässt sich das Leben als selbstreproduzierender, programmkontrollierter Flüssigautomat (fluid automaton) beschreiben.

Chromosom: Komplex aus einer DNA-Doppelhelix, auf der sich die Gene befinden, Proteinen und RNA. Ort der Genexpression und Gegenstand der Replikation.

DNA/DNS: Desoxyribonukleinsäure. Chemische Grundsubstanz des Erbmaterials.

Enzym: Komplexes meist aus mehreren Proteinen zusammengesetztes „Werkzeugmolekül", das wesentliche zelluläre Aufgaben ausführt.

Gen: Für zelluläre Bestandteile codierende Region der DNA.

Genexpression: Vorgang der Realisation der genetischen Information. Zu diesem gehört in einem ersten Schritt die Transkription des DNA-Strangs in einen RNA-Strang. Dieser ist entweder bereits selbst funktionales Produkt der Genexpression oder dient als Matritze zur Translation, der Übersetzung der RNA-Sequenz in die Aminosäuresequenz eines Proteins.

Genom: Gesamtheit der Gene eines Organismus.

Genomsequenzierungsprojekt: Sequenzierung aller genetischen Strukturen eines Organismus.

Lipid: Sammelbezeichnung für eine chemisch heterogene Gruppe von wasserunlöslichen Substanzen, zu denen z.B. Fette und Phosphatide gehören. Polare Lipide sind konstitutive Bestandteile der Zellmembranen.

Liposomen: Künstlich hergestellte Lipidvesikel.

Metabolismus: Gesamtheit der Prozesse der Aufnahme, Umwandlung und Abgabe von Stoffen durch den Organismus. Dient der Energiegewinnung und dem Auf- und Abbau seiner Bestandteile.

Micellen: Kleine Lipidstrukturen.

Minimalgenom: Kleinstmögliche genetische Ausstattung, die benötigt wird, um einen lebenden Organismus zu konstituieren.

Minimalorganismus: Primitiver lebender Organismus, der nicht mehr als die zum Leben notwendige Grundausstattung funktionaler Bestandteile aufweist. In seiner Bestimmung orientiert man sich meist an der Organisation heute lebender Zellen mit ihren Systemen der Genexpression, Energiegewinnung etc., so dass auch der Aufbau der Minimalorganismen noch relativ komplex ausfällt.

Nukleotid: Baustein der DNA.

Origins of Life Forschung: In den 1920er Jahren durch Aufsätze von Alexander Oparin und John Haldane angeregte wissenschaftliche Auseinandersetzung mit den Bedingungen der Entstehung des Lebens auf der Erde.

Peptide: Kurzkettige Aminosäureverbindungen.

Protein: „Eiweißstoffe". Komplexe Moleküle, die eine Vielzahl der zellulären Reaktionen und Funktionen ausführen. Bestehen aus langkettigen Aminosäureverbindungen.

Proteom: Gesamtheit der Proteine eines Organismus.

Protozellen: Artifizielle chemische Zellen, in denen die Grundfunktionen des Lebens in möglichst einfacher Form realisiert werden. Sind deutlich weniger komplex als Minimalorganismen.

Replikase: Enzym, das eine Kopie eines DNA- oder RNA-Strangs anfertigt.

Replikation: Vorgang des Kopierens des genetischen Materials einer Zelle.

Ribozym: RNA-Molekül, das in der Zelle katalytische Funktionen, ähnlich denen eines Enzyms, übernimmt.

RNA: Ribonukleinsäure. Transkriptionsprodukt der DNA. Dient entweder als Matritze zur Erzeugung von Proteinen oder übernimmt selbst zelluläre Aufgaben.

RNA-Welt: Theorie, derzufolge in der Entwicklung des Lebens zunächst RNA-Moleküle zugleich als Träger der genetischen Information und als katalytische aktive Moleküle fungierten. Erst später entwickelten sich aus ihnen Enzyme und DNA.

Literaturhinweise

Aristoteles: Philosophische Schriften, Hamburg 1995.

Bachmann, Pascale. A./Luisi, Pier Luigi/Lang, Jacques: Self-Replicating Reverse Micelles, in: Chimia 45 (1991), S. 266–268.

Dies.: Autocatalytic Self-Replicating Micelles as Models for Prebiotic Structures, in: Nature 357 (1992), S. 57–59.

Bachmann, Pascale A./Walde, Peter/Luisi, Pier Luigi/Lang, Jacques: Self-replicating reverse micelles and chemical autopoiesis, in: Journal of the American Chemical Society 112 (1990), S. 8200–8201.

Beckermann, Ansgar/Flohr, Hans/Kim, Jaegwon: Emergence or Reduction?, Berlin/New York 1992.

Bedau, Mark/Humphreys, Paul: Emergence, Cambridge, MA/London 2008.

Bröcker, Walter: Die Geschichte der Philosophie vor Sokrates, Frankfurt a.M. 1986.

Consortium, PACE: PACE Report – Programmable Artificial Cell Evolution, http://www.istpace.org/Web_Final_Report/the_pace_report/index.html, letzter Zugriff: Jan. 2010.

Dyson, Freeman: Origins of Life, Cambridge/New York/Melbourne/Madrid 1999.

Eigen, Manfred: Stufen zum Leben, München, Zürich 1987.

Eigen, Manfred/Schuster, Peter: The Hypercycle. A Principle of Natural Self-Organization, Berlin/Heidelberg/New York 1979.

Fox, Sidney W.: Origin of the cell: experiments and premises, in: Naturwissenschaften 60 (1973), S. 359–68.

Ganti, Tibor: Chemoton Theory; Theory of Living Systems, New York 2003.

Gibson, Daniel G./Benders, Gwynedd A./Andrews-Pfannkoch, Cynthia/Denisova, Evgeniya A./Baden-Tillson, Holly/Zaveri, Jayshree/Stockwell, Timothy B./Brownley, Anushka/Thomas, David W./Algire, Mikkel A./Merryman, Chuck/Young, Lei/Noskov, Vladimir N./Glass, John I./Venter, J. Craig/Hutchison, Clyde A., III/Smith, Hamilton O.: Complete chemical synthesis, assembly, and cloning of a Mycoplasma genitalium genome, in: Science 319 (2008), S. 1215–1220.

Gilbert, Walter: The RNA world, in: Nature 319 (1986), S. 618.

Glass, John I./Assad-Garcia, Nacyra/Alperovich, Nina/Yooseph, Shibu/Lewis, Matthew R./Maruf, Mahir/Hutchison, Clyde A., III/Smith, Hamilton O./ Venter, J. Craig: Essential genes of a minimal bacterium, in: Proceedings of the National Academy of Sciences of the United States of America 103 (2006), S. 425–430.

Godfrey-Smith, Peter: Information in Biology, in: The Philosophy of Biology, hg. von *David L. Hull/Michael Ruse*, Cambridge u.a. 2007, S. 103–119.

Griffiths, Paul E.: Genetic Information: A Metaphor In Search of a Theory, in: Philosophy of Science 68 (2001), S. 394–412.

Guerrier-Takada, Cecilia/Gardiner, Katheleen/Marsh, Terry/Pace, Norman/ Altman, Sidney: The RNA moiety of ribonuclease P is the catalytic subunit of the enzyme, in: Cell 35 (1983), S. 849–857.

Itaya, Mitsuhiro: An estimation of minimal genome size required for life, in: FEBS Letters 362 (1995), S. 257–260.

Jablonka, Eva: Information. Its Interpretation, Its Inheritance, and Its Sharing, in: Philosophy of Science 69 (2002), S. 578–605.

Janich, Peter: Was ist Information?, Frankfurt a.M. 2006.

Joyce, Gerald F.: Directed evolution of nucleic acid enzymes, in: Annual Review of Biochemistry 73 (2004), S. 791–836.

Judson, Horace Freeland: The eight day of creation, Cold Spring Harbour 1996.

Keller, Evelyn Fox: Making sense of life, Cambridge, MA/London 2002.

Koonin, Eugene V.: How many genes can make a cell: the minimal-gene-set concept, in: Annual Review of Genomics and Human Genetics 1 (2000), S. 99–116.

Ders.: Comparative genomics, minimal gene-sets and the last universal common ancestor, in: Natural Reviews Microbiology 1 (2003), S. 127–136.

Ders./Mushegian, Arcady R.: Complete genome sequences of cellular life forms: glimpses of theoretical evolutionary genomics, in: Current Opinion in Genetics & Development 6 (1996), S. 757–762.

Kruger, Kelly/Grabowski, Paula J./Zaug, Arthur J./Sands, Julie/Gottschling, Daniel E./Cech, Thomas R.: Self-splicing RNA: autoexcision and autocyclization of the ribosomal RNA intervening sequence of Tetrahymena, in: Cell 31 (1982), S. 147–157.

Küppers, Bernd-Olaf: Der Ursprung biologischer Information, München 1986.

Lartigue, Carol/Glass, John I./Alperovich, Nina/Pieper, Rembert/Parmar, Pra-shanth P./Hutchison, Clyde A., III/Smith, Hamilton O./Venter, J. Craig: Genome transplantation in bacteria: changing one species to another, in: Science 317 (2007), S. 632–638.

Lartigue, Carol/Vashee, Sanjay/Algire, Mikkel A./Chuang, Ray-Yuan Y./Benders, Gwynedd A./Ma, Li/Noskov, Vladimir N./Denisova, Evgeniya A./Gibson, Daniel G./Assad-Garcia, Nacyra/Alperovich, Nina/Thomas, David W./Merryman, Chuck/Hutchison, Clyde A., III/Smith, Hamilton O./Venter, J. Craig/ Glass, John I.: Creating bacterial strains from genomes that have been cloned and engineered in yeast, in: Science 325 (2009), S. 1693–1696.

Luisi, Pier Luigi/Varela, Francisco J.: Self-Replicating Micelles – A Chemical Version of a Minimal Autopoietic System, in: Origins of Life and Evolution of the Biosphere 19 (1989), S. 633–643.

Luisi, Pier Luigi: Defining the transition to life: Self-replicating bounded structures and chemical autopoiesis, in: Thinking about biology, hg. von *Wilfred D. Stein/Francisco J. Varela*, Reading, MA 1993, S. 17–39.

Ders.: The Chemical Implementation of Autopoiesis, in: Self-Production of Supra-molecular Structures, hg. von *Gail R. Fleischaker/Stefano Colonna/Pier Luigi Luisi*, Dordrecht/Boston/London 1994, S. 179–197.

Ders.: Die Frage nach der Entstehung des Lebens auf der Erde aus der Sicht der molekularen Naturwissenschaften, in: Vom Ursprung des Universums zur Evoluti-on des Geistes, hg. von *Peter Walde/Pier Luigi Luisi*, Zürich 2002, S. 39–66.

Ders.: Autopoiesis. A review and reappraisal, in: Naturwissenschaften 90 (2003), S. 49–59.

Luisi, Pier Luigi/Varela, Francisco J.: Self-replicating micelles – A chemical versi-on of a minimal autopoietic cell, in: Origins of Life and Evolution of the Biosphe-re 19 (1988), S. 633–643.

Lyre, Holger: Informationstheorie. Eine philosophisch-naturwissenschaftliche Ein-führung, München 2002.

Malpighi, Marcellus: Die Anatomie der Pflanzen, Thun/Frankfurt a.M. 1999 [1675].

Maynard Smith, John: The Concept of Information in Biology, in: Philosophy of Science 67 (2000), S. 177–194.

Morange, Michel: Histoire de la biologie moléculaire, Paris 1994.

Moss, Lenny: What genes can't do, Cambridge, MA/London 2004.

Mushegian, Arcady: The minimal genome concept, in: Current Opinion in Genetics & Development 9 (1999), S. 709–14.

Peterson, Scott N./Fraser, Claire M.: The complexity of simplicity, in: Genome Biology 2 (2001).

Rasmussen, Steen/Bailey, James/Boncella, James/Chen, Liaohai/Collis, Gavin/ Col-gate, Stirling A./DeClue, Michael/Fellerman, Harold/Goranovic, Goran/ Jiang, Yi/Knutson, Chad/Monnard, Pierre-Alain/Mouffouk, Fouzi/Nielsen, Peter E./Sen, Anjana/Shreve, Andy/Tamulis, Arvydas/Travis, Bryan/Weronski, Pawel/Woodruff,

William H./Zhang, Jinsuo/Zhou, Xin/Ziock, Hans: Assembly of a Minimal Protocell, in: Protocells, hg. von *Stehen Rasmussen/Mark A. Bedau/Liaohai Chen/David W. Deamer/David C. Krakauer/Norman H. Packard/Peter F. Stadler*, Cambridge, MA/London 2009, S. 125–157.

Rauchfuß, Horst: Chemische Evolution und der Ursprung des Lebens, Berlin/ Heidelberg/New York 2005.

Sarkar, Sahotra: Biological information. A skeptical look at some central dogmas of molecular biology, in: The philosophy and history of molecular biology: New perspectives, hg. von *Sahotra Sarkar*, Dordrecht/Boston/London 1996, S. 187–231.

Scheminzky, Ferdinand: Kann Leben künstlich erzeugt werden?, in: Alte Probleme – Neue Lösungen in den exakten Wissenschaften, Leipzig/Wien 1934, S. 69–92.

Shapiro, Robert: Schöpfung und Zufall, München 1987.

Stegmann, Ulrich: Der Begriff der genetischen Information, in: Philosophie der Biologie, hg. von *Ulrich Krohs/Georg Toepfer*, Frankfurt a.M. 2005, S. 212–230.

Sterelny, Kim/Smith, K./Dickison, M.: The extended replicator, in: Biology and Philosophy 11 (1996), S. 377–403.

Szostak, Jack W./Bartel, David P./Luisi, Pier Luigi: Synthesizing life, in: Nature 409 (2001), S. 387–390.

Varela, Francisco G./Maturana, Humberto R./Uribe, Ricardo: Autopoiesis. The organization of living systems, its characterization and a model, in: Currents in Modern Biology 5 (1974), S. 187–196.

Dies.: Autopoiese. Die Organisation lebender Systeme, ihre nähere Bestimmung und ein Modell, in: Erkennen: Die Organisation und Verkörperung von Wirklichkeit, hg. von *Humberto R. Maturana*, Braunschweig/Wiesbaden 1985, S. 157–169.

Venter, Craig J.: J. Craig Venter, in: Life. What a Concept, hg. von *John Brockman*, New York 2008, S. 37–60.

Walde, Peter/Wick, Roger/Fresta, M./Mangone, A./Luisi, Pier Luigi: Autopoietic self-reproduction of fatty acid vesicles, in: Journal of the American Chemical Society 116 (1994), S. 11649–11654.

Walde, Peter: Self-Reproducing Vesicles, in: Self-Production of Supramolecular Structures, hg. von *Gail R. Fleischaker/Stefano Colonna/Pier Luigi Luisi*, Dordrecht/Boston/London 1994, S. 209–216.

Wick, Roger/Walde, Peter/Luisi, Pier Luigi: Light microscopic investigations of the autocatalytic self-reproduction of giant vesicles, in: Journal of the American Chemical Society 117 (1995), S. 1435–1436.

Woese, Carl: The genetic code. The molecular basis for genetic expression, New York 1967.

Nicole C. Karafyllis

Hybride, Biofakte, Lebewesen

I. Leben in Form des „Dazwischen"

Der Hybridgedanke hat gegenwärtig Hochkonjunktur. Stets meint man mit
„Hybriden" *Mischungen*, die eine neue Einheit bilden, aber die alten Grenzen dennoch erkennen lassen. Geläufig ist die Verwendung etwa, wenn
zwei Technologien miteinander kombiniert werden (Hybridmotor). Was
aber, wenn sich die Spuren der ehemaligen Grenzen durch Wachstum verlieren und generelle Zweifel bleiben, worum es sich bei diesem „Neuen"
handelt? Wenn „das Neue" als Bekanntes, „Altes", Vertrautes, erscheint –
der transgene Mais, das geklonte Rind, der vielleicht in Zukunft geklonte
Mensch? Konkret formuliert: Was bedeutet es, wenn Lebewesen eigentlich
– und was „eigentlich" in diesem Zusammenhang bedeutet, gilt es noch zu
klären – *künstlich* sind, aber *natürlich erscheinen?*
Jene Einstiegsfragen verweisen auf die grundlegendere philosophische
Frage, womit wir es bei einem Gemischten *wirklich* zu tun haben. Diese
Frage nach der *Wirklichkeit* (engl. *actuality*) von ‚etwas' geht über den
Aussagenbereich der Laborwissenschaften, der die *Realität* von ‚etwas'
umgrenzt, weit hinaus. Etwas künstlich Erzeugtes ist real und kann nach
den Kriterien der Biowissenschaften Lebenskennzeichen aufweisen, aber ist
dieses etwas auch *wirklich* ein Lebewesen? Wie können wir eine Antwort
darauf finden, *was* etwas Gemischtes *ist*, etwa ob Lebendes Natur oder
Technik ist, und warum wollen Menschen überhaupt eine Antwort finden?
Ist Leben eine Eigenschaft oder eine Seinsweise? Ontologische, phänomenologische und anthropologische Probleme sind in dieser komplexen Fragestellung, die im Folgenden erörtert wird, aufs innigste verbunden. Weiterhin
ergeben sich daraus enge Berührungspunkte mit der Wissenschaftstheorie,
der Metaphysik, der Anthropologie und der Ethik, die hier nur angedeutet
werden können.
Bei allen Unterschieden im Detail der technologischen Innovation, die
man als „Hybride" kennzeichnet, handelt es sich oft um eine Mischung von
Natürlichem und Technischem, die zusammengefügt als ein *Drittes* fungiert. Nicht etwa Hybridmotoren und Herzschrittmacher sind Hinweise auf

ontologische Probleme, sondern insbesondere die *wachsenden* Innovationen aus dem biowissenschaftlichen und biomedizinischen Bereich, unter Einschluss der Informatik und Nanotechnologie (Stichwort: Converging Technologies). Die Topoi von Technik und Natur teilen dabei mehr als nur *Schnittstellen*. Denn natürliche und technische Teile, etwa Körper und Prothesen, sind hier nicht nur aneinander gekoppelt, sondern sie ergeben ein neues Ding, das im Zuge des sogenannten *endogenen Designs* durch Wachstum erst entsteht. Das Technische zeigt sich dabei gerade in seiner Abwesenheit. Paradigmatisch stehen hierfür seit den 1990er Jahren die ‚Gentomate‘ und das Klonschaf Dolly, die allerdings am Ende einer langen Historie der Technisierung des Wachsenden stehen.

Körper und Prothesen wären ja noch jeweils zwei bestimmte Dinge, die zusammengefügt ein funktionsfähiges Aggregat ergeben können. Sie sind „zusammengestellt" (gr. *synthesis*) und können bei Bedarf wieder in ihre einzelnen Komponenten zerlegt werden. Hingegen fusionieren sogenannte *Biofakte* (vgl. Abschnitt 2) im Labor zu einer chimärenhaften Technonatur nach Plan. Dieses Dritte, Biofaktische, ist technikvermittelt gewachsen und bildet eine neue Einheit, der darüber hinaus noch „Leben" zugesprochen wird. Sie lässt sich weder räumlich noch zeitlich in ihre Bestandteile zerlegen. Das Zusammenwachsen steht, technikphilosophisch betrachtet, dem Zusammenstellen gegenüber, oder in aristotelischer Begrifflichkeit: Die *Symphysis* steht der *Synthesis* gegenüber, und damit der Architekt und Handwerker (Idealtypen des Technikers) dem Landwirt als einer Art ideengeschichtlichem Vorläufer des Biotechnikers.[1]

In dieser Mischform problematisieren sich klassische Abgrenzungen wie „natürlich/künstlich", „tot/lebend" (etwa im Falle der Produkte des *Artificial Life*), „biotisch/abiotisch", „Wachstum/Bewegung" (v.a. im Milli- und Nanobereich) sowie die Beziehung von Raum und Zeit und der daraus resultierenden Relation von Subjekt- und Objektperspektive, in der wir das Phänomen Leben wahrnehmen bzw. betrachten. Das Labor ist ein anderer Erlebnisraum und evoziert eine andere Sicht auf Leben als die Lebenswelt, in der wir uns täglich bewegen. Es ist die *Unmittelbarkeit*, mit der das Phänomen Leben erfahren wird und die sich im Begriff des „Lebewesens" ausdrückt, welche sich durch biotechnische Einflussnahme, etwa in Form von Biofakten, problematisiert.

Wichtig ist, dass im Folgenden *Wachstum als Proprium von Leben* bestimmt wird (s. Abschnitt 4), ohne die bekannte Frage nach „dem Leben" direkt zu stellen. Wachstum ist ein vertrautes Phänomen der Lebenswelt,

---

[1] Vgl. *Aristoteles*, Philosophische Schriften, Physik V 4, 227a und öfter; siehe ausführlich *N. C. Karafyllis*, Die Phänomenologie des Wachstums. Zur Philosophie des produktiven Lebens zwischen den Konzepten von „Natur" und „Technik", Bielefeld 2013, Kap. II.

nicht zuletzt durch die Agrikultur. Auch im biowissenschaftlichen Labor ist Wachstum die wenig hinterfragte *conditio sine qua non*, um mit dem Lebenden experimentieren zu können. Es handelt sich somit um eine phänomenologische Annäherung, die den Phänomenen des Lebenden sowohl in der Wissenschaftswelt wie der Lebenswelt Respekt zollen möchte. Denn die Frage „Was ist Leben?" basiert auf einem szientifischen und damit abstrakten Vorverständnis, das „Leben" auf den Begriff bringen will. Man mag in diesem Zusammenhang an Adornos berühmtes Zitat (von Ferdinand Kürnberger), dass das Leben selbst gerade *nicht* lebt, erinnern, das er im Zusammenhang mit folgendem Satz äußerte: „Wer die Wahrheit übers unmittelbare Leben erfahren will, muß dessen entfremdeter Gestalt nachforschen, den objektiven Mächten, die die individuelle Existenz bis ins Verborgenste bestimmen."[2] Bei Hegel noch war „Leben" eine unmittelbare *Idee*, bei Aristoteles teilte es sich in *zoon* und *bios* auf, in die physische Lebewesenhaftigkeit und das selbst gestaltete Leben im sozialen Kontext.

Im historischen Rückblick wurde die Frage „Was ist Leben?" stets dann aktuell, wenn Technisierungs- und Rationalisierungsschübe und neue Modelle der Physiologie (im weiten Sinne) auftraten: z.B. mit dem Aufschwung des Handwerks im Hochmittelalter (wie man der Schrift *De homine* von Albertus Magnus entnehmen kann), dem ausgeprägten Automatenbau und der neuen Anatomie (Fabricius, Vesalius) in der ausgehenden Frühen Neuzeit, mit der Gründung der Biologie um 1800 und ihren hydraulischen, magnetischen und dann elektrophysiologischen Modellen, verstärkt durch eine physikalistische Naturwissenschaft, die sich an der Wende zum 20. Jahrhundert auf Teilchen konzentrierte. Es handelte sich stets um eine rein akademische Frage, und fast immer fokussierte sie auf den tierisch-menschlichen Körper. Der Agrar- und Forstbereich, ebenso wie die Ingenieure, züchteten bzw. konstruierten vergleichsweise unbeirrt weiter. Gerade auf ihre Art des Modellierens des Technischen und Natürlichen konzentrieren sich meine folgenden Ausführungen.

Dass diese Frage nach ‚dem Leben' heute wieder aktuell ist, ist dank des genetischen und informatischen Forschungsparadigmas[3] wenig verwunderlich. Umso mehr ist verwunderlich, dass einige Geisteswissenschaftler von der klassischen Dichotomisierung Natur–Technik Abstand nehmen, und stattdessen eine *Antithese* von *Leben* und *Technik* in ihren Schriften vertreten.[4] Diese Dichotomie ist ihrerseits neu und lässt sich gerade philosophie-

---

[2] *T. W. Adorno*, Minimal Moralia. Reflexionen aus dem beschädigten Leben, in: *ders.*, Gesammelte Schriften, Bd. 4, Frankfurt a.M., S. 7.

[3] Vgl. *L. E. Kay*, Who wrote the book of life?, Stanford 2000.

[4] Etwa *B. Orland*, Wo hören Körper auf und fängt Technik an? Historische Anmerkungen zu posthumanistischen Problemen, in: *dies.* (Hg.), Artifizielle Körper – lebendige Technik. Technische Modellierungen des Körpers in historischer Perspektive, Zürich 2005, S. 9–42.

geschichtlich nicht belegen, denn der Naturbegriff war stets der dem Lebensbegriff übergeordnete, was u.a. deshalb Sinn macht, weil jedwede Art von Leben auf Medialität und Potentialität angewiesen bleiben. Jene werden im allgemeinen der Natur zugerechnet und im Altgriechischen mit dem Wort *dynaton* begrifflich gefasst.[5] Es geht dabei um das generelle Vermögen, *zu etwas werden zu können.*

Selbst wenn sich Biologisierung und Technisierung epistemologisch nahe stehen (v.a. in der Modellbildung), so würde eine Dichotomisierung von „Leben" und „Technik" die Realität des Modells mit dem Modell der Realität verwechseln.[6] Denn die Lebenswelt folgt in ihren kulturellen Wahrnehmungen nur sehr eingeschränkt den Wahrnehmungskulturen innerhalb des Labors.[7] Vielmehr orientieren sich Menschen an lange eingeübten Ontologien der Lebenswelt, etwa der aristotelischen (s. Abschnitt 3), wie auch Gregor Schiemann betont.[8] Etwas wird dann als natürlich wahrgenommen, wenn es eine irgendwie bekannte Gestalt aufweist, wenn es von selbst entstanden bzw. gewachsen ist und wenn es, wie im Falle von Tier und Mensch, sich von selbst bewegt.

II. Begriffe für das „Dazwischen"

Bislang gebräuchliche Begriffe, die das Artefaktische des Lebenden versuchen methodisch zu umschreiben, trennen zum einen zwischen Menschen, Tieren, Pflanzen und Bakterien, zum anderen entstammen sie unterschiedlichen disziplinären als auch alltagssprachlichen Kontexten, die einen wissenschaftlichen Umgang mit ihnen erschweren. So ist z.B. für transgene Tiere alltagssprachlich das Wort „Chimäre" gebräuchlich, das bis zur griechischen Mythologie führt.[9] Homer beschreibt im sechsten Gesang der Ilias die Chimäre als ein Wesen göttlicher Herkunft, das vorne ein Löwe, in der Mitte eine Ziege und am Ende ein Drachen sei. Die Bedeutung, die man heutigen Lexika entnimmt, ist die des Trugbilds, was in eigentümlicher

---

[5] Vgl. *G. Heinemann*, Aristoteles und die Verfügbarkeit der ‚Natur', in: *K. Köchy/M. Norwig* (Hg.), Umwelt-Handeln. Zum Zusammenhang von Naturphilosophie und Umweltethik, Freiburg 2006, S. 167–205, sowie *D. Birnbacher*, Natürlichkeit, Berlin 2006.

[6] Peter Janich (*ders.*, Wissenschaftstheorie der Nanotechnologie, in: *A. Nordmann/J. Schummer/A. Schwarz* (Hg.), Nanotechnologien im Kontext. Philosophische, ethische und gesellschaftliche Perspektiven, Berlin 2006, S. 1–32) machte jüngst eine analoge Verwechslung in den Forschungsvisionen der Nanotechnologie aus.

[7] Siehe auch *K. Köchy/G. Schiemann*, Natur im Labor. Themenheft Philosophia Naturalis 43/1, Frankfurt 2006.

[8] *G. Schiemann*, Natur, Technik, Geist, Berlin 2005.

[9] Vgl. *E. Schenkel*, Chimären im Buch des Lebens, in: Scheidewege 32 (2002/2003), S. 94–105.

Weise an die erkenntnistheoretischen Probleme erinnert, die wir mit dem Phänomenbereich des Biofaktischen haben. Bei transgenen Pflanzen und Bakterien spricht man wissenschaftlich meist von GVOs, gentechnisch veränderten Organismen, denn der Begriff „Hybrid" (veraltet: „Bastard", auch „Blendling") ist in der konventionellen Pflanzenzucht seit langem gebräuchlich und entstammt dem Fachjargon der Kreuzungsgenetik. Hybridbildung (d.h. artenübergreifende Kreuzung) kommt auch in der Natur vor („Naturhybride"). In biowissenschaftlicher Terminologie spricht man freilich auch bei Pflanzen von Chimären, etwa, wenn man einen Kaktus auf einen zweiten „pfropft" und somit zu morphogenetischen Mischungen gelangt.

Beim technisch veränderten Menschen werden oftmals die Begriffe dem *Science Fiction*-Genres entliehen, wie etwa die Rede vom *Cyborg* (Akronym für *cyb*ernetic *org*anism; wenn auf Maschinenanteile im Menschen verwiesen wird) oder vom *Replikanten*, wenn auf humane oder humanoide Klone abgehoben wird. Die Bezeichnungen „Menschmaschinen" und „Maschinenmenschen" verweisen zwar auch auf die technischen Anteile des Humanen, insbesondere in Bezug auf die mentalen Fähigkeiten (künstliche Intelligenz), sie setzen in ihren Klassifikationsbemühungen aber an einem fertigen Zustand an. Man sieht und fühlt jene Entitäten nicht wachsen, sondern findet sie im gleichsam erwachsenen, d.h. fertig gebauten Zustand als künstliche Entitäten vor. Kulturelle Referenz für das fertig Gebaute bleibt jedoch stets die verlorene Natürlichkeit des vormals *von selbst* Gewachsenen.

Die Kategorie der technischen Zurichtung des Lebenden ist nicht neu.[10] Jedoch gab es bislang keinen systematisierenden Begriff, der auf die technische Einflussnahme auf das vormals natürliche Wachstum verweist. Denn es sind die *Methoden*, die Techniken, die über die Einordnung entscheiden werden, ob etwas noch Natur oder schon Technik ist. Dieser Einsicht und der Notwendigkeit, gemischte Entitäten in einem ontologischen Zwischenbereich von Natur und Technik systematisch verorten zu können, verdankt sich der Biofakt-Begriff, der 2001 erstmals in die philosophische Diskussion eingeführt wurde.[11] „Biofakt" besteht aus einer Verbindung des griechi-

---

[10] Vgl. *T. Zoglauer*, Das Natürliche und das Künstliche: Über die Schwierigkeit einer Grenzziehung, in: *B. Baumüller/U. Kuder/T. Zoglauer* (Hg.), Inszenierte Natur. Landschaftskunst im 19. und 20. Jahrhundert, Stuttgart 1997, S. 145–161.
[11] Vgl. *N. C. Karafyllis*, Biologisch, Natürlich, Nachhaltig. Philosophische Aspekte des Naturzugangs im 21. Jahrhundert, Tübingen 2001, Kap. 6; vgl. *dies.* (Hg.), Biofakte – Versuch über den Menschen zwischen Artefakt und Lebewesen, Paderborn 2003. „Biofakt" wird gegenwärtig, ohne schon definierter Terminus im Sinne einer Wissenschaftssprache zu sein, auch in der Archäologie, in der zoologischen Ökologie, der Mikroskopie und in Anleitungen zur Präparationstechnik vereinzelt verwendet. Verbindend ist bei allen Verwendungspraxen von „Biofakt", dass das Spannungsverhältnis von natürlichem Wachstum und technischem

schen Wortes „*bios*" und des lateinischstämmigen Wortes „Artefakt". Artefakte sind geplante und konstruierte Objekte, die sich dadurch als „künstliche" erweisen. Die konstruierten Objekte fielen bislang immer in den Bereich der Gegenstände. Ein Artefakt meint stets durch Fertigkeiten und
Techniken Menschengemachtes und dient als Sammelbegriff für so unterschiedliche, künstlich geschaffene Dinge wie Bauwerke, Kunstwerke und
Maschinen. Artefakte sind im allgemeinen tot. Biofakte sind biotische Artefakte, d.h. sie sind oder waren lebend. „Biofakt" wird hier für den philosophischen Bereich als *Abschwächung* zu „Artefakt" (in der Perspektive der
Hybridität von Wachstum und Handlung bei der Herstellung eines Gewächses) verwendet. Denn nur in der Verursacherperspektive kann man Biofakte
im Hinblick auf diejenigen Zwecke befragen, die mit dem Faktischen an ihnen, ihrem Mittelcharakter, verfolgt werden. Ein Biofakt ist damit ein Ge-
bilde, das sich als Lebendes von der Technik als einer „zweiten Natur" wiederum als ein Anderes abstoßen können muss und dennoch mit ihr
verbunden bleibt. Biofakte stehen damit als Mittelglied in der Trias „Artefakte – Biofakte – Lebewesen", die die Polarität zwischen Technik- und
Naturhaftigkeit von Entitäten beschreibt.

III. Das Phänomen Wachstum im begrifflichen Spannungsfeld von Natur, Technik *und* Leben

Natur ist dasjenige, das sich von selbst bewegt, das *wächst* – Technik (bzw.
Kunst) ist dasjenige, das von außen bewegt und geschaffen wird. So zog
Aristoteles die Unterscheidung zwischen Natürlichkeit und Künstlichkeit
(z.B. in *Physik* II 1, 192b). Etwas Technisches verdankt den Ursprung seiner Bewegung und Entstehung nicht sich selbst, sondern wird „gemacht".
Eben diese Unterscheidung ist durch die modernen Bio- und Computertech-
niken jedoch zunehmend in Auflösung begriffen. Denn mit dieser Unter-

---

Eingriff bzw. Natur und Kultur eine Rolle spielt, und zwar stets in der Perspektive der *Rekonstruktion*. Biofaktizität fragt nach der Herkunft in Verursacherperspektive, z.B. wenn die
Bauwerke des Bibers in der zoologischen Ökologie „Biofakte" genannt werden, ebenso wie
die bei archäologischen Grabungen gefundenen Pflanzensamen an prähistorischen Stätten. Sie
geben Zeugnis über die vormalige Anwesenheit mindestens eines Lebewesens. Die erste Nennung des Begriffs „Biofakt" findet sich bei dem Wiener Tierpräparator Bruno M. Klein (*ders.*,
Biofakt und Artefakt, in: Mikrokosmos 37/1 (1943/1944), S. 2–21). Er wurde für die Mikroskopie von Protozoen eingeführt und geriet dann in Vergessenheit. Klein wollte Strukturen,
die durch lebende Organismen nach außen gebildet wurden (z.B. Panzer und Schalen; Holz
von Bäumen), die aber selbst keine Lebenskennzeichen (z.B. Plasmaströmung) tragen, von
denjenigen Artefakten unterscheiden, die durch die mikroskopische Technik als Verfrem-
dungseffekte vom Originären entstehen. Biofakte sind bei Klein also realiter *gewachsene
Strukturen* lebender Wesen.

scheidung, die sich primär auf die *Ursächlichkeit* bezieht, ist noch nicht ausgesagt, ob etwas Technisches nicht auch wachsen *kann*.

Im Phänomen Wachstum problematisiert sich das Verhältnis von *Ursprünglichkeit* (Kennzeichen der Natur) und *Ursächlichkeit* (Kennzeichen der Technik). Das genuin Natürliche wird in gewissen Formen ersetzbar durch von Anfang an von Menschenhand kontrollierte Wachstumsprozesse, etwa in Form von gentechnisch veränderten Organismen, die ‚ihr' Wachstum *qualitativ* verändern können. Durch die technische Verfügbarmachung von biologischen Wachstumsfaktoren (HGF – *human growth factors*) und Wachstumshormonen ergeben sich ebenfalls Schwierigkeiten, das Natürliche und das Biologische vom Artefaktischen zu trennen, zuvorderst in *quantitativer* Hinsicht. Jene quantitativen Einflussnahmen fasse ich unter dem Stichwort „Stimulation" zusammen. Aber auch durch *artificial life forms* ebenso wie durch virtuelle Darstellung von (computer)programmiertem Wachstum werden phänomenale Grenzen verwischt. Hierbei handelt es sich um Simulationen, die Realität erzeugen.

Ontologische Grenzbestimmungen hängen nun davon ab, wie „Wachstum" begrifflich gefasst wird. Denn wenn es sich bei Wachstum lediglich um einen Aggregationsprozess handelt, der in einer objektivierten Zeitreihe stattfindet, kann er auch dematerialisiert im virtuellen Raum dargestellt werden. In dieser reduktionistischen Sicht könnten auch Produkte der Synthetischen Biologie als Lebewesen gelten, weil sie wichtige Kennzeichen des Lebenden aufweisen (z.B. Stoffwechsel, Bewegung, Homöostase).

Wichtigstes definierendes Kriterium für Wachstum ist die *Assimilation*, d.h. der aktive Prozess der Einverleibung, der sich quasi kontinuierlich selbst bildet. Jene eigene Kraft attestierte Aristoteles (*De anima*) der Pflanzenseele bzw. *anima vegetativa*, die im Mittelalter „Lebensseele" genannt wurde. Nach antikem Vorbild wirkt sie als integrierendes Agens auch in Tier und Mensch: bei der Ernährung, bei der Embryonalentwicklung, aber auch beim kontinuierlichen Erneuern von Geweben wie denen der Leber und der Haut. Hegel unterschied ebenfalls mit dem Hinweis auf die Assimilation die Pflanze und ihre Gestal*tung* vom Kristall, der lediglich Gestalt habe.[12] Damit war ein wichtiger Bruch zwischen Organischem und Anorganischem markiert. Anorganisches kann, wie Künstliches, etwas aggregieren, aber nicht *sich* etwas assimilieren und damit zu eigen machen, weil es nicht im Werden ist: unterwegs hin zu sich selbst.

---

[12] Das Organische hat bei Hegel „*werdende* Gestalt" bzw. „Gestaltung" (vor diesem Hintergrund ist auch sein Begriff „das Vegetabilische" zu verstehen), wohingegen das Unorganische „*reale* Gestalt" hat, wie z.B. der Kristall (vgl. Enz. 3. Ausg., § 310, Zusatz). Michael Thompson (*ders.*, The Representation of Life, in: R. *Hursthouse/G. Lawrence/W. Quinn* (Hg.), Virtues and Reasons. Philippa Foot and Moral Theory, Oxford 2002, S. 247–296, hier: S. 273) weist ebenfalls darauf hin, wie schwierig die Assimilation zu imitieren ist.

Das Kriterium der Assimilation reicht allerdings noch nicht hin, um etwas Wachsendes als etwas Lebendes *und* Natürliches zu kennzeichnen. Es sind, allgemein gesprochen, *Verpflanzungen*, die das Lebende vom Natürlichen trennen. Durch Verpflanzungen hat man Macht über das schon in Erscheinung getretene Wachstum. Wenn also, metaphorisch gesprochen, unser Herz für die Natur stets schon mit Hilfe einer künstlichen Herzklappe schlägt,[13] dann gilt es zu betonen, dass reale künstliche Herzklappen mittlerweile durch *Tissue Engineering* im Labor extrakorporal wachsen können, darauf ins Herz von einem Kind verpflanzt werden können und an ihrem neuen Ort über die Jahre mitwachsen können. Technik und Natur verschmelzen materialiter zu einer hybriden Identität, obgleich stets eine Restsumme verbleibt, die uns wissen oder zumindest erahnen lässt, dass etwas künstlich oder natürlich ist – oder zumindest einmal war. So wissen wir bei Verpflanzungen im allgemeinen, *dass* sie vorgenommen wurden, da der Ort, an dem sie erscheinen, ein kulturell normierter Ort ist (z.B. ein Garten oder eine Petrischale im Labor). Jene Restsumme an Gewissheit, die uns wissen lässt, ob etwas ursprünglich ist, ist allerdings immer schwieriger aus dem uns zugänglichen Phänomenbereich herauszuaddieren, wenn etwas Wachsendes an den Ort, an dem es auch ursprünglich in Erscheinung treten *könnte*, verpflanzt wird. Dieses Problem haben wir in systematischer Hinsicht etwa bei Organverpflanzungen oder bei der Freisetzung von transgenen Organismen aus dem Labor in die Lebenswelt.

In diesem Beitrag soll jene Restsumme, die uns um Differenzen wissen lässt, nicht in Bezug auf das „fertig" Gewachsene gesucht werden („Gewächse" im weitesten Sinne), sondern in Bezug auf den *Geneseprozess* (das Wachsende bzw. Vegetabilische). Bewusst soll für die philosophische Diskussion der Agrikulturbereich, und damit ein Fokus auf Pflanzenwachstum, in die methodische Nähe zum biomedizinischen Bereich, in denen tierisch-menschliches Wachstum behandelt wird, gestellt werden. Denn der Bereich des Pflanzlichen dient nicht nur als methodischer ‚Taktgeber' (z.B. hinsichtlich der Methoden des Klonens, des Kreuzens, und der Präimplantationsdiagnostik) in den Biowissenschaften, sondern auch als lebensweltlicher Hort des Wachstumsphänomens, das gelingende (Blüte und Frucht) wie zerstörende (Wucherung) Phänomene umfasst. Bei allen Modellierungserfolgen bleibt das Phänomen Wachstum in weiten Teilen unverstanden und damit letztlich unbeherrscht. Es verbirgt sich hinter Begriffen wie der „Transplantation", die nur dann gelingt, wenn das Organ sich innerhalb fremder Körpergrenzen gleichsam verwurzelt und seine Funktion auch wirklich erfüllt. Ob sich der Körper ein fremdes Organ assimiliert, bleibt in der Medizin stets ein Wagnis, das vielleicht mit der Unsicherheit verglichen

---

[13] *Karafyllis*, Biologisch, Natürlich, Nachhaltig, a.a.O., S. 7.

werden kann, ob ein in den Boden gesäter Same wirklich aufgeht und zu etwas wird. Diese mediale Eigenleistung, die lebende Entitäten haben und die sie mit anderen lebenden Entitäten verbindbar macht, kann bislang nicht technisch reproduziert, sondern allenfalls durch eine Kontrolle und Standardisierung der Wuchsmedien (Blut, Wasser, Nährlösung) *provoziert* werden. In dieser Medialität, die ein eigenes Wirkmoment potentiell beinhaltet, *bleibt die Idee des Lebens an den Naturbegriff gebunden.*

Welche Technikverständnisse (Technik als Artefakt, Handlung, Medium oder Wissen?)[14] sind für das geschilderte Problemfeld, das sich aus der Abwesenheit des eigentlichen Artefakts ergibt, relevant? Explizit geht es um die technische *Handlung* im Labor und das nach außen transportierte *Expertenwissen*. Implizit wird, und zwar zur Stabilisierung der Antithese Natur-Technik, auch das Verständnis vom *Artefakt* als eigentlicher Technik und „Gegennatur",[15] und vom *Medium* mit seinen essentiellen Vermögen, zum zweckgerichteten Mittel im Rahmen einer technischen Handlung werden zu können, berührt.[16] Beispiele für derartige eigendynamische Medien, die zu Mitteln transformiert werden, wären Enzyme, die aus Lebewesen gewonnen werden und im Labor als Instrumente (Schneidewerkzeuge) dienen.[17] Höherstufig betrachtet wird dabei das natürliche *Medium* Wachstum als Kontinuitätsbedingung des Lebenden zum *Mittel* der Technik, mit dem man Lebendes analysieren, optimieren und reproduzieren kann. Das Phänomen Wachstum bleibt aber auch notwendige Kontinuitätsbedingung jeder biotechnischen Einflussmöglichkeit, was sich u.a. dann zeigt, wenn man im genetischen Arbeiten auf sogenannte Spontanmutationen hofft.

Biologisches Wachstum kann also nicht gänzlich ersetzt, aber so stark technisch fragmentiert und provoziert werden, dass nur noch der abstrakte Anfangspunkt der Genese als Naturanteil verbleibt.

Biofakte problematisieren demnach begrifflich die *Autonomie* des Wachsens, verstanden als seine Eigendynamik und Ursprünglichkeit. Dort, in der Kontrolle über das Wo und Wie des Anfangs von etwas potentiell Wachstumsfähigem, liegt die Grenze zum Technischen. Da Wissenschaftler mittels Biotechniken in das Wachstum des Lebewesens nun im Kern und damit im Anbeginn eingreifen können, und es aber gerade das Wachstum ist, dass das Lebewesen als solches erst kennzeichnet, bedarf es eines Begriffs, der das Überschreiten dieser Grenze deutlich macht, ohne die Grenze selbst zu

---

[14] Vgl. *N. C. Karafyllis*, Natur als Gegentechnik. Zur Notwendigkeit einer Technikphilosophie der Biofakte, in: *dies./T. Haar* (Hg.), Technikphilosophie im Aufbruch. Festschrift für Günter Ropohl, Berlin 2004, S. 73–91.
[15] Vgl. *G. Ropohl*, Technik als Gegennatur, in: *G. Großklaus/E. Oldemeyer* (Hg.), Natur als Gegenwelt, Karlsruhe 1983, S. 87–100.
[16] Vgl. *Ch. Hubig*, Die Kunst des Möglichen I, Bielefeld 2006.
[17] Vgl. *H.-J. Rheinberger*, Experimentalsysteme und epistemische Dinge, Göttingen 2002.

verwischen. Denn Grenzen sind wichtig zur anthropologischen Orientierung, zum eigenen Selbstentwurf des Menschen.

Natur schien bis zum Aufbruch des biotechnologischen Zeitalters stets „das Andere" zur Technik zu sein und „Leben" in gewisser Weise zu beinhalten. Diese Sicht erweist sich allerdings als unterkomplex, und sie problematisiert sich in der Frage, ob Biologisierung und Naturalisierung dasselbe meinen.[18] Die jüngere Biologisierung von Lebewesen steht einer *Technisierung* sehr nahe, wenn man die verwendeten Modelle (z.B. „genetisches Programm") und methodischen Praxen betrachtet. Die grundlegende Instanz für diese Annäherung von Bio- und Technikwissenschaften ist die *funktionale Deutung* der teleologischen Naturvorgänge, wie sie durch die Perspektive des Organischen seit langem vorbereitet wurde.[19] Die Maschine steht seitdem in funktionaler Hinsicht Modell für das biologisch verstandene Lebewesen („Organismus"), das so immer schon als ein technisches Ding konzipiert wird. Naturalisierungen hat es hingegen schon vor Etablierung der Biologie gegeben, wie ein Blick insbesondere in die Geschichte des Naturgesetzbegriffs und in die Religionsphilosophie verdeutlicht.[20]

IV. Ontologie und Phänomenologie: Argumente gegen die Verdinglichung des Wachsenden

Gerade die Ontologie und die Phänomenologie stellen Argumente gegen die Verdinglichung des Lebenden bereit, die bislang im biophilosophischen Diskurs wenig fruchtbar gemacht wurden. Die Ontologie als *prima philosophia* fragt nach der allgemeinen Struktur des *Seienden* (gr. *on*). Typische ontologische Begriffe sind „Ding", „Wesen", „Individuum", „Substanz", aber auch „Prozess". Das Sein selbst ist nicht zugänglich, bzw. in theologischer Deutung nach Thomas von Aquin: Nur in Gott fallen das Seiende und das Sein in eins. Für die Philosophie der Moderne hat Christian Wolff,[21] beeinflusst von den Schriften Leibniz', die Ontologie auf ein neues Fundament gestellt. Streng geleitet von der Logik unterscheidet er empirische Erkenntnis, die auf undeutlicher sinnlicher Wahrnehmung beruhe, von der rationalen Erkenntnis, die durch das „reine Denken" entstehe. Grundlage für letztere bildet die Ontologie, im Verständnis Wolffs die Lehre von den

---

[18] Dies unterstellt – stellvertretend für viele Autorinnen und Autoren – Marianne Schark (*dies.*, Lebewesen versus Dinge, Berlin 2005).

[19] Vgl. *K. Köchy*, Perspektiven des Organischen, Paderborn 2003.

[20] Vgl. *K. Hartbecke/Ch. Schütte*, Naturgesetze. Historisch-systematische Analysen eines wissenschaftlichen Grundbegriffs, Paderborn 2006.

[21] *Ch. Wolff*, Erste Philosophie oder Ontologie, Hamburg 2005.

Gegenständen überhaupt, ihren wesentlichen Bestimmtheiten (*essentialia*), ihren wechselnden Eigenschaften (*attributa*) und Zuständen (*modi*). Auf unsere Problematik bezogen ergeben sich die folgenden Fragen: Werden Biofakte über eine Ding- oder eine Prozessontologie bestimmt, und was sind darin jeweils wesentliche Bestimmtheiten? Verändern Biofakte im Vergleich zu naturbelassenen Lebewesen ihre Essenz, oder haben sie lediglich neue Eigenschaften? Ist Leben eine Eigenschaft oder eine Seinsweise? Diese Frage berührt auch die Wolff'sche Trennung von empirischer und rationaler Erkenntnis: Denn durch die naturwissenschaftlich-technische Modellierung, die eigenen Ontologien folgt (explizit als „Ontologie" z.B. formuliert in der Informatik), stehen sich lebensweltlich wirksame Ontologien und wissenschaftlich begründete Ontologien unversöhnlich gegenüber, wenn Biofakte das Labor verlassen und die Lebenswelt durchdringen (Beispiel: Grüne Gentechnik).

Die Ontologie der jeweiligen Wissenschaft bestimmt die Gesamtarchitektur des empirischen Bereichs, den die Wissenschaft umfasst. Mit der Ontologie wird die „nominale Essenz" der Kategorien festgelegt. Für den Bereich der Life Sciences exemplifiziert: Biologen wissen immer schon, *wenn* sie ein Lebewesen untersuchen, um dessen „reale Essenz" zu analysieren und zu modellieren, *dass* es sich um ein Lebewesen handelt (nominale Essenz).[22] Der Begriff des „Lebewesens", dessen Extension und Intension sich aus den Erfahrungen der Lebenswelt speisen, ist daher dem szientifischen Begriff des „Organismus" ebenso vorgeordnet wie dem des „Lebens". Dieses Faktum kann man auch an einem anderen Beispiel verdeutlichen, etwa indem man sich fragt (und diese Frage wird in der Weltraumforschung sehr ernsthaft gestellt), wie Außerirdische gestaltet sein müssen, damit wir sie als Lebewesen anerkennen würden. Würden wir uns für die Beantwortung dieser Frage nur auf Lebensattribute konzentrieren oder auch eine Ähnlichkeit mit uns bekannten Lebewesen erwarten (wie die Redeweise von den „kleinen grünen Männchen" humorvoll illustriert)?

Typisch für das nachmetaphysische Zeitalter, in dem sich die säkularisierte Moderne wähnt, sind eine Aufgabe ontologischer Termini und die Annahme, dass die Realität mit naturwissenschaftlichen Kategorien vollständig erklärbar sei. Axel Honneth nennt als einen grundlegenden Zug der Modernisierung die *Verdinglichung*, die in besonderem Maße neue Formen der Anerkennung „des Anderen" evoziere.[23] Im Bereich der Life Sciences kann man die Verdinglichung als eine *Verkörperlichung* ausmachen, die einen Fokus auf den Stoffwechsel des erwachsenen Körpers (des „Gewächses") etabliert hat. Das Leben und Wachstum des jeweiligen Wesens wird in

---

[22] So auch *Schark*, Lebewesen versus Dinge, a.a.O., S. 173f.
[23] *A. Honneth*, Verdinglichung. Eine anerkennungstheoretische Studie, Frankfurt 2005.

diesem Blickwinkel zu einem Belebt-Sein des biotischen Körpers, der als materielles Aggregat einem nicht näher spezifizierten Geist dualistisch gegenübergestellt wird. „Leben" ist dabei kein Substanzbegriff mehr, sondern wird zum Akzidens der Materie.[24]

Das Phänomen Wachstum ist hierbei in jeglicher Hinsicht ein Problemkandidat. Es ist ein Prozess und zeigt sein grenzüberschreitendes Wesen nur *an* Gewächsen. Diese Gewächse sind aber – *indem* sie stetig wachsen – gerade keine bestimmten Dinge, sondern ergebnisoffene Lebewesen und damit eigentlich „Wachsende" (Hegel verwendet daher in seiner Naturphilosophie bewusst den Begriff „Vegetabilia"). Sie haben eine unverursachte erste Ursache und verdanken sich einer metaphysischen Setzung, die den Anfang, den Urgrund ihrer Persistenz garantiert. Lebewesen existieren, *indem* sie leben. Ein Wesen existiert nicht „und" lebt.[25] Gleiches gilt für das Wachstum: Lebewesen existieren, *indem* sie wachsen. Marianne Schark[26] bezeichnet Lebewesen als spezifische Formen von *Kontinuanten*, die eben nicht *belebte* Körper („Dinge") sind, sondern die *Wesen* sind, die einen Körper haben. Anders als bei den klassischen teleologischen Erklärungsmustern, in denen z.B. Organen Funktionen[27] für das erwachsene Lebewesen („Organismus") zugeordnet werden, sorgt das Phänomen Wachstum für die Anfangs-*und* Kontinuitätsbedingung eines jeden Lebewesens. Wachstum garantiert die Existenzsicherung eines Wesens eben dadurch, dass ein beständiges Überschreiten der stets nur vorläufig erreichten Grenze gewährleistet wird. Dies ist nicht mit dem modernen Stoffwechseldenken und der Homöostase zu verwechseln, bei der ein als erwachsen zugrunde gelegter *Typus* durch Input-/Output-Relationen von Materie und Energie (ggf. auch Information) in bestimmten Grenzen stabilisiert wird. Beim Stoffwechseldenken ist der *Zweck* der Form gleichzeitig der *Erhalt* der Form, basierend auf dem Mittelbegriff des „Typus" und dem Modell der funktionalen Einheit des Organismus. Für das ontologische Problem der wachsenden Biofakte lohnt es sich, hinter diese Standardargumentation wieder zurückzugehen und v.a. den Organismusbegriff kritisch zu überdenken.[28]

---

[24] Schark betont: „Ein wichtiger Schritt zur Vermittlung des vorwissenschaftlichen, lebensweltlichen Begriffs des Lebewesens mit den naturwissenschaftlichen Konzeptionen von Lebewesen liegt darin, den Begriff des Lebewesens auf der einen Seite und die Begriffe ‚Organismus' und ‚lebendes System' auf der anderen Seite nicht als intensionsgleiche, sondern nur als extensionsgleiche Begriffe zu verstehen." (*dies.*, Lebewesen versus Dinge, a.a.O., S. 4).

[25] Vgl. auch B. *Hennig*, Der Fortbestand von Lebewesen. Aus Anlass von Marianne Scharks ‚Lebewesen versus Dinge', in: Allgemeine Zeitschrift für Philosophie 32/1 (2007), S. 81–91, hier: S. 82.

[26] *Schark*, Lebewesen versus Dinge.

[27] Vgl. P. *McLaughlin*, Funktionen, in: U. *Krohs/G. Toepfer* (Hg.), Philosophie der Biologie, Frankfurt a.M. 2005, S. 19–35.

[28] Vgl. auch *Schark*, Lebewesen versus Dinge, a.a.O., S. 247ff.

Neben ontologischen lassen sich auch phänomenologische Einwände gegen die These formulieren, dass „Leben" und „Wachstum" lediglich Eigenschaften seien. Wenn wir sagen, dass etwas wächst, meinen wir phänomenal *keine* Identität einer funktionalen *und* kausalen Erklärung. Wir können nicht gleichbedeutend sagen, dass etwas auf etwas hin wächst „um zu" (z.B. um zur Blüte zu gelangen) und dass etwas dieses bestimmte Ziel (z.B. die Blüte) erreicht, „indem" es wächst. Denn eigentlich gibt es alltagsweltlich den Sprachgebrauch „etwas wächst" kaum. Dies hat seinen Grund u.a. in der Langsamkeit des Phänomens, das – ohne technische Hilfsmittel wie z.B. Zeitrafferaufnahmen – eine unmittelbare Gegenwärtigung erschwert. Vielmehr stellt man ex post fest, dass etwas gewachsen ist, oder man schließt ex ante von einer bekannten Form (Gestalt), die man dann der bekannten Natur zuordnet, darauf, dass etwas wachsen wird. Und doch können wir über die symbolisch interpretierten Gestalten im allgemeinen *unmittelbar sagen, ob* etwas wachsen wird oder nicht – und damit auch, ob etwas ein Lebewesen ist oder nicht. Wir können lediglich nicht genau sagen, wie und wann genau dieses Wachstum enden wird und welchem übergeordneten Zweck es dient. Die Medialität des Wachstums („indem") verweigert sich der funktionalen Erklärung, weil der Endzustand des Wachsenden im Moment der Wahrnehmung des Wachstums nicht gänzlich bekannt ist. Nur in einer biologischen Interpretation scheinen „um zu" (Kausalität/Finalität) und „indem" (Medialität) gleichbedeutend: Etwas wächst, um sich zu reproduzieren. Und: Etwas reproduziert sich, indem es wächst.

Wenden wir uns einer engeren phänomenologischen Deutung zu. Genau genommen handelt es sich bei der Wahrnehmung des Wachsenden um ein intersubjektiv wirksames Phänomen, das sowohl in Relation zur Dauer der Veränderung des wahrgenommenen Objekts wie zur selbst gelebten, biographischen Zeit des wahrnehmenden Subjekts erst als solches erscheint. Zeitliche Dauer und Fortbestand von etwas Kontinuierlichem, Enduranz und Perduranz, gehen dabei eine dialogische Beziehung ein. In der Wahrnehmung eines alten Baumes aus Kindertagen etwa spiegelt sich die eigene gelebte Zeit, die dann als „Alter" ins Bewusstsein tritt. Erst vor diesem Abgleich der leiblichen Veränderungen konstituiert sich die Aussage, dass der Baum *gewachsen* ist. Als zeitkonstituierendes Phänomen gewinnt „Wachstum" jene Überzeugungskraft, mit „Leben" in der Aussage vertauscht werden zu können: Alles, was wächst, scheint auch zu leben und wesenhaft zu sein. Der Baum muss dafür, ebenso wie der jeweilige Mensch, eine substanzielle Zeit im Wahrnehmenden instantiieren, die nicht in einzelne Zeitabschnitte zerlegbar ist (*substantial constituents*-Ansatz von Jonathan Lowe). Auf dieser ontologischen Basis erst kann von „einer Welt" und den in ihr seienden Kontinuanten gesprochen werden:[29] den *Wesen*.

Es geht also im engeren Sinne um Verhältnisbestimmungen zwischen dem leiblichen Subjekt und seiner lebendigen Außenwelt, das Verhältnis von innerer zu äußerer Natur. Aristoteles benannte die Relation (*pros ti*) als eigenständige Kategorie (Met. V 15).[30] Er unterscheidet in *Metaphysik* VII 13 1039a 1-3 zwischen der Frage nach „Diesem" (*tode*) und dem „Sobeschaffenen" (*toionde*). Demnach ist die Frage „Ist dieses ein Lebewesen?" eine andere als „Lebt dieses?". Die zweite Frage weist auf die Unterscheidung von „lebend" und „tot" hin, und wir schließen alltagsweltlich darauf über verschiedene Indizien („Lebenszeichen") wie z.B. Atmung oder Wachstum. Wir fragen also auch „Wächst dieses?", wenn wir „Lebt dieses?" meinen. Mein Vorschlag lautet daher: „Wachstum" ist das Proprium[31] von „Leben", es wird in der alltagssprachlichen Aussage mit ihm vertauscht.

Aber sind Pflanzen, die symbolisch Wachstum als Zeitgestalten repräsentieren, selbst überhaupt Lebewesen? Diese Frage ist deshalb wichtig, weil nur Lebewesen in Verbindung mit dem eigenen Leib treten und eine subjektive Eigenzeit instantiieren, aber Artefakte nicht. Eine rostende Maschine etwa zeigt wohl objektiv ihr Alter an, aber wir haben zu ihr keine wesentliche Verbindung – sie *wird* nicht alt, sondern sie ist irgendwann dysfunktional bzw. nutzlos. Pflanzen bilden wegen ihres Wachstums kein abgegrenztes Individuum, mit der Ausnahme von Bäumen mit ihrem verholzten Außenskelett. Pflanzen haben aber ein *wesentliches* Identitäts- und Kontinuitätsmerkmal, das im Verborgenen liegt: die *Wurzel* am Ort ihres eigenen Anfangs. Ihr Wachstum im Verborgenen hat in vielerlei Hinsicht etwas mit dem Menschen zu tun. Die früheste überlieferte Nennung des Physisbegriffs finden wir in diesem Zusammenhang, in Homers *Odyssee*, als Odysseus nach der Wurzel eines Krautes gräbt und dessen (gr.) *physis* sucht. Damit möchte er sich vor Kirke schützen, die ihn in ein Schwein verwandeln will.

In vielen philosophischen Entwürfen (z.B. Aristoteles, Hegel) wird der menschliche Embryo, verwurzelt im Uterus, als ein pflanzliches Wesen beschrieben, das erst noch zu Tier und Mensch heranwachsen muss, bis es schließlich auf und in der Welt ist. Dass mit Pflanzen qua Beseeltheit Leben beginnt, weil die Pflanzenseele für Ernährung, Wachstum und Fortpflanzung sorgt, ist die Grundannahme der aristotelischen Naturontologie (vgl.

---

[29] Vgl. *E. J. Lowe*, The Possibility of Metaphysics: Substance, Identity, and Time, Oxford 1998, S. 106ff.
[30] Ausführlich *L. Jansen*, Aristoteles' Kategorie des Relativen zwischen Dialektik und Ontologie, in: Philosophiegeschichte und logische Analyse 9 (2006), S. 79–104.
[31] Vgl. *Aristoteles*, a.a.O., Topik I 5. 102a.

De anima). Über den Begriff der Seele, der Pflanze, Tier und Mensch konzeptuell verbindet, bleiben Pflanzen ontologisch Wesen, selbst wenn sie empirisch Dinge sein mögen.

Denn Aristoteles macht eine Einschränkung: Weil Pflanzen stetig wachsen und keinen umgrenzten Körper bilden, sind sie *zonta*, d.h. lebende *Dinge*, nicht etwa *zoa*, lebende Wesen wie Tier und Mensch. Zu einem echten Lebewesen gehört bei Aristoteles das Vermögen der Wahrnehmung, und dieses wiederum benötigt feste Grenzen zu einer Außenwelt. Aber gerade dieser Mangel der Pflanzen an Körperlichkeit hält diejenigen Antezedens- und Kontinuitätsbedingungen bereit, die im Begriff „Lebewesen" eine wesentliche Rolle spielen. Im Biofakt hingegen spielen sie nur noch eine Rolle für die Kontinuität „des Lebens", nicht mehr für die erste *Möglichkeitsbedingung* des Lebewesens: das Potential, *von selbst* anzufangen.

Bislang verdankte sich in der Alltagskultur auch in säkularisierten Gesellschaften die anfängliche Setzung von ontischen Vermögen einem metaphysischen Anfang, einer ersten Schöpfung, die den Menschen der Verantwortung für das Anfangenkönnen enthob. Durch Biofakte wird der Anfang, das Verwurzelnkönnen als Bedingung, um ein Potential wirklich werden zu lassen, auf die Ebene des Physischen geholt und damit in den Bereich des scheinbar Kontrollierbaren gerückt. Es war Martin Heidegger, der aus diesem Grund den „Gewächsen" die „Gemächte" gegenüberstellte,[32] d.h. den Pflanzen, über deren Wachstum nur die Natur verfüge, die Produkte des technischen Herstellens, über die Menschen Macht haben.

Wir fassen zusammen: Biofakte sind phänomenal betrachtet Lebewesen, weil man sie wachsen sieht und sie wie „alte Bekannte" aussehen, aber sie sind in ihrem Werden nicht mehr selbsttätig. Ihr Wachstum wird zum Akzidens und gehört nicht mehr zu ihrer Essenz, in den Begriffen der Ontologie gesprochen. Ihre Anfangsbedingungen wurden durch Fusionen und den Einsatz kontrollierbarer Medien, in die sie vorläufig eingepflanzt wurden, gesetzt. Sie behalten gleichwohl die Fähigkeit zur Mutation – und dieses Faktum stellt in der Biotechnik ein technisches Problem bei der Standardisierung und Normierung von lebenden Prototypen dar. Im Falle von handlungsfähigen Lebewesen behalten Biofakte als Erwachsene auch die Fähigkeit zur Handlung.

Das ontologische Problem liegt nach dem bisher Gesagten nicht auf der Ebene der technischen Reproduktion von Natur, denn der Laborant und die Wissenschaftlerin wissen im allgemeinen, was sie hergestellt haben. Sondern das Problem liegt auf der Ebene der *Repräsentation*, der Vergegen-

---

[32] *M. Heidegger*, Vom Wesen und Begriff der Physis. Aristotels' Physik B, 1, in *ders.*, Wegmarken, Frankfurt a.M. 2004, S. 309–371, hier: S. 337.

wärtigung, worum es sich handelt – jenseits des Labors. Es geht um die Frage, wie dieses Dritte erscheint bzw. *ob* es als ein Drittes erscheint.

V. Phänomenologische Wissenschaftstheorie: Eine Typologie der Biofaktizität

Wenn wir sagen, dass etwas ein Gewächs ist, so meinten wir bislang damit dreierlei: erstens, dass es eine *bekannte Gestalt* bildet; zweitens, dass sich diese Gestalt *von selbst* bildet, und drittens, dass diese Gestalt *vorläufig* ist. Von der Gestalt haben wir bislang rückgeschlossen, dass etwas gewachsen und damit Natur ist: eine Pflanze ja, ein Automobil nein. Wie aber steht es mit der Plastikblume? Sie lässt eine Gestaltdifferenz durch Wachstum erwarten, die dann gar nicht eintritt. Im Moment des Augenblicks kann sie uns täuschen, aber nicht lange.

Ausgehend von dieser Feststellung schlage ich eine Typologie der Biofaktizität vor. Sie beschreibt die entscheidenden Schritte, in denen die ontologischen Differenzen zwischen den Kategorien der Lebenswelt und Wissenschaftswelt zunehmend eingeebnet werden, was dazu führt, dass Biofakte als „Natur" erscheinen. Dies geschieht generell über vier Stufen: Imitation, Automation, Simulation und Fusion. Nicht alle Stufen müssen vertreten sein, wenn Lebewesen technisiert werden. Ferner kann sich die Abfolge der Stufen ändern und neu kombinieren. Die Typisierungen der Phänomene erlauben Anknüpfungspunkte hinsichtlich ihrer technischen Reproduzierbarkeit. Dabei frage ich an dieser Stelle nicht nach den Zwecken der Technisierung, sondern ich systematisiere die Weisen, wie sie im Spannungsfeld Natur – Technik in *Erscheinung* treten. Es ist eine Verbindung von wissenschaftstheoretischer und phänomenologischer Methode.

1. Imitation

Seit der Antike bekannt ist das mimetische Spiel mit Imitaten. Die identische Erscheinung von etwas Hergestelltem mit etwas „natürlich" und „fertig" Gewachsenem (mit dem Gewächs) bezeichnet man als Imitation. Ein natürlicher Prozess wird so in ein faktisches Ding transformiert, wobei höherstufig die technische Herstellung zum eigentlichen Prozess wird. Typische Beispiele wären der Plastikbaum und die Wachsfigur. Die Imitation ist, wenn sie als Produkt vorliegt, notwendigerweise bewegungslos. Sie symbolisiert ein bestimmtes Wachstums*stadium*. Die Imitation soll das Original illusionieren und damit auf einen natürlichen Anfang verweisen, der im Falle des Lebendigen ein *Ursprung* ist. Aber das Material, aus dem das

Imitat hergestellt wird, darf selbst keine Kreativität und auch keine schnelle Vergänglichkeit aufweisen, damit das Abbild das Original in der gewünschten Form naturgetreu widerspiegeln kann. Die technische Handlung konzentriert sich auf die Imitation einer vorliegenden Naturform, die schon *vor* der technischen Einflussnahme als Standbild verdinglicht wurde und damit gedanklich stillgelegt wurde: auf ein Gewächs, kein Wachsendes. Die Imitation kann lebensweltlich so lange ein Lebewesen vortäuschen, bis der Stillstand des vormals eigendynamisch Wachsenden als Bewegungslosigkeit ins Auge fällt oder andere sinnliche Qualitäten hinzugezogen werden (z.b. der Tastsinn), um die Leblosigkeit des Objekts zu erfassen. Auch wissenschaftliche Analyse schafft Klarheit (z.B. ob man in einer Plastikpflanze Zellen auffindet). Während die nachfolgenden Typen der Biofaktizität eine Bewegung mechanisieren, Wachstum als Bewegung simulieren oder Wachstum im Lebewesen selbst provozieren, ist der Charakter der Imitation genau in Umkehrung dazu: Sie erzwingt eine Feststellung, wo vorher Wandel war.

2. Automation

Nachdem man das Wachstum dingfest gemacht hat, kann man es sekundär wieder bewegen. Hier wird mit dem aristotelischen Kriterium der Selbstbewegung ein Lebewesen vorgetäuscht. Der Automat ist etwas, das sich als Einheit bewegt, aber nicht von selbst bewegt. Imitiert dieses verdinglichte Selbst, das man gewöhnlich als Maschine bezeichnet, zusätzlich zur dinglichen Gestalt auch die Bewegung von etwas „natürlich" Gewachsenem, hat man bei entsprechenden, für die Gestalt normalerweise üblichen Bewegungen den Eindruck, es mit einem „echten" Lebewesen zu tun zu haben. Die Automation ist eine bewegte Form der Imitation, da sie an der Entität keinen *Gestaltwandel* bewirkt. Allerdings wird hier eine bereits an einem Wesen vorgefundene Bewegung in einer anderen Form (z.B. Rhythmik) erzwungen, als sie von Natur aus vorlag. Der Stoff des Lebewesens scheint entbehrlich, aber die Zweckerfüllung der Bewegung muss so gewährleistet sein, wie im natürlichen Vorbild. Bewegung wird hier teleologisch interpretiert. Da der Zweck erst an einer bestimmten Gestalt erkennbar wird, ist die natürliche Gestalt (wie die Position der Organe) für die Automation immer noch notwendig. Dies sieht man besonders eindringlich an den humanoiden Robotern. Humanoide sind sie eben nur, weil sie eine im weitesten Sinne menschliche Gestalt haben. Bei Pflanzen allerdings gelingt dies nicht, weil sie sich ohnehin nicht augenscheinlich bewegen. Da pflanzliches Leben nicht über Automatisierung imitierbar ist, entziehen sie sich der realen Mechanisierung. Man muss aufs Virtuelle und die Zeitraffertechnik ausweichen. Dies ist gleichbedeutend mit der Simulation.

3. Simulation

Die Simulation imitiert nicht material ein Ding, das als Gestalt vorliegt, sondern den *Prozess*, der dieses Etwas als Gestaltwandel in Erscheinung bringt. Dazu bedarf die Simulation eines *Mediums*. Hier wechselt also die ontologische Differenz wieder vom Ding zum Prozess, allerdings unter Verlust des Materials. Virtuelle Pflanzen auf dem Computerbildschirm als wachsend in Erscheinung treten zu lassen (z.B. in 3D-Modellen für die Landschaftsplanung) ist eine typische Simulation ihrer Form. Ihr Wachstum wird darin als Bewegung simuliert. Die Gestalt der Pflanze bleibt wichtig in ihrer zeitlichen Gestaltabfolge, d.h. in Form ihres *typischen* Gestaltwandels. Allerdings ist die Wurzel niemals simulierbar. Mit Hilfe eines *Programms* kann man die Pflanze auf dem Bildschirm virtuell zum Blühen bringen und somit den aus der Natur bekannten Wachstumsverlauf zeigen. Im Gegensatz zur Automation, die nur die Bewegung programmgesteuert als bewegte Physiognomie imitiert, ermöglicht die Simulation auch die Imitation einer Natur*geschichte*. Die Relationalität zeitlicher Abläufe von bestimmten Stadien ist tragend für die Illusion, es mit einer echt wachsenden Pflanze zu tun zu haben. Die Kontinuität der *Bewegungsform* simuliert die Wuchsform. Beim Medienwechsel von Körper zu Rechner wird gleichzeitig der Wechsel vom *Vollzug* des Wachstums hin zum *Verlauf* des Wachstums in Objektperspektive vorgenommen.

4. Fusion

In der Fusion schließlich kommt die Biofaktizität wieder zurück zu ihrem Anfang, der Kreis zum Idealbild der Imitation und zum vormals aufgegebenen lebenden Material schließt sich. Die Fusion bedarf des Vorhanden- und Zuhandenseins des lebenden Materials, das eine Eigendynamik aufweisen muss, damit die Fusion gelingen kann. Die neue Form setzt der Biotechniker auf Basis der bekannten Formen. Hierin unterscheidet sich die Fusion einerseits von der rein technischen Artefaktkonstruktion, der tote Materialien ausreichen, andererseits verbindet die Fusion mit der klassischen Realtechnik, daß bekannte Naturformen aufgelöst werden. Damit ist ihr tradierter Symbolgehalt hinfällig, und damit auch die lebensweltliche Ontologie der Referenznahme. Der Biotechniker schafft neue Lebensformen, die über die Möglichkeiten der natürlichen Lebensformen, aus denen die Bestandteile des Lebenden extrahiert und verpflanzt wurden, hinausgehen oder sie beschränken – je nach Zwecksetzung. Sein technisches Handeln kann man auf der Konstruktionsebene als *Provokation* der Natur beschreiben, der auf der Planungsebene eine Präformation vorausgeht.

Die Extraktion ist Bedingung für die Fusion, d.h. das Zusammenführen lebender Bestandteile, die sich zu einem Ganzen verbinden lassen müssen. Eine derartige Verbindung erreicht man durch verschiedenste Provokationen, wie z.b. die Herabsetzung des Widerstands der Zellmembran durch elektrische Spannung oder die gesteuerte Infektion mit Viren. Die Spur des Medialen, die Aufschluss über den ontischen Zustand des Dings oder Wesen geben könnte, ist in der Fusion aufgehoben, vor allem wenn die Fusionsprodukte in der Gesellschaft weiter wachsen. Wachstum ist kein Medium mehr, ein Wesen von selbst in Erscheinung zu bringen, sondern es ist zum Lebens-Mittel geworden. Die Potentialität von Lebewesen wird im Zuge der Technisierung so paraphrasiert, dass deren interne Vermögen durch die geschilderten typologischen Stufen der Biofaktizität zu extern normierbaren Möglichkeiten „des Lebens" mit verschiedenen Attributen werden.

Biofaktizität zeigt im Hinblick auf diese letzte Stufe (Fusion) methodische Kontinuitäten der Agrar- und Forstwissenschaften mit der Medizin. Die Ablegerbildung und Stecklingsvermehrung im Pflanzenreich wird so erstmals mit dem Klonen von Menschen in *eine* Kategorie der technischen Handlung gestellt. Denn im Labor folgen sie den selben Handlungsschemata. Anders formuliert: Beim Klonen von Zellen ist es im Herstellungsprozess gleichgültig, ob aus dieser Zelle eine Pflanze, ein Tier oder ein Mensch wird. „Klon" stammt vom griechischen Wort für Steckling, verweist also auf eine vegetative Form der Vermehrung, die technisch provoziert wird.

VI. Ausblick: Der Mensch als Hybridwesen

Die geschilderten biotechnischen Möglichkeiten haben Einfluss auf das Selbst- und Weltverhältnis und sind damit auf ihre anthropologische Bedeutung zu befragen. Während es beim Biofakt um den Fremdentwurf eines Technikers geht, *wie* etwas wachsen soll, geht es im philosophischen Begriff „Hybrid" – in Anlehnung an Bruno Latour – um den Selbstentwurf „des Menschen". „Hybrid" ist eine humane Kategorie des „Dazwischen" in einer Anthropologie, die den Menschen *zwischen* Techniknutzer *und* Naturwesen verortet.[33] Technik und Natur gehen darin ihrerseits ein Reflexivverhältnis ein und sind zunächst nur Topoi, keine Kategorien. Die Kategorien gilt es im Rahmen dieser Topik diskursiv immer wieder neu

---

[33] B. *Latour*, Wir sind nie modern gewesen. Versuch einer symmetrischen Anthropologie, Berlin 1995.

auszuhandeln. Für einen derartigen Aushandlungsprozess bedarf es des Rückgriffs auf Ontologien, wie etwa die von Pflanze, Tier und Mensch, die von Ding und Wesen, und die von Natur und Technik.

Dabei ist noch ungeklärt, ob die Verlagerung des technischen Anteils ins Innere dazu führen könnte, dass wir uns als Menschen selbst nicht mehr als der technischen Welt *gegenüberstehend* definieren können, sondern uns als technisch unvollkommenes *Biofakt* im Vergleich zu den funktional optimierten technischen Artefakten begreifen werden. Das heißt, es geht nicht um die viel diskutierte Frage, ob künstliche Wesen wie echte Menschen aussehen werden und denken und fühlen können, sondern an dieser Stelle geht es darum, was mit *uns* ist – wie wir als „konventionelle" Menschen uns gegenüber diesen Biofakten werden definieren können.[34] Und dies in dem Wissen, dass wir vielleicht nur eine Übergangsgeneration sind, die dieses Problem als Problem empfinden wird. Darauf weisen zahlreiche Künstler mit ihren Arbeiten zum Biofaktischen bereits hin.[35]

Eines ist seit den zahlreichen Wissenschaftskritiken der 1990er Jahre klar geworden: Elitäre Wissenskonzepte werden keine Akzeptanz gegenüber neuen Biotechnologien schaffen. Man will nicht mehr über Risiken und Chancen *informiert* werden. Faktenwissen ist vergleichsweise unerheblich, sondern man möchte eine eindeutige Sichtbarkeit von Natur und Technik gewährleistet sehen, die an ein tradiertes und praktisches „implizites Wissen" (Michael Polanyi) anschlussfähig ist.[36] Viele Menschen wünschen sich eine lebensweltlich verstehbare Natur, die auf ein ontologisches Fundament, eine geordnete Welt, Bezug nimmt. Ihr Zugang zu dieser Natur ist die alltagsweltliche Erfahrung, so wie sie auch die aristotelische Ontologie untermauert.

Wenn wir die anthropologische These ernst nehmen, dass der Mensch immer auch Naturwesen ist, dann muss er bzw. sie diese Naturanteile für ein gelingendes Leben auch in sich wiederfinden. Auch die Ambivalenz, in der Natur dem Menschen gleichzeitig als versorgend und zerstörend gegenüber tritt, gehört dazu. Daher ist hier das Phänomen Wachstum als Verbindendes zwischen Natur und Leben zu Rate gezogen worden. Wachstum und Wucherung sind nicht nur etymologisch verwandt, sie sind zwei Phänomenseiten derselben Medaille „Natur", welche sich einer Funktionalisierung stets auch widersetzen kann. Nicht nur deshalb wurde in diesem Aufsatz die Pflanze anthropologisch wie wissenschaftstheoretisch bemüht, um sich von

---

[34] Vgl. *J. Habermas*, Die Zukunft der menschlichen Natur. Auf dem Weg zu einer liberalen Eugenik, Frankfurt a.M. 2001.
[35] Vgl. *I. Reichle*, Kunst aus dem Labor, Wien/New York 2005 und *J. Hauser* (Hg.), SK-Interfaces, Liverpool 2008.
[36] *M. Polanyi*, The Tacit Dimension, Gloucester, Mass. 1983, Kap 1.

der etablierten Orientierung am Tier einerseits und der Maschine andererseits abzuheben.

Bei Biofakten ist die technische Setzung keine wirkliche Entgegensetzung mehr, d.h. sie zeigen eine Technik, die sich im Wachstum konstant selbst überwindet. Die technische Handlung wird durch kreatürliche Medien unsichtbar und entzieht sich so einem gesellschaftlichen Diskurs um angemessene Zwecke, was ethische Implikationen mit sich bringt. Weitere wichtige Diskussionsthemen in der Ethik sind, ob mit wachstumsfähigen Teilen von Lebewesen (Eizellen, Geweben, Organen, etc.) kommerziell gehandelt werden sollte.

In anthropologischer Hinsicht ist bemerkenswert, dass es nicht mehr der Mensch ist, der die Technik individuell anwendet, um sich als Hybridwesen zu verorten, sondern dass durch Expertenwissen das technische Moment der Überwindung quasi in die Naturerscheinungen implantiert wurde. Durch die scheinbare Abwesenheit verliert insbesondere die Technik als Konzept ihre anthropologische Orientierungsfunktion. Die praktisch schwierig gewordene Trennung von „Technik" und „Natur" bleibt jedoch theoretisch notwendig, um Hybridität überhaupt reflexiv denken zu können und sich selbst als Hybrid mit leiblichen und geistigen Anteilen verstehen zu können. Das heißt, der individuelle Mensch benötigt beides, die Vorstellung, unverursacht gewachsen zu sein, aber auch, sein Leben selbst technisch gestalten zu können. Erst dann empfindet er (und sie) sich als ganz. Technik gehört deshalb zum Leben dazu, allerdings zum (gr.) *bios*, nicht zum *zoon*.

Die Biofaktizität spiegelt die Hybridität des Menschen in gewisser Weise konzeptuell wider, zumindest wenn man die verschiedenen Kontexte, in denen beide generiert werden – Wissenschaftswelt und Lebenswelt – ignoriert. Dass Menschen, die sich als hybride Grenzgänger in einer Wissensgesellschaft verstehen, auch Biofakte herstellen, ist in anthropologischer Hinsicht fast eine logische Konsequenz: Biofakte sind hinsichtlich natürlicher und technischer Anteile ebenso gemischt wie das korrespondierende Menschenbild, d.h. sich als hybrid konzipierende Menschen spiegeln sich in den biofaktischen Objekten. Aber gerade die lebensweltliche Ubiquität von Biofakten wird in hohem Maße hinderlich für das Aufrechterhalten der Hybridität, weil Natur und Technik als Topoi auf einmal nicht mehr selbstverständlich sind, geschweige denn die dazugehörigen Kategorien und Begriffe.

Unklar bleibt demnach, ob wir noch ein *gelingendes* Verständnis von Natur aufrecht erhalten können, wenn wir über ihre lebensformenübergreifende, technische Zugerichtetheit wissen. Unstrittig ist, *dass* wir ein Verhältnis zur Natur entwickeln werden, auch wenn diese gänzlich zugerichtet sein wird. Wegen der Wechselbeziehung von innerer und äußerer Natur wird es langfristig nicht möglich sein, die innere Natur des Menschen gemäß einer Maschine zu *reparieren* und technisch aufzurüsten, und dem gegenüber die äußere Natur („Umwelt") gleichzeitig als eine Natur zu erhalten, auf die wir in ihrer Eigendynamik langfristig *vertrauen* können. Zur anthropologischen und ethischen Reflexion gilt es daher, die Bio-, Medizin- und Umweltethik auf ein gemeinsames Fundament zu stellen, was ihre naturphilosophischen Grundlagen angeht. Wachstum kann man im Labor provozieren und modellieren, aber nicht herstellen. Sein Potential bleibt im Bereich der Natur, womit eine epistemologische wie ontologische Grenze der technischen Substituierbarkeit von Natur formuliert ist.

Literaturhinweise

Adorno, Theodor W.: Minima Moralia. Reflexionen aus dem beschädigten Leben, in: *ders.*, Gesammelte Schriften, Bd. 4, Frankfurt a.M. 1980.

Aristoteles: Philosophische Schriften, Hamburg 1995.

Birnbacher, Dieter: Natürlichkeit, Berlin u.a. 2006.

Habermas, Jürgen: Die Zukunft der menschlichen Natur. Auf dem Weg zu einer liberalen Eugenik, Frankfurt a.M. 2001.

Hauser, Jens (Hg.): SK-Interfaces, Liverpool 2008.

Hartbecke, Karin/Schütte, Christian (Hg.): Naturgesetze. Historisch-systematische Analysen eines wissenschaftlichen Grundbegriffs, Paderborn 2006.

Hegel, Georg W. F.: Enzyklopädie der philosophischen Wissenschaften, Band II. Frankfurt a.M. 1970.

Heidegger, Martin: „Vom Wesen und Begriff der Φύσις. Aristoteles' Physik B, 1", in: *ders.*, Wegmarken, Frankfurt a.M. 2004, S. 309–371.

Heinemann, Gottfried: Aristoteles und die Unverfügbarkeit der ‚Natur', in: *Kristian Köchy/Martin Norwig* (Hg.), Umwelt-Handeln. Zum Zusammenhang von Naturphilosophie und Umweltethik, Freiburg 2006, S. 167–205.

Hennig, Boris: Der Fortbestand von Lebewesen. Aus Anlass von Marianne Scharks ‚Lebewesen versus Dinge', in: *Allgemeine Zeitschrift für Philosophie* 32/1 (2007), S. 81–91.

Honneth, Axel: Verdinglichung. Eine anerkennungstheoretische Studie, Frankfurt a.M. 2005.

Hubig, Christoph: Die Kunst des Möglichen I, Bielefeld 2006.

Janich, Peter: Wissenschaftstheorie der Nanotechnologie, in: *Alfred Nordmann/Joachim Schummer/Astrid Schwarz* (Hg.), Nanotechnologien im Kontext. Philosophische, ethische und gesellschaftliche Perspektiven, Berlin 2006, S. 1–32.

Jansen, Ludger: Aristoteles' Kategorie des Relativen zwischen Dialektik und Ontologie, in: *Philosophiegeschichte und logische Analyse* 9 (2006), S. 79–104.

Karafyllis, Nicole C.: Biofakte – Versuch über den Menschen zwischen Artefakt und Lebewesen, Paderborn 2003.

Dies. (Hg.): Biologisch, Natürlich, Nachhaltig. Philosophische Aspekte des Naturzugangs im 21. Jahrhundert, Tübingen 2001.

Dies.: Die Phänomenologie des Wachstums. Zur Philosophie des produktiven Lebens zwischen den Konzepten von „Natur" und „Technik", Bielefeld 2013.

Dies.: Endogenes Design und das zweite Hymen: Gewebe und Netzwerke als Modelle für Hybridität in BioArt und Life Sciences, in: *Petra Eisele/Elke Gaugele* (Hg.), TechnoNaturen, Wien 2008, S. 40–60.

Dies.: Natur als Gegentechnik. Zur Notwendigkeit einer Technikphilosophie der Biofakte, in: *dies./Tilmann Haar* (Hg.), Technikphilosophie im Aufbruch. Festschrift für Günter Ropohl, Berlin 2004, S. 73–91.

Kay, Lily E.: Who wrote the book of life?, Stanford 2000.

Klein, Bruno Maria: „Biofakt und Artefakt", in: *Mikrokosmos* 37/1 (1943/1944), S. 2–21.

Köchy, Kristian: Perspektiven des Organischen, Paderborn 2003.

Ders./Schiemann, Gregor (Hg.): Natur im Labor, Themenheft *Philosophia Naturalis* 43/1 (2006).

Latour, Bruno: Wir sind nie modern gewesen. Versuch einer symmetrischen Anthropologie, Berlin 1995.

Lowe, Ernst Jonathan: The Possibility of Metaphysics: Substance, Identity, and Time, Oxford 1998.

McLaughlin, Peter: Funktionen, in: *Ulrich Krohs/Georg Toepfer* (Hg.), Philosophie der Biologie, Frankfurt a.M. 2005, S. 19–35.

Orland, Barbara: Wo hören Körper auf und fängt Technik an? Historische Anmerkungen zu posthumanistischen Problemen, in: *Dies.* (Hg.), Artifizielle Körper – lebendige Technik. Technische Modellierungen des Körpers in historischer Perspektive, Zürich 2005, S. 9–42.

Polanyi, Michael: The Tacit Dimension, Gloucester, Mass. 1983.

Reichle, Ingeborg: Kunst aus dem Labor, Wien/New York 2005.

Rheinberger, Hans-Jörg: Experimentalsysteme und epistemische Dinge, Göttingen 2002.

Ropohl, Günter: Technik als Gegennatur, in: *Götz Großklaus/Ernst Oldemeyer* (Hg.), Natur als Gegenwelt, Karlsruhe 1983, S. 87–100.

Schark, Marianne: Lebewesen versus Dinge, Berlin 2005.

Schenkel, Elmar: Chimären im Buch des Lebens, in: *Scheidewege* 32 (2002/2003), S. 94–105.

Schiemann, Gregor: Natur, Technik, Geist, Berlin 2005.

Thompson, Michael: The Representation of Life, in: *Rosalind Hursthouse/Gavin Lawrence/Warren Quinn* (Hg.), Virtues and Reasons. Philippa Foot and Moral Theory, Oxford 2002, S. 247–296.

Wolff, Christian: Erste Philosophie oder Ontologie, lat./dt., hg. und übers. von *Dirk Effertz*, Hamburg 2005.

Zoglauer, Thomas: Das Natürliche und das Künstliche: Über die Schwierigkeit einer Grenzziehung, in: *B. Baumüller/U. Kuder/T. Zoglauer* (Hg.), Inszenierte Natur. Landschaftskunst im 19. und 20. Jahrhundert, Stuttgart 1997, S. 145–161.

Armin Grunwald

Nanobionik

Technik nach dem Vorbild des Lebens?

I. Fragestellung und Überblick

Technik und Leben werden in der geistesgeschichtlichen Tradition und in der öffentlichen Wahrnehmung häufig als Gegensätze gedacht. Leben als das ‚von selbst' Wachsende[1] und Technik als das nach menschlichen Zwecken Gemachte erschienen (und erscheinen) vielfach als kategorial verschieden: Technik als das „kalt-rationale", nach Zwecken instrumentell Funktionierende, Leben hingegen als das sich selbst und unabhängig von menschlichen Zwecken Organisierende. Pate steht die auf Aristoteles zurück gehende Abgrenzung des Technischen als Reich der menschengemachten Mittel (techne), genauer der hergestellten Artefakte[2] gegenüber dem Reich der Natur.[3] So hat Janich[4] darauf aufmerksam gemacht, dass bestimmte basale Techniken wie z.b. das Rad oder der Draht Erfindungen des Menschen sind, die in der Natur kein Vorbild haben. Die These von der *Technik als Gegennatur*[5] verschärft diese klassische Gegenüberstellung.

Bionik ist der Bereich naturwissenschaftlich-technischer Forschung, in der der Anspruch besteht, dieser traditionellen Denkweise neue Formen der Vermittlung von Technik und Leben entgegenzusetzen. Bionik ‚als Ver-

---

[1] Z.B. *N. C. Karafyllis*, Die Phänomenologie des Wachstums. Zur Philosophie und Wissenschaftsgeschichte des produktiven Lebens zwischen den Konzepten von „Natur" und „Technik", Stuttgart 2006.
[2] *P. Janich*, Logisch-pragmatische Propädeutik, Weilerswist 2000, S. 48.
[3] *P. Janich*, Natürlich künstlich. Philosophische Reflexionen zum Naturbegriff der Chemie, in: *P. Janich/C. Rüchardt* (Hg.), Natürlich, technisch, chemisch. Verhältnisse zur Natur am Beispiel der Chemie, Berlin 1996; *G. Ropohl*, Technologische Aufklärung. Beiträge zur Technikphilosophie, Frankfurt 1991.
[4] *P. Janich*, Die Struktur technischer Innovationen, in: *D. Hartmann/P. Janich* (Hg.), Die kulturalistische Wende, Frankfurt 1998, S. 129–177.
[5] Z.B. *Ropohl*, Technologische Aufklärung, a.a.O., S. 51ff.

sprechen'[6] soll eine neue Phase im Verhältnis von Technik und Leben einleiten, indem Grundsätze des Lebens und seiner Entwicklung zur Gestaltung von Technik herangezogen werden. Damit werden einerseits Erwartungen in Bezug auf Ideen für technische Innovationen, andererseits aber und vor allem Hoffnungen auf eine naturnähere und nachhaltigere Technik verbunden (Kap. II).

Wird Bionik häufig mit Otto von Lilienthals Versuchen, den Vogelflug nachzuahmen, oder mit dem Klettverschluss, also mit der technischen Nachahmung von Eigenschaften makroskopischer Organismen assoziiert, ist in den letzten Jahren im Zuge der Entwicklung der Nanotechnologie, insbesondere der Nanobiotechnologie,[7] der Begriff der ‚Nanobionik' aufgekommen, in dem Grundgedanken der (vielfach als klassisch bezeichneten) makroskopischen Bionik auf die Ebene elementarer, molekularer und subzellulärer Lebensprozesse übertragen werden (als Überblick Kap. III).

Das Ziel dieses Beitrages ist eine kritische Prüfung, inwieweit das ‚Versprechen der Bionik' im Bereich der Nanobionik als einlösbar erscheint. Dabei ist der Frage nachzugehen, ob sich hier neue Verhältnisse zwischen Technik und Leben zeigen. Es zeigt sich, dass die Verhältnisse differenzierter betrachtet werden müssen, als in der häufigen Unterscheidung zwischen einer lebensfremden oder sogar lebensfeindlichen Technik einerseits und der bionischen, am Leben orientierten Technik andererseits. Stattdessen zeigen sich auch im bionischen Denken tief gehende Ambivalenzen im Blick auf das Leben, von dem für die Technik gelernt werden soll, denn dieses Lernen ist analytisch nicht ohne einen technomorphen Blick auf lebende Systeme vorstellbar. Statt zu einer lebensnäheren Technik kommt es also (zumindest auch), so die Hauptthese dieses Beitrags, zu einer Technisierung des Lebendigen (Kap. IV), die bis hin zu einer technischen Neuerfindung des Lebendigen führt (Kap. V).[8] Als konsequente Weiterentwick-

---

[6] *A. von Gleich/C. Pade/U. Petschow/E. Pissaroskoi*, Bionik. Aktuelle Trends und zukünftige Potentiale, Bremen 2007.

[7] Vgl. *K. Köchy/M. Norwig/G. Hofmeister* (Hg.), Nanobiotechnologien. Philosophische, anthropologische und ethische Fragen, Freiburg 2008.

[8] Dieser Beitrag geht teils zurück auf eine Studie für den Deutschen Bundestag (*A. Grunwald/D. Oertel*, Potenziale und Anwendungsperspektiven der Bionik. Arbeitsbericht Nr. 108 des Büros für Technikfolgen-Abschätzung beim Deutschen Bundestag (TAB), Berlin 2006), die auf zwei Expertisen aufbaut (*IÖW/GL – Institut für ökologische Wirtschaftsforschung gGmbH/Universität Bremen*: Potenziale und Anwendungsperspektiven der Bionik, Gutachten für den Deutschen Bundestag, Berlin 2005, der Inhalt ist weitgehend enthalten in *von Gleich u.a.*, Bionik, a.a.O.; *UMSICHT – Fraunhofer-Institut für Umwelt-, Sicherheits- und Energietechnik*: Bionik als Technologievision der Zukunft. Gutachten für den Deutschen Bundestag, Berlin 2005). Zu thematischen und textlichen Überschneidungen kommt es mit *A. Grunwald*, Bionik – naturnähere Technik oder technisierte Natur?, in: *ders.* (Hg.), Technik und Politikberatung. Philosophische Perspektiven, Frankfurt a.M. 2008 und *ders.*: Auf dem Weg in eine nanotechnologische Zukunft. Philosophisch-ethische Fragen, Freiburg 2008 (Kap. 8), in denen ebenfalls auf diese Grundlagen rekurriert wird.

lung der Nanobiotechnologie erscheint eine Synthetische Biologie,[9] in der technische Eingriffe in lebende Systeme oder ihre Um- oder Neugestaltung bis hin zur Schaffung von künstlichem Leben den Kern des Programms bilden. Hier zeigt sich deutlich, dass Nanobionik von sich aus keine Wende im Verhältnis von Technik und Leben mit sich bringt, sondern gar den Triumph des technischen Denkens im Blick auf das Leben markieren kann: Das Lebende wird mit technischen Mitteln gestaltbar gemacht, in der visionären Perspektive sogar als nach menschlichen Zwecken herstellbar vorgestellt. Dies ist die Vollendung Baconschen Denkens.

II. Bionik und ihr Leitbild

1. Zur Charakterisierung der Bionik

Bionik bezeichnet eine Forschungsrichtung, die ein technisches Erkenntnisinteresse verfolgt, also auf der Suche nach Problemlösungen, Erfindungen und Innovationen ist, und die zu diesem Zweck Wissen aus der Beobachtung und Analyse lebender Systeme heranzieht. Die Bionik versucht, wie dies häufig metaphorisch ausgedrückt wird, mit wissenschaftlichen Mitteln von ‚der Natur‘ für technische Problemlösungen zu lernen.[10]

Der offizielle Startpunkt für die Bionik im heutigen Verständnis wird in der Regel mit einem 1959 veranstalteten Seminar unter dem Leitthema „Living prototypes – the key to new technology“ in Dayton, Ohio, verbunden.[11] Ziel der Bionik ist, und hierin stimmen vorliegende Definitionen[12] weitgehend überein, die Entwicklung von technischen Produkten, Prozessen oder Systemen bzw. die Erbringung von Beiträgen hierzu. Sie ist damit Teil des Innovationsprozesses und keine Naturwissenschaft wie Physik oder Biologie. Ihr letztendliches Ziel ist nicht das Erzielen von Erkenntnissen – dieses

---

[9] Vgl. *J. Boldt/O. Müller/G. Maio*, Synthetische Biologie. Eine ethisch-philosophische Analyse. Eidgenössische Ethikkommission für die Biotechnologie im Außerhumanen Bereich EKAH, Bern 2009; *Köchy/Norwig/Hofmeister* (Hg.), Nanobiotechnologien, a.a.O.; *R. Paslack/J. Ach/B. Lüttenberg/K.-M. Weltring* (Hg.), Proceed with Caution. Concept and application of the precautionary principle in nanobiotechnology, Münster 2012; *A. Grunwald*, Responsible Nanobiotechnology. Philosophy and Ethics, Singapore 2012; *J. Boldt* (Hg.), Synthetic Biology. Metaphors, Worldviews, Ethics, and Law, Wiesbaden 2016.

[10] *W. Nachtigall*, Bionik: Grundlagen und Beispiele für Ingenieure und Naturwissenschaftler, Berlin et. al. ²2002, *von Gleich u.a.*, Bionik, a.a.O.

[11] *Anonymus*, Bionics symposium. Living prototypes – the key to a new technology. Wadt Technical Report 60–600, 5,000- März 1961 – 23 – 899. United States Airforce, Ohio 1960 1960.

[12] Hierzu *Grunwald/Oertel*, Potenziale und Anwendungsperspektiven der Bionik, a.a.O., S. 23ff.

ist nur Mittel zum Zweck[13] –, sondern die Erfindung und Entwicklung technischer Produkte oder Prozesse. Auf rein biologische Erkenntnisse zielende Arbeiten, wie sie z.B. in der Technischen Biologie häufig vorliegen, gehören damit nicht zur Bionik.[14] Bionik stellt aber auch keine der etablierten Teildisziplinen der Technik- oder Ingenieurswissenschaften wie Maschinenbau oder Verfahrenstechnik dar, sondern in diesen Fächern werden (gelegentlich) bionische Lösungen oder Ideen verwendet, neben anderen, nicht-bionischen Lösungsstrategien. Bionik steht damit quer zu den üblichen Einteilungen der Ingenieurwissenschaften, wie sie etwa an den Technischen Universitäten etabliert sind.

Bedeutungsunterschiede in Bezug auf Bionik bestehen zwischen den Sprachräumen – z.B. zwischen ‚Bionik‘ und ‚bionics‘[15] – und es gibt konkurrierende oder zumindest parallel verwendete Begriffe wie ‚Biomimetik‘ oder ‚biomimicry‘.[16] Gemeinsam ist allen Definitionen, dass das im Innovationsprozess zum Einsatz kommende Wissen aus der Beobachtung und Erforschung der belebten Natur stammt (z.B. in Form von Funktionswissen über biologische Prozesse). Kern des bionischen Gedankenganges ist danach, Wissen aus dem Studium des lebenden Vorbildes als Basis für technische Lösungen heranzuziehen.[17] Dabei geht es in der Bionik *nicht* um die Nutzung der lebenden Systeme selbst oder die Nutzung biotischen Materials, sondern um die Nutzung von *Wissen* über Zusammenhänge in lebenden Systemen für technische Kontexte, womit in der Regel keine Nutzung der entsprechenden Organismen verbunden ist.[18]

Im ‚Lernen von der Natur‘ geht darum, im Zuge der Evolution entstandene Prozesse und Strukturen als Möglichkeiten zur Lösung bestimmter Anforderungen in der belebten Natur zu erkennen, aus dem natürlichen Zusammenhang in Form von Prozess- oder Strukturwissen zu abstrahieren und als technische Lösungsideen in der Bewältigung von Problemen einzuset-

---

[13] Vgl. hierzu für Technik generell *G. Banse/A. Grunwald/W. König/G. Ropohl* (Hg.): Erkennen und Gestalten. Eine Theorie der Technikwissenschaften, Berlin 2006, Kap. 4.1.2.

[14] *Nachtigall*, Bionik, a.a.O., S. 7.

[15] ‚Bionics‘ bezeichnet im englischen Sprachraum denjenigen Bereich, der sich im weitesten Sinne mit künstlichen Organen, insbesondere auf der Basis von Computertechnik und Robotik beschäftigt (*IÖW/GL*, Potenziale und Anwendungsperspektiven der Bionik, a.a.O.).

[16] Die Online-Zeitschrift ‚Bioinspiration & Biomimetics‘ umschreibt ihr Themenfeld folgendermaßen: „research involving the study and distillation of principles and functions found in biological systems that have been developed through evolution, and application of this knowledge to produce novel and exciting basic technologies and new approaches to solving scientific problems" (*IÖW/GL*, Potenziale und Anwendungsperspektiven der Bionik, a.a.O.).

[17] *Grunwald/Oertel*, Potenziale und Anwendungsperspektiven der Bionik, a.a.O., S. 24ff.

[18] So wird z.B. in wasserabweisenden Schutzanstrichen auf der Basis des Lotuseffekts® das mikroskopische Wissen über den Lotuseffekt genutzt (*W. Barthlott/C. Neinhuis*, Der Lotus-Effekt: Selbstreinigende Oberflächen nach dem Vorbild der Natur, International Textile Bulletin 1 (2001), S. 13–17.), es werden aber keine Extrakte aus Lotuspflanzen den Schutzanstrichen beigefügt.

zen. Dieses Lernen kann in zunehmender Abstraktion unterschieden werden nach: Lernen (1) von den *Ergebnissen* der Evolution, (2) von den evolutionären *Verfahren* und *Optimierungsstrategien* sowie (3) von den evolutionären *Erfolgsprinzipien*:[19]

(1) *Lernen von den heute vorliegenden Ergebnissen der Evolution*: Diese wohl älteste Form des Lernens von der Natur führte zu wichtigen bionischen Lösungen wie z.b. dem Klettverschluss, zum Fallschirm und zum Auftrieb gebenden Flügelprofil (Lilienthal). Vor Beginn der wissenschaftlichen Biologie spielte die unmittelbare Naturbeobachtung hier die zentrale Rolle. Heute erweitern Morphologie, Histologie, Funktionsbiologie, Verhaltensforschung und Ökologie sowie technische Biologie mit technischen Mitteln (Mikroskopie, hoch auflösende Kameras, Sender, satellitengestützte Beobachtung) dieses Spektrum ganz erheblich. In Erklärungen und Modellierungen, wie Organismen bestimmte Leistungen vollbringen, kommt das gesamte Methodenarsenal der Biologie und angrenzender Disziplinen zum Einsatz. Bionisch motivierte Forschung in diesem Feld reicht vom klassischen Studium der Fortbewegung von Organismen in den Umweltmedien bis hin zu Sinnesphysiologie und Biokybernetik.

(2) *Lernen von den evolutionären Verfahren, Funktionen und Strukturen*: In dieser Hinsicht wird gefragt, *auf welche Weise* Organismen und Ökosysteme die unter (1) genannten Strukturen und Leistungen entwickeln können bzw. konnten. Damit stehen der entwicklungsbiologische und der evolutionsbiologische Zugang im Mittelpunkt. Die Aufklärung fundamentaler biologischer Steuerungsprozesse ermöglicht z.B. zunehmend den synthetischen ‚Nachbau' von Muschelschalen, Knochen oder Sinnesorganen.

(3) *Lernen von ökologischen bzw. evolutionären Erfolgsprinzipien*: Auf dieser Ebene stellt sich die Frage, inwieweit es möglich ist, aus der Analyse der Evolution von Organismen und Ökosystemen allgemeine Funktionsprinzipien abzuleiten, die auch Leitfunktion bei der Gestaltung technischer Systeme haben können. Als Merkmale evolutionär erfolgreicher Systeme gelten vor allem die Robustheit biologischer Strukturen, die Resilienz von Ökosystemen und die Adaptivität bzw. Flexibilität evolutionärer Prozesse angesichts sich dynamisch verändernder Umgebungsbedingungen.[20] Auf der Ebene von Ökosystemen bzw. des gesamten Evolutionsprozesses bekommt die Bionik dazu wesentliche Impulse aus der Verhaltensforschung, der Ökosystemtheorie, der Evolutionstheorie und aus entsprechenden Möglichkeiten zur Mathematisierung und Modellierung. Bekannte Bei-

---

[19] Folgend *von Gleich u.a.*, Bionik, a.a.O., S. 25ff.
[20] Vgl. *von Gleich u.a.*, Bionik, a.a.O.

spiele sind das evolutionäre Programmieren und Optimieren sowie in jüngerer Zeit die ‚Schwarmintelligenz'.[21]

Aus der Natur kann auf diesen Ebenen gelernt werden, mit begrenzten Ressourcen, abfallarmen Produktionsprozessen und milden Milieubedingungen komplexe Strukturen und hohe Funktionalität zu erreichen. Die Beobachtung, dass biologische Systeme auf Redundanz und Vielfalt aufgebaut sind und eine immanente Fehlerfreundlichkeit besitzen,[22] soll über den bionischen Gedankengang genutzt werden, um diese erwünschten Eigenschaften in moderner Technik zu realisieren. Diese Prinzipien können in bestimmten Hinsichten Vorbildcharakter für die Gestaltung des technischen Fortschritts haben, z.B. im Hinblick auf die Kreislaufwirtschaft oder auf die ‚Konsistenz' technisch induzierter Stoffströme mit natürlichen Stoffströmen.[23]

War Bionik zunächst vor allem auf das Lernen durch die Erforschung der Funktionsweisen makroskopischer Organismen ausgerichtet, wird etwa seit 1980, ausgelöst durch die zunehmenden Möglichkeiten der Modellierung und Simulation, der Visualisierung, der messtechnischen Erfassung und der Erzeugung immer kleinerer Strukturen die Bionik auch auf die Mikroskala und in den letzten Jahren auch auf die Nanoskala erweitert (zu letzterem vgl. Kap. III). In dieser Erweiterung erhebt die Bionik den Anspruch, Eigenschaften biologischer Systeme auf sämtlichen Größenskalen von makroskopischen Organismen bis hin zu molekularen Vorgängen zu studieren und technisch zu verwerten.[24] In diesem Beitrag geht es speziell um die ‚neue' Bionik, die letztlich mikrobiologisch oder molekularbiologisch ausgerichtet ist und die heute vielfach mit nanotechnologischen Mitteln arbeitet.

3. Zum Leitbild der Bionik

Das zentrale Leitbild der Bionik ist, statt dem Leben etwas Technisches entgegenzusetzen, das dem Leben kategorial fremd ist oder Grundsätzen des Lebens widerspricht, die Technik gerade an den Grundsätzen des Lebens auszurichten und auf diese Weise zur Überwindung des Gegensatzes zwischen Leben und Technik im Sinne einer Versöhnung beizutragen. Abgeleitet von diesem Leitbild besteht das ‚Versprechen' der Bionik[25] kon-

---

[21] Vgl. *Grunwald/Oertel*, Potenziale und Anwendungsperspektiven der Bionik, a.a.O., S. 128ff. und die dortigen Literaturhinweise.

[22] *C. von Weizsäcker/E. U. von Weizsäcker*, Fehlerfreundlichkeit, in: *K. Kornwachs* (Hg.), Offenheit – Zeitlichkeit – Komplexität. Zur Theorie der offenen Systeme, Frankfurt/ New York 1984, S. 167–201; nach *UMSICHT*, Bionik als Technologievision der Zukunft, a.a.O.

[23] *J. Huber*, Nachhaltige Entwicklung. Strategie für eine ökologische und soziale Erdpolitik, Berlin 1995.

[24] *Nachtigall*, Bionik, a.a.O.

[25] *von Gleich u.a.*, Bionik, a.a.O.

kreter darin, von bionisch ausgerichteter Technik gerade aufgrund der Orientierung an Prinzipien des Lebens eine besondere Risikoarmut, Naturangepasstheit bzw. Nachhaltigkeit zu erwarten. Dahinter steht die Diagnose, dass die bekannten Probleme mit nicht intendierten Nebenfolgen von Technik,[26] ihrer prinzipiellen Ambivalenz und der mangelnden Nachhaltigkeit der auf traditioneller Technik beruhenden Wirtschaftsweise sich zumindest zum Teil darauf zurückführen lassen, dass traditionelle Technik auf die Prinzipien des Lebens keine Rücksicht nimmt oder ihnen gar entgegen steht.

Der Leitbildcharakter der Lebens- und Naturnähe oder der Naturgemäßheit wird der Bionik vielfach als *konstitutiv* hinzugerechnet.[27] Bionik verspricht ‚angepasste', robuste, risikoärmere und ökologisch verträgliche Lösungen für gesellschaftliche Probleme, mit denen gewünschte Eigenschaften wie Einpassung in die natürlichen Kreisläufe, Risikoarmut, Fehlertoleranz und Umweltverträglichkeit besser realisiert werden könnten als mit traditioneller Technik:[28]

Bionik betreiben bedeutet Lernen von den Konstruktionen, Verfahren und Entwicklungsprinzipien der Natur für eine positivere Vernetzung von Mensch, Umwelt und Technik.[29]

Der normative Gehalt der Bionik bezieht sein Versprechen auf bessere, ökologischere, angepasstere Lösungen aus dem Hinweis auf die evolutionäre (Jahrmillionen währende) Optimierung und Erprobtheit der biologischen Vorbilder.[30]

Diese ‚Versprechen' gehören als normatives Leitbild zur Forschungsrealität der Bionik. Sie orientieren und motivieren die Forschungsrichtungen der Akteure und prägen Selbstverständnis und Außendarstellung der Bionik:

Wenn es gelänge, die genialen Erfindungen der Schöpfung als Innovationspool nutzbar zu machen, [...] würde sich das Gesicht der Welt vermutlich von Grund auf ändern. [...] Eine systematische Erkundung der Kompetenz biologischer Systeme durch den Menschen ist längst überfällig. Tausende neue, vor allem umweltverträglichere Produkte könnten dadurch

---

[26] *F. Gloede*, Unfolgsame Folgen. Begründung und Implikationen der Fokussierung auf Nebenfolgen bei TA, Technikfolgenabschätzung – Theorie und Praxis 16 (2007), S. 45–53.
[27] *von Gleich u.a.*, Bionik, a.a.O., S. 29ff.
[28] *A. von Gleich* (Hg.), Bionik – Ökologische Technik nach dem Vorbild der Natur?, Stuttgart/Leipzig/Wiesbaden 1998; *von Gleich u.a.*, Bionik, a.a.O., *Nachtigall*, Bionik, a.a.O.
[29] *Nachtigall*, Bionik, a.a.O.
[30] *von Gleich u.a.*, Bionik, a.a.O., S. 29.

geschaffen werden, zahllose Probleme in Gesellschaft, Wirtschaft und Industrie einer natu-rorientierten Lösung zugeführt werden.[31]

Bionik übt in diesem Sinne in der Öffentlichkeit vielfach eine große Faszi-nation aus. Bionische Lösungen faszinieren oft auch Menschen, die sich an-sonsten nicht unbedingt als ‚technikbegeistert‘ bezeichnen würden. Auch Hoffnungen auf in einem grundsätzlichen Sinne ‚alternative Technologien‘ spielen hier eine Rolle. Bionik wird damit auf der Ebene gesellschaftlicher Werte in unmittelbarem Zusammenhang zu Leitbildern wie Kreislaufwirt-schaft, nachhaltige Chemie, biologische Landwirtschaft oder alternative Medizin gesehen, mit denen ein ‚anderes Denken‘ verbunden sei, wie auch bereits ganz zu Beginn der Bionik formuliert:

> The manner in which bionics will mark its greatest contribution to technology is not through the solution of specific problems or the design of particular devices. Rather it is through the revolutionary impact of a whole new set of concepts, a fresh point of view.[32]

In bionischen Problemlösungen wird gemäß dem genannten Leitbild die Faszination an der Natur, insbesondere an den Eigenschaften des Lebens, mit der Faszination an Hochtechnologie verbunden. Das Staunen über ‚technische Hochleistungen‘ von Organismen, über die unendlich erschei-nende Vielfalt in der Natur, über die Komplexität vieler Naturvorgänge und über die Originalität bzw. Genialität sowie die ‚Eleganz‘ vieler Lösungen sind hierbei wesentliche Elemente.[33]

III. Nanobiotechnologie

Der Begriff der *Nanobiotechnologie* – auch das Wort ‚Bionanotechnologie‘ wird gelegentlich verwendet[34] – ist im Kontext der National Nanotechnolo-gy Initiative der USA[35] entstanden. Nanobiotechnologie schlägt die Brücke zwischen der unbelebten und belebten Natur und zielt darauf ab, biologi-

---

[31] *K. G. Blüchel*, BIONIK – Wie wir die geheimen Baupläne der Natur nutzen können, München [3]2005, S. 44.

[32] *Joseph Steele* in: *Anonymus*, Bionics symposium, a.a.O.

[33] In diesem Sinne ist auch der überwiegende Teil der Berichterstattung in Massenmedien zur Bionik sehr positiv. Viele Berichte zeigen, dass gerade der Rückgriff auf das Vorbild des Lebens in der Technikgestaltung für die Medienberichterstattung von besonderem Interesse ist (*UMSICHT,* Bionik als Technologievision der Zukunft, a.a.O.; vgl. auch *Grunwald/Oertel,* Potenziale und Anwendungsperspektiven der Bionik, a.a.O.).

[34] *D. S. Goodsell*, Bionanotechnology. Lessons from Nature, New York 2004.

[35] *NNI – National Nanotechnology Initiative*: National Nanotechnology Initiative, Wash-ington 1999.

sche Funktionseinheiten in molekularer Hinsicht zu verstehen sowie funktionale Bausteine lebender Systeme im nanoskaligen Maßstab unter Einbeziehung technischer Materialien, Schnittstellen und Grenzflächen kontrolliert zu erzeugen.[36] Nanobiotechnologie ist noch weitgehend im Stadium der Grundlagenforschung. Biologische Funktionseinheiten in grundlegender – d.h. letztlich molekularer – Hinsicht sollen erforscht werden, um auf dieser Basis funktionale Bausteine im nanoskaligen Maßstab unter Einbeziehung technischer Materialien, Schnittstellen und Grenzflächen kontrolliert zu erzeugen. Mit dem Aufkommen dieser so genannten ,neuen Bionik'[37] im Kontext der konvergierenden Technologien,[38] zu denen neben Bio- und Nanotechnologie auch Informatik und Kognitionswissenschaften gehören, ergeben sich neue Erkenntnismöglichkeiten und technische Zugänge der Bionik.[39]

Forschungsrichtungen, die bislang im Bereich der Molekularbiologie angesiedelt waren, werden zusehends als Nanobiotechnologie bezeichnet, denn grundlegende Lebensprozesse und wesentliche Bausteine des Lebens haben diese Größenordnung. Während die Größe von Zellen im Mikrometerbereich liegt, liegen subzelluläre Einheiten und Prozesse in der Nanometerdimension. Beispielsweise hat die DNA, der Träger der Erbsubstanz und bevorzugtes Ziel von Analyse und Manipulation in der Gentechnik, einen Durchmesser von ca. 2 nm. Nanobiotechnologie besteht, abstrakt gesprochen, darin, Forschung im Bereich lebender Systeme mit nanotechnologischen Verfahren durchzuführen und damit den Gedanken technischer Analyse und Konstruktion in diesen Bereich zu tragen.[40]

Berührungspunkte zwischen Nanotechnologie und Lebenswissenschaften ergeben sich dort, wo Nanotechnologie eingesetzt wird, um Ziele der Biowissenschaften zu erreichen (,Nano2Bio'), und/oder Nanotechnologie von Erkenntnissen und Verfahren aus den Biowissenschaften profitiert (,Bio2Nano').[41] Der hauptsächlich untersuchte Größenbereich ist die subzelluläre Ebene. Die Vorgänge in einer Zelle können mit nanotechnologischen Verfahren analysiert und technisch nutzbar gemacht werden. Molekulare ,Fabriken' (Mitochondrien) und ,Transportsysteme', wie sie im Zell-

---

[36] *VDI– Verein Deutscher Ingenieure*, Nanobiotechnologie I: Grundlagen und Anwendungen molekularer, funktionaler Biosysteme, Düsseldorf 2002; *G. Schmid u.a.*, Nanotechnology – Perspectives and Assessment, Berlin u.a. 2006, Kap. 3.3.

[37] *Y. Lu*, Significance and Progress of Bionics, in: Journal of Bionics Engineering 1 (2004), S. 1–3.

[38] ,Converging Technologies', vgl. *M. C. Roco/W. S. Bainbridge* (Hg.), Converging Technologies for Improving Human Performance, Arlington 2002; *C. Coenen*, Konvergierende Technologien und Wissenschaften. Büro für Technikfolgen-Abschätzung beim Deutschen Bundestag (TAB), Diskussionspapier Nr. 16, Berlin 2008.

[39] *von Gleich u.a.*, Bionik, a.a.O.

[40] *Grunwald*, Responsible Nanobiotechnology, a.a.O.

[41] *VDI*, Nanobiotechnologie I, a.a.O.

stoffwechsel eine wesentliche Rolle spielen, können sodann, und hier wird der bionische Gedankengang sichtbar, Vorbilder für kontrollierbare Nanomaschinen sein.[42] Auch Mechanismen der Energieerzeugung und Transportsysteme sowie Datenspeicher und Datenlesesysteme großer Kapazität, in denen funktionelle Biomoleküle als Bestandteile von Lichtsammel- und Umwandlungsanlagen, Signalwandler, Katalysatoren, Pumpen oder Motoren arbeiten, stehen im Interesse der Nanobiotechnologie. Lebensvorgänge in Zellen werden als technische Vorgänge interpretiert und erforscht, und das auf diese Weise entstehende Wissen wird für technische Zwecke eingesetzt (bzw. soll in Zukunft so eingesetzt werden). Mögliche nanotechnologische Anwendungen nach biologischen Vorbildern sind der Einsatz biologischer Bausteine im Nanomaßstab oder von Funktions- oder Organisationsprinzipien für Nanoelektronik und Nanoinformatik.[43]

Um die vielfältigen Potentiale von basalen Prozessen des Lebens für technische Zwecke zu nutzen, sind neue interdisziplinäre Ansätze gefordert. Sie tragen zur Klärung bei, um zu lernen, wie biologische Nanostrukturen gebaut sind, wie sie funktionieren und innerhalb von größeren biologischen Systemen interagieren. Ein charakteristisches Beispiel ist der Versuch des technischen Nachbaus der Photosynthese.[44] Pflanzen und manche Bakterienarten sichern ihre Energieversorgung durch Photosynthese. Anders als die gegenwärtige Solarzellentechnik funktioniert dieses Prinzip auch bei diffusem oder sehr schwachem Lichteinfall. Das Photosynthese-Prinzip, im Laufe der Evolution entstanden, technisch nachzubauen und zur Sicherung der menschlichen Energieversorgung zu nutzen, ist außerordentlich verlockend und würde auf der Linie bionischen Denkens liegen. Eine Energieversorgung auf der Basis dieses Prinzips wäre CO_2-neutral, würde leicht speicherfähige Energie bereitstellen, wäre dezentral realisierbar, praktisch unerschöpflich und würde keine problematischen Abfälle erzeugen.

Ein konkretes nanobiotechnisches Beispiel stellt die ‚biomimetische Lichtsammlung' dar.[45] Ausgangspunkt ist die Beobachtung, dass sich in der Natur eine Vielzahl unterschiedlicher Lichtsammelverfahren entwickelt hat, die auf jeweils verschiedene Bedingungen hin optimiert sind. Insbesondere die Licht sammelnden Vorrichtungen – die ‚Antennen' – unterscheiden sich, z.B. je nach verfügbarem Lichtangebot. Da die molekularbiologischen Prozesse in der Photosynthese der Pflanzen zu kompliziert sind, um in

---

[42] *Nachtigall*, Bionik, a.a.O., S. 122ff.
[43] nach *H. Paschen u.a.*, Nanotechnologie. Forschung und Anwendungen, Berlin u.a. 2004 mit Bezug auf *VDI*, Nanobiotechnologie I, a.a.O.
[44] Darstellung nach *Grunwald/Oertel*, Potenziale und Anwendungsperspektiven der Bionik, a.a.O.
[45] *T. Balaban/G. Buth*, Biomimetische Lichtsammlung. FZK-Nachrichten 37, Nr. 4, S. 204–209, Karlsruhe 2005.

künstlichen lichtsammelnden Anordnungen nachgebildet zu werden, konzentriert sich aktuell die Forschung auf den Nachbau der einfacheren Bakteriochlorophylle durch synthetische Porphyrine, die eine strukturelle Ähnlichkeit zu den Bakteriochlorophyllen aufweisen, aber robuster und leichter verfügbar sind.[46] Die Hoffnung ist, dass derartige Forschungsarbeiten – die sich allerdings zurzeit noch im Stadium der Grundlagenforschung befinden – zur Entwicklung künstlicher Antennen beitragen können, die auch bei schwachem und diffusem Lichteinfall noch funktionieren. Sie könnten damit für das Design von Hybridsonnenzellen auf Basis kostengünstiger Kunststofftechnologien von Nutzen sein.[47]

IV. Nanobionik:
Ambivalenzen im Verhältnis von Technik und Leben

Nanobiotechnologie wird gelegentlich als eine besondere Form der Bionik eingestuft und als Nanobionik bezeichnet:[48] „Der Begriff der Nanobionik ... bezeichnet einen Zweig der Nanotechnologie, der Funktionsprinzipien biomolekularer Systeme auf technische Systeme überträgt".[49] Die oben genannten Prinzipien der allgemeinen Bionik kommen dabei auf der Nanoskala zur Anwendung.[50] Es ist der klassische bionische Schritt von der Struktur- und Funktionsanalyse lebender Systeme oder ihrer Bestandteile zum Design technischer Problemlösungen auf der Basis des damit erzeugten Wissens:

Nature has made highly precise and functional nanostructures for billions of years: DNA, proteins, membranes, filaments and cellular components. These biological nanostructures typically consist of simple molecular building blocks of limited chemical diversity arranged into a vast numbers of complex three-dimensional architectures and dynamic interaction patterns. Nature has evolved the ultimate design principles for nanoscale assembly by supplying and transforming building blocks such as atoms and molecules into functional nanostructures and utilizing templating and self-assembly principles, thereby providing systems that can self-replicate, self-repair, self-generate and self-destroy.[51]

---

[46] Ebd.
[47] A.a.O., S. 207.
[48] S.u.; vgl. *Grunwald/Oertel*, Potenziale und Anwendungsperspektiven der Bionik, a.a.O.
[49] www.innovationsreport.de/html/berichte/biowissenschaften_chemie/bericht-42349. html, 14.08.2008.
[50] *N. Hampp/F. Noll*, Nanobionics II – from Molecules to Applications, Physik Journal 2(2) (2003), S. 56.
[51] *P. Wagner*, Nanobiotechnology, in: *R. Greco/F. B. Prinz/R. Lane* (Hg.), Nanoscale Technology in Biological Systems, Boca Raton 2005, S. 39.

Das Lernen von ‚der Natur' mit ihrer evolutionären ‚Erfahrung' steht hier auf der Nanoskala Pate, analog wie oben anhand des Leitbilds der makroskopischen Bionik erläutert. Wenn nun das erwähnte ‚Versprechen' der allgemeinen Bionik auf Nanobionik übertragen wird – und das legen die zitierten Literaturstellen nahe –, sollte sich der Eindruck einer ‚natürlicheren' und ‚lebensnäheren' Technik auf der Basis der Nanobionik einstellen. Technik und Leben sollten dadurch weitergehend ‚versöhnt' werden, hier nicht auf der Ebene von Organismen, sondern sozusagen von ihren molekularen Bestandteilen und Prozessen her.

Ein näherer Blick auf den Forschungsprozess der ‚Nanobionik' beugt jedoch vorschnellen Erwartungen und Hoffnungen vor. Denn es geht im nanobionischen Erkenntnisprozess zwar darum, Wissen über Strukturen und Funktionen natürlicher Systeme zu erlangen, und zwar hier auf der Ebene vor allem subzellulärer Einheiten und Vorgänge. Dieser Wissenserwerb erfolgt jedoch erstens keineswegs kontemplativ oder durch distanzierte Beobachtung der lebendigen Natur, sondern durch *technische Intervention*. Gerade die hierfür erforderlichen nanotechnologischen Hilfsmittel (‚Nano 2Bio') machen deutlich, dass lebende Systeme technisch bearbeitet werden müssen, um technisch nutzbares Wissen zu erzeugen.

Zweitens werden in der Nanobionik wie in der Bionik generell lebende Systeme als *technische Systeme*[52] gedeutet, was eine wesentliche Voraussetzung dafür sein dürfte, dass die Übertragung des an lebenden Systemen gewonnenen Wissens auf technische Systeme überhaupt gelingen kann. Lebende Systeme interessieren nicht *als solche*, z.B. in ihrem jeweiligen ökologischen Kontext, sondern sie werden analysiert in ihrem *technischen Funktionszusammenhang*. Bereits in der traditionellen makroskopischen Bionik interessieren die betrachteten Lebewesen nicht *als* lebende Systeme, sondern als Ideenlieferant für technische Lösungen. In der beabsichtigten Erkennung von Funktions- und Strukturprinzipien der lebenden Natur wird ein technisches Erkenntnisinteresse appliziert. Leben interessiert als technisch gedeuteter Funktionszusammenhang, die Natur wird als ‚Ingenieur' mit Vorbildcharakter, aber eben doch als ‚Ingenieur' angesehen: „Die Natur[53] [...] baut funktionelle, hochkomplexe ‚Maschinen' im molekularen Größenbereich".[54]

Drittens besteht ein Charakteristikum der Nanobiotechnologie, und diese Beobachtung ergänzt die beiden erstgenannten und führt zu einer konvergenten Diagnose, in der Ausweitung der klassischen Maschinensprache auf

---

[52] Vgl. *K. Köchy*, Konzeptualisierung lebender Systeme in den Nanobiotechnologien, in: *K. Köchy/M. Norwig/G. Hofmeister* (Hg.), Nanobiotechnologien. Philosophische, anthropologische und ethische Fragen, Freiburg 2008, S. 175–202.

[53] *Anonymus*, Bionics symposium, a.a.O.

[54] *Nachtigall*, Bionik, a.a.O., S. 125.

den Bereich des Lebendigen. Beispiele für derartige Sprachregelungen sind, das Hämoglobin als Fahrzeug, die Adenosin-Triphosphat-Synthase als Generator, Nukleosome als digitale Datenspeicher, Polymerase als Kopiermaschine oder Membranen als elektrische Zäune zu beschreiben.[55]

Damit wird deutlich, dass Nanobionik erkenntnistheoretisch an eine technische Weltsicht und technische Intervention gebunden ist. Sie trägt den Gedanken des Technischen in das Lebende bis in dessen molekulare Bestandteile hinein, modelliert lebende Systeme technomorph und gewinnt aus dieser Perspektive bestimmtes technisches Wissen, das dann wieder in die Sphäre des ‚konstruiert' Technischen zurücktransferiert und dort in Problemlösungen eingebaut werden kann: „Die Bionik wählt einen technikorientierten Zugang zur Natur, um vom technisch verstandenen Leben zur lebensoptimierten Technik überzugehen".[56] Das Zitat „Biology is the nanotechnology that works"[57] bringt es auf den Punkt: Natur wird als Technologie verstanden, und zwar sowohl in ihren Teilen als auch als Ganzes:

Hier verbindet sich ein naturwissenschaftlich-reduktionistisches mit einem mechanisch-technischen Weltbild, dem zu Folge die Natur auch nur ein Ingenieur ist [...]. Da wir uns nun angeblich ihre Konstruktionsprinzipien zu Eigen machen können, sehen wir überall nur noch Maschinen – in den menschlichen Zellen einerseits, in den Produkten der Nanotechnologie andererseits.[58]

Nanobionik wirft einen spezifischen erkenntnistheoretischen Blick auf die Natur, indem sie sie als Ensemble technischer Problemlösungen unter evolutionärem Druck betrachtet. Dies bedeutet, dass die Natur, die zum Vorbild genommen wird, durch Nanobiotechnologie selbst technisiert wird. Dabei finden Begriffe aus dem Maschinenbau wie ‚Miniaturkugellager', ‚Maschinenteile' und ‚Nanorotationsantriebe' Verwendung. Bereits Drexler[59] hat diesen Blickwechsel vorgenommen, indem er Funktionen bekannter Techniken Beispielen von Zellen oder Organismen gegenüber stellt und dadurch schließlich die Welt des Lebendigen als Ensemble von Maschinen interpretiert.

---

[55] *Grunwald/Oertel*, Potenziale und Anwendungsperspektiven der Bionik, a.a.O., Kap. V.1.2.4.

[56] *J. Schmidt*, Vom Leben zur Technik? Kultur- und wissenschaftsphilosophische Aspekte der Natur-Nachahmungsthese in der Bionik. Dialektik 2002/2, S. 141.

[57] *C. Brown*, BioBricks to help reverse-engineer life, EE Times June 11 (2004).

[58] *A. Nordmann*, Entflechtung – Ansätze zum ethisch-gesellschaftlichen Umgang mit der Nanotechnologie, in: *A. Gazsó/S. Greßler/F. Schiemer* (Hg.), Nano – Chancen und Risiken aktueller Technologien, Wien 2007, S. 215–229, hier: S. 221.

[59] 1981 zit. nach *B. Bensaude-Vincent*, Two Cultures of Nanotechnology? HYLE – International Journal for Philosophy of Chemistry, Vol. 10 (2004), S. 65–82.

In diesem Sinne wäre auch die kontrovers diskutierte Idee von ,Nanoro-
botern' letztlich als eine ,bionische' Idee einzuordnen: Erzeugung künstlicher Lebewesen auf der Basis von Wissen, das an natürlichen Lebewesen
und ihren Bestandteilen (z.B. Viren) gewonnen wurde.

Statt eine ,natürlichere' Technik *per se* unter einem ,Versprechen' der
Bionik hervorzubringen, ist Nanobionik im Forschungsprozess auf eine
Technisierung des Lebendigen, auf seine technomorphe Modellierung *notwendig* angewiesen. Im Ergebnis nanobionischer Forschung kommt es damit zu einer Technisierung des Lebendigen, auch wenn ,von der Natur' gelernt werden soll, und nicht zu einer lebensnäheren Technik *per se*. Das
Lernen ,von der Natur' für technische Problemlösungen bedarf notwendig
des vorgängigen technischen Blicks auf die Natur; dies liegt in der Natur
des Forschungsprozesses.

Diese Beobachtung wertet Nanobionik ethisch weder auf noch ab; sie
weist nur darauf hin, dass mit normativen Erwartungen und ,Versprechen',
die weithin mit dem Begriff der Bionik verbunden werden, sehr zurückhal-
tend umgegangen werden sollte. Ob und was dies in ethischer Hinsicht bedeutet, ist nicht pauschal für ,die' Nanobionik zu klären, sondern bedarf der
Analyse von Einzelfällen in Bezug auf Umwelteffekte und Risiken.[60]

In Bezug auf die in II. genannten weit reichenden Erwartungen im Sinne
eines Versprechens auf eine bessere Technik tritt damit eine doppelte Er-
nüchterung ein: weder gelingt mit nanobionischer Technik *per se* eine Versöhnung der traditionellen Gegensätze von Technik und Leben noch ist zu
erwarten, dass nanobionische Technik risikoärmer oder naturnäher als traditionelle Technik ist. Eine tief greifende begriffliche Ambivalenz der
Nanobionik liegt darin, dass jedoch in der Öffentlichkeit vielfach genau das
erwartet wird, während der Forschungsprozess zum Gegenteiligen führt.

V. Der technische Blick auf das Leben:
Synthetische Biologie

Diese Gedanken noch ein wenig weitergesponnen, sollen in diesem Abschnitt einige Indizien dafür angeführt werden, dass die bereits angespro-
chene Technisierung des Lebens durch Nanobionik noch weiter, nämlich
bis hin zur Schaffung künstlichen Lebens reicht, wie sie in der Synthetischen Biologie[61] als Programm verfolgt wird.

---

[60] In diesem Sinne auch *von Gleich u.a.*, Bionik, a.a.O.
[61] *Boldt* (Hg.), Synthetic Biology, a.a.O.

Charakteristisch ist in allen Definitionen der Synthetischen Biologie die Hinwendung zu künstlichen Formen des Lebens, entweder neu konstruiert oder durch Umgestaltung existierenden Lebens erzeugt und je mit einer spezifischen Nutzenerwartung versehen. Da die DNA als eine typische Einheit der technischen Beeinflussung oder Gestaltung einen Durchmesser von ca. 2 nm hat, und das technische Operieren daran unter Nanobiotechnologie fällt (s.o.), kann die Synthetische Biologie als ein Teilgebiet der Nanobiotechnologie aufgefasst werden: „[...] synthetic biology could be considered a specific discipline of nanobiotechnology",[62] welche wiederum eine Fortführung der Molekularbiologie mit nanotechnologischen Mitteln ist.

Erkenntnisse der Nanobiotechnologie können genutzt werden, um *neue* Funktionalitäten lebender Systeme durch Modifikationen von natürlichen Biomolekülen, durch Modifikationen am Design von Zellen oder durch das Design von künstlichen Zellen *zu erzeugen.* Synthetische Biologie differenziert zwischen einer Ausrichtung, die *künstliche* Moleküle nutzt, um biotische Systeme zu reproduzieren, und einer Ausrichtung, die Elemente aus der ‚klassischen‘ Biologie nutzt und sie neu zu Systemen zusammensetzt, die dann in ‚nicht natürlicher‘ Weise funktionieren.[63] Der Gedanke an die Erzeugung künstlichen Lebens (Artificial Life AI) oder eines technisch modifizierten, teils mit neuen Funktionen ausgestatteten Lebens steht hier Pate: „how far can it [life] be reshaped to accomodate unfamiliar materials, circumstances and tasks?".[64] Beispiele für diese Bemühungen reichen vom Design künstlicher Proteine über die Virusnachbildung oder ihre Umprogrammierung bis hin zu Ansätzen der Zellprogrammierung im Hinblick auf gewünschte Funktionen.[65] Dabei wird jeweils von der ‚Natur‘ für technische Zwecke gelernt, wie dies der Kern des bionischen Gedankengangs ist.

Der Ausgangspunkt der Synthetischen Biologie ist, Einheiten lebender Systeme als komplexe technische Zusammenhänge zu modellieren (technomorpher Blick auf das Leben, s.o.) und sie aufzulösen in einfachere technische Zusammenhänge.[66] Wäre diese sozusagen noch eine *analytische* Biologie, so wird sie dann zu einer *synthetischen*, wenn das durch technische Modellierung und entsprechende Experimente gewonnene Wissen um einzelne Vorgänge des Lebens so kombiniert und genutzt wird, dass im Ergebnis bestimmte ‚useful functions‘ (s.o.) gezielt realisiert werden können: „Seen from the perspective of synthetic biology, nature is a blank space to

---

[62] *H. de Vriend,* Constructing Life. Early social reflections on the emerging field of synthetic biology, Rathenau Institute, The Hague 2006, S. 23.

[63] *S. A. Benner/A. M. Sismour,* Synthetic Biology, Nature Reviews Genetics, Vol. 6 (2005).

[64] *P. Ball,* Synthetic biology for nanotechnology, Nanotechnology, Vol. 16 (2005), S. R3.

[65] *Ball,* Synthetic biology for nanotechnology, a.a.O.; *Benner/Sismour,* Synthetic Biology, a.a.O., S. 534–540.

[66] ‚deconstructing life‘, nach *de Vriend,* Constructing Life, a.a.O.

be filled with whatever we wish".[67] Zellen werden dabei als Maschinen interpretiert, bestehend aus Bauteilen: „Dem Maschinenparadigma folgend,
werden Proteine und Botenmoleküle als Bauteile begriffen, die der Mensch
beliebig verändern oder einfügen kann".[68] Der Tradition des technikwissen-
schaftlichen Standardisierungsdenkens folgend wurde das ‚MIT-Verzeich-
nis biologischer Standardbauteile' begründet, in dem Gensequenzen als
Vorlagen für verschiedene Zellmaschinenteile gespeichert werden.[69] Mit
dem gezielten Design von künstlichen Zellen auf der Basis solcher Bauteile
sollen Mikromaschinen erzeugt werden, die z.B. Informationen verarbeiten,
Nanomaterialien herstellen oder medizinische Diagnosen vornehmen können. Dabei soll in der Tradition von Maschinenbau und Elektrotechnik
Bauteil für Bauteil nach einem top-down entworfenen Bauplan zusammengesetzt werden, um ein funktionsfähiges Ganzes zu erhalten:

> Engineers believe it will be possible to design biological components and complex biologi-
> cal systems in a similar fashion to the design of chips, transistors and electronic circuits.[70]

Darüber hinaus gibt es auch Ansätze, Prinzipien der Evolution zu nutzen,
um bestimmte neue Effekte zu erreichen. So können z.B. Zellen einem
künstlichen Evolutionsdruck ausgesetzt werden, indem bestimmte Gensequenzen ‚ausgeschaltet' werden, die für den Aufbau bestimmter Aminosäuren zuständig sind. Durch Zugabe von chemischen Substanzen, die der dann
fehlenden Aminosäure chemisch hinreichend ähnlich sind, kann die Zelle
dazu gebracht werden, die Substitute anstelle der Aminosäuren zu verwenden. Ergebnis ist dann eine Zelle mit intentional veränderten oder neu konstruierten Eigenschaften.

   In der synthetischen Biologie wird der Mensch vom Veränderer des Vorhandenen zum Schöpfer von Neuem, jedenfalls nach den Zukunftsvisionen
einiger Biologen: „In fact, if synthetic biology as an activity of creation dif-
fers from genetic engineering as a manipulative approach, the Baconian
homo faber will turn into a creator".[71]

   Das traditionelle, naturwissenschaftlich geprägte Selbstverständnis der
Biologie, das auf ein *Verstehen* der Lebensvorgänge zielt, wird in der Syn-

---

[67] *J. Boldt/O. Müller*, Newtons of the leaves of grass, Nature Biotechnology 26 (2008), S.
388; vgl. auch *Grunwald*, Auf dem Weg in eine nanotechnologische Zukunft, a.a.O. und
Grunwald, Responsible Nanobiotechnology, a.a.O.
[68] *N. Boeing*, Projekt Genesis, in: DIE ZEIT 8/2006, S. 33.
[69] Ebd.
[70] *de Vriend*, Constructing Life, a.a.O., S. 18.
[71] *Boldt/Müller*, Newtons of the leaves of grass, a.a.O., S. 387.

thetischen Biologie[72] zu einer *Neuerfindung* von Natur, auf die Schaffung von künstlichem Leben umgedeutet, auf der Basis des Wissens über das ‚natürliche' Leben. Biologie wird dadurch von einer *Wissenschaft vom Leben,* wie sie dies im Namen führt, zu einer *technischen Wissenschaft*[73] mit einer Dualität von Erkennen und Gestalten, die unter dem Primat der Gestaltungsziele steht wie in den klassischen Technikwissenschaften[74] und wo „[...] the pre-existing nanoscale devices and structures of the cell can be adapted to suit technological goals".[75]

> Although it can be argued that synthetic biology is nothing more than a logical extension of the reductionist approach that dominated biology during the second half of the twentieth century, the use of engineering language, and the practical approach of creating standardised cells and components like in an electrical circuitry suggests a paradigm shift. Biology is no longer considered ‚nature at work', but becomes an engineering discipline.[76]

Was jedenfalls aus diesen eher episodischen Betrachtungen ersichtlich ist, ist, dass die Synthetische Biologie tief greifende Fragen nach dem Verhältnis von Technik und Leben provoziert, und zwar nicht als bloß akademische Fragen, sondern als Fragen mit wenigstens perspektivisch realem Hintergrund:

> Additionally, synthetic biology forces us to redefine ‚life'. Is life in fact a cascade of biochemical events, regulated by the heritable code that is in (and around) the DNA and enabled by a biological machinery? Is the cell a bag of biological components that can be redesigned in a rational sense? Or is life a holistic entity that has metaphysical dimensions, rendering it more than a piece of rational machinery?[77]

Aus der Synthetischen Biologie heraus wird vielfach die Antwort gleich mitgeliefert: Leben ist nichts weiter als eine besondere Form des Technischen, die nun, mit nanotechnologischen Mitteln, endlich auf der molekularen Ebene ‚verstanden', nachgebaut und dann neu erschaffen werden könne. Entgegen dieser reduktionistisch-materialistischen Auffassung wird mit Statements der Art „While machinery is a mere collection of parts, some sort of ‚sense of the whole' inheres in the organism"[78] auch der holistische

---

[72] *Ball,* Synthetic biology for nanotechnology, a.a.O.; *C. R. Woese,* A New Biology for a New Century, in: Microbiology and Molecular Biology Reviews 68, No. 2 (2004), S. 173–186.
[73] *de Vriend,* Constructing Life, a.a.O.
[74] *G. Banse u.a.,* Erkennen und Gestalten, a.a.O.
[75] *Ball,* Synthetic biology for nanotechnology, a.a.O., S. R1.
[76] *de Vriend,* Constructing Life, a.a.O., S. 26.
[77] A.a.O., S. 11.
[78] *Woese,* A New Biology for a New Century, a.a.O.

Standpunkt vertreten. In der Debatte zur Synthetischen Biologie kommt es damit zu einer Neuauflage der Diskussion zum Verhältnis zwischen Technik und Leben anhand der Positionen von Reduktionismus und Holismus.[79]

VI. Schlussfolgerungen

Der Umschlag in der Deutung der Nanobionik ist radikal: verleitet der Wortbestandteil „Bionik" dazu, hier Erwartungen einer Versöhnung zwischen Leben und Technik zu vermuten, zeigt sich im Blick auf die Synthetische Biologie eindeutig der Primat des Technischen im Blick auf das Leben. Das Programm der Nanobionik besteht letztlich in der Neuerschaffung des Lebens. Die Natur wird als Ingenieur begriffen, deren Leistungen es nachzubauen gelte zum Zwecke der Steigerung der menschlichen Eingriffs- und Neugestaltungsmöglichkeiten.

Diese Ausrichtung passt zu einigen Stellungnahmen zur Nanotechnologie, vorwiegend aus ihren eigenen Reihen, in der die Rückkehr eines Gestaltungsoptimismus und eines bisherige Vorstellungen übersteigenden Kontroll- und Beherrschungsanspruchs über die Natur deutlich wird: „Wir befinden uns im Übergang vom Schachamateur zum Großmeister, vom Beobachter zum Lenker der Natur. ... Das Zeitalter des Entdeckens geht zu Ende, und die Epoche des Beherrschens beginnt".[80] Diese neuen (und ausgesprochen unbescheidenen) Machbarkeitsvorstellungen speisen sich aus einem atomaren Reduktionismus, nach dem sich alles Geschehen in der Welt auf kausale Vorgänge in der atomaren Welt zurückführen lasse. Wenn durch die Nanotechnologie die Möglichkeiten bereitgestellt werden, diese technisch zu beherrschen, habe der Mensch damit den Beginn aller Kausalketten in der Hand und könne somit praktisch alles kontrollieren, sowohl im Anorganischen als auch im Bereich lebender Systeme. Diese Deutung sieht einen ultimativen Triumph des Homo faber, der sich, nanotechnologisch ausgerüstet, anschickt, die Welt Atom für Atom nach seinen Vorstellungen zu manipulieren – letztlich eine Wiederbelebung oder gar Vollendung Baconschen Denkens.[81] Die Kontrolle über die atomare Dimension bedeutet im physikalischen Reduktionismus auch eine Kontrolle über die Sphären des Lebendigen und des Sozialen:

---

[79] *Köchy/Norwig/Hofmeister* (Hg.), Nanobiotechnologien, a.a.O.
[80] *M. Kaku*, How Science Will Revolutionize the 21st Century?, New York ²1998, zitiert nach *J. C. Schmidt*, Unbestimmtheitssignaturen der Nanotechnologie, in: *G. Hofmeister/K. Köchy/M. Norwig* (Hg.), Nanobiotechnologien. Philosophische, anthropologische und ethische Fragen, Freiburg 2008.
[81] *Schmidt*, Nanobiotechnologien, a.a.O.

Science can now understand the ways in which atoms form complex molecules, and these in turn aggregate according to common fundamental principles to form both organic and inorganic structures. [...] The same principles will allow us to understand and when desirable to control the behaviour both of complex microsystems [...] and macrosystems such as human metabolism and transportation vehicles.[82]

Insofern hier der Mensch als Schöpfer und Kontrolleur dieser Entwicklungen gesehen wird, kommt es zu einem unbegrenzten Machbarkeitsdenken:

The aim of this metaphysical program is to turn man into a demiurge or, scarcely more modestly, the ,engineer of evolutionary processes'. [...] This puts him in the position of being the divine maker of the world [...].[83]

In diese Richtung gehen auch Erwartungen, dass es durch nanotechnische Nachahmung der Funktionen der DNA möglich würde, einen zweiten Typ von Evolution zu begründen:

Another example is given by the ribosome present in each cell, which is actually a nano-assembling machine which reads the DNA and translates the code into protein. It works wonderfully in nature. The difficulty is to mimic the idea and to use it in practicable technology. This type of Nanobionic requires a second type of evolution. This evolution II is the whole idea of Nano.[84]

Diese ,nanobionische' Evolution wäre ein Evolutionsprozess, in welchem die „natürliche" Evolution durch eine auf die vermeintlichen menschlichen Bedürfnisse bzw. industriellen Prozesse ausgerichtete Evolution ersetzt werden soll. Noch vor kurzem geäußerte Warnungen vor einer Hybris des Menschen und Forderungen nach einer ,neuen Bescheidenheit'[85] würden von Vertretern dieser Deutungen wohl als eine historische Verirrung betrachtet.

Diese Entwicklung der Debatte steht nicht allein. Andere Positionen warnen vor den unbeherrschbaren Gefahren einer Nanobiotechnologie[86] oder

---

[82] *Roco/Bainbridge*, Converging Technologies for Improving Human Performance, a.a.O., S. 2.

[83] *J.-P. Dupuy*, The philosophical foundations of Nanoethics. Arguments for a Method, Lecture at the Nanoethics Conference, University of South Carolina, March 2–5, 2005.

[84] *W. Heckl*, Molecular Self-Assembly and Nanomanipulation – Two key Technologies in Nanoscience and Templating, Advanced Engineering Materials 6 (2004), S. 843–847.

[85] Z.B. *K. M. Meyer-Abich*, Wege zum Frieden mit der Natur – Praktische Naturphilosophie für die Umweltpolitik, München 1984.

[86] Z.B. *Dupuy*, The philosophical foundations of Nanoethics, a.a.O.; *Paslack/Ach/ Lüttenberg/Weltring* (Hg.), Proceed with Caution, a.a.O.

stellen die Unbestimmtheitssignaturen der Nanotechnologie heraus.[87] Was sich zeigt, ist, dass die Nanotechnologie, hier in Form der Nanobionik, weit reichende Fragen und erhebliche Deutungsprobleme aufwirft.[88] Sie stellt gleichsam eine ‚Chiffre der Zukunft' dar,[89] anhand derer wir – Wissenschaft, Politik und Gesellschaft – um die Deutungen ringen, die immer auch Momente einer Selbstvergewisserung des Menschen in Bezug auf die ‚großen Fragen' haben – hier in Bezug auf die große Frage nach dem Verhältnis von Mensch, Technik und Leben.

Literaturhinweise

Anonymus: Bionics symposium. Living prototypes – the key to a new technology. Wadt Technical Report 60–600, 5,000- März 1961 – 23 – 899. United States Airforce, Ohio 1960.

Balaban, Teodor Silviu/Buth, G.: Biomimetische Lichtsammlung, Nachrichten – Forschungszentrum Karlsruhe, 37 (2005), Nr. 4, S. 204–209.

Ball, Philip: Synthetic biology for nanotechnology, Nanotechnology, Vol. 16 (2005), S. R1–R8.

Banse, Gerhard/Grunwald, Armin/König, Wolfgang/Ropohl, Günter (Hg.): Erkennen und Gestalten. Eine Theorie der Technikwissenschaften, Berlin 2006.

Barthlott, Wilhelm/Neinhuis, Christoph: Der Lotus-Effekt: Selbstreinigende Oberflächen nach dem Vorbild der Natur. International Textile Bulletin 1 (2001).

Benner, Steven A./Sismour, A. Michael: Synthetic Biology, Nature Reviews Genetics, Vol. 6 (2005).

Bensaude-Vincent, Bernadette: Two Cultures of Nanotechnology? HYLE – International Journal for Philosophy of Chemistry, Vol. 10 (2004), S. 65–82.

Blüchel, Kurt G.: BIONIK – Wie wir die geheimen Baupläne der Natur nutzen können, München [3]2005.

Boeing, Niels: Projekt Genesis, in: DIE ZEIT 8/2006, S. 35.

Boldt, Joachim (Hg.): Synthetic Biology. Metaphors, Worldviews, Ethics, and Law, Wiesbaden 2016.

Boldt, Joachim/Müller, Oliver: Newtons of the leaves of grass, Nature Biotechnology 26 (2008), S. 387–389.

---

[87] *Schmidt*, Nanobiotechnologien, a.a.O.

[88] *Köchy/Norwig/Hofmeister* (Hg.), Nanobiotechnologien, a.a.O.; *Boldt* (Hg.), Synthetic Biology, a.a.O.

[89] *A. Grunwald*, Nanotechnologie als Chiffre der Zukunft, in: *A. Nordmann/J. Schummer/A. Schwarz* (Hg.), Nanotechnologien im Kontext, St. Augustin 2006, S. 49–80.

Boldt, Joachim/Müller, Oliver/Maio, Giovanni: Synthetische Biologie. Eine ethisch-philosophische *Analyse*. Eidgenössische Ethikkommission für die Biotechnologie im Außerhumanen Bereich EKAH, Bern 2009.

Brown, Chappell: BioBricks to help reverse-engineer life, EE Times, June 11 (2004).

Coenen, Christopher: Konvergierende Technologien und Wissenschaften, Büro für Technikfolgen-Abschätzung beim Deutschen Bundestag (TAB), Diskussionspapier Nr. 16, Berlin 2008.

de Vriend, Huib: Constructing Life. Early social reflections on the emerging field of synthetic biology, Rathenau Institute, The Hague 2006.

Dupuy, Jean-Pierre: The philosophical foundations of Nanoethics. Arguments for a Method, Lecture at the Nanoethics Conference, University of South Carolina, March 2–5, 2005.

Gloede, Fritz: Unfolgsame Folgen. Begründung und Implikationen der Fokussierung auf Nebenfolgen bei TA, Technikfolgenabschätzung – Theorie und Praxis 16 (2007), S. 45–53.

Goodsell, David S.: Bionanotechnology. Lessons from Nature, New York 2004.

Grunwald, Armin: Auf dem Weg in eine nanotechnologische Zukunft. Philosophisch-ethische Fragen, Freiburg 2008.

Ders.: Bionik – naturnähere Technik oder technisierte Natur?, in: *ders.* (Hg.), Technik und Politikberatung. Philosophische Perspektiven, Frankfurt a.M. 2008.

Ders.: Nanotechnologie als Chiffre der Zukunft, in *Nordmann, Alfred/Schummer, Joachim/Schwarz, Astrid* (Hg.), Nanotechnologien im Kontext, St. Augustin 2006, S. 49–80.

Ders.: Responsible Nanobiotechnology. Philosophy and Ethics, Singapore 2012.

Ders./Oertel, Dagmar: Potenziale und Anwendungsperspektiven der Bionik. Arbeitsbericht Nr. 108 des Büros für Technikfolgen-Abschätzung beim Deutschen Bundestag (TAB), Berlin 2006.

Hampp, Norbert/Noll, Frank: Nanobionics II – from Molecules to Applications, Physik Journal 2(2) (2003), S. 56.

Heckl, Wolfgang M.: Molecular Self-Assembly and Nanomanipulation – Two key Technologies in Nanoscience and Templating, Advanced Engineering Materials 6 (2004), S. 843–847.

Huber, Joseph: Nachhaltige Entwicklung. Strategie für eine ökologische und soziale Erdpolitik, Berlin 1995.

IÖW/GL – Institut für ökologische Wirtschaftsforschung gGmbH/Universität Bremen: Potenziale und Anwendungsperspektiven der Bionik, Gutachten für den Deutschen Bundestag, Berlin 2005.

Janich, Peter: Die Struktur technischer Innovationen, in: *Hartmann, Dirk/Janich, Peter* (Hg.), Die kulturalistische Wende, Frankfurt a.M. 1998, S. 129–177.

Ders.: Logisch-pragmatische Propädeutik, Weilerswist 2000.

Ders.: Natürlich künstlich. Philosophische Reflexionen zum Naturbegriff der Chemie, in: *Janich, Peter/Rüchardt, Christoph* (Hg.), Natürlich, technisch, chemisch. Verhältnisse zur Natur am Beispiel der Chemie, Berlin 1996.

Kaku, Michio: How Science Will Revolutionize the 21st Century?, New York [2]1998.

Karafyllis, Nicole C.: *Die* Phänomenologie des Wachstums. Zur Philosophie und Wissenschaftsgeschichte des produktiven Lebens zwischen den Konzepten von „Natur" und „Technik", Stuttgart 2006.

Köchy, Kristian/Norwig, Martin/Hofmeister, Georg (Hg.), Nanobiotechnologien. Philosophische, anthropologische und ethische Fragen, Freiburg 2008.

Lu, Yongxiang: Significance and Progress of Bionics, in: Journal of Bionics Engineering 1 (2004), S. 1–3.

Lübbe, Hermann: Modernisierung und Folgelasten, Berlin u.a. 1997.

Meyer, Rolf/Grunwald, Armin/Rösch, Christine/Sauter, Arnold: Chancen und Herausforderungen neuer Energiepflanzen – Basisanalysen, TAB-Arbeitsbericht Nr. 121, Berlin 2007.

Meyer-Abich, Klaus Michael: Wege zum Frieden mit der Natur – Praktische Naturphilosophie für die Umweltpolitik, München 1984.

Nachtigall, Werner: Bionik: Grundlagen und Beispiele für Ingenieure und Naturwissenschaftler, Berlin u.a. [2]2002.

NNI – National Nanotechnology Initiative: National Nanotechnology Initiative, Washington 1999.

Nordmann, Alfred: Entflechtung – Ansätze zum ethisch-gesellschaftlichen Umgang mit der Nanotechnologie, in: *Gazsó, André/Greßler, Sabine/Schiemer, Fritz* (Hg.), Nano – Chancen und Risiken aktueller Technologien, Wien 2007, S. 215–229.

Paschen, Herbert/Coenen, Christopher/Fleischer, T./Grünwald, R./Oertel, D./ Revermann, C.: Nanotechnologie. Forschung und Anwendungen, Berlin u.a. 2004.

Paslack, Rainer/Ach, Johann/Lüttenberg, Beate/Weltring, Klaus-Michael (Hg.): Proceed with Caution. Concept and application of the precautionary principle in nanobiotechnology, Münster 2012.

Roco, Mihail C./Bainbridge, William Sims (Hg.): Converging Technologies for Improving Human Performance, Arlington 2002.

Ropohl, Günter: Technologische Aufklärung. Beiträge zur Technikphilosophie, Frankfurt a.M. 1991.

Schmid, Günter/Ernst, Holger/Grünwald, Werner/Grunwald, Armin/Hofmann, Heinrich/Janich, Peter/Krug, Harald/Mayor, Marcel/Rathgeber, Wolfgang/Simon, Ulrich/Vogel, Viola/Wyrwa, Daniel: Nanotechnology – Perspectives and Assessment, Berlin u.a. 2006.

Schmidt, Jan C.: Vom Leben zur Technik? Kultur- und wissenschaftsphilosophische Aspekte der Natur-Nachahmungsthese in der Bionik, Dialektik 2/2002, S. 129–143.

Ders.: Wissenschaftsphilosophische Perspektiven der Bionik, in: Thema Forschung 2/2002, S. 2–7.

Ders.: Unbestimmtheitssignaturen der Nanotechnologie, in: *Hofmeister, Georg/ Köchy, Kristian/Norwig, Martin* (Hg.), Nanobiotechnologien. Philosophische, anthropologische und ethische Fragen, Freiburg 2008.

UMSICHT – Fraunhofer-Institut für Umwelt-, Sicherheits- und Energietechnik: Bionik als Technologievision der Zukunft. Gutachten für den Deutschen Bundestag, Berlin 2005.

VDI – Verein Deutscher Ingenieure: Nanobiotechnologie I: Grundlagen und Anwendungen molekularer, funktionaler Biosysteme, Düsseldorf 2002.

von Gleich, Arnim (Hg.): Bionik – Ökologische Technik nach dem Vorbild der Natur?, Stuttgart/Leipzig/Wiesbaden 1998.

von Gleich, Arnim/Pade, Christian/Petschow, Ulrich/Pissarskoi, Eeugen: Bionik. Aktuelle Trends und zukünftige Potentiale, Bremen 2007.

von Weizsäcker, Christine/von Weizsäcker, Ernst Ulrich: Fehlerfreundlichkeit, in: *Kornwachs, Klaus* (Hg.), Offenheit – Zeitlichkeit – Komplexität. Zur Theorie der offenen Systeme, Frankfurt/New York 1984, S. 167–201.

Wagner, Peter: Nanobiotechnology, in: *Greco, Ralph S./Prinz, Fritz B./Lane, Robert* (Hg.), Nanoscale Technology in Biological Systems, Boca Raton 2005.

Woese, Carl R.: A New Biology for a New Century, in: Microbiology and Molecular Biology Reviews 68, No. 2 (2004), S. 173–186.

Kristian Köchy

Erleben und Erkennen

Zur historischen Entwicklung der Forschungsprogramme in den Neurowissenschaften

Zur Erläuterung seiner epistemologischen Reflexionen über den Denkstil, nach der sich die wissenschaftliche Welterfassung als Vielzahl von epistemischen Perspektiven darstellt – eine Pluralität von jeweils durch Denkkollektive getragenen Forschungsprogrammen –, hat Ludwik Fleck in seinem Beitrag *Das Problem einer Theorie des Erkennens*[1] die Gegenüberstellung der Konzepte des Philosophen Henri Bergson und des Physikers James Clerk Maxwell gewählt. Dabei konzentriert sich Fleck auf den von beiden Protagonisten ganz unterschiedlich verwendeten Begriff der Bewegung. Während Maxwell entsprechend des Denkstils einer experimentellen Physik unter „Bewegung" den Prozess der Veränderung von physikalischen Körpern in Raum und Zeit versteht, deutet Bergson „Bewegung" in enger Anlehnung an psychologische Befunde unter metaphysischen Vorzeichen als Wahrnehmung von Beweglichkeit durch bewegungsfähige Lebewesen. Wie Fleck betont, werden in der Kontroverse dieser beiden Denkstile die je unterschiedlichen Vorgaben von heterogenen Forschungsprogrammen besonders deutlich. Letztlich könnten diese Unterschiede gar auf eine Inkommensurabilität der mit beiden Programmen verbundenen Weltbilder hinaus laufen. Die beiden Denker leben dann gewissermaßen in zwei getrennten Welten. Diese Diskrepanz wird bereits in der wechselseitigen Kritik der genannten Protagonisten deutlich. So wirft Maxwell Bergson vor, Bewegung *erleben* bedeute keineswegs, Bewegung wissenschaftlich zu *erkennen*. Erleben verunmögliche vielmehr wissenschaftliche Erkenntnis.[2] Umgekehrt geht für Bergson der mit naturwissenschaftlicher Erkenntnis verbundene Bewegungsbegriff gerade an der eigentlichen Bewegung vorbei. Er bringt eine auf praktische Bewältigung ausgerichtete

---

[1] *L. Fleck*, Das Problem einer Theorie des Erkennens, 1936, in: *ders.*, Erfahrung und Tatsache. Gesammelte Aufsätze, Frankfurt a.M. 1983, S. 84–127, hier: 87ff.
[2] A.a.O., S. 89.

Handlungsmetaphysik zum Ausdruck, die bei allen nachweislichen Erfolgen im Alltag nicht zu den wesentlichen Dimensionen der Wirklichkeit vorzudringen in der Lage ist.

Die obigen Beispiele zeigen die typischen Leitbilder und Rahmenannahmen zweier sich diametral gegenüber stehender Forschungsprogramme: Bergson steht für den *metaphysischen Ansatz.* In lebensphilosophischer Ausrichtung setzt er auf das Ideal einer unmittelbaren Einsicht in die Bewegung durch das *Erlebnis* beim Akt des Bewegens. Hier wird auf Gewissheiten vertraut, über die der Mensch als ein sich bewegendes und diese Bewegung erlebendes Lebewesen verfügt. Wahrnehmung der Bewegung von einem *inneren Standpunkt*[3] aus wird zum Ideal der Erkenntnis. Maxwell hingegen steht für den *physikalischen Ansatz.* In naturwissenschaftlicher Ausrichtung sucht er nach wissenschaftlicher *Erkenntnis* von Bewegung. Unter Ausklammerung des Erlebens konzentriert sich sein Ansatz auf den

---

[3] Zu den vielen Ebenen einer komplexen Systematik des inneren und des äußeren Standpunktes vgl. *N. Bischof* (Erkenntnistheoretische Grundlagenprobleme der Wahrnehmungspsychologie, in: *K. Gottschaldt et al.* (Hg.), Handbuch der Psychologie, Bd. 1, Göttingen 1966, S. 21–78, insb. 21ff.). Bischof unterscheidet sechs Bedeutungen dieser Gegenüberstellung: (a) Die Betrachtung der philosophischen Anthropologie unter dem Paradigma des eigenen Ich („innen₁") oder unter dem Paradigma des Anderen („außen₁"). Auf der vorkritischen Betrachtungsstufe werden dabei Körper und Seele noch nicht differenziert, so dass Ich und Du unmittelbar aneinander teilhaben können. Wahrnehmung erweist sich in diesem Fall als dialogisch strukturierte Kontaktnahme. (b) Unter kritischer Besinnung entsteht dann die Lehre vom Verhalten als Reaktion auf die Reizung von Sinnesorganen mittels physikalischer Energien („außen₂"). Fremdseelisches gilt in diesem Fall als für den Außenbetrachter verborgen (metaphysisch) und der Andere erscheint notwendig nur als biologisches System. Forschung erfolgt damit in den Grenzen des deskriptiven Behaviorismus als Analyse von Reiz-Reaktions-Beziehungen (vgl. unsere Darstellungen zu diesem Punkt). (c) In einem dritten Sinne wird im Rahmen dieser Außenbetrachtung₂ ein weiterer Gegensatz zwischen Milieu („außen₃") und organismischer Binnenstruktur („innen₃") deutlich. Dabei bleibt die Wissenschaft in beiden Fällen weiterhin auf Außenbetrachtung₂ festgelegt. Weitere Dichotomien, wie die zwischen Öffentlichkeit und Verborgenheit oder Zugänglichkeit und Unerreichbarkeit gehen mit dieser Konzeption einher. (d) Parallel zu der „Außenbetrachtung₁" ergibt sich im Rahmen des Programms einer Anthropologie nach dem Paradigma des Anderen („außen₁") eine weitere Gegenüberstellung von (über Introspektion erfahrbarem) seelischem Erleben oder „Anschaulich-Seelischem" („innen₄") und körperlichem Erleben oder „Anschaulich-Körperlichem" („außen₄"). In dieser Sphäre hätte eine Unterscheidung der Standpunkte von Psychologie (auf „innen₄" bezogen) und Naturwissenschaft (auf „außen₄" bezogen) ihren Ort. Nach Bischof würde Diltheys Konzept des Verstehens und die daran anknüpfenden psychologischen Theorien auf dieser Ebene ansetzen. (e) Die Probleme dieser Gegenüberstellung werden jedoch letztlich deutlich machen, dass alle Phänomene aller Wissenschaften immer nur als etwas aufgefasst werden können, was als Bewusstseinsinhalt („in" mir) existiert (die Welt der „Dinge da draußen", ich selbst, meine Leiblichkeit, die Regungen meines Seelenlebens, die Messinstrumente und Zeigerausschläge, die ich ablese, die anderen Beobachter, mit denen ich „intersubjektiv" kommuniziere etc.). Diese Sphäre ist bei Einnahme des Innen₂-Standortes ebenso unzugänglich wie bei Einnahme des Außen₂-Standortes. Bischof selbst votiert dabei für den Glauben an die Realität auf der Basis eines hypothetischen Realismus. Weitere Überlegungen finden sich in *N. Bischof,* Verstehen und Erklären in der Wissenschaft vom Menschen, in: *M. Lohmann* (Hg.), Wohin führt die Biologie? Ein interdisziplinäres Kolloquium, München 1970, S. 175–212.

äußeren Standpunkt, die „von außen" durch einen Forscher messbaren Beziehungen und Veränderungen von physikalischen Körpern in Raum und Zeit. Wie Fleck betont, untersucht Maxwell damit für Bergson einen bloßen Ersatz von Bewegung; umgekehrt untersucht Bergson für Maxwell lediglich Hirngespinste ohne konkreten Inhalt. Diese Gegenüberstellung von innerem und äußerem Standpunkt bedeutet nicht schon eine Unterscheidung von privater (subjektiver) und öffentlicher (intersubjektiver) Perspektive, da beide Denker für ihre Seite eine über die individuelle Sphäre hinaus reichende allgemeine Gültigkeit der gewonnenen Einsichten reklamieren. Auch wenn somit der Standpunkt der ersten und der dritten Person gegenüberstehen mögen, so ist doch in beiden Fällen ein Allgemeinheitsanspruch insofern legitimiert, als die jeweilige *Erfahrung* – unter den gemachten methodischen Voraussetzungen – prinzipiell von allen Menschen gewonnen werden kann. Der Aspekt der intersubjektiven *Vermittlung* von Erfahrungen hingegen – so machen es die Überlegungen weiter unten deutlich –, ist dann nicht in beiden Fällen gleichermaßen, auf gleichem Wege oder in gleicher Hinsicht einlösbar.

Beide Ansätze stehen damit für eine je unterschiedliche *Tradition der Wissenschaftlichkeit*. Die beiden Protagonisten des Streites unterliegen je unterschiedlichen Denkdisziplinen, sie folgen je verschiedenen Denkstilen. Die von ihnen verwendeten Worte haben eine je andere Bedeutung. Die mit den Worten jeweils bezeichneten Sachverhalte haben einen je verschiedenen Stellenwert – respektive existieren sie für den gegnerischen Standpunkt gar nicht als Sachverhalte. Somit kann nach Fleck die Sprache des einen nicht in die des anderen übersetzt werden: „Von einer Gruppe in die andere übergehend, ändern die Worte ihre Bedeutung, die Begriffe erhalten eine andere Stilfärbung, die Sätze einen anderen Sinn, die Anschauungen einen anderen Wert."[4]

Diese Gegenüberstellung – die auf die Opposition von *Erleben und Erkennen* hinaus läuft – soll im Folgenden als Leitlinie zur Rekonstruktion des Entwicklungsganges von Forschungsprogrammen der Neurowissenschaften im 20. Jahrhundert verwendet werden. Sie soll vor allem das Verhältnis der Neurowissenschaften zum Phänomen des „Lebens" respektive des „*Erlebens*" aufzeigen. Es wird also zu zeigen sein, dass diese von Fleck hellsichtig gegenübergestellten Denkstile sich auch im historisch-systematischen Entwicklungsgang der neurowissenschaftlichen Forschung nachweisen lassen und dass ihre Berücksichtigung ein strukturierendes Moment für die schlüssige Rekonstruktion dieser Entwicklung ergibt. Dabei bleibt durchgehend der auch von Fleck betonte Konnex zwischen philosophischen Rah-

---

[4] *L. Fleck*, Das Problem einer Theorie des Erkennens, 1936, in: *ders.*, Erfahrung und Tatsache. Gesammelte Aufsätze, Frankfurt a.M. 1983, S. 91.

menannahmen, konkreten Forschungshandlungen und übergeordneten methodologischen Vorgaben in jedem einzelnen der aufeinander folgenden
Programme erhalten – wie es auch die diesbezüglich maßgeblichen Überlegungen von Imre Lakatos postulieren.[5] Statt der vom logischen Empirismus
vorausgesetzten klaren Trennung zwischen empirischen Sätzen der Naturwissenschaft von den analytischen Sätzen der Wissenschaftsphilosophie
oder den sinnlosen Formulierungen der Metaphysik existiert also ein Kontinuum zwischen wissenschaftlichen Forschungsprogrammen und philosophischen Rahmenannahmen. Allgemeine philosophische Konzepte gehen in
fachwissenschaftliche Theorien und Praxen über und verbinden sich mit
konkreten empirischen Befunden.[6] Es kommt darüber hinaus wegen des an-
dauernden Konfliktes zwischen den beiden Denkstilen – über die gesamte
bisherige Geschichte der neurowissenschaftlichen Forschung hinweg – zu
einer ständigen gegenseitigen Beeinflussung und Durchdringung der Rahmenannahmen und Verfahren beider Ansätze, so dass die Kuhn'sche In-
kommensurabilitätsthese (die nicht in vollem Umfang auch Flecks These
ist, welcher vielmehr den Kreislauf von Gedanken, die Entwicklung des
Denkens, die Entfaltung der Denkinhalte sowie die Einflüsse fremder
Denkstile hervorhebt) auch in diesem Fall nicht zu halten ist, sondern vielmehr im Sinne von Stephen Toulmin ein komplex verflochtenes Netzwerk
von unterschiedlichen Konzepten existiert.[7]

I. Erkennen als Erleben:
Das Forschungsprogramm der Tierpsychologie

Flecks obiger Verweis auf Bergson bezieht sich direkt auf dessen Überlegungen im *Essai sur les données immédiates de la conscience* (dt. *Zeit und
Freiheit*).[8] Damit wird bereits ein impliziter Bezug zu neurowissenschaftlichen oder psychologischen Forschungsprogrammen hergestellt, denn der
lebensphilosophisch-metaphysische Bewegungsbegriff Bergsons fungiert in
dieser Schrift als das lebende Symbol für ein bestimmtes psychisches Ge-

---

[5] *I. Lakatos*, Die Geschichte der Wissenschaften und ihre rationale Rekonstruktion, in: *W.
Diederich* (Hg.), Theorien der Wissenschaftsgeschichte, Frankfurt a.M. 1974, S. 70.

[6] Vgl. dazu *K. Köchy*, Naturphilosophie und aktuelle Biologie. Das Fallbeispiel der Debatte
um die Potentialität von Zellen, in: *B. Falkenburg* (Hg.), Natur – Technik – Kultur. Philosophie im interdisziplinären Dialog, Paderborn 2007, S. 111–128.

[7] Vgl. *S. Toulmin*, Kritik der kollektiven Vernunft, Frankfurt a.M. 1983, S. 236ff.

[8] *H. Bergson*, Essai sur les données immédiates de la conscience, in: Oeuvres, Paris 1991,
S. 1–157 (frz.); *H. Bergson*, Zeit und Freiheit. Eine Abhandlung über die unmittelbaren Bewusstseinstatsachen, Jena 1920 (dt.).

schehen, nämlich die homogene Dauer der Vorstellungen.[9] Das physikalische Verständnis von Bewegung hingegen würde entsprechend Bergsons komplexer Analyse – die hier nicht in allen Details rekonstruiert werden kann und muss – lediglich auf die *extensive* Vorstellung des bei physikalischen Veränderungen durchlaufenen Raumes hinauslaufen. Gegen diese Auffassung setzt Bergson die *intensive* Empfindung von Bewegung. Der Standpunkt Bergsons erklärt sich zunächst aus dessen Opposition gegen bestimmte psychologische Theorien – in diesem Fall gegen die Assoziationspsychologie,[10] die psychische Phänomene auf physiologische Ursachen zurückzuführen suchte, wobei sie von quantifizierbaren Elementarereignissen des psycho-physischen Geschehens ausging.[11] Bergson, der selbst zunächst unter naturalistischen und pragmatischen Einflüssen stand, entwickelt gegen diese Lehre der Assoziation von Vorstellungen nach Art des Baukastensystems ein ganzheitliches Konzept, dessen Grundannahme – mit Bezug auf William James – das Vorliegen eines allgemeinen Bewusstseinsstroms (*stream of thought*)[12] ist. Dieser ganzheitliche Strom von Vorstellungen, den Bergson „reine Dauer" (*pure durée*)[13] nennt, wird erst nachträglich durch reflexive Akte in einzelne, isolierte Bewusstseinsinhalte zerlegt.

Bergson rekurriert somit bei seinem Entwurf auf die *qualitative Natur*[14] eines ursprünglichen Bewusstseinsstroms, die vor allem durch die unmittelbare Erfahrung, das eigene *Erlebnis*, erfasst werden kann. Quantitative Bestimmungen mittels messender Verfahren gelten hingegen als von abgeleiteter Natur. Der messende Zugang ist demnach typisch für den Ansatz der Naturwissenschaften, welcher stets auf technisch-praktische Umsetzung der gewonnenen Erkenntnisse abzielt. Wissenschaft ist für Bergson genuin technisch und berücksichtigt wegen dieser lebenspraktischen Funktion immer nur Messbares und Quantifizierbares. Lebenspraktische Umsetzung bedeutet somit die Notwendigkeit von Abstraktionen und Ausblendungen. Das komplexe Geschehen der Wirklichkeit wird in einfache und handhabbare Teile zerlegt. Insofern repräsentiert die Wissenschaft – so die spätere Überlegung Bergsons in *L'evolution créatrice* – stets eine Metaphysik des Homo faber. Die Wissenschaft muss also, um beim Beispiel der Bewegung zu bleiben, die wesentlichen und qualitativen Momente der Dauer eliminieren und sich auf die quantifizierbaren Aspekte des in Raum und Zeit ablaufenden Geschehens konzentrieren. Damit wird zwar eine praktisch umsetz-

---

[9] A.a.O., frz. S. 74/dt. S. 86.

[10] A.a.O., frz. S. 89/dt. S. 105.

[11] A.a.O., frz. S. 50/dt. S. 57.

[12] *W. James*, The Principles of psychology, 1890, New York 1950, Vol. I, S. 224ff.

[13] *H. Bergson*, Essai sur les données immédiates de la conscience, a.a.O., S. 51; *H. Bergson*, Zeit und Freiheit, a.a.O., S. 57.

[14] A.a.O., frz. S. 81/dt. S. 95.

bare und technisch nutzbare vereinfachte Situation geschaffen, von der eine wissenschaftliche *Erkenntnis* gewonnen werden kann, diese eliminiert jedoch das eigentliche Element der Beweglichkeit aus der Bewegung.[15] Der Inhalt des unmittelbaren *Erlebens* bleibt dann zwar „unpraktisch", verweist uns jedoch auf die Grundmerkmale einer qualitativ schöpferischen Wirklichkeit.

Entsprechend dieser Differenzierung gibt es für Bergson grundsätzlich zwei verschiedene Arten von Mannigfaltigkeit:[16] Erstens die *quantitative Mannigfaltigkeit*, die den Gegenstandsbereich der Naturwissenschaften kennzeichnet. Es handelt sich hierbei um eine Mannigfaltigkeit des räumlichen Nebeneinanders,[17] wie sie vor allem für die materiellen Objekte im Raume gilt (später wird Bergson in *L'evolution créatrice* auch diese äußere Wirklichkeit im Sinne der inneren Erlebenssphäre als schöpferische Entwicklung umdeuten). Zweitens die *qualitative Mannigfaltigkeit*, die den Gegenstandsbereich der Metaphysik charakterisiert. Hier ist eine Auftrennung in isolierte Glieder unmöglich, vielmehr ist die Mannigfaltigkeit nur als kontinuierlicher Fluss von Dauer zu beschreiben und zu erleben. Wendet man diese Einsicht auf das psychische Geschehen an, dann betreffen beide Arten der Mannigfaltigkeit für Bergson unterschiedliche Tiefenebenen des psychischen Prozesses. Je enger ein psychisches Geschehen mit der Außenwelt verbunden ist, desto stärker wirkt sich die quantitative Mannigfaltigkeit des Nebeneinanders auf es aus. Da unser Ich die Außenwelt mittels seiner Sinnlichkeit „oberflächlich" berührt, behalten unsere sukzessiven Empfindungen etwas von der „reziproken Exteriorität" (*l'extériorité réciproque*) bei. Deshalb ist das oberflächliche psychische Geschehen durch eben die „objektiven" Bedingungen der quantitativen Mannigfaltigkeit eines raum-zeitlichen Nebeneinanders geprägt.[18] Die Tiefenstruktur unserer Psyche hingegen ist rein qualitativer Natur, sie ist reiner Fluss der Dauer.

Eine Rekonstruktion des Forschungsprogramms der *Tierpsychologie* kann sich in Teilen an diesen Bestimmungen Bergsons orientieren, was vor allem an dem unten aufgeführten Beispiel des Ansatzes von Friedrich Alverdes deutlich wird. Insgesamt ist jedoch festzuhalten, dass diese neue naturwissenschaftliche Disziplin des 20. Jahrhunderts historisch aus einer Gemengelage ganz unterschiedlicher Paradigmen, Forschungsprogramme und Denkstile hervorgegangen ist und insofern heterogene Forschungsansätze unter einem Dach versammelt. Für die Genese der Disziplin spielt jedoch vor allem die Auseinandersetzung zwischen naturwissenschaftlich-physikalischen und geisteswissenschaftlich-psychologischen Ansätzen eine

---

[15] A.a.O., frz. S. 77/dt. S. 90.
[16] A.a.O., frz. S. 81/dt. S. 95.
[17] A.a.O., frz. S. 58/dt. S. 66.
[18] A.a.O., frz. S. 83/dt. S. 97f.

besondere Rolle und hat die Kontur des Faches bestimmt.[19] Diese Auseinandersetzung betrifft sowohl die Methoden der Forschung als auch die Rahmenannahmen des disziplinären Selbstverständnisses oder das Verständnis vom Untersuchungsgegenstand.[20] So ist etwa einerseits die Aristotelische Vorstellung eines gestuften Reiches der Natur durch Lebewesen mit unterschiedlichen Seelenvermögen auch für die Suche nach einer tierischen *anima sensitiva* bis in das 19. Jahrhundert hinein bestimmend.[21] Solche Stufenmodelle des Lebendigen finden sich deshalb auch in den Begründungsversuchen der Tierpsychologie.[22] Andererseits bildet Darwins Studie über den *Ausdruck der Gemütsbewegungen bei Mensch und Tier* (1872) einen paradigmatischen Orientierungspunkt für den Neuaufbruch der Seelenforschung in Richtung auf eine naturwissenschaftliche Bearbeitung. Neben dieser Förderung des naturwissenschaftlichen Leitbildes liefert die Bezugnahme auf Darwin dann jedoch für die Tierpsychologie auch eine Argumentationslinie, die auf das evolutionäre Kontinuum mentaler Fähigkeiten verweist. Wie es moderne Positionen in der kognitiven Ethologie auch betonen, widerspräche es dann dem evolutionären Gedanken, das isolierte Auftauchen mentaler Fähigkeiten beim Menschen ohne entsprechende Vorstufen im Tierreich zu postulieren.[23]

Ein Forscher der Debatte des 19. Jahrhunderts, bei dem beide obigen Aspekte der Darwinrezeption in Verbindung nachweisbar sind, ist Gustav Theodor Fechner. Er knüpft nicht nur auf der einen Seite mit seiner *Nanna oder Über das Seelenleben der Pflanzen* (1848)[24] an die aristotelischen Debatte an, sondern gilt auf der anderen Seite auch als Begründer der *Psychophysik* (1860), mit der das neue Paradigma einer physikalisch messenden Forschung befördert und auf die Erlebnissphäre subjektiver Empfindungen ausgedehnt wird.[25] Zugleich macht jedoch gerade Fechners Forschungsprogramm deutlich, wie sehr die gesamte Debatte weiter unter naturphilosophi-

---

[19] Vgl. die historische Darstellung von *G. Tembrock* (Grundlagen der Tierpsychologie, Berlin 1963, S. 8ff.) und die systematischen Überlegungen in *R. Schubert-Soldern* (Philosophie des Lebendigen auf biologischer Grundlage, Graz/Salzburg/Wien 1951, Teil III, S. 169ff.). Vgl. auch die Darstellungen in: *R. A. Stamm* (Hg.), Tierpsychologie, Weinheim/Basel 1984.

[20] *I. Jahn/U. Sucker*, Die Herausbildung der Verhaltensbiologie, in: *I. Jahn* (Hg.), Geschichte der Biologie, Heidelberg/Berlin [3]2000, S. 580–600. Vgl. auch *M. Böhnert/K. Köchy/M. Wunsch* (Hg.), Philosophie der Tierforschung, Bd.1 Methoden und Programme, Freiburg/München 2016 (im Druck).

[21] Vgl. *H. W. Ingensiep*, Geschichte der Pflanzenseele. Philosophische und biologische Entwürfe von der Antike bis zur Gegenwart, Stuttgart 2001.

[22] Bei *H. Hediger* (Tiere verstehen. Erkenntnisse eines Tierpsychologen, München 1984, S. 16) ist die Argumentation etwa auf Nicolai Hartmanns Schichtenmodell aufgebaut.

[23] A.a.O., S. 51.

[24] *G. T. Fechner*, Nanna oder Über das Seelenleben der Pflanzen, Hamburg/Leipzig [4]1908.

[25] Vgl. *K. Lasswitz*, Gustav Theodor Fechner, Stuttgart [3]1910, S. 71ff.; *M. Heidelberger*, Die innere Seite der Natur. Gustav Theodor Fechners wissenschaftlich-philosophische Weltauffassung, Frankfurt a.M. 1993, S. 217ff.

schen Hintergrundannahmen geführt wird.[26] Dabei ist insbesondere die uns als Leitlinie dienende Gegenüberstellung von innerem und äußerem Standpunkt auch im Fall von Fechner einschlägig. Fechner versucht mit seinem psychophysischen Ansatz, die genannten zwei Standpunkte[27] zusammen zu führen: Den äußeren Standpunkt der Naturwissenschaft, in der die naturwissenschaftlichen Forscher Gehirn und Sehnerv „äußerlich in Form einer weißen schwingenden Nervenmasse"[28] erfassen und den inneren Standpunkt der Selbsterscheinung, in der sie „den Namen Gehirn und Sehnerv nicht mehr für die Erscheinung brauchen".[29]

Vor diesem Hintergrund disziplinärer Auseinandersetzungen um eine wissenschaftliche Analyse tierischen Verhaltens und tierischer Seelenvorgänge erklärt sich die deutliche Abgrenzung der Tierpsychologie von „vulgärpsychologischen" Anthropomorphismen. Nach der Darstellung von Karl Lutz[30] ist die Vulgärpsychologie vor allem durch kritiklose Anwendung des Analogieschlusses bestimmt und deutet tierische Verhaltensleistungen und Seelenfunktionen vor der Folie eines Vergleichs mit dem Menschen. Daraus resultiert entweder eine Gleichsetzung tierischer Leistungen mit den höchsten Reflexionsformen und Verstandeshandlungen des Menschen (teleologische Deutung) oder aber mit dem niedersten Reflexgeschehen (mechanistische Deutung).[31] Beide Schlussfolgerungen sind wegen des unwissenschaftlichen Ausgangspunkts der Untersuchung allerdings nicht gerechtfertigt.

---

[26] Vgl. *K. Köchy*, Der ‚Grundwiderspruch der Naturwissenschaften' mit umgekehrten Vorzeichen: Fechners Kritik an Darwin, in: Jahrbuch für Geschichte und Theorie der Biologie V (1998), S. 55–70.

[27] *G. T. Fechner* (Zend-Avesta oder über die Dinge des Himmels und des Jenseits. Vom Standpunkt der Naturbetrachtung, Hamburg/Leipzig ²1901, Bd. 2, S. 129ff.) konzipiert dazu ein Gedankenexperiment: Ein externer Beobachter kann bei einem äußeren Blick auf das Gehirn eines anderen keine Gedanken und Empfindungen wahrnehmen und ein Empfindender und Denker kann keine physischen Bewegungen im Nervensystem empfinden (a.a.O., S. 132f.). Daraus leitet sich die Unterscheidung von äußerem und innerem Standpunkt ab (a.a.O., S. 134). Körper und Geist sind deshalb nach dem Standpunkt der Auffassung oder Betrachtung verschieden (a.a.O., S. 135).

[28] A.a.O., S. 137.

[29] *Fechner* konstatiert (ebd.): „So macht der doppelte Standpunkt der Betrachtung die Erscheinung immer verschieden und unterscheiden wir immer das Geistige, Psychische und Leibliche, Physische danach, ob wir die Erscheinung als eigene innere Selbsterscheinung oder als Erscheinung eines andern fassen." Und weiter heißt es über die Selbstreferentialität der Situation: „Sieht einer Theile seines eigenen Leibes, ist's doch nur mit andern Theilen seines Leibes, also vermöge einer Gegenüberstellung des Wahrnehmenden und Wahrgenommenen, die in ihm eintritt und über welche das Ganze in höherer Selbsterscheinung hinweggreift".

[30] *K. Lutz*, Tierpsychologie. Eine Einführung in die vergleichende Psychologie, Leipzig/ Berlin 1923, S. 5ff.

[31] Vgl. dazu auch die Überlegung von *H. M. Peters* (Grundfragen der Tierpsychologie. Ordnungs- und Gestaltprobleme, Stuttgart 1948, S. 110): „In der Geschichte der Tierpsychologie standen sich zwei Grundauffassungen gegenüber. Die eine betrachtet Tier und Mensch als gleichwertige, nur graduell verschiedene Glieder der Schöpfung, während nach der anderen zwischen Tierseele und Menschenseele eine unüberbrückbare Kluft besteht."

Demgegenüber nimmt die wissenschaftliche Tierpsychologie nach Lutz einen „unbefangenen und vorurteilslosen Standpunkt"[32] ein. Sie geht methodisch vor und versucht, das Verhalten der Tiere aus ihrer Organisation und den Einflüssen der Umgebung abzuleiten. Wie die späteren experimentellen Ansätze auch, folgt die Tierpsychologie dem Sparsamkeitsprinzip von Wilhelm Wundt und Conwy Lloyd-Morgan:[33] „In keinem Falle dürfen wir eine Tätigkeit als die Wirkung einer höheren psychischen Fähigkeit deuten, wenn sie als die Wirkung einer niederen gedeutet werden kann".[34] Diese wissenschaftliche Strömung der Tierpsychologie ist allerdings nicht einheitlich und zerfällt nach Lutz in eine *subjektive* und eine *objektive Richtung*. Die subjektive Richtung (vertreten etwa durch Wundt, Marbe, Kafka, Wasmann und Claparède) ist auf den Mensch-Tier-Vergleich fokussiert und setzt dabei methodisch auf das Analogieprinzip. Diese Richtung schreibt den Tieren Sinneswahrnehmungen, Erinnerungen, Gefühle etc. in ähnlicher Weise zu, wie sie beim Menschen existieren. Die *objektive Richtung* hingegen (vertreten durch Beethe, Beer, den frühen Uexküll, Bechterew und Jordan) untersucht das Verhalten der Tiere auf rein physiologischer Basis. Die Erklärung des tierischen Verhaltens erfolgt in diesem Fall explizit unter Ausblendung der Möglichkeit, dass mit dem Verhalten seelische Erlebnisse verbunden sind. (Da mit dieser Vorgabe betont die Außenperspektive eingenommen wird, ist diese Richtung unter dem Gesichtspunkt der experimentellen Verhaltensforschung im folgenden Abschnitt zu erörtern).

Lutz selbst tritt für eine Vermittlung zwischen beiden Lagern ein: Für ihn muss zuerst ein objektives Studium der Verhaltensleistungen der Tiere erfolgen – mittels Beobachtung und wissenschaftlicher Ordnung des Beobachtungsmaterials. Erst danach kann eine Anwendung dieser Daten auf die Fragen der vergleichenden Psychologie stattfinden. Bei dem zweiten Schritt ist der Rückgriff auf die subjektive Sprache (mentalistische Sprache) weder in allen Fällen auszuschließen, noch wäre ein solcher Ausschluss sinnvoll, da er die Differenz zwischen Mensch und Tier über Gebühr betonen würde. Im Sinne heutiger Debatten könnte man sagen, dass mit der Nichtberücksichtigung der Möglichkeit seelischer (mentaler) Zustände das evolutionäre

---

[32] *K. Lutz*, Tierpsychologie. Eine Einführung in die vergleichende Psychologie, Leipzig/Berlin 1923, S. 10.

[33] *C. L. Morgan*, An Introduction to comparative psychology, London 1894, Neudruck 2005, S. 53. Vgl. zur Bedeutung dieses so genannten Morgan Kanons und zu seiner missverständlichen Deutung als Sparsamkeitsprinzip nach Art von Ockham's Razor oder als Maxime des Reduktionismus die Überlegungen von *M. Böhnert/C. Hilbert*, C. Lloyd Morgan's Canon, in *M. Böhnert/K. Köchy/M. Wunsch* (Hg.), Philosophie der Tierforschung, Bd. 1 Methoden und Programme, Freiburg/München 2016 (im Druck).

[34] So auch *H. Hediger*, Tiere verstehen. Erkenntnisse eines Tierpsychologen, München 1984, S. 20.

Kontinuum zwischen Menschen und Tieren nicht adäquat berücksichtigt würde.

In diesem Sinne setzt Lutz' Tierpsychologie auf wissenschaftliche Verfahren (exakte Beobachtung, Experiment, Statistik). Wie in den neuesten Ansätzen zur kognitiven Verhaltensforschung auch besteht dann das größte methodische und epistemologische Hindernis für die wissenschaftliche Ausrichtung der tierpsychologischen Forschung in der Tatsache, dass Tiere über keine menschliche Sprache verfügen.[35] Die methodischen Hilfsmittel der Denkpsychologie beim Menschen (Selbstbeobachtung und Auskunft über psychische Erlebnisse) sind aus diesem Grunde nicht auf die Tierforschung übertragbar. Deshalb – und diese Einsicht von Lutz leitet eigentlich zu den Forschungsansätzen des nächsten Abschnitts über – ist die Tierpsychologie auf die Beobachtung tierischer Bewegungen und die Rückschlüsse auf psychische Verhältnisse angewiesen, wobei die strenge Trennung zwischen Beobachtung und nachträglicher Deutung besonders problematisch ist.

Während diese Konzeption von Tierpsychologie – vor allem in der von Lutz genannten objektiven Richtung – eher die Einnahme eines äußeren Standpunktes bedeutet (von dem dann allerdings *per analogiam* auf innere Prozesse des tierischen Seelenlebens sowie auf die Qualität des tierischen Erlebens geschlossen werden kann), verfolgt Friedrich Alverdes in seiner *Tierpsychologie*[36] (1932) einen Weg, der eher auf der Linie von Bergsons Ansatz (oder aber von Diltheys Konzept des Verstehens) liegt. Insbesondere ist der Bezug zu den schon von Bergson ins Spiel gebrachten „tieferen Schichten" des Seelenlebens unübersehbar. Alverdes' Überlegungen basieren darüber hinaus auf ganzheitspsychologischen Modellen und gehen in vitalistischer Tönung von einer Eigengesetzlichkeit des Lebens aus. Auch nach diesem Ansatz ist die Frage nach dem Bewusstsein von Tieren zwar prinzipiell nicht mit naturwissenschaftlichen Mitteln zu klären,[37] man kann jedoch – gerade unter Ausblendung der Momente des Bewusstseins und unter Berücksichtigung der Tatsache, dass auch beim Menschen die Ganzheitserfassung in den „unbekannten Tiefen" der Seele wurzelt – auf den Ansatz des „einfühlenden Verstehens" setzen.[38] Ausgehend von einem „als

---

[35] K. *Lutz*, Tierpsychologie. Eine Einführung in die vergleichende Psychologie, Leipzig/ Berlin 1923, S. 15.

[36] F. *Alverdes*, Die Tierpsychologie in ihrer Beziehung zur Psychologie des Menschen, Leipzig 1932.

[37] A.a.O., S. 63. Vgl. auch S. 16f.: „Wir wissen ja schon bei unserem Mitmenschen nicht, wie beschaffen sein Bewußtsein und dessen Inhalt ist. Wir können nur schließen, daß es sich dort um Gleiches oder mehr oder weniger Ähnliches wie bei uns handelt. [...] Es gibt keine Möglichkeit, festzustellen, ob etwa ein anderer Mensch die Farbe Rot ‚genau ebenso' empfindet wie ich [...]".

[38] A.a.O., S. 64.

ob", wird dabei vorausgesetzt, wir vermöchten Tiere zu verstehen und diese wiederum vermöchten die Welt in einer ganzheitlichen Weise zu verstehen. Auch in diesem Ansatz wird für die Bestimmung des Beobachteten und des Mechanismus der Beobachtung eine bestimmte Konzeption des Beobachters[39] relevant. War im ersten Ansatz ein *evolutionäres Kontinuum* vorausgesetzt, so dass Beobachter (Forscher) und Beobachtetes (Tier) als in evolutionärer Hinsicht verwandt und insofern beide mit der Möglichkeit seelischer Innenperspektiven versehen gedeutet wurden, wird nun ein *Kontinuum des Verstehens* vorausgesetzt. Damit ist einerseits wieder die Möglichkeit eines Zugangs zum Tier im Verhaltensversuch eröffnet, andererseits bleibt allerdings der ganze Prozess der Beobachtung stets abhängig von der psychischen Organisation desjenigen, der die Welt in dieser Weise aufzufassen sucht: Art und Charakter des Verstehens sind somit sowohl bedingt durch die Natur desjenigen, das im verstehenden Zugang erfasst werden soll, als auch desjenigen, der mittels des verstehenden Zugangs Erkenntnisse gewinnen möchte. Unter Berücksichtigung von Uexaülls Einsicht in die je perspektivische Erfassung der Wirklichkeit durch unterschiedliche Lebewesen (relative Umwelten der jeweiligen Arten)[40] sowie unter Berücksichtigung der je kontextgebundenen Erfassung der Wirklichkeit durch ein und dasselbe Lebewesen (etwa Fokussierung auf verschiedene Umweltdinge je nach innerpsychologischem Zustand oder Deutung gleicher Umweltdinge in je verschiedener Weise), sucht Alverdes dennoch nach den Momenten einer verallgemeinerbaren Beziehung zwischen zwei oder

---

[39] Vgl. dazu *K. Köchy*, Osservazione (dt. Beobachtung), in: *F. Michelini/J. Davies* (Hg.), Frontiere della Biologia, Milano/Udine 2013, S. 279–294.

[40] *J. v. Uexküll/G. Kriszat*, Streifzüge durch die Umwelten von Tieren und Menschen. Ein Bilderbuch unsichtbarer Welten, Frankfurt a.M. 1985, S. 6ff. und 94ff. und 101ff.; *J. v. Uexküll*, Theoretische Biologie, 1928, Frankfurt a.M. 1973, S. 95ff. Uexküll formuliert in den *Streifzügen* (1985, S. 7): „Für den Physiologen ist ein jedes Lebewesen ein Objekt, das sich in seiner Menschenwelt befindet. Er untersucht die Organe der Lebewesen und ihr Zusammenwirken, wie ein Techniker eine ihm unbekannte Maschine erforschen würde. Der Biologe hingegen gibt sich davon Rechenschaft, daß ein jedes Lebewesen ein Subjekt ist, das in einer eigenen Welt lebt, deren Mittelpunkt es bildet." In der *Theoretischen Biologie* (1973, S. 105ff.) heißt es weiter: „Die Eigenschaften, die das Tier aufbauen, sind gleichfalls Merkmale des Beobachters [...]. Das erleichtert die Forschung in hohem Maße, denn bei unserer Untersuchung der Tiere ist uns die Kenntnis ihrer Empfindungen für immer verschlossen. Das einzige, was wir durch das Experiment feststellen können, ist die Zahl und Art der Merkmale in der Merkwelt, auf die das Tier reagiert. [...] Wenn wir die Gesetzmäßigkeiten, die wir in den Formen unserer eigenen Aufmerksamkeit vorfinden (und die ausschlaggebend ist für die Erscheinungswelt unseres eigenen Subjekts), nicht nur in der Gestaltung unseres eigenen Körpers wieder erkennen, sondern auch in der Gestaltung des Körpers fremder Subjekte, über deren Aufmerksamkeitsformen wir nichts wissen, so deutet das darauf hin, daß die Formgebung der Merkzeichen nicht bloß durch unser Subjekt bedingt ist, sondern eine übersubjektive ist." Vgl. zu Uexaülls Forschungsprogramm und dessen Rezeption in der Philosophie Helmut Plessners *K. Köchy*, Helmut Plessners Biophilosophie als Erweiterung des Uexküll-Programms, in: *K. Köchy/F. Michelini* (Hg.), Zwischen den Kulturen. Plessners ‚Stufen des Organischen' im zeithistorischen Kontext, Freiburg/München 2015, S. 25–64.

mehreren lebenden Organismen. Auch bei der tierpsychologischen Erforschung von Lebewesen haben wir es demnach mit einer Relation zwischen
dem Forscher und seinem Untersuchungsobjekt (Tier) zu tun, die mit dem
wissenschaftlichen Anspruch verbunden ist, verallgemeinerbare Einsichten
zu liefern. Das Besondere an der von Alverdes vorausgesetzten Forschungs-
relation findet seinen Ausdruck in der Zuschreibung „rein von innen heraus".[41] Alverdes kommt zu dieser Bestimmung, weil für ihn prinzipiell alle
Konzepte des wissenschaftlichen Beobachters unter dem Vorbehalt einer
Konstruktion von Wirklichkeit vermittels der Abstraktionsprozesse des Be-
obachtungsvorgangs und der Bedingungen menschlicher Denkorganisation
stehen.[42] Trotz dieser einschränkenden Voraussetzung votiert Alverdes für
eine wissenschaftliche – d.h. für ihn nicht-historische – Erfassung der
Wirklichkeit, bei der es darum geht, die „Spielregeln" des Lebens zu ermitteln.[43] Der Wissenschaftler kann demnach zwar niemals die wirklichen
intrapsychischen Ziele der Tiere erfassen, er kann jedoch unter menschlichen Vorzeichen ein fingiertes biologisches Ziel der Lebewesen postulieren
und dann über Verhaltensversuche bestätigen.

Eine vergleichbare Ausrichtung auf die jenseits des kausal experimentellen Zugriffs liegende Methode des Verstehens der Wesensart tierischen
Verhaltens findet sich beispielsweise auch in Hans M. Peters *Tierpsychologie*.[44] Eine auf den Instinktbegriff fokussierte Untersuchung führt ihn zu der
Einsicht, dass die experimentelle Methode der Naturwissenschaften stets
nur den *Mechanismus* einer Instinkthandlung sowie die maßgeblichen Reize
und Bedingungen ihrer Wirksamkeit ermitteln kann – entsprechend des
nachfolgend genauer darzulegenden Stimulus-response-Modells. Der experimentellen Untersuchung entziehen sich jedoch alle über die nutzenorien-
tierte Deutung des Evolutionsgeschehens hinausgehenden Fragen nach der
Einordnung der Instinkthandlung in die psychische Gesamtstruktur des Tie-
res. Um dieses Defizit zu beheben, schlägt Peters vor, die verschiedenen
disziplinären Zugänge von Morphologie, Physiologie und Ökologie in einem integrativen Ansatz zu kombinieren. Dabei soll jedoch eine neue Art
des ganzheitlichen Verständnisses von Tieren entstehen, bei dem „das Tier
als handelndes Subjekt zur Geltung kommt".[45] Wie dieser Zugang konkret
aussehen soll, bleibt mehr oder weniger offen.

Deutlicher wird die Konzeption des Verstehens jedoch in Heini Hedigers
tierpsychologischer Programmschrift *Tiere verstehen* (1984) ausformuliert.

---

[41] *F. Alverdes*, Die Tierpsychologie in ihrer Beziehung zur Psychologie des Menschen,
Leipzig 1932, S. 67.
[42] A.a.O., S. 12f.
[43] A.a.O., S. 14.
[44] *H. M. Peters*, Grundfragen der Tierpsychologie, Stuttgart 1948, S. 117.
[45] A.a.O., S. 116.

Auch hier ist bereits im Titel ein doppelter Bezug zwischen menschlichem Forscher und erforschtem Tier angelegt. Nicht nur geht es darum, einen Forschungsansatz zu entwickeln, um Tiere zu verstehen, sondern es geht immer auch darum, Tieren die Fähigkeit zuzubilligen, zu verstehen.[46] Auch nach dem Zoofachmann Hediger hat es die Tierpsychologie im Wesentlichen mit Tieren als Subjekten zu tun. Wieder wird der Forschungsgegenstand „Lebewesen" nicht als materielles Objekt, sondern als erlebendes, fühlendes und bis zu einem gewissen Grade einfühlbares sowie verstehbares Subjekt verstanden. Damit ist auch eine Abgrenzung zur Ethologie verbunden, die Tiere als anonyme Objekte betrachte, sie zum Gegenstand von Statistiken mache und deren Erforschung auf Verhaltensmechanismen begrenze. Die ethologische Forschung ist nach dieser Bestimmung im Gegensatz zur Tierpsychologie nicht dem individuellen *Erleben* gewidmet, sondern vielmehr nur der *Erkenntnis* des repräsentativen und durchschnittlichen Artverhaltens.[47] Der Ansatz der Tierpsychologie, der keinesfalls auf Freilandbeobachtung und Laborversuch verzichtet, ist demnach durch die maßgebliche Einsicht bestimmt, dass es bei Tierexperimenten eben nicht um die Konfrontation zweier Objekte gehe (dem Tier als Forschungsgegenstand einerseits und der Apparatur der Erforschung andererseits), sondern vielmehr um die Interaktion zweier Subjekte (dem Tier-Subjekt und dem Forscher-Subjekt).[48] In diesem Fall bedingen die – auch unwillkürlichen und unwissentlichen – Interaktionen zwischen beiden Subjekten nicht nur Einschränkungen des Forschungsvollzuges (wie es der paradigmatische Fall des Klugen Hans zeigt),[49] sondern stellen vielmehr den Ermöglichungsgrund einer bestimmten Art von Forschung dar, die die mannigfaltigen Interaktionen zwischen Mensch und Tier zum Ausgangspunkt und Mittel der Wissenschaft macht. Dabei sind nach Hediger alle methodischen Vorgaben einer möglichst neutralen Versuchsdurchführung zu berücksichtigen (der Experimentator muss aus dem Wahrnehmungsbereich der Tiere ausgeschlossen sein, er muss in Unkenntnis des zu erwartenden Ergebnisses sein, ein Kontakt und eine Einflussnahme des Experimentators während des Versuchsdurchgangs muss verhindert werden etc.). Dennoch ist – mit Bezug auf die Überlegungen Otto Köhlers – zu berücksichtigen: Wir beobachten nicht das Tier, sondern die Beziehungen zwischen Tier und Beobachter, also zwischen zwei lebenden Subjekten.[50]

---

[46] *H. Hediger*, Tiere verstehen. Erkenntnisse eines Tierpsychologen, München 1984, S. 9.
[47] A.a.O., S. 20f. und 28.
[48] A.a.O., S. 33.
[49] Kritisch dazu äußert sich Hediger in a.a.O., S. 112ff. Vgl. auch *H. Baranzke*, Der kluge Hans, in: *J. Ullrich/F. Weltzien/H. Fuhlbrügge* (Hg.), Ich, das Tier, Berlin 2008, S. 197–214.
[50] *Hediger*, a.a.O., S. 143.

II. Erkennen statt Erleben:
Das Forschungsprogramm von experimenteller
Verhaltensforschung und Neurobiologie

In seinem Beitrag *Erleben, Erkennen, Metaphysik* (1926) hat Moritz Schlick[51] den Versuch unternommen, das Abgrenzungskriterium zwischen Wissenschaft und Metaphysik auf der Basis der Unterscheidung von Erleben und Erkennen zu bestimmen. Aus diesem Grund ist seine Überlegung für die folgende Darstellung der philosophischen Hintergrundkonzepte und Rahmenannahmen der experimentellen Neurowissenschaft einschlägig. Entsprechend Schlicks Argumentation ist das Wesen der wissenschaftlichen *Erkenntnis* dadurch bestimmt, dass sie mitteilbar ist. Mitteilbarkeit ihrerseits ist auf das beschränkt, was sich durch Symbole ausdrücken lässt. Die symbolische Beziehung des Bezeichnens macht somit Erkenntnis aus. Nicht mitteilbar hingegen sind alle Qualitäten von *Erlebnissen* – also, wie Schlick es formuliert, alle Inhalte des Bewusstseinsstroms. Die Frage, wie ein bestimmtes Rot von einer anderen Person erlebt wird, ist nach dieser Auffassung grundsätzlich nicht zu beantworten und damit sinnlos. Wer glaubt, über solche Fremderlebnisse Erkenntnis gewinnen zu können, der betreibt nicht mehr Wissenschaft, sondern vielmehr Metaphysik:

> „Diese Fragen kommen aber dadurch zustande, daß das, was nur Inhalt eines Kennens sein kann [als inneres Erlebnis der eigenen Person, K. K.], fälschlich für den möglichen Inhalt einer Erkenntnis gehalten wird [als intersubjektiv vermittelbares Wissen, K. K.], das heißt, dadurch, daß versucht wird, das prinzipiell nicht Mitteilbare mitzuteilen, das nicht Ausdrückbare auszudrücken."[52]

Alle inhaltlichen Bestimmungen des Bergson'schen Bewusstseinsstroms sind entsprechend dieses positivistischen Programms schlechthin subjektiv und unbeschreibbar. Sie entziehen sich einer naturwissenschaftlichen – also auch neurowissenschaftlichen oder ethologischen – Analyse. Ebenso sind Beziehungen zwischen Erlebnissen wie das räumliche Nebeneinander oder das zeitliche Nacheinander von Vorstellungen im Sinne der Assoziationspsychologie nicht intersubjektiv mitteilbar und jede Aussage darüber wäre unwissenschaftlich. Mitteilbar sind für Schlick lediglich rein formale, jeglichen Inhalts entkleidete Beziehungen zwischen Vorstellungen. Wer deshalb im obigen Sinne der Tierpsychologie nach dem Vorbild eines geisteswissenschaftlichen Ansatzes für eine spezielle Form des Erkennens als Prozess

---

[51] *M. Schlick*, Erleben, Erkennen, Metaphysik, in: Kant-Studien 31 (1926), S. 146–158.
[52] A.a.O., S. 147.

des *Verstehens* votiert,[53] der unternimmt nach Schlick den Versuch einer intersubjektiven Mitteilung über private Erlebnisse (ein „Nacherleben" oder „Miterleben") und begeht insofern den Fehler, etwas prinzipiell nicht Mitteilbares dennoch mitteilen zu wollen.[54] Da Erkennen seinem Wesen und seiner Definition nach für Schlick eine vollkommen andere Sphäre betrifft als das Erleben, weil Erlebnis *Inhalt*, Erkenntnis hingegen reine *Form* ist, muss ein solcher Versuch notwendig scheitern. Erkennen ist demnach ein Prozess des Ordnens und Berechnens, nicht aber der Schau oder des Erlebens von Sachverhalten. Bergsons oder Schopenhauers metaphysische Behauptungen einer *intuitiven Erkenntnis des Erlebens* – wonach Fremderleben nicht „von außen" betrachtet oder beschrieben werden muss, sondern vielmehr mittels eines Aktes der Intuition „von innen" miterlebt werden kann – wären gleichermaßen verfehlt.[55]

Die Bedeutung dieses Ansatzes für das Verständnis der Psychologie – und damit letztlich auch der Verhaltensforschung und der Neurobiologie – zeigen die entsprechenden Überlegungen von Rudolf Carnap. Im Sinne des von Schlick formulierten Programms und vor dem Hintergrund seines eigenen Hauptwerks *Der logische Aufbau der Welt* (1928)[56] hat sich Carnap zum Status der Psychologie im Kontext der Einheitswissenschaft[57] in dem Beitrag *Psychologie in physikalischer Sprache* (1932/33) geäußert.[58] Die Grundauffassung hier ist die, dass alle Wissenschaft eine Einheit bildet, weil alle Sachverhalte von einer Art sind, nach einer Methode erkennbar. Dabei werden allerdings ontologische Aussagen über die reale Beschaffenheit des „Gegebenen" (verstanden als Sätze in inhaltlicher Redeweise) nach dem Prinzip des methodischem Positivismus zugunsten eines methodischen Zugangs (verstanden als Sätze in formaler Redeweise) zurück gewiesen.

---

[53] A.a.O., S. 150.

[54] Kritisch ließe sich gegen dieses Argument die oben von N. Bischof vorgelegte Systematisierung (Erkenntnistheoretische Grundlagenprobleme der Wahrnehmungspsychologie, in: *K. Gottschaldt et al.* (Hg.), Handbuch der Psychologie, Bd. 1, Göttingen 1966, S. 21–78) des inneren Standpunktes ins Feld führen. Entsprechend dieser Überlegungen ist Diltheys Konzept des Verstehens (als der Standpunkt „innen"₄) auf einem relativ hohen Abstraktionsniveau anzusiedeln und repräsentiert keinesfalls eine vorreflexive, intuitive Schau. So formuliert auch *G. H. v. Wright* (Erklären und Verstehen, Frankfurt a.M. 1974, S. 39): „Der von positivistischen Philosophen so häufig erhobene Vorwurf, Verstehen sei lediglich ein heuristisches Mittel, das vielleicht für die Ermittlung von Erklärungen ganz nützlich, für die begriffliche Natur des Erklärungsschemas selbst jedoch keineswegs konstitutiv ist, mag für einige frühere und überholte Versionen der Methodologie der Einfühlung zutreffen. Er ist jedoch kein fairer Einwand gegen die Methodologie des Verstehens als solcher."

[55] *M. Schlick*, Erleben, Erkennen, Metaphysik, in: Kant-Studien 31 (1926), S. 155.

[56] *R. Carnap*, Der logische Aufbau der Welt, 1928, 2. Auflage 1961, Frankfurt a.M. 1979.

[57] *R. Carnap*, Die physikalische Sprache als Universalsprache der Wissenschaft, in: Erkenntnis 2 (1931), S. 432–464.

[58] *R. Carnap*, Psychologie in physikalischer Sprache, in: Erkenntnis 3 (1932/33), S. 107–142.

Berücksichtigt wird somit letztlich nur die logische Möglichkeit gewisser sprachlicher Umformungen und Ableitungen. Die Sätze und Wörter, die Sachverhalte und Objekte der verschiedenen Wissenschaften sind dabei für Carnap von grundsätzlich gleicher Art. Insofern sind alle Einzelwissenschaften Teile der Einheitswissenschaft. Diese Einheitswissenschaft ist Physik, da bisher nur die physikalische Sprache als nachgewiesene Universalsprache – als universale und intersubjektive Sprache, in die alle einzelnen Protokollsprachen umkehrbar übersetzbar sind – existiert. Dieser Anspruch bedeutet dann für die Psychologie nicht, dass die Psychologie nur noch physikalisch ausdrückbare Sachverhalte zu behandeln hat, sondern nach Carnap gilt: Die Psychologie mag behandeln, was sie will, und ihre Sätze formulieren, wie sie will; in jedem Fall sind diese Sätze in die physikalische Sprache übersetzbar. Dabei gilt diese umkehrbare Übersetzbarkeit nicht nur für singuläre psychologische Sätze, sondern eben auch für generelle Sätze der Psychologie, also für psychologische „Gesetze". Alle psychologischen Gesetze sind demnach physikalische Gesetze und die Psychologie ist ein Zweig der Physik. Vor dem Hintergrund einer prinzipiellen Analogie zwischen Sätzen über physikalische Materialeigenschaften und Sätzen über fremdpsychische Zustände[59] hat es die Psychologie deshalb nach Carnap stets mit der Behandlung physikalischer Zustände zu tun und nicht mit Kräften, die aufgrund von Einfühlung[60] erfasst werden können. Nach diesem Einwand ist unter anderem der Verweis auf eigenes Erleben (etwa ein erlebtes Zorngefühl und der daraus erfolgende Rückschluss auf fremdpsychische Gefühlszustände) logisch unrechtmäßig, da die prädikative Sprachform fälschlich eine Relation von Gegenständen und deren Eigenschaften suggeriert („*Ich* bin *zornig*"), während tatsächlich nur ein erlebtes Gefühl vorliegt („jetzt *Zorn*"). Der Analogieschluss verliert aus diesem Grund seine Legitimation, da der Gefühlszustand mit dem entsprechenden gezeigten Verhalten identisch ist und kein „ich" als Subjekt des Satzes mehr existiert.[61] Die Konsequenz für ein aus diesen philosophischen Hintergrundüberlegungen resultierendes Forschungsprogramm ist eindeutig. Wie Carnap es formuliert: „Die hier vertretene Auffassung stimmt mit der Richtung der Psychologie, die als ‚Behaviorismus' oder ‚Verhaltenspsychologie' bezeichnet wird, in den Hauptzügen überein […]".[62] Erneut distanziert sich Carnap dabei jedoch von allen Auslegungen des Behaviorismus, die noch mit dem Konzept einer verstehenden Psychologie verbunden sind und eine Rückführung von psychologischen Sätzen auf physikalische Sätze negieren. Damit gilt dann auch für die Psychologie und die Verhal-

---

[59] A.a.O., S. 112ff.
[60] A.a.O., S. 117.
[61] A.a.O., S. 119f.
[62] A.a.O., S. 124.

tensforschung die Grundprämisse naturwissenschaftlicher (physikalischer) Forschung: „Die Naturwissenschaften beschreiben auf Grund von Beobachtung und Experimenten die raum-zeitlichen Vorgänge des Systems, das wir ‚Natur' nennen".[63]

Der so von philosophischer Seite nahe gelegte Anspruch, die Bestimmungen des Logischen Empirismus fungierten implizit oder explizit als Leitbild für die experimentell arbeitende Neurowissenschaft und Verhaltensforschung, wird auch durch die folgenden Beispiele aus der Forschung gestützt. Eine Verhaltensforschung unter neopositivistischen Vorzeichen folgt allerdings anderen Zielen und nimmt andere Abgrenzungen vor, als es bestimmte Zweige der Tierpsychologie taten. Erste Hinweise auf eine Beziehung zwischen dem dargelegten philosophischen Entwurf und der praktizierenden Neurowissenschaft und Verhaltenslehre erhält man, wenn man den Beitrag des Verhaltensforschers und Psychologen Egon Brunswik betrachtet. Im Rahmen von Otto Neuraths Enzyklopädieprojekt hat dieser in seinem Beitrag *Die Eingliederung der Psychologie in die exakten Wissenschaften* (1937) einen programmatischen Entwurf des neuen Ansatzes in Psychologie und Verhaltenslehre vorgelegt.[64] Er votiert darin für eine „Psychologie vom Gegenstand her" (*psychology in terms of object*),[65] worunter er zunächst die Forderung versteht, die Psychologie nicht mehr als Lehre von einem Geschehen am oder im lebenden Körper zu betrachten, sondern vielmehr als Lehre von den Erfolgen des Lebewesens in seiner Umgebung. Nach diesem umweltbezogenen und evolutionären Ansatz geht das psychologische Geschehen eines Lebewesens für den wissenschaftlichen Beobachter notwendig in (von außen beobachtbaren und messbaren) Reaktionen dieses Lebewesens gegenüber bestimmten Umweltreizen auf. Entsprechend dieses Stimulus-response-Modells hat sich der wissenschaftliche Beobachter darauf zu beschränken, die wesentlichen Aspekte der Reiz-Reaktions-Beziehung zu erfassen und sie formal zu reproduzieren. Eine solche Formalisierung ist am „Begriffssystem der Physik"[66] ausgerichtet und an wiederkehrenden Mustern und Bezugspunkten interessiert. Damit verlässt der Ansatz gezielt die bisherige „auf ‚interne' Eigenschaften gehende Betrachtungsweise"[67] zugunsten eines neuen „abstraktiv vorgehenden Auswahlgesichtspunkt[s]". Statt auf „Erlebnispsychologie"[68] setzt man auf „Objekti-

---

[63] *R. Carnap*, Die physikalische Sprache als Universalsprache der Wissenschaft, in: Erkenntnis 2 (1931), S. 434.

[64] *E. Brunswik*, Die Eingliederung der Psychologie in die exakten Wissenschaften, 1937, in: *J. Schulte/B. McGuiness* (Hg.), Einheitswissenschaft, Frankfurt a.M. 1992, S. 215–234.

[65] A.a.O., S. 219.

[66] A.a.O., S. 215.

[67] A.a.O., S. 216.

[68] A.a.O., S. 226.

vität" der Methoden. Die neue „Leistungsbehavioristik"[69] ist mit ihrer Fokussierung auf Relationen und Veränderungen in der öffentlichen Umwelt einem „objektivpsychologische[n] Problemgebiet"[70] gewidmet.

Mit der programmatischen Forderung nach einer „psychology in terms of objects" im Rahmen des positivistischen Enzyklopädieprojekts geht ein Verständnis von wissenschaftlicher Erkenntnis einher, nach dem natürliche Phänomene als die Art und Weise ihrer Beobachtung und Messung verstanden werden müssen. Mit dieser Vorgabe ist eine verbindende Klammer um die heterogenen Forschungsansätze gezogen, die als „experimentelle Verhaltenshaltensforschung", „Behaviorismus" oder „Reflexlehre" (auch „Psychoreflexologie") bekannt geworden sind. In all diesen verschiedenen Forschungsansätzen kommt es übereinstimmend zu einem betonten Verzicht auf alle Analogieschlüsse von den „objektiven" Messdaten einer experimentellen Erforschung von Verhaltensleistungen oder neuronalen Ereignissen bei *Lebewesen* auf die subjektive oder private Sphäre des eigenen inneren *Erlebens* (so bei Bechterew,[71] Jennings,[72] Watson,[73] Thorndike,[74] Pavlov[75]). Wissenschaftliche Beobachtung ist demnach notwendig auf die Dritte-Person-Perspektive beschränkt. Sie ist Beschreibung öffentlich zugänglicher Ereignisse in Raum und Zeit vom äußeren Standpunkt her. Lebensgeschehen wird in Form der Vermessung oder der apparativen Registrierung fixiert und in einer als „objektiv" anerkannten Weise dargestellt. Zudem setzt man auf eine Fortsetzung des seit Aristoteles und Locke bekannten Assoziationsmodells, nach dem Lernprozesse dadurch entstehen, dass Vorstellungen miteinander verknüpft werden. Als Ergebnis von empirischen Verhaltensuntersuchungen zum klassischen Konditionieren wird jedoch gegenüber den genuin philosophischen Erklärungsmodellen eine Neuerung eingeführt: Lernen wird als Verknüpfung zweier Reize oder eines Reizes mit einer Reaktion verstanden.[76] Zudem verweisen die Befunde aus

---

[69] A.a.O., S. 224.

[70] A.a.O., S. 225.

[71] *W. v. Bechterew*, Objektive Psychologie, Leipzig 1913: „Endziel der Psychoreflexologie ist also das Studium des Verhaltens des Organismus zur Außenwelt im Zusammenhange mit der stattgehabten Erfahrung ganz unabhängig von subjektiven Erlebnissen, die man im Organismus bei vorhandenen Außenwirkungen nach Analogie mit sich selbst vermuten könnte. [...] Die Psychoreflexologie entäußert sich auch aller metaphysischen, der subjektiven Psychologie entlehnten Ausdrücke, wie Wille, Verstand, Wunsch, Trieb, Gefühl, Gedächtnis." (Zitat nach *Lutz*, Tierpsychologie, Leipzig/Berlin 1923, S. 12).

[72] *H. S. Jennings*, Behavior of Lower Organisms, New York 1906.

[73] *J. B. Watson*, Der Behaviorismus, Leipzig 1930.

[74] *E. L. Thorndike*, Animal intelligence. An experimental study of the associate processes in animals, in: Psychological Review Serial Monographs (Suppl. 2) 4/1 (1898), S. 1–109.

[75] *I. P. Pavlov*, Conditioned Reflexes: An Investigation of the Physiological Activity of the Cerebral Cortex, New York 1927.

[76] *E. R. Kandel*, Auf der Suche nach dem Gedächtnis. Die Entstehung einer neuen Wissenschaft des Geistes, München 2007, S. 57.

experimentellen Ansätzen auf die Existenz nichtassoziativer Lernformen wie Gewöhnung (Habituation) oder Sensitivierung (Bahnung), bei denen entweder Reize ignoriert oder aber verstärkt beantwortet werden.

Mit diesem Ansatz klammert die experimentelle Verhaltensforschung und Neurowissenschaft bewusst eine ganze Reihe möglicher Phänomene respektive Aussagen über solche Phänomene aus ihrem Forschungsfeld aus. Naturwissenschaftliche Aussagen beschränken sich demnach auf physikalisch analysierbare Vorgänge, die in Zeit und Raum gemessen werden können. „Angst und Schmerz, Wollen und Wünschen entziehen sich dieser Form der Untersuchung."[77] Der Verzicht auf Befunde, die aus einer „privaten" Erste-Person-Perspektive stammen, drückt sich seit der Frühzeit dieser Forschung auch aus im Verbot der Verwendung von „subjektiven" Begriffen. Man setzt vielmehr auf ein Arsenal von als *rein objektiver Termini* verstandener Konzepte wie etwa „Stimulus", „Antwort" (*response*), „Verhaltensformation" (*habit formation*) oder „Reflex" (*reflex act*).[78] Nach Burrhus F. Skinner gilt es, sowohl in der Physik als auch in der Biologie jeden Verweis auf „Absichten" auszuklammern. Solche teleologischen und anthropomorphen Vorstellungen hätten in „echte[r] wissenschaftliche[r] Praxis [...] keinen Platz" mehr.[79] Auch John B. Watson bewertet „Bewusstsein" als einen weder erklärbaren noch brauchbaren Begriff für die Naturforschung. Er fordert deshalb, alle subjektiven Bezeichnungen – wie „Empfindung", „Wahrnehmung", „Vorstellung", „Wunsch", „Zweck", „Denken" oder „Fühlen" – aus dem Wörterbuch des Behavioristen zu streichen.[80] Die Bezeichnung menschlicher und tierischer Verhaltensweisen mit anthropomorphen Begriffen signalisiert nach dieser von allen Vertretern des neuen Forschungsansatzes geteilten Auffassung einen Rückfall in eine „vorwissenschaftliche Sprache".[81] Ein Grund dafür, dass diese Art der Bezeichnung so lange die Biologie (und auch die Physik) beeinflusst und damit gehemmt hat, ist für Skinner die Tatsache, dass wir Menschen uns in der Lage fühlen, unsere eigenen „inneren" Prozesse und Vorstellungen manchmal direkt beobachten zu können.[82] Diese Einsicht trügt jedoch.

---

[77] *H. Autrum*, Biologie – Entdeckung einer Ordnung, München 1970, S. 124. Autrum betont, dass es nicht darum gehe, die Existenz psychischer Phänomene und subjektiven Erlebens zu leugnen, nur entzögen sie sich dem naturwissenschaftlich messenden Zugang. Eine gesetzmäßige Beziehung zwischen physischen und psychischen Erscheinung ließe sich nur für den Menschen herstellen und begründen, dieses jedoch nicht ausschließlich mit naturwissenschaftlichen Methoden.

[78] Diese Haltung verbindet übrigens diese Forschungsrichtung mit der Psychoanalyse (*E. R. Kandel*, Auf der Suche nach dem Gedächtnis. Die Entstehung einer neuen Wissenschaft des Geistes, München 2007, S. 62f.).

[79] *B. F. Skinner*, Jenseits von Freiheit und Würde, Reinbek bei Hamburg 1973, S. 15.

[80] *J. B. Watson*, Der Behaviorismus, a.a.O., S. 19ff.

[81] *B. F. Skinner*, Jenseits von Freiheit und Würde, Reinbek bei Hamburg 1973, S. 16.

[82] A.a.O., S. 22.

Skinner fordert deshalb eine Herangehensweise „von einem wissenschaftlichen Standpunkt aus".[83] Dieser ist durch präzise Beobachtung und Messung ausgezeichnet.

Das hier zugrunde gelegte Wissenschaftsverständnis – aber auch einen interessanten Anwendungsaspekt, nämlich den pädagogischen Einsatz bei der Vermittlung von Lehrinhalten nach Art der Programmierung, also in Form einer Instruktion durch eine „Lehrmaschine"[84] – bietet das von James G. Holland und Skinner verfasste Lehrbuch *Analyse des Verhaltens* (1974).[85] Die Aufgabe des Buches wird von den Autoren folgendermaßen bestimmt:

> „Mit diesem Buch sollte es dem Studierenden möglich sein, sich im Selbstunterricht in jenen wichtigen Bereich der Psychologie einzuarbeiten, der sich mit dem Verhalten – insbesondere mit der Vorhersage und Kontrolle des menschlichen Verhaltens – beschäftigt. [...] Dieses Programm soll die Grundbegriffe und Grundprinzipien der Wissenschaft vom Verhalten vermitteln. [...] Das Buch selbst ist ein Stück angewandte Wissenschaft vom Verhalten".

Allein schon das sich aus diesem Versuch einer selbstreferentiellen Anwendung programmatischer Axiome des behavioristischen Verhaltensmodells auf die pädagogische Vermittlung dessen, was Verhalten (unter behavioristischen Vorzeichen) ist, sich ergebende ungewöhnliche Format des Textes in strukturierten kleinen Sentenzen sowie die Grundkonzeption eines auf technisierte Vermittlung ausgerichteten Selbstlernprogramms, sind für unsere Darstellung aufschlussreich. So ist das Buch ein Fallbeispiel, das zugleich für die Methode der Vermittlung als auch für den Inhalt des Vermittelten belegt, was ein behavioristisches Verständnis vom Verhalten ist. Sowohl der Inhalt „Lernen als Verhalten" als auch die Praxis des Lernens über das Thema „Verhalten" werden nach den paradigmatischen Vorgaben des Behaviorismus aufgearbeitet. Aufschlussreich sind auch die daraus resultierenden Vorstellungen über Ziele und Wege der Wissenschaft.[86] Wissenschaft ist demnach nur dort möglich, wo funktionale Beziehungen zwischen Variablen bestehen, wo also der Gegenstand der Wissenschaft Gesetzen folgt und insofern das erfasste Geschehen berechenbar ist. Ziel der Wissenschaft ist die Vorhersage, die Kontrolle und Interpretation von Vorgängen in der Natur. Die Wissenschaft vom Verhalten beginnt deshalb mit der Vermutung, dass Verhalten Gesetzen (funktionalen Zusammenhängen) folgt. Sollte sich diese Annahme als falsch erweisen, wird die Wissen-

---

[83] A.a.O., S. 29.
[84] Vgl. dazu auch *B. F. Skinner/W. Correll*, Denken und Lernen. Beiträge der Lernforschung zur Methodik des Unterrichts, Braunschweig 1969.
[85] *J. G. Holland/B. F. Skinner*, Analyse des Verhaltens, München/Berlin/Wien 1974.
[86] A.a.O., S. 276ff.

schaft bei der Suche nach funktionellen Beziehungen zwischen einzelnen Variablen (Futterreiz, Speichelabsonderung etc.) scheitern. Existiert hingegen die postulierte funktionale Relation, dann muss sich eine beobachtbare systematische Beziehung zwischen einer unabhängigen Variablen (Ursache) und einer abhängigen Variablen (Wirkung) ergeben. Gelingt der Nachweis einer solchen systematischen Beziehung durch Beobachtung, dann ist die ursprüngliche Vermutung über die Gesetzmäßigkeit vom Verhalten bestätigt. Ziel der Wissenschaft vom Verhalten ist es also, eine Vorhersage, Kontrolle und Interpretation des Verhaltens lebender Organismen zu leisten.

Das in diesem Ansatz zugrunde gelegte Konzept vom Lernen und das damit einhergehende Verständnis mentaler Prozesse sind in den Äußerungen von Skinner und Werner Corell in dem Buch *Denken und Lernen* (1967)[87] noch prononcierter dargestellt. „Denken" bedeutet demnach nichts anderes als „sich verhalten". Bezieht man die intentionale Ausrichtung des Denkens mit in die Betrachtung ein, dann bedeutet „denken" soviel wie „sich in Bezug auf die Stimuli verhalten". Lernen, Generalisieren und Abstrahieren erweisen sich nach dieser Überzeugung als Prozesse, in denen sich eine Änderung des Verhaltens vollzieht. Dabei sind selbst Vollzüge intellektueller Selbststeuerung als Elemente eines Verhaltens zu verstehen und dienen dazu, die Wirksamkeit des Verhaltens zu verbessern. Aufmerksamkeit ist nach diesem Verständnis eine selektive Reaktion auf Umweltreize – sie ist „als vorgängige oder vorläufige Verhaltensform eine Art der Selbststeuerung; diese ermöglicht es, auf einen Stimulus so zu reagieren, dass die sich anschließenden Verhaltensformen mit größter Wahrscheinlichkeit verstärkt werden".[88]

Gerade der *Behaviorismus* kann also nach dem bisher Ausgeführten bei Berücksichtigung der eingangs genannten Dichotomie von zwei Standpunkten als bewusste Entscheidung für die Außenperspektive verstanden werden. Er folgt einem Erkenntnismodell und einer Ontologie, die der Philosoph Maurice Merleau-Ponty[89] in seiner kritischen Auseinandersetzung mit der Physik und der Psychologie als die epistemologische Position des „Kosmotheoros" sowie die Ontologie des „Großen Objekts" bezeichnet hat. Nach Merleau-Ponty versteht sich der Wissenschaftler in diesem Fall als unbeteiligter Zuschauer, dessen Beobachtung dem Objektiven verpflichtet ist. Unter dem Objektiven versteht er dasjenige, was aufgrund eines be-

---

[87] *B. F. Skinner*, Verhaltenspsychologische Analyse des Denkprozesses, in: *B. F. Skinner/W. Correll*, Denken und Lernen. Beiträge der Lernforschung zur Methodik des Unterrichts, Braunschweig 1969, S. 11ff.

[88] A.a.O., S. 23f.

[89] *M. Merleau-Ponty*, Das Sichtbare und das Unsichtbare gefolgt von Arbeitsnotizen, hg. von *R. Giuliani/B. Waldenfels*, München ³2004, S. 31f.

stimmten Maßstabes oder bestimmter Operationen für die Tatsachenordnung zugelassen ist. Die Fähigkeit des Wissenschaftlers, mittels seiner wissenschaftlichen Operationen die Bedingungen der Welt zu rekonstruieren, basiert dann darauf, dass die im wissenschaftlichen Erkenntnisprozess (re-) konstruierten Sachverhalte direkt den Gliederungslinien der Welt folgen. Die genannte Programmatik, die auch die wissenschaftliche Psychologie und den Behaviorismus bestimmt,[90] ist die der absoluten Beobachtung durch einen absoluten Zuschauer. Gerade diese Strenge der geforderten Deskription in Physik und Psychologie führt nach Merleau-Ponty allerdings sukzessive zu der Einsicht, dass die getroffenen Festlegungen, die die Beziehungen zwischen Beobachter und Beobachteten bestimmen, jeweils nur für bestimmte Beobachtungssituationen gelten.[91] Gerade in Psychologie und Verhaltensforschung – so der Kritiker Merleau-Ponty – führen die gemachten Operationalisierungen unter den künstlichen Bedingungen des Laboratoriums zu Einschränkungen des ursprünglichen Programms. Die Bedingungen des Erfahrungs- und Handlungsfeldes lebendiger Individuen rangieren demnach auf einer Ebene und betreffen Strukturen, „die im *objektiven* Universum der zertrennten und zertrennbaren ‚Bedingungen' nicht einmal einen Namen haben."[92]

Wie diese Grundlagenkritik deutlich macht, orientiert sich das Forschungsprogramm der experimentellen Verhaltenslehre am Ideal naturwissenschaftlicher Objektivität, das sich sowohl in der Forderung nach einer objektivierenden Nomenklatur als auch in dem Verfahren der Messung oder in einem bestimmten Konzept des Forschungsgegenstands ausdrückt. Ausgeklammert werden hingegen alle „Mächte" und „Kräfte", die nicht in den Bereich des *Sichtbaren* gehören. Die Mathematisierung wissenschaftlicher Befunde gehört dabei ebenso zum Programm wie die Fixierung auf ein in Raum und Zeit erfolgendes materielles Geschehen. Exakte Neurowissenschaft ist demnach auf die Untersuchung des räumlichen Verhaltensgeschehens beschränkt. Verhalten selbst gilt als komplexe Reflexhandlung, die auf bestimmte Reize der Umgebung hin erfolgt. Das Verständnis der Abläufe in Lebewesen ist paradigmatisch durch die von Ivan P. Pavlov[93] beschriebenen reflexologisch-mechanistischen Vorgänge erfasst. Die experimentelle Analyse solcher Abläufe gilt als messende Beobachtung von sich verhaltenden Lebewesen unter kontrollierten Bedingungen. Nur eine solche Herange-

---

[90] A.a.O., S. 37: „Der Psychologe richtet sich seinerseits in der Position des absoluten Zuschauers ein. Wie die Erforschung des äußeren Dinges, so nimmt auch die des ‚Psychischen' zunächst ihren Anfang, indem sie sich selbst aus dem Spiel der Relativitäten, das sich entdeckt, heraushält, und indem sie stillschweigend ein absolutes Subjekt voraussetzt [...]".

[91] A.a.O., S. 32.

[92] A.a.O., S. 39.

[93] *I. P. Pavlov*, Conditioned reflexes, Oxford 1927.

hensweise erlaubt es nach Skinner, Wichtiges von Unwichtigem zu trennen und überkommene Spekulationen auf der Basis empirischer Befunde zurückzuweisen. Diese einzig akzeptable wissenschaftliche Weise der Erforschung von Lebewesen in ihrer Umgebung hat ihren Ausdruck gefunden in den paradigmatischen Experimentalansätzen der Behavioristen: den Einrichtungen zur doppelten Wahl (*two-alley discrimination box* von Yerkes und Watson), den Labyrinth-Versuchen (*Hampton Court-Labyrinth* von Small) oder der Kasper-Hauser-Methode (Watson). Das noch in der Denkpsychologie prominente Verfahren der Introspektion,[94] also die Berücksichtigung des zweiten „inneren" Standpunkts, ist aus dem Methodenkatalog der Behavioristen ersatzlos gestrichen.[95]

Eine wichtige historische und systematische Weichenstellung bei der Ausbildung der experimentellen Neurowissenschaften ist dann die Verschmelzung der Neurowissenschaften mit der Zell- und Molekularbiologie einerseits und der Verhaltensforschung andererseits.[96] Dieses wird vor allem in Eric Kandels Programmschrift *Cellular Basis of Behavior* (1976) deutlich.[97] Der programmatische Charakter des Buches wird insbesondere durch die außergewöhnlich intensive Auseinandersetzung mit der eigenen Forschungstradition und den Grundlagen der Methodologie ersichtlich. Auch in diesem Fall erweist sich Kuhns holzschnittartiges Verständnis von Normalwissenschaft als zu eng und ist im Sinne von Lakatos' Methodologie der Forschungsprogramme zu modifizieren, denn die Paradigmen folgen selten linear (diachron) aufeinander, sondern stehen sich vielmehr in einem komplexen synchronen Gefüge in Konkurrenz und Ergänzung gegenüber. Kandel nennt in seiner Untersuchung drei miteinander konkurrierende und sich bekämpfende Paradigmen der Verhaltensforschung: den behavioristischen, den introspektionistischen und den ethologischen Ansatz. Sein eigenes Programm versteht Kandel dann als Fusion von experimenteller Laborforschung in Anlehnung an den dargestellten behavioristischen Ansatz und beschreibender Freilanduntersuchung in Anlehnung an den ethologischen Ansatz. Der dritte introspektionistische Ansatz (und damit die Perspektive Bergsons und bestimmter Teile der Tierpsychologie) wird explizit als nicht

---

[94] *P. Ziche* (Hg.), Introspektion. Texte zur Selbstwahrnehmung des Ich, Wien/New York 1999.
[95] Im Rückblick ist die abgrenzende Haltung in der Methodik selbst aus der Sicht des Behaviorismus zu überzogen und verdeckt nach *B. F. Skinner* (Was ist Behaviorismus? Reinbek bei Hamburg 1978, S. 11) die eigentlichen wichtigen Elemente eines neuen Verständnisses des Forschungsgegenstandes: „Die frühen Behavioristen verschwendeten viel Zeit darauf, die introspektive Untersuchungsmethode des Seelenlebens anzugreifen, so daß die zentrale Bedeutung ihres Forschungsgegenstandes in den Hintergrund gedrängt wurde."
[96] Vgl. *E. R. Kandel*, Brain and Behavior, in: *E. R. Kandel/J. H. Schwartz/T. M. Jesell* (Hg.), Principles of Neural Science, London/Syndney/Toronto ³1991, S. 5.
[97] *E. R. Kandel*, Cellular Basis of Behavior. An Introduction to Behavioral Neurobiology, San Francisco 1976, S. 3ff.

wissenschaftsfähig ausgeklammert. Vor allem aus diesem Ausschlussverfahren ergeben sich die zentralen Vorgaben des Forschungsprogramms der experimentellen Neurowissenschaften.

Der Ansatz der Neurowissenschaft basiert demnach auf einer evolutionstheoretischen Annahme: Man versucht, ausgehend von einfachen Verhaltensweisen bei Tieren mit einfachem Nervensystem (*simple nervous systems*), zu grundlegenden Einsichten über den Aufbau und die Funktion des Nervensystems im allgemeinen zu gelangen, die dann auf komplexere Fälle übertragen werden können und hier zur Erklärung der Arbeitsweise des Nervensystems im Verhaltensprozess beitragen. Aufgabe der experimentellen Neurowissenschaft ist es demnach, Verhaltensweisen anhand von Gehirnaktivitäten zu erklären. Auch hierbei werden alle subjektiven Interpretationen ausgeklammert, die über Empathie oder Introspektion gewonnen werden könnten. Man beschränkt sich auf die objektive Untersuchung von Verhaltensleistungen in Raum und Zeit vermittels bestimmter biologischer Techniken (Beobachtung und Experiment). Die Art der Techniken selbst wechselt zwar im historischen Gang der Entwicklung der Neurobiologie und auch in Abhängigkeit von den spezifischen Fragestellungen, der Einsatz aller Techniken erfolgt jedoch stets unter der gemeinsamen epistemologischen Grundannahme, wissenschaftliche Aussagen verlangten nach einer Konzentration auf den äußeren Standpunkt. Dieses bedeutet wiederum, dass Phänomene, deren Analyse als wissenschaftlich möglich gilt, solche sind, die sich als Ereignisse in Raum und Zeit darstellen. Nur solche natürlichen Ereignisse, die als Neben- oder Nacheinander von Konstellationen auftreten, sind in dieser Form ausgedehnt und einer objektivierenden Vermessung zugänglich. Verhalten ist unter diesen Vorgaben – entsprechend dem von Skinner[98] propagierten Ansatz – eine strukturelle oder funktionelle Änderung in lebenden Geweben. Nur diese ist quantitativ zu beschreiben. Alleiniger Ausgangspunkt für die neurowissenschaftliche Analyse ist damit das, was Lebewesen in ihrer Umwelt machen.

III. Erkennen des Erlebens:
Das Forschungsprogramm der kognitiven
Neurobiologie und Verhaltensforschung

In Weiterentwicklung der aufgezeigten Vorgaben der experimentellen Neurobiologie und Verhaltensforschung und dadurch letztlich in Überschrei-

---

[98] *B. F. Skinner*, The Behavior of Organisms. An Experimental Analysis, New York 1938, S. 422.

tung der Grenzen des bisherigen Programms kommt es in den letzten Jahren im Zuge des neuen Paradigmas einer *kognitiven Wende* von Neurowissenschaft und Ethologie[99] auch zu einer neuen Sicht des Verhältnisses zwischen Erkennen und Erleben.

Wendet man sich zur Skizzierung der Vorgaben dieses neuen Forschungsprogramms der deutschen Ausgabe des Lehrbuches *Neurowissenschaften* (1996) von Kandel, Schwartz und Jessell zu, dann wird das Hauptanliegen des neuen Ansatzes darin erkennbar, nun die „Untersuchung der internen Repräsentation mentaler Ereignisse"[100] umzusetzen. Man bleibt damit im Rahmen des evolutionären Ansatzes, indem man auch die komplexen Verhaltensleistungen des Menschen und der höheren Tiere in die naturwissenschaftliche Untersuchung mit einbeziehen will. Ziel der kognitiven Neurowissenschaften ist es, über das naturwissenschaftliche Arsenal an Methoden und Verfahren nun auch einen Zugang zu den kognitiven Verhaltenskomplexen zu gewinnen. Man erhebt deshalb implizit erstmals den Anspruch, auch die charakteristischen *erlebten* Begleitzustände von Wahrnehmen, Erkennen, Vorstellen, Erinnern und Handeln auf bestimmte neuronale Bedingungen zurückführen und damit wissenschaftlich *erkennen* und erklären zu können:[101]

„Bewusstsein kann nur subjektiv erlebt werden; die Neurowissenschaften sind jedoch in der Lage, Hirnzentren und -prozesse anzugeben, die notwendig und hinreichend für das Auftreten von Bewusstsein sind."[102]

Während wie gesehen das ursprüngliche Programm von Kandel im Jahr 1976 durch eine Synthese des behavioristischen mit dem ethologischen Ansatz gekennzeichnet war, kann man diese neue Entwicklung in Richtung auf ein kognitives Programm auch als den Versuch verstehen, den bisher ausgeklammerten Bereich des Erlebens (und damit den introspektionistischen Ansatz) nun im Programm der exakten Neurowissenschaften aufgehen zu lassen. Dabei bleiben jedoch interessanterweise die Vorbehalte gegenüber der Introspektion bestehen.[103] Folglich werden als wesentliche methodische

---

[99] Vgl. etwa *A. Wessel/R. Menzel/G. Tembrock* (Hg.), Quo Vadis, Behavioural Biology?, in: Nova Acta Leopoldina 111 (380) (2013), S. 7–396.

[100] *E. R. Kandel/J. H. Schwartz/T. M. Jessell* (Hg.), Neurowissenschaften, Heidelberg/Berlin/Oxford 1996, S. 327.

[101] *G. Roth/R. Menzel*, Neuronale Grundlagen kognitiver Leistungen, in: *J. Dudel/R. Menzel/R. F. Schmidt* (Hg.), Neurowissenschaft. Vom Molekül zur Kognition, Berlin/Heidelberg/New York 1996, S. 554 und 557.

[102] A.a.O., S. 554.

[103] A.a.O., S. 328: „Mitte des 19. Jahrhunderts wurde die Introspektion nach und nach von empirischen Studien abgelöst, welche die unabhängige Disziplin der experimentellen Psychologie begründeten."

Ansätze der kognitiven Neurowissenschaft von den Protagonisten des neuen Forschungsprogramms nur die klassischen Verfahren genannt, die auch den experimentellen Ansatz kennzeichneten. Erwähnung finden etwa elektrophysiologische Techniken der Einzelzellableitung oder Verfahren der Korrelation von Aktivitätsmustern individueller Zellen mit komplexen kognitiven Prozessen – meist ohne nähere Angabe der dazu notwendigen Korrelationsverfahren. Die Tatsache, dass es nicht mehr um die Erfassung simpler neuronaler Aktivitäten und einfacher Verhaltensleistungen geht, sondern um die Erkenntnis komplexer neuronaler Prozesse, wird dann durch weitere Verfahren beantwortet, wie beispielsweise die technischen und formalen Entwicklungen aus der Systemneurobiologie oder der kognitiven Psychologie (auch unter Hinzuziehung von Läsionsanalysen), der Einsatz von bildgebenden Verfahren wie PET, MRI oder MEG zur Darlegung der Aktivitätsänderungen ganzer Neuronenpopulationen und schließlich der Einsatz von Computeranalyse sowie die Arbeit mit neuronalen Netzen.[104] Alle genannten Verfahren bleiben im Prinzip in den Grenzen der bisherigen Methodo*logik* der experimentellen Neuroforschung. Auch mit den genannten Ansätzen ist man auf die Messung und Darstellung von physikalischphysiologischen Prozessen in Raum und Zeit festgelegt (etwa die Potenzialschwankungen von Neuronenpopulationen oder die Ansammlung von bestimmten Produkten des Zellstoffwechsels oder die Durchblutung von Hirnarealen). Im Sinne des oben genannten Leitbildes von Carnap ist auch die kognitive Neurowissenschaft Naturwissenschaft und als solche ist sie auf raum-zeitliche Vorgänge im System ‚Natur' als Gegenstandsbereich ihrer Forschung beschränkt. Diese Auflistung von Verfahren macht zudem deutlich, dass die „Innenperspektive", die private Sphäre des eigenen Erlebens wie sie in Berichten der ersten Person zum Ausdruck kommt, nach wie vor nicht als wissenschaftsfähig gilt. Bei Beibehaltung dieser grundlegenden Grenzziehung des früheren Paradigmas der experimentellen und exakten Neurowissenschaft, sucht man dennoch im neuen Programm der kognitiven Neurowissenschaft nach wissenschaftlichen Verfahren zur Objektivierung dieser Ersten-Person-Perspektive.

Auch in den philosophischen Begleitdebatten zu diesen Neuerungen ist vielfach eine Priorität des wissenschaftlichen Standpunktes gegenüber allen privaten Standpunkten des Erlebens erkennbar. Dieses zeigen etwa die umfänglichen Dispute in der so genannten Qualia-Debatte, die von Philosophen bereits vor der Existenz der apparativen Kognitionsforschung auf der Basis von Gedanken-Experimenten geführt wurden. Auch hierbei ist eine Ausrichtung auf den äußeren Standpunkt nachweisbar. So gehen etwa die

---

[104] A.a.O., S. 330f.

Überlegungen von David J. Chalmers[105] von einem Invarianz-Prinzip aus. Dieses ist vor allem auf die funktionelle Organisation von „Systemen" abgestimmt. Teilen zwei Systeme ihre funktionelle Organisation und befinden sich in einander korrespondierenden Zuständen, so nennt sie Chalmers funktional isomorphe Systeme. Das Invarianz-Prinzip besagt nun, dass die Erlebnisse jedes zu einem bewussten System funktional isomorphen Systems mit denen des ursprünglichen Systems qualitativ identisch sind.[106] Damit wird eine Argumentation auf die Frage nach der Qualität fremdpsychischer Erlebnisse angewendet, die für den Tier-Mensch-Vergleich bereits David Hume in *A Treatise of Human Nature*[107] vorgebracht hat. Nach Hume folgt aus der Tatsache, dass die anatomischen Strukturen von menschlichen und tierischen Körpern gleich sind, dass auch ihre Funktionen dieselben sein müssen. Somit müsse notwendig alles, was für die eine Spezies sicher gestellt sei, auch für die andere Geltung haben. Für Hume ist deshalb garantiert, dass Affekte und Vorstellungszusammenhänge auch bei Tieren auftreten. Chalmers versteht in seiner Argumentation die funktionale Organisation der zu vergleichenden Systeme in einem physikalischen, technischen und logischen Sinne. Er meint damit eine Interaktionsform von Strukturen, die auf der Basis eines abstrakten Modells der kausalen Interaktion erläutert werden können.[108] Ein System ist demnach in seiner funktionalen Organisation bestimmbar durch erstens Angabe der abstrakten Bestandteile, zweitens Angabe der verschiedenen möglichen Zustände der Bestandteile und drittens Angabe eines Systems von Abhängigkeitsrelationen. Auch wenn er die „Natur der Bestandteile und ihrer Zustände" unspezifiziert lassen will, so wird doch deutlich, dass Chalmers sich letztlich auf physische Systeme im Sinne von Carnap beschränkt.[109] Im Gegensatz zu einer lediglich auf der Basis von Intuitionen geführten Debatte über Qualia votiert Chalmers deshalb vor dem Hintergrund seiner Bestimmungen für ei-

---

[105] *D. J. Chalmers*, Fehlende Qualia, Schwindende Qualia, Tanzende Qualia, in: *T. Metzinger* (Hg.), Bewusstsein. Beiträge aus der Gegenwartsphilosophie, Paderborn/München/Wien/Zürich ²1996, S. 367–389.

[106] A.a.O., S. 369.

[107] *D. Hume*, Ein Traktat über die menschliche Natur. Über die Affekte, übers. von *T. Lipps*, Hamburg 1978, S. 57.

[108] *D. J. Chalmers*, Fehlende Qualia, Schwindende Qualia, Tanzende Qualia, in: *T. Metzinger* (Hg.), Bewusstsein. Beiträge aus der Gegenwartsphilosophie, Paderborn/München/Wien/Zürich ²1996, S. 368.

[109] A.a.O., S. 368: „Ein physisches System realisiert eine gegebene funktionale Organisation, wenn das System in eine passende Zahl physischer Bestandteile mit entsprechender Anzahl möglicher Zustände unterteilt werden kann, so daß die kausalen Abhängigkeitsrelationen zwischen den Bestandteilen des Systems, den Inputs und den Outputs genau die Abhängigkeitsrelationen widerspiegeln, die in der Spezifikation der funktionalen Organisation angegeben wurden. Eine gegebene funktionale Organisation kann durch mehrere physische Systeme realisiert werden. Beispielsweise könnte die Organisation, die das Gehirn auf der neuronalen Stufe realisiert, im Prinzip auch durch ein Silizium-System realisiert werden."

ne Plausibilisierung durch eine Reihe von Gedankenexperimenten, die eine
graduelle Ersetzung von neuronalen Strukturelementen und Funktionen beinhalten.[110] Ziel der Argumentation ist es, plausibel zu machen, dass der als
„Nichtreduktiver Funktionalismus" bezeichnete Ansatz zutrifft, wonach die
funktionelle Organisation eines Systems dessen bewusstes Erleben vollständig determiniert.[111] Auch wenn dieser Ansatz betont nichtreduktiv bleibt
(und somit keinesfalls begründen will, dass eine bestimmte funktionelle Organisation *konstitutiv* für bewusstes Erleben ist), so ist doch zumindest mit
dieser Argumentation eine Hervorhebung der Bedeutung von strukturellen
(material-physischen) Eigenschaften von Systemen bei der Erforschung von
Bewusstsein und Erleben verbunden.

   Die sich bei Chalmers nur implizit abzeichnenden Gewichtungen zwischen der Innenperspektive des privaten Erlebens und dem über die Außenperspektive der Naturwissenschaften erfassbaren Systemzuständen werden
in dem zweiten philosophischen Beispiel noch deutlicher. Betrachten wir
dazu die Überlegungen von Richard Rorty in seinem Beitrag *Leib-Seele-
Identität, Privatheit und Kategorien* (1965).[112] In dieser sprachanalytischen
Studie soll am Fallbeispiel der modernen Hirnforschung primär die Frage
nach der Leistungsfähigkeit begrifflicher Differenzierungen untersucht
werden. In diesem Zusammenhang setzt sich Rorty jedoch unter anderem
auch mit dem Privatheits-Einwand auseinander.[113] Nach diesem Einwand
beziehen sich Empfindungsberichte auf private Erlebnisse der ersten Person. Dadurch, dass hier die Rechtfertigung für die Wahrheit von Berichten
mittels der Aufrichtigkeit der berichtenden Person entschieden wird, unterscheiden sich solche Aussagen grundsätzlich von anderen Befunden, die an
die Verfügbarkeit äußerer Evidenz gebunden sind. In der Konfrontation
zwischen einem introspektiven Bericht und einer physiologischen Theorie
muss dann für die Vertreter des Privatheits-Arguments für die epistemologische Autorität des Leidenden entschieden werden. Der Bericht über Erlebtes ist damit der naturwissenschaftlichen Erklärung im Konfliktfall vor-
zuziehen. Zudem gilt: Wenn (naturwissenschaftlich) über Gehirnprozesse
gesprochen wird, wird von etwas anderem gesprochen, als wenn über *Erlebnisse* gesprochen wird.[114] Nach Rorty ist jedoch gegen eine solche Position die schon von Wittgenstein formulierte Forderung zu richten, dass
Empfindungsberichte mit publiken Kriterien übereinstimmen müssen. Solche Kriterien können sich mit dem Fortschritt von Physiologie und Tech-

---

[110] A.a.O., S. 371ff.
[111] A.a.O., S. 387.
[112] *R. Rorty*, Leib-Seele-Identität, Privatheit und Kategorien, in: *P. Bieri* (Hg.), Analytische
Philosophie des Geistes, Königstein/TS ³1997, S. 93–120.
[113] A.a.O., S. 107.
[114] A.a.O., S. 108.

nologie ändern und könnten deshalb von der Alltagsebene des gesunden Menschenverstandes auch auf die wissenschaftliche Ebene einer naturwissenschaftlichen Rationalität übertragen werden. Angenommen der (zukünftige) Fall, es gebe die Möglichkeit einer apparativen Aufnahme der neuronalen Prozesse (vom Standpunkt des äußeren wissenschaftlichen Beobachters aus), die für alle Subjekte, von denen solche Bestandsaufnahmen gemacht würden, eine Ähnlichkeit des physiologischen Geschehens zeige, und es ergäben sich daraus entsprechende empirische Verallgemeinerungen, nach denen Empfindungen qua Empfindungen unter physiologische Gesetze gefasst werden könnten, dann sei die These von der epistemologischen Autorität der Ersten-Person-Perspektive nicht mehr zu halten. Wenn eine Person (Jones) denkt, er habe keine Schmerzen, ein naturwissenschaftliches Aufzeichnungsgerät jedoch Gehirnprozesse nachweist, die nach der naturwissenschaftlichen Theorie notwendig mit Schmerzen korrelieren, dann ist zugunsten der naturwissenschaftlichen Position zu entscheiden. Für Rorty ist hierbei insbesondere die sprachphilosophisch anspruchsvolle Unterscheidung zwischen „falschem Sprachgebrauch" (Jones erkennt den Sachverhalt „Schmerz" als das, was er ist, beschreibt ihn jedoch falsch) und „falschem Urteil" relevant (Jones ist fähig, den Sachverhalt „Schmerz" richtig zu beschreiben, wenn er ihn erkannt hat, kann ihn jedoch tatsächlich nicht als das, was er ist, erkennen). Ohne diese Differenzierung und die daraus folgenden Überlegungen hier zu berücksichtigen, soll das Beispiel Rortys in unserem Zusammenhang lediglich belegen, dass es auch in der an die Gehirnforschung anknüpfende *philosophy of mind* ein starkes Votum zugunsten der epistemologischen Priorität publiker Kriterien gibt und das solche Kriterien vor allem von einer mittels der Außenperspektive gewonnene naturwissenschaftlichen Erfassung erwartet werden.

Trotz des skizzierten Ansatzes und der mit ihm verbundenen methodologischen und philosophischen Schwerpunktsetzungen und Grenzziehungen, die vor allem auf die Ausklammerung aller Elemente einer introspektiven oder privaten Erfahrung der Erlebnissphäre hinaus laufen, ist jedoch darauf zu verweisen, dass die genannten Forschungsansätze der kognitiven Neurowissenschaften de facto nur selten wirklich darauf verzichten können, die Ergebnisse der inneren Erfahrung oder der Selbstzuschreibung der Probanden in ihre Methodologie einzubinden. Vielmehr sind sie für die Umsetzung des eigenen Anliegens methodisch darauf angewiesen, verbale Elemente und Hinweise auf private Erlebnisse für die Umsetzung der experimentellen Settings zuzulassen. Auch ist die spezielle Schulung der Probanden nach wie vor ein Moment der adäquaten Umsetzung solcher Experimente – wie

es schon die frühen Arbeiten von Kurt Lewin zu den methodologischen Bedingungen der Psychologie deutlich gemacht haben.[115]
Die daraus resultierenden Verschiebungen im Methodengefüge und im
Verhältnis zwischen Forscher und Forschungsgegenstand zeigt etwa das
Beispiel der neurobiologischen Messung der neuronalen Korrelate von
Aufmerksamkeit.[116] Die Grundannahme des äußeren Standpunkts, man be-
nötige objektive, experimentelle Messverfahren, um subjektive Aussagen
über die Aufmerksamkeit validieren zu können, erweist sich nach der Untersuchung der Kognitionswissenschaftler Jack und Shallice als ein durch
den Behaviorismus bedingter Fehlschluss. Vielmehr ist es genau umgekehrt: Man benötigt subjektive Evidenz (Aussagen der Probanden über ihr
inneres *Erleben* also), um überhaupt entscheiden zu können, welche objektive Messung im Labor tatsächlich eine Messung der Aufmerksamkeit ist.
Das subjektive Erleben wird so zur Voraussetzung für das wissenschaftliche
Erkennen und Darstellen der physiologischen Korrelate des Erlebten. Für
die Bestimmung des Untersuchungsgegenstandes „Aufmerksamkeit" etwa
ist dieser Verweis auf das innere Erleben zentral, denn nur er ermöglicht eine Unterscheidung zwischen dem aufmerksamen und dem nicht aufmerksamen Zustand. Das bedeutet, dass in diesem Fall die Introspektion (*introspective evidence*) in Form von verbalen Protokollen der Versuchspersonen
nicht nur *eine* Methode unter vielen im Set neurowissenschaftlicher Verfahren ist. Vielmehr wird sie zur *notwendigen Voraussetzung* für die Validie-
rung aller weiteren Experimente, Messungen und biologischen Aussagen.
Die Introspektion erfüllt demnach nicht allein Funktionen bei der Hypothesen*bildung*, sondern wird zum maßgeblichen Moment der Hypothesen*prüfung*.
Ähnlich wie im Fall der neurobiologischen Erforschung menschlicher kognitiver Verhaltenskomplexe im Rahmen der kognitiven Neurobiologie
werden auch in der kognitiven Verhaltensforschung[117] das phänomenale

---

[115] *K. Lewin*, Die Erziehung der Versuchsperson zur richtigen Selbstbeobachtung und die
Kontrolle psychologischer Beschreibungsangaben, in: Kurt-Lewin-Werkausgabe, hg. von
Carl-Friedrich Graumann, Bd. 1, Bern 1981, S. 153–211, hier: 153: „Es ist eine besondere
Eigentümlichkeit der Psychologie, daß die zu Prüfungen oder Versuchszwecken benutzten
‚Objekte', die Versuchspersonen (Vpn) in der Regel zugleich einen nicht unwesentlichen Teil
der wissenschaftlichen Arbeit zu leisten haben. Sofern nämlich überhaupt eine Beschreibung
der psychischen Vorgänge beabsichtigt ist, sind es die Vpn selbst, die als Beobachter zugleich
auch die eigentlichen Objekte der Untersuchung sind. Denn ihnen allein stehen die psychischen Objekte zur direkten Beobachtung zur Verfügung." Vg. zu Lewin auch *K. Köchy*, Vielfalt der Wissenschaften bei Carnap, Lewin und Fleck. Zur Entwicklung eines pluralen Wissenschaftskonzepts, in: Berichte zur Wissenschaftsgeschichte 33 (1) (2010), S. 54–80.
[116] *A. Jack/T. Shallice*, Introspective physicalism as an approach to the science of consciousness, in: Cognition 79 (2001), S. 161–196, insbesondere: 168.
[117] *J. Vauclaire*, Animal Cognition, Cambridge 1996; *C. Allen/M. Bekoff*, Species of Mind.
The Philosophy and Biology of Cognitive Ethology, Cambridge 1997; *S. J. Shettleworth*, Co-

Bewusstsein, die intentionalen Zustände, Sprache oder logisches Denken bei Tieren untersucht.[118] Nach Dominik Perler und Markus Wild[119] ist für diesen *cognitive turn* in der Verhaltensforschung eine ganze Reihe unterschiedlicher Entwicklungen verantwortlich zu machen. Noam Chomskys Angriffe auf die behavioristische Sprachtheorie zugunsten einer Generativen Grammatik gehören ebenso in diesen Komplex möglicher Ursachen, wie etwa die Entwicklung der Computertechnologie oder die neue Verwendung von mentalistischen Begriffen in den Kognitionswissenschaften zur Beschreibung und Erklärung des Verhaltens von Lebewesen und intelligenten Maschinen. Sicher ist auch die Entwicklung bildgebender Verfahren in der neurowissenschaftlichen Forschung oder die Entwicklung der molekularbiologischen Verfahren für diese Neuausrichtung der Verhaltensforschung bedeutsam gewesen.[120]

Auf die besonderen Bedingungen solcher Untersuchungen und auf die damit verbundenen notwendigen Änderungen im methodologischen Programm haben vor allem Dorothy L. Cheney und Robert M. Seyfarth in den umfänglichen theoretischen und philosophischen Vorüberlegungen zu ihrem Buch *Wie Affen die Welt sehen* (1994) hingewiesen.[121] Die beiden Forscher beziehen sich in ihren Verhaltensstudien im Freiland und dem Versuch, Rückschlüsse auf die mentalen Fähigkeiten von Primaten zu ziehen, explizit auf die Differenz zwischen Labor und Freiland.[122] Dabei wird deutlich, dass

---

gnition, Evolution, and Behavior, New York/Oxford 1998; *C. D. L. Wynne*, Animal Cognition, London 2001.

[118] Vgl. die Darstellung von *D. Perler/M. Wild*, Der Geist der Tiere – eine Einführung, in: *dies.* (Hg.), Der Geist der Tiere. Philosophische Texte zu einer aktuellen Diskussion, Frankfurt a.M. 2005, S. 10–76. Vgl. auch als Auswahl der empirischen Befunde zum Thema (Für die folgende Literaturliste gilt mein Dank E. Kubli (Zürich), der dieses Thema in seiner Sommerakademie der Schweizer Studienstiftung im Sommer 2008 behandelte und mir seine Literatur zur Verfügung stellte): *D. J. Povinelli/J. Vonk*, Chimpanzee minds: Suspiciously human? in: Trends in Cognitive Sciences 7 (4) (2003), S. 157–160; *M. Tomasello/J. Call/B. Hare*, Chimpanzees versus humans: it's not that simple, in: Trends in Cognitive Sciences 7 (3) (2003), S. 239–240; *N. S. Clayton/T. J. Bussey/A. Dickinson*, Can animals recall the past and plan for the future? in: Nature Reviews Neuroscience 4 (2003), S. 685–691; *N. J. Mulcahy/J. Call*, Apes save Tools for Future Use, in: Science 312 (2006), S. 1038–1040; *K. N. Laland/V. M. Janik*, The animal cultures debate, in: Trends in Ecology and Evolution 21 (10) (2006), S. 542–547; *D. B. M Haun/J. Vonk*, Imitation recognition in great apes, in: Current Biology 18 (7) (2008), R288–R290; *G. G. Gallup*, Chimpanzees: self-recognition, in: Science 167 (1970), S. 86–87; *R. W. Byrne/L. A. Bates*, Why are animals cognitive? in: Current Biology 16 (12) (2006), R445–R448; *E. Pennisi*, Nonhuman primates demonstrate humanlike reasoning, in: Science 317 (2007), S. 1308.

[119] *D. Perler/M. Wild*, Der Geist der Tiere – eine Einführung, in: *dies.* (Hg.), Der Geist der Tiere. Philosophische Texte zu einer aktuellen Diskussion, Frankfurt a.M. 2005, S. 47.

[120] Vgl. *E. R. Kandel*, Auf der Suche nach dem Gedächtnis. Die Entstehung einer neuen Wissenschaft des Geistes, München 2007, S. 23f.

[121] *D. L. Cheney/R. M. Seyfarth*, Wie Affen die Welt sehen. Das Denken einer anderen Art, München/Wien 1994.

[122] A.a.O., S. 14ff.

„das Bild von der tierischen Intelligenz, das sich aus der Feldforschung entwickelt", reicher und komplizierter ist, als es Laborstudien erwarten ließen. Als Grund für diese Unterschiede nennen die Autoren die Spezifität von Laborexperimenten zu Lernen und Intelligenz. Der Vorteil von Laborstudien liege dabei in deren Präzision, Kontrolliertheit und der Möglichkeit zur Separation von Parametern. Deren Nachteil bestehe hingegen darin, dass die evolutive Funktion und die biosoziale Bedeutung der untersuchten Verhaltensweisen durch diesen restriktiven Ansatz ausgeblendet würden. Bei Intelligenzvergleichen über die Artgrenzen hinweg vernachlässige man etwa methodisch die biologische Tatsache, „dass sich verschiedene Arten in verschiedenen sozialen und ökologischen Lebensräumen entwickelt haben". Um Arten wirklich adäquat vergleichen zu können, müsse man jedoch *alle* möglichen Bedingungen berücksichtigen, die einen Leistungsunterschied der Lebewesen zur Folge haben könnten. Cheneys und Seyfarths Überlegungen unterstreichen zudem, dass aus der Vorgabe experimenteller „Objektivität" und „Präzision" im Dienste der Erkenntnis häufig der Einsatz willkürlicher und „unbiologischer" Reize resultiert, denen die Tiere in ihren natürlichen Umgebungen niemals begegnen würden. Damit ermöglicht der Laboransatz zwar die Normierung und Standardisierung von Experimenten und experimentell gewonnenen Daten, es erhöht sich jedoch zugleich die Gefahr, die tatsächlichen Fähigkeiten der Versuchstiere zu unterschätzen oder gar nicht zu erfassen.

Auch Cheney und Seyfarth positionieren ihren eigenen Ansatz in Beziehung und Abgrenzung gegenüber dem Behaviorismus und dem Mentalismus[123] und verfolgen dabei eine explizit *hybride Strategie.*[124] Insbesondere grenzen sich die Forscher von der behavioristischen Behauptung ab, Denken und Bewusstsein existierten entweder überhaupt nicht und würden nur irrtümlich aus dem Verhalten abgeleitet oder aber sie existierten zwar, seien aber nur „operational" in Form von messbarer Simulation und Verhalten zu definieren. Auch Cheney und Seyfarth binden in ihre experimentelle Konzeption – wie der frühe Kandel – ethologische und evolutionäre Ansätze von Lorenz, Tinbergen und anderen ein. Sie kennzeichnen ihren eigenen theoretischen Deutungsansatz deshalb als eher mentalistisch denn als behavioristisch.[125] Ausgeklammert bleiben bei der praktisch-methodischen Umsetzung der Forschung jedoch – ähnlich wie im Fall der kognitiven Neurowissenschaften, hier allerdings vorrangig wegen des Fehlens einer Möglichkeit von sprachlicher Kommunikation mit den „Untersuchungsobjekten" – die Verfahren von Interviews und introspektiven Berichten über

---

[123] A.a.O., S. 19ff.
[124] A.a.O., S. 22.
[125] A.a.O., S. 21.

die Empfindungen und Erlebnisse der Tiere. Somit ist das Untersuchungs-
verfahren selbst in dem Sinne nichtmentalistisch, als Kommunikation und
Verhalten in Beobachtung und Experiment operational untersucht werden.
Berücksichtigt wird hierbei erneut nur die Reaktion (in Raum und Zeit), die
bestimmte Reize bei Lebewesen hervorrufen – man bleibt also beim Stimu-
lus-response-Modell. Cheney und Seyfarth nehmen jedoch eine funktionale
Haltung ein und konzentrieren sich auf die sozialen und ökologischen
Kontexte, in denen die kognitiven und kommunikativen Fähigkeiten der
Lebewesen sich entwickeln. Eine „Zuordnung" solcher Verhaltensreaktio-
nen zu Phänomenen des „Bewusstseins" oder „Erlebens" erfolgt zwar und
die mentalistische Terminologie von „innerer Repräsentation" oder „Strategie" wird verwendet, aber stets geschieht dies unter kritischer Berücksichtigung der Grenzen und Gefahren einer solchen Deutung.

Einen Schritt weiter muss man in Methoden- und Standpunktfrage offensichtlich gehen, wenn nicht nur die inneren Repräsentationen – also die
Vorstellungswelt von Lebewesen –, sondern auch die Kommunikation innerhalb einer Spezies oder gar über die Speziesgrenzen hinweg (bei der
Mensch-Affe-Kommunikation) untersucht werden soll. Wie notwendig hier
ein Transfer von dem naturwissenschaftlichen Denkstil zu einem kultur-
und sprachwissenschaftlichen Denkstil ist, zeigen die Überlegungen von
John Dupré[126] zur wissenschaftlichen Erforschung der Sprache von Affen.
Es wird dabei auch deutlich, wie das methodologische Pendel wieder zurück von der Seite des Erklärens auf die Seite des Verstehens schwingt.
Dupré stellt in seiner Analyse zwei gegensätzliche Ansätze zur wissenschaftlichen Untersuchung der Sprachleistungen von Primaten vor: Einerseits die auf dem Einsatz der Gebärdensprache „Ameslan" (*American Sign
Language*) basierenden Ansätze der Gardners und andererseits die mit
künstlichen symbolischen Systemen operierenden Ansätze von Premack,
Rumbaugh und Savage-Rumbaugh. Der *erste Ansatz* ist dadurch gekennzeichnet, dass er die Ebene der Kommunikation mit den Probanden (Affen)
so hoch wie möglich ansetzt. Der *zweite Ansatz* hingegen legt größten Wert
auf saubere, eindeutige und gut kontrollierte Daten,[127] die mittels einer mit
dem Programm der experimentellen Naturwissenschaft gemäßen Methodik
gewonnen wurden.

Konzentrieren wir uns auf den ersten Ansatz, dann wird hier versucht,
über die Kommunikationsleistung von Affen (ihre Sprachfähigkeit und damit letztlich über ihre kognitiven Fähigkeiten) dadurch Erkenntnis zu erlangen, dass man das komplexe kommunikative Geschehen zwischen Forscher

---

[126] *J. Dupré*, Gespräche mit Affen. Reflexionen über die wissenschaftliche Erforschung der
Sprache, in: *D. Perler/M. Wild* (Hg.), Der Geist der Tiere. Philosophische Texte zu einer aktuellen Diskussion, Frankfurt a.M. 2005, S. 295–323.

[127] A.a.O., S. 300.

und Proband (Affe) untersucht. Es geht darum, herauszufinden, ob die Affen Symbole adäquat verwenden können und ob sie Sprechakte vollziehen. Gegen das Vorgehen der Forscher in den genannten Versuchen gibt es eine Reihe von Einwänden und Kritiken, die vor allem von Vertretern des zweiten Ansatzes formuliert werden. Es wird dabei erstens eingewandt, es sei zu ungenauer Beobachtung und Aufzeichnung des Verhaltens der Affen gekommen. Zweitens wird vorgebracht, es lägen Über- und Uminterpretationen des Verhaltens vor. Drittens wird kritisiert, es seien unbeabsichtigte Veränderungen des Verhaltens der Tiere durch die Forscher vorgenommen worden und zwar in Richtung auf bestimmte erwünschte Resultate. Interessant sind jedoch eigentlich nicht diese Einwände, sondern vielmehr deren Erwiderung durch Dupré. Denn in Duprés Überlegungen wird die Notwendigkeit eines Paradigmenwechsels überdeutlich, der sich aus der Zielsetzung der Affensprache-Forschung ergibt. Das Ergebnis von Duprés Ausführungen vorweg nehmend bedeutet das: Da sich die Affensprache-Forschung einer Domäne nähert, in der die oben skizzierten Momente des Erlebens und der intersubjektiven Interaktion zwischen erlebenden Lebewesen eine Rolle spielen, wandelt sich das Forschungsprogramm in eine Richtung, die auf die Vorgaben des „Verstehens" von Dilthey zurückverweist.

Dupré betont, dass diese Art der Forschung notwendig mit affektiven Bindungen zwischen Forscher und Forschungsgegenstand oder Proband (Affe) verbunden ist. Eine solche emotionale Voreingenommenheit widerspricht zwar dem naturwissenschaftlichen Methoden- und Erkenntnisideal des distanzierten, neutralen, unvoreingenommenen und emotionslosen Beobachters,[128] erweist sich jedoch als notwendige Voraussetzung für die Kommunikation und die Untersuchung von Kommunikation mit Affen. Ohne ein emotionales Engagement werden nicht nur wirkliche Kommunikationsakte nicht verständlich, selbst die Bedingungen der Möglichkeit zur Entwicklung von Kommunikation stellen sich nicht ein. Was untersucht werden soll, ist ein komplexes Kommunikationsgeschehen. Eine solche kommunikative Interaktion zwischen zwei Sprechern erfordert jedoch die Interpretation und Auslegung. So Dupré:[129]

„Wenn das, was der Affe produziert, wirklich eine Art von Sprache ist, sollten wir doch keineswegs überrascht sein, dass vom Zuhörer wie üblich verlangt wird, ein gewisses Maß an Interpretation für die kommunikative Interaktion aufzubringen".

Was bereits für die normale Kommunikation zwischen Menschen gilt, gilt deshalb umso mehr für die Kommunikation zwischen zwei unterschiedli-

---

[128] A.a.O., S. 304.
[129] A.a.O., S. 301.

chen Spezies. Die besondere Rolle und die Bedingungen dieses Kommunikationsprozesses hat unter evolutionären Vorzeichen in jüngster Zeit vor allem der Anthropologe Michael Tomasello herausgestellt.[130] Seine Überlegungen laufen darauf hinaus, dass die nach evolutionären Maßstäben zur Ausbildung menschlicher Kognition zur Verfügung stehende Zeitspanne viel zu kurz ist, um biologische Mechanismen allein für diese Entwicklung verantwortlich zu machen. Tomasellos Erklärung lautet nun, dass es die neuen Bedingungen menschlicher Kultur sind, die den entscheidenden evolutionären Sprung bedingen und die Geschwindigkeit der Entwicklung erklären. Nach diesem Ansatz gehören zwar genetische Änderungen zu den Anfangsbedingungen der Entwicklung, mit ihnen setzt jedoch ein Prozess ein, der sich von biologischer Evolution grundsätzlich unterscheidet. Ausdruck des Novums ist u.a. die Tatsache, dass soziale Umgebungen beim Menschen zur notwendigen Voraussetzung des gesamten Verhaltens werden. Komplexe Formen kollektiven und kumulativen Lernens entstehen und bedingen eine perspektivische Art des gemeinsamen Weltzugangs. Das Besondere der kumulativen kulturellen Evolution ist vor allem, dass über einen geschichtlichen Prozess von Innovation und Imitation („Wagenhebereffekt") sich über die Zeit hinweg akkumulierende Wissensbestände ansammeln. Die Partner dieses sozialen Wissenserwerbs sind dabei Mitglieder einer *Kommunikationsgemeinschaft*, die den jeweils Anderen als *intentionalen Akteur* verstehen müssen. Dessen Verhalten repräsentiert dann für sie den geplanten Einsatz von Mitteln zur Erreichung intendierter Ziele. Lernleistung besteht also in diesem Fall nicht einfach in mimetischer Nachahmung von Körperbewegungen anderer *Lebewesen*, sondern vielmehr in der Wiederholung intendierter Akte anderer *Personen*. Damit ist letztlich aus evolutionärer Perspektive, also vom Standpunkt der Außenperspektive aus, zugestanden, dass die Gewinnung von Erkenntnis an einen Prozess gebunden ist, der nicht in der Außenperspektive verbleibt. Nicht mehr die in Raum und Zeit stattfindenden Verhaltensleistungen in der Umwelt bilden das entscheidende Glied des Erkenntnisprozesses, sondern vielmehr der Rückschluss von diesen Verhaltensäußerungen auf das in ihnen zum Ausdruck kommende intentionale Geschehen der „Innenperspektive" eines anderen Lebewesens. Zu verwandten Lernleistungen bei Primaten bestehen nach Tomasello grundsätzliche Unterschiede. Demnach ist menschliches Lernen nicht individuelle Entdeckung, sondern vielmehr ein genuin soziales Lernen. Es ist nicht emulativ (primär auf Umweltereignisse gerichtet), son-

---

[130] *M. Tomasello*, The Human Adaptation for Culture, in: *Franz M. Wuketits/Christop Antweiler* (Hg.), Handbook of Evolution. Vol. 1: The Evolution of Human Societies and Cultures, Weinheim 2004, S. 1–24; *M. Tomasello*, Die kulturelle Entwicklung des menschlichen Denkens, Frankfurt a.M. 2006; *M. Tomasello*, Origins of Human Communication, Cambridge/London 2008.

dern imitativ (primär auf den sozialen Partner gerichtet). Es rücken nicht die Dinge der Welt, sondern vielmehr die intentionalen Perspektiven in den Vordergrund, in denen sich die Partner der Kommunikationshandlung gemeinsam auf die Natur beziehen.

Wichtig für unsere Überlegung ist also, dass im Kontext solcher Einsichten genuin kulturwissenschaftliche Konzepte des *Erlebens* und *Verstehens* im Kontext des evolutionären und neurowissenschaftlichen Forschungsprogramms wieder an Bedeutung gewinnen. Erneut ist es das schon den Abgrenzungsversuchen Wilhelm Diltheys gegenüber einer naturwissenschaftlichen Erklärungskompetenz zugrunde liegende Modell des Verstehens, das eine der theoretischen Grundlagen für Tomasellos Analyse und des hierbei wichtigen Konzepts der „Simulationserklärung" menschlicher Lernprozesse bildet.[131] Die mit Dilthey[132] geteilte theoretische Schlüsselannahme ist es, dass die Grundlage für menschliche Lernprozesse – und damit für menschliche Kommunikation und Kultur – darin besteht, dass Informationen über das eigene Selbst und dessen Handlungen mittels innerer Erfahrung von eigenem Erleben und zielgerichtetem Verhalten existieren, die dann zur Deutung anderer „mir ähnlicher" äußerer Entitäten und deren Veränderungen eingesetzt werden. Vorrangig wird bei der Interaktion zwischen zwei Menschen in einer Kommunikationshandlung dieses über Analogieschlüsse vermittelte Verständnis von Intentionalität investiert und der Andere wird ebenfalls als intentionaler Akteur gedeutet.

Im Fall der Kommunikation mit Affen sind diese Bedingungen mutatis mutandis ebenfalls vorauszusetzen, wobei die Situation wegen der fehlenden direkten sprachlichen Kommunikation offensichtlich wesentlich komplizierter wird. Die Verwendung von Gebärdensprache ist hier ein Hilfsmittel, das einerseits den grundsätzlichen Bedingungen von Kommunikation unterliegt, andererseits aber etwa im Kontext der Deutung oder der Übertragung der Gebärden in die normale gesprochene oder geschriebene Sprache zusätzliche Schwierigkeiten bereitet. So ist hinsichtlich des letzten Punkts ein nochmaliger Transfer und Übersetzungsakt notwendig. Bereits die Auslegung von Gebärdensprache zwischen menschlichen Sprechern erfordert deshalb ein Maximum an Flexibilität und Interpretation, wobei letztere in hohem Maße kontextabhängig ist. Aus den genannten Gründen erzeugt die längere Arbeit mit Gebärdensprache beim Forscher beträchtliche,

---

[131] *M. Tomasello*, Die kulturelle Entwicklung des menschlichen Denkens, Frankfurt a.M. 2006, S. 94ff.

[132] *W. Dilthey*, [Über vergleichende Psychologie] Beiträge zum Studium der Individualität, 1895/96. in: *ders.*: Die geistige Welt. Einleitung in die Philosophie des Lebens. Gesammelte Schriften Bd. 5, Stuttgart/Göttingen [7]1982, S. 241–316, hier: 248f.; *W. Dilthey*, Die Entstehung der Hermeneutik, 1900, in: *ders.*, Die geistige Welt. Einleitung in die Philosophie des Lebens. Gesammelte Schriften Bd. 5, Stuttgart/Göttingen [7]1982, S. 317–338, hier: 318f.

subtile Fähigkeiten der Interpretation von Bewegungen. Die so entwickelten Fähigkeiten entstammen allerdings einem anderen Kontext als dem üblichen Kanon naturwissenschaftlicher Fähigkeiten. Die Charakterisierung des hier geforderten Kompetenzfeldes ist eher mit Hans Georg Gadamer[133] als Entwicklung eines spezifischen Taktgefühls (*sensus communis*) zu beschreiben. Wie auch Dupré ausführt, muss die Bedeutung der Gebärdenzeichen notwendig im Lichte der Erwartungen des Experimentierenden interpretiert werden – eine hermeneutische Rahmenbedingung, der übrigens auch die klassische Experimentalforschung der Naturwissenschaften nie entgehen kann, wie die Überlegungen zur theoriegeladenen Beobachtung zeigen. Dennoch treten mit diesen Vorgaben „fundamentale Konflikte" auf zwischen den „Merkmalen dieser Art von Forschung und gemeinhin geteilten Idealen der wissenschaftlichen Forschung".[134] Die Deutung der Gebärdenzeichen erfolgt somit notwendig vor der Annahme eines theoretischen Hintergrundes, demzufolge die Affen versuchen, etwas zu kommunizieren. Dabei läuft der genannte Ansatz darauf hinaus, dass die Bedingungen und die Inhalte der Kommunikation zwischen Mensch und Affe keinesfalls einfach (elementar) sind, sondern vielmehr komplex. Aus diesem Grunde kommt Dupré zu dem Schluss, dass sowohl das emotionale Engagement als auch die theoretische Voreinstellung notwendige Voraussetzungen der Untersuchung sind:[135]

„Ein Großteil des menschlichen Lernens wäre einer vollkommen unbeteiligten und ‚objektiven' Untersuchung wohl nicht zugänglich. Zudem könnte es [...] sehr wohl der Fall sein, dass jemand, der mit den Interessen und Eigentümlichkeiten eines Affen eng vertraut ist, viel mehr Möglichkeiten hat, die sprachlichen Anstrengungen eines Affen zu verstehen, als ein emotionsloser und desinteressierter wissenschaftlicher Beobachter. [...] Was diese Kritik an der Forschung mit Affensprache wirklich veranschaulicht, ist höchstwahrscheinlich ein sehr grundlegender Konflikt zwischen den Idealen der wissenschaftlichen Forschung und gewissen Formen von Sprachforschung. [...] Vielleicht hätten wir eine bessere Vor-

---

[133] *H. G. Gadamer*, Wahrheit und Methode. Grundzüge einer philosophischen Hermeneutik, Tübingen ⁶1990, S. 23ff. Hier heißt es: „Genau in diesem Sinne setzen die Geisteswissenschaften voraus, dass das wissenschaftliche Bewusstsein schon gebildetes ist und eben deshalb den rechten unerlernbaren Takt besitzt, der die Urteilsbildung und die Erkenntnisweise der Geisteswissenschaften wie ein Element trägt." (a.a.O., S. 20) „Die allgemeinen Gesichtspunkte, für die sich der Gebildete offenhält, sind ihm nicht fester Maßstab, der gilt, sondern sind ihm nur als die Gesichtspunkte möglicher Anderer gegenwärtig. Insofern hat das gebildete Bewusstsein in der Tat mehr den Charakter eines Sinnes. Denn ein jeder Sinn [...] ist ja insofern schon allgemein, als er eine Sphäre umfasst und sich für ein Feld offenhält und innerhalb des ihm so Geöffneten die Unterschiede erfasst." (a.a.O., S. 23).
[134] *J. Dupré*, Gespräche mit Affen. Reflexionen über die wissenschaftliche Erforschung der Sprache, in: *D. Perler/M. Wild* (Hg.), Der Geist der Tiere. Philosophische Texte zu einer aktuellen Diskussion, Frankfurt a.M. 2005, S. 303.
[135] A.a.O., S. 305.

stellung von der Sprachfähigkeit von Affen, wenn die Forschung von Literaturwissenschaftlern betrieben worden wäre."

IV. Zusammenfassung

Die vorgelegte Studie zeigt, dass man den Entwicklungsgang der Forschungsprogramme von Neurobiologie und Verhaltensforschung im Kontext des Spannungsverhältnisses zweier Denkstile rekonstruieren kann, die
Ludwik Fleck mit seiner Gegenüberstellung der Bewegungskonzepte des
Lebensphilosophen Bergson und des Physikers Maxwell in die Diskussion
eingebracht hat. Diese beiden Denkstile lassen sich für die Anwendung auf
die Forschungsprogramme von Neurowissenschaft und Verhaltensforschung als Opposition zweier epistemologischer und methodologischer Perspektiven bestimmen, die in unserer Untersuchung als äußerer und als innerer Standpunkt bezeichnet wurden. Der innere Standpunkt geht von der
Möglichkeit einer Erfassung des eigenen *Erlebens* aus und sucht von hier
aus nach intersubjektiven Erkenntnismöglichkeiten über Fremdpsychisches,
in ethologischen Kontexten etwa als analogische Übertragung von Erle-
bensqualitäten auf andere Lebewesen. Der äußere Standpunkt ist hingegen
auf naturwissenschaftliche *Erkenntnis* festgelegt, sein Gegenstandsbereich
beschränkt sich auf raum-zeitliche Ereignisse und Vorgänge an Lebewesen.
Auf alle Analogieschlüsse von diesen Lebensphänomenen auf die
fremdpsychische Dimension des Erlebens bei Tieren oder anderen Menschen wird verzichtet. Es wurde in der Gegenüberstellung dieser beiden
Standpunkte, die repräsentativ für die Forschungsprogramme von Tierpsychologie einerseits und experimenteller Verhaltensforschung und Neurobiologie andererseits stehen, zudem deutlich, dass je unterschiedliche Be-
obachterkonzepte   diesen   Ansätzen   zugrunde   liegen.   Während   die
Tierpsychologie grundsätzlich von der wechselseitigen Interaktion zweier
Subjekte (beobachtendes Subjekt qua Forscher und beobachtetes Subjekt
qua Versuchstier) ausgeht, ist die Konzeption der experimentellen Verhal-
tens- und Neurowissenschaft einerseits durch das Konzept des distanzierten,
neutralen und externen Beobachters bestimmt, wobei diese Distanz andererseits dazu führt, dass letztlich gar keine subjektiven Qualitäten im Forschungsprozess mehr zugelassen werden, sondern vielmehr von der Interaktion zweier Objekte (Beobachtungsinstrumentarium und Beobachtungsge-
genstand) auszugehen ist. Mit diesem Konzept einer experimentellen Forschung geht dann nicht nur eine bestimmte Vorstellung über den Forschungsgegenstand einher, sondern es lassen sich vielfältige programmatische Vorgaben (für die Terminologie der Forschung, die apparativen Mittel

der Exploration, das Selbstverständnis der Wissenschaftler oder das Ideal wissenschaftlicher Organisation) nachweisen. In beiden Fällen ist zudem eine enge Verbindung zwischen den diversen Elementen wissenschaftlicher Forschungsprogramme und bestimmten Leitphilosophien unverkennbar. Stets bleibt der Disput um die beiden genannten Standpunkte oder Denkstile deshalb auch ein Disput um unterschiedliche Philosophien, in deren Zusammenhang sich auch die Konzepte des Lebens und des Erlebens ändern. Berücksichtigt man abschließend die neuesten Entwicklungen in Richtung auf eine kognitive Wende von Neurowissenschaft und Verhaltensforschung, dann sind alle diese Elemente heute immer noch nachweisbar, zudem tritt jedoch eine Neuerung auf, die alte Konfliktzonen mit neuer Brisanz versieht. Während die experimentelle Neurowissenschaft die Phänomene des Erlebens aus ihrem Zuständigkeitsbereich ausklammerte und so ein klares Votum zugunsten des Erkennens unter Verzicht des Erlebens abgab, erhebt das neue kognitive Forschungsprogramm den Anspruch, mit den bisherigen Mitteln des naturwissenschaftlichen Erkennens nun auch in die Sphäre des Erlebens vordringen zu können. Damit werden nicht nur alte Streitzonen neu eröffnet, es zeigt sich auch, dass in den methodischen und methodologischen Grundeinstellungen der kognitiven Forschungsrichtung Trends enthalten sind, die über den naturwissenschaftlichen Standpunkt hinaus reichen und die letztlich alte kulturwissenschaftliche Modelle und Methodologien im Feld der kognitiven und kommunikativen Phänomene wiederbeleben. Damit erlangen dann auch klassische Ansätze der Erfassung des Erlebens durch Miterleben, Aspekte des Verstehens, Analogieschlüsse auf intentionale Fähigkeiten usw. neue Relevanz.

Literaturhinweise

Allen, Colin/Bekoff, Marc: Species of Mind. The Philosophy and Biology of Cognitive Ethology, Cambridge 1997.

Alverdes, Friedrich: Die Tierpsychologie in ihrer Beziehung zur Psychologie des Menschen, Leipzig 1932.

Autrum, Hansjochem: Biologie – Entdeckung einer Ordnung, München 1970.

Baranzke, Heike: Der kluge Hans. Ein Pferd macht Wissenschaftsgeschichte, in: *Jessica Ulrich/Friedrich Weltzien/Heike Fuhlbrügge* (Hg.), Ich, dasTier. Tiere als Persönlichkeiten in der Kulturgeschichte, Berlin 2008, S. 197–214.

Bechterew, Wladimir von: Objektive Psychologie oder Psychoreflexologie. Die Lehre von den Assoziationsreflexen, Leipzig 1913.

Bergson, Henri: Essai sur les données immédiates de la conscience, in: Œuvres, Paris 1991, S. 1–157 (frz.); *Henri Bergson, Zeit und Freiheit. Eine Abhandlung über die unmittelbaren Bewusstseinstatsachen*, Jena 1920 (dt.).

Bischof, Norbert: Erkenntnistheoretische Grundlagenprobleme der Wahrnehmungspsychologie, in: *Kurt Gottschaldt et al.* (Hg.), Handbuch der Psychologie Bd. 1, Göttingen 1966, S. 21–78.

Ders.: Verstehen und Erklären in der Wissenschaft vom Menschen, in: *Michael Lohmann* (Hg.), Wohin führt die Biologie? Ein interdisziplinäres Kolloquium, München 1970, S. 175–212.

Böhnert, Martin/Köchy, Kristian/Wunsch, Matthias (Hg.): Philosophie der Tierforschung, Bd. 1 Methoden und Programme, Freiburg/München 2016 (im Druck).

Böhnert, Martin/Hilbert, Christopher: C. Lloyd Morgan's Canon. Über den Gründervater der komparativen Psychologie und den Stellenwert epistemischer Bedenken, in: *Martin Böhnert/Kristian Köchy/Matthias Wunsch* (Hg.), Philosophie der Tierforschung, Bd. 1 Methoden und Programme, Freiburg/München 2016 (im Druck).

Brunswik, Egon: Die Eingliederung der Psychologie in die exakten Wissenschaften, 1937, in: *Joachim Schulte/Brian McGuiness* (Hg.), Einheitswissenschaft, Frankfurt a.M. 1992, S. 215–234.

Byrne, Richard W./Bates, Lucy A.: Why are animals cognitive? in: Current Biology 16 (12) (2006), R445–R448.

Carnap, Rudolf: Der logische Aufbau der Welt, 1928, 2. Auflage 1961, Frankfurt a.M. 1979.

Ders.: Die physikalische Sprache als Universalsprache der Wissenschaft, in: Erkenntnis 2 (1931), S. 432-464.

Ders.: Psychologie in physikalischer Sprache, in: Erkenntnis 3 (1932/33), S. 107–142.

Chalmers, David J.: Fehlende Qualia, Schwindende Qualia, Tanzende Qualia, in: *Thomas Metzinger* (Hg.), Bewusstsein. Beiträge aus der Gegenwartsphilosophie, Paderborn/München/Wien/Zürich [2]1996, S. 367–389.

Cheney, Dorothy L./Seyfarth, Robert M.: Wie Affen die Welt sehen. Das Denken einer anderen Art, München/Wien 1994.

Clayton, Nicola S./Bussey, Timothy J./Dickinson, Anthony: Can animals recall the past and plan for the future? in: Nature Reviews Neuroscience 4 (2003), S. 685–691.

Dilthey, Wilhelm: [Über vergleichende Psychologie] Beiträge zum Studium der Individualität, 1895/96, in: *ders.*, Die geistige Welt. Einleitung in die Philosophie des Lebens. Gesammelte Schriften Bd. 5, Stuttgart/Göttingen [7]1982, S. 241–316.

Ders.: Die Entstehung der Hermeneutik, 1900, in: *ders.*, Die geistige Welt. Einleitung in die Philosophie des Lebens. Gesammelte Schriften Bd. 5, Stuttgart/Göttingen, [7]1982, S. 317–338.

Dupré, John: Gespräche mit Affen. Reflexionen über die wissenschaftliche Erforschung der Sprache, in: *Dominik Perler/Markus Wild* (Hg.), Der Geist der Tiere. Philosophische Texte zu einer aktuellen Diskussion, Frankfurt a.M. 2005, S. 295–323.

Fechner, Gustav Theodor: Nanna oder Über das Seelenleben der Pflanzen, Hamburg/Leipzig [4]1908.

Ders.: Zend-Avesta oder über die Dinge des Himmels und des Jenseits. Vom Standpunkt der Naturbetrachtung, 2 Bde., Hamburg/Leipzig [2]1901.

Fleck, Ludwik: Das Problem einer Theorie des Erkennens, 1936, in: *ders.*, Erfahrung und Tatsache. Gesammelte Aufsätze, Frankfurt a.M. 1983, S. 59–84.

Gadamer, Hans Georg: Wahrheit und Methode. Grundzüge einer philosophischen Hermeneutik, Tübingen [6]1990.

Gallup, Gordon G.: Chimpanzees: self-recognition, in: Science 167 (1970), S. 86–87.

Gottschaldt, Kurt et al. (Hg.): Handbuch der Psychologie, 12 Bde., Göttingen 1966, Bd. 1.

Haun, Daniel B. M./Call, Josep: Imitation recognition in great apes, in: Current Biology 18 (7) (2008), R288–R290.

Hediger, Heini: Tiere verstehen. Erkenntnisse eines Tierpsychologen, München 1984.

Heidelberger, Michael: Die innere Seite der Natur. Gustav Theodor Fechners wissenschaftlich-philosophische Weltauffassung, Frankfurt a.M. 1993.

Holland, James G./Skinner, Burrhus Frederic: Analyse des Verhaltens, München/Berlin/Wien 1974.

Hume, David: Ein Traktat über die menschliche Natur. Über die Affekte, übers. und hg. von *Theodor Lipps*, Hamburg 1978.

Ingensiep, Hans W.: Geschichte der Pflanzenseele. Philosophische und biologische Entwürfe von der Antike bis zur Gegenwart, Stuttgart 2001.

Jack, Anthony/Shallice, Tim: Introspective physicalism as an approach to the science of consciousness, in: Cognition 79 (2001), S. 161–196.

Jahn, Ilse/Sucker, Ulrich: Die Herausbildung der Verhaltensbiologie, in: *Ilse Jahn* (Hg.), Geschichte der Biologie, Heidelberg/Berlin [3]2000, S. 580–600.

James, William: The Principles of psychology, 1890, 2 Vol., New York 1950, Vol. I.

Jennings, Herbert Spencer: Behavior of Lower Organisms, New York 1906.

Kandel, Eric R.: Auf der Suche nach dem Gedächtnis. Die Entstehung einer neuen Wissenschaft des Geistes, München 2007.

Ders.: Brain and Behavior, in: *Eric R. Kandel/James H. Schwartz/Thomas M. Jesell* (Hg.), Principles of Neural Science, London/Syndney/Toronto [3]1991.

Ders.: Cellular Basis of Behavior. An Introduction to Behavioral Neurobiology, San Francisco 1976.

Kandel, Eric R./Schwartz, James H./Jessell, Thomas M. (Hg.): Neurowissenschaften, Heidelberg/Berlin/Oxford 1996.

Köchy, Kristian: Der ‚Grundwiderspruch der Naturwissenschaften' mit umgekehrten Vorzeichen: Fechners Kritik an Darwin, in: Jahrbuch für Geschichte und Theorie der Biologie V (1998), S. 55–70.

Ders.: Helmuth Plessners Biophilosophie als Erweiterung des Uexküll-Programms, in: *Kristian Köchy/Francesca Michelini* (Hg.), Zwischen den Kulturen. Plessners ‚Stufen des Organischen' im zeithistorischen Kontext, Freiburg/München 2015, S. 25–64.

Ders.: Naturphilosophie und aktuelle Biologie. Das Fallbeispiel der Debatte um die Potentialität von Zellen, in: *Brigitte Falkenburg* (Hg.), Natur – Technik – Kultur. Philosophie im interdisziplinären Dialog, Paderborn 2007, S. 111–128.

Ders.: Osservazione, in: *Francesca Michelini/Jonathan Davies* (Hg.), Frontiere della Biologia. Prospettive Filosofiche sulle Scienze della Vita, Milano/Udine 2013, S. 279–294.

Ders.: Vielfalt der Wissenschaften bei Carnap, Lewin und Fleck. Zur Entwicklung eines pluralen Wissenschaftskonzepts, in: Berichte zur Wissenschaftsgeschichte 33 (1) (2010), S. 54–80.

Lakatos, Imre: Die Geschichte der Wissenschaften und ihre rationale Rekonstruktion, in: *Werner Diederich* (Hg.), Theorien der Wissenschaftsgeschichte, Frankfurt a.M. 1974, S. 55–119.

Laland, Kevin N./Janik, Vincent M.: The animal cultures debate, in: Trends in Ecology and Evolution 21 (10) (2006), S. 542–547.

Lasswitz, Kurd: Gustav Theodor Fechner, Stuttgart [3]1910.

Lewin, Kurt: Die Erziehung der Versuchsperson zur richtigen Selbstbeobachtung und die Kontrolle psychologischer Beschreibungsangaben, in: *Carl-Friedrich Graumann* (Hg.), Kurt-Lewin-Werkausgabe, Bd. 1, Bern 1981, S. 153–211.

Lutz, Karl: Tierpsychologie. Eine Einführung in die vergleichende Psychologie, Leipzig, Berlin 1923.

Merleau-Ponty, Maurice: Das Sichtbare und das Unsichtbare gefolgt von Arbeitsnotizen, hg. von *Regula Giuliani/Bernhard Waldenfels*, München [3]2004.

Morgan, Conwy Lloyd: An Introduction to comparative psychology, London 1903.

Mulcahy, Nicholas J./Call, Josep: Apes save Tools for Future Use, in: Science 312 (2006), S. 1038–1040.

Pavlov, Ivan Petrovich: Conditioned reflexes, Oxford 1927.

Ders.: Conditioned Reflexes: An Investigation of the Physiological Activity of the Cerebral Cortex, New York 1927.

Pennisi, Elisabeth: Nonhuman primates demonstrate humanlike reasoning, in: Science 317 (2007), S. 1308.

Perler, Dominik/Wild, Markus: Der Geist der Tiere – eine Einführung, in: *dies.* (Hg.), Der Geist der Tiere. Philosophische Texte zu einer aktuellen Diskussion, Frankfurt a.M. 2005, S. 10–76.

Peters, Hans M.: Grundfragen der Tierpsychologie. Ordnungs- und Gestaltprobleme, Stuttgart 1948.

Povinelli, Daniel J./Vonk, Jennifer: Chimpanzee minds: Suspiciously human? in: Trends in Cognitive Sciences 7 (4) (2003), S. 157–160.

Rorty, Richard: Leib-Seele-Identität, Privatheit und Kategorien, in: *Peter Bieri* (Hg.), Analytische Philosophie des Geistes, Königstein/TS ³1997, S. 93–120.

Roth, Gerhard/Menzel, Randolf: Neuronale Grundlagen kognitiver Leistungen, in: *Josef Dudel/Randolf Menzel/Robert F. Schmidt* (Hg.), Neurowissenschaft. Vom Molekül zur Kognition, Berlin/Heidelberg/New York 1996.

Schlick, Moritz: Erleben, Erkennen, Metaphysik, in: Kant-Studien 31 (1926), S. 146–158.

Schubert-Soldern, Rainer: Philosophie des Lebendigen auf biologischer Grundlage, Graz/Salzburg/Wien 1951.

Shettleworth, Sara J.: Cognition, Evolution, and Behavior, New York/Oxford 1998.

Skinner, Burrhus Frederic: Jenseits von Freiheit und Würde, Reinbek bei Hamburg 1973.

Ders.: The Behavior of Organisms. An Experimental Analysis, New York 1938.

Ders.: Verhaltenspsychologische Analyse des Denkprozesses, in: *Burrhus Frederic Skinner/Werner Correll*, Denken und Lernen. Beiträge der Lernforschung zur Methodik des Unterrichts, Braunschweig 1969.

Ders.: Was ist Behaviorismus?, Reinbek bei Hamburg 1978.

Ders./Correll, Werner: Denken und Lernen. Beiträge der Lernforschung zur Methodik des Unterrichts, Braunschweig 1969.

Stamm, Roger A.: Tierpsychologie. Die biologische Erforschung tierischen und menschlichen Verhaltens. Kindlers ,Psychologie des 20. Jahrhunderts', Weinheim/Basel 1984.

Tembrock, Günter: Grundlagen der Tierpsychologie, Berlin 1963.

Thorndike, Edward L.: Animal intelligence. An experimental study of the associate processes in animals, in: Psychological Review Series Monograph (Supplements 2) 4/1, 1898, S. 1–109.

Tomasello, Michael: Die kulturelle Entwicklung des menschlichen Denkens, Frankfurt a.M. 2006.

Ders.: Origins of Human Communication, Cambridge/London 2008.

Ders.: The Human Adaptation for Culture, in: *Franz M. Wuketits/Christop Antweiler* (Hg.), Handbook of Evolution. Vol. 1: The Evolution of Human Societies and Cultures, Weinheim 2004, S. 1–24.

Ders./Call, Josep/Hare, Brian: Chimpanzees versus humans: it's not that simple, in: Trends in Cognitive Sciences 7 (3) (2003), S. 239–240.

Toulmin, Stephen: Kritik der kollektiven Vernunft, Frankfurt a.M. 1983.

Uexküll, Jakob von: Theoretische Biologie, 1928, Frankfurt a.M. 1973.

Ders./Kriszat, Georg: Streifzüge durch die Umwelten von Tieren und Menschen. Ein Bilderbuch unsichtbarer Welten, Frankfurt a.M. 1985.

Vauclaire, Jacques: Animal Cognition, Cambridge 1996.

Watson, John B.: Der Behaviorismus, Leipzig 1930.

Wessel, Andreas/Menzel, Randolf/Tembrock, Günther (Hg.): Quo Vadis, Behavioural Biology? Past, Present and Future of an Evolving Science, in: Nova Acta Leopoldina 111 (380) (2013), S. 7–396.

Wright, Georg Henrik von: Erklären und Verstehen, Frankfurt a.M. 1974.

Wynne, Clive D. L.: Animal Cognition, London 2001.

Ziche, Paul (Hg.): Introspektion. Texte zur Selbstwahrnehmung des Ich, Wien/New York 1999.

Die Autoren

Jörn Ahrens
   ist seit 2011 Professor für Kultursoziologie an der Justus-Liebig-Universität Gießen.

Reiner Anselm
   ist evangelischer Theologe und seit 2014 Inhaber des Lehrstuhl für Systematische Theologie und Ethik an der Ludwig-Maximilians-Universität München.

Cornelius Borck
   ist Mediziner, Philosoph und Religionswissenschaftler und seit Sommer 2007 Professor für Geschichte, Theorie und Ethik der Medizin und Naturwissenschaften sowie Direktor des Instituts für Medizin- und Wissenschaftsgeschichte, Universität zu Lübeck.

Armin Grunwald
   ist Physiker und Philosoph und unter anderem Leiter des Büros für Technikfolgen-Abschätzung beim Deutschen Bundestag sowie Professor für Technikphilosophie am Institut für Philosophie des Karlsruher Instituts für Technologie.

Werner Heun
   ist Staatsrechtler und seit 1991 Direktor des Instituts für Allgemeine Staatslehre und Politische Wissenschaften an der Juristischen Fakultät der Georg-August-Universität Göttingen.

Uwe Hoßfeld
   ist Wissenschaftshistoriker und Biologiedidaktiker und seit 2006 Leiter der AG Biologiedidaktik an der Friedrich-Schiller-Universität Jena.

Traugott Jähnichen
   ist evangelischer Theologe und Inhaber des Lehrstuhls für Christliche Gesellschaftslehre an der Ruhr-Universität Bochum.

Nicole C. Karafyllis
ist Philosophin, Biologin und Universitätsprofessorin für Philosophie an der Technischen Universität Braunschweig.

Thomas Klie
ist evangelischer Theologe und Inhaber des Lehrstuhls für Praktische Theologie an der Universität Rostock.

Kristian Köchy
ist Biologe, Philosoph und Wissenschaftshistoriker und Professor für Theoretische Philosophie an der Universität Kassel sowie Experte für Bioethik.

Martina Kumlehn
hat seit 2007 den Lehrstuhl für Religionspädagogik an der Theologischen Fakultät der Universität Rostock und ist seit 2015 Sprecherin des DFG-Graduiertenkollegs 1887: „Deutungsmacht. Religion und belief systems in Deutungsmachtkonflikten".

Alexander-Kenneth Nagel
ist Professor für Religionswissenschaft am Institut für Soziologie der Georg-August-Universität Göttingen.

Christoph Rehmann-Sutter
ist Bioethiker und seit 2009 Professor für Theorie und Ethik der Biowissenschaften an der Universität zu Lübeck.

Marc Rölli
ist Philosoph und seit 2015 Professor für Philosophie an der Hochschule für Grafik und Buchkunst Leipzig.

Stephan Schaede
ist evangelischer Theologe und Philosoph und seit 2010 Direktor der Evangelischen Akademie Loccum.

Wolfgang Vögele
ist evangelischer Theologe und Privatdozent für Systematische Theologie/ Ethik in Heidelberg.

Elke Witt
ist Referentin der Abteilung Wissenschaft – Politik – Gesellschaft an der Nationalen Akademie der Wissenschaften Leopoldina in Halle.

Personenregister

Die kursiv gesetzten Seitenzahlen verweisen auf Fußnoten.

Sachregister

Die kursiv gesetzten Seitenzahlen verweisen auf Fußnoten.

Religion und Aufklärung

herausgegeben von der
Forschungsstätte
der Evangelischen Studiengemeinschaft
Heidelberg

„Religion" und „Aufklärung" sind voraussetzungsreiche Kategorien, die für das Verständnis von Dynamiken der Modernisierung unabdingbar sind. Sie stehen historisch wie systematisch in einer spannungsvollen Verbindung, die sich mit einfachen Schemata wie „irrationale Religion" oder „antireligiöse Aufklärung" nicht erfassen lässt. Vielmehr weisen sie auf ein komplexes Netz an Themen und Bezügen, das es zu erschließen gilt – in der begrifflichen Grundlagenreflexion wie in der multiperspektivischen Beschreibung von konkreten Problemlagen. Die Reihe *Religion und Aufklärung* bündelt Untersuchungen, die dazu im Kontext der Forschungsstätte der Evangelischen Studiengemeinschaft in Heidelberg in interdisziplinärer Zusammenarbeit durchgeführt werden.

ISSN: 1436-2600
Zitiervorschlag: RuA

Alle lieferbaren Bände finden Sie unter *www.mohr.de/rua*

Mohr Siebeck
www.mohr.de